U0308977

高等院校土木工程类系列教材

土木工程施工

（第二版）

胡长明　主　编

王士川　副主编

科学出版社

北　京

内 容 简 介

本书共十七章，主要内容包括土方工程、深基础工程及地基处理、钢筋混凝土工程、预应力混凝土工程、砌筑工程、脚手架工程、结构安装工程施工、防水工程、装饰装修工程、钢结构工程施工、桥梁工程、道路工程、施工组织概论、流水施工原理、网络计划技术、单位工程施工组织设计和施工组织总设计。

本书可作为高等院校土木工程专业的教学用书，也可供建筑施工技术人员参考。

图书在版编目(CIP)数据

土木工程施工/胡长明主编. —2 版. —北京：科学出版社，2017.10
（高等院校土木工程类系列教材）
ISBN 978-7-03-052949-7

Ⅰ.①土…　Ⅱ.①胡…　Ⅲ.①土木工程-工程施工-高等学校-教材
Ⅳ.①TU7

中国版本图书馆 CIP 数据核字（2017）第 117908 号

责任编辑：任加林 / 责任校对：王万红
责任印制：吕春珉 / 封面设计：耕者设计工作室

科学出版社 出版
北京东黄城根北街 16 号
邮政编码：100717
http://www.sciencep.com
新科印刷有限公司 印刷
科学出版社发行　　各地新华书店经销
*
2009 年 5 月第 一 版　　开本：787×1092　1/16
2017 年 10 月第 二 版　　印张：30 1/4
2018 年 11 月第十次印刷　　字数：687 000

定价：72.00 元
（如有印装质量问题，我社负责调换〈新科〉）

销售部电话 010-62136230　编辑部电话 010-62135235（HB18）

高等院校土木工程类系列教材
编委会

第二版前言

　　"土木工程施工"是高等工科学校土木工程专业的一门主干专业课，主要介绍土木工程施工的基本原理和土木工程施工全过程的主要工种、工程的施工工艺及方法，具有很强的实践性。学习本课程的目的在于使学生能运用本学科的基本理论和专业知识去解决工程实践中的各种具体问题，培养学生独立分析问题和解决问题的能力。

　　本书按照我国现行标准、施工规范进行编写，力求内容系统、完整，理论联系实际，具有可操作性，反映了近年来土木工程施工发展的新成果。

　　本书共有十七章，分别为土方工程、深基础工程及地基处理、钢筋混凝土工程、预应力混凝土工程、砌筑工程、脚手架工程、结构安装工程施工、防水工程、装饰装修工程、钢结构工程施工、桥梁工程、道路工程、施工组织概论、流水施工原理、网络计划技术、单位工程施工组织设计、施工组织总设计。

　　本书由西安建筑科技大学胡长明主编，王士川担任副主编。西安建筑科技大学梅源编写第一章，西安建筑科技大学王建平编写第二、七、九章，胡长明编写第三、四、五、六章，王士川编写第十章，西安工业大学周雪峰编写第八、十二章，西安建筑科技大学赵楠编写第十一章，西安建筑科技大学蒋红妍编写第十三、十四、十六章，西安建筑科技大学赵平编写第十五、十七章。全书由胡长明统稿。

　　本书编写过程中参考了有关文献，在此对相关作者表示衷心的感谢！

　　由于编者水平有限，书中不足之处在所难免，恳请广大读者、专家和同行批评指正。

编　者

2016 年 12 月

于西安

第一版前言

"土木工程施工"是高等院校土木工程专业的主要专业课之一。

本教材主要介绍土木工程施工过程中的主要工种，工程的施工工艺、方法以及施工组织的规律。本教材涉及的专业知识面广，实践性强。本教材编写的目的在于培养学生运用有关专业的基本理论和专业知识去分析和解决工程实践中的问题的能力。

本教材按照我国现行标准、施工规范进行编写，力求系统、完整，理论联系实际，以反映近年来土木工程施工的研究成果。

本教材第三、四、十章由西安建筑科技大学王士川编写，第一、五、六章由西安建筑科技大学胡长明编写，第二、七、九章由西安建筑科技大学王建平编写，第十二章由西安建筑科技大学童申家编写，第十五、十七章由西安建筑科技大学赵平编写，第十三、十四、十六章由西安建筑科技大学蒋红妍编写；第八、十一章由西安工业大学周雪峰编写。全书由王士川、胡长明统稿。

本教材编写过程中参考了许多文献和资料，在此对有关作者表示衷心的感谢！

由于编者水平有限，书中不足之处在所难免，敬请广大读者批评指正。

编　者

2008 年 12 月

于西安

目　　录

第一章 土 方 工 程

1.1 概 述

土方工程包括土的开挖、运输和填筑等施工过程，有时还要进行排水、降水和土壁支撑等准备工作。在建筑工程中，最常见的土方工程有场地平整、基坑（槽）开挖、地坪填土、路基填筑、基坑回填土等。

土方工程的施工具有以下特点：

1）面大量大、劳动繁重、工期长。有些大型建设项目的场地平整，土方施工面积可达数平方公里，甚至数十平方公里；有些大型基坑的开挖深度达 20～30m；在场地平整和大型基坑开挖中，土方工程量可达几万甚至几百万立方米。

2）施工条件复杂。土方工程施工多为露天作业，土、石是一种天然物质，成分较为复杂，施工中直接受到气候、水文和地质、地上和地下环境的影响，且难以确定的因素较多。因此，有时施工条件极为复杂。

根据上述特点，在组织土方工程施工前，应详细分析和核对各项技术资料（如实测地形图、工程地质、水文地质勘查资料，原有地下管线和地下构筑物资料及土方工程施工图等），进行现场调查并根据现有施工条件，制订出技术上可行、经济上合理，既能保证工程质量，又能保证施工安全的方案。

1.1.1 土的工程分类

土的种类繁多，分类方法也有多种，如按颗粒级配、塑性指数、沉积年代与工程特性等分类，但在土方工程施工中，一般按开挖难易程度（即土的坚实程度）将土进行分类，共分为八类十六个级别（表 1.1），据此确定施工手段和制订土方工程劳动定额。

表 1.1 土的工程分类

土的级别	土的分类	土的名称	开挖方法
I	一类土 （松软土）	砂，粉土，冲积砂土层，疏松的种植土，泥炭（淤泥）	能用锹、锄头挖掘
II	二类土 （普通土）	粉质黏土，潮湿的黄土，夹有碎石、卵石的砂，粉土；种植土、填土	用锹、锄头挖掘，少许用镐翻松
III	三类土 （坚土）	软及中等密实黏土，重粉质土，粗砾石，干黄土及含碎石、卵石的黄土、粉质黏土，压实的填筑土	主要用镐，少许用锹、锄头挖掘，部分用撬棍
IV	四类土 （砾砂坚土）	坚硬密实的黏土及含碎石、卵石的黏土，粗卵石，密实的黄土，天然级配砂石，软泥灰岩及蛋白石	整个先用镐、撬棍，然后用锹挖掘，部分用楔子及大锤
V、VI	五类土 （软石）	硬质黏土，中等密实的页岩、泥灰岩、白垩土，胶结不紧的砾岩，软的石灰岩	用镐或撬棍、大锤挖掘，部分使用爆破方法

续表

土的级别	土的分类	土的名称	开挖方法
Ⅶ～Ⅸ	六类土 （次坚石）	泥岩、砂岩、砾岩，坚实的页岩、泥灰岩，密实的石灰岩，风化花岗岩、片麻岩	用爆破方法，部分用风镐
Ⅹ～Ⅻ	七类土 （坚石）	大理石，辉绿岩，玢岩，粗、中粒花岗石，坚实的白云岩、砂岩、砾岩、片麻岩、石灰岩、风化痕迹的安山岩、玄武岩	用爆破方法
ⅩⅣ～ⅩⅥ	八类土 （特坚石）	安山岩，玄武岩，花岗片麻岩，坚实的细粒花岗岩、闪长岩、石英岩、辉长岩、辉绿岩、玢岩、角闪岩	用爆破方法

1.1.2　土的可松性

土的工程性质对土方工程的施工有直接影响，这里仅介绍土的可松性。

自然状态下的土经开挖后土粒松散，体积增大，如再将其全部用以回填，虽经压实但仍不能恢复至与原状土相同的体积。土的这种经扰动而体积改变的性质称为土的可松性。土的可松性程度用可松性系数表示，即

$$K_s = \frac{V_2}{V_1}, \quad K'_s = \frac{V_3}{V_1} \tag{1.1}$$

式中，K_s——最初可松性系数；

　　K'_s——最后可松性系数；

　　V_1——自然状态下土（原状土）的体积；

　　V_2——土经开挖后的松散体积；

　　V_3——土经回填压实后的体积。

各种土的可松性系数列于表 1.2 中。

表 1.2　各种土的可松性参考值

土的类别	体积增加百分数		可松性系数	
	最初	最后	K_s	K'_s
一类（种植土除外）	8～17	1～2.5	1.08～1.17	1.01～1.03
一类（植物性土、泥炭）	20～30	3～4	1.20～1.30	1.03～1.04
二类	14～28	1.5～5	1.14～1.28	1.02～1.05
三类	24～30	4～7	1.24～1.30	1.04～1.07
四类（泥灰岩、蛋白石除外）	26～32	6～9	1.26～1.32	1.06～1.09
四类（泥灰岩、蛋白石）	33～37	11～15	1.33～1.37	1.11～1.15
五类～七类	30～45	10～20	1.30～1.45	1.10～1.20
八类	45～50	20～30	1.45～1.50	1.20～1.30

注：最初体积增加百分比 $= \frac{V_2 - V_1}{V_1} \times 100\%$；最后体积增加百分比 $= \frac{V_3 - V_1}{V_1} \times 100\%$。

土的可松性是一个非常重要的工程性质。它对于场地平整、土方调配，土方的开挖、运输和回填，以及土方挖掘机械和运输机械的数量、斗容量的确定，都有很大影响。应注意式（1.1）中 V_1、V_2、V_3 的密实性不同，自然状态下的体积 V_1 的密度

最大，土经开挖后的松散体积 V_2 的密度最小，土经回填压实后的体积 V_3 的密度介于两者之间。

工程场地内挖填土方的调配，一般原则是移挖做填。当场地的挖方量不敷平整填筑时，需要从场外运入差量，称其为借土；如场内的挖方量经利用后仍有余额需要运出场外，称其为弃土。在计算借土量或弃土量时，应注意运用上述可松性系数，即

$$弃土量 = \left(V_w - V_t \frac{1}{K_s'} \right) K_s \qquad (1.2)$$

$$借土量 = (V_t - V_w K_s') \frac{K_s}{K_s'} \qquad (1.3)$$

式中，V_w——场内的全部挖土体积，m^3；

V_t——场内的全部填方体积，m^3。

1.2 土方量计算

土方工程施工之前，需要先算出土方工程量，以便确定工程造价，拟定施工方案，安排施工计划。各种土方工程的外形有时很复杂，一般情况下，都将其假设或划分成为一定的几何形状，并采用具有一定精度而又和实际情况近似的方法进行计算。

1.2.1 基坑、基槽土方量计算

1. 基坑

当自然地面比较平整时，可按立体几何中拟柱体（图1.1）体积公式计算

$$V = \frac{h}{6} (A_1 + 4A_0 + A_2) \qquad (1.4)$$

或

$$V = \frac{h}{3} (A_1 + \sqrt{A_1 A_2} + A_2) \qquad (1.5)$$

式中，V——基坑土方体积；

A_1、A_2——坑上下两底面积；

A_0——坑中部横截面积；

h——基坑深度。

如果自然地面不为水平面，尤其是当开挖大型基坑，各角的高差较大时，则取基坑的平均深度，按拟柱体的体积计算其近似值。

2. 基槽和路堤

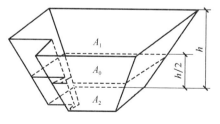

图 1.1 基坑土方量计算

纵向延伸较长的槽或路堤（图1.2）的土方量计算，常用断面法。当地面不平时，先沿长度方向分段，各段的长短是按长度方向的地形变化特点及要求计算精度而定，取10m 或 20m 不等。然后根据地形图或现场实测标高，分别绘制各段的两端断面图，逐一计算出断面面积和各段土方量体积，即得总土方量

$$V = V_1 + V_2 + \cdots + V_{n-1}$$
$$= \frac{A_1 + A_2}{2} l_1 + \frac{A_2 + A_3}{2} l_2 + \cdots + \frac{A_{n-1} + A_n}{2} l_{n-1} \qquad (1.6)$$

式中，V——基槽或路堤的土方总体积；

V_1，V_2，$\cdots$，V_{n-1}——基槽或路堤各段的土方体积；

A_1，A_2，$\cdots$，A_n——各段端部的横断面面积；

l_1，l_2，$\cdots$，l_{n-1}——各段的长度。

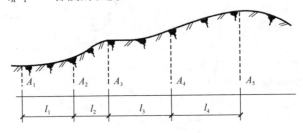

图 1.2　基槽或路堤纵断面

1.2.2　场地平整的土方量计算

场地平整就是将天然地面改造成工程上所要求的设计平面，由于场地平整时全场地兼有挖和填，而挖和填的体形常常不规则，所以一般采用方格网方法分块计算解决，其计算步骤如下。

1. 划分方格网

划分方格网的步骤是：①在地形图上将施工区域画出方格网，如图 1.3 所示；②根据地形变化程度及要求的计算精度来确定方格网的边长，一般取 10~40m；③在各方格的左上逐一标出其角点的编号。

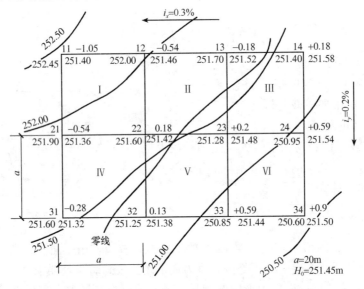

图 1.3　场地平整方格网法计算图

2. 计算各角点的地面标高

角点的地面标高也称为角点的自然地面标高，可根据地形图上相邻两等高线的高程，用插入法求得。

3. 计算各角点的设计标高

首先，确定场地设计标高。场地设计标高一般由设计单位按竖向规划给定，或根据城市排水总管标高确定，或施工单位自行确定。单纯平整性的场地设计标高确定原则，一般是按场内挖填平衡计算，如图 1.3 所示。设场地方格网数为 N，各角点的自然地面标高分别为 H_{11}，H_{12}，$\cdots$，方格网边长为 a，则场地平整前从自然地面标高计算至海平面的土方体积总和为

$$V=\left(\frac{H_{11}+H_{12}+H_{21}+H_{22}}{4}\right)a^2+\left(\frac{H_{12}+H_{13}+H_{22}+H_{23}}{4}\right)a^2+\cdots$$

$$=\left(\frac{\sum H_{1-i}+2\sum H_{2-i}+3\sum H_{3-i}+4\sum H_{4-i}}{4}\right)a^2 \tag{1.7}$$

场地平整后，从场地设计标高 H_0 计算至海平面的土方总体积为

$$V'=H_0a^2N \tag{1.8}$$

因为挖填平衡，所以 $V=V'$，即

$$H_0=\frac{\sum H_{1-i}+2\sum H_{2-i}+3\sum H_{3-i}+4\sum H_{4-i}}{4N} \tag{1.9}$$

式中，H_{1-i}，$\cdots$，H_{4-i}——各方格网中所共有的角点地面标高。

其次，考虑泄水坡度对角点设计标高的影响，当按以上确定的设计标高 H_0 进行场地平整时，则整个场地表面均处于同一水平面。但实际上由于排水的要求，场地表面需有一定的泄水坡度，一般取 0~0.005。因此，还需要根据场地泄水坡度的要求，计算出场地内各方格角点实际施工所用设计标高。

以 H_0 作为场地中心点的标高，则场地任意点的设计标高为

$$H'_n=H_0\pm l_x i_x \pm l_y i_y \tag{1.10}$$

式中，l_x、l_y——计算角点至场地中心线 y-y 和 x-x 的距离；

i_x、i_y——x-x、y-y 方向的泄水坡度，如 i_x 或 i_y 为零，则场地为单向泄水坡度，如 i_x、i_y 均不为零，则场地为双向泄水坡度，如 i_x、i_y 均为零，则 $H'_n=H_0$；

式中的"±"号，视坡度方向高低位置而定。

4. 计算各角点的施工高度

角点施工高度即角点需要挖或填方的高度，由角点的设计标高减去地面标高而得，即

$$h_n=H'_n-H_n \tag{1.11}$$

式中，h_n——角点施工高度（即挖填高度），以"＋"为填，"－"为挖；

H'_n——角点的设计标高；

H_n——角点的自然地面标高。

5. 计算零点及绘出零线

在场地某方格的某边上相邻的两个角点的施工高度出现"＋"与"－"时，则表示该边从填至挖的全长中存在一个不挖不填的点，称为零点或不挖不填点，如图1.4所示。零点的位置可按下式计算

$$x=\frac{ah_A}{h_A+h_B} \tag{1.12}$$

式中，x——零点到计算基点的距离；

a——方格边长；

h_A、h_B——方格相邻两角点 A 与 B 的填挖施工高度，以绝对值代入。

将方格网中的各零点连接起来，即形成不挖不填的零线（图1.3）。零线将整个场地分为挖方区域和填方区域。

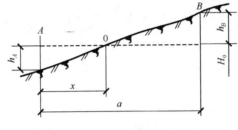

图1.4 零点位置

6. 计算方格内的挖或填方体积

（1）场地土方量计算

由图1.3方格网各角点的施工高度可知，各方格挖或填的土方量，一般可按下述四种不同类型（图1.5）进行计算。

1）方格四个角点全部为挖或全部为填，如图1.5（a）所示，其土方量为

$$V_i=\frac{a^2}{4}(h_1+h_2+h_3+h_4) \tag{1.13}$$

式中，V_i——挖方或填方体积；

h_1、h_2、h_3、h_4——各方格角点挖填高度（用绝对值）；

a——方格边长。

2）方格的相邻两个角点为挖方，另两个角点为填方，如图 1.5（b）所示，其挖方部分的土方量为

$$V_{wi}=\frac{a^2}{4}\left(\frac{h_1^2}{h_1+h_4}+\frac{h_2^2}{h_2+h_3}\right) \tag{1.14}$$

填方部分的土方量为

$$V_{ti}=\frac{a^2}{4}\left(\frac{h_3^2}{h_2+h_3}+\frac{h_4^2}{h_1+h_4}\right) \tag{1.15}$$

3）方格的一个角点为挖方（或填方），另三个角点为填方（或挖方），如图1.5（c）所示，其填方部分的土方量为

$$V_{ti} = \frac{a^2}{6} \times \frac{h_4^3}{(h_1 + h_4)(h_3 + h_4)} \tag{1.16}$$

挖土部分的土方量为

$$V_{wi} = \frac{a^2}{6}(2h_1 + h_2 + 2h_3 - h_4) + V_{ti} \tag{1.17}$$

4）方格的一个角点为挖方，相对的角点为填方，另两个角点为零点时（零线为方格的对角线），如图 1.5（d）所示，其挖（填）方土方量为

$$V_i = \frac{a^2}{6}h \tag{1.18}$$

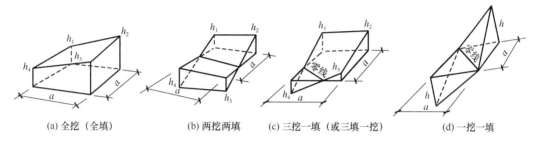

| (a) 全挖（全填） | (b) 两挖两填 | (c) 三挖一填（或三填一挖） | (d) 一挖一填 |

图 1.5　由方格网与零线分割成挖或填的土方四种几何形状

（2）场地边坡土方量计算

场地平整时，还要计算边坡土方量（图 1.6），其计算步骤如下：

1）标出场地四个角点 A、B、C、D 填挖高度和零线位置。

2）根据土质确定填、挖方边坡的系数 m_1 和 m_2。

3）计算四角点的放坡宽度，如图 1.6 中，A 点的放坡宽度为 $m_1 h_a$，D 点的放坡宽度为 $m_2 h_d$。

4）绘出边坡边线平面示意图，如图 1.6 所示。

5）计算边坡土方量体积。

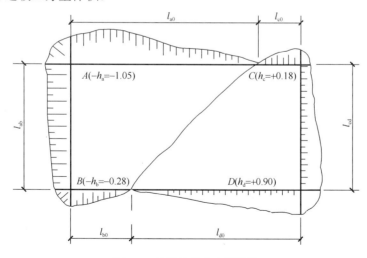

图 1.6　场地边坡土方量计算

A、B、C、D 四个角点的土方量，近似地按正方锥体计算为

$$V_A = \frac{1}{3}(m_1 h_a)^2 h_a = \frac{1}{3} m_1^2 h_a^3 \tag{1.19}$$

AB、CD 两边土方量按平均断面法计算，如 AB 边的土方量为

$$V_{ab} = \frac{F_a + F_b}{2} l_{ab} = \frac{m_1}{4}\left(h_a^2 + h_b^2\right) l_{ab} \tag{1.20}$$

AC、BD 两边分段按三角锥体计算，如 AC 边 l_{a0} 段的土方量为

$$V_{a0} = \frac{1}{3}\left(\frac{m_1 h_a^2}{3} l_{a0}\right) = \frac{1}{6} m_1 h_a^2 l_{a0} \tag{1.21}$$

7. 统计挖、填土方量

将计算的场地方格中挖、填方体积分别相加，即得全场地的总挖方量和总填方量为

$$V_w = \sum V_{wi}, \quad V_t = \sum V_{ti} \tag{1.22}$$

8. 调整设计标高

按移挖做填、挖填平衡的原则所确定的场地设计标高 h_0，实质上仅为一理论值，并未考虑土的可松性（一般填土会有多余），以及场内有高筑或深挖的要求等，会使土方量增加或减少，一般均以调整设计标高解决。

由于土具有可松性，需相应的调整设计标高。如图 1.7 所示，设 Δh 为土的可松性引起设计标高的增加值，F_w、F_t 分别为按理论设计计算的挖、填方区的面积，V_w'、V_t' 分别为调整后挖、填方的体积，则设计标高调整后的总挖方体积 V_w' 应为

$$V_w' = V_w - F_w \Delta h \tag{1.23}$$

总填方体积为

$$V_t' = V_w' K_s' = (V_w - F_w \Delta h) K_s' \tag{1.24}$$

此时，填方区的标高也应与挖方一样，提高 Δh，即

$$\Delta h = \frac{V_t' - V_t}{F_t} = \frac{(V_w - F_w \Delta h) K_s' - V_t}{F_t} \tag{1.25}$$

当 $V_t = V_w$ 时，有

$$\Delta h = \frac{V_w \times (K_s' - 1)}{F_t + F_w K_s'} \tag{1.26}$$

式中，F_w、F_t——理论设计标高计算的挖方区、填方区总面积。

所以，考虑土的可松性后，场地设计标高调整值为

$$h_0' = h_0 + \Delta h \tag{1.27}$$

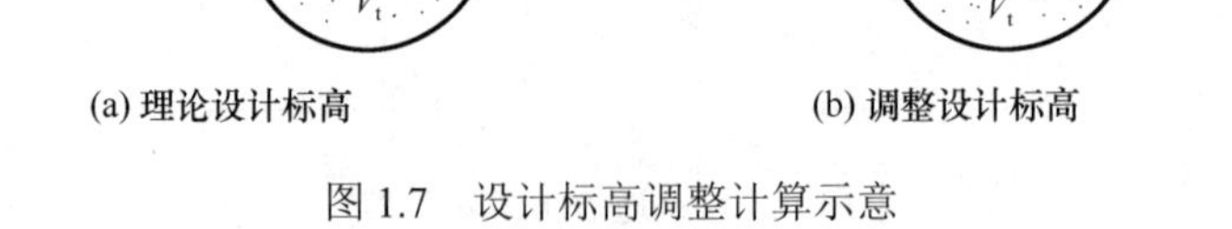

(a) 理论设计标高　　　　　　　　　　(b) 调整设计标高

图 1.7　设计标高调整计算示意

由于场地内有高筑或深挖，从经济观点比较，将部分挖方就近弃于场外，或将部分填方就近在场外取土等，都会引起挖填方量的变化。必要时，也需要重新调整设计标高。

为了简化计算，场地设计标高的调整值 h'_0 可按下列近似公式确定为

$$h'_0 = h_0 \pm \frac{Q}{Na^2} \qquad (1.28)$$

式中，Q——根据 h_0 平整后多余或不足的土方量。

1.3　土方工程事故的原因及其防治

在基坑（槽）施工过程中，有时会发生边坡塌方与流砂，这将会影响工程正常进行，延误工期，甚至造成人身伤亡事故，所以需要采取相应的防治措施。

1.3.1　边坡塌方

在土方工程中挖或填成倾斜的自由面称为边坡。边坡的稳定，主要是由土体内摩阻力和黏结力来保持的。一旦土体失稳，边坡就会塌方。

1. 边坡塌方的原因

影响边坡稳定的因素主要有以下几点。

1）开挖太深，填筑过高，边坡太陡，使边坡内的土体自重增大，从而引起塌方。

2）雨水、地下水渗入基坑（槽），使土体泡软，土的容重增大，内聚力减小，抗剪强度降低，这是造成塌方的主要因素。

3）基坑（槽）的边坡顶面临近坡缘大量堆土或停放施工机具、材料或由于动荷载作用，使边坡土体中的剪应力增大，从而使之塌方。

综上所述，边坡塌方的原因主要是边坡土体内的剪应力超过其抗剪强度。

2. 防治塌方的措施

防治边坡塌方主要有以下措施。

1）既需注意防止边坡内浸水，也应尽量避免在边坡顶缘附近有荷载，否则要加大边坡坡度。

2）选择合宜的边坡坡度。土方边坡坡度用土坡高度 h 与其水平投影宽度 B 之比来表示[图 1.8（a）]

$$\tan\alpha = \frac{h}{B} = \frac{1}{B/h} = \frac{1}{m} \qquad (1.29)$$

式中，m——坡度系数，$m = B/h$。

合宜的边坡系数既应保证边坡稳定，也不应增多土方量。有时，为减少土方量，按地层土质情况，也可做成折线形或踏步形边坡，如图 1.8（b）、（c）所示。土方边坡坡度的留设还应考虑上的种类、密实性、含水量、挖深或筑高、施工方法、地下水位、坡顶荷载与保留时间等因素，因此难以用计算方法确定应设坡度的大小。土质边坡坡度允许值应根据经验，按工程类比的原则并结合已有稳定边坡坡度值分析确定。当无经验，且土质均匀良好，地下水贫乏，无不良地质现象和地质环境条件简单时，一般按表 1.3 确定。

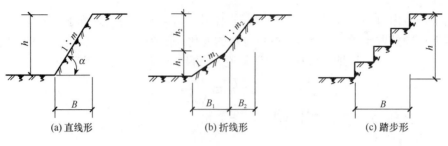

图 1.8　土方边坡

表 1.3　土质边坡坡度允许值

边坡土体类别	状态	边坡坡度允许值（高度比）	
		坡高小于 5m	坡高 5～10m
碎石土	密实	（1：0.50）～（1：0.35）	（1：0.75）～（1：0.50）
	中密	（1：0.75）～（1：0.50）	（1：1.00）～（1：0.75）
	稍密	（1：1.00）～（1：0.75）	（1：1.25）～（1：1.00）
黏性土	坚硬	（1：1.00）～（1：0.75）	（1：1.25）～（1：1.0）
	硬塑	（1：1.25）～（1：1.00）	（1：1.50）～（1：1.25）

注：1. 表中碎石土的充填为坚硬或硬塑状态的黏性土。

　　2. 对于砂石土或充填物为砂土的碎石，其边坡坡度允许值应按自然休止角确定。

在地下水位低于基底，湿度正常的土层中开挖基坑（槽）时，如敞露时间不长，可挖成立壁不加支撑，但挖方深度不宜超过下述规定：

密实、中密的砂土和碎石类土（填充物为砂土）：1.00m；

硬塑、可塑的粉质黏土及粉土：1.25m；

硬塑、可塑的黏土和碎石（填表充物为黏性土）：1.50m；

坚硬的黏性土：2.00m。

外倾软弱的结构面的岩质边坡，土质软弱的边坡，坡顶边缘附近有较大荷载的边坡，坡高超过表 1.3 范围的边坡，其坡度的允许值应通过稳定性分析计算确定。土质边坡稳定性计算应考虑拟建工程项目和边坡整治对地下水运动等水文地质条件的影响，以及由此而引起的边坡稳定性的影响。

3）加设支撑护壁。当开挖基坑（槽）受地质或场地条件的限制而不能放坡，或为减少放坡土方量，以及有防止地下水渗入基坑（槽）要求时，均可采用加设支撑的方法，以保证施工的顺利和安全，并减少原相邻已有建筑物的不利影响。支撑方法有多种，一般按基坑（槽）开挖的宽度、深度或土质情况来选择。

1.3.2　土壁支护

1. 横撑式支撑

如图 1.9 所示，横撑式支撑多用于开挖较窄的基槽，根据挡土板的不同，分为水平挡土板［图 1.9（a）］和垂直挡土板［图 1.9（b）］两类，前者挡土板的布置又分断续式和连续式两种。湿度小的黏性土挖土深度小于 3m 时，可用断续式水平挡土板支撑；对松散、湿度大的土壤可用连续式水平挡土板支撑，挖土深度可达 5m。对松散和湿度很高的土壤可用垂直挡土板式支撑，由于垂直挡土板是在深开挖前将挡土板打入土层中，然后随挖随加设横撑，所以挖土深度不限，但应注意横撑的刚度。

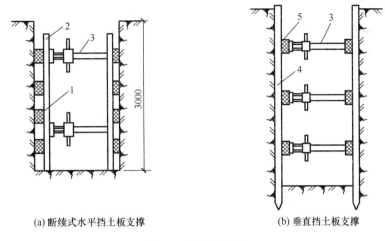

(a) 断续式水平挡土板支撑　　　　　　(b) 垂直挡土板支撑

图 1.9　横撑式支撑

1. 水平挡土板；2. 立柱；3. 工具式横撑；4. 垂直挡土板；5. 横楞木

2. 锚桩式支撑

当开挖宽度较大的基坑时，如用横撑会因其自由长度大而稳定性差，此时可用锚桩式支撑，如图 1.10 所示。打入坑底以下的桩柱间距一般取 1.5～2m，锚桩必须设置在土坡破坏范围以外。

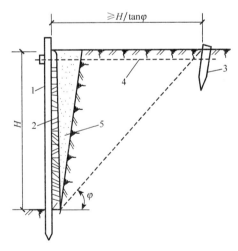

图 1.10　锚桩式支撑

1. 桩柱；2. 挡土板；3. 锚桩；4. 拉杆；5. 回填土

3. 板桩支撑

在土质差、地下水位高的情况下，开挖深且大的基坑时，常采用板桩作为土壁的支护结构。它既可挡土也可挡水，又可避免流砂的产生，防止临近地面下沉。板桩结构分为板桩墙与拉杆（图 1.11）两部分。板桩墙常用的材料有型钢和钢筋混凝土，少量采用木材。

钢筋混凝土板墙为预制的，用后不再拔出。常用的钢板桩有 U 形、Z 形和平板形（图 1.12）。钢板桩通过锁口互相连接，形成一道连续的板墙。钢板桩两侧带有锁口，其坚实牢固并有足够的挡水能力，波浪式板桩截面抗弯能力较好，截面积较小，易于打入。

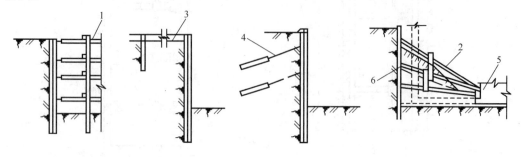

图 1.11　板桩结构

1. 钢构架；2. 斜撑；3. 拉杆；4. 土锚杆；5. 先施工的基础；6. 板桩墙

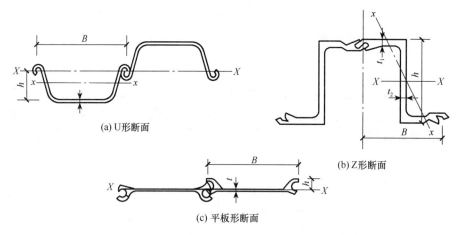

(a) U 形断面

(b) Z 形断面

(c) 平板形断面

图 1.12　常用的钢板桩断面形状

系杆有柔性系杆和刚性系杆两种，前者是指设在板墙后的拉锚，常用钢索、土锚杆等；后者是指设在板墙前的支撑，常用大型型钢、钢管等。一般情况下，根据板墙的高度及截面性能，设一道或多道系杆，如果板墙较低，亦可不设拉锚或支撑，而成为悬臂式板墙。

单锚板桩失稳的原因主要有三方面。

1）板桩的入土深度不够，在土压力作用下，板桩下部走动而出现坑壁滑坡 [图 1.13（a）]。

2）拉锚的强度不够，使板桩在土压力作用下失稳 [图 1.13（b）]，或长度不足，锚桩失去作用而使土体滑动 [图 1.13（c）]。

3）板桩本身刚度不够，在土压力作用下失稳而弯曲 [图 1.13（d）]。为此，将入土深度、锚杆拉力和截面弯矩称为板桩设计的三要素。在闹市或邻近有建筑物或管道的地区施工，还应防止板桩变形过大而引起板墙背后土体沉降 [图 1.13（e）]，必要时应进行板桩变形和地面沉降的计算。

| (a) 板桩下部走动 | (b) 拉锚破坏 | (c) 拉锚长度不足 | (d) 板桩失稳弯曲 | (e) 板桩背后土体沉降过大 |

图 1.13 板桩的工程事故

4. 排桩式支护

排桩式支护结构常用的构件有型钢桩、混凝土或钢筋混凝土灌注桩和预制桩，支撑方式有钢及钢筋混凝土内支撑和锚杆支护。排桩式支护的布置形式有稀疏排桩支护、连续排桩支护和框架排桩支护。

1）型钢桩支护。用作基坑护壁桩的型钢主要是工字钢、槽钢或 H 型钢。型钢护壁桩主要适用于地下水位低于基坑底面标高的黏性土、碎石类等稳定性好的土层。土质好时，在桩间可以不加挡板，桩的间距根据土质和挖深等条件而定。当土质比较松散时，在型钢间需加挡土板，以防止砂土流散。

当地下水位较高时，要与降低地下水位措施配合使用。

2）钢筋混凝土排桩支护结构。钢筋混凝土排桩支护结构采用灌注桩，具有布置灵活、施工简单、成本低、无振动影响等特点，应用广泛。

桩排的布置形式与土质情况、土压力大小、地下水位高低有关，分一字相间排列、一字相接排列、交错相接排列、交错相间排列等，如图 1.14 所示。

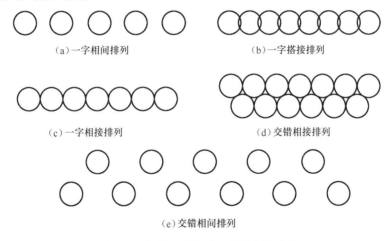

(a)一字相间排列　　　　　　　(b)一字搭接排列

(c)一字相接排列　　　　　　　(d)交错相接排列

(e)交错相间排列

图 1.14 钢筋混凝土灌注桩排布置形式

5. 土层锚杆支护

开挖更深的大型基坑时，为减少土压力对钢板桩或排桩所引起的较大弯矩、常采用增设单层或多层土层锚杆的方法。土层锚杆是埋杆在土层深处的受拉杆体，由设置在钻孔内的钢绞线或钢筋与注浆体组成。钢绞线或钢筋一端与支护结构相连，另一端伸入稳定土层中承受由土压力和水压力产生的拉力，维护支护结构稳定。土层锚杆按使用要求分为临时性锚杆和永久性锚杆，按承载方式分为摩擦承载锚杆和支压承载锚杆，按施工方式分为钻孔灌浆锚杆（一般灌浆锚杆、高压灌浆锚杆）和直接插入式锚杆及预应力锚杆。

　　土层锚杆由锚头、拉杆和锚固体组成。锚头由锚具、承压板、横梁和台座组成，拉杆采用钢筋、钢绞线制成；锚固体是由水泥浆或水泥砂浆将拉杆与土体连接成一体的抗拔构件，如图 1.15 所示。

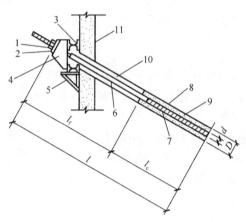

图 1.15　土层锚杆构造图

1. 锚具；2. 承压板；3. 横梁；4. 台座；5. 承托支架；6. 套管；7. 钢拉杆；8. 砂浆；9. 锚固体；
10. 钻孔；11. 挡墙；l_f. 非锚固段（自由段）长度；l_c. 锚固段长度；l. 锚杆全长；D. 锚固体直径；d. 拉杆直径

　　锚杆以上的主动滑动面为界，分为非锚固段（自由段）和锚固段。非锚固段处在可能滑动的不稳定土层中，可以自由伸缩，其作用是将锚头所承受的荷载传递到主动滑动面外的锚固段。锚固段处在稳定土层中，与周围土层牢固结合，将荷载分散到稳定土体中去。非锚固段长度不宜小于 5m，锚固段长度由计算确定。

　　锚杆的埋置深度要使最上层锚杆上面的覆土厚度不小于 4m，以避免地面出现隆起现象。锚杆的层数根据基坑深度和土压力大小设置一层或多层。锚杆上下层垂直间距不宜小于 2m，水平间距不宜小于 1.5m，避免产生群锚效应而降低单根锚杆的承载力。锚杆的倾角宜为 10°～25°，但不应大于 45°。允许的倾角范围内根据地层结构，应使锚杆的锚固置于较好的土层中。

　　土层锚杆是锚固在土层中的受拉杆体，其承载力是由拉杆强度、拉杆与锚固体间的握裹力（黏结力）、锚固体与土壁间的摩擦阻力确定的。土层锚杆的锚固段受力时，首先通过拉杆与周边浆体的握裹力将力传递给水泥砂浆再通过浆体将力传递给周围土体。随着荷载增加，拉杆与浆体的握裹力逐渐发展到锚固段下端，达到最大握裹力时，拉杆将与土体发生相对位移，产生拉杆与土体间的摩擦阻力。当拉杆与土体间的摩擦阻力达到极限状态时，土层锚杆进入破坏阶段。

　　土层锚杆施工工艺：定位—钻孔—安放拉杆—注浆—张拉锚固。

　　锚杆施工又分为干作业和湿作业，湿作业是在干作业上增加水冲钻孔。钻孔要求孔壁顺直，不得坍塌和松动。常用清水循环钻法，适用于较硬土层。拉杆应平直并进行防腐处理。安放拉杆要防止扭曲、扰动孔壁。灌浆管宜与拉杆绑在一起放入孔内，一次注浆管距孔底宜为 100～200mm。二次注浆应进行可灌密封处理。

注浆是土层锚杆施工的重要工序，分一次注浆法和二次注浆法。一次注浆法宜先用灰砂比（1∶2）～（1∶1）、水灰比 0.38～0.45 的水泥砂浆，水灰比 0.45～0.5 的水泥浆。二次注浆法宜使用水灰比 0.45～0.55 的水泥浆，采用高压注浆，压力宜控制在 2.5～5.0MPa。一次注浆法用一根注浆管，二次注浆法用两根注浆管，第一次注浆的浆体达到 5MPa 后进行第二次高压注浆。由于高压注浆，使浆液冲破第一次的浆体向锚固体与土的接触面间扩散，提高了锚杆的承载力。

预应力锚杆张拉锚固应在锚固段强度大于 15MPa 并达到设计强度等级的 75% 后方可进行。张拉顺序应考虑对邻近锚杆的影响，采取分级加载，取设计拉力值的 10%～20% 预张拉 1～2 次，使各部位接触紧密，锚筋平直，张拉至设计拉力值的 0.9～1.0 倍，按设计要求锁定。锚杆的张拉控制应力不应超过锚杆杆体强度标准值的 0.75 倍。

土层锚杆锚固段采用水泥砂浆封闭防腐，拉杆周围保护层厚度不小于 10mm，自由段涂润滑油或防腐漆，外包塑料布，锚头采用沥青防腐。

6. 土钉支护

土钉支护是以土钉作为主要受力构件的边坡支护技术，它由密集的土钉群、被加固的原位土体、喷射的混凝土面层和必要的防水系统组成，又称土钉墙。土钉是用作加固或同时锚固原位土体的细长杆件。通常采取土层中钻孔，置入变形钢筋并沿孔全长注浆的方法做成。土钉依靠与土体之间界面黏结力或摩擦力，在土体发生变形的条件下被动受力，主要是受拉力作用。

土钉支护由土钉、面层和防水系统组成。

土钉采用直径 16～32mm 的螺纹钢筋；与水平面夹角一般为 5°～20°；长度在非饱和土中宜为基坑深度的 0.6～1.2 倍，软塑黏性土中宜为基坑深度的 1.0 倍；水平间距和垂直间距相等且乘积应不大于 6m²，非饱和土中为 1.2～1.5m，坚硬黏土或风化岩中可为 2m，软土中为 1m；土钉孔径为 70～120mm，注浆强度不低于 10MPa。面层采用喷射混凝土，强度等级不低于 C20，厚度 80～200mm，配置的钢筋网采用直径 6～10m 钢筋，间距 150～300mm。土钉与混凝土面层必须有效地连接成整体，混凝土面层应深入基坑底部不少于 0.2m。

土钉支护具有以下特点：材料用量和工程量少，施工速度快；施工设备和操作方法简单；施工操作场地较小，对环境干扰小，适合在城市地区施工；土钉与土体形成复合主体，提高了边坡整体稳定性和承受坡顶荷载能力，增强了土体破坏的延性，利于安全施工；土钉支护位移小，对相邻建筑物影响小；经济效益好。土钉支护适用于地下水位以上或经降水措施后的砂土、粉土、黏土等土体中。

土钉支护作用机理：土钉墙是由土钉锚体与基坑侧壁土体形成的复合体，土钉锚体由于本身具有较大的刚度和强度，并在其分布的空间内与土体组成了复合体的骨架，起到约束土体变形的作用，弥补了土体抗拉强度低的缺点，与土体共同作用，可显著提高基坑侧壁的承载能力和稳定性。土钉与基坑侧壁土体共同承受外荷载和自重应力，土钉起着分担作用。土钉具有较高的抗拉、抗剪强度和抗弯刚度。当土体进入塑性状态后，应力逐渐向土钉转移；当土体开裂时，土钉内出现弯剪、拉剪等复合应力，最后导致土钉锚体碎裂，钢筋屈服。由于土钉的应力分担，应力传递与扩散作用，增强了土体变形的延性，降低了应力集中程度，从而改善了土钉墙复合体塑性变形和破坏状态。喷射混凝土面层对坡面变形起约束作用，约束力取决于土钉表面与土的摩擦阻力，摩擦阻力主要来自复合土体开裂区后面的稳定复合土体。土钉墙体是通过土钉与土体的相互作用实现其对基坑侧墙的支护作用的。

土钉支护的施工工艺：定位—钻机就位—成孔—插钢筋—注浆—喷射混凝土。

成孔钻机可采用螺旋钻机、冲击钻机、地质钻机，按规定进行钻孔施工。土钉支护应按设计规定的分层开挖深度按顺序施工，在完成上层作业面的土钉与喷射混凝土以前，不得进行下一层的开挖。插入孔中的 11 级以上的螺纹钢筋必须除锈，保持平直。注浆可采用重力、低压（0.4～0.6MPa）或高压（1～2MPa）方法，水平孔应采用低压或高压注浆方法。注浆用水泥砂浆其配合比 1∶1 或 1∶2，用水泥浆则水灰比为 0.45～0.5。

喷射混凝土的强度等级不低于 C20，水灰比为 0.4～0.45，砂率为 45%～55%，水泥与砂石质量比为（1∶4.5）～（1∶4），粗骨料最大粒径不得大于 12mm。喷射混凝土顺序应自下而上，喷射分两次进行。第一次喷射后铺设钢筋网，并使钢筋网与土钉采用各种方法连接牢固。喷射第二层混凝土，要求表面湿润、平整，无干斑或滑移流淌现象，待混凝土终凝后 2h，浇水养护 7d。

7. 地下连续墙

在地质、水文条件不良的地区或在城市开挖很深的基坑时，放坡即受限制，如用直壁开挖（如用钢板桩支护）和井点降水的方法，打钢板桩会使邻近地面受到震动而增大地基荷载；井点降水会使土中的孔隙水排出，孔隙水压力下降或消散，都能产生地面的附加沉降。而地下连续墙既可挡土护壁，截水防渗，也可用作承受上部结构荷载。地下连续墙作为临时性支护措施不经济，常用做永久性结构，目前在高层建筑或地下结构的深基础工程中选用较多。

1.3.3　流砂

粒径很小的非黏性土，在动水压力作用下，土颗粒极易失去稳定，而随地下水一起流动涌入坑内，这种现象称为流砂，也称为管涌冒砂。发生流砂现象时，地基完全失去承载力，工人难以立足，施工条件恶化；土边挖边冒，难以达到设计深度；引起边坡塌方，使附近建筑物下沉、倾斜，甚至倒塌；拖延工期，增加施工费用。因此，在施工前，必须对工程地质资料和水文资料进行详细调查研究，采用有效措施来防治流砂现象。

1. 流砂的成因

产生流砂的原因有外因和内因。外因取决于外部水位条件，内因取决于土的性质。

（1）产生流砂的外因

地下水的渗流对单位土体内的土颗粒产生的压力称为动水压力，用力 P_d 表示，它与单位土体渗流水受到土颗粒的阻力 T 大小相等、方向相反。如图 1.16 所示，水在土体内从 A 向 B 流动，沿水流方向任取一土柱体 AB，其长度为 L，横断面积为 S，两端点 A、B 之间的水头差为 $H_A - H_B$。计算动水压力时，考虑到地下水的渗流加速度很小（$\alpha \approx 0$），因而忽略惯性力。

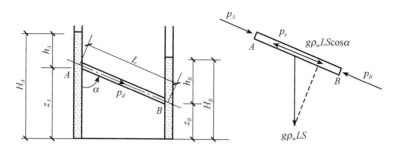

图 1.16 饱和土体中动水压力的计算

作用于 AB 土方上的力有:

1) p_A、p_B 为 A、B 两端的静水压力。

2) $p_A = g\rho_w h_A S$,$p_B = g\rho_w h_B S$,其中 g 为重力加速度,ρ_w 为水的体积量,S 为截面面积。

3) 土柱体内水的重量(等于饱和土柱中孔隙水的重量与土颗粒所受浮力的反力之和)$g\rho_w LS$。

4) p_z 为土柱体中的颗粒对渗流水的总阻力,$p_z = TLS$,T 为土体的阻力。

根据静力平衡条件,得

$$p_A - p_B - p_z + g\rho_w LS\cos\alpha = 0$$

将 $\cos\alpha = \dfrac{z_A - z_B}{L}$ 代入上式可得

$$T = g\rho_w \frac{(h_z + z_A) - (h_B + z_B)}{L}$$

$$= h\rho_w \frac{H_A - H_B}{L} = Ig\rho_w \tag{1.30}$$

式中,$I = \dfrac{H_A - H_B}{L} = \dfrac{\Delta H}{L}$,称为水力坡度(或水力坡降)。

根据作用力与反作用力定律知,土粒对渗流水作用以阻力 T,则渗流水对土粒作用以动水压力 p_d,其大小相等,方向相反,即

$$p_d = -T = -I\gamma_w \tag{1.31}$$

由此式可知:动水压力与水力坡度成正比;动水压力的作用方向与水流方向相同。

由于动水压力与水流方向一致,所以当水在土中渗流的方向改变时,加大土粒的压力。如水流从下向上,则动水压与重力方向相反,减小土粒间压力,也就是土粒除了受水的浮力外,还要受到动水压力向上举的趋势。如果动水压力等于或大于土的有效重度 γ',即

$$p_d \geqslant \gamma' \tag{1.32}$$

此时,土粒即可能失去自重,在动水压力作用下处于悬浮状态,随着渗流的水一起流动,即出现所谓流砂。

(2)产生流砂的内因

由土的三相比例指标换算公式可知,土的有效重度与孔隙比的关系为

$$\gamma' = \gamma_{\text{sat}} - \gamma_w = \frac{d_s - 1}{1 + e}\gamma_w \tag{1.33}$$

式中，γ_{sat}——土的饱和重度；

$\quad d_s$——土的相对密度；

$\quad e$——土的孔隙比。

所以，土粒越细，孔隙比越大，有效重度越小，就越容易产生流砂。黏性土的粒径虽小，但有黏结力，若将土粒互相黏结为整体，即可提高抵抗动水压力的能力。

根据经验，流砂一般容易发生在粉质黏土、细砂、粉砂和淤泥中。为避免施工过程出现流砂，施工前即应了解工程场地的地质、水文情况，以便预先采取措施防治。

2. 流砂的防治措施

防治流砂的途径有：一是减少或平衡动水压力；二是设法使动水压力方向向下；三是截断地下水流。其具体措施有：

1）枯水期施工。因地下水位低，坑内外水位差和动水压力小，因此不易产生流砂。

2）抛大石块法。在施工过程中如发生局部的或轻微的流砂，可组织人力分段抢挖，使挖土速度超过冒砂速度，挖至标高后，立即铺设芦席并抛大石块，增加土的压重，以平衡动水压力。

3）打钢板桩法。将板桩沿基坑周围打入坑底面一定深度，增加地下水从坑外流入坑内的渗流路线，从而减小水力坡度，降低动水压力，防止流砂发生。

4）水下挖土法。就是不排水施工，使坑内外的水压相平衡，不致形成动水压力。

5）人工降低地下水位法。如采用轻型井点、喷射井点及管井井点等，由于地下水的渗流向下，使动水压力的方向也朝下，增大土粒间的压力，从而有效地制止流砂的产生。

6）地下连续墙法。沿基坑四周筑起一道连续的钢筋混凝土墙，截止地下水流入基坑内。

以上流砂防治的各种方法，需视工程条件选定，还要权衡其技术经济效果。通常用井点降水方法为多，并可与钢板桩配合使用。

1.4 基坑降水

1.4.1 集水坑降水

集水坑降水法是当基坑挖至接近地下水位时，先在坑底四周挖排水沟和集水坑，使地下水渗至排水沟流入集水坑，然后用水泵抽走。如图1.17所示，抽出的水应引开，以防倒流。排水沟与集水坑是随基底挖土逐层加深的，三者间的深差始终保持在一定范围。

排水沟宽一般不小于0.3m，泄水坡不小于1%。集水坑应设置在基础范围外，地下水走向上游。集水坑的数量则取决于地下水量大小、基坑平面形状及水泵的抽水能力等，一般每隔20～40m设置一个，其直径或宽度为0.6～0.8m，深度要保持低于挖土面0.7～1.0m，坑壁可用竹框、木框等简易加固，以防坍塌。当基坑挖至设计标高后，集水坑应低于基坑底1～2m，并铺设碎石滤水层，以免在抽水时间较长时将泥沙带走，防止集水坑底的土被搅动。

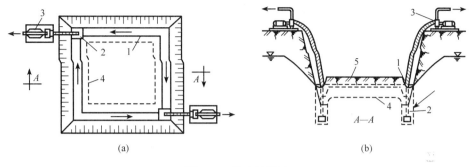

图 1.17 集水坑降水

1. 排水沟；2. 集水坑；3. 水泵；4. 基础外缘线；5. 地下水位线

集水坑降水的方法简单，但只适于土质较好，地下水位不高的土层中。排水沟是随基底土挖掘而逐层加深，所以只适用于人工分层开挖。

1.4.2　井点降水

开挖土质不好且地下水位较高的深基坑（槽）时，应采用井点降水的方法，即在基坑开挖前，预先在基坑四周埋设一定数量的滤水管（井），在基坑（槽）开挖前和开挖过程中，从管（井）内不间断抽水排出，使其四周地下水位下降而形成水位降落漏斗；漏斗的竖向外缘线称之为水位降落曲线。当各管（井）所形成的水位降落曲线互相衔接时，大面积的水位即降落至基底以下（图 1.18）。这样，可使所挖的土始终保持干燥状态，从根本上防止了流砂的发生，改善了工作条件；同时土内水分排除后，边坡可改陡，减少了挖土量。此外，由于水压力向下作用，可以加速地基土的固结，防止基底隆起，以利于提高工程质量。

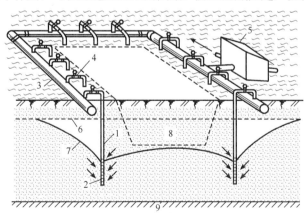

图 1.18　轻型井点系统降低地下水位示意图

1. 井点管；2. 滤管；3. 总管；4. 弯联管；5. 水泵房；6. 原地下水位线；
7. 降低后的地下水位线；8. 基坑；9. 不透水层

井点降水方法按其系统的设置、吸水方法和原理的不同，可以分为轻型井点、喷射井点、电渗井点、管井井点和深井井点等。各种井点的适用范围，可根据土的渗透系数、降低水位的深度、工程特点及设备条件等，参考表 1.4 选用。在各类井点中，轻型井点属于基本类型，且应用较广，故作重点阐述。

表 1.4　各类井点的适用范围

井点类别	土层渗透系数/（m/d）	降低水位深度/m
单层轻型井点	0.1～80	3～6
多层轻型井为	0.1～80	6～9
喷射井点	0.1～50	8～20
电渗井点	<0.1	5～6
管井井点	20～200	3～5
深井井点	10～80	>15

注：表中数值为《建筑工业手册》（第五版）《建筑工业手册》（第五版）编委会.2012. 建筑工业手册[M]. 第 5 版. 北京：建筑工业出版社.）

1. 轻型井点

轻型井点就是沿基坑的四周将井点管以一定间距埋至基坑底面以下含水层内，在地面上用总管将各井点管连接起来，并在一定位置设置抽水设备，经过一定时间的抽水，即可将地下水位降低至坑底以下所要求的深度（图 1.18）。

（1）轻型井点设备

轻型井点设备是由管路系统和抽水设备组成。

1）管路系统。管路系统主要包括滤管、井点管、弯联管和总管。

滤管是地下水的吸入口，长度为 1～1.5m，直径为 38～55mm 的无缝钢管，管壁上钻有直径为 12～19mm 的按梅花状排列的小圆孔，其总面积为滤管表面积的 20%～25%，管外包裹两层滤网，如图 1.19 所示。为使吸水流畅，避免吸水孔淤塞，在管壁与滤网间用塑料管或铁丝绕成螺旋形，使两者隔开一定间隙；在滤网的最外面，再绕一层粗铁丝保护网；滤管的上端与井管相连，在插入土层过程中下端的铸铁头阻止泥沙进入。

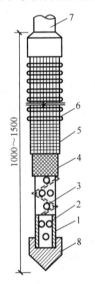

图 1.19　滤管构造

1. 钢管；2. 吸水孔；3. 塑料管；
4. 细滤网；5. 粗滤网；6. 粗铁丝保护网；
7. 井点管；8. 铸铁头

井管用直径 38～55mm 的钢管（或镀锌钢管），长 5～7m，可以是整根的或是分节组成的。井点管的上端用弯联管与总管相连。弯联管宜用透明塑料管或用橡胶软管，每个弯联管上装有阀门，便于调节或检修。

总管采用直径为 75～100mm 的钢管，每节长度为 4m，其上每隔 0.8～1.6m 设有一个与井点管连接的短接头。

2）抽水设备。抽水设备由真空泵、离心泵和水汽分离器等组成，其工作原理如图 1.20 所示。抽水时先开动真空泵 13，使水汽分离器 6 及以下的管路系统中产生一定程度的真空度，土壤中的水和气受真空吸力作用被吸入滤管，经管路系统向上跳流到水汽分离器中；此时开动离心泵 14，将抽出的地下水由排水管 16 排走，空气则集中的水汽分离器上部由真空泵排出。水汽分离器中浮筒 7 的作用是，当系统中水的吸入量大于排出量时，水汽分离器中蓄水增高，浮筒上升，使阀门 9 关闭，避免水进入真空泵而导致故障。至于空气中所含的少量水汽，则由副水汽分离器 12 滤清。为对真空泵进行冷却，设有一个冷却循环水泵 17。

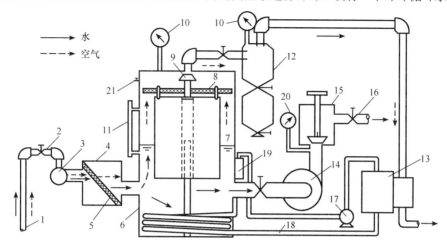

图 1.20 轻型井点抽水设备工作简图

1. 井点管；2. 弯联管；3. 总管；4. 过滤器；5. 过滤网；6. 水汽分离器；7. 浮筒；8. 挡水板；
9. 阀门；10. 真空表；11. 水位计；12. 副水汽分离器；13. 真空泵；14. 离心泵；15. 压力箱；
16. 排水管；17. 冷却泵；18. 冷却水管；19. 冷却水箱；20. 压力表；21. 真空调节阀

（2）轻型井点布置

布置轻型井点应根据基坑大小与深度、土质、地下水位高低与流向、降水深度要求而定。布置时主要考虑其平面和高程两个方面。

1）平面布置。当基坑（槽）宽度小于 6m，且降水深度不超过 5m 时，一般可用单排井点，布置在地下水的上游一侧，其两端延伸长度一般不小于该坑（槽）的宽度为宜，如图 1.21 所示；如基坑宽度大于 6m 或土质不良，则宜采用双排井点。当基坑面积较大时，宜采用环形井点，如图 1.22 所示。为便于挖土机械和运土车辆出入基坑，环形井点也可以与地下水的下游保留一段不设井管，而形成不封闭的布置。井管与坑壁距离不宜小于 1m，以防止坑壁产生泄漏而影响抽水系统的真空度。井管间距应根据土质、降水深度，工程性质按计算或经验确定，一般为 0.8~1.6m。靠近河流处与总管四角部位，井管应适当加密。

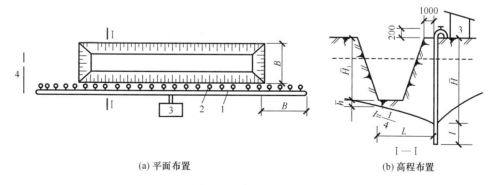

(a) 平面布置   (b) 高程布置

图 1.21 单排井点布置

1. 总管；2. 井点管；3. 水泵房；4. 地下水流向

2）高程布置。高程布置即是井点系统的竖向布置，取决于基坑（槽）的开挖深度，地下水位高度、降水深度等条件。井管的埋设深度$\overline{H}$（不包括滤管）[如图1.21（b）和图1.22（b）所示] 为

$$\overline{H} \geqslant \overline{H}_1 + \overline{h} + IL \qquad (1.34)$$

式中，$\overline{H}_1$——总管平台面至基坑（槽）底的距离；

$\overline{h}$——坑（槽）底面至拟将降低的地下水位的距离，一般取 0.5～1.0m；

I——水力坡度，可取实测或经验值；环形井点取$I=1/10$，单排井点取$I=1/4$；

L——单排井点时为井管至坑（槽）底的另一边缘水平距离，双排或环形井点时为井管至基坑中心的水平距离，两者的方向均为坑（槽）的宽度方向。

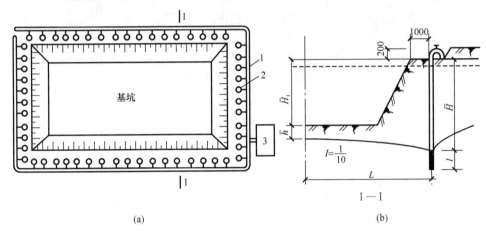

图1.22 环形井点设置

1. 总管；2. 井点管；3. 抽水设置

由于轻型井点系统中的真空泵的实际真空度一般不能达到理论值，以及管路系统的水头损失和可能的局部漏水等都会影响有效吸水深度，因此按上式计算出的埋设深度$\overline{H}$不大于6m。如计算出的$\overline{H}$稍大于6m时，应降低井管的埋设面以减小井管的埋设深度，常采用降低总管的办法。为使井管与总管连接方便，井管上端露出地面 0.2～0.3m，加进$\overline{H}$值，即为应配用的井管全长。

当一层轻型井点达不到降水深度要求时，根据土质情况，可应用前述集水坑降水法，将地下水位先降至一定的深度，然后将总管安装在原有地面以下，以增加降水深度；或采用两层轻型井点（图1.23），即先进行第一层井点降水和挖土，然后在其底部埋设第二层井点。

（3）轻型井点的计算

轻型井点的平面和高程布置方案初步确定后，就可进行井点系统的涌水量计算、井管数量和井距的确定、抽水设备的选用等。

1）涌水量的计算。目前一般是运用以达西定

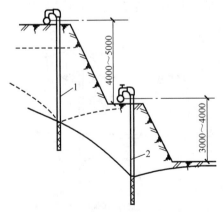

图1.23 两层轻型井点

1. 第一层井点；2. 第二层井点

律为基础的裘布依水井理论求其近似值，其中水井的类别不同，反映在计算公式中的参数有所差别。水井根据地下有无压力分为无压井和承压井。当水井布置在具有潜水自由面的含水层中时（即地下水面为自由水面），称为无压井［图 1.24（a）、（b）］；当水井布置在承压含水层中时（含水层中的地下水充满在两层不透水层间，含水层中的地下水面具有一定水压），称为承压井［图 1.24（c）、（d）］。另外，根据井底是否达到不透水层，可将水井分为完整井和非完整井，达到者为完整井［图 1.24（a）、（c）］，否则为非完整井［图 1.24（b）、（d）］。在实际工程中，以无压非完整井为多见。

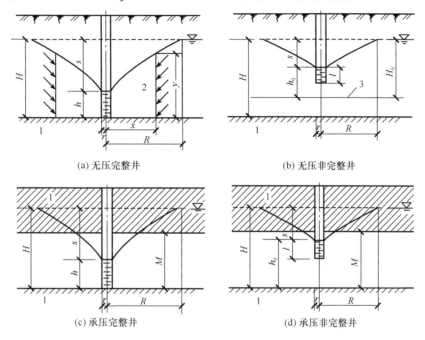

(a) 无压完整井　　　　　　　　　(b) 无压非完整井

(c) 承压完整井　　　　　　　　　(d) 承压非完整井

图 1.24　水井的分类

1. 不透水层；2. 距井轴 x 处的渗流面；3. 抽水影响深度线

无压完整井的单井涌水量：在无压完整井内抽水时，水位变化如图 1.24（a）所示。当抽水一定时间后，井周围水面最后降落成渐趋稳定的漏斗状曲面，称为降落漏斗。水井中心至漏斗外缘的水平距离称为抽水影响半径 R。

根据达西定律，无压完整井的涌水量 Q（m³/d）为

$$Q = KI\omega \tag{1.35}$$

式中，K——土壤渗透系数，m/d；

I——水力坡度，距井中心 x 处为 $I = \dfrac{\mathrm{d}y}{\mathrm{d}x}$；

ω——距井中心 x 处水流的过水断面面积，可近似地看成是铅直线线井中心旋转的旋转面面积

$$\omega = 2\pi xy$$

代入并推导得无压完整井的单井涌水量为

$$Q = 1.364K\frac{H^2 - h^2}{\lg R - \lg r} \tag{1.36}$$

式中，H——含水层厚度，m；

　　h——井内水深，m；

　　R——抽水影响半径，m；

　　r——水井半径，m。

　　无压完整井的群井涌水量：实际井点系统是由许多单井组成的。各井点同时抽水时，由于各个单井相互距离都小于两倍抽水影响半径，因而各个单井水位降落漏斗彼此干扰，其涌水量比单独抽水时要小，所以群井的总涌水量不等于各个单井涌水量之和。

　　根据群井的相互干扰作用，可推导出无压完整井的群井涌水量计算公式

$$Q = 1.364K \frac{H^2 - y^2}{\lg R - \dfrac{1}{n}\lg(x_1,\ x_2,\ \cdots,\ x_n)} \tag{1.37}$$

式中，y——群井范围内任意点 o 降低后的地下水位高度，m；

　　$x_1,\ x_2,\ \cdots,\ x_n$——群井范围内任意点 o 至各井中心的距离，m；

　　n——单井个数。

　　无压完整井的环形井点涌水量：设环形布置的群井范围内任意点 o 距各井中心距离为 $x_1 = x_2 = x_n = x_0$，即各单井布置在等半径的圆周上，则式（1.37）可简化为

$$Q = 1.364K \frac{(2H - s)s}{\lg R - \lg x_0} \tag{1.38}$$

式中，s——群井中心水位降低值，$s = H - y$。

　　实际工程中的基坑多为矩形，其井点也按矩形布置。为方便计算，常将矩形面积按等值圆计算并求出其假想半径

$$x_0 = \sqrt{\frac{A}{\pi}} \tag{1.39}$$

式中，A——环形井点系统所包围的面积，m^2。

　　应用式（1.38）计算涌水量时，必须满足其限制条件，即矩形基坑平面的长宽比不大于 5，或基坑宽度不大于两倍的抽水影响半径。否则需要先将基坑分块以满足上述条件，然后逐块计算涌水量再相加，即为总涌水量。

　　应用上述公式时，需要事先确定式中的 K 和 R 两个参数。

　　测定土的渗透系数 K 的方法有现场抽水试验和试验室测定两种。对于重大的工程，宜采用现场抽水试验的方法。其方法是在现场设置抽水井，在距抽水井为 x_1 和 x_2 处设置两孔观测井，三井在同一直线上，待抽水稳定后，测出两观测井内水位降落值 s_1、s_2 和抽水井相应的抽水量 Q，则

$$K = 0.73Q \frac{\lg x_2 - \lg x_1}{(2H - s_1 - s_2)(s_1 - s_2)} \tag{1.40}$$

　　抽水影响半径 R，与土的渗透系数、含水层厚度、水位降低值及抽水时间等因素有关。工程中常用库萨金公式来确定抽水影响半径，即

$$R = 1.95s\sqrt{HK}$$

　　式中符号意义同前。该公式系经验公式，欠准确，所以现场仍以做抽水试验的方法确定抽水影响半径 R。将试验所测得的值代入下式，即可得比较符合实际的 R。

$$\lg R = \frac{s_1(2H-s_1)\lg x_2 - s_2(2H-s_2)\lg x_1}{(s_1-s_2)(2H-s_1-s_2)} \qquad (1.41)$$

无压非完整井的环形井点涌水量；无压非完整井的环形井点系统如图 1.25 所示。其涌水量的计算较为复杂，为了简化计算，仍可采用无压完整井的环形井点涌水量计算公式，只是式中的 H 应换成抽水影响深度 H_0（当井底距不透水层的距离很大时，抽水时扰动显然不能影响至下层），H_0 值系经验值，可查表 1.5 选用。当算得的 H_0 大于实际含水层厚度 H 时，则仍取 H 值。

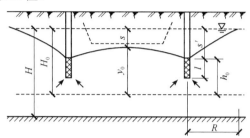

图 1.25　无压不完整井的环形点计算简图

表 1.5　抽水影响深度 H_0 值

$\dfrac{s'}{s'+l}$	0.2	0.3	0.5	0.8
H_0/m	1.3（$s'+l$）	1.5（$s'+l$）	1.7（$s'+l$）	1.84（$s'+l$）

注：$s'/(s'+l)$ 的中间值可以通过插值法来求。

对于承压井，工程中不多见，在此从略。

2）井管数量与井距的确定。首先根据地下水在土中的渗透速度、滤管的构造与尺寸，确定单根井管的最大出水量 q（$\mathrm{m^3/d}$）

$$q = \pi dlv = 65\pi dl\sqrt[3]{K} \qquad (1.42)$$

式中，d——滤管的直径，m；

$\quad\quad l$——滤管的长度，m；

$\quad\quad v$——地下水的渗透速度，m/d；

$\quad\quad K$——土壤的渗透系数，m/d。

然后根据井点系统总涌水量 Q 和单根井管最大出水量 q，确定井管的最少根数 n 为

$$n = 1.1\frac{Q}{q} \qquad (1.43)$$

式中，1.1——考虑井管堵塞等因素的备用系数。

根据井点系统布置方式，确定井管的最大间距 D_0（m）为

$$D_0 = \frac{L_0}{n} \qquad (1.44)$$

实际采用的井管间距 D 应当与总管上接头尺寸相适用，即选取与计算值相近的标准距 0.8m、1.2m、1.6m 或 2.0m，而且以 $D<D_0$ 为宜，这样就需对 n 做调整。有时用环形井点做不封闭布置时，也需要按经验对 D_0 和 n 做调整。调整后，应对井点系统范围内某一不利点的降水深度进行校核，可用下式检查其是否满足要求，即

$$s_i = H - y_i = H - \sqrt{H^2 - \frac{Q}{1.364K}\left[\lg R - \frac{1}{n}\lg(x_1, \ x_2, \ \cdots, \ x_n)\right]} \qquad (1.45)$$

如果核算结果不能满足降水要求，则可调整井管的埋深或增加井管数量等，直至满足要求为止。

3）抽水设备的选择。常用的抽水设备有真空泵和水泵两种。

真空泵：其类型有干式（往复式）和湿式（旋转式）两种。由于干式真空泵排气量大，在轻型井点降水中采用较多；湿式真空泵具有重量轻、振动小、容许水分渗入等优点，但排气量小，宜在粉砂土和黏性土中使用。

干式真空泵的型号有 W_4，W_5，$\cdots$，W_7 等，选择时，除要求其所产生的真空度满足规定外，还要根据计算中的井管数和总管长度来选择相应的型号。根据经验，W_4 型可负担 60～70 根井管，带动总管长约 80m；W_5 带动总管长约 100m，W_6 约为 120m。个别地区采用 W_7 型时，总管长度可大于 120m。

真空泵的真空度，根据力学性能，最大可达 99.8kPa。真空泵在抽水过程中所需的最低真空度 h_k，根据降水深度及各项水头损失，可按下式计算

$$h_k = 10\left(\overline{H} + \Delta h\right) \qquad (1.46)$$

式中，$\overline{H}$——井管的抽水深管即井管的长度，m；

Δh——水头损失，包括进入滤管的水头损失、管路阻力损失及漏气损失等，常近似取 1.0～1.5m。

水泵：常用离心泵，其型号见表 1.6。选择时应根据井点系统总涌水量和井管吸水深度而定。抽水初始的涌水量较稳定时大，所以对于水泵流量，应比计算出的井点系统总涌水量大 10%～20%。水泵的吸水扬程主要应能克服水汽分离器中的真空吸力，也就是要大于或等于抽水深度加各项水头损失，即

$$吸水扬程 \geqslant h_k = \overline{H} + \Delta h \qquad (1.47)$$

表 1.6　B 型离心泵性能

水泵型号	流量/（m³/h）	总扬程/m	吸水扬程/m	电动机功率/kW
$1\frac{1}{2}B17$	6～14	20.3～14	6.6～6.0	1.5
2B19	11～25	21～16	8.0～6.0	2.2
2B31	10～30	34.5～15.6	8.2～5.7	4.0
3B19	32.4～52.2	21.5～15.6	8.2～5.7	4.0
3B33	30～55	35.5～28.8	6.7～3.0	7.5
3B57	30～70	62～44.5	7.7～4.7	17.0
4B15	54～99	17.6～10	5	5.5
4B35	65～120	65～120	6.7～3.3	17.0

（4）轻型井点系统的安装与使用

轻型井点系统的安装程序是先排放总管，再埋设井点管，用弯联管将井管与总管连接，然后安装抽水设备。

井管的埋设一般用水冲法进行（图 1.26），分为冲孔、埋管与封口三个施工过程。

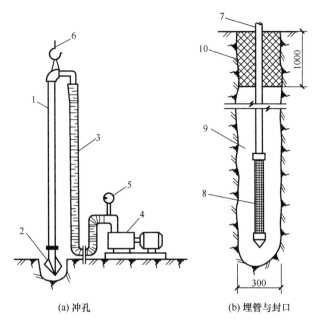

图 1.26 井管的埋设

1. 冲管；2. 冲头喷嘴；3. 胶皮管；4. 高压水泵；5. 压力表；
6. 起重机吊钩；7. 井管；8. 滤管；9. 砂过滤层；10. 黏土封口

冲孔时，先用起重设备将冲管吊起并插在井管的位置上，然后开动高压水泵，将土冲松，冲管则边冲边沉。冲孔直径不小于 300mm，以保证井管四周有一定厚度的砂滤层，冲孔深度宜比滤管底深 0.5m 左右，以防冲管拔出时，部分土颗粒沉于底部而触及滤管底部。

井孔冲成后，立即拔出冲管，居中铅直插入井管，并在井管与孔壁之间迅速填灌砂滤层，以防孔壁塌土和堵塞滤网。砂滤层的填灌质量是保证轻型井点顺利抽水的关键，一般宜选用干净粗砂，均匀填灌，并填至滤管顶上 1～1.5m，以保证水流畅通。

井点填砂后，须用黏土封口并捣实，以防漏气。

井点系统全部安装完毕后，需进行试抽，以检查有无漏气现象。开始应连续抽水，避免时抽时停，否则会抽出大量的泥沙，使水混浊，造成滤管堵塞或附近地面下沉，有时会引起邻近建筑物开裂。因此抽水一经开始，就应持续进行至全部基础工作完成后为止。

正常的排水是细水长流，出水澄清。抽水时需要经常检查井点系统工作是否正常，以及检查、观测井中水位下降情况，如果有较多井点管发生堵塞，影响降水效果时，应逐根用高压水反向冲洗或拔出重埋。

采用井点降水时，应对附近的地面及其上的建筑物进行沉降观测，以便采取防护措施。

2. 喷射井点

当开挖的基坑（槽）深度较大，且地下水位较高时，若布置一层轻型井点则不能满足降水深度要求，如采用多层轻型井点布置，则在技术经济上又不合理，因此当降水深度超过 6m，土层渗透系数为 0.1～2.0m/d 的弱水层时，可采用喷射井点，降水深度可达 20m。

喷射井点按其工作时喷射的介质不同，可分为喷气井点与喷水井点。常用喷水井点主要由喷射井管、高低压水泵和管路系统组成。管路系统包括进水总管、排水总管（直径 150mm，每套 60m）、接头、阀门、水表、溢流管、调压管等管件、零件及仪表，如图 1.27 所示。喷射井管 1 由内管 8 和外管 9 组成，在内管下端装有喷射扬水器（升水装置）与滤管 2 相连［图 1.27（b）］。在高压水泵 5 作用下，高压水经进水总管 3 进入井管的内外管间的环形空间，并经扬水器以侧孔流向喷嘴 10。由于喷嘴截面的突然缩小，流速急剧增加，压力水由此以很高的流速喷入混合室 11，混合室的截面又骤然扩大再逐渐缩小，高速水流将喷嘴周围空气吸入并带走，使混合室形成一定的真空度。地下水因喷射扬水器所造成的负压，自滤管吸入混合室，并与高速水流汇合，经扩散管 12 时，由于其截面逐步扩大，流速逐减而转变成高压，沿内管上升经排水总管 4 排于集水池 6 内。此池内的水，一部分用低压泵抽出排除，另一部分作为高压泵输入喷射扬水器中的循环水。如此循环作业，将地下水不断从井点管中抽走，使地下水逐渐下降达到设计要求的降水深度。

喷射井点的平面布置：当基坑宽度小于 10m 时，井点可做单排布置；当大于 10m 时，可做双排布置；当基坑面积较大时，宜采用环形布置［图 1.27（c）］，井点间距一般取 2～3m。涌水量计算与井管的埋设，与一般轻型井点相同。

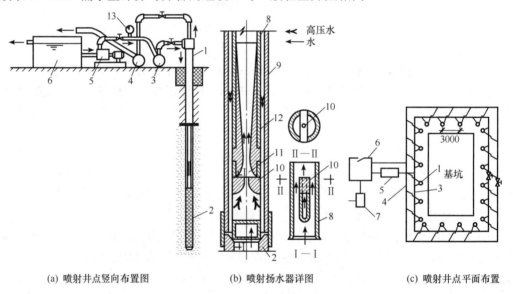

(a) 喷射井点竖向布置图　　　　(b) 喷射扬水器详图　　　　(c) 喷射井点平面布置

图 1.27　喷射井点竖向布置

1. 喷射井管；2. 滤管；3. 进水总管；4. 排水总管；5. 高压水泵；6. 集水池；
7. 低压水泵；8. 内管；9. 外管；10. 喷嘴；11. 混合室；12. 扩散管；13. 压力表

3. 电渗井点

在深基坑施工中，有时会遇到渗透系数小于 0.1m/d 的土质，这类土含水量大，压缩性高，稳定性差。由于土粒间微小孔隙的毛细管作用，将水保持在孔隙内，单靠用真空吸力的降水方法效果已不大，此时常采用电渗井点降水。

在饱和黏土中插入两根电极，通入直流电时，黏土粒即能沿电力线向阳极移动，称为电泳；而水分子则向阴极移动称为电渗。电渗井点就是运用上述电渗现象，将一般轻型井点或喷射井点的井管作为阴极，并在其内侧相距约 1.2m 处增设对应的垂直阳电极。
阳极可用钢筋或其他金属材料插入，通电后土层中的水分子即能迅速渗至井管周围，便于抽出排水，如图 1.28 所示。

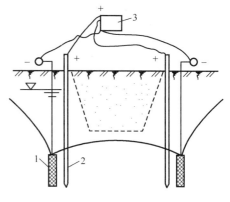

4. 管井井点与深井井点

在土的渗透系数（20～200m/d），地下水含量高的土层中降水，宜采用管井或深井井点。

管井井点就是在基坑四周每隔 10～50m 钻孔成井，然后放入钢管或钢筋混凝土管，其底部设置一段滤水管，每个井管用一台水泵不断抽水，以使水位降低，如图 1.29 所示。在土质较好的黏土层中，也可不设井管而直接从井孔中抽水。抽

图 1.28 电渗井点

1. 井点管；2. 电极；3. 直流电源（24～48V）

水所采用的泵有离心泵或潜水泵，若用离心泵，则泵体置于井上，吸水扬程式为 6～7m；若用潜水泵，则泵体置于井水中，最大扬程可达 25m。但是，管井井点设备较为简单，排水量大，降水较深，比轻型井点具有更大的降水效果可代替多轻型井点作用，水泵设在地面，易于维护。由于这种井点的井距设置较大，因而有效降水深度较小。

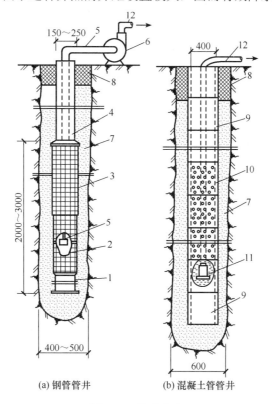

(a) 钢管管井   (b) 混凝土管管井

图 1.29 管井井点

1. 沉砂管；2. 钢筋焊接骨架；3. 滤网；4. 管身；5. 吸水管；6. 离心泵；
7. 小砾石过滤层；8. 黏土封口；9. 混凝土实管；10. 混凝土过滤管；11. 潜水泵；12. 出水管

深井井点与管井井点基本相同，只是井较深，井内用深井泵抽水。深井泵的扬程可达 100m，故当要求降水深度很大，采用管井井点已不能满足要求时，则用深井井点。

管井井点和深井井点的设备简单，工程上应用较多，其涌水量计算参考轻型井点。

1.5　土方工程机械化施工

在前面已经介绍过土方工程具有施工条件复杂，面大量大，劳动繁重，工期长等特点。因此，土方工程应尽可能采用机械化施工，以减轻繁重的体力劳动，提高劳动生产效率，加速施工进度。

选择土方机械时，应根据现场的地形、水文地质、土质、工程量、工期、机械供应等条件进行经济、合理地选用。土方工程施工机械种类繁多，其中推土机、铲运机、单斗挖土机最为常用。本节仅介绍这几种土方机械的工作特点、适用范围和施工方法。

1.5.1　推土机

推土机是在履带式拖拉机的前方安装推土铲刀（推土板）而成。按铲刀的操纵机构不同，推土机分为钢索式和液压式两种。钢索式推土机的铲刀借助本身的自重切土，在硬土中的切土深度较小；液压式推土机的铲刀借助油压的作用力强制切土，切土深度较大。同时，液压推土机的铲刀还可以调整角度，具有更大的灵活性。推土机能单独完成挖土、运土和卸土工作，具有操纵灵活、转动方便、所需工作面较小、行驶速度较快等特点。其主要适用于一至三类土的浅挖短运，如场地清理或平整，开挖深度不大的基坑以及回填，推筑高度不大的路基等。此外，还可以牵引其他无动力的土方机械，如拖式铲运机、松土器、羊足碾等。推运土方的运距，一般不超过 100m。运距过长，土将从铲刀两侧流失过多，影响其工作效率。最为有效的运距为 30～60m。铲刀刨土长度一般是 6～10m。推土机的技术性能见表 1.7。

表 1.7　部分国内履带式推土机主要技术性能

产品型号	T₂-60（东方红-60）	移山-80	T₁-100	T₂-100	T₂-120A	上海-120	征山-160	黄河-180	T-180
额定牵引力/kN	36	99	90	90	117.6	118	—	180	180
总质量/kg	5 900	14 886	13 430	16 000	17 425	16 200	20 000	20 000	21 000
生产率/（m³/h）	—	40～80	45	75～80	80				
接地比压/kPa	46	63	50	68	63	65	68	60	71
爬坡能力/（°）	—	30	30	30	30	30	30	30	30
最大提升量/mm	625	850	900	800	940	1 000	1240	1 100	1 260
最大切入量/mm	290	—	180	250	300	300	350	450	530

推土机的生产率取决于铲刀前推运土的体积，以及铲刀切土、推运、回程等工作的循环时间。为提高推土机的生产率，可采用以下几种施工方法：

1）下坡推土。在不大于15°的斜坡上，推土机顺坡向下切土、推运，借助机械本身的重力作用，增大切土深度，缩短铲土时间，可提高生产率30%左右。

2）并列推土。平整大面积的场地时，为了增大铲刀前土壤的体积，一般采用2台推土机并列推土，如图1.30所示。这样可以减少土的散失，提高生产率，并可增大推土量15%～30%。两台推土机刀片间距保持30～50cm，平均运距不宜超过50～75m，不宜小于20m。

3）槽形推土。如图1.31所示，利用已推过的土槽再次推土，可以减少铲刀前土的散失。当土槽推到一定程度，再推土埂。一般推土量可提高10%～30%。这种方法适宜于挖土层较厚、运距较远的工程。

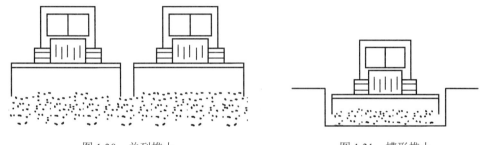

图1.30 并列推土　　　　　　　　　图1.31 槽形推土

4）分批集中，一次推送。当推运距离较远且土质又较坚硬时，由于铲刀切土深度较小，可将铲起的少量土先集中在几个中间地点，再一次推送，以便在铲刀前保持满载，有效地利用推土机的功率，缩短推运时间。

5）附加侧板。在铲刀两侧设置挡土板，增加铲刀前土的体积，以减少土的散失，提高生产率。

1.5.2 铲运机

铲运机是一种能综合完成挖、装、运、填的机械，对行驶道路要求较低，操纵灵活，生产率较高。按行走机构可将铲运机分为拖拉机式铲运机（图1.32）和自行式铲运机两种（图1.33）；按铲斗操纵方式，又可将铲运机分为钢索式和液压式两种。

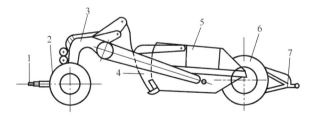

图1.32 C5-6型拖拉式铲运机

1. 拖把；2. 前轮；3. 辕架；4. 斗门；5. 铲斗；6. 后轮；7. 尾架

铲运机一般适用于含水量不大于27%的一至三类土的直接挖运，常用于坡度在20°以内的大面积场地平整、大型基坑的开挖、堤坝和路基的填筑等，不适于砾石层、冻土地带和沼泽地区使用。坚硬土开挖时要用推土机助铲或用松土器配合。拖拉式铲运机的运距以不超过 800m 为宜，当运距在 300m 左右时效率最高；自行式铲运机的行驶速度快，可适用于稍长距离的挖运，其经济运距为 800～1500m，但不宜超过 3500m。常用的铲运机工作性能见表 1.8。

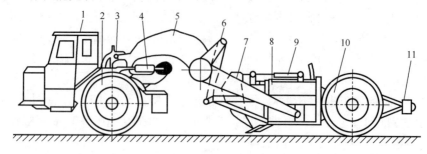

图 1.33　C4-7 型自行式铲运机

1. 驾驶室；2. 前轮；3. 中央枢架；4. 转向油缸；5. 辕架；
6. 提斗油缸；7. 斗门；8. 铲斗；9. 斗门油缸；10. 后轮；11. 尾架

表 1.8　常用铲运机主要技术性能

项目	拖式铲运机			自行式铲运机	
	C6-2.5	C5-6	C3-6	C4-7	CL7
铲斗容量/m³	2.5	6	6～8	7	7
堆尖容量/m³	2.75	8		9	9
铲刀宽度/m	1.9	2.6	2.6	2.7	2.7
切土深度/m	150	300	300	300	
铺土厚度/mm	230	380		400	
最小回转半径/m	2.7	3.75		6.7	
卸土形式	自由	强制式		强制式	
外形尺寸（长×宽×高）/（m×m×m）	5.6×2.44×2.4	8.77×3.12×2.54	8.77×3.12×2.54	9.7×3.1×2.8	9.8×3.2×2.98
质量/t	2.0	7.3	7.3	14	15

1. 铲运机的开行路线

铲运机由挖至卸运行的循环路线称为开行路线。开行路线合理与否，将直接影响生产效率，所以要预先根据挖填方区的分布合理地组织。开行路线一般有以下两种形式。

1）环形路线。对于地形起伏不大，而施工地段又较短（50～100m）和填方不高（0.1～0.5m）的路堤、基坑及场地平整宜采用图 1.34（a）所示的环形路线，环形路线每一循环只完成一次铲土和卸土。当挖土和填土交替，且相互之间的距离又不大时，可采用图 1.34（b）所示的大循环路线，此循环可进行多次铲土和卸土，减少了铲运机转弯次数，相应提高了工作效率。

采用环形路线时，铲运机定向转弯造成机械单侧磨损，所以长久使用时需要定时变换铲运机的运行方向，以便减小这种不利的影响。

2）"8"字形路线。在地形起伏较大、施工地段狭长的情况下，宜采用图 1.35 所示的"8"字形路线。这种开行路线的铲、卸轮流在两个工作面上进行，铲运机在上下坡时是斜向行驶，可减小坡度影响，而且一个循环能完成两次铲土和卸土，各转弯一次，转向不同，所以"8"字形比环形运行时间短，可提高生产率，机械的磨损也比较均匀。

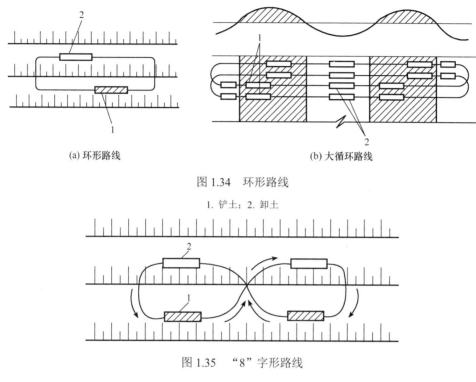

(a) 环形路线   (b) 大循环路线

图 1.34 环形路线

1. 铲土；2. 卸土

图 1.35 "8"字形路线

1. 铲土；2. 卸土

铲运机应避免在转弯时铲土，否则铲刀受力不均易引起翻车事故。因此，在设计开行路线时，铲运机直线行驶的最短距离应能保证铲土装满土斗。该最短距离称为最小铲土长度，它取决于铲刀宽、铲土深及土斗容量，可以计算或由经验确定。

2. 提高铲运机生产率的措施

铲运机的生产率取决于铲土满斗、运土、卸土、回程等的工作循环时间。为了提高其生产率，除了合理地组织开行路线外，还可采取以下几种方法。

1）下坡铲土。借助机械本身自重的作用，来加大切土深度和缩短铲土时间，但纵坡不得超过 25°，横坡不得超过 6°；铲运机不能在陡坡上急转弯，以免翻车。

2）推土机助铲。在较硬的土层中用推土机在铲斗后助推，可加大铲刀切削力、切土深度和铲土速度。推土机在助铲的空隙时间可兼做松土或平整工作，为铲运机创造工作条件。

3）双联铲运法。当拖拉式铲运机的牵引力有富余时，可在拖拉机后面串联两个铲斗进行双联铲运。如果土质较硬，可用双联单铲操作，即先将一个土斗铲满，再铲第二个土斗；对于松软的土，则用双联双铲，即两个土斗同时推土。

1.5.3 单斗挖土机

单斗挖土机是在一种通用机械的主机上变换相应的工作装置而成，在土方工程施工中应用较广。按其移动方式不同，可分为履带式、轮胎式两类；按其工作装置不同，分为正铲、反铲、拉铲和抓铲四种；按其传动方式不同，又可分为机械传动和液压传动两种。

1. 正铲

（1）正铲的性能及适用范围

正铲挖土机工作特点是土斗自下向上强制切土，随挖掘的进程向前开行，所以正铲挖土机一般开挖停机面以上的土壤，挖土高度 1.5m 以上，需配备运输车辆运土；其挖掘力大，生产率高，只适宜于开挖土质较好，无地下水位区域的一至四类土，故要求基坑开挖前做好基坑的排水工作。如图 1.36 所示，为液压传动正铲挖土机工作尺寸与开挖断面之间的关系。表 1.9 则为主要技术性能。

表 1.9　常用液压正铲挖掘机主要技术性能

项目	机型							
	W1-50		W1-60		W1-100		W-200	
铲斗容量/m³	0.5		0.6		1.0		1～1.5	
铲臂倾斜角度/(°)	45	60	45	60	45	60	45	60
挖掘半径/m	7.8	7.2	7.7	7.2	9.8	9.0	11.5	10.8
挖掘高度/m	6.5	7.9	5.85	7.45	8.0	9.0	9	10
卸土半径/m	7.1	6.5	6.9	6.5	8.7	8.0	10	9.6
卸土高度/m	4.5	5.6	3.85	5.05	5.5	6.8	6	7
行走速度/(km/h)	1.5～3.6		1.48～3.25		1.49		—	
最大爬坡能力/(°)	22		20		20		20	
对地面平均压力/MPa	0.062		0.088		0.091		0.127	
质量/t	20.5		22.7		41		77.5	

（2）正铲挖土和卸土的方式

根据正铲挖土机与运输汽车的相对位置不同，正铲挖土和卸土方式有以下两种。

1）正向挖土、后方卸土。如图 1.37 所示，挖土机向前进方向挖土，运输车辆停在它的后面装土。这种方法可以左右对称挖土，挖土面较大，但运输车辆要倒车进入坑道，挖土机卸土时动臂回转角度大，生产率低，故一般很少使用。只有在开挖大型基坑的第一个坑道或窄而深的基槽时才使用这种方式。

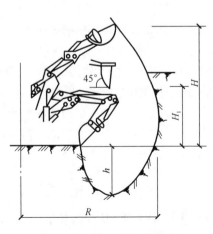

图 1.36　液压正铲工作尺寸

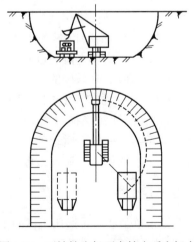

图 1.37　正铲挖土机正向挖土后方卸土

2）正向挖土、侧向卸土。如图 1.38 所示，挖土机向前进方向挖土，运输车辆停在侧面装土。这种方法挖掘面左右不对称，开挖出坑道的宽度较小，只能满足运输车辆停于挖土机一侧装土。这样可避免倒车，减小运输循环时间，同时挖土机卸土时的动臂转角也小，因此其生产率高。这种方式按其运输车辆停车待装的地面高差，又可分为高侧卸土 [图 1.38（a）] 和平侧卸土 [图 1.38（b）]。平侧卸土对运输车辆驶向待装点的灵活性较好。

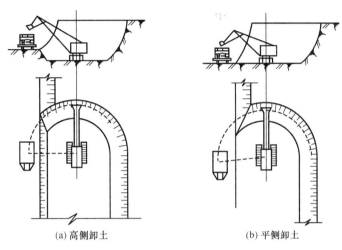

(a) 高侧卸土　　　　　　　　　　　　　　　(b) 平侧卸土

图 1.38　正铲挖土机正向挖土侧向卸土

（3）正铲挖土机的工作面及开行通道

挖土机挖掘出的上方的几何断面称为工作面，也称为掌子面。工作面的大小和形状，一般根据机械的性能、挖土和卸土的方式以及土壤的性质等因素来确定。根据工作面的大小和基坑的断面，即可布置挖土机的开行通道。当基坑开挖的深度小而面积大时，只布置一层通道，如图 1.39 所示。第一次开行采用正向挖土、后方卸土，第二、三次都可用正向挖土、侧向卸土，一次挖到底。出入口通道的位置可设在坑的两端，其坡度一般为 1:8。当基坑的深度较大时，则通道可布置成多层。基底需要保留约 3mm 的保护层，以后用人工开挖，以免开挖时破坏基底原状土结构。

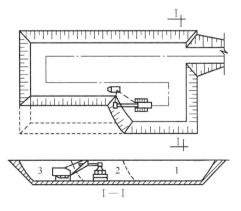

图 1.39　正铲开挖基坑

1、2、3. 通道断面及开挖顺序

2. 反铲

（1）反铲挖土机的性能及适用范围

反铲挖土机的工作特点是土斗自上向下强制切土，随挖随行或后退，主要用于开挖停机面以下的土壤，不需设置进出口通道。其挖土深度和宽度取决于动臂与斗柄长，挖掘力比正铲小，适用于直接开挖一至二类土，常用于开挖深度不大的沟槽和基坑，以及水下挖土。最大挖土深度为 4～6m，比较经济的开挖深度为 1.5～3m。图 1.40 为反铲液压挖土机工作示意图，表 1.10 为常用反铲挖土机的工作性能。

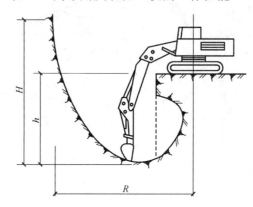

图 1.40　液压反铲工作示意图

（2）反铲挖土机的开行方式及施工方法

反铲挖土机的开行方式有沟端开行和沟侧开行两种。

表 1.10　国内常用液压反铲挖掘机技术性能

项目	机型			
	W1-50	W1-60	W1-100	WY-100
铲斗容量/m³	—		0.6	1.0	1～1.2
铲臂倾斜角度/(°)	45	60	45	60	—	—
卸土半径/m	8.1	7	7.1	6.0	10.2	5.6
卸土高度/m	5.26	6.14	6.4	7.2	6.3	7.6
挖掘半径/m	9.2		8.8		12	9
挖掘深度/m	5.56		5.2		6.8	5.7
行走速度/(km/h)	1.5～3.6		1.48～3.25		1.49	1.6～3.2
最大爬坡能力/(°)	22		20		20	24
对地面平均压力/MPa	0.062		0.088		0.091	0.052
质量/t	20.5		19		41.5	25

1）沟端开行。如图 1.41（a）所示，挖土机位于基槽一端挖土，随挖随退，后退方向与基槽开挖方向一致。其优点是挖土方便，开挖的深度和宽度都较大。反铲挖土机如能在基槽两侧卸土，其最大挖土宽度为挖土机有效挖土半径的 1.7 倍。如基坑宽度超过挖土机有效挖土半径的 1.7 倍时，则可将基坑分条平行开挖，如图 1.41（b）所示。

2）沟侧开行。如图 1.41（c）所示，挖土机位于基槽一侧挖土，随挖随平行于基槽移动。由于挖土机移动方向与挖土方向相垂直，机身稳定性较差，开挖的深度和宽度均较小，最大宽度为挖土机有效挖土半径的 0.8 倍，但可就近卸土堆置。一般在场地宽敞的临时性窄沟开挖中采用。

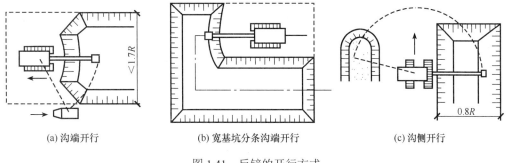

(a) 沟端开行   (b) 宽基坑分条沟端开行   (c) 沟侧开行

图 1.41 反铲的开行方式

3. 拉铲

拉铲挖土机的工作特点是利用土斗自重及拉索拉力切土，随挖随行或后退，主要用以开挖停机面以下的土壤。由于其土斗悬吊在钢丝绳下而无刚性的斗柄，动臂又较长，施放土斗切土时，可利用土斗的惯性将其甩出动臂半径范围外，所以其挖土宽度和深度较大，一般用于开挖一至三类土的基坑（槽），也可用于开挖水下土。如图 1.42 所示为拉铲挖土机外形及工作状况，表 1.11 为常用拉铲挖土机的工作性能，其开行方式与反铲挖土机相同，有沟端开行和沟侧开行两种。

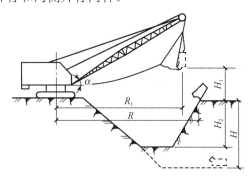

图 1.42 拉铲挖土机

表 1.11 常用拉铲挖掘机主要技术性能

项目	机型									
	W1-50				W1-100				W-200	
铲斗容量/m³	0.5				1.0				2	
铲臂长度/m	10		13		13		16		15	
铲臂倾斜角度/(°)	30	45	30	45	30	45	30	45	30	45
最大卸土半径/m	10	8.3	12.5	10.4	12.8	10.8	15.4	12.9	15.1	12.7
最大卸土高度/m	3.5	5.5	5.3	8.0	4.2	6.9	5.7	9.0	4.8	7.9
最大挖掘半径/m	11.1	10.2	14.3	13.2	14.4	13.2	17.5	16.2	17.4	15.8
侧面挖掘深度/m	4.4	3.8	6.6	5.9	5.8	4.9	8.0	7.1	7.4	6.5
正面挖掘深度/m	7.3	5.6	10	9.6	9.5	7.4	12.2	9.6	12	9.6
对地面平均压力/MPa	0.059		0.0637		0.092		0.093		0.125	
质量/t	19.1		20.7		42.06		42.42		79.84	

4. 抓铲

抓铲挖土机的工作特点是土斗直上直下，借助土斗的自重切土抓取，用以开挖停机面以下的土壤。其挖掘力较小，只能直接开挖一至二类土。由于其工作幅度小，移动频繁而影响效率，故一般用于开挖窄而深的独立柱的基坑、沉井等，特别适用于水下挖土。

如图 1.43 所示，抓铲挖土机一般由正、反铲挖土机更换工作装置而成，或由履带式起重机改装。其挖掘半径取决于主机型号、动臂长及仰角，可挖深度取决于所用的钢索长度。

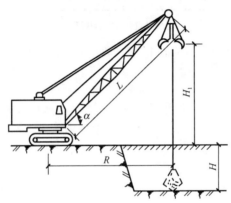

图 1.43　履带式抓铲挖土机

1.5.4　土方机械的选择

在大型土方工程施工中，应合理地选择土方机械，使各种机械在施工中配合协调，充分发挥机械效率，加快施工进度，保证施工质量，降低工程成本。

1. 选择土方机械的依据

1）土方工程的类型及规模。土方工程的类型包括场地平整、基坑（槽）开挖、大型地下室土方开挖等。土方工程的施工各有其特点，应根据开挖或填筑的深度及宽度、工程范围大小、工程量多少来选择土方机械。

2）施工现场周围环境及水文地质情况，即依据施工现场障碍物、土的类别、土的含水量、地下水位等情况来选择土方机械。

3）现有机械设备条件，即依据现有土方机械的种类、数量及性能来选择土方机械。

4）工期要求。不同种类和型号的挖土机的生产率不同，最终影响到工程的工期。

2. 土方机械与运输车辆的配合

当挖土机挖出的土方需运输车辆外运时，生产率不仅取决于挖土机的技术性能，而且还取决于所选的运输工具是否与之协调。

挖土机的数量 N 为

$$N = \frac{Q}{P} \times \frac{1}{TCK} \tag{1.48}$$

式中，Q——挖方土量，m^3；

P——挖土机生产率，m^3/台班；

T——要求工期，d；

C——每天工作班数；

K——时间利用系数，$K=0.8\sim0.9$。

当挖土量数量已定，工期 T 按下式确定

$$T=\frac{Q}{N\cdot P\cdot C\cdot K} \tag{1.49}$$

挖土机生产率

$$P=\frac{8\times3600}{t}q\frac{K_c}{K_s}K_b \tag{1.50}$$

式中，t——挖土机每次作业循环延续时间，s，W1-100 正铲挖土机为 $25\sim40$s，W1-100 拉铲挖土机为 $45\sim60$s；

q——挖土机斗容量，m^3；

K_s——土的最初可松性系数；

K_c——土斗的充盈系数可取 $0.8\sim1.1$；

K_b——工作时间利用系数，一般为 $0.7\sim0.9$。

为了充分发挥挖土机的生产能力，应使运土车辆载重量 Q' 与挖土机的每斗土重保持一定的倍率关系；为了保证挖土机能不间断地作业，还要有足够数量的车辆。载重量大的汽车虽然需要的辆数减少，挖土机等待汽车调车的时间也减少，但是，载重量大的汽车其台班费用高，所需总费用不一定经济合理。最合适的车辆载重量应当是使土方施工单价为最低，可以通过核算确定。根据经验，所选汽车的载重量以取 $3\sim5$ 倍挖土机铲斗中的土重为宜。

运土车辆的数量时 N' 为

$$N'=\frac{T'}{t_1} \tag{1.51}$$

式中，T'——汽车每一工作循环延续时间，min，由装车、重车运输、卸车、空车返回及等待时间组成，即

$$T'=t_1+\frac{2L}{v_c}+t_2+t_3$$

式中，t_1——汽车每次装车时间，min，$t_1=nt$；

t_2——卸车时间，一般为 1min；

t_3——操纵时间（包括停放待装，等车、让车等），取 $2\sim3$min；

L——运距，m；

v_c——重车与空车的平均速度，m/min，一般取 $20\sim30$km/h；

n——汽车每车装土次数，有

$$n=\frac{Q'}{q\frac{K_c}{K_s}\rho}$$

式中，ρ——土的重力密度，一般取 17kN/m。

为了减少车辆的调头、等待、让车和装土时间，装车场地必须考虑调头方法及停车位置。

1.6　土方的填筑与压实

土方的填筑一般都要求压实，压实的目的在于迅速保证填土的强度和稳定性。对于地基填土，要求能够保证或改善该地基的承载能力。对于填土质量的基本要求是：保证一定的密实性和稳定性，符合设计和规范的有关规定。

1.6.1　影响填土压实因素

填土压实质量的好坏经常用土的干密度 ρ_d 来衡量，干密度越大，其密实度越大，其地基的允许承载力也越大。影响填土压实的因素主要有土的类别、含水量、压实功和铺土厚度等。

1. 土的类别的影响

根据颗粒级配或塑性指数土可分为黏性土和非黏性土（砂土和碎石类土）。黏性土由于其颗粒小（$d<0.005\text{mm}$），孔隙比和压缩性大，颗粒间的间隙又小，透气排水困难，所以压实过程慢，较难压实。而砂土由于其颗粒粗（$d=0.005\sim2\text{mm}$），孔隙比和压缩性小，颗粒间的间隙大，透气排水性好，所以较容易压实。对这两类土施加相同的压实功后，砂土所获得的干密度大于黏性土所获得的干密度。

2. 含水量的影响

填土中的含水量是影响压实效果的重要因素。土粒间含有适量的自由水，可在压实过程中起润滑作用，减小土粒间相对移动的阻力，因而易于压实；若土粒间含水量很小，在压实过程中不足以产生润滑作用，需要较大的压实功才能克服土粒间的阻力，所以难压实；如果土粒间含水量过大，土体处于饱和状态，而水又是不可压缩的，施加的压实功的一部分为水所承受，则土体不可能压实。当压实功一定时，变化含水量至某一值，可使填土压实后获得某一最大干密度，该含水量称为最佳含水量，如图 1.44所示。

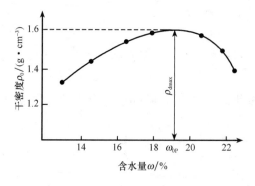

图 1.44　干密度与含水量的关系

3. 压实功的影响

由试验知，在同类土中施加不同的压实功，可得到若干条相应的含水量 ω 与干密度 ρ 的关系曲线如图 1.45（a）所示。从图中可以看出：①当填土中的含水量较小时，若要求压实效果相同，含水量不同，需要施加的压实功不同，即当要求压实效果相同时，干土要比湿土多消耗压实功；②当填土中的含水量增大至某一限度时，压实功的增加也不能改善压实效果；③当填土的含水量在某一适当值时，开始压实，土的干密度会急剧增加，待到接近土的最大干密度时，压实功虽增加许多，而土的干密度则没有多大变化，如图 1.45（b）所示。由此可以看出，盲目增大压实功不仅不能增加压实效果，反而降低了压实功效。此外，大面积松土不宜用重型碾压机械直接滚压，否则土层有强烈起伏现象，压不实。如果先用轻型碾压实，再用重型碾压实，就会取得较好效果。

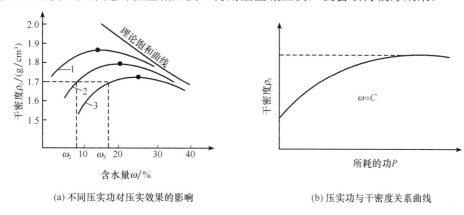

(a) 不同压实功对压实效果的影响   (b) 压实功与干密度关系曲线

图 1.45 压实功对填土压实的影响

1、2. 压实功较大的机械夯实曲线；3. 压实功较小的人工夯实曲线

4. 铺土厚度的影响

土层在压实功的作用下，其压应力随深度增加而逐渐减小（图 1.46），因而土层经压实后，表层的密实度增加最大，超过一定深度后，则增加较小或没有增加。其影响深度与压实机械、土的性质和含水量等有关。铺土厚度应小于压实机械的影响深度，铺得过厚，需要的压实功则大，铺得过薄，则需增加总压实遍数。最优铺土厚度是既能使土层压实又能使压实功耗费最少的铺土厚度。

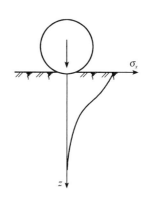

图 1.46 压实作用沿深度的变化

1.6.2 填土压实的质量控制

为了保证填土达到密实性和稳定性的基本要求，施工时应控制以上分析的影响填土压实质量的各种因素。

1. 选择好填土的土料

1）碎石类土、砂土和爆破石渣（粒径不大于每层铺厚的 2/3）可用做表面以下的填料。级配良好的砂土，经压实后将达到很高的干密度。

2）含水量符合压实要求的黏性土，可用做各层填料。淤泥、耕土、冻土、膨胀性土以及有机质含量大于 5% 的土都不能作为有压实要求的填土，因为这些土日久会出现渗出含水或有机物腐蚀或被水侵蚀溶解等弊端，均能产生较大的沉陷。

3）填方中采用两种透水性不同的土料时，需分层铺填，不能混杂使用，以避免由于混杂不匀而在压实的土层中形成水囊（水囊中的水渗透扩散后，同样会发生沉陷）。一般要求下层铺筑透水性较大的土料，上层填筑透水性较小的土料，填方基土表面应做成适当的排水坡度以便泄水。边坡不得用透水性较小的填料封闭。

2. 控制适宜的含水量

黏性土填料施工含量的控制范围，应在填土的干密度—含水量关系曲线中根据设计干密度确定。如无击实试验条件，设计压实系数为 0.9 时，施工含水量与最优含水量之差可控制在 −4%～+2% 范围内，也可参考有关资料，见表 1.12。经验认为，最优含水量大约为该类土塑限 ω_p（即 $\omega_p \pm 2$）。如含水量偏高，可采用翻松、晾晒或均匀掺入干土、碎砖、生石灰等吸水性填料，乃至换选填料；如含水量偏低，可采用预先洒水润湿。增加压实遍数或使用大功能压实机械等措施。填料为碎石类土（充填物为砂土）时，碾压前宜充分洒水湿透，以提高压实效果。

表 1.12　各类土的最优含水及其最大干容量范围参考值

项次	土的种类	变动范围	
		最优含水量/%	最大/（g/cm³）
1	砂土	8～12	1.8～1.88
2	粉土	16～22	1.61～1.80
3	粉质黏土	12～15	1.85～1.95
4	黏土	19～23	1.58～1.70

3. 确定适宜的铺土厚度与压实遍数

适宜的铺土厚度应该是功能消耗少（即碾压遍数或夯击次数少），工作效率高，即以压实的填土单位厚度中功能消耗最小者为好。填方每层铺土厚度和压实遍数应根据土质、压实系数和机具性能确定，或按表 1.13 选用。在表 1.13 给出的范围内，轻型压实机械取小值，重型的取大值。

表 1.13　填方每层的铺土厚度和压实遍数

压实机具	每层铺土厚度/mm	每层压实遍数/次
平碾	250～300	6～8
振动压实机	250～350	3～4
柴油打夯机	200～250	3～4
人工打夯	不大于 200	3～4

4. 填土压实的质量要求和检验

填土压实要达到一定密实的要求。填土的密实度和质量指标常用压实系数表示。压实系数是填土的设计控制干密度与该土的最大干密度的比值，即

$$\lambda_c = \frac{\rho_d}{\rho_{dmax}} \qquad (1.52)$$

式中，λ_c——压实系数；

ρ_d——设计控制干密度；

ρ_{dmax}——土的最大干密度，宜采用击实实验确定。如无试验资料时，可按下式
计算

$$\rho_{dmax} = \eta \frac{\rho_w d_s}{1 + 0.01\omega_{0p} d_s}$$

式中，η——经验系数，黏土取 0.95，粉质黏土取 0.96，粉土取 0.97；

ρ_w——水的密度；

d_s——土的密度；

ω_{0p}——最优含水量，%。

压实系数一般由设计根据工程结构性质、使用要求以及土的性质确定；如未作规定，
可参考表 1.14。

表 1.14 压实填土的质量控制

结构类型	填土部位	压实系数λ_c	控制含水量%
砌体承重结构和框架结构	在地基主要受力范围内	≥0.97	$\omega_{op} \pm 2$
	在地基主要受力层范围以下	≥0.95	
排架结构	在地基主要受力层范围内	≥0.96	
	在地基主要受力范围以下	≥0.94	

注：1. 压实系数λ_c为压实填土的控制干密度ρ_d与最大干密度值ρ_{dmax}的比值，ω_{op}为最优含水量。

2. 地平垫层以下及基础底面标高以上的压实填土，压实系数不应小于 0.94。

施工前，应按$\rho_d = \lambda_c \rho_{dmax}$确定设计控制干密度，作为检查施工质量的依据。

检查压实后土的实际干密度，可采用环刀法取样。试样取出后，先称量出土的密度
并测定其含水量，然后用下式计算土的实际干密度ρ_0为

$$\rho_0 = \frac{\rho}{1 + 0.01\omega} \qquad (1.53)$$

式中，ρ——土的密度，g/cm^3；

ω——土的含水量，%。

填土压实后所测得土的实际干密度ρ_0不应小于设计控制干密度ρ_d。否则，应采取相
应措施，提高压实质量。

1.6.3 填土的压实方法

填土的压实方法按其所用的机具不同可以分为碾压、夯击和振动三种，一般是随所
取填土的类别、工程规模和性质加以选定。

1. 碾压

碾压的机械有平碾和羊足碾，它们都是利用滚轮的压力压实土壤的。

平碾主要用于大面积的填土，如场地平整、大面积的地基填土和修筑道路等。平碾

适用于碾压黏性和非黏性土壤。按重量大小平碾可分为轻型（5t 以下）、中型（5t 以下）和重型（5t 以上）三种。轻型平碾压实土层的厚度不大，但土层上部可压得比较密实，当用轻型初碾后再用重型碾压，就会取得较好的效果。如直接用重型平碾碾压松土，则由于有强烈的起伏现象，其碾压效果较差。用平碾压实时，每层虚铺土厚一般为 20～30cm，从两侧向中心分条进行碾压，否则填土也会向两侧扩散，影响压实效果。为防止漏压，每条都应重叠搭接，搭接宽度不小于 20cm，或取半个轮宽。分段填筑时，接缝处应做成斜坡形，上下层还需要错缝。

在平碾上附加振动装置构成振动平碾，它是一种碾压和振动同时作用的高效能压实机械，比一般平碾提高工效 1～2 倍，可节省动力 30%。振动平碾适用于填料为爆破石渣、碎石类土、杂填土或粉质黏土的大型填方。使用 8～15t 的振动平碾压实爆破石渣或碎石类土时，虚铺厚度一般为 0.6～1.5m，宜先静压，然后振压，碾压遍数由现场试验确定，一般为 6～8 遍。

羊足碾虽然与土接触面积小，但对土的单位面积的碾压力大，适用于黏性土，但不适于砂类土，因为砂粒受羊足的较大压力会向四周移动，破坏了原结构，使砂土反而处于不稳定的状态。

2. 夯击

夯击是利用夯锤自由下落的冲击力来夯实土壤，主要用于小面积的回填土。夯实机具的类型较多，有蛙式夯、重锤夯和木夯、石夯等。

蛙式夯轻巧灵活、构造简单、操作简便，在小型土方工程中应用最广。它由电动机带动皮带轮使偏心块旋转，偏心块旋转时所产生的离心力使夯板做上下运动而夯击土层，夯头架即随之牵引拖盘做蛙跃式前移，如图 1.47 所示。其虚铺土厚一般为 20～25cm，可用丁砖做控制。夯打时每夯衔接不留空隙，依次进行，夯打遍数则按填土的类别和含水量确定。

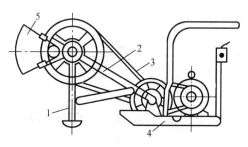

图 1.47　蛙式打夯机

1. 夯头；2. 夯架；3. 三角胶带；4. 拖盘；5. 偏心块

重锤夯是借助起重机将重为 1.5～3.0t 的重锤提升至 2.5～4.5m 高，然后自由下落夯击。其夯击功能大，土层的压实效果好，夯实厚度可达 1.5～2.0m，但是费用较高，可用于压实地下水位以上稍湿的黏性土、砂砾土、湿陷性黄土、杂填土和分层填土的施工。

3. 振动

振动密实土层的方法是利用振动机械作用的振动力，使土粒随振动的过程破坏其间的摩擦力和黏聚力，从而使土粒相对移动以趋向紧密稳定状态。这种方法只适用于密实砂土和碎石类土。振动使土体获得密实的效果取决于振源的频率。

复习思考题

1.1　简述土的可松性。土的可松性系数在土方工程中有哪些具体应用？

1.2　简述场地平整的土方量计算步骤。

1.3　试述影响边坡稳定的因素有哪些？并说明原因。

1.4　简述基坑护壁的几种方式，以及各自的适用范围。

1.5　井点降水有何作用？

1.6　简述流砂产生的机理及防治途径。

1.7　简述轻型井点计算的步骤。

1.8　轻型井点系统有哪几种形式？各有什么特点和适用范围？

1.9　单斗挖土机有哪几种形式？各有什么特点和适用范围？

1.10　土方填筑应注意哪些问题？简述影响填土压实的主要因素。

1.11　填土和压实常用哪几种机械？简述各自的适用范围。

第二章 深基础工程及地基处理

常用的深基础有桩基础、地下连续墙、墩式基础和沉井基础等。桩的作用是将上部建筑物的荷载传递到地基土深部较硬、较密实、压缩性较小的土层或岩石上，以提高地基土的承载力。

地基处理的目的就是利用人工置换、夯实、挤密、排水、注浆、加筋和热化学等方法手段，对软弱地基土或不良地基土进行改造和加固，以此来改善地基土的抗剪性、压缩性、渗透性等，用以提高软弱地基或不良地基土的强度和稳定性，降低地基的压缩性，减少沉降和不均匀沉降，防止地震时地基土的振动液化，消除区域性土的湿陷性、膨胀性和冻胀性。

2.1 钢筋混凝土预制桩的施工

钢筋混凝土预制桩有实心方桩和离心管桩两种类型。它可根据需要制作成各种断面及长度，承载能力较大，施工速度快，沉桩工艺简单，不受地下水位高低变化的影响，因而在建筑工程中应用较广。

实心方桩边长一般为 200~450mm，管桩是在工厂以离心法成型的空心圆柱断面，其直径一般为 $\phi 400$mm、$\phi 500$mm 等。钢筋混凝土预制桩所用混凝土强度等级不宜低于 C30，主筋根据桩断面大小及吊装验算确定。

钢筋混凝土预制桩的施工，包括桩的制作、起吊、运输、堆放、沉桩、接桩等过程。

2.1.1 钢筋混凝土预制桩的制作

1. 桩的制作程序

1）整平、压实制桩场地，然后将场地地坪做成三七灰土垫层或浇筑混凝土。
2）支桩模板，绑扎钢筋骨架、安设吊环。
3）浇筑桩身混凝土，养护至设计强度的 30% 时，然后拆模。
4）养护至设计强度的 70% 时，进行起吊。
5）养护至设计强度的 100% 时，进行运输和堆放。

2. 桩的制作方法

1）预制桩可在工厂或施工现场预制。较短的桩（10m 以下），多在预制厂（场）预制。较长的桩，一般情况下在打桩现场附近设置露天预制场进行预制。现场预制多采用工具式木模或钢模板，支撑在坚实平整的地坪上，模板应平整牢靠，尺寸准确。叠浇预制桩的层数不宜超过 4 层，上下层之间、邻桩之间、桩与底模和模板之间应用塑料薄膜、油毡、水泥袋纸或废机油、滑石粉等隔离剂隔开。

2）桩内钢筋应严格保证位置正确，桩尖应对准纵轴线。钢筋骨架的主筋连接宜采用对焊或电弧焊，主筋接头在同一截面内的数量不得超过 50%，相邻两根主筋接头截面的距离应不大于 35d（d 为主筋直径），并不小于 500mm。纵向钢筋顶部保护层不应过厚。

3）桩的混凝土强度等级应不低于 C30，粗骨料用 5～40mm 碎石或卵石，用机械拌制混凝土坍落度不大于 6cm。

4）桩的混凝土浇筑应由桩顶向桩尖方向连续浇筑，严禁中断。上层桩或邻桩的浇筑，应在下层桩或邻桩混凝土达到设计强度等级的 30%以后进行。桩的接头处要平整，使上下桩能相互贴合对准，浇筑完毕应覆盖洒水养护不少于 7d；如用蒸汽养护，在蒸养后，适当自然养护 30d 后方可使用。

3. 桩的起吊

钢筋混凝土预制桩应在桩身混凝土强度达到设计强度标准值的 70%后起吊，如提前起吊，必须作强度和抗裂度验算，并采取必要措施。

桩起吊时，吊点位置应符合设计规定。若设计无规定且无吊环时，绑扎点的位置和数量根据桩长确定，并应符合起吊弯矩最小的原则。起吊前在吊索与桩之间应加衬垫，起吊时应平稳提升，采取措施保护桩身质量，防止桩身撞击和振动。图 2.1 为几种不同吊点的合理位置。

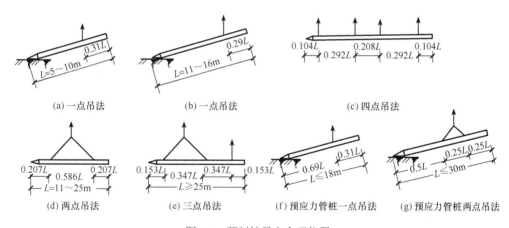

图 2.1　预制桩吊点合理位置

4. 桩的运输和堆放

桩运输时，其强度应达到设计强度标准值的 100%，并应根据打桩进度和打桩顺序确定。一般情况下，采用随打随运的方法以减少二次搬运。长桩运输应采用平板拖车、平板挂车或汽车后拖小炮车运输。短桩运输亦可采用载重汽车，现场运距较近亦可采用平板车运输。装载时，应将桩放平稳并垫实，绑扎牢固，以防运输中晃动或滑动，使桩受到损坏。

堆放场地应平整坚实，排水良好。桩应按规格、桩号分层叠置，支撑点应设在吊点或近旁处，上下垫木应在同一直线上，并支撑平稳，堆放层数不宜超过 4 层。

2.1.2　钢筋混凝土预制桩打（沉）桩方法

1. 施工准备

1）清除障碍物、平整场地。打桩前应认真清除桩基施工范围内高空、地上和地下的障碍物。场地应平整压实，使地面承载力满足施工要求，并应排水通畅。

2）材料机具准备，接通现场施工水、电源等。施工前应妥善布置水、电线路，准备好足够的填料及运输设备。

3）检查桩的质量，将施工用的桩按平面布置图堆放在打桩机附近。

4）按图纸布置进行测量放线，定出桩基轴线，测出每个桩位的实际标高。

5）准备好桩基工程施工记录和隐蔽工程验收记录表格，并安排好记录人员。

6）进行打桩试验。其目的是检验打桩设备及工艺是否符合要求，了解桩的贯入深度、持力层强度及桩的承载力，以确定打桩方案。

2. 打（沉）桩顺序

1）为减轻对邻近建筑物的破坏影响和桩入土后相互挤压，选定正确的施工顺序有重要意义。打桩顺序的安排要根据邻近建筑物的结构情况、地质情况、桩距大小、桩的规格及入土深度综合确定，同时也要兼顾施工方便。图 2.2 为打桩顺序对土体的挤密情况。

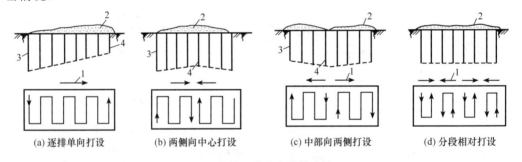

（a）逐排单向打设　　（b）两侧向中心打设　　（c）中部向两侧打设　　（d）分段相对打设

图 2.2　打桩顺序和土体挤密情况

1. 打设方向；2. 土壤挤密情况；3. 沉降量小；4. 沉降量大

2）当基坑不大时，打桩应逐排打设或从中间开始分头向周边或两边进行。当基坑较大时，应将基坑分为数段，然后在各段范围内分别打设。打桩应避免自外向里，或从周边向中间打，以免中间土体被挤密、桩难打入，或虽勉强打入而使邻桩侧移或上冒。

3）对基础标高不一的桩，宜先打深桩后打浅桩；对不同规格的桩，宜先大后小，先长后短，以使土层挤密均匀，防止位移或偏斜。在粉质黏土及粉土地区，应避免打桩时朝一个方向进行，使土方向一边挤压，造成桩入土深度不一。当桩距大于或等于 4 倍桩径时，则与打桩顺序无关。

3. 打（沉）桩方法

钢筋混凝土预制桩的沉桩方法有锤击法、静力压桩法、振动法和水冲法等，以锤击法应用最为普遍。

1）落锤打桩。落锤一般由生铁铸成，重 0.5～1.5t。施工时借助卷扬机提升，利用脱钩装置或松开卷扬机刹车而使桩锤自由落到桩头上，把桩逐渐打入土中，适于在黏土和含砾石较多的土中打桩。

2）蒸汽锤打桩。蒸汽锤分单动式锤和双动式锤两种形式。它是利用蒸汽或压缩空气的压力将桩锤上举，然后自由下落冲击桩顶沉桩，其冲击部分为汽缸。单动汽锤重 1.5～15t，落距较小，不易损坏桩头，打桩速度和冲击力均较落锤大，效率较高；双动汽锤重 0.6～6t，打桩速度快，冲击能量大，工作效率高。

3）柴油锤打桩。打桩机分为导杆式和筒式两种。其工作原理是利用燃油爆炸产生的力，推动活塞上下往复运动进行沉桩的。打桩时，首先利用机械能将活塞提升到一定的高度，然后迅速下落，这时汽缸中的空气被压缩，温度剧增，同时柴油通过喷嘴喷入汽缸中点燃爆炸，其作用力将活塞上抛，反作用力将桩打入土中。

4）振动沉桩即采用振动锤进行沉桩的施工方法。振动锤又称激振器，它是一个箱体安装在桩头，用夹桩器将桩与振动箱固定。在电机的带动下使振动锤中的偏心重锤相互旋转，其横向偏心力相互抵消，而垂直离心力则叠加，使桩产生垂直的上下振动，这时桩及桩周土体处于强迫振动状态，从而使桩周土体强度显著降低和桩尖处土体挤开，破坏了桩与土体间的黏结力，桩周土体对桩的摩阻力和桩尖处土体抗力大大减小，桩在自重和振动力的作用下克服惯性阻力而逐渐沉入土中。

振动锤按振动频率大小可分为低频型（15～20Hz）、中高频型（20～60Hz）、高频型（100～150Hz）和超高频型（1500Hz）等。低频振动锤振幅很大（7～25mm），能破坏桩与土体间的黏结力，可用于下沉大口径管桩、钢筋混凝土管桩。中高频振动锤振幅较小（3～8mm），在黏性土中显得能量不足，故仅适用于松散的冲积层和松散、中密的砂层。高频振动锤是使强迫振动与桩体共振，利用桩产生的弹性波对土体产生高速冲击，冲击能量将显著减小土体对桩体的贯入阻力，因而沉桩速度较快。超高频振动锤是一种高速微振动锤，它振动频率极高，但振幅极小，对周围土体的振动影响范围极小，常用于对噪声和公害限制较严的桩基础施工中。

4. 打（沉）桩机具

打（沉）桩机具主要包括：桩锤、桩架和动力装置三部分。

1）桩锤是将桩打入土中的主要机具。桩锤的类型，应根据施工现场的情况、机具设备的条件及工作方式和工作效率等进行选择。

2）桩架的作用是吊装就位，悬吊桩锤、打桩时引导桩身方向并保证桩锤能沿着所要求的方向冲击。桩架要稳定性好，锤击落点准确，机动性和灵活性好，工作效率高。常用桩架有两种形式：一种是沿着轨道或滚杠行走移动的多能桩架；另一种是装在履带式底盘上可自由行走的桩架。

多能桩架（图 2.3），由立柱、斜撑、回转工作台、底盘及传动机构等组成。它的机动性和适应性较大，在水平方向可作 360° 回转，导架可伸缩和前后倾斜。底盘下装有铁轨，可在轨道上行走。这种桩架可用于各种预制桩和灌注桩施工。缺点是机构较庞大，现场组装、拆卸和转运较困难。

履带式桩架（图 2.4），以履带式起重机为底盘，增加了立柱、斜撑、导杆等。其行走、回转、起升的机动性好，使用方便，适用范围广，也称履带式打桩机，可适应各种预制桩和灌注桩施工。

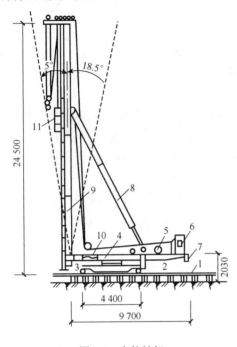

图 2.3　多能桩架

1. 枕木；2. 钢轨；3. 底盘；4. 回转平台；
5. 卷扬机；6. 司机室；7. 平衡重；8. 撑杆；
9. 挺杆；10. 水平调整装置；11. 桩锤和桩帽

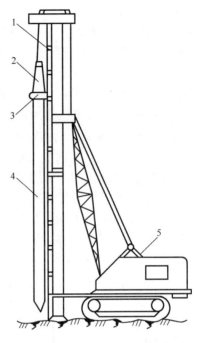

图 2.4　履带式桩架

1. 导向架；2. 桩锤；3. 桩帽；
4. 桩身；5. 车体

3）动力设备。打桩机械的动力装置及辅助设备主要根据选定的桩锤种类而定。落锤以电源为动力，再配以电动卷扬机、变压器、电缆等。蒸汽锤以高压饱和蒸汽为驱动力，配置蒸汽锅炉、蒸汽绞盘等。气锤以压缩空气为动力源，需配置空气压缩机、内燃机等。柴油锤以柴油为能源，桩锤本身有燃烧室，不需外部动力设备。

打（沉）桩施工包括定锤吊桩和打桩施工。

定锤吊桩。定锤是打桩机就位后，将桩锤和桩帽吊起固定在桩架上，使锤底高度高于桩顶，便于吊桩。吊桩是用桩架上的钢丝绳和卷扬机将桩提升就位。桩提升到垂直状态后，送入桩架导杆内，稳住桩顶后，先使桩尖对准桩位，扶正桩身，然后将桩下放插入土中，这时桩的垂直度偏差不得超过 0.5%。定锤吊桩完成后即可开始打桩。

打桩施工。打桩时宜采用重锤低击。重锤低击桩锤对桩头的冲击小、动量大，因而桩身反弹小，桩头不易损坏。其大部分能量用以克服桩身摩擦力和桩尖阻力，因此桩能较快地打入土中。此外，由于重锤低击的落距小，可提高锤击频率，打桩速度快、效率高，对于较密实的土层，如砂或黏土，能较容易穿过。打桩初始阶段，宜采用小落距，以便使桩能正常沉入土中，当桩入土到一定深度后，桩尖不易发生偏移时，再适当增大落距，正常施打。

打桩时速度应均匀，锤击间歇时间不宜过长，应随时观察桩锤的回弹情况，如桩锤经常回弹较大，桩的入土速度慢，说明桩锤太轻，应更换桩锤；如桩锤发生突发的较大回弹，说明桩尖遇到障碍，应停止锤击，找出原因后进行处理。如果继续施打，贯入度突增，说明桩尖或桩身受到破坏。打桩时还要随时注意贯入度的变化。打桩施工是隐蔽工程，为确保工程质量，施工中应对每根桩做好原始记录。

5. 送桩、接桩形式和方法

（1）送桩

桩基础一般采用低承台，即承台底标高位于地面以下。为了减短预制桩的长度可用送桩的办法将桩打入到地面以下一定深度处（图 2.5）。送桩深度一般不宜超过 2m。

（2）接桩

钢筋混凝土预制长桩，因受运输条件和打（沉）桩架高度限制，一般分成数节制作，分节打入，现场接桩。常用接头方式有焊接法接桩、法兰接桩和硫磺胶泥接桩法等。

1）焊接法接桩一般在距地面 1m 左右时进行。接桩时，钢板宜采用低碳钢，焊条宜用 E43。首先将上节桩用桩架吊起，对准下节桩头，用仪器校正垂直度，中心线偏差不得大于 10mm，节点弯曲矢高不得大于桩长的 0.1%。若接头间隙不平，可用铁片垫实焊牢，然后用点焊将四角连接角钢与预埋钢板临时焊接，再次检查平面位置及垂直度后即采取对角对称施焊，焊缝应连续、饱满，如图 2.6 所示。

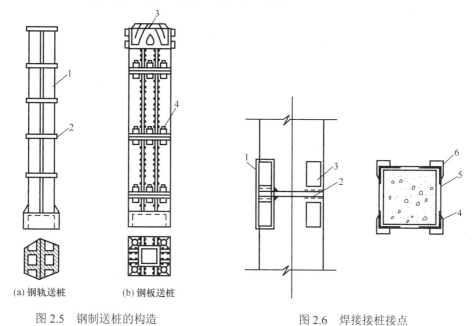

图 2.5　钢制送桩的构造

1. 钢轨；2.12mm 厚钢板箍；
3. 硬木垫；4. 连接螺栓

图 2.6　焊接接桩接点

1. 连接角钢；2. 预埋垫板；3. 预埋钢板；
4. 主筋；5. 钢板；6. 角钢

(a) 钢轨送桩　　(b) 钢板送桩

2）法兰接桩主要用于离心法成型的钢筋混凝土管桩中。法兰盘是在桩制作时，焊接在主钢筋上的预埋件，施工时用螺栓连接。接桩时，上下节桩之间用石棉或纸板衬垫，垂直度检查无误后，在法兰盘的钢板孔中穿入螺栓，用扳手拧紧螺帽，锤击数次后，再拧紧一次，并焊死螺帽，如图 2.7 所示。

3）硫磺胶泥锚接法又称浆锚法。硫磺胶泥是一种热塑冷硬性胶结材料，是由胶结材料、细骨料、填充料和增韧剂熔融搅拌混合而成。可以在现场配制直接使用，也可以在专业加工厂加工成固体半成品。

制桩时，在上节桩下端伸出四根锚筋，下节桩上端预留四个锚筋孔。接桩时，首先将上节桩的锚筋插入下节桩的锚孔（直径为锚筋直径的 2.5 倍），上下桩间隙 200mm 左右，此时安设好施工夹箍（由四块木板，内侧用人造革包裹 40mm 厚的树脂海绵块而成），将熔化的硫磺胶泥注满锚筋孔内并使之溢出桩面，然后使上节桩下落，当硫磺胶泥冷却并拆除施工夹箍后，即可继续压桩或打桩，如图 2.8 所示为硫磺胶泥锚接节点。

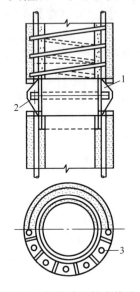

图 2.7　管桩法兰接点构造

1. 法兰盘；2. 螺栓；3. 螺栓孔

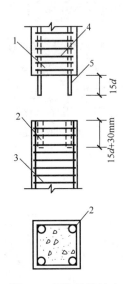

图 2.8　焊接接桩接点

1. 上段桩；2. 锚筋孔；3. 下段桩；4. 箍筋；5. 螺纹钢筋

6. 打（沉）桩控制及贯入度计算

（1）打（沉）桩控制

1）桩端位于一般土层时，以控制桩端设计标高为主，贯入度作为参考。

2）桩端位于坚硬、硬塑的黏土、碎石土、中密以上的砂土或风化岩等土层时，以贯入度控制为主，桩尖进入持力层深度或桩尖标高可做参考。

3）当贯入度已达到，而桩尖标高未达到时，应继续锤击 3 阵，其每阵 10 击的平均贯入度不应大于规定的数值；桩尖位于其他软土层时，以桩尖设计标高控制为主，贯入度可做参考。

4）打桩时，如控制指标已符合要求，而其他的指标与要求相差较大时，应会同有关单位研究处理。

（2）控制贯入度计算

贯入度是指每锤击一次桩的入土深度，而在打桩过程中常指最后贯入度，即最后一击桩的入土深度。实际施工中一般是采用最后 10 击桩的平均入土深度作为其最后贯入度。当无试验资料或设计无规定时，控制贯入度为

$$S=\frac{nAQH}{mP(mP+nA)}\times\frac{Q+0.2q}{Q+q}\qquad(2.1)$$

式中，S——桩的控制贯入度，mm；

$\quad\quad Q$——锤重力，N；

$\quad\quad H$——锤击高度，mm；

$\quad\quad q$——桩及桩帽重力，N；

$\quad\quad A$——桩的横截面积，mm^2；

$\quad\quad P$——桩的安全（或设计）承载力，N；

$\quad\quad m$——安全系数。对永久工程取 2；对临时工程取 1.5；

$\quad\quad n$——桩材料及桩垫有关系数。钢筋混凝土桩用麻垫时，$n=1$；钢筋混凝土桩用
橡木垫时，$n=1.5$；木桩加桩垫时，$n=0.8$；木桩不加垫时，$n=1.0$。

2.1.3 静力压桩施工

静力压桩是利用压桩机桩架自重和配重的静压力将预制桩压入土中的沉桩方法。它
适用于软土、淤泥质土、沉设桩截面一般小于 40cm×40cm，桩长 30~35m 的钢筋混凝
土桩或空心管桩。

静力压桩法施工时无噪声、无振动、无冲击力、施工应力小。该法可以减小打桩振
动对地基和邻近建筑物的影响，桩顶不易损坏，不易产生偏心，节约制桩材料和降低工
程成本，且能在沉桩施工中测定沉桩阻力，为设计、施工提供参数，并能预估和验证桩
的承载能力。静力压桩机有机械式和液压式两种。

（1）机械静力压桩

机械式静力压桩机（图 2.9）是利用钢桩架及附属设备重量、配重，通过卷扬机的
牵引，由钢丝绳滑轮及压梁将整个压桩机重量传至桩顶，将桩段逐节压入土中，压桩架
一般高 16~20m，静压力 400~800kN。接头采用焊接法或硫磺胶泥锚接法。

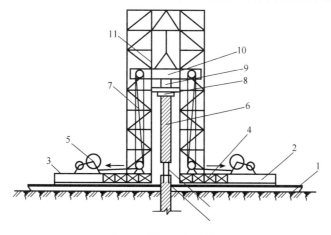

图 2.9 机械静力压桩机

1. 垫板；2. 底盘；3. 操作平台；4. 加重物仓；5. 卷扬机；
6. 上段桩；7. 加压钢丝绳；8. 桩帽；9. 油压表；10. 活动压梁；11. 桩架

压桩时，由卷扬机牵引，使压桩架就位，吊首节桩至压桩位置，桩顶由桩架固定，

下端由滑轮夹持，开动卷扬机，将桩压入土中至露出地面 2m 左右，再将第二节桩接上，要求接桩的弯曲度不大于 1%，然后继续压入，如此反复操作至全部桩段压入土中。

（2）液压静力压桩

液压式静力压桩机（图 2.10）由压桩机构、行走机构及起吊机构三部分组成。压桩时，先用起吊机构将桩吊入到压桩机主机压桩部位后，用液压夹桩器将桩头夹紧，开动压桩油缸将桩压入土中，接着回程再吊上第二节桩，用硫磺胶泥接桩后，继续压入，反复操作至全部桩段压入土中。然后开动行走机构，移至下一个桩位继续压桩。液压式静力压桩机的静压力为 800～1600kN。

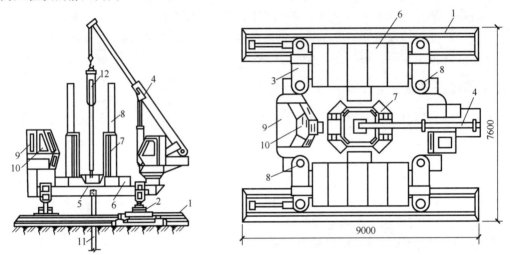

图 2.10　液压式静力压桩机

1. 长船行走机构；2. 短船行走及回转机构；3. 支腿式底盘结构；4. 液压起重机；5. 夹持与压桩机构；
6. 配重铁块；7. 导向架；8. 液压系统；9. 电控系统；10. 操纵室；11. 已压入下节桩；12. 吊入上节桩

2.2　混凝土灌注桩施工

灌注桩是直接在施工现场桩位上成孔，然后在孔内安放钢筋笼，浇筑混凝土成桩。按成孔方法不同分为：泥浆护壁成孔灌注桩；干作业成孔灌注桩；套管成孔灌注桩；爆扩成孔灌注桩及人工挖孔灌注桩等。

2.2.1　泥浆护壁成孔灌注桩

1. 施工工艺

泥浆护壁成孔是指采用泥浆保护孔壁排出土后成孔。在施工中要制备泥浆、埋设护筒、安放钢筋笼和浇筑水下混凝土。

（1）泥浆制备

泥浆在成孔过程中所起的作用是护壁、携碴、冷却和润滑，其中以护壁作用最为主要。

泥浆具有一定的密度，当孔内泥浆液面高出地下水位一定高度，对孔壁就产生一定的静水压力，相当于一种液体支撑，可以稳固土壁，防止塌孔。泥浆还能将钻孔内不同土层中的空隙渗填密实，形成一层透水性很低的泥皮，避免孔内壁漏水并保持孔内有一定水压，有助于维护孔壁的稳定。泥浆还具有较高的黏性，通过泥浆循环可将切削破碎的土石渣屑悬浮起来，随同泥浆排出孔外，起到携碴、排土的作用。由于泥浆循环作冲洗液，因而对钻头有冷却和润滑作用，减轻钻头的磨损。

在黏土和粉土层中成孔时，泥浆密度可取 $1.1\sim1.3t/m^3$。在砂和砂砾等容易塌孔的土层中成孔时，必须使泥浆密度保持在 $1.3\sim1.5t/m^3$。在不含黏土或粉土的纯砂层中成孔时，还需在贮水槽和贮水池中加入黏土，并搅拌成适当比例的泥浆。成孔过程中，孔内泥浆要保持一定的密度。

（2）埋设护筒

护筒是保证钻机沿着桩位垂直方向顺利钻孔的辅助工具。护筒一般用 3～5mm 的钢板制成，其直径比桩孔直径大 100～200mm，具有保护孔口和提高桩孔内的泥浆水头，防止塌孔的作用。

（3）安放钢筋笼

当钻孔到设计深度后，即可安放钢筋笼。钢筋骨架应预先在施工现场制作，保护层厚 4～5cm，在骨架外侧绑扎水泥垫块控制。直径 1m 以上的钢筋骨架，箍筋与主筋间应间隔点焊，以防止变形。

吊放钢筋笼应注意勿碰孔壁，并防止坍孔或将泥土杂物带入孔内；如钢筋笼长度在 8m 以上，可分段绑扎、吊放。钢筋笼放入后应校正轴线位置和垂直度。定位完成后，应在 4h 内浇筑混凝土，以防坍孔。

（4）浇筑水下混凝土

水下混凝土浇筑时不能直接将混凝土倾倒于水中，最常用的是导管法。该法是将密封连接的钢管（或强度较高的硬质非合金管）作为水下混凝土的灌注通道，混凝土倾落时沿竖向导管下落。导管的作用是隔离环境水，使其不与混凝土接触。导管底部以适当的深度埋在灌入的混凝土拌和物内，导管内的混凝土在一定的落差压力作用下，挤压下部管口的混凝土在已浇的混凝土层内部流动、扩散，以完成混凝土的浇筑工作，形成连续的密实的混凝土桩身。

2. 成孔方法

泥浆护壁成孔方法有冲击钻成孔法、回转钻成孔法、潜水电钻成孔法和挤扩支盘成孔法等。

（1）冲击钻成孔

冲击钻成孔（图 2.11）是利用卷扬机悬吊冲击锤连续上下冲的冲击力，将硬质土层，或岩层破碎成孔，部分碎渣和泥浆挤入孔壁，大部分用掏渣筒掏出，适用于有孤石的砂卵石层、坚实土层、岩层等成孔，对流砂层亦能克服。所成孔壁较坚实、稳定、坍孔少。缺点是：掏泥渣较费工费时，不能连续作业，成孔速度较慢。

冲击钻孔机有钢丝式和钻杆式两种，前者钻头为锻制或铸钢，式样有十字形和三翼形，锤重 0.5～3.0t，用钢桩架悬吊，卷扬机作动力，钻孔径有 800mm、1000mm、1200mm 等几种；后者钻头带钻杆，钻孔孔径较小，效率低，较少使用。钻头型式如图 2.12 所示。

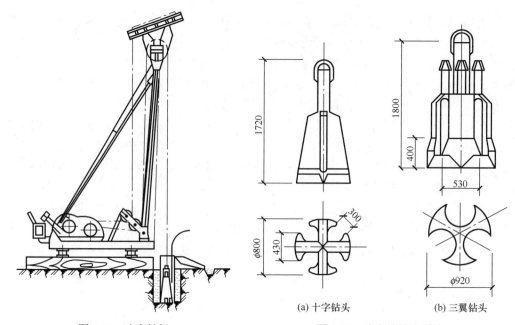

图 2.11　冲击钻机

(a) 十字钻头　　　　　　(b) 三翼钻头

图 2.12　冲击钻钻头型式

冲击钻成孔灌注桩施工工艺流程如下：

场地平整→桩位放线，开挖浆池、浆沟→护筒埋设→钻机就位，孔位校正→冲击造孔，泥浆循环、清除废浆、泥渣，清孔换浆→终孔验收→下钢筋笼和导管→灌注水下混凝土→成桩养护。

（2）回转钻成孔

回转钻成孔灌注桩又称为正、反循环成孔灌注桩（图 2.13 和图 2.14），是用一般的地质钻机，在泥浆护壁条件下，慢速钻进排渣成孔，灌注混凝土成桩，为国内最为常用和应用范围较广的成桩方法之一。

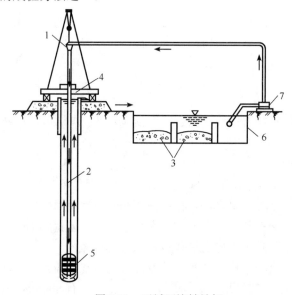

图 2.13　正循环旋转钻机

1. 泥浆笼头；2. 钻杆；3. 钻碴；4. 转盘；5. 钻头；6. 泥浆池；7. 泥浆泵

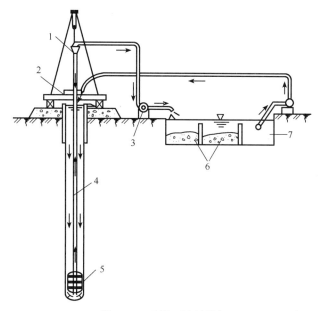

图 2.14　反循环旋转钻机

1. 泥浆笼头；2. 转盘；3. 吸泥泵；4. 钻杆；5. 钻头；6. 钻碴；7. 泥浆池

回转钻成孔的特点是：可利用常规地质钻机，适用于各种地质条件，各种大小孔径和深度，护壁效果好，成孔质量可靠，施工无噪声、无震动、无挤压；操作方便，费用较低，但成孔速度慢，效率低，泥浆排量大，污染环境，扩孔率较难控制，适用于地下水位较高的软、硬土层，如淤泥、黏性土、砂土、软质岩层。

施工要点：施工前平整场地，铺好枕木并用水平尺校正，保证钻机平稳、牢固；成孔一般多采用正循环工艺，对于孔深大于30m 的端承桩宜用反循环工艺成孔；钻进时应根据土质情况加压，开始应轻压力、慢转速，逐步转入正常；钻孔完成后，应采用空气压缩机清孔，也可采用泥浆置换方法进行清孔；清孔符合要求后吊放钢筋笼，进行隐蔽工程验收，合格后浇筑水下混凝土。

3. 潜水钻成孔灌注桩

潜水电钻成孔法是利用潜水电钻机构中密封的电动机、变速机构，直接带动钻头在泥浆中旋转削土，同时用泥浆泵压送高压泥浆（或用水泵压送清水），使从钻头底端射出与切碎的土颗粒混合，然后不断由孔底向孔口溢出，或用砂石泵或空气吸泥机采用反循环方式排出泥渣，如此连续钻进、排出泥渣直至形成所需深度的桩孔，浇筑混凝土成桩。潜水钻机如图 2.15 所示。

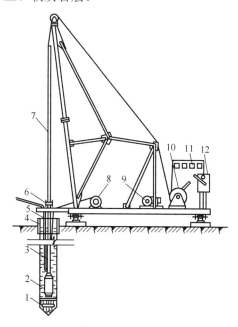

图 2.15　潜水钻机结构示意图

1. 钻头；2. 潜水钻机；3. 电缆；4. 护筒；5. 水管；
6. 滚轮支点；7. 钻杆；8. 电缆盘；9. 卷扬机；
10. 控制箱；11. 电流电压表；12. 起动开关

该法具有设备定型、体积小、移动灵活、维修方便、无噪声、无振动、钻孔深、成孔精度和效率高、劳动强度低等特点，但需设备较复杂，施工费用较高，适用于地下水位较高的软硬土层、淤泥、黏土、粉质黏土、砂土、砂夹卵石及风化页岩层中等，不得用于漂石。

4. 挤扩支盘成孔

挤扩支盘灌注桩是一种新型变截面桩，它是在普通灌注桩基础上，按承载力要求和工程地质条件的不同，在桩身不同部位设置分支和承力盘或仅设置承力盘而成。这种桩

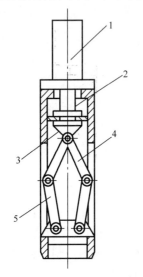

图 2.16　液压挤扩支盘成型器结构构造

1. 液压缸；2. 活塞杆；3. 压头；
4. 上弓臂；5. 下弓臂

由主桩、分支、承力盘和在它周围被挤密压实的固结料组成，类似树根根系，但施工工艺方法及受力性能又不同于一般树根桩，也不同于普通直线形混凝土灌注桩，而是一种介于摩擦桩和端承桩之间的变截面桩型。图 2.16 为液压挤扩支盘成型器结构构造。

挤扩支盘灌注桩适用于黏性土、细砂土、砂中含少量姜结石及软土等多种土层中应用，不适合于淤泥质土、中粗砂层、砾石层以及液化砂土层中分支和成盘。

挤扩支盘桩施工工艺流程为：桩定位放线→挖桩坑、设钢板套→钻机就位→钻孔至设计深度→钻机移位至下一桩钻孔→第一次清孔→将支盘成型器吊入已钻孔内→在设计位置压分支、承力盘→下钢筋笼→下导管→二次清孔→水下灌注混凝土→清理桩头→拆除导管、护筒。图 2.17 为挤扩多分支承力盘灌注桩成桩工艺示意图。

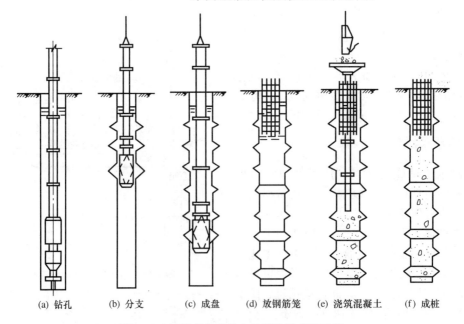

(a) 钻孔　　(b) 分支　　(c) 成盘　　(d) 放钢筋笼　　(e) 浇筑混凝土　　(f) 成桩

图 2.17　挤扩多分支承力盘灌注桩成桩工艺

2.2.2 干作业螺旋成孔灌注桩

干作业螺旋钻孔灌注桩是指不用泥浆和套管护壁情况下，用螺旋钻机在桩位处钻孔，然后在孔中放入钢筋笼，再浇筑混凝土成桩。这类桩具有施工时无噪声，无震动，对环境无泥浆污染，机具设备简单，施工速度快，降低施工成本等优点。

干作业螺旋钻成孔适用于地下水位以上的填土层、黏性土层、粉土层、砂土层和粒径不大的砾砂层。按成孔方法可分为短螺旋钻孔灌注桩和长螺旋钻孔灌注桩。

短螺旋钻成孔是用短螺旋钻孔机的螺旋钻头，在桩位处就地切削土层，使被切土块钻屑随钻头旋转，沿着带有数量不多的螺旋叶片的钻杆上升，积聚在短螺旋叶片上，形成"土柱"，此后靠提钻、反转、甩土、将钻屑散落在孔周。短螺旋钻孔优点是省去了长孔段输送土块钻屑的功能消耗，回转阻力矩小；缺点是因升降钻具等辅助作业时间长，因而钻进效率不如长螺旋钻机高，适宜在大直径或深桩孔的情况下施工。短螺旋钻机构造如图 2.18 所示。

长螺旋钻成孔施工法是用长螺旋钻孔机的螺旋钻头，在桩位处就地切削土层，被切土块钻屑随钻头旋转，沿着带有长螺旋叶片的钻杆上升，输送到出土器后自动排出孔外，然后装卸到小型机动翻斗车（或手推车）中运走。国产长螺旋钻孔机的钻孔直径为300～800mm，成孔深度在 26m 以下。长螺旋钻机如图 2.19 所示。

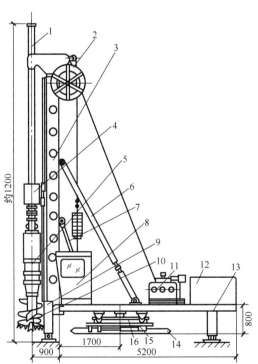

图 2.18 液压步履式短螺旋钻孔机

1. 钻杆；2. 电缆卷筒；3. 臂架；4. 导向架；5. 主机；
6. 斜撑；7. 起架油缸；8. 操纵室；9. 前支腿；
10. 钻头；11. 卷扬机；12. 液压系统；13. 后支腿；
14. 履靴；15. 中盘；16. 上盘

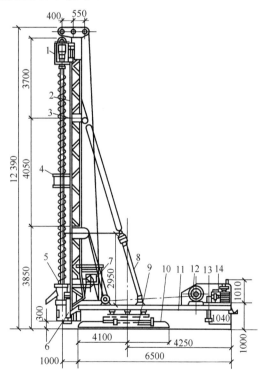

图 2.19 液压步履式长螺旋钻孔机

1. 减速箱总成；2. 臂架；3. 钻杆；4. 中间导向套；
5. 出土装置；6. 前支腿；7. 操纵室；8. 斜撑；
9. 中盘；10. 下盘；11. 上盘；12. 卷扬机；
13. 后支腿；14. 液压系统

2.2.3　套管护壁成孔灌注桩

套管成孔灌注桩是目前采用较为广泛的一种灌注桩，该法又称为沉管灌注桩。按其成孔方法不同，可分为振动沉管灌注桩和锤击沉管灌注桩。

沉管灌注桩适用于一般黏性土、粉土、淤泥质土、淤泥、松散至中密的砂土及人工填土等，不宜用于标准贯入击数 $N>12$ 的砂土，$N>15$ 的黏性土及碎石土。

1. 振动沉管灌注桩

振动沉管灌注桩通常利用振动锤作为动力，施工时以激振力和冲击力的联合作用将桩管沉入土中。在达到设计的桩端持力层后，向管内灌注混凝土，然后边振动桩管、边上拔桩管而形成灌注桩。图 2.20 为振动沉管灌注桩成桩过程。

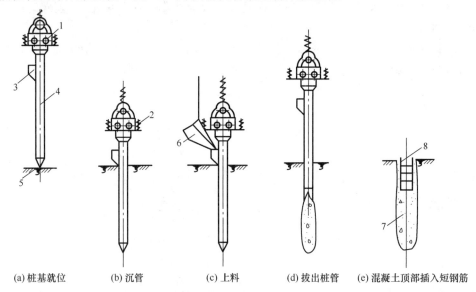

(a) 桩基就位　　(b) 沉管　　(c) 上料　　(d) 拔出桩管　　(e) 混凝土顶部插入短钢筋

图 2.20　振动沉管灌注桩成桩过程

1. 振动锤；2. 加压减振弹簧；3. 加料口；4. 桩管；5. 活瓣桩尖；6. 上料口；7. 混凝土桩；8. 短钢筋骨架

振动沉管灌注桩的施工工艺可分为单振法、复振法和反插法三种。

单振法施工时，在桩管灌满混凝土后，开动振动器，先振动 5～10s，再开始拔管。应边振边拔，每拔 0.5～1m，停拔 5～10s，但保持振动，如此反复，直至桩管全部拔出。复振法是在单振法施工完成后，再把活瓣桩尖闭合起来，在原桩孔混凝土中第二次沉下桩管，将未凝固的混凝土向四周挤压，然后进行第二次灌注混凝土和振动拔管。复振法适用于饱和黏土层。反插法是在桩管灌满混凝土后，先振动再开始拔管，每次拔管高度 0.5～1.0m，反插深度 0.3～0.5m，在拔管过程中分段添加混凝土，保持管内混凝土面始终不低于地表面或高于地下水位 1.0～1.5m 以上，拔管速度应小于 0.5m/min。如此反复进行，直至桩管拔出地面。反插法能使混凝土的密实性增加，宜在较差的软土地基施工中采用。

2. 锤击沉管灌注桩

锤击沉管灌注桩又称打拔管灌注桩，是用锤击沉桩设备将桩管打入到地基土中成孔。桩尖（也称桩靴）常使用预制混凝土桩尖。图 2.21 为锤击沉管灌注桩成桩工艺。

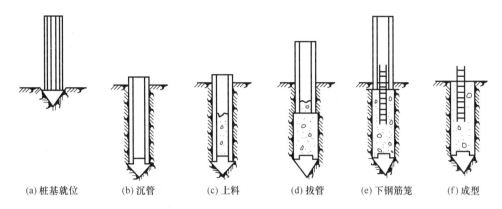

(a)桩基就位　(b)沉管　(c)上料　(d)拔管　(e)下钢筋笼　(f)成型

图 2.21　锤击沉管灌注桩成桩工艺

锤击沉管灌注桩的工艺特点如下:

1)可用小桩管打较大截面桩,承载力大。

2)有套管护壁,可防止坍孔、缩孔、断桩,桩质量可靠。

3)可采用普通锤击打桩机施工,速度快,效率高,操作简便,费用较低。

锤击沉管灌注桩施工时,首先将桩机就位,吊起桩管使其对准预埋在桩位的预制钢筋混凝土桩尖,将桩管连同桩尖一起压入土中,桩管上部扣上桩帽,并检查桩管、桩尖与桩锤是否在同一垂直线上,垂直度偏差应小于0.5%桩管高度。

锤击沉管灌注桩的施工工艺可分为单打法和复打法。对于单打法施工,初打时应低锤轻击,当桩管无偏移时方可正常施打。当桩管打入至要求的贯入度或标高后,用吊砣检查管内有无泥浆或渗水,并测量孔深,符合要求后,即可将混凝土通过灌注漏斗灌入桩管内。待混凝土灌满桩管后,开始拔管,拔管过程应保持对桩管进行连续低锤密击,保证浇注的混凝土密实。拔管速度不宜过快,对一般土层以 1.0m/min 为宜。拔管高度不宜过高,第一次拔管高度应控制在能容纳第二次所需要灌入的混凝土量为限。同时,应保证管内混凝土高度不少于 2m,在拔管过程中应用侧锤或浮标检查管内混凝土面的下降情况。灌入桩管内的混凝土,从搅拌到最后拔管结束不得超过混凝土的初凝时间。复打法是在单打施工完毕、拔出桩管后,及时清除黏附在管壁和散落在地面上的泥土,在原桩位上第二次安放桩尖,以后的施工过程则与单打灌注桩相同。复打沉管灌注桩施工时应注意,复打施工必须在第一次灌注的混凝土初凝以前全部完成,桩管在第二次打入时应与第一次的轴线相重合,且第一次灌注的混凝土应达到自然地面,不得少灌。

3. 套管成孔灌注桩常遇问题和处理方法

套管成孔灌注施工时常发生断桩、缩颈桩、吊脚桩、夹泥桩、桩尖进水、进泥等问题。

1)缩颈桩,也称瓶颈,是指桩身局部直径小于设计直径。缩颈常出现在饱和淤泥质土中。产生的主要原因是在含水量高的黏性土中沉管时,土体受到强烈扰动挤压,产生很高的孔隙水压力,桩管拔出后,超孔隙水压力作用在所浇筑的混凝土桩身上,使桩身局部直径缩小;施工过程中拔管速度过快,管内形成真空吸力,且管内混凝土量少、和易性差,使混凝土扩散性差,导致缩颈;桩间距过小,施工时受邻桩挤压使混凝土桩身缩小。

施工过程中应经常检查管内混凝土的下落情况,严格控制拔管速度,采取“慢拔密振”或“慢拔密击”的方法。在可能产生缩颈的土层施工时,采用反插法或复打法可避免缩颈。

2）断桩，指桩身裂缝呈水平或略有倾斜且贯通全截面。常见于地面以下 1～3m 不同软硬土层交接处。产生断桩的主要原因是桩距过小，桩身混凝土终凝不久，强度低，邻桩沉管时使土体隆起和挤压，产生横向水平力和竖向拉力使混凝土桩身断裂。

避免断桩的措施是：布桩不宜过密，桩间距以不小于 3.5d 为宜；当桩身混凝土强度较低时，可采用跳打法施工；合理制定打桩顺序和桩架行走路线以减少振动的影响。

3）吊脚桩，指桩底部的混凝土悬空，或混入泥沙在桩底部形成松软层。产生吊脚桩的主要原因是：活瓣桩尖被周围土压实而不张开，拔至一定高度时才张开，而此时孔底部已被孔壁回落土充填而形成吊脚桩；预制桩尖强度不足，在沉管时破损，被挤入桩管内，拔管时振动冲击未能将桩尖压出，拔管至一定高度时，桩尖才落下但又被硬土层卡住，未落到孔底而形成吊脚桩；振动沉管时，桩管入土较深并进入低压缩性土层，灌完混凝土开始拔管时，形成空隙。

避免出现吊脚桩的措施是：严格检查预制桩尖的强度和规格，防止桩尖打碎或压入桩管；采用"密振慢抽"方法，开始拔管 50cm，可将桩管反插几下，然后再正常拔管；混凝土应保持良好的和易性，坍落度应不小于 5～7cm。如已发现吊脚现象，应将桩管拔出，桩孔回填后重新沉入桩管。

4）桩尖进水、进泥沙，在含水量大的淤泥、粉砂土层中沉入桩管时，往往有水或泥沙进入桩管内，这是由于活瓣桩尖合拢后有较大的间隙，或预制桩尖与桩管接触不严密，或桩尖打坏所致。

预防措施是，预制桩尖的尺寸和配筋均应符合设计要求，混凝土强度等级不得低于 C30；在桩尖与桩管接触处缠绕麻绳或垫衬；对缝隙较大的活瓣桩尖应及时修复或更换；当地下水量大时，桩管沉至接近地下水位，可灌注 $0.05～0.1m^3$ 封底混凝土，将桩管底部的缝隙用混凝土封住，灌 1m 高的混凝土后，再继续沉管。

2.3　地下连续墙施工

地下连续墙是建造深基础工程和地下构筑物广泛应用的一项新技术，可作为防渗墙、挡土墙、地下结构的边墙和建筑物的基础。地下连续墙的施工程序如图 2.22 所示。

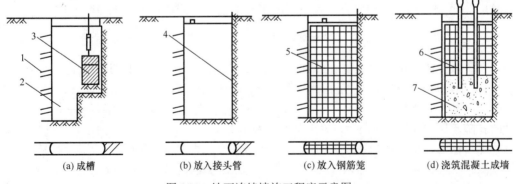

| (a) 成槽 | (b) 放入接头管 | (c) 放入钢筋笼 | (d) 浇筑混凝土成墙 |

图 2.22　地下连续墙施工程序示意图

1. 已完成的单元槽段；2. 泥浆；3. 成槽机；4. 接头管；5. 钢筋笼；6. 导管；7. 浇筑的混凝土

现浇钢筋混凝土地下连续墙是在地面上用专门的挖槽设备，沿开挖工程周边已铺筑的导墙，在泥浆护壁的条件下，开挖一条窄长的深槽，在槽内放置钢筋笼，浇筑混凝土，筑成一道连续的地下墙体，施工工艺如下。

1. 导墙设置与施工

深槽开挖前，须在地下连续墙纵向轴线位置开挖导沟，导坑深1～2m。在两侧浇筑混凝土或钢筋混凝土导墙，也有采用预制混凝土板、型钢和钢板及砖砌体作导墙。导墙的作用主要为地下连续墙定线、定标高、支承挖槽机等施工荷重、挖槽时定向、存储泥浆、稳定浆位、维护上部土体稳定和防止土体塌落等。导墙的截面形式如图2.23所示。

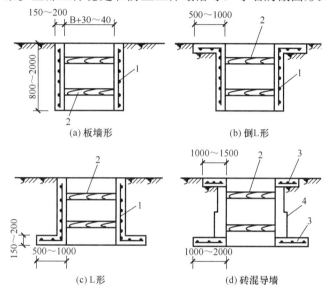

(a) 板墙形　　(b) 倒L形

(c) L形　　(d) 砖混导墙

图2.23　导墙的各种截面形式
1. 导墙；2. 横撑；3. 导梁；4. 变截面导墙

2. 单元槽段划分

地下连续墙单元槽段的划分，应综合考虑现场水文地质条件、附近现有建筑物的情况、挖槽时槽壁的稳定性、挖槽机械类型、钢筋笼的重量及尺寸、混凝土搅拌机的供应能力以及地下连续墙构造要求等因素，其中以槽壁的稳定性最为重要。

3. 成槽工艺

地下连续墙槽段开挖常用的挖槽机械有多头钻挖槽机、钻抓斗式挖槽机和冲击钻等。

（1）多头钻施工法

多头钻挖槽机主体由多头钻和潜水电动机组成（图2.24）。挖槽时用钢索悬吊，采用全断面钻进方式，可一次完成一定长度和宽度的深槽。施工槽壁平整，效率高，对周围建筑物影响小，适用于黏性土、砂质土、砂砾层及淤泥等土层。

（2）钻抓式施工法

钻抓式钻机由潜水钻机、导板抓斗机架、轨道等组成（图2.25）。抓斗有中心提拉式和斗体推压式两种。钻抓斗式挖槽机构造简单，出土方便，能抓出地层中障碍物，但当深度大于15m及挖坚硬土层时，成槽效率显著降低，成槽精度较多头挖槽机差，适用于黏性土和N值小于30的砂性土，不适用于软黏土。

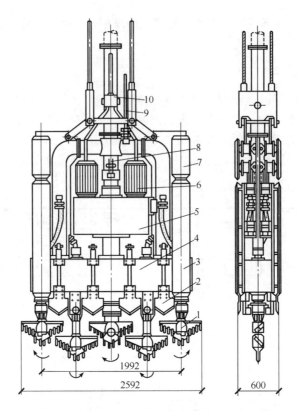

图 2.24　多头钻机的钻头

1. 钻头；2. 铡刀；3. 导板；4. 齿轮箱；5. 减速箱；6. 潜水电动机；
7. 纠偏装置；8. 高压进气管；9. 泥浆管；10. 电缆结头

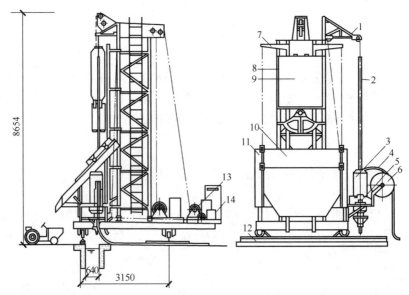

图 2.25　钻抓式挖槽机

1. 电钻吊臂；2. 钻杆；3. 潜水电钻；4. 泥浆管及电缆；5. 钳制台；6. 转盘；7. 吊臂滑车；
8. 机架立柱；9. 导板抓斗；10. 出土上滑槽；11. 出土下滑槽；12. 轨道；13. 卷扬机；14. 控制箱

（3）冲击式施工法

冲击式钻机由冲击锥、机架和卷扬机等组成，主要采用各种冲击式凿井机械，适用于老黏性土、硬土和夹有孤石等地层，多用于排桩式地下连续墙成孔。其设备比较简单，操作容易，但工效较低，槽壁平整度也较差。桩排对接和交错接头采取间隔挖槽施工方法。

4. 泥浆护壁工艺

地下连续墙在成槽过程中，为了保持开挖槽段土壁的稳定，通常采用泥浆护壁。

（1）泥浆的组成和作用

泥浆的主要成分是膨润土、掺和物和水。泥浆的作用参见本章 2.2 节。

（2）泥浆的控制指标

新制备的泥浆密度应小于 $1.05t/m^3$，成槽后泥浆密度不大于 $1.15t/m^3$，槽底泥浆密度不大于 $1.20t/m^3$。此外，对泥浆黏度、泥浆失水量和泥皮厚度、泥浆 pH、泥浆的稳定性和胶体率也要进行控制。

（3）泥浆的配制及管理

泥浆应用泥浆搅拌机进行搅拌，拌和好的泥浆在贮浆池内一般静置 24h 以上，最低不少于 3h，以便膨润土颗粒充分水化、膨胀，确保泥浆质量。通过沟槽循环或浇筑混凝土置换排出的泥浆，必须经过净化处理，才能继续使用。

5. 钢筋笼的加工和吊放

钢筋笼应根据地下连续墙体的钢筋设计尺寸和单元槽段、接头形式及现场起重能力等确定。钢筋笼的宽度应按单元槽段组装成一个整体，长度方向如需分节接长，则分节制作的钢筋笼。钢筋笼采用整体吊装，为了保证钢筋笼在吊运过程中有足够的刚度，应根据钢筋笼的重量、起吊方式和吊点位置，在钢筋笼内设置 2～4 榀纵向钢筋桁架及主筋平面的斜向拉杆，以防止在起吊时钢筋笼横向变形和吊放入槽时发生左右相对变形。

6. 混凝土浇筑

地下连续墙混凝土的浇筑采用水下浇筑混凝土的导管法进行。混凝土强度配合比设计应比设计强度提高 5MPa，混凝土应具有良好的和易性和流动性。

7. 槽段接头施工

地下连续墙两相邻单元槽段之间接头方式最常用的是接头管方式。接头管外径等于槽宽，在钢筋笼吊放前用吊车吊放入槽段内，起到侧模作用，接着吊入钢筋笼并浇筑混凝土。为防止接头管与混凝土黏结，而使接头管拔出困难，在槽段混凝土初凝前，用千斤顶或卷扬机转动及提动接头管。

2.4　墩式基础施工

墩式基础是在人工或机械成孔中浇筑混凝土（或钢筋混凝土）而成，我国多采用人工开挖，也称大直径人工挖孔桩，直径在 1～5m，多为一柱一墩。墩身直径较大，有很大的强度和刚度，多穿过深厚的软土层直接支承在岩石或密实的土层上（图 2.26）。

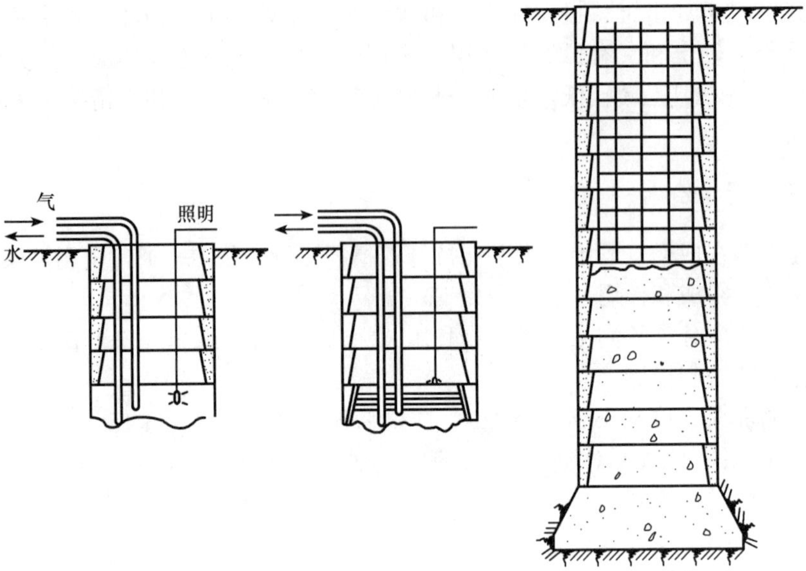

(a) 在护圈保护下开挖土方　　(b) 支模板浇筑混凝土护圈　　(c) 浇筑墩身混凝土

图 2.26　墩身施工示意图

墩基础的优点是：人工开挖时可直接检查成孔质量，易于清除孔底虚土，施工时无噪音、无振动，且可多人同时进行若干个墩的开挖，底部扩孔易于施工。

（1）施工工艺

场地平整→架设电动葫芦、潜水泵、鼓风机、照明灯具→放线、定墩位→在墩孔原位制作沉井→边挖土、边抽水，使沉井穿过流砂及淤泥质土层→每下挖 1m 土层清理墩孔四壁，校核墩孔的垂直度和直径→支模板→浇灌一圈混凝土护壁→拆模后继续下挖、支模、浇混凝土护壁，达到强度后拆模→进入岩层一定深度，确认可作为持力层后进行扩大头施工→对墩孔直径、深度、扩大端尺寸、持力层进行全面验收→排除孔底积水、放入串桶、浇灌墩身混凝土→混凝土面上升到一定标高时放入钢筋笼→继续浇灌混凝土直至墩顶→墩顶覆盖养护。

（2）质量控制标准

1）中心偏差不宜大于 5cm，垂直度偏差不大于 0.3%L（L 为墩身实际长度）。

2）墩端部应坐落在可靠的持力层上，若存在局部软弱夹层应予以清除，当面积超过墩端截面积的 10%时，必须继续掘进。

3）当墩端挖到比较完整的岩石后，应采用小型钻机再向下钻 5m 深，并取样鉴别，以确定其是否还存在软弱层，查清无软弱下卧层后方可终孔。

2.5　沉井基础施工

沉井是深基础施工的一种方法，多用于建筑物和构筑物的深基础、蓄水池、取水结构、重型设备深基础、超高层建筑物基础和桥墩等工程。其施工特点是：将位于地下一定深度的建筑物，先在地面制作，形成一个井状结构，然后在井内不断挖土，借井体自重而逐渐下沉，形成一个地下建筑物。

（1）沉井的构造

沉井由刃脚（图 2.27）、井筒、井隔墙等组成的呈圆形或矩形的筒状钢筋混凝土结构组成。刃脚在井筒最下端，形如刀刃，在沉井下沉时起切入土中的作用。井筒是沉井的外壁，在下沉过程中起挡土作用，同时还需有足够的重量克服筒壁与土之间的摩阻力和刃脚底部的土阻力，使沉井能在自重作用下逐步下沉。内隔墙的作用是把沉井分成许多小间，减小井壁的净跨距以减小弯矩，施工时亦便于挖土和控制沉降。

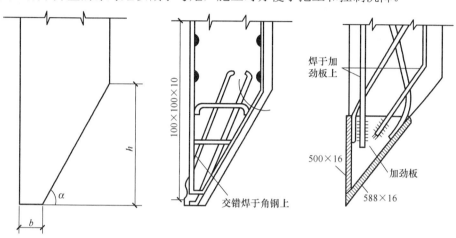

图 2.27 沉井的刃脚

（2）沉井的施工工艺

沉井的施工工艺如图 2.28 所示。

1）现浇带刃脚的钢筋混凝土圆形或方形井筒，可设内隔墙，可竖向分段。

2）井筒内挖土或水力吸泥后，井筒靠自重逐步下沉，边挖边沉。

3）沉至设计标高后用素混凝土封底防渗水，浇钢筋混凝土底板或内填。

4）若沉井为内空的地下结构物，则浇钢筋混凝土顶板。

（3）沉井的纠偏

由于土质不均匀或出现障碍物，以及施工中要求不严等原因，都会造成沉井施工中产生偏差。偏差主要包括倾斜和位移两方面。

沉井纠偏的方法主要有以下几种。

1）当矩形沉井长边产生偏差时，可采用偏心压重进行纠偏（图 2.29）。

2）当沉井向某侧倾斜时，可在高的一侧多挖土，使沉井恢复水平，然后再均匀挖土。

3）当采用触变泥浆润滑套时，可采用导向木法纠偏。

4）小沉井或矩形沉井短边方向产生偏差时，应在下沉少的一侧外部用压力水冲井壁附近的土，并加偏心压重；在下沉多的一侧加一水平推力，以纠正倾斜。

5）当沉井中心线与设计中心线不重合时，可先在一侧挖土，使沉井倾斜，然后均匀挖土，使沉井沿倾斜方向下沉到沉井底面中心线接近设计中心线位置时，再纠正倾斜。

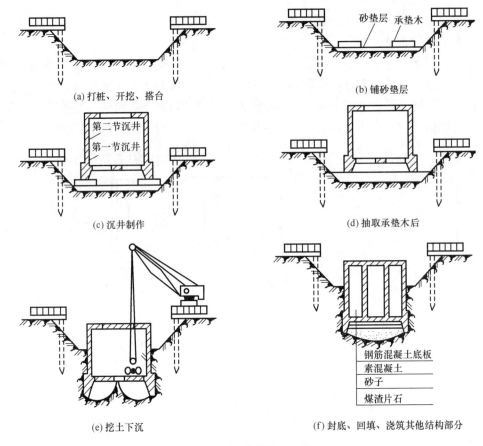

(a) 打桩、开挖、搭台

(b) 铺砂垫层

(c) 沉井制作

(d) 抽取承垫木后

(e) 挖土下沉

(f) 封底、回填、浇筑其他结构部分

图 2.28　沉井的施工工艺

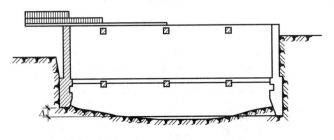

图 2.29　偏心压重纠偏示意图

2.6　地基处理工程

2.6.1　土桩和灰土挤密桩

　　土桩或灰土桩挤密法是处理地下水位以上的湿陷性黄土、新近堆积黄土、素填土和杂填土的一种地基加固方法。它是利用打入钢套管（或振动沉管、炸药爆破）在地基中成孔，通过"挤"压作用，使地基土得到加"密"，然后在孔中分层填入素土（或灰土、粉煤灰加石灰）后，夯实而成土桩（或灰土桩）的。处理后土桩或灰土挤密桩与桩间土共同组成复合地基。图 2.30 为灰土挤密桩及灰土垫层布置图。

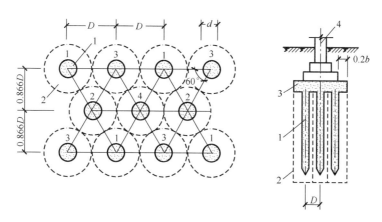

图 2.30　灰土挤密桩及灰土垫层布置示意图

1. 灰土桩；2. 桩的有效挤密范围；3. 灰土垫层；4. 基础；d. 桩径；D. 桩距；b. 基础宽度

土桩或灰土桩挤密桩一般处理深度可达 12～15m。土桩主要适用于消除湿陷性黄土地基的湿陷性，灰土桩主要适用于提高地基的承载力。地下水位以下或含水量超过 25% 的土，不宜采用该法。

1. 加固原理

土（或灰土）桩挤压成孔时，桩孔位置原有土体被强制侧向挤压，使桩周一定范围内的土层密度提高，其挤密影响半径约 $1.5d$～$2.0d$（d 为桩孔直径）。在相邻桩孔挤密区交界处挤密效果相互叠加，桩距越近，叠加效果越显著，土的天然含水量和干密度对挤密效果影响较大，当含水量接近最优含水量时，挤密效果最佳。当含水量偏低，土呈坚硬状态时，有效挤密区变小。当含水量过大时，由于挤压引起超孔隙水压力，土体难以挤密，且孔壁附近土的强度因受扰动而降低，拔管时容易出现缩颈等现象。

灰土桩是用石灰和土按一定比例（2∶8 或 3∶7）拌和，并在桩孔内夯实加密后形成的桩。这种材料在化学性能上具有气硬性和水硬性，由于石灰内带正电荷钙离子与带负电荷土颗粒相互吸附，形成胶体凝聚，并随灰土龄期增长，土体固化作用提高，使灰土逐渐增加强度。在力学性能上，它可以达到挤密地基效果，提高地基承载力，消除地基湿陷性，使沉降均匀和沉降量减少。

土桩挤密地基由桩间挤密土和分层填夯的素土桩组成，土桩面积占地基面积的 10%～23%，土桩桩体和桩间土均为被机械挤密的重塑土，两者均属同类土料，要求的挤密标准一致，两者的物理力学指标无明显差异。试验表明，在同一部位的土桩体上的应力与桩间土上的应力相差不大，同时基底接触压力分布情况与土垫层情况相似，因此，土桩挤密地基可视为厚度较大的素土垫层。

在灰土挤密地基中，由于灰土的变形模量远大于桩间土的变形模量（灰土的变形模量为 $E_0=40$～200MPa，相当于夯实土的变形模量的 2～10 倍）。试验结果表明，灰土桩面积只约占基底面积 20%，却承担了 50%左右的荷载，从而降低了基础底面下一定深度内土中的应力，消除了持力层内产生大量压缩变形和湿陷变形的不利因素。此外，由于灰土桩对桩间土能起侧向约束作用，限制土的侧向移动，桩间土只产生竖向压密，使压力与沉降始终呈线性关系。

2. 施工工艺

（1）施工准备

1）详细了解建筑场地的工程地质条件和环境条件。施工前应具备下列资料：建筑场地和邻近区域的净空、地下管线、地下构筑物、相邻建筑物和邻近的多年土坯房屋调查资料；建筑场地工程地质报告；地基土及填料的击实试验资料；土的均匀性和含水量变化情况；建筑物平面定位图，基础和桩孔布置施工图。

2）施工前作好场地平整工作，清理地上和地下障碍物，对不利于施工机械运行的松软场地和浅层地下洞穴应进行适当处理。制定灰土桩和土桩挤密地基施工技术措施，包括：施工平面图，图中应标明桩孔位置、编号、施工顺序，水电线路和临时设施位置，施工机械进出、装卸及运行路线，材料堆放场地及运输线路等；确定桩孔、夯实机械和质量检查机械及合理施工工艺等有关资料；制定保证施工质量、安全施工和冬（雨）季施工的技术措施。土料和石灰应尽量就近堆放，并应防止雨淋日晒。

3）场地土质变化较大或土的含水量过大或过小时，施工前宜先进行挤密成孔试验，以便查明成孔质量和挤密效果。

（2）挤密成孔

成孔施工的顺序是：先外排，后内排；同排桩间隔 1～2 个孔进行。成孔后应及时检查桩孔质量，观察有无缩颈、回淤或渗水等现象，并做好记录。已成桩孔要尽快回填夯实，防止土块和杂物落入孔内。

挤密成孔的方法应结合地基土的物理力学性质、桩孔深度、施工机械装备条件和施工经验等因素确定，常用沉管成孔。使用柴油或振动打桩机将带有特制桩尖的钢管打入土层中至设计深度，然后缓慢拔出桩管即成桩孔，沉管法成孔孔壁光滑整齐，挤密效果和施工技术都比较容易控制和掌握。

（3）桩孔填夯

目前常用夯实机主要有两种类型：一种是小偏心轮夹杆式夯实机，可用拖拉机或翻斗车改装，移动轻便，夯击速度快；另一种是自动卷扬提升式夯实机。夯实设备多由施工单位自行设计加工，夯锤形状一般采用下端呈抛物线锥体型或尖锥型，以便夯击时产生足够的水平挤压力，使整个桩孔夯实。桩锤上端呈弧形，以便填料能顺利下落。夯锤直径应小于桩孔直径 9～12cm；夯锤重量不小于 100kg，同时锤底净压力不宜小于 20kPa。

向孔内填料前，孔底必须夯实，桩孔内所用填料的种类以及夯实的质量标准应符合设计要求。回填土料一般采用过筛（筛孔部大于 20mm）的粉质黏土，并不得含有有机质；粉煤灰采用含水量为 30%～50% 的湿粉煤灰；石灰用块灰消解（闷透）3～4d 后并过筛，使其成为粗粒粒径不大于 5mm 的熟石灰。灰土和二灰应搅拌均匀至颜色一致后，及时回填夯实。

夯实机就位后应保持平稳，夯锤对准桩孔，能自由落入孔底；桩孔内有积水或杂物时应清除干净，填料前应先夯实孔底至发出清脆声音为止；人工填料时，应指定专人严格按规定数量进行，待夯击次数符合规定后，才能再次填进。不能盲目乱填，更不允许用料车直接倒料入孔。有条件时应尽量采用机械分次控制填料的夯实机械和工艺；桩孔夯实回填的高度宜超过基底或垫层底面设计标高 20～30cm，其上可用其他土料轻夯至地面；为保证填夯施工质量，每一桩孔的实际填料数，夯实时间均应进行控制和记录。

2.6.2　振冲法

利用振动和水冲加固土体的方法称为振冲法。振冲法最早是用来振密松砂地基的。后来又将振冲法应用于黏性土地基，在黏性土中制造一群以石块、砂砾等散粒材料组成的桩体，这些桩与原地基土一起构成复合地基，使承载力提高，沉降减少。振冲法根据其加固原理又可分为振冲挤密和振冲置换。

1. 振冲挤密

（1）基本原理

振冲挤密法加固砂层的基本原理，一方面依靠振冲器的强力振动使饱和砂层发生液化，砂颗粒重新排列，孔隙减少；另一方面依靠振冲器的水平振动力，在加回填料情况下通过填料使砂层挤压加密。砂层经桩孔填料挤密后，承载能力大大提高。

（2）施工工艺

1）施工机具：主要有振冲器的吊机和水泵。振冲器是利用电机带动一组偏心块产生一定频率和振幅的水平振动力。压力水通过空心竖轴从振冲器下端喷口喷出。

振冲器的起吊设备有履带式起重机、汽车式起重机、自行井架式专用平车等。每台振冲器配备一台水泵，如数台振冲器同时施工，也可采用集中供水的办法。

2）施工前现场试验：现场试验的目的一是确定正式施工时采用的施工参数，如振冲孔间距、造孔制桩时间、控制电流、填料量等；二是检验处理效果，为加固设计提供可靠数据。

3）振密工艺：对粉细砂地基，宜采用加填料的振密工艺；对中粗砂地基可用不加填料就地振密的办法。

在整个制桩过程中，始终要及时均匀供料，否则将延长制桩时间，致使孔径变大，用料量增加，造成浪费。

在中粗砂层中振冲，可采用不加填料就地振密的工艺，即利用中粗砂的自行塌陷代替外加填料。用此方法施工经常遇到的困难是振冲器不易贯入，可采用如下两个措施：一是加大水量；二是加快造孔速度。这两种措施均应通过正式施工前的现场试验加以验证。图 2.31 为振冲挤密法施工工艺。

2. 振冲置换

（1）基本原理

利用振冲器在高压水流作用下边振冲边在软弱黏性土地基中成孔，然后在孔内分批填入碎石等坚硬材料制成一根根桩体，桩体和原来的黏性土构成复合地基。该法主要用以提高地基的承载力，减少地基的沉降量和差异沉降量；还可以用来提高土坡的抗滑稳定性，或提高土体的抗剪强度。这种加固技术也称为碎石桩法。

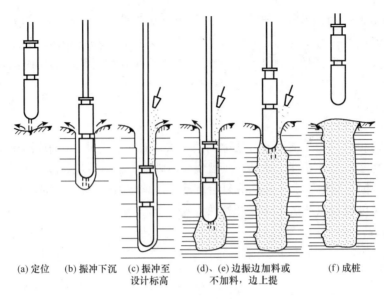

(a) 定位　(b) 振冲下沉　(c) 振冲至　(d)、(e) 边振边加料或　(f) 成桩
　　　　　　　　　　　　设计标高　　　不加料，边上提

图 2.31　振冲挤密法施工工艺

（2）施工工艺

1）振冲置换法施工顺序为：定位→成孔→清孔→填料→振实。

2）施工机具与振冲挤密法相同。

3）桩体填料。宜就地取材，碎石、卵石、砂砾、矿渣、碎砖都可使用，桩体材料的最大允许粒径与振冲器的外径和功率有关，一般不大于 5cm，对填料的颗粒级配没有特别要求，各类填料的含泥量均不得大于 10%。

4）填料方式。成孔后，有三种填料方式：第一种是把振冲器提出孔口，向孔内倒入约 1m 高的填料，然后下降振冲器使填料振实，再重复作业直至成桩；第二种是振冲器不提出孔口，只是向上提升 1m 左右，然后向孔内倒料，再下降振冲器使填料振实；第三种是边把振冲器缓慢向上提升，边在孔口连续加料。对黏性土地基，多采用第一种加料方式，质量容易保证。

2.6.3　高压喷射注浆法

1. 基本原理

高压喷射注浆法又称旋喷法，是 20 世纪 70 年代发展起来的一种先进的土体深层加固方法。它是利用钻机把带有喷嘴的注浆管钻至土层的预定位置后，以高压设备使浆液或水成为 20MPa 左右的高压流从喷嘴中喷射出来，冲击破坏土体。当能量大、速度快和呈脉动状的喷射流的动压超过土体结构强度时，土粒便从土体剥落下来，一部分细小的土粒随着浆液冒出水面，其余土粒在喷射流的冲击力、离心力和重力等作用下，与浆液搅拌混合，并按一定的浆土比例和质量大小有规律地重新排列。浆液凝固后，便在土中形成一个固结体。固结体的形成和喷射流移动方向有关，一般分为旋转喷射（简称旋喷）和定向喷射（简称定喷）两种注浆形式。

2. 高压喷射注浆法的工艺类型及特点

高压喷射注浆法根据使用机具设备的不同分为单管法、二重管法、三重管法和多重管法四种。

1）单管法。利用一根单管喷射高压水泥浆液作为喷射流，成桩直径较小，一般为0.3～0.8m。

2）二重管法。用同轴双通道二重注浆管复合喷射高压水泥浆和压缩空气两种介质，以浆液作为喷射流，但在其外围裹着一圈空气流成为复合喷射流。成桩直径为1.0m左右。

3）三重管法。使用分别输送水、气、浆三种介质的三重注浆管，在以高压泵等高压发生装置产生20MPa左右的高压水喷射流的周围，环绕一股0.7MPa左右的圆筒状气流，进行高压水喷射流和气流同轴喷射冲切土体，形成较大的空隙，再另由泥浆泵注入压力2～5MPa的浆液填充，当喷嘴作旋转和提升运动时，便在土中凝固为直径较大的圆柱状固结体。成桩直径较大，一般有1.0～2.0m，但桩身强度较低（0.9～1.2MPa）。

4）多重管法。首先在地面钻一个导孔，然后置入多重管，用逐渐向下运动的旋转超高压水（压力约40MPa）射流，切削破坏四周的土体，经高压水冲击下来的土和水，随着泥浆立即用真空泵从多重管抽出。如此反复的冲和抽，便在土层中形成一个较大的空间，然后根据工程要求选用浆液、砂浆、砾石等材料填充。最终在地层中形成一个大直径的柱状固结体，在砂性土中最大直径可达4m。

3. 施工工艺

单管法、二重管法、三重管法和多重管法的施工程序基本一致（图2.32），都是先把钻杆插入或打进预定土层中，自下而上进行喷射作业。

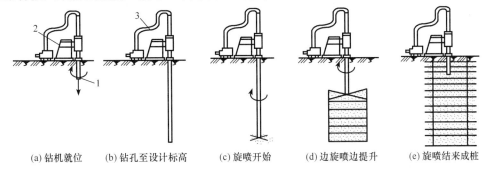

(a)钻机就位　(b)钻孔至设计标高　(c)旋喷开始　(d)边旋喷边提升　(e)旋喷结束成桩

图2.32 单管旋喷法施工工艺流程

1. 钻孔机械；2. 超高压脉冲泵；3. 高压胶管

（1）钻机就位

将钻机安放在设计孔位上，使钻杆头对准孔位中心。为保证钻孔达到设计要求的垂直度，钻机就位后必须作水平校正，使钻杆轴线垂直对准钻孔中心位置。

（2）插管

插管就是将注浆管插入到土层预定的深度，使用70型或76型旋转震动钻机钻孔时，插管与钻孔两道工序合二为一，钻孔完毕，插管作业即完成。

（3）喷射作业

当旋喷管插入预定深度后，由下而上进行喷射作业。旋喷前要检查高压设备和管路系统。喷射时，要做好压力、流量和冒浆量的测量工作，并按要求逐项记录，钻杆的旋转和提升必须连续进行不得中断。当喷射提升到设计标高后，旋喷即告结束。

2.6.4 深层搅拌法

深层搅拌法是利用水泥、石灰等材料作为固化剂，通过特制的深层搅拌机械，在地基深处就地将软土和固化剂（浆液或粉体）强制搅拌，利用固化剂和软土之间所产生的一系列物理—化学反应，使软土硬结成具有整体性、水稳性和一定强度的良好地基。

目前软土地基深层搅拌法加固中所采用的固化剂一类为水泥，另一类为石灰，各自的加固原理、设计方法、施工技术各异，本节重点介绍固化剂为水泥的施工技术。

1. 施工机具及配套机械

1）深层搅拌机：深层搅拌机是进行深层搅拌施工的关键机械，目前国内外有中心管喷浆方式（SZB-1）和叶片喷浆方式（GZB－600）两种（图 2.33）。SZB-1 型深层搅拌机，是双搅拌轴中心管输浆方式的水泥搅拌专用机械。它包括：

① 动力部分：2×30kW 潜水电机，各自连接一台 2 级 2K-H 行星齿轮减速器。

② 搅拌部分：包括搅拌轴（每节长度 2.45m，直径 ϕ127mm）和搅拌头（带硬质合金齿的两叶片式，直径 ϕ700～ϕ800mm）。

③ 输浆部分：由中心管（ϕ140mm，每节长 2.45m）和穿在中心管内部的输浆管（ϕ68mm）及单向球阀（ϕ120mm）组成。中心管通过横向系板与搅拌轴连成整体。

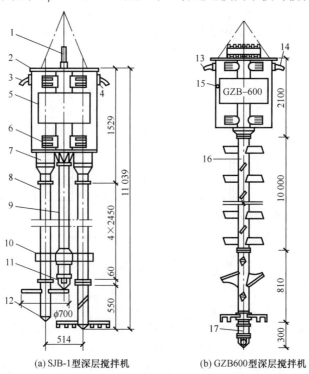

(a) SJB-1型深层搅拌机   (b) GZB600型深层搅拌机

图 2.33 深层搅拌机外形和构造

1. 输浆管；2. 外壳；3. 出水口；4. 进水口；5. 电动机；6. 导向滑块；7. 减速器；8. 搅拌轴；9. 中心管；
10. 横向系板；11. 球形阀；12. 搅拌头；13. 电缆接头；14. 进浆口；15. 电动机；16. 搅拌轴；17. 搅拌头

2）配套机械：SJB-1 型搅拌机配套机械主要有：

① 灰浆拌和机：用两台 200L，轮流供料。

② 集料斗：容积 0.4m³。

③ 灰浆泵：采用 HB6-3 型灰浆泵，其出口由压力胶管与搅拌机的输浆管相接。

④ 电气控制柜。

GZB-600 型深层搅拌机是单搅拌轴，叶片喷浆方式的搅拌机。它包括：

① 动力部分：两台 30kW 电机，各自连接一台 2K-H 行星齿轮减速器。

② 搅拌轴和输浆管：单轴叶片喷浆方式是使水泥浆由中空轴经搅拌头叶片，沿着旋转方向输入土中，搅拌轴外径 ϕ129mm，轴内输浆外径 ϕ76mm。

③ 搅拌头：在搅拌头上分别设置搅拌叶片和喷浆叶片，两层叶片相距 0.5m，成桩直径 ϕ600mm。

2. 施工工艺

深层搅拌法的施工工艺流程如图 2.34 所示。施工程序为：深层搅拌机定位→预搅下沉→制备水泥浆（或砂浆）→喷浆搅拌、提升→重复搅拌下沉→重复搅拌提升直至孔口→关闭搅拌机→清洗→移至下一根桩，重复以上工序。

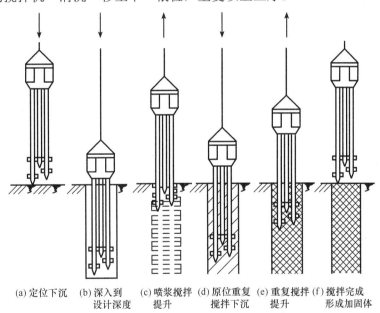

(a) 定位下沉　(b) 深入到　(c) 喷浆搅拌　(d) 原位重复　(e) 重复搅拌　(f) 搅拌完成
　　　　　　　设计深度　　提升　　　搅拌下沉　　提升　　　形成加固体

图 2.34　深层搅拌法工艺流程

1）定位。起重机（或塔架）悬吊搅拌机到达指定桩位，对中，且应使起吊设备保持水平。

2）预搅下沉。待搅拌机的冷却水循环正常后，启动搅拌机电机，使搅拌机沿导向架搅拌切土下沉，下沉的速度可由电机的电流监测表控制。工作电流不应大于 70A。如果下沉速度太慢，可从输浆系统补给清水以利钻进。

3）制备水泥浆。待搅拌机下沉到一定深度时，即开始按设计确定的配合比拌制水泥浆，压浆前将水泥浆倒入集料斗中。

4）提升喷浆搅拌。搅拌机下沉到设计深度后，开启灰浆泵将水泥浆压入地基中，边喷浆边旋转，同时严格按照设计确定的提升速度提升搅拌机。

5）重复上、下搅拌。搅拌机提升至设计加固深度的顶面标高时，集料斗中的水泥浆应正好排空。为使软土和水泥浆搅拌均匀，可再次将搅拌机边旋转边沉入土中，至设计加固深度后再将搅拌机提升出地面。

6）清洗。向集料斗中注入适量清水，开启灰浆泵，清洗全部管路中的残存的水泥浆，直至基本干净，并将黏附在搅拌头上的软土清洗干净。

7）移位：重复1）～6）步骤，再进行下一根桩的施工。

复习思考题

2.1　什么是预制桩、灌注桩？各自的特点是什么？施工中应如何控制？

2.2　桩架的作用是什么？如何确定桩架的高度？

2.3　桩锤的种类及特点是什么？如何选择桩锤？

2.4　为什么要确定打桩顺序？合理的打桩顺序有哪几种？如何确定打桩顺序？

2.5　什么是打桩施工的贯入度、最后贯入度？施工中应在什么条件下测定最后贯入度？

2.6　打桩的质量要求及保证质量的措施有哪些？

2.7　简述接桩的方法有哪些？各适用于什么情况？

2.8　灌注桩按成孔方法分为几种？它们的适用范围是什么？

2.9　护筒的作用与埋设要求是什么？

2.10　泥浆在泥浆护壁成孔灌注桩施工中有什么作用？对泥浆有何要求？

2.11　水下浇筑混凝土的施工特点和对混凝土的要求是什么？

2.12　人工挖孔灌注桩施工中应注意哪些安全问题？如何防范？

2.13　如何进行桩基工程的验收？

2.14　加固地基有哪些方法？试述这些方法加固地基的机理。

2.15　地下连续墙具有哪些特点？试述地下连续墙的施工工艺。

2.16　地下连续墙导墙有哪些作用？

第三章 钢筋混凝土工程

钢筋混凝土结构在土木工程中应用广泛，在建筑施工过程中，无论在人力、物力消耗和对工期的影响方面，都占有非常重要的地位。

钢筋混凝土工程按施工方法可分为现浇钢筋混凝土工程和装配式钢筋混凝土工程。

现浇钢筋混凝土结构的整体性和抗震性能好，结构构件布置灵活，用钢量少，施工方法简单，施工时不需要大型起重机械及设备。

装配式钢筋混凝土结构采用预制构件，可实行工厂化、机械化施工，因而可以大大加快施工速度，保证工程质量。

钢筋混凝土工程包括模板工程、钢筋工程和混凝土工程等主要工种工程。本章介绍现浇钢筋混凝土工程的施工工艺。

3.1 模 板 工 程

模板结构由模板和支撑两部分构成。

模板是新浇混凝土结构或构件成型的模型，它使硬化后的混凝土具有设计所要求的形状和尺寸；支撑部分的作用是保证模板形状和位置，并承受模板和新浇筑混凝土的重量以及施工荷载。

在钢筋混凝土结构施工中，对模板结构有以下基本要求：

1）应保证结构和构件各部分形状、尺寸和相互位置正确。

2）具有足够的强度、刚度和稳定性，并能可靠地承受新浇混凝土的自重荷载、侧压力以及施工过程中的施工荷载。

3）构造简单，装拆方便，并便于钢筋的绑扎和安装，有利于混凝土的浇筑及养护，能多次周转使用。

4）模板接缝严密，不得漏浆。

用以制作模板的材料有木材、钢材、胶合板、塑料模板及铝镁合金模板等。

3.1.1 组合钢模板

组合钢模板的部件主要由钢模板、连接件和支承件三部分组成。

1. 钢模板

钢模板主要包括平面模板和转角模板等（图 3.1）。

钢模板面板厚度一般为 2.50mm、2.75mm 或 3.00mm，肋板厚度一般为 3.00mm。肋板上设有 U 形卡孔。钢模板采用模数制设计。

平面模板宽度以 100mm 为基础，以 50mm 为模数进级；长度以 450mm 为基础，以 150mm 为模数进级；肋板高 55mm。平面模板利用 U 形卡和 L 形插销等可拼装成大块模板。

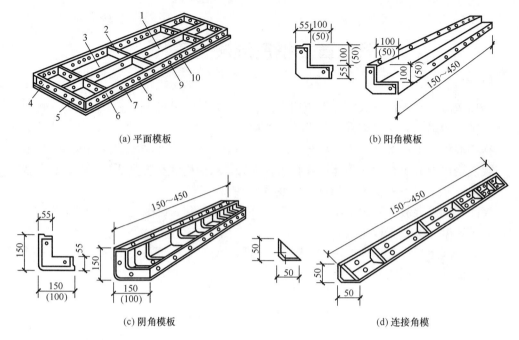

图 3.1　钢模板类型

1. 中纵肋；2. 中横肋；3. 面板；4. 横肋；5. 插销孔；6. 纵肋；7. 凸棱；8. 凸鼓；9. U 形卡孔；10. 钉子孔

转角模板有阴角模板、阳角模板和连接角模板三种，主要用于结构的转角部位。

钢模板的规格编码如表 3.1 所示。每块钢模板四周边框上等距布置连接孔，孔距为 150mm（端孔距肋端 75mm）。如拼装时出现不足模数的空缺，则用镶嵌木条补缺。

2. 连接件

组合钢模板的连接件包括 U 形卡、L 形插销、钩头螺栓、紧固螺栓、扣件等。

U 形卡主要用于钢模板纵横向的拼接，相邻模板的 U 形卡安装距离一般不大于 300mm，如图 3.2（a）所示。

L 形插销是用来增强钢模板的纵向拼接刚度，确保接头处板面平整的连接件，如图 3.2（b）所示。

钩头螺栓用于钢模板与内、外钢楞之间的连接固定，其安装间距一般不大于 600mm，如图 3.2（c）所示。

紧固螺栓用于紧固内、外钢楞，增强模板拼装后的整体刚度，如图 3.2（d）所示。

对拉螺栓又称穿墙螺栓，用于连接墙壁两侧模板，保持模板与模板之间的设计厚度，并承受混凝土侧压力及水平荷载，使模板不变形，如图 3.2（e）所示。

扣件用于钢模与钢楞的紧固，并与其他配件一起将钢模板拼装成整体，其规格分大、小两种，与相应的钢楞配套使用，并按钢楞的不同形状尺寸分为碟形扣件和 3 形扣件。

3. 支承件

组合钢模板的支承件包括钢楞、柱箍、梁卡具、钢支架、扣件式钢管脚手架、钢桁架等。

表 3.1　钢模板规格

(单位：mm)

模板名称		450		600		750		900		1200		450	
		代号	尺寸	代号	尺寸	代号	尺寸	代号	尺寸	代号	尺寸	代号	尺寸
平面模板（代号 P）宽度	300	P3004	300×450	P3006	300×600	P3007	300×750	P3009	300×900	P3012	300×1200	P3015	3001500
	250	P2504	250×450	P2506	250×600	P2507	250×750	P2509	250×900	P2512	250×1200	P2515	250×1500
	200	P2004	200×450	P2006	200×600	P2007	200×750	P2009	200×900	P2012	200×1200	P2015	200×1500
	150	P1504	150×450	P1506	150×600	P1507	150×750	P1509	150×900	P1512	150×1200	P1515	150×1500
	100	P1004	100×450	P1006	100×600	P1007	100×750	P1009	100×900	P1012	100×1200	P1015	100×1500
阴角模板（代号 E）		E1504	150×150×450	E1506	150×150×600	E1507	150×150×750	E1509	150×150×900	E1512	150×150×1200	E1515	150×150×1500
		E1004	100×150×450	E1006	100×150×600	E1007	100×150×750	E1009	100×150×900	E1012	100×150×1200	E1015	100×150×1500
阳角模板（代号 Y）		Y1004	100×100×450	Y1006	100×100×600	Y1007	100×100×750	Y1009	100×100×900	Y1012	100×100×1200	Y1015	100×100×1500
		Y0504	50×50×450	Y0506	50×50×600	Y0507	50×50×750	Y0509	50×50×900	Y0512	50×50×1200	Y0515	50×50×1500
连接角模（代号 J）		J0004	50×50×450	J0006	50×50×600	J0007	50×50×750	J0009	50×50×900	J0012	50×50×1200	J0015	50×50×1500

模板长度

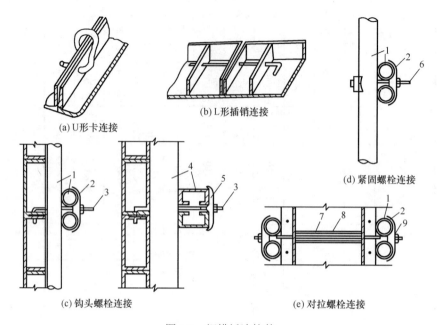

(a) U形卡连接   (b) L形插销连接

(d) 紧固螺栓连接

(c) 钩头螺栓连接   (e) 对拉螺栓连接

图 3.2   钢模板连接件

1. 圆钢管钢楞；2. 3 形扣件；3. 钩头螺栓；4. 内卷边槽钢钢楞；

5. 蝶形扣件；6. 紧固螺栓；7. 对拉螺栓；8. 塑料套管；9. 螺母

钢楞又称龙骨，主要用于支承钢模板并提高其整体刚度。

柱箍用于直接支承和夹紧各类柱模的支承件。

梁卡具又称梁托架，用于固定矩形梁，圈梁等模板的侧模板，如图 3.3 所示。

钢支架用于大梁、楼板等水平模板的垂直支撑。钢管支架由内外两节钢管组成，可以伸缩以调节支架高度。支架底部除垫板外，均用木楔调整，以利于拆卸，如图 3.4 所示。

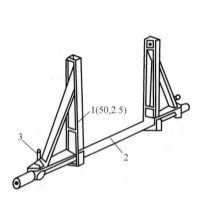

图 3.3   扁钢和圆钢管组合梁卡具

1. 三角架；2. 底座；3. 固定螺栓

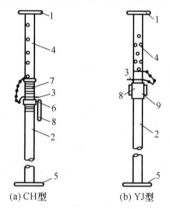

(a) CH型   (b) YJ型

图 3.4   钢支架

1. 顶板；2. 套管；3. 插销；4. 插管；5. 底板；

6. 转盘；7. 螺管；8. 手柄；9. 螺旋套

钢桁架用于支撑梁或板的底模板。整榀式桁架。

一榀桁架的承载力约为 30kN（均匀放置）；组合式桁梁的可调范围为 2.5～3.5m，一榀桁架的承载力约为 20kN（均匀放置），如图 3.5 所示。

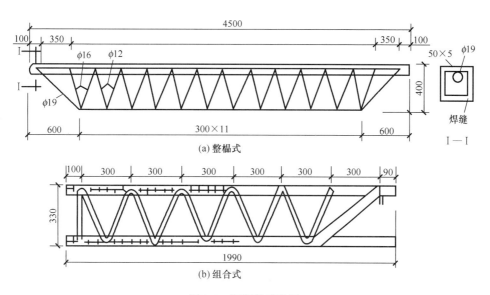

(a) 整榀式

(b) 组合式

图 3.5　钢桁架示意图

桁架两端可以支承在墙上、工具式立柱上或钢支架上。

3.1.2　模板的构造及安装

1. 基础模板

阶梯式基础模板的构造如图 3.6 所示，基础模板安装时，要保证上、下模板不产生相对位移。

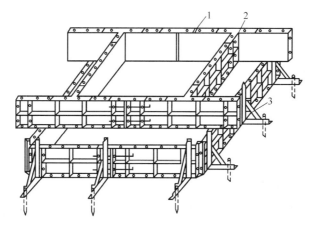

图 3.6　基础模板

1. 扁钢连接件；2. T 形连接件；3. 角钢三角撑

杯形基础杯口处应在模板的顶部中间装杯芯模板。

基础模板一般在现场拼装。

2. 柱模板

柱模板的构造如图 3.7 所示，由四块拼板围成，四角由连接角模连接。柱的顶部与梁相接处需留出与梁横板连接的缺口，用钢模板组合往往不能满足要求，该接头部分常用木板镶拼。当柱较高时，可根据需要在柱中部设置混凝土浇筑孔。柱模板下端也应留垃圾清理孔。

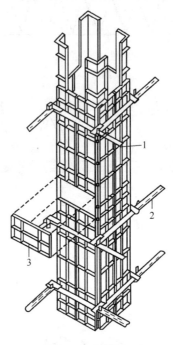

图 3.7　柱模板

1. 平面钢模板；2. 柱箍；3. 浇筑孔盖板

3. 梁模板、楼板模板

梁模板由底模板及两片侧模组成。梁侧模承受混凝土侧压力，可根据需要在两侧模间设对拉螺栓或设卡具。整个梁模板用支柱（或钢支架）支承（图3.8）。当梁的跨度≥4m时，梁底横板应起拱，起拱值由设计规定，如设计无要求时，起拱高度宜为全跨度的0.1%～0.3%。

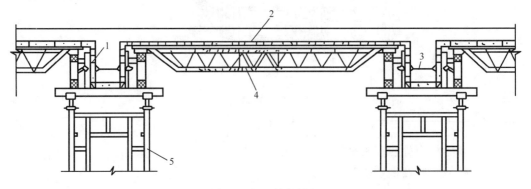

图 3.8　梁、楼板模板

1. 梁模板；2. 楼板模板；3. 对拉螺栓；4. 伸缩式桁架；5. 门式支架

　　楼板模板由平面钢模板拼装而成，用支柱（或钢支架）支撑。楼板模板的安装可以散拼，也可以整体安装。其周边用阴角模板与梁或墙模板相连接。

　　4. 墙模板

　　墙模板由两片模板组成，每片模板由若干块平面模板拼成（图3.9）。这些平面模板可以横拼或竖拼，外面用竖、横钢楞加固，并用斜撑保持稳定，用对拉螺栓保持两片模板之间的距离（墙厚）并承受浇筑时混凝土的侧压力。

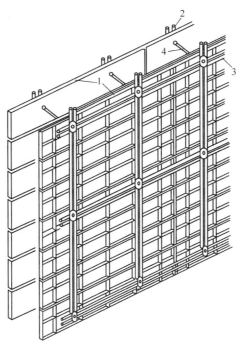

图 3.9　墙模板

1. 墙模板；2. 竖楞；3. 横楞；4. 对拉螺栓

3.1.3　组合钢模板的施工设计

　　组合钢模板在施工前应进行配板设计，并画出模板配板图，以指导安装。

　　模板配板设计要求模板布置合理：规格搭配得当，合理使用转角模；使木材拼镶补量最少。钢模板应尽量采用横排或竖排，尽量不用横竖兼排的方式，应使支承件布置简单，受力合理。

　　组合钢模板的配板设计应绘制模板放线图，横板放线图是横板安装完毕后的平面图和剖面图，是根据施工模板的需要将有关图纸中对模板施工有用的尺寸综合起来，绘在同一个平、剖面图中。在配板图上标出钢模板的位置，规格型号和数量，对于预装的整体模板，应绘出其分界线，有特殊构造时应加以标明，预埋件和预留孔的位置应在配板图上标明，并注明其固定方法。

3.1.4　模板结构设计

　　定型模板和常用的模板拼板，在其适用范围内一般不需进行设计或验算。重要结构的模板、特殊形式的模板或超出适用范围的一般模板，应进行设计或验算，以确保安全，保证质量，防止浪费。

模板结构设计的内容包括选型、选材、荷载计算、结构设计、绘制模板施工图以及拟定制作、安装、拆除方案等。

1. 荷载

（1）模板及支架的自重

其可根据模板设计图纸计算确定。肋形楼板及无梁楼板的自重标准值可参考表 3.2 确定。

表 3.2　楼板横板荷载表　　　　　　　　（单位：kN/m²）

模板构件	木模板	定型组合钢模板
平板模板及小楞自重	0.30	0.50
楼板模板自重（包括梁模板）	0.50	0.75
楼板模板及其支架自重（楼层高度 4m 以下）	0.75	1.10

（2）新浇筑混凝土自重标准值

普通混凝土为 24kN/m²，其他混凝土根据实际密度确定。

（3）钢筋的自重标准值

其值根据工程图纸确定，一般梁板结构每立方米钢筋混凝土的钢筋用量，楼板 1.1kN，梁 1.5kN。

（4）施工人员及施工设备荷载标准值

计算模板及直接支承模板的小楞时：均布活荷载为 2.5kN/m²，另应以集中荷载 2.5kN 再行验算，比较两者所得的弯矩值取其大者；计算直接支承小楞的构件时，均布活荷载为 1.5kN/m²。

计算支架立柱及其他支承结构构件时，均布活荷载为 1.0kN/m²。

对大型浇筑设备如上料平台、混凝土泵等按实际情况计算。混凝土堆集料高度超过 100mm 以上时，按实际高度计算。模板单块宽度小于 150mm 时，集中荷载可分布在相邻的两块板上。

（5）振捣混凝土时产生的荷载标准值

水平面模板为 2.0kN/m²；垂直面模板（作用范围在新浇筑混凝土侧压力的有效压头高度之内）为 4.0kN/m²。

（6）新浇筑混凝土对模板的侧压力标准值

采用内部振捣器时，当混凝土浇筑速度在 6m/h 以下时，新浇筑的普通混凝土作用于模板的最大侧压力可按下列两式计算（取其中的较小值）

$$F = 0.22\gamma_c t_0 \beta_1 \beta_2 v^{\frac{1}{2}} \tag{3.1}$$

$$F = \gamma_c H \tag{3.2}$$

式中，F——新浇筑混凝土对模板的最大侧压力，kN/m²；

γ_c——混凝土的重力密度，kN/m²；

t_0——新浇筑混凝土的初凝时间，h；可按实测确定，当缺乏试验资料时，可采用 $t_0 = 200/(T+15)$ 计算，T 为混凝土的温度，℃；

v——混凝土的浇筑速度，m/h。

H——混凝土侧压力计算位置处至新浇筑混凝土顶面的总高度，m；

β_1——外加剂影响修正系数，不掺外加剂时取 1.0，掺具有缓凝作用的外加剂时取 1.2；

β_2——混凝土坍落度影响修正系数，当坍落度小于 30mm 时，取 0.85；当坍落度为 50～90mm 时，取 1.0；当坍落度为 110～150mm 时，取 1.15。

混凝土侧压力的计算分布如图 3.10 所示，其中 h 为有效压头高度，即

$$h = \frac{F}{\gamma_c} \qquad (3.3)$$

（7）倾倒混凝土时产生的荷载标准值

倾倒混凝土时，对垂直面模板产生的水平荷载标准值见表 3.3。

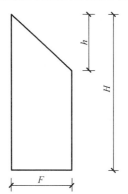

图 3.10 混凝土侧压力的计算分布

表 3.3 倾倒混凝土时产生的水平荷载标准值 （单位：kN/m）

项次	向模板内供料方法	水平荷载
1	用溜槽、串桶或导管	2
2	用容量小于 $0.2m^3$ 的运输工具倾倒	2
3	用容量 $0.2～0.8m^3$ 的运输工具倾倒	4
4	用容量大于 $0.8m^3$ 的运输工具倾倒	6

注：作用范围在有效压头高度以内。

2. 荷载分项系数与调整系数

计算模板及其支撑时的荷载设计值，应用荷载标准值乘以相应的分项系数与调整系数求得。

（1）荷载分项系数

1）恒荷载分项系数。当其效应对结构不利时取 1.2；当其效应对结构有利时取 1.0；但当对抗倾覆有利时取 0.9。

2）活荷载分项系数。一般情况下取 1.4；模板的操作平台结构，当活荷载标准值不小于 $4.0kN/m^2$ 时，取 1.3。

（2）荷载调整系数

1）对于一般钢模板结构，其荷载设计值可以乘以 0.95 的调整系数；但对冷弯薄壁型钢模板结构其设计荷载值的调整系数为 1.0。

2）对于木模板结构，当木材含水率小于 25%时，其设计荷载可乘以 0.9 的调整系数，但是考虑到一般混凝土工程施工时都要湿润模板和浇水养护，含水率难以控制，因此一般均不乘以调整系数，以保证结构安全。

3）为防止模板结构在风荷载作用下倾倒，应从构造上采取有效措施。当验算模板结构的自重和风荷载作用下的抗倾覆稳定性时，风荷载按《建筑结构荷载规范》（GB 50009—2012）的规定采用，其中基本风压值应乘以调整系数 0.8。

（3）荷载组合

计算模板及其支架时的荷载组合见表 3.4。

表 3.4　计算横板及其支架时的荷载组合

项次	计算模板结构的类型	荷载组合	
		计算承载能力	验算刚度
1	平板及薄壳的模板和支架	（1）＋（2）＋（3）＋（4）	（1）＋（2）＋（3）
2	梁和拱模板的底板和支架	（1）＋（2）＋（3）＋（5）	（1）＋（2）＋（3）
3	梁、拱、柱（边度≤300mm）、墙（厚≤100mm）的侧面模板	（5）＋（6）	（6）
4	大体积结构、柱（边长>300mm）、墙（厚>100mm）的侧面模板	（6）＋（7）	（6）

注：表中荷载（1）、（2）、（3）项为恒荷载标准值；（4）、（5）、（6）、（7）项为活荷载标准值，荷载名称见模板荷载的标准值的相应编号。

（4）模板结构的刚度要求

在工程实践中，因模板结构的变形而造成的混凝土质量事故很多，因此模板结构除必须有足够的承载能力外，还应保证有足够的刚度。验算模板及支撑结构时，其最大变形值应符合下列要求。

1）对结构表面不做装修的外露模板，为模板构件计算跨度的 1/400。

2）对结构表面做装修的隐蔽模板，为模板构件计算跨度的 1/250。

3）支撑体系的压缩变形或弹性挠度，应小于相应结构跨度的 1/1000。

当梁板跨度等于或大于 4m 时，模板应根据设计要求起拱；当设计无要求时，起拱高度宜为全长跨度的 1/1000～3/1000，钢模板可取偏小值（1/1000～2/1000），木模板可取偏大值（1.5/1000～3/1000）。

3.1.5　模板的拆除

现浇结构的模板及其支架拆除时的混凝土强度，应符合设计要求；当设计无具体要求时，应符合下列规定。

（1）侧模

在混凝土强度能保证其表面及棱角不因拆除模板而受损坏后拆除。

（2）底模

在混凝土强度符合表 3.5 规定后可拆除。

表 3.5　现浇结构拆横时所需混凝土强度

构件类型	构件跨度/m	按达到设计混凝土强度等级值的百分率计/%
板	≤2	≥50
	>2，≤8	≥75
	>8	≥100
梁、拱、壳	≤8	≥75
	>8	≥100
悬臂结构		≥100

注：设计的混凝土强度标准值指与设计混凝土强度等级相应的混凝土立方体抗压强度标准值。

已拆除模板及其支架的结构,在混凝土强度符合设计的强度等级的要求后,方可承受全部使用荷载;当施工荷载所产生的效应比使用荷载的效应更为不利时,必须经过核算,加设临时支撑。

模板的拆除顺序一般是先拆非承重模板,后拆承重模板;先拆侧模板,后拆底模板。

框架结构模板的拆除顺序一般是柱→楼板→梁侧板→梁底板。

拆除结构的模板时,必须事前定详细方案。

3.1.6　大模板

大模板在建筑、桥梁及地下工程中应用广泛,它是大尺寸的工具式模板。因其重量大,装拆均需起重机械吊装,可提高机械化程度,缩短工期,目前是剪力墙和筒体体系的高层建筑,桥墩,筒仓等工程施工时使用较多的一种模板。

大模板通常由面板、骨架、支撑系统和附件组成(图 3.11)。

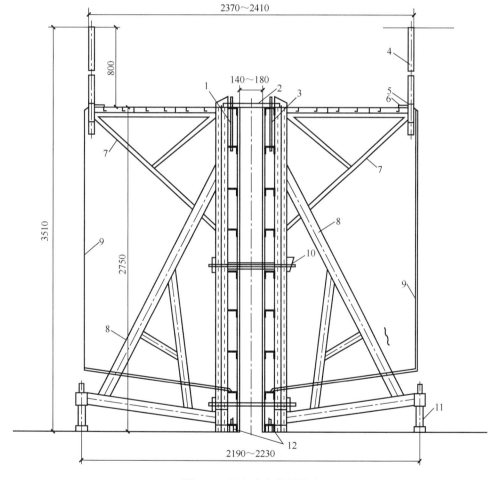

图 3.11　组合式大模板构造

1. 反向模板；2. 正向模板；3. 上口卡板；4. 活动护身栏；
5. 爬梯横担；6. 螺栓连接；7. 操作平台斜撑；8. 支承架；
9. 爬梯；10. 穿墙螺栓；11. 地脚螺栓；12. 地脚

面板的作用是使混凝土墙面成形具有设计所要求的外观。常采用厚 4～5mm 钢板拼焊或厚为 12mm、15mm 或 18mm 的多层胶合板。

骨架的作用是固定面板，保证其刚度，并将所受到的荷载传递到支撑系统，通常由槽钢、扁钢等做成的加劲肋和竖楞组成。

支撑系统由支撑架和地脚栓组成。作用是承受风荷载和水平力，将荷载传递到楼板、地面或下一层的墙体上，并调整面板到设计位置。

附件包括操作平台、爬梯、穿墙螺栓、上口卡板等。

大模板的平面组合方案取决于结构体系，有平模、大角模、小角模和筒形模方案等。

平模方案也就是无角模方案。一块墙面采用一块平模，由于墙角处没有角模，纵横墙需分别施工或者外墙和内纵墙采用预制墙板。

大角模方案为房间墙角的内模由四个大角模组合而成，自成一个封闭体系。外模可用平模或外墙采用预制墙板。大角模是由两块平模组成的，在组成角模的两块平模连接部分装上四个大合页，使一侧平模以另一侧平模为支点，以合页为圆心转动（图 3.12）。

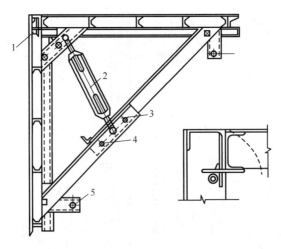

图 3.12　大角模构造

1. 合页；2. 花篮螺丝；3. 固定销子；4. 活动销子；5. 调整用螺旋千斤顶

小角模方案是在纵横墙一起浇筑的施工方案中，在纵横墙相交的阴角处采用 L100×10 的角钢作为转角模板，使每个房间内模仍成为一封闭支模体系。小角模构造主要有两种：一种是在平模上带合页角钢，能自由转动和装拆 [图 3.13（a）]；另一种是小角模不带合页，采用以大平模压小角钢的办法 [图 3.13（b）]。

筒形模方案是将一个房间内各面墙体的独立的大模板通过挂轴悬挂在钢架上，墙角用小角钢拼接起来形成一个整体（图 3.14）。采用筒形模时，外墙面常采用大型预制墙板。

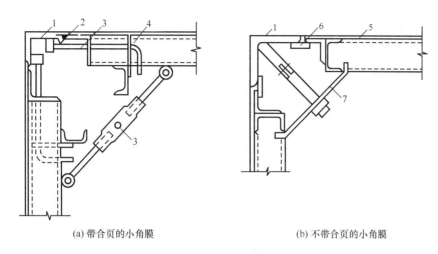

　　　　(a) 带合页的小角膜　　　　　　　　　　　　(b) 不带合页的小角膜

图 3.13　小角模构造示意图

1. 小角模；2. 合页；3. 花篮螺栓；4. 转动铁拐；5. 平模；6. 偏铁；7. 压板

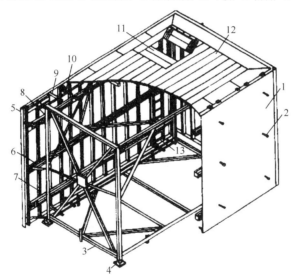

图 3.14　筒形模构造示意图

1. 墙面模板；2. 穿墙螺栓；3. 钢架；4. 调整螺栓；5. 小角模；6. 横肋；
7. 竖肋；8. 吊轴；9. 拉杆；10. 支杆；11. 出入门；12. 操作平台；13. 爬梯

3.1.7　台模

　　台模又称飞模，是现浇钢筋混凝土楼板的一种大型工具式模板。一般是一个房间一块台模，在施工中可以整体脱模和转运，利用起重机从浇筑完的楼板下吊出，转移至上一楼层。台模适用于各种结构的现浇混凝土楼板的施工，单座台模面板的面积从 $2\sim6m^2$ 到 $60m^2$ 以上。台模的优点是整体性好，混凝土表面容易平整，施工进度快。

　　图 3.15 为折板式台模，台面用胶合板做成，支架由铝合金型材做成。支腿装有螺旋和折叠装置。台模安装时，支腿直接放置在下层楼面上。拆模时先将折板脱开并折下，然后放松支腿上的螺栓，使台模下降与新浇混凝土楼面脱开。台模吊运时，将支腿折起

来，滚轮着地，向前推出 1/3 台模长，用起重机吊住一端，继续推出 2/3 台模长，再吊住另一端，然后整体吊运到新的位置。

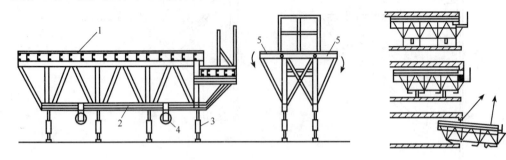

图 3.15　折板式台模

1. 胶合面板；2. 支架；3. 千斤顶；4. 滚轮；5. 横楞

3.1.8　隧道模

隧道模是用于同时整体浇筑墙体和楼板的大型工具式模板，能将各开间沿水平方向逐段逐间整体浇筑，故施工的建筑物整体性好，施工速度快，但模板的一次投资大，模板的起吊和转运需要较大的起重设备。

隧道模有全隧道模（整体式隧道模）和双拼式隧道模两种。整体式隧道模自重大，推移时多需铺设轨道，目前已较少应用；双拼式隧道模应用较广泛。

双拼式隧道模由两个半隧道模对拼而成。两个半隧道模的宽度可以不同，再增加一块插板，即可组合成各种开间需要的宽度（图 3.16）。半隧道模的竖向墙模板和水平楼板模板之间用斜撑连接。在半隧道模下部设置行走装置，在模板长度方向，沿墙模板设两个行走轮，在模板宽度方向设一个行走轮。在墙模板的两个行走轮附近设置两个千斤顶，模板就位后，这两个千斤顶将模板顶起，使行走轮离开楼板，施工荷载全部由千斤顶承担。脱模时，松动两个千斤顶，半隧道模在自重作用下，下降脱模，行走轮落到楼板上。

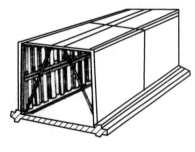

图 3.16　隧道模

混凝土浇筑后，待强度达到 $7N/mm^2$ 左右，即可先拆除半边的隧道模，推出墙面放在临时挑台上，再用起重机转运至上层或其他施工段。楼板临时用竖撑加以支撑，待养护混凝土强度达到 $20N/mm^2$ 以上时，再拆除另一半的隧道模。

3.1.9　爬升模板

爬升模板的构造主要包括爬模、爬升支架和爬升设备三部分，如图 3.17 所示。

爬模的构造与大模板中的平模相似。高度一般为层高加 100～300mm，其长出部分用来与下层墙搭接。模板下口需装有防止漏浆的橡皮衬垫。模板的宽度在可能的条件下越宽越好，可以减少模板间的拼接和提高墙面的平整度。

爬升支架（简称爬架）的作用是悬挂和爬升模板。爬架由支撑架、附墙架、挑横梁、爬升爬架的千斤顶（或吊环）等组成。它是格构式钢架。支撑架由四根角钢组成，一般做成两个标准节，使用时再拼装。为保证操作人员在支撑架内上下的安全，支撑架的尺寸不应小于 650mm×650mm。附墙架由附墙螺栓与墙体相连，作为爬架的支撑体。螺栓的位置应尽量与模板的穿墙螺栓孔相符，这样可以减少墙上的留孔数目，附墙架的位置若在窗洞口处，也可利用窗台作支撑。爬架顶端一般要超过上一层楼层 0.8～1.0m，而下端附墙架应在拆模层的下一层，爬架的总高度为 3～3.5 层楼高度。挑横梁、千斤顶架的位置要与模板上相应装置处于同一竖线上，以便千斤顶爬杆或环链呈竖直，使模板或爬架能竖直爬升，提高安装精度。

爬升设备有手动葫芦、单作用液压千斤顶、双作用液压千斤顶和专用爬模千斤顶。当使用千斤顶设备时，在模板和爬架上分别增设爬杆，以便使千斤顶带着模板或爬架上下爬动。

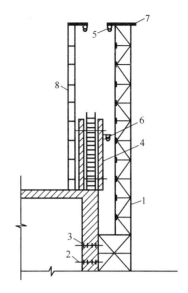

图 3.17 爬升模板

1. 爬架；2. 穿墙螺栓；3. 预留爬架孔；
4. 爬模；5、6. 爬架提升装置；
7. 爬架挑横梁；8. 内爬架

3.2 钢 筋 工 程

钢筋混凝土结构中常用的钢材有钢筋、钢丝和钢绞线三类。

钢筋按化学成分，分为碳素结构钢筋和普通低合金结构钢筋。钢筋按强度分为HPB235、HRB335、HRB400 和 RRB400 四种。钢筋的强度和硬度逐级升高，但塑性则逐级降低。钢筋按其表面外形分，HPB235 钢筋的表面为光圆，HRB335、HRB400 和 RRB400 钢筋表面为人字纹、螺旋形纹和月牙形纹，统称变形钢筋，为便于运输，钢丝及直径 6～10mm 的钢筋一般卷成圆盘运至工地；直径大于 12mm 的钢筋一般轧成 6～12m 长一根，运至工地。

钢筋应有出厂质量证明书或试验报告单，每捆（盘）钢筋应有标牌。进场时应按炉罐（批）号及直径分别存放，分批验收。钢筋在加工过程中如发现脆断、焊接性能不良或力学性能显著不正常等现象，应进行化学成分检验或其他专项检验，对热轧钢筋的级别有怀疑时，除作力学性能试验外，尚应进行钢筋的化学成分分析。

钢筋一般先在车间（或加工棚）加工，然后运至现场安装或绑扎。钢筋的加工工序一般包括冷拉、冷拔、调直、剪切、弯曲、绑扎、焊接等。

3.2.1 钢筋的冷拉

钢筋冷拉是在常温下对钢筋进行强力拉伸，使钢筋拉应力超过屈服点产生塑性变形，以达到提高屈服强度的目的。

1. 冷拉原理

如图 3.18 所示为钢筋冷拉前后应力-应变曲线图。图中 *Oabcde* 曲线是钢筋的拉伸特征曲线。冷拉时，拉应力超过屈服点 *c* 达到 *K* 点，然后卸荷。由于钢筋已产生塑性变形，卸荷过程中应力应变沿 *KO′* 降至 *O′* 点。如果再立即重新拉伸，应力-应变图将沿 *O′Kde* 变化，并在高于 *K* 点附近出现新的屈服点。该屈服点明显高于冷拉前的屈服点 *c*，这种现象称变形硬化。其原因是冷拉过程中钢筋内部结晶面滑移，晶格变化，内部组织发生变化，因而屈服强度提高，塑性降低，弹性模量也降低。

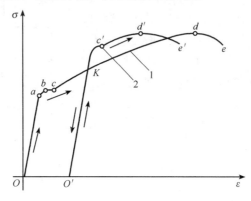

图 3.18　钢筋冷拉应力-应变曲线

钢筋冷拉后有内应力存在，内应力会促进钢筋内的晶体组织调整。经过调整，屈服强度又进一步提高。该晶体组织调整过程称为时效。钢筋经过冷拉和时效后的拉伸特征曲线即改为 *O′c′d′e′*，这时屈服点 *c′* 要高于 *c*。HPB235 级，HRB335 级的时效过程在常温下（称自然时效）需 15～20d 方能完成，但在 100℃ 温度下只需 2h 即完成，称人工时效。HRB400 级和 RRB400 级钢筋在自然条件下一般达不到时效的效果，必须采用人工时效。一般采用通电加热，将钢筋加热至 150～300℃，保持 20min 左右，即可完成时效过程。冷拉适用于 HPB235 级～HRB400 级钢筋，冷拉钢筋主要用于受拉钢筋，冷拉钢筋一般不用于受压钢筋。在有冲击荷载的动力设备基础，制作构件吊环及负温条件下，不得使用冷拉钢筋。

2. 冷拉控制

钢筋冷拉可采用控制应力或控制冷拉率的方法。对不能分清炉批号的热轧钢筋，不应采取控制冷拉率的方法。

（1）控制应力法

实践表明，热轧钢筋冷拉后所建立的屈服点等于或略高于冷拉时的控制应力，故用控制应力法所取的冷拉控制应力值为冷拉钢筋的屈服强度标准值。当采用控制应力方法冷拉钢筋时，其冷拉控制应力下的最大冷拉率应符合表 3.6 的规定。冷拉后应进行力学性能检验，合格后方可使用。

（2）控制冷拉率法

当采用控制冷拉率方法冷拉钢筋时，冷拉率必须由试验确定。测定同炉批钢筋冷拉率时，其试样不少于 4 个，并取其平均值作为该批钢筋实际采用的冷拉率。

表 3.6　冷拉控制应力及最大冷拉率

钢筋级别	钢筋直径/mm	冷拉控制应力/（N/mm²）	最大冷拉率/%
HPB235 级	≤12	280	10.0
HRB335 级	≤25	450	5.5
	28～40	430	
HRB400 级	8～40	500	5.0

根据试验统计资料，同炉批钢筋按平均冷拉率冷拉后的抗拉强度的标准离差，约为 $15\sim20\text{N/mm}^2$。为满足保证率 95% 的要求，按照概率的原理应按冷拉控制应力增加 1.645σ，约 30N/mm^2，即用控制冷拉率方法冷拉钢筋时，其钢筋的冷拉应力高于用控制应力方法所采用的冷拉控制应力 30N/mm^2。测定冷拉率时，钢筋的冷拉应力应符合表 3.7 的规定。

表 3.7　测定冷拉率时钢筋的冷拉应力

钢筋级别	钢筋直径/mm	冷拉应力/（N/mm²）
HPB235 级	≤12	310
HRB335 级	≤25	480
	28～40	460
HRB400 级	8～40	530

注：当钢筋平均冷拉率低于 1% 时，仍应按 1% 进行冷拉。

混炉批的钢筋不应采用控制冷拉率的方法冷拉钢筋。如果必须采用控制冷拉率方法时，则应逐根测定，将冷拉率相近的钢筋分批冷拉，以保质量。

（3）冷拉设备

冷拉设备主要由拉力装置、承力结构、钢筋夹具及测量装置等组成，如图 3.19 所示。

机械冷拉工艺的冷拉设备主要由拉力设备、承力结构、回程装置、测量设备和钢筋夹具组成。拉力设备为卷扬机和滑轮组，多用 30～50kN 的慢速卷扬机通过滑轮组增大牵引力。设备的冷拉力要大于所需的最大拉力，所需的最大拉力等于进行冷拉的最大拉力，同时还要考虑小车与地面的摩阻力及回程装置的阻力，则设备能力 Q 可按下式计算

$$Q=\frac{S}{K}-F \qquad (3.4)$$

式中，Q——设备能力，kN；

S——卷扬机拉力，kN；

F——设备阻力，kN，由张拉小车与地面摩阻力及回程装置阻力等组成，可由实测确定；

K——滑轮组省力系数，即

$$K=\frac{f^{n-1}\left(f-1\right)}{f^{n}-1} \qquad (3.5)$$

式中，f——单个滑轮的阻力系数；

n——滑轮组的工作绳数。

承力结构可采用地锚，冷拉力大时宜采用钢筋混凝土冷拉槽，回程装置可用荷重架

回程或卷扬机滑轮组回程。测力设备常用液压千斤顶或用传感器和示力仪的电子秤。

钢筋的冷拉速度不宜过快，待拉到规定的控制应力（或冷拉率）后，须稍停，然后再放松。当采用控制应力法冷拉钢筋时，对使用的测力计应经常维护，定期检验。

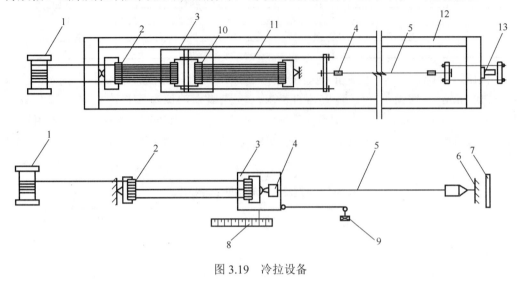

图 3.19   冷拉设备

1. 卷扬机；2. 滑轮组；3. 冷拉小车；4. 夹具；5. 被冷拉的钢筋；6. 地锚；7. 防护壁；
8. 标尺；9. 回程荷重架；10. 回程滑轮组；11. 传力架；12. 冷拉槽；13. 液压千斤顶

3.2.2   钢筋的冷拔

钢筋的冷拔是使直径 6～8mm 的 HPB235 级钢筋通过钨合金拔丝模（图 3.20）进行强力冷拔。钢筋通过拔丝模时受到拉伸与压缩兼有的立体应力的作用，产生塑性变形，

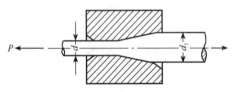

图 3.20   钢筋冷拔示意图

以改变其物理力学性能。钢筋冷拔后，横向压缩（截面缩小），纵向拉伸，内部晶格产生滑移，因而抗拉强度提高，塑性降低，呈硬钢性质。

光圆钢筋经冷拔加工后称冷拔低碳钢丝。冷拔低碳钢丝按其力学性能分为甲、乙两级。甲级钢丝适用于作预应力筋；乙级钢丝适用于作焊接网、焊接骨架、箍筋和构造钢筋。

影响钢筋冷拔质量的主要因素是原材料的质量和冷拔总压缩率。原材料的质量直接影响冷拔低碳钢丝的质量，用于预应力筋的甲级冷拔低碳钢丝应采用符合 HPB235 级热轧钢标准的圆盘条拔制。

3.2.3   钢筋焊接

钢筋常用的焊接方法有：闪光对焊、电阻点焊、电弧焊、电渣压力焊、埋弧压力焊、气压焊等。

1. 闪光对焊

闪光对焊的原理是利用对焊机使两段钢筋接触，通以低电压的强电流，把电能转化

为热能（图 3.21）。待钢筋被加热到一定温度后，即施加轴向压力挤压（称为顶锻），便形成对焊接头。

（1）连续闪光焊

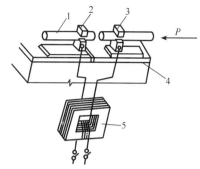

图 3.21　闪光对焊原理图

1. 钢筋；2. 固定电极；3. 可动电极；
4. 机座；5. 焊接变压器

先将钢筋夹入对焊机的两电极中，闭合电源，然后使钢筋两端面轻微接触。这时即有电流通过。因钢筋端面不平，接触面很小，故电流密度和接触电阻很大，因此接触点很快熔化，形成金属过梁。过梁进一步加热，使熔化金属的微粒自钢筋两端面的间隙中喷出，产生金属蒸气飞溅，形成闪光现象。闪光一开始，即徐徐移动钢筋，形成连续闪光过程。待钢筋烧化到规定的长度后，以适当的压力进行顶锻，使两根钢筋焊牢。

连续闪光焊宜焊接直径小于 25mm 的 HPB235 级、HRB335 级钢筋和直径在 16mm 以下的 HRB400 级钢筋。

（2）预热闪光焊

预热闪光焊是在连续闪光焊前增加一次预热过程，以达到均匀加热的目的。其焊接工艺是先闭合电源，然后使两钢筋端面交替接触和分离。这时钢筋端面的间隙即发出断续的闪光，而形成预热过程。当钢筋烧化到规定的预热留量后，随即进行连续闪光和顶锻，使钢筋焊牢。该工艺能先使大直径钢筋预热后，再连续闪光烧化，进行加压顶锻。

（3）闪光—预热—闪光焊

这种工艺是在预热闪光焊前加一次闪光过程，目的是先进行连续闪光，使钢筋端部烧化平整，再使接头部位进行预热，接着再连续闪光，最后顶锻，完成整个焊接过程。闪光—预热—闪光焊适于焊接直径大于 25mm 且端面不平整的钢筋。

钢筋闪光对焊质量与焊接参数有关。闪光对焊参数包括调伸长度、闪光留量、预热留量、闪光速度、顶锻留量、顶锻速度、顶锻压力及变压器级次等，如图 3.22 所示。

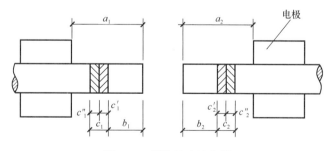

图 3.22　调伸长度及留量

a_1、a_2. 左右钢筋的调伸长度；$b_1 + b_2$. 烧化留量；$c_1 + c_2$. 顶锻留量；
$c_1' + c_2'$. 有电顶锻留量；$c_1'' + c_2''$. 无电顶锻留量

1）调伸长度。调伸长度是焊接前两端钢筋端部从电极钳口伸出的长度，与钢筋的品种和直径有关，应使接头能均匀加热，并使顶锻时钢筋不致产生傍弯。一般 HPB235

级钢筋取 1d；HRB335 级、HRB400 级钢筋取 1.5d；RRB400 级钢筋取 2.0d，d 为钢筋直径。

2）闪光留量、闪光速度。闪光留量是钢筋在闪光过程中由于金属烧化所消耗的钢筋长度。闪光留量的选择应使烧化结束时，钢筋端部能均匀加热，并达到足够的温度。连续闪光焊的闪光留量等于两根钢筋切断时严重压伤部分之和另加 8mm；闪光留量为 8～10mm；采用闪光－预热－闪光焊时，一次闪光留量等于两根钢筋切断时刀口严重压伤部分之和，二次烧化留量为 8～10mm。

闪光速度是指闪光过程的快慢，随钢筋直径增大而降低。因闪光过程中，闪光速度由慢到快，开始时近于零，而后约 1mm/s，终止时约 1.5～5mm/s。

3）预热留量。 预热留量是指采用预热闪光焊或闪光－预热－闪光焊时，预热过程所烧化的钢筋长度，预热闪光焊时的预热留量为 4～7mm；采用闪光－预热－闪光焊时，预热留量为 2～7mm。

4）预热频率。预热频率对 HPB235 钢筋宜高些（3～4 次/s），对 HRB335、HRB400 级钢筋宜适中（1～2 次/s），每次预热时间应为 1.5～2s，间歇时间应为 3～4s，以扩大接触处加热范围，减少温度梯度。

5）顶锻留量与顶锻速度。顶锻留量是指在闪光结束，将钢筋顶锻压紧时，因接头处挤出金属而缩短的钢筋长度。顶锻留量的选择与控制，应使顶锻结束时，接头整个断面能得到紧密的接触，一般为 4～6.5mm。

顶锻速度是指在挤压钢筋接头时的速度，顶锻速度应该越快越好，特别是在顶锻开始的 0.1s 内应将钢筋压缩 2～3mm，使焊口迅速闭合不致氧化，而后断电并以 6mm/s 的速度继续顶锻至终止。

6）变压器级次。变压器级次用以调节焊接电流的大小，应根据钢筋的直径来选择。钢筋的直径较大时，宜用较高的电压。

焊接时应合理选择焊接参数，以保证焊口闭合良好，且焊接接头处有适当的镦粗变形。

钢筋闪光对焊后，对接头进行外观检查，对焊后钢筋应无裂纹和烧伤，接头弯折不大于 4° 接头轴线偏移不大于 0.1d（d 为钢筋直径），也不大于 2mm，此外，还应按规定进行抗拉试验和冷弯试验。

2. 电弧焊

电弧焊是利用弧焊机使焊条与焊件之间产生高温电弧，使焊头高温电弧范围内的焊件金属熔化。熔化的金属凝固后，便形成焊缝和焊接接头。电弧焊广泛应用在钢筋的搭接接长、钢筋骨架的焊接、钢筋与钢板的焊接、装配式结构接头的焊接和各种钢结构的焊接。

钢筋电弧焊的接头型式有搭接焊接头、帮条焊接头、剖口焊接头和熔槽帮条焊接头。

搭接接头适用于焊接直径 10～40mm 的 HRB235、HRB335、HPB400 级钢筋。焊接前钢筋宜预弯，以保证两钢筋的轴线在一直线上（图 3.23）。

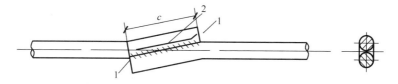

图 3.23　搭接焊接头形式

1. 定位焊缝；2. 弧坑拉出方位；c. 搭接长度
HPB235 级钢筋，$c=4d$；HRB335 级钢筋，$c=5d$；HRB400 级钢筋，$c=5d$

帮条焊接头适用于焊接直径 10～40mm 的 HPB235～HRB400 级钢筋帮条宜采用与主筋同级别、同直径的钢筋制作（图 3.24）。

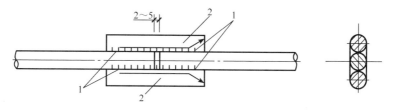

图 3.24　帮条焊

1. 定位焊缝；2. 弧坑方位

坡口焊接头适用于在现场焊接装配现浇式构件接头中直径 16～40mm 的 HPB235～HRB400 级钢筋，这种接头比上两种接头节约钢材。按焊接位置不同可分为平焊与立焊。施焊前应先将钢筋端部剖成剖口（图 3.25）。

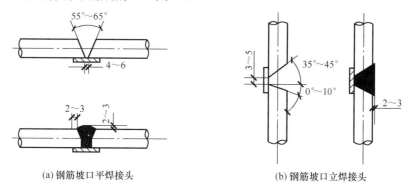

(a) 钢筋坡口平焊接头　　　　　　　(b) 钢筋坡口立焊接头

图 3.25　坡口型式

熔槽帮条焊接头适用于直径大于 25mm 钢筋的现场安装焊接。施焊时应加边长为 40～60mm 的角钢作垫模，同时起帮条作用（图 3.26）。

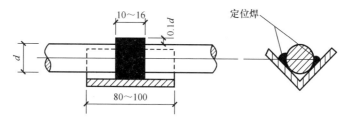

图 3.26　钢筋熔槽帮条焊接头

　　预埋件 T 型接头电弧焊分贴角焊和穿孔塞焊两种（图 3.27）。预埋件应采用 HPB235、HRB335 级钢筋焊接，锚固钢筋直径在 18mm 以下时，可选择贴角焊，其焊脚 k，HPB235 级钢不小于 0.5d、HRB335 级钢筋不小于 0.6d；锚固钢筋直径为 18～22mm 时，应选择穿孔塞焊，预埋件钢板厚度不小于 0.6d，并不小于 6mm。

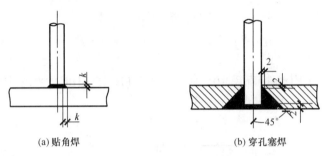

(a) 贴角焊　　　　　　　　　　　　(b) 穿孔塞焊

图 3.27　钢筋熔槽帮条焊接头

　　钢筋与钢板搭接焊（图 3.28）HPB235 级钢筋的搭接长度 l 不小于 4d，HRB335 级钢筋的搭接长度 l 不小于 5d，焊缝宽度 b 不小于 0.6d，焊缝厚度 h 不小于 0.35d。

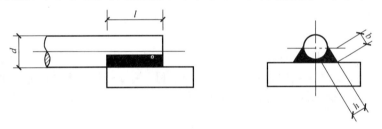

图 3.28　钢筋与钢板搭接

　　电弧焊焊接接头检查除外观外，亦需抽样作拉伸试验，如对质量有怀疑或发现异常情况，还可以进行非破损检验（X 射线、γ 射线及超声波探伤等）。

　　3. 电渣压力焊

　　电渣压力焊是利用电流通过渣池产生的电阻热将钢筋端部熔化，然后施加压力使钢筋焊接为一体。适用于现浇钢筋混凝土结构中直径 14～40mm 的 HPB235 级、HRB335 级钢筋的竖向接长。有自动与手工电渣压力焊两种焊接工艺。手工电渣压力焊机由焊接变压器、夹具及控制箱等组成（图 3.29）。

　　施焊前将钢筋端部 120mm 范围内的锈渣刷净，用夹具夹紧钢筋，在两根钢筋接头处放一铁丝小球（22 号铁丝绕成直径 10～15mm 的紧密小球）或导电剂（当钢筋直径较大时），并在焊剂盒内装满焊剂。施焊时接通电源引弧，使导电剂（或小球）、钢筋端部及焊剂熔化，形成渣池，数秒钟后，操纵手柄使上部钢筋缓缓下送。当稳弧达到规定时间、熔化量达到规定值时（可用标尺控制），切断电源，并用力迅速顶锻，挤出熔渣及熔化金属，形成接头。冷却一定时间后，即可拆除药盒，回收焊剂，拆除夹具，清除焊渣。

　　电渣压力焊的接头亦应按规定检查外观质量和进行试件拉伸试验。

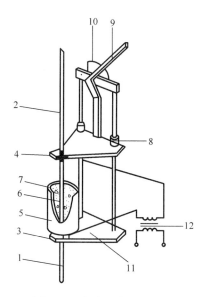

图 3.29　电渣压力焊示意图

1、2. 钢筋；3. 固定电极；4. 滑动电极；5. 焊剂盒；6. 导电剂；
7. 焊剂；8. 滑动架；9. 操纵杆；10. 标尺；11. 固定架；12. 变压器

4. 电阻点焊

钢筋骨架或钢筋网中交叉钢筋的焊接宜采用电阻点焊。它工作效率高，节约材料，保证质量，应用广泛。

电阻点焊的工作原理如图 3.30 所示。施焊时，将已除锈的钢筋的交叉点放在点焊机的两电极间，使钢筋通电发热至一定温度后，加压使焊点金属焊合。当钢筋交叉点焊时，由于点触点只有一点，而在接触处有较大的接触电阻，因此在接触的瞬间，电流产生的热量都集中在这一点上，使金属很快地受热达到熔化连接的温度，同时在电极加压下使焊点金属得到焊合。

为了保证点焊质量，必须正确选择点焊工艺参数，主要有电流强度、通电时间、电极压力。通电时间根据钢筋直径和变压器级数而定。电极压力则根据钢筋级别和直径选择。

电阻点焊应作外观检查和强度试验。热轧钢筋焊点应作抗剪试验；冷拔低碳钢丝焊点除作抗剪试验外，还应对较小钢丝作抗拉试验。

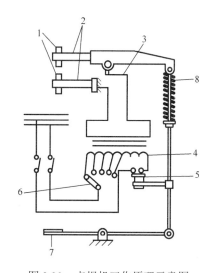

图 3.30　点焊机工作原理示意图

1. 电极；2. 电极臂；3. 变压器的次级线圈；
4. 变压器的初级线圈；5. 断路器；
6. 变压器调节级数开关；7. 踏板；8. 压紧机构

3.2.4 钢筋机械连接

钢筋机械连接是指通过连接件的机械咬合作用或用钢筋端面的承压作用将一根钢筋中的力传递至另一根钢筋的连接方法。方法有钢筋套筒挤压连接，钢筋锥螺纹套筒连接，细筋直螺纹套筒连接等。

1. 钢筋套筒挤压连接

带肋钢筋套筒挤压连接是将两根待接钢筋插入套筒，用挤压连接设备沿径向挤压钢套筒使之产生塑性变形，依靠变形后的钢套筒与被连接钢筋纵、横肋产生的机械咬合成为整体的钢筋连接方法（图 3.31）。适用于直径为 16～40mm 的 HRB335 级、HRB400 级、RRB400 级的钢筋连接。

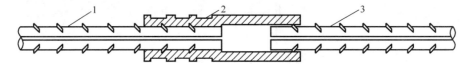

图 3.31 钢筋套筒挤压连接

1. 已挤压的钢筋；2. 钢套筒；3. 未挤压的钢筋

2. 细筋锥螺纹套筒连接

细筋锥螺纹套筒连接是将两根待接的钢筋端头用套丝机做出锥形外丝，然后用带锥形内丝的套筒将两端拧紧的钢筋连接方法（图 3.32），适用于直径为 16～40mm 的 HRB335 级、HRB400 级、RRB400 级的钢筋连接。

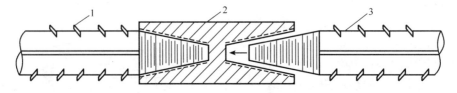

图 3.32 钢筋锥螺纹套筒连接

1. 已连接的钢筋；2. 锥螺纹套筒；3. 待连接的钢筋

3. 钢筋直螺纹套筒连接

钢筋直螺纹套筒连接是通过钢筋端头特制的直螺纹和直螺纹套管，将两根钢筋咬合在一起。

与钢筋锥螺纹套筒连接的技术原理相比，相同之处都是通过钢筋端头螺纹与套筒内螺纹合成钢筋接头，主要区别在钢筋等强技术效应上。钢筋等强直螺纹套筒连接有两种形式：一种是在钢筋端头先采用对辊滚压，而后采用冷压螺纹（滚丝）工艺加工成钢筋直螺纹端头，套筒采用快速成孔切削成内螺纹钢套筒，简称为滚压直螺纹接头或墩粗切削直螺纹接头；另一种是在钢筋端头先采用设备顶压增径（墩头），而后采用套丝工艺加工成等直径螺纹端头，套筒采用快速成孔切削成内螺纹钢套筒。无论采用滚压，还是采用墩粗工艺使被接钢筋的端头均匀地预加应力,这两种方法都能有效地增强钢筋端头母材强度,可等同于钢筋母材强度而设计的直螺纹接头。

等强直螺纹连接套筒的类型有:标准型(用于 HRB335 级、HRB400 级带肋钢筋)、扩口型(用于钢筋难于对接的施工)、变径型(用于钢筋变径时的施工)和正反丝扣型(用于钢筋不能转动时的施工)。套筒的抗拉设计强度不应低于钢筋抗拉设计强度的 1.2 倍。

3.2.5 钢筋配料

钢筋配料是根据构件配筋图计算构件各钢筋的直线下料长度、总根数及钢筋总重量,然后编制钢筋配料单,作为备料加工的依据。

设计图中注明的钢筋尺寸(不包括弯钩尺寸)是钢筋的外轮廓尺寸,称为钢筋的外包尺寸。外包尺寸的大小是根据构件尺寸、钢筋形状及保护层厚度确定的。

钢筋保护层是指从混凝土外表面至钢筋外表面的距离,主要起保护钢筋免受大气侵蚀的作用,不同部位的钢筋保护层厚度也不同,受力钢筋的混凝土保护层厚度,应符合设计要求,当设计无具体要求时,应不小于钢筋直径,并应符合下列规定:室内正常环境下柱、梁保护层厚度为 25mm;板、墙、壳结构保护层厚度为 15mm;钢筋混凝土受弯构件,钢筋端头的保护层厚度一般为 10mm;基础有垫层时为 35mm,无垫层时为 70mm。

外包尺寸与轴线长度之间存在一个差值,这一差值称为量度差值,其大小与钢筋和弯心的直径以及弯曲的角度等因素有关。

钢筋下料时,其下料长度等于各段外包尺寸之和减去弯曲处的量度差值,再加上末端弯钩的增长值。

1. 钢筋弯钩下料长度及钢筋弯折量度差值

HPB235 级钢筋末端需作 180° 弯钩,其圆弧弯曲直径 D 不应小于钢筋直径 d 的 2.5 倍,平直部分长度不宜小于钢筋直径 d 的 3 倍。用于轻骨料混凝土结构时,其弯曲直径 D 不应小于钢筋直径 d 的 3.5 倍。

当弯曲 180° [图 3.33(b)]

$$AE' = ABC + CE = \frac{\pi}{2}(D+d) + 3d$$

当 D(弯曲直径)$= 2.5d$,代入上式

$$AE' = 8.5d$$

$$AF = \frac{D}{2} + d = 2.25d$$

故每个弯钩应加长度为

$$AE' - AF = 8.5d - 2.25d = 6.25d$$

结论:HPB235 级钢筋作 180° 弯钩时,每个下料长度加 6.25d。90° 弯折时,HPB235 级钢筋圆弧弯曲直径 $D = 2.5d$,HRB335 级钢筋弯曲直径 $D = 4d$。HPB235 级钢筋 90° 弯折时的量度差值如图 3.33(a)所示。

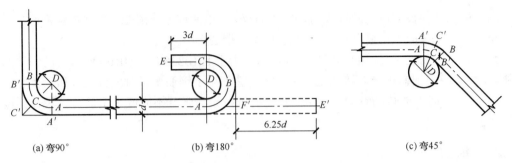

(a) 弯90°　　　　　(b) 弯180°　　　　　(c) 弯45°

图 3.33　钢筋弯钩及弯曲后尺寸图

$$中心线长 \widehat{ABC}=\frac{\pi}{4}(D+d)=2.75d$$

$$量度长度 \ A'C'=C'B'=2\left(\frac{D}{2}+d\right)=4.5d$$

量度差值 $4.5d-2.75d=1.75d\approx2d$

结论：HPB235 级、HRB335 级钢筋 90°弯折时，均扣除量度差值 2d。

弯起钢筋中间部位弯折时，弯曲直径 $D=5d$，如图 3.33（c）所示。

$$中心线长：\widehat{ABC}=\frac{\pi}{8}(D+d)=2.36d$$

$$量度长度：A'C'+C'B'=2A'C'=2\left(\frac{D}{2}+d\right)\tan22°30'=2.87d$$

量度差值：$2.87d-2.36d=0.51d\approx0.5d$

结论：每个 45°弯折时的扣除量度差值 0.5d。

同上方法可推得圆弧弯曲直径 $D=5d$ 时，钢筋 135°、60°和 30°弯折时扣除量度差值分别为 3d、0.9d 和 0.3d。

对钢箍下料长度的计算，多数仍按与其他钢筋相同的方法，注外包尺寸。箍筋多用较细的钢筋弯成，其弯钩实际应增加长度各施工现场有所不同。表 3.8 中的数据可供计算参考。

表 3.8　箍筋两个弯钩增加长度

受力钢筋直径/mm	箍筋直径/mm				
	5	6	8	10	12
10～25	80	100	120	140	180
28～32		120	140	160	210

2. 下料长度计算实例

某建筑物第一层共有 5 根 L_1 梁，梁的配筋如图 3.34 所示。L_1 梁的配料单如表 3.9 所示。表中钢筋下料长度计算方法如下。

①号钢筋端头保护层厚 10mm，则钢筋外包尺寸为 $6000-2\times10=5980$（mm）。

下料长度为

$$5980+2\times6.25d=6230（mm）$$

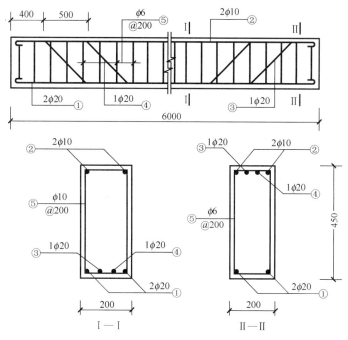

图 3.34　L_1 梁钢筋详图

表 3.9　钢筋配料单

构件名称	钢筋编号	简图	直径/mm	钢号	下料长度/mm	单位根数/根	合计根数/根	重量/kg
L_1 梁（共5根）	①	5980	20	Φ	6230	2	10	154
	②	5980	10	Φ	6110	2	10	37.6
	③	390 564 4400 564 390 400 400	20	Φ	6520	1	5	80
	④	890 564 3400 564 890	20	Φ	6520	1	5	80
	⑤	412 162	6	Φ	1210	31	155	41.7

　　④号钢筋端头平直段长度为 $900-10=890$（mm）；斜段长为（梁高 -2 倍保护层）$\times 1.41 =（450-2\times25）\times1.41=564$（mm）；中间直线段长为 $6000-2\times900-2\times400=3400$（mm）。实际工作中，③号与④号钢筋常并为一种规格（端头平直段改为一端890mm，另一端 390mm），调头绑扎，④号钢筋下料长度为 $（890+564）\times2+3400-4\times0.5d+2\times6.25d=6518$（mm）。

　　⑤号钢筋的外包尺寸，其宽度为梁宽减两个保护层厚，再加两个箍筋的直径，即 $200-2\times25+2\times6=162$（mm）；其高度为 $450-2\times25+2\times6=412$（mm），⑤号钢的下料长度为 $（162+412）\times2-3\times2d+100=1212$（mm）。

　　据此，编制配料单，便可进行备料加工。

3.2.6　钢筋的绑扎与安装

　　钢筋加工后运至施工现场进行绑扎、安装。钢筋的交叉点应采用铁丝扎牢；板和墙的钢筋网外围两行钢筋的相交点应全部扎牢，中间部分交叉点可间隔交错扎牢，但必须保证受力钢筋不产生位置偏移；双向受力的钢筋，必须全部扎牢；梁和柱的箍筋，除设计有特殊要求外，应与受力钢筋垂直设置；箍筋弯钩叠合处，应沿受力钢筋方向错开设置。

钢筋搭接长度的末端距钢筋弯折处，不得小于钢筋直径的 10 倍，接头不宜位于构件最大弯矩处；受拉区域内，HPB235 级钢筋绑扎接头的末端应做弯钩，HRB335 级、HRB400 级钢筋可不做弯钩；直径不大于 12mm 的受压 HPB235 级钢筋的末端，以及轴心受压构件中任意直径的受力钢筋的末端，可不做弯钩，但搭接长度不应小于钢筋直径的 35 倍；钢筋搭接处，应在中心和两端用铁丝扎牢。

钢筋绑扎接头的最小搭接长度按混凝土强度等级的不同有不同的规定（表 3.10）。对受压钢筋的搭接长度，设计规范要求不应小于 $0.85l_a$，且不应小于 200mm，则实际受压钢筋的搭接长度为受拉钢筋搭接长度的 0.7 倍。

表 3.10　受拉钢筋绑扎接头的最小搭接长度

钢筋种类	混凝土强度等级			备注
	C20	C25	≥C30	1. 当 HRB335 级、HRB400 级钢筋直径 $d>25$mm 时，其受拉钢筋的搭接长度应按表中数值增加 $5d$ 采用； 2. 当螺纹钢筋直径 $d<25$mm 时，其受拉钢筋的搭接长度应按表中数值减少 $5d$ 采用； 3. 当混凝土在凝固过程中受力钢筋易受扰动（如滑模施工）时，其搭接长度宜适当增加； 4. 在任何情况下，纵向受拉钢筋的搭接长度不应小于 300mm，受压钢筋搭接长不应小于 200mm； 5. 轻骨料混凝土的钢筋绑扎搭接长度应按普通混凝土搭接长度增加 $5d$（冷拔低碳钢丝增加 50mm）； 6. 当混凝土强度等级低于 C20 时，HPB235 级、HRB335 级钢筋最小搭接长度应按表中 C20 的相应数值增加 $10d$。HRB400 级钢筋不宜采用； 7. 有抗震要求的框架梁的纵向钢筋、其搭接长度应相应增加，对一级抗震等级相应增加 $10d$；对二级抗震等级相应增加 $5d$； 8. 两根直径不同钢筋的搭接长度，以细钢筋的直径为准； 9. 受压钢筋绑扎接头的搭接长度应为表中数值的 0.7 倍
HPB235 级钢筋	$35d$	$30d$	$25d$	
HRB335 级钢筋	$50d$	$40d$	$35d$	
HRB400 级钢筋	$55d$	$50d$	$40d$	
冷拔低碳钢丝	300mm			

各受力钢筋之间的绑扎接头位置应相互错开，从任一绑扎接头中心至搭接长度 l_1 的 1.3 倍区段范围内（图 3.35），有绑扎接头的受力钢筋截面面积占受力钢筋总截面面积在受拉区不得超过 25%；在受压区不得超过 50%。

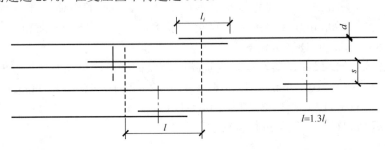

图 3.35　受力钢筋绑扎接头

图中所示 l 区段内有接头的钢筋面积按两根计

绑扎接头中钢筋的横向净距 s 不应小于钢筋直径 d 且不应小于 25mm。对于梁的上部纵向钢筋以及对构件下部钢筋配置多于两排时的上排钢筋，其净距应加大一倍。

采用绑扎骨架的现浇柱，在柱中与柱与基础交接处，当采用搭接接头时，其接头面积允许百分率经设计单位同意可适当放宽。

钢筋安装或现场绑扎应与模板安装配合，柱钢筋现场绑扎时，一般在模板安装前进行，柱钢筋采用预制安装时，可先安装钢筋骨架，然后安装柱模，或先安三面模板，待钢筋骨架安装后，再安第四面模板。梁的钢筋一般在梁模板安装好后，再安装或绑扎。梁断面高度较大（大于 600mm）或跨度较大、钢筋较密的大梁，可留一面侧模，待钢筋绑扎（或安装）完后再安装。楼板钢筋绑扎应在楼板模板安装后进行，并应按设计图先划线，然后摆料、绑扎。

3.3　混凝土工程

混凝土工程的施工过程有混凝土的制备、混凝土的运输、混凝土的浇筑和混凝土的养护等。混凝土工程质量的优劣直接影响钢筋混凝土结构的承载能力、耐久性和整体性。要保证混凝土工程的质量，关键是保证混凝土工程各施工工艺过程的质量。

3.3.1　混凝土的制备

混凝土的制备就是根据混凝土的配合比，把水泥、砂、石和水通过搅拌的手段使其成为均质的混凝土。

1. 施工配料

混凝土的施工配合比，应根据结构设计的混凝土强度等级、质量检验及施工对混凝土和易性的要求确定，并应符合合理使用材料和经济的原则，必要时，尚应符合抗冻性、抗渗性等要求。

施工配料是保证混凝土质量的重要环节之一，施工配料时影响混凝土质量的因素主要有两个方面：一是计量误差；二是未按砂、石骨料实际含水率的变化进行施工配合比的换算。

原材料的计量精度得到保证，才能使所拌制的混凝土的强度，耐久性和工作性能满足设计和施工所提出的要求。

在施工中，为了确保拌制混凝土的质量，必须及时进行施工配合比的换算。

施工现场的砂、石含水率随季节、气候不断变化。施工时要按砂、石实际含水率对实验室配合比进行修正。调整以后的配合比称为施工配合比。

设原实验室配合比为水泥：砂：石子 $=1:x:y$，水灰比为 W/C。

现场测得砂含水率为 W_x，石子含水率为 W_y，则施工配合比为水泥：砂：石子 $=1:x(1+W_x):y(1+W_y)$。

例　混凝土实验室配合比为 $1:2.28:4.47$，水灰比 $W/C=0.63$，每立方米混凝土水泥用量 $C=285$kg，现场实测砂含水率 3%，石子含水率 1%。

解　施工配合比为 $1 : x(1+W_x) : y(1+W_y)$

$$= 1 : 2.28(1+0.03) : 4.47(1+0.01)$$
$$= 1 : 2.35 : 4.51$$

按施工配合比每立方米混凝土各组成材料用量为

水泥 $C' = C = 285$（kg）

砂 $G'_砂 = 285 \times 2.35 = 669.75$（kg）

石 $G'_石 = 285 \times 4.51 = 1285.35$（kg）

用水量 $W' = W - G_砂 W_x - G_石 W_y$（$G_砂$、$G_石$为按实验室配合比计算每立方米混凝土砂、石用量）

$$W' = 0.63 \times 285 - 2.28 \times 2.85 \times 0.03 - 4.47 \times 285 \times 0.01$$
$$= 179.55 - 19.49 - 12.74 = 147.32$$（kg）

施工水灰比为 0.52。

2. 混凝土搅拌机

混凝土搅拌机按其工作原理，可分为自落式和强制式两大类（表 3.11）。

表 3.11　搅拌机的分类

分类	鼓筒式	锥形反转出料式	双锥形倾翻出料式
自落式			
强制式			

　　自落式搅拌机由内壁装有叶片的旋转鼓筒组成。当搅拌筒绕水平轴旋转时，装入筒内的物料被叶片提升到一定高度后自由落下，物料下落时具有较大的动能，且各物料颗粒下落的时间、速度、落点和滚动距离不同，从而使物料颗粒相互穿插、渗透、扩散，最后达到均匀混合的目的。

　　自落式混凝土搅拌机适用于搅拌塑性混凝土和低流速性混凝土。双锥反转出料式搅拌机是自落式搅拌机中较好的一种，它的搅拌筒由两个截头圆锥组成，搅拌筒每转一周，物料一方面被提升后靠自落进行拌和，另一方面又迫使物料沿轴左右窜动，搅拌作用强烈。它正转搅拌，反转出料，构造简单，制造容易。

　　强制式混凝土搅拌机中有转动叶片，这些不同角度和位置的叶片转动时通过物料，强制其产生环向、径向、竖向运动，拌和成均匀的混合物。

　　强制性搅拌机的搅拌作用比自落式搅拌机强烈，宜于搅拌干硬性混凝土和轻骨料混凝土。

　　选择搅拌机时要根据工程量大小、混凝土的坍落度、骨料尺寸等而定。既要满足技术上的要求，又要考虑经济效果及节约能源。

搅拌机的主要工艺参数为工作容量。工作容量可以用进料容量或出料容量表示。

进料容量又称为干料容量，是指该型号搅拌机可装入的各种材料体积之和。搅拌机每次搅拌出混凝土的体积称为出料容量。出料容量与进料容量之比称为出料系数，即

$$出料系数 = \frac{出料容量}{进料容量}$$

出料系数一般取 0.65。

例如，J_1－400A 型混凝土搅拌机，进料容量为 400L，出料容量为 260L，即每次可装入干料体积 400L，每次可搅拌出混凝土 260L，即 $0.26m^3$。

3. 搅拌制度

为了拌制出均匀优质的混凝土，除合理地选择搅拌机外，还必须正确地确定搅拌制度，即一次投料量、搅拌时间和投料顺序等。

（1）一次投料量

不同类型的搅拌机都有一定的进料容量。一次投料量宜控制在搅拌机的额定容量以下。施工配料就是根据施工配合比以及施工现场搅拌机的型号，确定现场搅拌时原材料的一次投料量。搅拌时一次投料量要根据搅拌机的出料容量来确定。

按上例，已知条件不变，采用 400L 混凝土搅拌机，求搅拌时的一次投料量。

400L 混凝土搅拌机每次可搅拌混凝土为

$$400 \times 0.65 = 260L = 0.26m^3$$

则搅拌时一次投料量为

水泥	$285 \times 0.26 = 74.1$（kg）（取 75kg）
砂	$75 \times 2.35 = 176.25$（kg）
石子	$75 \times 4.51 = 338.25$（kg）
水	$75 \times 0.63 - 75 \times 2.28 \times 0.03 - 75 \times 4.47 \times 0.01$
	$= 47.25 - 5.13 - 3.35 = 38.77$（kg）

搅拌混凝土时，根据计算出的各组成材料的一次投料量，按重量投料。

（2）搅拌时间

从原材料全部投入搅拌筒时起到开始卸出时止所经历的时间称为搅拌时间。为获得混合均匀、强度和工作性能都能满足要求的混凝土，所需的最短搅拌时间称最小搅拌时间。该最短时间是按一般常用搅拌机的回转速度确定的，不允许用超过混凝土搅拌机说明书规定的回转速度进行搅拌以缩短搅拌延续时间。混凝土搅拌的最短时间见表 3.12。

表 3.12　混凝土搅拌的最短时间　　　　　　　（单位：min）

混凝土坍落度/mm	搅拌机机型	搅拌机出料量/L		
		<250	250~500	>500
≤40	强制式	60	90	120
>40 且<100	强制式	60	60	90
≥100	强制式	60		

注：1. 混凝土搅拌的最短时间系指全部材料装入搅拌筒中起，到开始卸料止的时间。
　　2. 当掺有外加剂与矿物掺和料时，搅拌时间应适当延长。
　　3. 采用自落式搅拌机时，搅拌时间宜延长 30s。
　　4. 当采用其他形式的搅拌设备时，搅拌的最短时间也可按设备说明书的规定或经试验确定。当掺有外加剂时，搅拌时间应适当延长。

（3）投料顺序

按照原材料加入搅拌筒内的投料顺序的不同，常用的有一次投料法和两次投料法等。

一次投料法是目前普遍采用的方法，它将砂、石、水泥装入料斗，一次投入搅拌机内，同时加水进行搅拌。为了减少水泥的飞扬和黏罐现象，对自落式搅拌机，常采用的投料顺序是：先倒沙子（或石子），再倒水泥，然后倒入石子（或沙子），将水泥夹在砂、石之间，最后加水搅拌。

二次投料法又分为预拌水泥砂浆法和预拌水泥净浆法。预拌水泥砂浆法是先将水泥、砂和水加入搅拌筒内进行搅拌，成为均匀的水泥砂浆后，再加入石子搅拌成均匀的混凝土。预拌水泥净浆法是先将水泥和水充分搅拌成均匀的水泥净浆后，再加入砂和石搅拌成混凝土。试验表明，二次投料法的混凝土与一次投料法相比，混凝土强度可提高约 15%。在强度相同的情况下，要节约水泥约 15%～20%。

3.3.2　混凝土的运输

混凝土搅拌后应及时运至浇筑地点，及时浇筑，为保证混凝土的质量，对混凝土运输的要求是：混凝土在运输过程中要保持良好的均质性，不分层，不离析，不漏浆，运到浇筑地点后应具有设计配合比所规定的坍落度，并保证有足够的时间进行连续浇筑和振捣，若混凝土运到浇筑地点时出现离析现象，必须在浇筑时进行二次搅拌。

1. 混凝土运输

混凝土运输分为地面运输、垂直运输和楼地面运输三种情况。

混凝土地面运输如果采用预拌（商品）混凝土时，运输距离较远时多采用混凝土搅拌运输车或自卸汽车。混凝土如来自工地搅拌站，则多用小型机动翻斗车，近距离亦用双轮手推车，有时也用皮带运输机。

混凝土垂直运输，多采用塔式起重机，混凝土泵、快速提升斗和井架等。用塔式起重机时，混凝土多放在吊斗中，这样可直接浇筑。

混凝土楼面运输，一般以双轮手推车为主；也可用小型机动翻斗车，如用混凝土泵，则用布料杆布料。

混凝土搅拌运输车是长距离运输混凝土的工具（图 3.36）。它是在载重汽车或专用运输底盘上安装混凝土搅拌筒的组合机械，可在运送混凝土的同时对其进行搅拌或扰动，从而保证了所运送的混凝土的均匀性，并可适当地延长运距（或运输时间）。运至浇筑地点后，搅拌筒反转即可卸出混凝土。

塔式起重机既能完成混凝土的垂直运输，又能完成一定的水平运输，在其工作幅度内，能直接将混凝土从装料地点吊升到浇筑地点送入模板内，中间不需转运，在现浇混凝土工程施工中应用广泛。用塔式起重机运输混凝土时，应配以混凝土浇灌料斗（图3.37）联合使用。

采用井架作垂直运输时，常把混凝土装在双轮手推车内推送到井架升降平台上（每次可装 2～4 台手推车），提升到楼层上，再将手推车沿铺在楼面上的跳板推到浇筑地点。

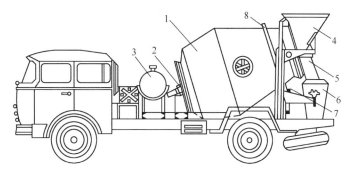

图 3.36　混凝土搅拌输送车外形示意图

1. 搅拌筒；2. 轴承座；3. 水箱；4. 进料斗；5. 卸料槽；6. 引料槽；7. 托轮；8. 轮圈

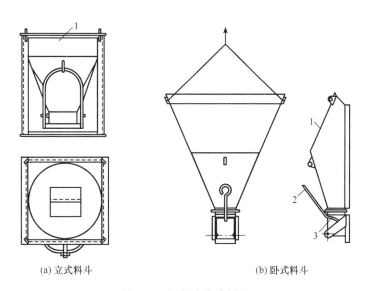

(a) 立式料斗　　　　　　　　　　　　　(b) 卧式料斗

图 3.37　混凝土浇灌料斗

1. 入料口；2. 手柄；3. 卸料口的扇形口

2. 混凝土泵运输

混凝土泵是在压力推动下沿管道输送混凝土的一种设备。它能一次连续完成混凝土的水平运输和垂直运输，配以布料杆还可以进行混凝土的浇筑。它具有工效高、劳动强度低，施工现场文明等特点，是发展较快的一种混凝土运输方法。

泵送混凝土的设备有混凝土泵、输送管道和布料装置。

混凝土泵的类型较多，应用最广泛的是液压柱塞式混凝土泵。

柱塞式混凝土泵（图 3.38）主要由两个液压油缸、两个混凝土缸、分配阀、料斗、Y 形连通管及液压系统组成。通过液压控制系统的操纵作用，使两个分配阀交替启闭。液压油缸与混凝土缸相连通，通过液压油缸活塞杆的往复作用，以及分配阀的密切协同动作，使两个混凝土缸轮流交替完成吸入和压送混凝土冲程。在吸入冲程时，混凝土缸筒由料斗吸入混凝土拌和物；在压送冲程时，把混凝土送入 Y 形连通管内，并通过输送配管压送至浇筑地点，因而使混凝土泵能连续稳定地运行。

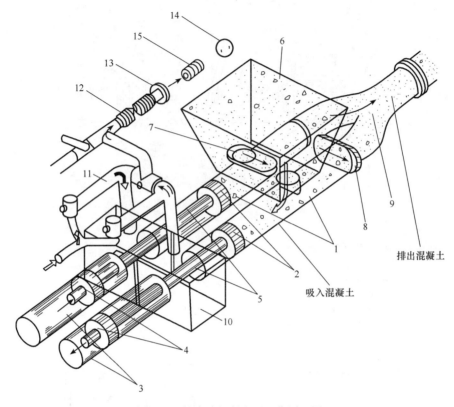

图 3.38　柱塞式混凝土泵工作原理图

1. 混凝土缸；2. 混凝土活塞；3. 液压缸；4. 液压活塞；5. 活塞杆；6. 受料斗；

7. 吸入端水平片阀；8. 排出端竖直片阀；9. Y 形输送管；10. 水箱；

11. 水洗装置换向阀；12. 水洗用高压软管；13. 水洗用法兰；14. 海绵球；15. 清洗活塞

混凝土布料杆是完成输送、布料、摊铺混凝土入模的机具。

混凝土布料杆可分为汽车式布料杆（混凝土泵车布料杆）和独立式布料杆两种。

汽车式布料杆是把混凝土泵和布料杆都装在一台汽车的底盘上（图 3.39）。特点是转移灵活，工作时不需另铺管道。

独立式布料杆种类较多，大致分为移置式布料杆、管柱式布料杆或塔架式布料杆，以及附装在塔吊上的布料杆。目前在高层建筑施工中应用较多的是移置式布料杆，其次是管柱式布料杆。

移置式布料杆是一种两节式布料杆（图 3.40）。可放置在楼面或模板上使用。整个布料杆可用人力推动作 360° 回转，可将混凝土直接输送到其工作幅度范围内的任何浇筑点。其特点是构造简单，安装方便，操作灵活，可用塔吊随着楼层施工升运和转移。

混凝土输送管是混凝土泵送设备的重要配套部件。泵送混凝土的输送管道包括直管、弯管、接头管及锥形管（过渡管）等各种管件，有时在输送管末端配有软管，以利于混凝土浇筑和布料。管径有 $\phi100\text{mm}$、$\phi125\text{mm}$、$\phi150\text{mm}$、$\phi180\text{mm}$ 等数种，直管的长度有 3.0m、2.0m、1.0m 等数种。弯管的角度有 15°、30°、45°、60°、90° 共 5 种。

为使管道便于装拆，相邻输送管之间的连接都采用快速管接头。常用的管接头有压杆式管接头和螺栓式管接头。

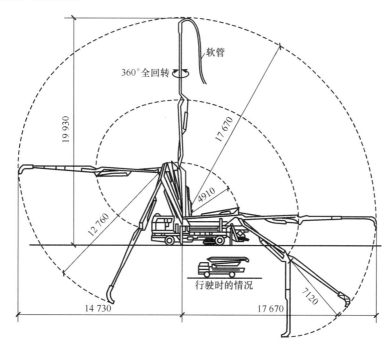

图 3.39 三折叠式布料杆泵车浇筑范围示意图

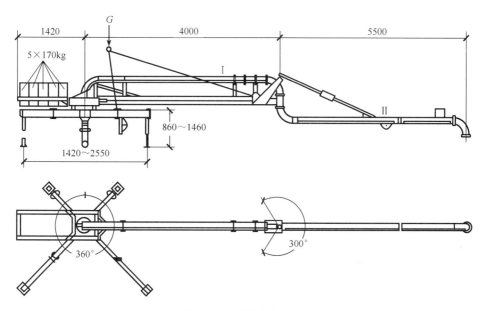

图 3.40 移置式布料杆

混凝土能否在输送管内顺利流通，是泵送工作能否顺利进行的关键，故混凝土必须具有良好的被输送性能。混凝土在输送管道中的流动能力称为可泵性。为使混凝土拌和物能在泵送过程中不产生离析和堵塞，具有足够的匀质性和胶结能力，具有良好的可泵性，在选择泵送混凝土的原材料和配合比时，应尽量满足下列要求。

当水灰比一定时，粗骨料宜优先选用卵石。粗骨料的最大粒径 d_{max} 与输送管内径 D 之间应符合以下要求；

对于碎石宜：$D \geqslant 3d_{max}$；

对于卵石宜：$D \geqslant 2.5d_{max}$。

砂：宜用中砂。通过 0.31mm 筛孔的砂应不小于 15%。砂率宜控制在 40%～50%。

水泥：应选用硅酸盐水泥，普通硅酸盐水泥，矿渣硅酸盐水泥和粉煤灰硅酸盐水泥。最少水泥用量视输送管径和泵送距离而定，水泥用量不宜少于 $300kg/m^3$。

混凝土坍落度：泵送混凝土适宜的坍落度为 8～18cm。泵送高度大时还可以加大。

水灰比的大小对混凝土的流动阻力有较大的影响，泵送混凝土的水灰比宜为 0.5～0.6。

为提高混凝土的流动性，减少输送阻力，防止混凝土离析，延缓混凝土凝结时间，宜在混凝土中掺外加剂。适于泵送混凝土使用的外加剂有减水剂和加气剂等。

3.3.3　混凝土的浇筑

混凝土的浇筑对混凝土的密实性与耐久性，结构的整体性及构件外形的正确性，都有决定性的影响，是混凝土工程施工中保证工程质量的关键性工作。

1. 浇筑的要求

1）混凝土浇筑应保证混凝土的均匀和密实性。混凝土宜一次连续浇筑，当不能一次连续浇筑时，可留设施工缝或后浇带分块浇筑。

2）混凝土浇筑过程应分层进行，分层浇筑应符合表 3.13 规定的分层振捣厚度要求，上层混凝土应在下层混凝土初凝前浇筑完毕。

表 3.13　混凝土分层振捣厚度　　　　　　（单位：mm）

振捣方法	混凝土分层振捣厚度
振捣棒	振捣器作用部分长度的 1.25 倍
附着振动器	根据设置方式，通过试验确定
表面振动器	200

3）混凝土运输、输送入模的过程宜连续进行，从搅拌完成到浇筑完毕的延续时间不宜超过表 3.14 的规定，且不应超过表 3.15 的限制规定，掺早强型减水剂的混凝土以及有特殊要求的混凝土，应根据设计及施工要求，通过试验确定允许时间。

表 3.14　运输到输送入模的延续时间限制　　　　　　（单位：min）

条件	气温	
	≤25℃	>25℃
不掺外加剂	90	60
掺外加剂	150	120

表 3.15　混凝土运输、输送、浇筑及间歇的全部时间限制　　（单位：min）

条件	气温	
	≤25℃	>25℃
不掺外加剂	180	150
掺外加剂	240	210

注：有特殊要求的混凝土，应根据设计及施工要求，通过试验确定允许时间。

4）混凝土浇筑的布料点宜接近浇筑位置，应采取减少混凝土下料冲击的措施，并应符合下列规定：宜先浇筑竖向结构构件，后浇筑水平结构构件；浇筑区域结构平面有高差时，宜先浇筑低区部分再浇筑高区部分。

5）混凝土拌和物自由下落的高度超过 2mm 时，应采用串筒、溜槽或振动管下落工艺，以保证混凝土拌和物不发生离析，柱、墙模板内的混凝土浇筑倾落高度应满足表 3.16 的规定，当不能满足规定时，应加设串筒、溜槽等装置。

表 3.16　柱、墙模板内的混凝土浇筑倾落高度限制　　（单位：m）

条件	混凝土倾落高度
骨料粒径大于 25mm	≤3
骨料粒径小于等于 25mm	≤6

注：当有可靠措施能保证混凝土不产生离析时，混凝土倾落高度可不受本表限制。

6）浇筑混凝土应连续进行，如必须间歇，其间歇时间应尽量缩短，并应在前层混凝土初凝之前，将此层混凝土浇筑完毕。间歇的最长时间应按所用水泥品种、气温及混凝土凝结条件确定，一般超过 2h 应按施工缝处理（当混凝土凝结时间小于 2h 时，则应当执行混凝土的初凝时间）。

2. 施工缝

由于技术上的原因或设备、人力的限制，混凝土的浇筑不能连续进行，中间的间歇时间需超过混凝土的初凝时间，则应留置施工缝。施工缝的留设位置应事先确定。施工缝宜留置在结构受剪力较小且便于施工的部位。施工缝的留设位置应符合下列规定。

1）柱，施工缝宜留置在基础的顶面、梁和吊车梁牛腿的下面、吊车梁的上面、无梁楼板柱帽的下面（图 3.41）。

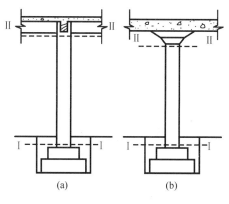

图 3.41　柱子施工缝位置

2）与板连成整体的大截面梁，施工缝应留置在板底面以下 20～30mm 处。当板下有梁托时，施工缝应留置在梁托下部。

3）单向板，施工缝可留置在平行于板的短边的任何位置。

4）有主次梁的楼板宜顺着次梁方向浇筑，施工缝应留置在次梁跨度的中间 1/3 范围内（图 3.42）。

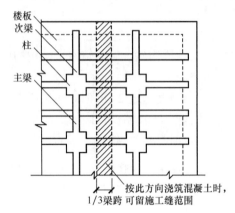

图 3.42 有主次梁楼板施工缝位置

5）墙，施工缝留置在门洞口过梁跨中 1/3 范围内，也可留在纵横墙的交接处。

在施工缝处继续浇筑混凝土时，为避免使已浇筑的混凝土受到外力振动而破坏其内部已形成的凝结结晶结构，必须待已浇筑混凝土的抗压强度不小于 $1.2N/mm^2$ 时才可进行。

继续浇筑前，应清除水泥薄膜和松动石子以及软弱混凝土层，并充分湿润和冲洗干净，且不得有积水。然后，宜先在施工缝处铺一层水泥浆或与混凝土内成分相同的水泥砂浆，即可继续浇筑混凝土。混凝土应细致捣实，使新旧混凝土紧密结合。

3. 混凝土的捣实

混凝土的捣实就是使入模的混凝土完成成型与密实的过程，从而保证混凝土结构构件外形正确，表面平整，混凝土的强度和其他性能符合设计的要求。

混凝土浇筑入模后应立即进行充分的振捣，使新入模的混凝土充满模板的每一角落，排出气泡，混凝土拌和物获得最大的密实度和均匀性。

混凝土的振捣分为人工振捣和机械振捣。现场施工主要采用机械振捣。

振动捣实机械按其工作方式不同可分为内部振动器、表面振动器、外部振动器等几种。

内部振动器又称插入式振动器，是施工现场使用最多的一种，适用于基础、柱、梁、墙等深度或厚度较大的结构构件的混凝土捣实。

插入式振动器的工作部分是振动棒，是一个棒状空心圆柱体，内部安装偏心振子。在电动机驱动下，由于偏心振子的振动，棒体产生高频微幅的机械振动。工作时，将振动棒插入混凝土中，通过棒体将振动能传给混凝土，其振动密实的效率高。

使用插入式振动器时，要使振动棒垂直插入混凝土中。为使上下层混凝土结合成整体，振动棒插入下层混凝土的深度不应小于 5cm。振动棒插点间距要均匀排列，以免漏振。振动棒在各插点的振动时间应视混凝土表面呈水平不显著下沉，不再出现气泡，表面泛出水泥浆为止。

表面振动器又称平板振动器，是由带偏心块的电动机和平板组成。平板振动器是放在混凝土表面进行振捣，适用于振捣楼板、地面、板形构件和薄壳等薄壁构件。当采用表面振动器时，要求振动器的平板与混凝土保持接触，其移动间距应保证振动器的平板能覆盖已振实部分的边缘，以保证衔接处混凝土的密实性。

外部振动器又称附着式振动器，它是直接固定在模板上，利用带偏心块的振动器产生的振动力，通过模板传递给混凝土，达到振实的目的，适用于振捣断面较小或钢筋较密的柱、梁、墙等构件。附着式振动器的振动效果与模板的重量、刚度、面积及混凝土构件的厚度有关。当采用附着式振动器时，其设置间距应通过试验确定。

4. 大体积混凝土的浇筑

大体积混凝土结构，如大型设备基础，其结构厚实，混凝土量大，工程条件复杂，钢筋分布集中，管道与埋设件较多，整体性要求高，一般都要求连续浇筑，不留施工缝，水泥水化热使结构产生温差和收缩变形，应采取相应的措施，尽可能减少温度变形引起的开裂。

防止大体积混凝土裂缝的技术措施如下。

（1）合理选择混凝土的配合比

尽量选用水化热低的水泥（如矿渣水泥、火山灰水泥等），并在满足设计强度要求的前提下，尽可能减少水泥的用量，以减少水泥的水化热。

（2）骨料

粗骨料应采用连续级配或合理的掺配比例。其最大粒径不得大于钢筋最小净距的3/4。细骨料宜选用中砂或粗砂。对砂、石料的含泥量必须严格控制不超过规定值。石子的含泥量不得超过 1%，沙子的含泥量不得超过 3%。

（3）外加剂的应用

在混凝土掺入外加剂或外掺料，可以减少水泥用量，降低混凝土的温升，改善混凝土的和易性和坍落度，满足可泵性的要求。

（4）大体积混凝土的浇筑

应根据整体连续浇筑的要求，结合结构尺寸的大小、钢筋疏密、混凝土供应条件等具体情况，合理分段分层进行，可选用以下三种方案（图 3.43）。

1）全面分层浇筑，即将整个结构分为数层浇筑，当已浇筑的下层混凝土尚未凝结时，即开始浇筑第二层。如此逐层进行，直至浇筑完成。这种方案适用于结构平面尺寸不太大的工程。一般长方形底板宜从短边开始，沿长边推进浇筑；亦可从中间向两端或从两端向中间同时进行浇筑。

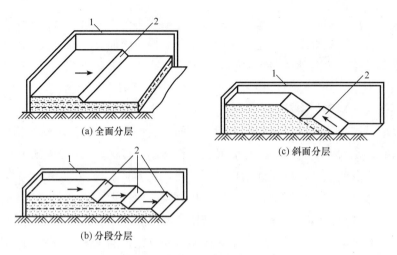

图 3.43　大体积混凝土浇筑方案

1. 模板；2. 新浇筑的混凝土

2）分段分层浇筑。其适用于厚度较薄而面积或长度较大的工程。施工时从底层一端开始浇筑混凝土，进行到一定距离后浇筑第二层。如此依次向前浇筑其他各层，每段的长度可根据混凝土浇筑到末端后，下层末端的混凝土还未初凝来确定。

3）斜面分层浇筑，适用于结构的长度超过厚度 3 倍，混凝土流动性又较大的工程。混凝土的振捣工作应从浇筑层的下端开始，逐渐上移，以保证分层混凝土之间的施工质量。

大体积混凝土的浇筑应在室外气温较低时进行，混凝土浇筑温度不宜超过 28℃。混凝土表面和内部温度差，应控制在设计要求的温差之内。如设计无要求时，温差不宜超过 25℃。

根据施工季节的不同，大体积混凝土的施工可分别采用降温法和保温法施工。夏季主要用降温法施工，即在搅拌混凝土时掺入冰水，一般温度可控制在 5～10℃。在浇筑混凝土后采用冷水养护降温，但要注意水温和混凝土温度之差不超过 20℃，或采用覆盖材料养护。冬季可以采用保温法施工，利用保温模板和保温材料防止冷空气侵袭，以达到减少混凝土内外温差的目的。

为了掌握大体积混凝土的温升和降温的变化规律，以及各种材料在各种条件下的温度影响，需要对混凝土进行温度监测和控制。在测温过程中，当发现混凝土内外温差超过 25℃时，应及时加强保温或延缓拆除保温材料，以防止混凝土产生过大的温差应力和裂缝。

3.3.4　混凝土的自然养护

混凝土的凝结与硬化是水泥与水产生水化反应的结果。在混凝土浇筑后的初期，采取一定的工艺措施，建立适当的水化反应条件的工作，称为混凝土的养护。养护的目的是为混凝土硬化创造必要的湿度、温度条件。实践证明，混凝土的养护对其质量影响很大。养护不良的混凝土，由于水分很快散失，水化反应不充分，强度将无法增长，其外表干缩开裂，内部组织疏松，抗渗性、耐久性也随之降低，甚至引起严重的质量事故。

混凝土的养护方法很多，常用的是对混凝土试块的标准条件下的养护，对预制构件的热养护，对一般现浇混凝土结构的自然养护。

混凝土在温度 20℃±3℃、相对湿度为 90%以上的潮湿环境或水中的条件下进行的养护，称为标准养护。

为了加速混凝土的硬化过程，对混凝土进行加热处理，将其置于较高温度条件下进行硬化的养护，称为热养护，常用的热养护方法是蒸汽养护。

混凝土在常温下（平均气温不低于＋5℃）采用适当的材料覆盖混凝土，并采取浇水润湿、防风防干、保温防冻等措施所进行的养护，称为自然养护。自然养护分洒水养护和喷涂薄膜养生液养护两种。混凝土的自然养护应符合下列规定。

1）应在混凝土浇筑完毕后的 12h 以内对混凝土加以覆盖和浇水，当日平均气温低于＋5℃时，不得浇水。

2）混凝土的浇水养护时间，对采用硅酸盐水泥、普通硅酸盐水泥或矿渣硅酸盐水泥拌制的混凝土，不得少于 7d；对掺用缓凝型外加剂或有抗渗性要求的混凝土，不得少于 14d；采用其他品种水泥时，混凝土的养护时间应根据所采用水泥的技术性能确定。

3）浇水次数应能保持混凝土处于湿润状态。

4）混凝土的养护用水应与拌制用水相同。

对高耸构筑物和大面积混凝土结构不便于覆盖浇水养护时，宜喷涂保护层（如薄膜养生液等）养护，防止混凝土内部水蒸发。它是将过氯乙烯树脂塑料溶液用喷枪喷涂在混凝土表面上，养护剂中溶剂挥发后，便在混凝土表面形成一层不透水薄膜，使混凝土与空气隔绝，混凝土中的水分封闭在薄膜内而不蒸发，以保证水泥水化反应的正常进行。

3.3.5　混凝土的质量检查

1. 混凝土在拌制和浇筑过程中的检查

1）检查拌制混凝土所用原材料品种、规格和用量，每一工作班至少两次。

2）检查混凝土在浇筑地点的坍落度、每一工作班至少检查两次。

3）在每一工作班内，当混凝土配合比由于外界影响有变动（如砂、石含水率的变化）时，应及时检查。

4）混凝土的搅拌时间应随时检查。

5）在施工过程中，还应对混凝土运输浇筑及间歇的全部时间、施工缝和后浇带的位置、养护制度进行检查。

当采用预拌混凝土时，预拌厂应提供以下资料：水泥品种，标号及每立方米混凝土中的水泥用量；骨料的种类和最大粒径；外加剂的品种及掺量；混凝土强度等级和坍落度；混凝土配合比和标准试件强度。对轻骨料混凝土，还应提供其密度等级。

预拌混凝土应在商定的交货地点进行坍落度检查。实测的混凝土坍落度与要求坍落度之间的允许偏差应符合表 3.17 的要求。

表 3.17　混凝土坍落度与要求坍落度之间的允许偏差

要求坍落度/mm	允许偏差/mm
<50	±10
50~90	±20
>90	±30

2. 混凝土强度检查

混凝土养护后的质量检查主要是指抗压强度检查。如在设计上有特殊要求，则还应根据设计要求做相应的抗渗性、抗冻性等性能的检查。评定结构构件的混凝土强度，应采用标准试件的混凝土强度，即按标准方法制作的边长为 150mm 的标准尺寸的立方体试件，在标准养护条件下养护 28d 龄期时，按标准试验方法测得的混凝土立方体抗压强度。

当需确定结构构件的拆模、出池、出厂、吊装、张拉、放张及施工期间临时负荷时的混凝土强度，应采用与结构构件同条件养护的标准尺寸试件的混凝土强度。

实际施工中允许采用的混凝土立方体试件的最小尺寸，应根据骨料的最大粒径确定。当采用非标准尺寸试件时，应将其抗压强度乘以折算系数，换算为标准尺寸试件的抗压强度值。允许的试件最小尺寸及其强度折算系数应符合表 3.18 的规定。

表 3.18　允许的试件最小尺寸及其强度折算系数

骨料最大粒径/mm	试件边长/mm	强度折算系数
≤30	100	0.95
≤40	150	1.00
≤50	200	1.05

工程施工中，试件的留置应符合以下规定：

1）每拌制 100 盘且不超过 100m³ 的同配合比的混凝土，其取样不得少于一次。

2）每工作班拌制的同配合比的混凝土不足 100 盘时，其取样不得少于一次。

3）对现浇混凝土结构，每一现浇楼层同配合比的混凝土，其取样不得少于一次，同一单位工程每一验收项目中同配合比的混凝土，其取样不得少于一次。

每次取样至少留置一组标准试件，同条件养护试件的留置组数，应根据实际需要确定。

预拌混凝土除应在预拌混凝土厂内按规定留置试件外，混凝土运到施工现场后，还应按以上的规定留置试件。

每组三个试件在同盘混凝土中取样制作。该组试件混凝土强度代表值取三个试件试验结果的平均值，当三个试件强度中的最大值或最小值之一与中间值之差超过中间值的 15%时，取中间值；当三个试件强度中的最大值和最小值与中间值之差均超过中间值的 15%时，该组试件不应作为强度评定的依据。

当混凝土的生产条件在较长时间内能保持一致，且同一品种混凝土的强度变异性能保持稳定时，应由连续的三组试件代表一个验收批，其强度应同时符合

$$m_{f_{cu}} \geqslant f_{cu,k} + 0.7\sigma_0 \qquad (3.6)$$

$$f_{cu, min} \geqslant f_{cu, k} - 0.7\sigma_0 \tag{3.7}$$

当混凝土强度等级不高于 C20 时，还应符合

$$f_{cu, min} \geqslant 0.85 f_{cu, k} \tag{3.8}$$

当混凝土强度等级高于 C20 时，还应符合

$$f_{cu, min} \geqslant 0.90 f_{cu, k} \tag{3.9}$$

式中，m_{fcu}——同一验收批混凝土强度的平均值，N/mm^2；

$f_{cu, k}$——设计的混凝土强度标准值，N/mm^2；

σ_0——验收批混凝土强度的标准差，N/mm^2；

$f_{cu, min}$——同一验收批混凝土强度的最小值，N/mm^2。

验收批混凝土强度的标准差，应根据前一个检验期内（每一个检验期不应超过三个月，且在该期间内验收总批数不少于 15 组）同一品种混凝土试件的强度数据，按下式确定

$$\sigma_0 = \frac{0.59}{m} \sum_{i=1}^{m} \Delta f_{cu, i} \tag{3.10}$$

式中，$\Delta f_{cu, i}$——前一检验期内第 i 验收批混凝土试件中强度的最大值与最小值之差；

m——用以确定该验收批混凝土立方体抗压强度标准值的数据总批数。

当混凝土的生产条件不能满足上述规定时，或在前一检验期内的同一品种混凝土没有足够的强度数据用以确定验收批混凝土强度标准时，应由不少于 10 组的试件代表一个验收批，其强度应同时符合下列要求

$$m_{fcu} - \lambda_1 S_{fcu} \geqslant 0.9 f_{cu, k} \tag{3.11}$$

$$f_{cu, min} \geqslant \lambda_2 f_{cu, k} \tag{3.12}$$

式中，S_{fcu}——同一验收批混凝土强度的标准差按下式计算

$$S_{fcu} = \sqrt{\frac{\sum\limits_{i=1}^{n} f_{cu, i}^2 - nm f_{cu}^2}{n-1}} \tag{3.13}$$

$f_{cu, i}$——验收批内第 i 组混凝土试件的强度值，N/mm^2；

n——验收批内混凝土试件的总组数；当 f_{fcu} 的计算值小于 $0.06 f_{cu, k}$ 时，取 $S_{fcu} = 0.06 f_{cu, k}$；

λ_1，λ_2——合格判定系数，按表 3.19 取值。

表 3.19　合格判定系数

试件组数	10～14	15～19	≥20
λ_1	1.15	1.05	0.95
λ_2	0.90	0.85	0.85

对零星生产的预制构件的混凝土或现场搅拌批量不大的混凝土，可采用非统计法评定。此时，验收批混凝土的强度必须同时符合

$$m_{fcu} \geqslant 1.15 f_{cu, k} \tag{3.14}$$

$$f_{cu, min} \geqslant 0.95 f_{cu, k} \tag{3.15}$$

当对混凝土试件强度的代表性有怀疑时，可采用非破损检验方法或从结构构件中钻

取芯样的方法，按有关标准的规定，对结构构件中的混凝土强度进行推定，作为是否进行处理的依据。

混凝土结构构件的形状、尺寸和位置的允许偏差应符合施工验收规范的规定。

3.4　混凝土的冬期施工

根据当地多年气温资料，室外日平均气温连续 5d 稳定低于 5℃时，混凝土结构工程应采取冬期施工措施，并应及时采取气温突然下降的防冻措施。

3.4.1　混凝土冬期施工原理

混凝土强度的高低和增长速度、取决于水泥水化反应的程度和速度。水泥的水化反应必须在有水和一定的温度条件下才能进行，其中温度决定着水化反应速度的快慢。混凝土的强度只有在正温养护条件下，才能持续不断地增长，并且随着温度的增高，混凝土强度的增长速度加快，当温度降低，水化反应变慢，混凝土强度增长将随温度的降低而逐渐变缓。试验表明，只要混凝土中有液相水存在，即使在负温条件下水泥的水化反应并没有停止，但水化反应速度大大降低。由于混凝土中的水不是纯水，而是含有电解质的水，冰点在 0℃以下，新浇筑的混凝土内，当温度为−1℃时，大约有 80%的水处于液相状态，−3℃时大约还有 10%的水处于液相，而当温度低于−10℃时，液相水极少，水化反应接近于停止状态。在负温下，随着温度的降低混凝土中大量的水要转变为冰，使体积膨胀约 9%，混凝土结构有遭受冻害的可能。

混凝土的早期受冻是指混凝土浇筑后，在硬化中的初龄期混凝土的早期受冻而损害了混凝土的一系列性能。

研究表明，混凝土在浇筑后如早期受冻害，恢复正温养护后，其强度会继续增长，但与同龄期标准养护条件下的混凝土相比，其强度都有不同程度的降低，强度损失的大小与其浇筑后遭受冻害的情况不同而异。

混凝土遭受冻害前，如果具备了能抵抗冰胀应力的强度，混凝土的强度损失就较小，甚至不损失，其内部结构不至于遭到破坏，因此，混凝土在冬期施工中，如要不可避免地会遭受冻结时，则必须采取措施，防止其浇筑后立即受冻，应使其在冻结前能先经过一定时间的预养护，保证其达到足以抵抗冻害的"临界强度"后才遭冻结。混凝土允许受冻临界强度是指新浇筑混凝土在受冻前达到某一初始强度值，然后遭到冻害，当恢复正温养护后，混凝土强度仍会继续增长，经 28d 后，其后期强度可达设计强度 95%以上。这一受冻前的初始强度值称为混凝土允许受冻临界强度。

根据大量试验资料，经综合分析计算后，规定了冬期浇筑的混凝土受冻前，其抗压强度不得低于下列规定：

硅酸盐水泥或普通硅酸盐水泥配制的混凝土，为设计的混凝土强度标准值的 30%；

矿渣硅酸水泥配制的混凝土，为设计的混凝土强度标准的 40%，不大于 C10 的混凝土，不得小于 5.0N/mm^2，掺防冻剂的混凝土，温度降低到防冻剂规定温度下时，混凝土的强度不得低于 3.5N/mm^2。

混凝土冬期施工方法是保证混凝土在硬化过程中，为杜绝早期受冻所采取的几种综合措施：一是早期增强，主要是提高混凝土的早期强度，使其尽早达到受冻临界强度，具体措施有使用早强水泥或掺早强剂，早期保温蓄热，早期短时加热等；二是改善混凝土的内部结构，具体做法是增加混凝土的密实度，排除多余的游离水，或掺用减水型引气剂，提高混凝土的抗冻能力，还可以用防冻剂降低混凝土的冰点温度。

选择混凝土冬期施工方法时，应考虑的主要因素是：自然气温条件、结构类型、结构特点、原材料、工期限制、能源情况和经济指标。通常要经过技术经济比较才能确定。

一个理想的施工方案，首先应当在杜绝混凝土早期受冻的前提下，用最低的冬期施工费用，在最短的施工期限内获得优良的施工质量。

3.4.2　混凝土冬期施工的特点

1. 混凝土冬期施工对材料的要求

（1）水泥

混凝土所用水泥品种和性能决定于混凝土养护条件、结构特点和结构在使用期间所处的环境。因此，在配制冬期施工的混凝土时，应优先选用硅酸盐水泥或普通硅酸盐水泥。水泥的强度等级不应低于 42.5，最小水泥用量不宜少于 $300kg/m^3$，水灰比不应大于 0.6。

掺用防冻剂的混凝土，严禁使用高铝水泥。

（2）骨料

冬期施工中，对骨料除要求没有冰块、雪团外，还要求清洁、级配良好、质地坚硬，不应含有易被冻裂的矿物质，在掺用含有钾、钠离子防冻剂的混凝土中，不得混有活性骨料（蛋白石、玉髓等）。

（3）拌和水

搅拌水中不得含有导致延缓水泥正常凝结硬化及引起钢筋和混凝土腐蚀的离子。凡是一般饮用的自来水及洁净的天然水，都可以作拌制混凝土用水。

（4）外加剂

混凝土中掺入适量外加剂，能改善混凝土的工艺性能，提高混凝土的耐久性，并保证其在低温期的早强及负温下的硬化，防止早期受冻，可以减少混凝土的用水量，可以阻止钢筋锈蚀。目前冬期施工中常用的外加剂有防冻剂、早强剂、减水剂、阻锈剂和引气剂等。

2. 混凝土材料的加热

冬期施工混凝土原材料一般需要加热，加热时应优先采用加热水的方法，加热温度根据热工计算确定，但不得超过表 3.20 的规定。如将水加热到最高温度还不能满足混凝土温度的要求，再考虑加热骨料。在自然气温不低于 −8℃时，为减少加热工作量，一般只加热水就能满足拌和物的温度要求。

表 3.20　拌和水及骨料最高温度

水泥强度等级	拌和水/℃	骨料/℃
强度等级小于 42.5 号的普通硅酸盐水泥、矿渣硅酸盐水泥	80	60
强度等级小于等于及大于 42.5 号的普通硅酸盐水泥	60	40

注：当骨料不加热时，水可加热到 100℃，但水泥不应与 80℃以上的水直接接触，投料顺序为先投入骨料和已加热的水，然后再投入水泥。

当自然气温较低，只加热拌和水尚无法满足拌和物出机温度的要求时，对骨料，首先是砂，其次是石子加热。骨料中不应夹杂有冰屑、雪团，以免影响混凝土质量。

在任何情况下均不准加热水泥。水泥在使用前应存放在棚内预温，对混凝土达到规定的温度是有利的。

混凝土拌和物的热工计算：混凝土拌和物的温度应根据气温和施工的热损失确定，混凝土拌和物的热工计算为

$$
\begin{aligned}
T_0 = [0.9\,(m_{ce}T_{ce}+m_{sa}T_{sa}+m_gT_g) + 4.2T_w\,(m_w-W_{sa}m_{sa}-W_gm_g) \\
+ C_1\,(W_{sa}m_{sa}T_{sa}+W_gm_gT_g) - C_2\,(W_{sa}m_{sa}+W_gM_g)] \\
/[4.2m_w+0.9\,(m_{ce}+m_{sa}+m_g)] \quad\quad\quad (3.16)
\end{aligned}
$$

式中，T_0——混凝土拌和物的温度，℃；

m_w、m_e、m_{sa}、m_g——水、水泥、砂、石的用量，kg；

T_w、T_{ce}、T_{sa}、T_g——水、水泥、砂、石的拌和物温度，℃；

W_{sa}、W_g——砂、石的含水率，%；

C_1、C_2——水的比热容和冰的溶解热，kJ/（kg·K），当骨料温度>0℃时，$C_1=4.2$，$C_2=0$；当骨料温度≤0℃时，$C_1=2.1$，$C_2=335$。

上式计算出的拌和物温度 T_0 是一个理想值，实际上，拌和物经搅拌再倒出的这个过程要损失一部分热量，其出机时的温度考虑热损失后可由下式计算

$$
T_1 = T_0 - 0.16\,(T_0-T_i) \quad\quad\quad (3.17)
$$

式中，T_1——混凝土拌和物的出机温度，℃；

T_0——混凝土拌和物的温度，℃；

T_i——搅拌机棚内温度，℃。

混凝土由出机运输至浇筑的过程因运输工具、倒运次数、运输时间、出机温度和自然气温的变化又有热量损失，运输过程中的温度降低值可计算为

$$
T_2 = T_1 - (\alpha t + 0.032n)\,(T_1-T_a) \quad\quad\quad (3.18)
$$

式中，T_2——混凝土拌和物运输至浇筑成型时的温度降低值，℃；

t——混凝土运输至浇筑成型的时间，h；

n——混凝土转运次数；

T_a——混凝土运输时的环境温度，℃；

α——温度损失系数，h^{-1}；

当用混凝土搅拌运输车时，$\alpha=0.25$；

当用开敞式大型自卸汽车时，$\alpha=0.20$；

当用开敞式小型自卸汽车时，$\alpha=0.30$；

当用封闭式自卸汽车时，$\alpha=0.10$；

当用小推车时，$\alpha=0.50$。

混凝土拌和料经运输至入模时，考虑模板和钢筋吸热影响，混凝土浇筑成型完毕时的温度为

$$
T_3 = \frac{C_c m_c T_2 + C_f m_f T_f + C_s m_s T_s}{C_c m_c + C_f m_f + C_s m_s} \quad\quad\quad (3.19)
$$

式中，T_3——考虑模板和钢筋吸热影响，混凝土浇筑成型完毕时的温度，℃；

C_c、C_f、C_s——混凝土，模板材料，钢筋的比热容，kJ/（kg·K）；

m_c——每立方混凝土的质量，kg；

m_f、m_s——与每立方相接触的模板，钢筋的质量，kg；

T_f、T_s——模板，钢筋的温度，未预热者可采用当时的环境温度，℃。

混凝土在浇筑前应清除模板和钢筋上的冰雪和污垢。

混凝土浇筑过程的温度，应符合热工计算确定的数值，当采用加热养护时，混凝土养护前的温度不得低于 2℃。当分层浇筑大体积结构时，已浇筑层的混凝土温度，在被上一层混凝土覆前，不得低于按热工计算的温度，且不低于 2℃。

冬期不得在强冻胀性地基土上浇筑混凝土；当在冻胀性地基土上浇筑混凝土时，基土上不得受冻。

对加热养护的现浇混凝土结构，其混凝土的浇筑程序和施工缝的位置，应能防止在加热养护时产生较大的温度应力。

3.4.3 混凝土的蓄热养护法

混凝土的蓄热养护法就是利用加热原材料（水泥除外）或混凝土所获得的热量及水泥水化释放出来的热量，通过适当的保温材料覆盖，防止热量过快散失，延缓混凝土的冷却速度，保证混凝土能在正温环境下硬化并达到预期强度要求。

当室外最低温度不低于 −15℃时，地面以下的工程或表面系数（表面系数系指结构冷却的表面积 m^2 与其全部体积 m^3 的比值）不大于 $15m^{-1}$ 的结构，应优先采用蓄热法养护。

为保证蓄热法施工的混凝土由开始养护时的养护温度降低至 0℃时达到临界强度，满足混凝土工程冬期施工的质量要求，必须进行热工计算。热工计算的依据是热平衡原理，即每立方米混凝土内部储存的热量等于混凝土由养护温度降低到 0℃时，通过模板和保温层失去的热量，同时混凝土强度应达到临界强度。

蓄热法热工计算按以下方法进行：

混凝土蓄热养护开始至任一时刻 t 的温度为

$$T = \eta e^{-\theta \cdot v_{ce} \cdot t} \varphi e^{-\theta \cdot v_{ce} \cdot t} + T_{m,a} \tag{3.20}$$

混凝土蓄热养护开始至任一时刻 t 的平均温度为

$$T_m = \frac{1}{v_{ce} \cdot t} \left(\varphi e^{v_{ce} \cdot t} - \frac{\eta}{\theta} e^{-\theta \cdot v_{ce} \cdot t} + \frac{\eta}{\theta} - \varphi \right) + T_{m,a} \tag{3.21}$$

式中，θ、φ、η ——为综合参数，即

$$\theta = \frac{\omega \cdot K \cdot m}{v_{ce} \cdot Q_{ce} \cdot \rho_c}, \quad \varphi = \frac{v_{ce} \cdot Q_{ce} \cdot m_{ce}}{v_{ce} \cdot Q_{ce} \rho_c - \omega \cdot K \cdot M}, \quad \eta = T_3 - T_{m,a} + \theta$$

式中，T——混凝土蓄热养护开始至任一时刻 t 的温度，℃；

T_m——混凝土蓄热养护开始至任一时刻 t 的平均温度，℃。

t——混凝土蓄热养护开始至任一时刻 t 的时间，h；

$T_{m,a}$——混凝土蓄热养护开始至任一时刻 t 的平均温度，℃；

ρ_c——混凝土质量密度，kg/m³；

m_{ce}——每立方米混凝土水泥用量，kg/m³；

Q_{ce}——水泥水化累积最终放热量，kJ/kg；

v_{ce}——水泥水化速度系数，h^{-1}；

ω——透风系数；

M——结构表面系数，m^{-1}；

K——结构围护层的总传热系数，$kJ/(m^2 \cdot h \cdot K)$；

e——自然对数之底，可取 e＝2.72。

注：① 结构表面系数 M 值可按下式计算

$$M=\frac{A}{V} \tag{3.22}$$

式中，A——混凝土结构表面积，m^2；

V——混凝土结构的体积，m^3；

② 平均气温 $T_{m,a}$ 的取法，可采用蓄热养护开始至 t 时气象预报的平均气温，也可按每时或每日平均气温计算。

③ 围护层的总传热系数 K 值为

$$K=\frac{3.6}{0.04+\sum_{i=1}^{n}\frac{d_i}{\lambda_i}} \tag{3.23}$$

式中，d_i——第 i 围护层的厚度，m；

λ_i——第 i 围护层的导热系数，$W/(m \cdot K)$，常用材料的导热系数见表 3.21。

表 3.21　常用材料的导热系数 λ

项次	材料种类	导热系数 /[W/(m·K)]	项次	材料种类	导热系数 /[W/(m·K)]
1	干燥混凝土	1.28	14	毛毡	0.06
2	潮湿混凝土	1.74	15	水泥袋纸、包装纸	0.07
3	木材（模板）	0.17	16	油布	0.19
4	钢（模板）	58	17	麻袋片	0.07
5	锯末、稻壳	0.09	18	麻刀	0.05
6	稻壳、稻草垫	0.05～0.07	19	聚苯乙烯泡沫塑料	0.05
7	炉渣	0.19～0.29	20	泡沫混凝土、加气混凝土	0.09～0.21
8	水渣	0.15	21	蛭石	0.06
9	矿物棉	0.06～0.09	22	干土	0.14
10	胶合板	0.17	23	干砂	0.58
11	芦苇板	0.14	24	干而松的雪	0.29
12	木丝板、刨花板	0.12～0.16	25	冰	2.32
13	油毡、油纸	0.17	26	水	0.58

水泥累积最终放热量 Q_{ce}、水泥水化速度系数 v_{ce} 取值可查表 3.22。

表 3.22　水泥累积最终放热量 Q_{ce} 和水泥水化速度系数 v_{ce}

水泥品种及标号	$Q_{ce}/(kJ/kg)$	v_{ce}/h^{-1}
52.5 级硅酸盐水泥	400	
52.5 级普通硅酸盐水泥	360	0.013
42.5 级普通硅酸盐水泥	330	

透风系数 ω 取值可查表 3.23。

表 3.23　透风系数 ω

保温层的种类	透风系数 ω		
	小风	中风	大风
保温层由容易透风的材料组成	2.0	2.5	3.0
在容易透风材料的外面包以下不易透风材料	1.5	1.8	2.0
保温层不易透风的材料组成	1.3	1.45	1.6

注：小风速 v_w<3m/s，中风速 3m/s≤v_w≤5m/s，大风速 v_w>5m/s。

若施工中需要计算混凝土蓄热养护冷却至 0℃的时间时，可根据上面所写公式采用逐次逼近的方法进行计算，如果实际采取的蓄热养护条件满足 $\dfrac{\varphi}{T_{m,a}} \geq 1.5$，且 $kM \geq 50$ 时，也可直接计算得

$$t_0 = \frac{1}{v_{ce}} \ln \frac{\varphi}{T_{m,a}} \tag{3.24}$$

式中，t_0——混凝土蓄热养护冷却至 0℃的时间，h。

混凝土蓄热养护开始冷却至 0℃时间 t_0 内的平均温度，可根据公式取 $t = t_0$ 进行计算。

若根据工程的实际情况和当地气温条件，把一些其他的有效方法与蓄热法结合起来使用，可扩大其使用范围，既节约成本又方便施工。

在混凝土中掺用早强型外加剂，可尽早使混凝土达到临界强度；或加热混凝土原材料，提高混凝土的入模温度，既可延缓冷却时间，又可提高混凝土硬化速度；或采用高效保温材料，如聚苯乙烯泡沫塑料和岩棉；或采用快硬早强水泥，以提高混凝土的早期强度等措施都可应用于蓄热法施工中，以增强其养护效果。

3.4.4　综合蓄热法施工

综合蓄热法的具体方法是：通过高效能的保温围护结构，使加热拌制的混凝土缓慢冷却，并利用水泥水化热和掺入相应的外加剂来提高混凝土的早期强度，增强减水和防冻效果；或采用短时加热等综合措施，使混凝土温度在降至冰点前达到预期强度。

按照施工条件，综合蓄热法可分为低蓄热养护和高蓄热养护两种形式。低蓄热养护主要以使用早强水泥或掺低温早强剂或防冻剂等的冷法施工，使混凝土在缓慢冷却至 0℃前达到临界强度；高蓄热养护则除掺外加剂外，还进行短期的外加热，使混凝土在养护期间达到临界强度或设计要求强度。

在初冬或早春季节，日平均气温在不低于−15℃时宜采用低蓄热养护；严冬季节，当日气温低于−15℃时宜采用高蓄热法。

当选用高效保温材料，热阻值大于 0.60，表面系数为 6~12 时，可采用低蓄热养护；当表面系数大于 12 时，应以短时加热为主，采用高蓄热养护。

高层建筑的剪刀墙、大模工艺、滑模工艺，框架结构的梁、板、柱，混合结构的圈梁、组合柱和板缝以及厚大体积的地下结构，均可采用综合蓄热法施工。具体选用低蓄热养护或高蓄热养护则由施工和气温条件决定。

3.4.5　混凝土掺外加剂的冬期施工

冬期施工中，为防止混凝土遭受冻害，在混凝土中掺入适量的外加剂，不需要采取加热措施，使混凝土在负温下仍能不受冻结，继续硬化，达到所要求的强度，这类掺外加剂的混凝土称为冷混凝土和负温混凝土。

掺外加剂混凝土的冬期施工方法，施工工艺操作简单，节省能源和附加设备，降低了冬期施工的工程造价，是常用的施工方法之一。

1. 冷混凝土

冷混凝土是指在寒冷状态下施工的混凝土，施工时除水加热外，混凝土其他组合成分一般都不加热和防护，混凝土浇筑后也不进行保温养护。

冷混凝土所用的外加剂主要是防冻剂，防冻剂的作用是降低混凝土中水溶液的冰点，为水泥在负温条件下的水化提供液态水，以保证水泥水化反应的持续进行，混凝土强度的不断增长，并防止水结冰冻胀对混凝土造成的冻害作用。

氯盐（如氯化钙、氯化钠）降低冰点的效果显著，是冷混凝土中常用的主要防冻剂。但由于单掺氯盐的冷混凝土，氯离子会对钢筋产生锈蚀作用，在钢筋混凝土结构中的使用范围受到很大的限制。在允许使用的范围内，氯盐掺量按无水状态计算不得超过水泥重量的 1%。为防止氯盐对钢筋的锈蚀作用，可在氯盐冷混凝土中掺加阻锈剂可以减少或阻止混凝土中的钢筋和金属预埋件受锈蚀作用。常用而较好的阻锈剂是亚硝酸钠，它同时又是防冻剂。

2. 负温混凝土

负温混凝土是指在负温条件下施工的混凝土。它是由亚硝酸盐、硝酸盐、碳酸盐或以这些盐类为防冻组分，与早强、减水、引气等组分复合配制的混凝土，在工艺上它主要采用复合防冻剂，并采用原材料加热和不同形式的保温措施，使混凝土在负温养护期间达到受冻临界强度，但不采用加热养护方法。

掺外加剂的负温混凝土所用的负温外加剂一般由防冻剂（如亚硝酸钠、硝酸钠、尿素、乙酸钠、碳酸钾、氯化钠等）、早强剂（如硫酸钠、三乙醇胺等）、减水剂（如木质素磺酸钙，高效减水剂如萘磺酸甲醛聚合物等）和阻锈剂等多元物质复合而成。

防冻剂和阻锈剂的作用前面已述，早强剂的作用是在混凝土中有液相水存在的条件下，加速水泥的水化进程，提高混凝土的早期强度，为混凝土及早获得抗早期冻害性能创造条件。减水剂是利用其减水作用，在不改变混凝土工作性能的条件下减少用水量，从而使混凝土中可冻结的自由水量减少，减少冻胀力。减水剂以采用引气型减水剂为佳，可在混凝土中产生许多均匀分布的封闭的微小气泡，能减少混凝土冻结时所产生的冰晶压力，从而提高混凝土抗早期冻害的性能。各种负温外加剂的应用，应根据具体条件通过试验选用。

3.5　滑升模板的施工与构造

3.5.1　滑升模板的施工

滑升模板的施工是按照建筑物的平面布置，从地面开始沿墙、柱、梁等构件的周边，一次装设高为 1.2m 左右的模板，随着在模板内不断浇筑混凝土和绑扎钢筋，利用提升设备将模板不断向上提升，随着滑升模板的不断上升，在模板内分层浇筑混凝土，连续成型，逐步完成建筑物构件的混凝土浇筑。滑升模板装置如图 3.44 所示。

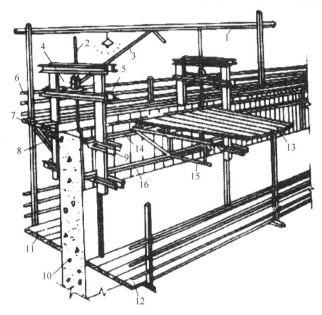

图 3.44　滑模装置总图

1. 支架；2. 支承杆；3. 油管；4. 千斤顶；5. 提升架；6. 栏杆；7. 外平台；8. 外挑架；9. 收分装置；
10. 混凝土墙；11. 外吊平台；12. 内吊平台；13. 内平台；14. 上围圈；15. 桁架；16. 横板

3.5.2　滑升模板的构造

滑升模板系统主要由模板系统、操作平台系统和提升系统组成。

1. 模板系统

模板系统包括模板、围圈、提升架等。

模板是确保混凝土按照设计要求的结构形体尺寸准确成型，并承受新浇筑混凝土的侧压力、冲击力和在滑升时混凝土对模板产生的摩阻力；还要保证结构内的配筋、门窗洞口模板、预埋管线等能顺利地从模板上口安装施工。

模板可用钢材、木材或钢木混合材料制成。目前使用的模板以钢模板为多。

模板的高度取决于滑升速度和混凝土达到出模强度（0.2～0.4N/mm²）所需的时间，一般高 1.0～1.4m。

为了减少滑升时模板与混凝土的摩阻力，便于脱模，模板安装后其内外模板应形成上口小下口大的锥度，并使模板高在下口以上 1/4～1/2 高度处的净间距为结构截面的设计厚度。

模板支承在围圈上，与围圈的连接一般有两种方法：一种是模板挂在围圈上；另一种是模板搁置在围圈上。

围圈在模板外侧横向布置，一般上下各布置一道，分别支承在提升架的立柱上。

围圈的作用是固定模板的位置，保证模板所构成的几何形状不变，承受由模板传来的水平力和垂直力。有时，围圈还可能承受操作平台及挑平台传递的荷载。围圈把模板和提升架联系在一起，构成模板系统，当提升架提升时，通过围圈带动模板，使模板随之向上滑升。

提升架的作用是固定围圈的位置，防止模板的侧向变形；承受作用于整个模板上的竖向荷载；将模板系统和操作平台系统连成一体，并将模板系统和操作平台的全部荷载传递给千斤顶和支承杆。提升架多由型钢制作，为适应墙（柱）截面尺寸的变化，多采用拼装式。

2. 操作平台系统

操作平台，主要包括主操作平台、外挑操作平台、吊脚手架等。如图 3.45 所示是供材料、工具、设备堆放和施工人员进行操作的场所，其承载大，要求具有足够的强度和刚度。

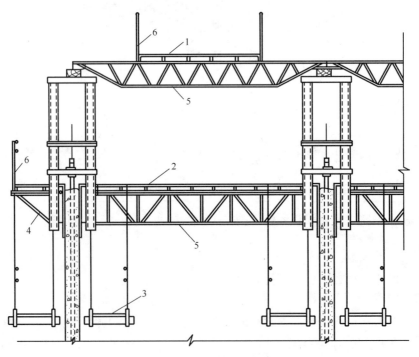

图 3.45　操作平台系统示意图

1. 上辅助平台；2. 主操作平台；3. 吊脚手架；4. 三角挑架；5. 承重桁架；6. 防护栏杆

　　主要操作平台既是施工人员进员绑扎钢筋、浇筑混凝土和提升模板的操作场所，也是材料、工具、设备等堆放的场地。

　　外挑操作平台一般由三角挑架、楞木和铺板组成。为了操作安全，在其外侧需设置防护栏杆。三角挑架可支承在提升架立柱上或挂在围圈上。

　　吊装手架是供检查墙（柱）混凝土质量并进行修饰、调整和拆除模板（包括洞口模板），引设轴线、高程及支设梁底模板等操作之用。外吊脚手架悬挂在提升架外侧立柱和三角挑架上，内吊脚手架悬挂在提升架内侧立柱和操作平台上。

　　3. 提升系统

　　提升系统是承担全部滑升模板装置、设备及施工荷载向上滑升的动力装置，由支承杆、千斤顶、液压控制系统和油路等组成。

　　提升系统的工作原理是：由电动机带动油泵，将油液通过换向阀、分油器、截止阀及管路，输送到各台千斤顶。在不断供油、回油的过程中，使千斤顶活塞不断地压缩、复位，将全部滑升模板装置向上提升到需要高度。

　　液压滑升模板施工所用的千斤顶为专用穿心式千斤顶，按其卡头型式的不同可分为钢珠式（图3.46）和楔块式（图3.47）。

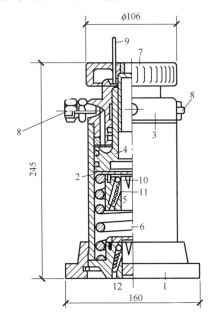 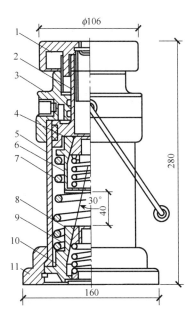

图 3.46　钢珠式液压千斤顶
1. 底座；2. 缸筒；3. 缸盖；4. 活塞；
5. 上卡头；6. 排油弹簧；7. 行程调整帽；
8. 油嘴；9. 行程指示杆；10. 钢珠；
11. 卡头小弹簧；12. 下卡头

图 3.47　楔块式液压千斤顶
1. 行程调整帽；2. 活塞；3. 缸盖；
4. 上卡头块；5. 缸筒；6. 上卡块座；
7. 排油弹簧；8. 下卡头块；
9. 弹簧；10. 下卡块座；11. 底座

　　以钢珠式液压千斤顶为例说明液压千斤顶的工作原理，如图3.48所示。

　　施工时，液压千斤顶是安装在提升横梁上，支承杆插入千斤顶的中心孔内。提升时，利用油泵，通过控制阀门和输油管，把油液从千斤顶的进油口压入活塞和缸盖之间时行加压［图 3.48（a）］。加压时，由于上卡头（与活塞联成一体）内的小钢珠与支承杆产生自销作用，使上卡头与支杆销紧，因此活塞不能下行。于是在油压力作用下，缸筒连带底座和下卡便被向上顶起，相应地带动提升架等整个滑升。当上升到下卡头紧靠上卡头时，即完成一个工作行程［图 3.48（b）］。这时排油弹簧处于压缩状态，上下卡头承受着滑升模板的荷载。当油泵停止供油进行回油时，油压力被解除，在排油弹簧的弹力作用下把活塞推举向上，油便从进油口排出。在排油开始的瞬间，下卡头由于小钢珠和支承杆的自锁作用，与支承杆锁紧，使缸筒和底座不能下降，接替支承着卡头所承受的荷载［图 3.48（c）］。当活塞上升到上止点后，排油工作亦即完毕，这时千斤顶便完成一次上升的工作循环。一个工作循环千斤顶只上升一次，行程约 3cm。排油时千斤顶既不上升，也不下降。通过不断地进油、排油，重复工作循环，上下卡头先后交替地销紧支承杆，千斤顶不断向上爬升，模板也就被带着不断向上滑升。

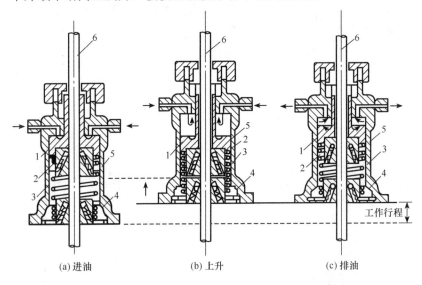

图 3.48　液压千斤顶工作原理

1. 活塞；2. 上卡头；3. 排油弹簧；4. 下卡头；5. 缸筒；6. 支承杆

支承杆又称爬杆，是千斤顶向上爬升的轨道，又是滑升模板装置的承重支柱，承受着施工过程中的全部荷载。

支承杆一般采用直径为 25mm 的 HPB235 级圆钢筋。当采用楔块式千斤顶时，也可用螺纹钢筋。钢筋要经过冷拉调直，其冷拉率不得大于 3%。为便于施工，支承杆的长度一般为 3～5m，宜用无齿锯或锯条切割，不应采用切断机剪切。支承杆接长时相邻的接头要互相错开，使在同一标高上的接头数量不超过 25%，以防止接长支承杆的工作量过于集中。

支承杆连接的方式有焊接连接、榫接连接和丝扣连接三种，如图 3.49 所示。

滑升模板施工与其他施工方法的不同点之一是连续作业，即模板一次组装完成，建筑物竖向结构施工最少一个楼层一次完成毕，一般情况下中途不作停歇。

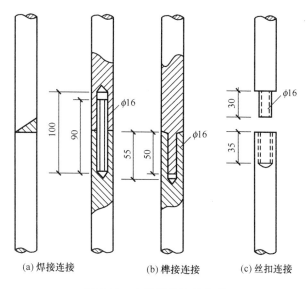

(a) 焊接连接　　　　(b) 榫接连接　　　(c) 丝扣连接

图 3.49 支承杆的连接方式

复习思考题

3.1 试述模板的作用及对模板的要求。

3.2 不同结构的模板（基础、柱、梁板、楼梯）的构造有什么特点？

3.3 试述定型钢模板的特点及组成，掌握定型钢模板的配板设计原则及方法。

3.4 如何进行模板结构设计？

3.5 结合工程实际，总结各种结构模板的类型、构造、支撑和拆模方法。

3.6 试述模板拆除的要求及模板拆除的顺序。

3.7 钢筋冷拉质量应如何控制？

3.8 钢筋闪光对焊的工艺原理和施工要点是什么？

3.9 电弧焊的工艺原理是什么？常用接头形式及适用情况如何？

3.10 电渣压力焊的工艺原理及适用情况是什么？

3.11 钢筋机械连接的方法有哪些？其适用范围如何？

3.12 为什么要进行钢筋下料长度的计算？如何计算钢筋的下料长度？

3.13 混凝土配料时为什么要进行施工配合比换算？如何换算？

3.14 如何使混凝土搅拌均匀？为何要控制搅拌机的转速和搅拌时间？

3.15 什么是混凝土的运输？对混凝土运输有何要求？常用哪些运输工具？

3.16 什么是施工缝？施工缝留设的原则和处理方法有哪些？

3.17 什么是泵送混凝土？对混凝土有什么要求？

3.18 大体积混凝土结构浇筑的施工要点是什么？

3.19 什么是混凝土的养护？常用的混凝土养护方法有哪些？

3.20 什么是混凝土冬期施工的"抗冻临界强度"？

3.21 混凝土冬期施工常用方法有哪些？

3.22 如何检查和评价混凝土工程的施工质量？

第四章　预应力混凝土工程

普通钢筋混凝土构件受力后，由于混凝土抗拉极限应变值只有 0.000 15～0.001，如果要保证混凝土不开裂，则受拉钢筋的应力只能达到 20～30MPa，即使允许出现裂缝的构件，当裂缝的宽度限制在 0.2～0.3mm 时，受拉钢筋的应力也只能达到 150～250MPa，钢筋的抗拉强度未能充分发挥。为克服普通钢筋混凝土构件过早出现裂缝这一缺点，可在构件承受荷载之前，预先在构件的受拉区对混凝土施加压力，使混凝土产生一定的压缩变形。当构件受力后，受拉区混凝土的拉伸变形首先与压缩变形抵消，然后随着外力的增加，混凝土继续被拉伸，这样就延缓了裂缝的出现。

对预应力混凝土施加预应力的方法有先张法、后张法。

4.1　先　张　法

先张法是在浇筑混凝土前张拉预应力筋，并将张拉的预应力筋临时固定在台座或钢模上，然后再浇筑混凝土。待混凝土达到一定强度（一般不低于设计强度标准值的 75%），保证预应力筋与混凝土有足够黏结力时，以规定的方式放松预应力筋，借助于预应力筋的弹性回缩及其与混凝土的黏结，使混凝土产生预压应力。

先张法生产可采用台座法（图 4.1）或机组流水法。采用台座法时，构件在固定的台座上生产，如预应力筋的张拉、锚固、混凝土的浇筑、养护和预应力筋的放张等均在台座上进行。预应力筋放张前，其拉力由台座承受。采用机组流水法时，构件连同钢模通过固定的机组，按流水方式完成其每一生产过程，这时预应力筋的拉力由钢模承受。

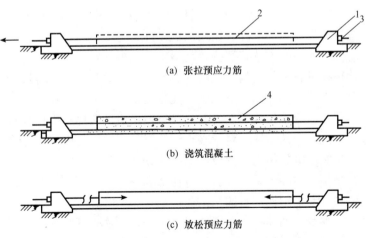

(a) 张拉预应力筋

(b) 浇筑混凝土

(c) 放松预应力筋

图 4.1　为预应力混凝土构件先张法施工顺序示意图

1. 台座；2. 预应力筋；3. 夹具；4. 构件

先张法一般只用于生产中小型构件，如楼板、屋面板、檩条及中小型吊车梁等。

4.1.1 台座

采用台座法生产预应力混凝土构件时，台座承受全部预应力筋的拉力，故台座应具有足够的强度、刚度和稳定性，以免因台座变形、倾覆和滑移而引起预应力的损失。

台座按构造型式不同，可分为墩式台座与槽形台座。

1. 墩式台座

墩式台座是由承力结构、横梁及台面组成，如图4.2所示。台座一般较长，当用钢丝作预应力筋时，其长度通常为100～150m，张拉一次可生产多根构件。

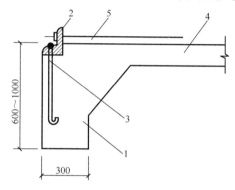

图4.2 简易墩式台座（单位：mm）

1. 卧梁；2. 角钢；3. 预埋螺栓；4. 混凝土台面；5. 预应力钢丝

当生产张拉力不大的预应力构件，如空心板、平板时，多采用简易墩式台座如图4.2所示。

当生产中型构件或多层叠浇构件时，可采用图4.3所示的墩式台座。

为保证台座正常工作，墩式台座需进行稳定性验算和强度验算，稳定性验算包括抗倾覆验算与抗滑移验算。

台座依靠自重和土压力平衡张拉产生的倾覆力矩，依靠土的反力和摩阻力平衡张拉力产生的滑移。

台座的抗倾覆验算，可按下式进行（图4.4），即

$$K = \frac{M_1}{M} = \frac{GL + E_p e_2}{N e_1} \geq 1.50 \qquad (4.1)$$

式中，K——抗倾覆安全系数，一般不小于1.50；

M——倾覆力矩，由预应力筋的张拉力产生；

N——预应力筋的张拉力；

e_1——张拉力合力作用点至倾覆点的力臂；

M_1——抗倾覆力矩，由台座自重力和土压力等产生；

G——台座的自重力；

L——台墩重心至倾覆点的力臂；

E_p——台墩后面的被动土压力合力，当台墩埋置深度较浅时可忽略不计；

e_2——被动土压力合力至倾覆点的力臂。

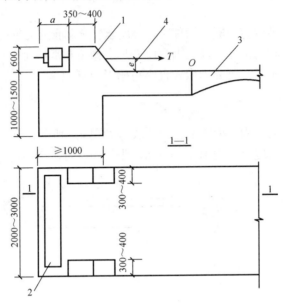

图 4.3　墩式台座（单位：mm）

1. 混凝土墩；2. 钢横梁；3. 混凝土台面；4. 预应力筋

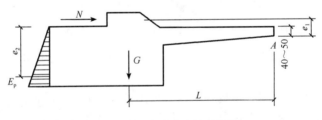

图 4.4　墩式台座稳定计算简图

按理论计算，台墩与台面共同工作时，台墩倾覆点的位置应在混凝土台面的表面处，但考虑到台墩的倾覆趋势使得台面端部顶点出现局部应力集中，倾覆点的位置宜取在混凝土台面往下 4～5cm 处。

台墩的抗滑移验算，可按下式进行，即

$$K_c = \frac{T_1}{T} \geqslant 1.30 \qquad (4.2)$$

式中，K_c——抗滑移安全系数；

T——张拉力合力，kN；

T_1——抗滑移的力，kN。

对于独立的台墩，由侧壁上压力和底部摩阻力等产生，对与台面共同工作的台墩，其水平推力几乎全部传给台面，不存在滑移问题，可不进行抗滑移计算，此时应验算台面的强度。

台座强度验算时，支承横梁的牛腿，按柱牛腿计算方法配筋；墩式台座与台面接触外伸部分，按偏心受拉构件计算；台面按轴心受压构件计算；横梁按承受均布荷载的简支梁计算，其挠度应控制在 2mm 以内，并不得产生翘曲。预应力筋的定位板必须安装准确，其挠度不大于 1mm。

2. 槽形台座

槽形台座由钢筋混凝土压杆及横梁组成（图 4.5）。它可以承受较大的张拉力和张拉力矩。一般用以生产张拉力较大的构件（如吊车梁及屋架等）。

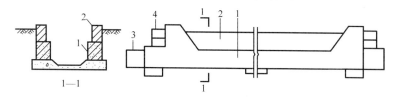

图 4.5　槽式台座

1. 混凝土压杆；2. 砖墙；3. 下横梁；4. 上横梁

台座长度一般为 50～75m（可生产 6～10 根 6m 长吊车梁）。为便于混凝土运输及蒸汽养护，台座以低于地面为好，但应考虑地下水位及排水等因素。

槽式台座也应进行抗倾覆稳定性和强度验算。

4.1.2　夹具

夹具是先张法施工时保持预应力筋拉力，并将其固定在台座（或钢模）上的临时性工具，按其用途不同分为锚固夹具和张拉夹具。对夹具的要求是，工作方便可靠，构造简单，加工方便，且具有可靠的锚固能力。

锚固夹具分为钢丝锚固夹具和钢筋锚固夹具：钢丝锚固夹具有圆锥齿板式夹具和圆锥槽式夹具。由钢质圆柱形套筒和带有细齿或凹槽的销锚组成，如图 4.6 所示。锥销夹具既可用于固定端，也可用于张拉端，具有自锁和自锚能力。

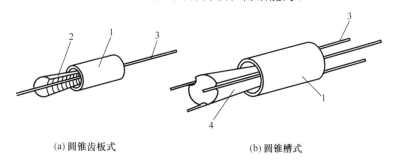

(a) 圆锥齿板式　　　　　　　　　(b) 圆锥槽式

图 4.6　钢质锥销夹具

1. 套筒；2. 齿板；3. 钢丝；4. 锥塞

墩头夹具用于预应力钢丝固定端的锚固，是将预应力筋端部热墩或冷墩，通过承力孔板锚固，如图 4.7 所示。

钢筋锚固夹具。钢筋锚固夹具分为圆套筒三片式夹具和单根墩头夹具。圆套筒三片式夹具由夹片与套筒组成，如图 4.8 所示。这种夹具用于夹持直径为 12mm 与 14mm 的单根冷拉 HRB335 级、HRB400 级、RRB400 级钢筋。单根墩头夹具适用于具有墩粗头（热墩）的 HRB335 级、HRB400 级、RRB400 级螺纹钢筋，也可用于冷墩的钢丝。

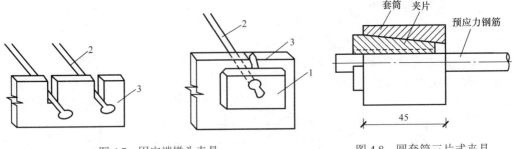

　图 4.7　固定端镦头夹具　　　　　　　　图 4.8　圆套筒三片式夹具

1. 垫；2. 镦头钢丝；3. 承力板

张拉夹具。张拉夹具是夹持住预应力筋后，与张拉机械连接起来进行预应力筋张拉的机具。常用的张拉夹具有月牙形夹具、偏心式夹具、楔形夹具等，如图 4.9 所示。

单根钢筋之间的连接或粗钢筋与螺丝杆的连接，可采用钢筋连接器，如图 4.10 所示。

图 4.9　张拉夹具

1. 锚板；2. 楔块；3. 钢丝

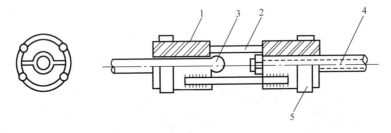

图 4.10　套筒双拼式连接器

1. 半圆套筒；2. 连接筋；3. 钢筋镦头；4. 工具式螺丝杆；5. 钢圈

4.1.3　张拉设备

张拉设备要求简易可靠，能准确控制张拉应力，能以稳定的速率增大拉力。先张法施工中常用的有拉杆式千斤顶，穿心式千斤顶，台座式千斤顶，电动螺杆张拉机和电动卷扬张拉机等。

油压千斤顶可以张拉单根或多根成组的预应力筋，张拉过程可以直接从油压表读取张拉值。图 4.11 为油压千斤顶成组张拉装置。

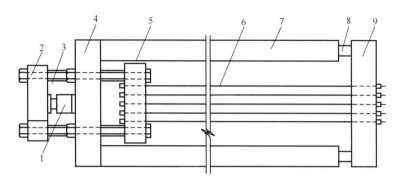

图 4.11　油压千斤顶成组张拉装置

1. 油压千斤顶；2、5. 拉力架横梁；3. 大螺纹杆；4. 前横梁；6. 预应力筋；7. 台座；8. 放张装置；9. 后横梁

当台座长度较大，一般千斤顶的行程不能满足长台座需要时，可采用电动卷扬张拉机张拉预应力筋，用杠杆或弹簧测力，用弹簧测力时，宜设行程开关，当张拉到规定张拉力时，能自行停机，如图 4.12 所示。

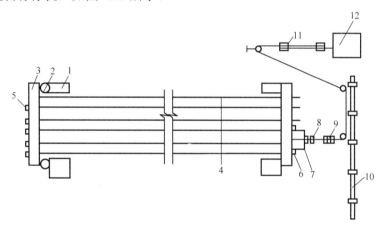

图 4.12　用卷扬机张拉预应力筋

1. 台座；2. 放松装置；3. 横梁；4. 钢筋；5. 镦头；6. 垫块；7. 销片夹具；
8. 张拉夹具；9. 弹簧测力计；10. 固定梁；11. 滑轮组；12. 卷扬机

4.1.4　先张法施工工艺

先张法预应力混凝土构件在台座上生产时，其工艺流程如图 4.13 所示。

1. 预应力筋的张拉

预应力筋张拉应根据设计要求，采用合适的张拉方法、张拉顺序及张拉程序进行，并应有可靠的质量保证措施和安全技术措施。

预应力筋的张拉可采用单根张拉或多根同时张拉。当预应力筋数量不多，张拉设备拉力有限时，常采用单根张拉。当预应力筋数量较多，且张拉设备拉力较大时，则可采用多根同时张拉。

张拉程序一般可按下列程序之一进行。

$$0 \rightarrow 1.05\sigma_{con} \xrightarrow{\text{持荷2min}} \sigma_{con}$$

$$0 \rightarrow 1.03\sigma_{con}$$

其中，σ_{con} 为张拉控制应力。

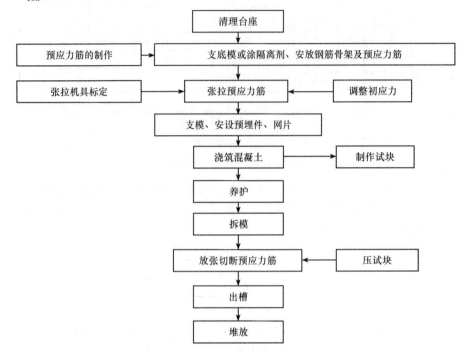

图 4.13   先张法预应力施工工艺流程

第一种张拉程序中，超张拉 5%并持荷 2min，其目的是为了加速预应力筋松弛早期发展，以减少应力松弛引起的预应力损失。第二种张拉程序中，超张拉 3%，其目的是为了弥补预应力筋的松弛损失，这种张拉程序施工简便，一般多采用之。

预应力筋的张拉控制应力和最大超张拉应力值，不宜超过表 4.1 中的数值。

表 4.1   张拉控制应力限值

预应力筋种类	张拉控制应力限值
消除应力钢丝，钢绞线	$0.75f_{ptk}$
中强度预应力钢丝	$0.70f_{ptk}$
预应力螺纹钢筋	$0.85f_{pyk}$

注：1. 预应力钢筋的强度标准值应按相应规范采用。

2. 消除应力钢丝、钢绞丝，中强度预应力钢丝的张拉控制应力不宜小于 $0.4f_{ptk}$，预应力螺纹钢筋的张拉控制应力不宜小于 $0.5f_{pyk}$。

预应力筋的张拉力 P 可按下式计算

$$P = \sigma_{con}A_p \quad (kN)$$

式中，A_p——预应力筋截面积，mm^2。

多根预应力筋同时张拉时，必须事先调整初应力，使其相互间的应力一致。

2. 混凝土浇筑与养护

钢筋张拉、绑扎及立模工作完毕后，即应浇筑混凝土，每条生产线应一次浇筑完毕。

混凝土必须振捣密实，以减少混凝土由于收缩徐变而引起的预应力损失。

采用重叠法生产构件时，应待下层构件的混凝土强度达到 8～10N/mm² 后，方可浇筑上层构件的混凝土。

混凝土可采用自然养护或湿热养护。须注意，当采用湿热养护时，温度升高后，预应力筋膨胀而台座的长度并无变化，而引起预应力筋应力减小。如果在这种情况下，混凝土逐渐硬结，则预应力筋由于温度升高而引起的应力降低，将永远不能恢复。这就是温差引起的预应力损失。为了减少温差应力损失，必须保证在混凝土达到一定强度前，温差一般不超过 20℃。待混凝土强度达 7.5～10N/mm² 时，再按一般升温制度养护。这种养护制度称为二次升温养护。采用机组流水法用钢模制作、湿热养护时，由于钢模和预应力筋同样伸缩，所以不存在因温差而引起的预应力损失，因此可采用一般加热养护制度。

3. 预应力筋放张

预应力筋放张过程是预应力的传递过程，是先张法构件能否获得良好质量的一个重要生产过程。应根据放张要求，确定合宜的放张顺序、放张法及相应的技术措施。

（1）放张要求

放张预应力筋时，混凝土强度必须符合设计要求，如设计无规定时，则不得低于设计强度标准值的 75%。放张过早会引起较大的预应力损失或钢丝滑动。

放张过程中，应使预应力构件自由压缩，避免过大的冲击与偏心。同时，还应使台座承受的倾覆力矩及偏心力减小。

（2）放张方法

当预应力混凝土构件用钢丝配筋时，若钢丝数量不多，钢丝放张可采用剪切、锯割或氧－乙炔焰熔断的方法，并应先从靠近生产线中间处剪断。若钢丝数量较多，所有钢丝应同时放张，不允许采用逐根放张的方法。放张的方法可用放张横梁来实现。横梁可用千斤顶或预先设置在横梁支点处的放张装置（砂箱或楔块等）来放张。

采用湿热养护的预应力混凝土构件宜热态放张，不宜降温后放张。

（3）放张顺序

对轴心受压构件，所有预应力筋应同时放张。对偏心受压构件（如梁），应先同时放张预应力较小区域的预应力筋，再同时放张预应力较大区域的预应力筋。如不能满足上述要求时，应分阶段、对称、相互交错进行放张，以防止在放张过程中，构件产生弯曲、裂纹及预应力筋断裂等现象。

4.2 后 张 法

在制作构件时，在放置预应力筋的部位留设孔道，待混凝土达到设计规定的强度后，将预应力筋穿入预留孔道内，用张拉机具将预应力筋张拉到设计规定的控制应力，然后借助锚具把预应力筋锚固在构件端部，最后进行孔道灌浆，这种预加应力的方法称为后张法。图 4.14 为预应力后张法构件生产示意图。

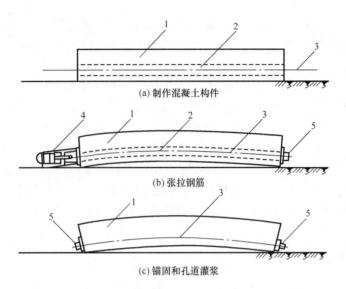

图 4.14 预应力混凝土后张法生产示意图

1. 混凝土构件；2. 预留孔道；3. 预应力筋；4. 千斤顶；5. 锚具

后张法施工构件在张拉预应力筋过程中，完成混凝土的弹性压缩。因此，混凝土的弹性压缩，不直接影响预应力筋有效预应力值的建立。后张法适宜于在施工现场制作大型构件，还可作为一种预制构件的拼装手段。后张法预应力的传递主要依靠预应力筋两端的锚具。锚具作为预应力筋的组成部分，永远留在构件上，不能重复使用。

预应力后张法构件的生产分为两个阶段。第一阶段为构件的生产，第二阶段为预加应力阶段，其中包括锚具与预应力筋的制作，预应力筋的张拉和孔道灌浆等工艺。

4.2.1 锚具

在后张法中,锚具是建立预应力值和保证结构安全的关键,要求锚具的尺寸形状准确,有足够的强度和刚度,受力后变形小,锚固可靠,不致产生预应力筋的滑移和断裂现象。

1. 单根钢筋的锚具

单根预应力粗钢筋，在其张拉端常采用螺丝端杆锚具（图 4.15），而在非张拉端则可用帮条锚具（图 4.16）。它们适用于直径为 12～40mm 的冷拉 HPB235 级、HRB335 级、HRB400 级钢筋。

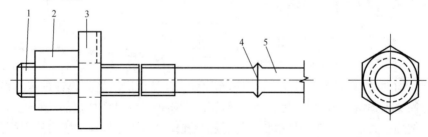

图 4.15 螺丝端杆锚具

1. 螺丝端杆；2. 螺母；3. 垫板；4. 焊接接头；5. 钢筋

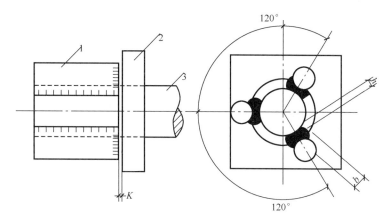

图 4.16　帮条锚具

1. 帮条；2. 衬板；3. 预应力钢筋

　　螺丝端杆锚具的特点是将螺丝端杆与预应力筋对焊成一个整体,用张拉设备张拉螺丝杆,用螺母锚固预应力钢筋。螺丝端杆锚具的强度不得低于预应力钢筋的抗拉强度实测值。螺丝端杆可采用与预应力钢筋同级冷拉钢筋制作,也可采用冷拉或热处理 45 钢制作。

　　帮条锚具一般采用三根帮条,按 120°均匀布置,并应与垫板相接触的截面在同一个垂直面上,以免受力时发生扭曲。帮条应采用与预应力筋同级的钢筋,可在预应力筋冷拉前或冷拉后进行焊接。

　　精轧螺纹钢筋锚具由垫板和螺母组成,是一种利用与该螺纹匹配制螺母锚固的支承式锚具,主要适用于锚固直径 25～32mm 的高强度精轧螺纹钢筋。

　　螺母分为平面螺母和锥面螺母两种,如图 4.17 所示。

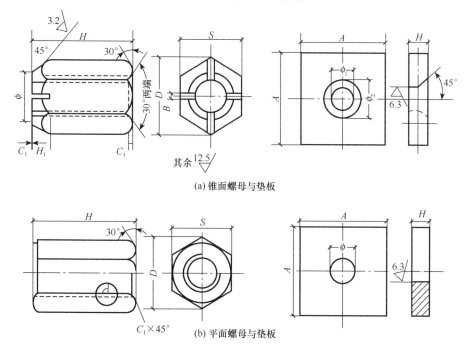

(a) 锥面螺母与垫板

(b) 平面螺母与垫板

图 4.17　精轧螺纹钢筋锚具垫板形式

单根钢绞线锚具，由锚环与夹片组成，如图 4.18 所示。夹片形状为三片式，斜角为 4°，夹片的齿形为短牙三角螺纹，其强度高，耐腐蚀性强，锚具尺寸按钢绞线直径而定。

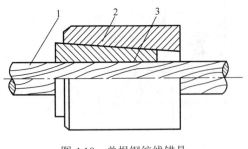

图 4.18　单根钢绞线锚具

1. 钢绞线；2. 锚环；3. 夹片；

2. 预应力筋束、钢绞线锚具

预应力筋束锚具，又称为多孔夹片锚固体系（群锚），是在一块多孔的锚板上，利用每个锥形孔装一副夹片夹持一根钢筋或钢绞线的一种楔紧式锚具。其主要产品有 JM 型锚具。JM 型锚具由锚环与夹片组成，如图 4.19 所示。锚环分甲型和乙型两种。甲型锚环是具有锥形内孔的圆锥体，外形比较简单，使用时直接放置在构件端部的垫板上即可。乙型呈扇形，用两侧的半圆槽锚固预应力筋，夹片的数量由锚固的钢筋（钢绞线）根数决定。钢筋束通常采 3～6 根直径为 12mm 的冷拉 HRB400 级光圆钢筋或螺纹钢筋组成。与之相配套的锚具目前主要为 JM12 型锚具、XM 型锚具、QM 型锚具、QVM 型锚具和 BS 型锚具等。

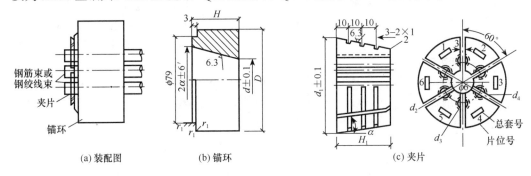

(a) 装配图　　　　　(b) 锚环　　　　　(c) 夹片

图 4.19　JM 型锚具

XM 型锚具适用于锚固 3～37 根 ϕ15mm 钢绞线束或 3～12 根 7ϕ5mm 钢丝束，如图 4.20 所示。其特点是每根钢绞线都是分开锚固的，任何一根钢绞线的锚固失效不会引起整束锚固的失效。

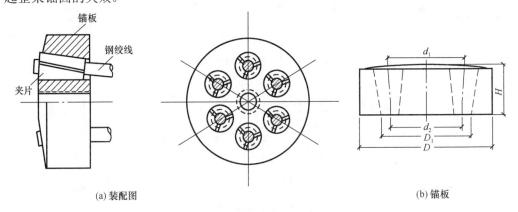

(a) 装配图　　　　　　　　　　(b) 锚板

图 4.20　XM 型锚具

QM 型锚具也是由锚板与夹片组成，如图 4.21 所示。

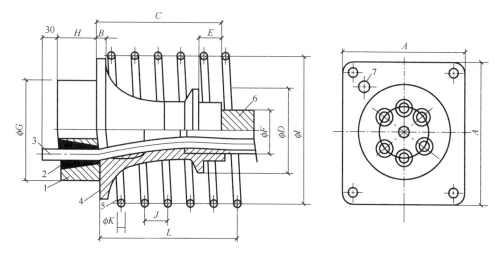

图 4.21 QM 型锚具及配件

1. 锚板；2. 夹片；3. 钢绞线；4. 喇叭形铸铁垫板；5. 弹簧圈；6. 预留孔道用的螺旋管；7. 灌浆孔

QM 型锚具适用于锚固 4～31 根 ϕ12.7mm 钢绞线和 3～10 根 ϕ15mm 钢绞线。QM 型锚具配有自动工具锚，张拉和退出十分方便，并可减少安装工具锚所花费的时间。

QVM 型锚具是在 QM 型锚具的基础上，加以改进发展起来的一种新型锚具，其与 QM 型锚具的不同之处是：夹片改用二片式直开缝，操作更加方便，如图 4.22 所示。

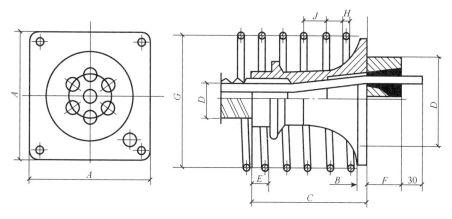

图 4.22 QVM 型锚具及配件

BS 型锚具锚下采用钢垫板、焊接喇叭管与螺旋筋，灌浆孔设置在喇叭管上，并由塑料管引出。适用于锚固 3～55ϕ^j15mm 钢绞线，其构造如图 4.23 所示。

3. 预应力钢丝束锚具

在后张法施工中，用于预应力钢丝束的锚具，主要有锥形螺杆锚具、钢丝束镦头锚具和钢质锥形锚具等。

锥形螺杆锚具由锥形螺杆、套筒、螺母、垫板组成（图 4.24），适用于锚固 14～28 根 ϕ^s5mm 钢丝束。使用时，先将钢丝束均匀整齐地紧贴在螺杆锥体部分，然后套上套筒，用拉杆式千斤顶使端杆锥通过钢丝挤压套筒，从而锚紧钢丝。由于锥形螺杆锚具不能自锚，必须事先加力顶压套筒才能锚固钢丝，锚具的预紧力为张拉力的 120%～130%。

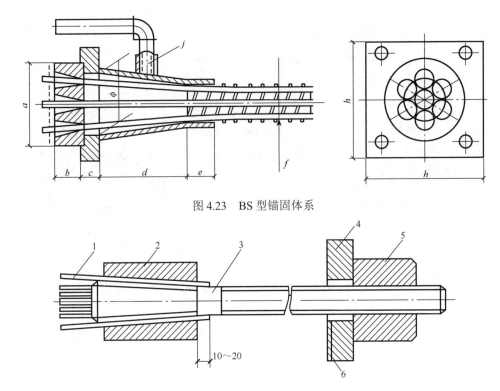

图 4.23　BS 型锚固体系

图 4.24　锥形螺杆锚具

1. 钢丝；2. 套筒；3. 锥形螺杆；4. 垫板；5. 螺母；6. 排气槽

钢丝束镦头锚具适用于任意根数 ϕ^s5mm 钢丝束。镦头锚具的类型与规格，可根据需要由施工单位自行设计。常用的镦头锚具为 A 型和 B 型，如图 4.25 所示。A 型镦头锚具由锚环和螺母组成，用于张拉端；B 型镦头锚具为锚板，用于固定端，利用钢丝两端的镦头进行锚固。

钢质锥形锚具由锚环和锚塞组成如图 4.26 所示，适用于 6 根、12 根、18 根和 24 根 ϕ^s5mm 钢丝束。钢丝均匀分布在锚环锥孔内侧，由锚塞塞紧锚固。

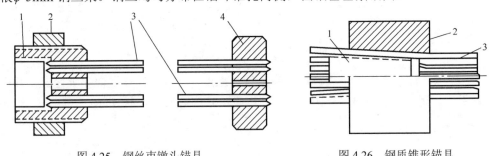

图 4.25　钢丝束镦头锚具

1. A 型锚环；2. 螺母；3. 钢丝束；4. B 型锚板

图 4.26　钢质锥形锚具

1. 锚塞；2. 锚环；3. 钢丝束

4.2.2　张拉设备

后张法张拉时所用张拉设备，在施工时根据所用预应力筋的种类及其张拉锚固工艺情况，选用适合的张拉设备，以确保质量。

后张法的张拉设备主要有各种型号的拉杆式千斤顶。穿心式千斤顶，锥锚式千斤顶和高压油泵。

锥形螺杆锚具、钢丝束镦头锚具，宜采用拉杆式千斤顶（YL60）或穿心式千斤顶（YC60）张拉锚固；钢质锥形锚具，宜采用锥锚式双作用千斤顶（YZ60）张拉锚固。

YL60型拉杆式千斤顶如图4.27所示，适用于张拉以螺纹端杆锚具为张拉锚具的粗钢筋，张拉以锥形螺杆锚具为张拉锚具的钢丝束。

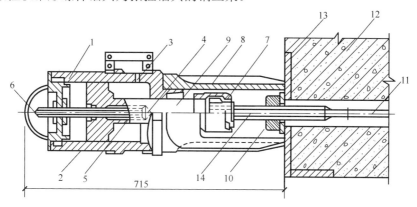

图4.27　拉杆式千斤顶构造示意图

1. 主缸；2. 主缸活塞；3. 主缸油嘴；4. 副缸；5. 副缸活塞；6. 副缸油嘴；7. 连接器；
8. 顶杆；9. 拉杆；10. 螺母；11. 预应力筋；12. 混凝土构件；13. 预埋钢板；14. 螺丝端杆

YC60型穿心式千斤顶是目前预应力混凝土施工中应用较多的张拉机械，如图4.28所示。沿千斤顶纵轴线设有一穿心通道，供穿过预应力筋用；沿千斤顶的径向分内外两层油缸，外层油缸为张拉油缸，工作时张拉预应力筋；内层为顶压油缸，工作时进行锚具的顶压锚固。

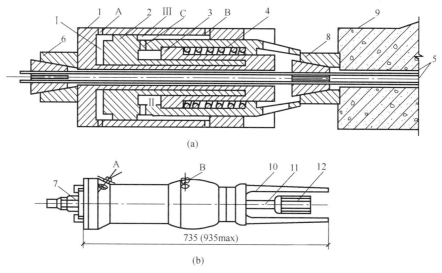

(a)

(b)

图4.28　YC60型穿心式千斤顶构造示意图

1. 张拉液压缸；2. 顶压液压缸（即张拉活塞）；3. 顶压活塞；4. 弹簧；5. 预应力筋；
6. 工具式锚具；7. 螺母；8. 工作锚具；9. 混凝土构件；10. 顶杆；11. 拉杆；12. 连接器
Ⅰ. 张拉工作油室；Ⅱ. 顶压工作油室；Ⅲ. 张拉回程油室
A. 张拉缸油嘴；B. 顶压缸油嘴；C. 油孔

　　YC60 型穿心式千斤顶张拉力为 600kN，最大行程为 150mm，加装撑脚、张拉杆和连接器后，就可以张拉以螺纹端杆锚具为张拉锚具的单根粗钢筋，张拉以锥形螺杆锚具和 DM5A 型镦头锚具为张拉锚具的钢丝束。YC60 型穿心式千斤顶增设顶压分束器，就可以张拉以 KTZ 型锚具为张拉锚具的钢筋束和钢绞线束。

　　锥锚式双作用千斤如图 4.29 所示。其主缸和主缸活塞用于张拉预应力筋，主缸前端缸体上有卡环和销片，用以锚固预应力筋。主缸活塞为一中空筒中的活塞，中空部分设有拉力弹簧。副缸及副缸活塞用于预压锚塞，将预应力筋锚固在构件的端部。

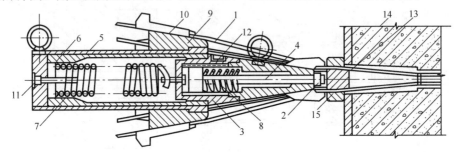

图 4.29　锥锚式双作用千斤顶的构造示意图

1. 预应力筋；2. 预压头；3. 副缸；4. 副缸活塞；5. 主缸；6. 主缸活塞；7. 主缸拉力弹簧；
8. 副缸压力弹簧；9. 锥形卡环；10. 楔块；11. 主缸油嘴；12. 副缸油嘴；13. 锚塞；14. 构件；15. 锚环

　　常用的锥锚式双作用千斤顶为 YZ60 型，其张拉力为 600kN，最大张拉行程为 200mm。

　　高压油泵是向液压千斤顶各个油缸供油，使其活塞按照一定速度伸出或回缩的主要设备。油泵的额定油压和流量必须满足配套机具的要求。高压油泵分手动和电动两类，目前常使用的有 ZB4-500 型、ZB10/320-4/800、ZB0.8-500、ZB0.6-630、STD-Ⅱ 与 2YBZ2-80 等几种，其额定油压为 40～80MPa。

　　用千斤顶张拉预应力筋时，张拉力的大小是通过油泵上的油压表的读数来控制的。油压表的读数表示千斤顶张拉油缸活塞单位面积的油压力。在理论上如已知张拉力 N 和活塞面积 A，则可求出张拉时油表的相应读数 P 但实际张拉力往往比理论计算值小，其原因是一部分张拉力被油缸与活塞之间的摩阻力所抵消。为保证预应力筋张拉应力的准确性，应定期校验（标定）千斤顶与油表读数的关系，以此来控制张拉力，校验期一般不超过 6 个月。校正后的千斤顶与油压表必须配套使用。

4.2.3　预应力筋的制作

1. 单根粗钢筋

　　单根粗钢筋预应力筋的制作包括配料、对焊、冷拉等工序。预应力筋的下料长度应计算确定。应考虑预应力筋钢材品种、锚具形式、焊接接头、钢筋冷拉伸长率，弹性回缩率、张拉伸长值、构件孔道长度、张拉设备与施工方法等因素。

　　如图 4.30 所示，单根粗钢筋预应力筋下料长度 L 为

$$L=\frac{L_0}{1+r-\delta}+nl_0 \tag{4.3}$$

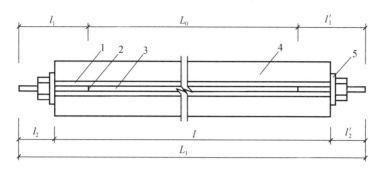

图 4.30　单根粗钢筋下料长度计算示意图

1. 螺丝端杆；2. 对焊接头；3. 粗钢筋；4. 混凝土构件；5. 垫板

其中，L——预应力筋钢筋部分的下料长度，mm；

　　　L_1——预应力筋成品全长，mm；

　　　l_1（l'_1）——锚具长度（如为螺丝端杆，一般为 320mm），mm；

　　　l_2（l'_2）——锚具伸出构件外的长度，mm；

　　　L_0——预应力筋钢筋部分的成品长度，mm；

　　　l——构件孔道长度，mm；

　　　l_0——每个对焊接头的压缩长度，一般 $l_0=d$（d 为预应力钢筋直径）；

　　　n——对焊接头数量（钢筋与钢筋、钢筋与锚具的对焊接头总数）；

　　　r——钢筋冷拉伸长率（由试验确定）；

　　　δ——钢筋冷拉弹性回缩率（由试验确定）。

例 4.1　某 24m 跨预应力钢筋混凝土屋架下弦孔道长度 $l=23\,800$mm，预应力筋为 $4\Phi^l25$，实测钢筋冷拉率 $r=3.5\%$，钢筋冷拉后的弹性回缩率 $\delta=0.3\%$，预应力筋两端采用螺丝端杆锚具，螺丝端杆长度 $L_1=320$mm，其露在构件外的长度 $L_2=120$mm，现场钢筋每根长度为 9m 左右，因此预应力筋需用三根钢筋对焊而成，两端再与螺丝端杆对焊，对焊接头总数 $n=4$，试求预应力筋钢筋部分的下料长度。

解　$L_1=l+2l_2=23\,800+（2\times120）=24\,040$（mm）

　　　$l_0=L_1-2l_1=24\,040-（2\times320）=23\,400$（mm）

所以预应力筋钢筋部分的下料长度为

$$L=\frac{L_0}{1+r-\delta}+nl_0$$

$$=\frac{23\,400}{1+0.035-0.003}+4\times25=22\,774（mm）$$

因此施工下料时，可选用 2 根 9m 长的钢筋加 1 根 4.774m 长的钢筋对焊制成。

2. 钢筋束（钢绞线束）

钢筋束由直径为 12mm 的细钢筋编束而成。钢绞线束由直径 12mm 或 15mm 的钢绞线编束而成，每束 3～6 根，一般不需对焊接长。预应力筋的制作工序一般包括开盘、冷拉、下料、编束。下料是在钢筋冷拉后进行，下料时宜采用切断机或砂轮锯切机，不得采用电弧切割。钢绞线下料前需在切割口两侧各 50mm 处用铁丝绑扎，切割后对切割口应立即焊牢，以免松散。

钢筋束或钢绞线束的下料长度，与构件的长度、所选用的锚具和张拉机械有关。

钢绞线下料长度如图 4.31 所示，按下式计算：

两端张拉时

$$L=l+2（l_1+l_2+l_3+100）\tag{4.4}$$

一端张拉时

$$L=l+2（l_1+100）+l_2+l_3\tag{4.5}$$

式中，l——构件的孔道长度，mm；

l_1——夹片式工作锚厚度，mm；

l_2——穿心式千斤顶长度，mm；

l_3——夹片式工作锚厚度，mm。

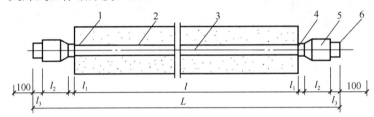

图 4.31　钢绞线下料长度计算简图

1. 混凝土构件；2. 孔道；3. 钢绞线；4. 夹片式工作锚；5. 穿心式千斤顶；6. 夹片式工具锚

3. 钢丝束

钢丝束的制作随锚具形式的不同而异，一般包括调直、下料、编束和安装锚具等工序。

当采用钢丝束做预应力筋时，为保证张拉时钢丝束中每根钢丝应力值的均匀性，钢丝束制作时必须等长下料，同束钢丝下料长度的相对误差应控制在 $L/5000$ 以内，且不得大于 5mm（L 为钢丝长度）。为此，要求钢丝在应力状态下切断下料，切断的控制应力为 $300N/mm^2$。

为防止钢丝扭结，钢丝下料后应逐根理顺进行编束，编束工作一般在平整场地上进行，首先将钢丝理顺平放，然后每隔 1m 左右用 22 号铅丝将钢丝编成帘子状，如图 4.32 所示，再每隔 1m 放一个按端杆直径制成的螺丝衬圈，并将编好的钢丝帘绕衬圈围成圆束绑扎牢固。

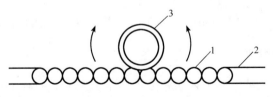

图 4.32　钢丝束的编束

1. 钢丝；2. 铅丝；3. 衬圈

4.2.4　后张法施工工艺

后张法构件制作的工艺流程如图 4.33 所示。主要介绍孔道的留设、预应力筋的张拉和孔道灌浆三部分内容。

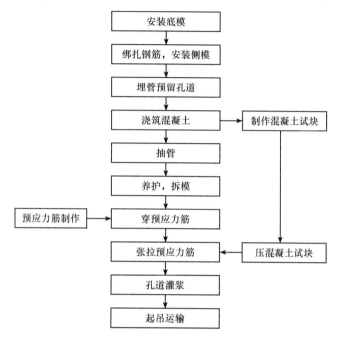

图 4.33　后张法构件制作工艺流程

1. 孔道的留设

孔道的留设是预应力后张法构件制作中的关键工序之一。所留孔道的尺寸与位置应正确，孔道要平顺，端部的预埋钢板应垂直于孔道中心线。孔道的直径一般应比预应力筋的外径大 6～15mm，以利于预应力筋穿入。孔道的留设方法有钢管抽芯法、胶管抽芯法和预埋管法等。

（1）钢管抽芯法

预先将平直、表面圆滑的钢管埋设在模板内预应力筋孔道位置上，采用钢筋井字架将其固定在钢筋骨架上，灌筑混凝土时应避免振动器直接接触钢管而产生位移。在开始浇筑至浇筑后拔管前，间隔一定时间要缓慢匀速地转动钢管，使混凝土与钢管壁不发生黏结，待混凝土初凝后至终凝之前，用卷扬机匀速拔出钢管，即在构件中形成孔道。

钢管抽芯法只用于留设直线孔道，钢管长度不宜超过 15m，钢管两端各伸出构件500mm 左右，以便转动和抽管。构件较长时，可采用两根钢管，中间用套管连接，如图 4.34 所示。

抽管时间与水泥品种、浇筑气温和养护条件有关。常温下，一般在浇筑混凝土后 3～5h 抽出。抽管应按先上后下顺序进行，抽管用力必须平稳，速度均匀，边转动钢管边抽出，并与孔道保持在同一直线上，防止构件表面发生裂缝。

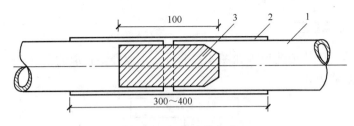

图 4.34　钢管连接方式

1. 钢管；2. 白铁皮套管；3. 硬木塞

采用钢筋束镦头锚具和锥形螺杆锚具留设孔道时，张拉端的扩大孔也可用钢管成型，留孔时应注意端部扩孔应与中间孔道同心。抽管时先抽中间钢管，后抽扩孔钢管，以免碰坏扩孔部分，并保持孔道平滑和尺寸准确。

（2）胶管抽芯法

胶管有五层或七层夹布胶管和供预应力混凝土专用的钢丝网橡皮管两种。

胶管用钢筋井字架固定，直线孔道每隔 40～50cm 一道，曲线孔道应适当加密。对于充水或充气的胶管，在浇筑混凝土前，胶管中应充入压力为 0.6～0.8MPa 的压缩空气或压力水，此时胶管直径可增大（约 3mm）。当抽管时，放出压缩空气或压力水，胶管孔径缩小，与混凝土脱开，随即抽出胶管，形成孔道。胶管抽芯留孔与钢管抽芯留孔相比，它弹性好，便于弯曲，不需转动，因此它不仅留设直线孔道，也能留设曲线孔道。

（3）预埋管法

预埋管法采用黑铁皮管、薄钢管、镀锌钢管与金属螺旋管（波纹管）等。其中，金属螺旋管是由镀锌薄钢带经压薄后卷成，具有重量轻、刚度好、弯折方便、连接容易、与混凝土黏结良好等优点，可做成各种形状的孔道，并可省去抽管工作，是目前埋管法的首选管材。

金属螺旋管使用前应作灌水试验，检查有无渗漏现象；管头连接应采用大一号同型管，接头管长度为 200～300mm，接头两端用密封胶带或塑料热塑管封裹；管的固定采用钢筋卡子并用铁丝绑牢，钢筋卡子焊在箍筋上，卡子间距不大于 600mm；管子尽量避免反复弯曲，以防止管壁开裂，同时应防止电焊花烧伤内壁；安装后应检查其位置、形状是否符合设计要求。

2. 预应力筋张拉

后张法张拉预应力筋时，结构的混凝土强度应符合设计要求；当设计无要求时，其强度不应低于设计强度标准值的 75%。

为了减少预应力筋与孔道摩擦引起的预应力损失，曲线预应力筋和长度大于 24m 的直线预应力筋，应采用两端张拉的方法；对长度不大于 24m 的直线预应力筋，可一端张拉，但张拉端宜分别设置在构件的两端。对预埋波纹管孔道曲线预应力筋和长度大于 30m 的直线预应力筋，宜在两端同时张拉，对于长度等于或小于 30m 的直线预应力筋，可在一端进行张拉。

预应力筋张拉顺序应按设计规定进行。如设计无规定时，应采取分批分阶段对称地进行，以免构件受过大的偏心压力而发生扭转和侧弯。

　　当两端同时张拉同一根预应力筋时，为减少预应力损失，宜先在一端锚固，再在另一端补足张拉力后进行锚固。

　　如图 4.35 所示为预应力混凝土屋架下弦预应力筋张拉顺序。图 4.35（a）为两束预应力筋，能同时张拉，宜采用两台千斤顶分别设置在构件两端对称张拉。图 4.35（b）是对称的四束预应力筋，不能同时张拉，应采取分批对称张拉，用两台千斤顶分别在两端张拉对角线上两束，然后张拉另两束。

　　如图 4.36 所示为预应力混凝土吊车梁预应力筋采用两台千斤顶的张拉顺序，对配有多根不对称预应力筋的构件，应采用分批分阶段对称张拉。采用两台千斤顶先张拉上部两束预应力筋，下部四束曲线预应力筋采用两端张拉方法分批进行。为使构件对称受力，每批两束先按一端张拉方法进行张拉，待两批四束均进行一端张拉后，再分批在另一端张拉，以减少先批张拉筋所受的弹性压缩损失。

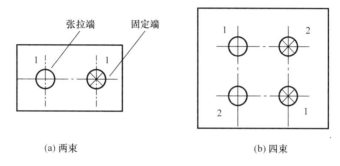

(a) 两束　　　　　　　　　　　　　　　(b) 四束

图 4.35　屋架下弦杆预应力筋张拉顺序

1、2. 预应力筋分批张拉顺序

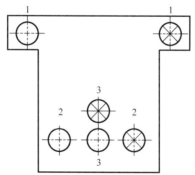

图 4.36　吊车梁应力筋的张拉顺序

1、2、3. 预应力筋的分批张拉顺序

　　对平卧重叠浇筑的预应力混凝土构件，张拉预应力筋的顺序是先上后下，逐层进行，为了减少上下层之间因摩阻引起的预应力损失，可逐层加大张拉力，且要注意加大张拉控制应力后不要超过最大张拉力的规定。为了减少叠层浇筑构件摩阻力的应力损失，应进一步改善隔离层的性能，限制重叠浇筑层数（一般不得超过四层）。如果隔离层效果较好，也可采用同一张拉值张拉。

　　预应力筋的张拉程序，主要根据构件类型、张锚体系、松弛损失取值等因素来确定，为减少松弛损失，张拉程序一般与先限法相同。

3. 孔道灌浆

预应力筋张拉锚固后，应进行孔道灌浆。其作用主要是保护预应力筋，防止其锈蚀和使预应力筋与结构混凝土形成整体。因此，孔道灌浆宜在预应力筋张拉锚固后尽早进行。

孔道灌浆用灰浆，除应满足强度和黏结力要求外，应具有较大的流动性和较小的干缩性、泌水性。因此，孔道灌浆应采用强度等级不低于 42.5 的普通硅酸盐水泥配制的水泥浆。水泥浆强度应不低于 $20N/mm^2$，水灰比宜控制在 $0.4\sim0.45$，搅拌后 3h 泌水率宜控制在 2%，最大不得超过 3%。对于空隙较大的孔道，水泥浆中可以掺入适量的细砂。为了增加孔道灌浆的密实性，在水泥浆中可掺入水泥用量 $0.5/10000\sim1/10000$ 的铝粉或 0.25% 的木质素磺酸钙或其他减水剂，但不得掺入氯化物或其他对预应力筋有腐蚀作用的外加剂。

灌浆前，混凝土孔道应用压力水冲刷干净并润湿孔壁。孔道灌浆可用电动灰浆泵。水泥浆倒入灰浆泵时，必须过筛，以免水泥块或其他杂物进入泵体或孔道，影响灰浆正常工作或堵塞孔道。在孔道灌浆过程中，灰浆泵内应始终保持有一定的灰浆量，以免空气进入孔道而形成空腔。

灌浆时，水泥浆应缓慢均匀地泵入，不得中断，灌满孔道并封闭排气孔后，宜再继续加压至 $0.5\sim0.6MPa$，并稳压一定时间，以确保孔道灌浆的密实性。用压力冲洗孔道后，灌浆时应待排气孔中流出足量的浓浆后才能封闭灌浆孔。对于用不加外加剂的水泥浆灌浆，必要时可掌握时机进行二次灌浆，以提高孔道灌浆的密实性。

灌浆顺序应先下后上，以避免上层孔道漏浆，而把下层孔道堵塞。曲线孔道灌浆，宜由最低点压入水泥浆，至最高点排气孔排出空气及溢出浓浆为止。为确保曲线孔道最高处或锚具端部灌浆密实，宜在曲线孔道的最高处设立泌水竖管，使水泥浆下沉，泌水上升到泌水管内排除，并利用压入竖管内水泥浆的回流，以保证曲线孔道最高处或锚固处的灌浆密实。

4.3　无黏结预应力混凝土施工

后张法预应力混凝土中，预应力筋分为有黏结与无黏结两种。凡是预应力筋张拉后，通过灌浆或其他措施使预应力筋与混凝土产生黏结力，在使用荷载作用下，构件的预应力筋与混凝土不能发生纵向相对滑动的预应力筋，称为有黏结预应力筋。反之，凡是预应力筋张拉后，容许预应力筋与其周围的混凝土产生纵向相对滑动的预应力筋，称为无黏结预应力筋。

无黏结预应力施工方法是：在预应力筋表面刷涂料并包塑料布管后，如同普通钢筋一样先铺设在安装好的模板内，然后浇筑混凝土，待混凝土达到设计要求强度后，进行预应力筋张拉锚固。这种预应力工艺的优点是不需要预留孔道和灌浆，施工简单，张拉时摩阻力较小，预应力筋易弯成曲线形状，适用于曲线配筋的结构。在双向连续平板和密肋板中应用无黏结预应力束比较经济合理，在多跨连续梁中也很有发展前途。

4.3.1　无黏结预应力束的制作

无黏结预应力筋是由预应力钢丝束或钢绞线束、涂料层和护套层组成的，如图4.37所示。钢丝束一般选用 $7\phi^j5mm$ 钢丝，钢绞线一般选用 $7\phi^s4mm$ 或 $7\phi^s5mm$ 钢绞线。

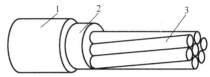

图 4.37　无黏结预应力筋

1. 塑料护套；2. 油脂；3. 钢绞线或钢丝束

涂料层应具有良好的化学稳定性，对周围材料无侵蚀作用；不透水、不吸湿，抗腐蚀性强；润滑性能好，摩擦阻力小；在规定的温度范围（一般为 $-20\sim70℃$）高温不流淌，低温不变脆，并具有一定的韧性。

无黏结预应力筋制作时，应将钢绞线、钢丝束涂料层的涂敷，以及护套的制作一次完成，一般用缠纸工艺和挤塑涂层工艺。应优先采用挤塑涂层工艺，以下主要介绍该工艺的施工方法。挤塑涂层工艺制作无黏结预应力筋的工艺设备及流程如图4.38所示。

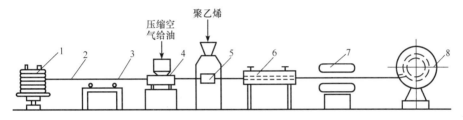

图 4.38　挤塑涂层工艺生产线

1. 放线盘；2. 钢绞线；3. 滚动支架；4. 给油装置；
5. 塑料挤出机；6. 水冷装置；7. 牵引机；8. 收线装置

钢绞线（或钢丝束）经给油装置涂油后，通过塑料挤出机的机头出口处，塑料熔融物被挤成管状包覆在钢绞线（或钢丝束）上，经冷却水槽塑料套管硬化，即形成无黏结预应力筋；牵引机继续将钢绞线（或钢丝束）牵引至收线装置上，自动排列成盘卷。这种工艺涂包质量好，生产效率高，设备性能稳定。

无黏结预应力筋制作的质量，除预应力筋的力学性能应满足要求外，涂料层油脂应饱满、均匀，无漏涂现象，油脂用量不小于 0.5kg/10m；护套厚度在正常环境下不小于0.8mm，腐蚀环境中不小于 1.2mm。

无黏结预应力筋制作后，对不同规格的无黏结预应力筋应有标记，当无黏结预应力筋带有镦头锚具时，应有塑料袋包裹；无黏结预应力筋应堆放在通风干燥处，露天堆放应搁置在架板上，并加以覆盖。

4.3.2　无黏结预应力筋的锚具

在无黏结预应力混凝土中，预应力筋的张拉力完全借助于锚具传递给混凝土，当外荷载作用时引起的预应力筋应力的变化也全部由锚具承担。因此，无黏结预应力筋用的锚具，不仅受力比较大，而且承受重复荷载。因而，对无黏结预应力筋的锚具具有更高的要求，锚具性能应符合Ⅰ类锚具的规定。

　　我国主要采用高强钢丝和钢绞线作为无黏结预应力筋。高强钢丝预应力筋主要采用镦头锚具；若采用钢绞线作为预应力筋，则多采用 XM 型锚具。

4.3.3　无黏结预应力筋的布置

　　在无黏结预应力混凝土楼面结构中，根据楼板的结构形式，预应力筋的布置大体有：纵向多波连续曲线配筋方式和纵横向多波连续曲线配筋方式。

　　1. 纵向多波连续曲线配筋方式

　　在多跨单向平板结构中，曲线筋的形式与板承受的荷载形式，及活荷载与恒荷载的比值等因素有关，图 4.39 为某一工程预应力筋的布置方式。

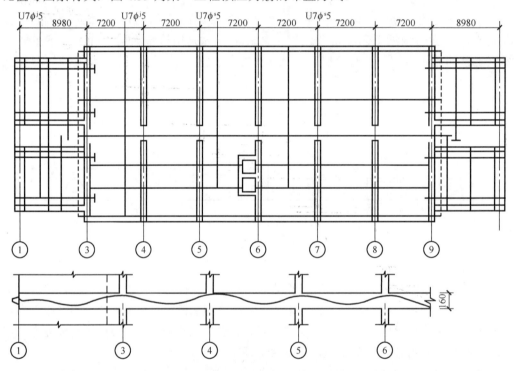

图 4.39　多跨单向平板预应力筋布置方式

　　2. 纵横向多波连续曲线配筋方式

　　在多跨双向平板结构中，结构在均布荷载的作用下，其曲线配筋形式有按柱上板带与跨中板带布筋，如图 4.40（a）所示。对长宽比不超过 1.33 的板，在柱上板带内配置 60%～75% 的无黏结筋，其余分布在跨中板带，这种布筋方式给穿筋、编网和定位方面的施工均带来不便。

　　另一种布筋方式是：一向带状集中布筋，另向均匀分散布筋，如图 4.40（b）所示。无黏结预应力筋在一个方向上沿柱轴线呈带状集中布置在宽度 1.0～1.25m 的范围内，而在另一方向上采取均匀分散布置的方式。这种布筋方式避免了无黏结预应力筋的编网工作，在施工质量上易保证无黏结预应力筋的垂幅，且便于施工。

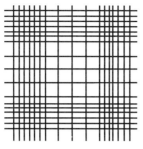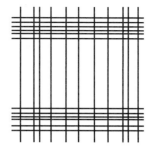

(a) 按柱上板带与跨中板带布筋　　　　(b) 一向带状集中布筋，另向均匀分散布

图 4.40　多跨双向平板预应力筋布置方式

4.3.4　无黏结预应力混凝土的施工工艺

无黏结预应力混凝土的施工顺序如下：安装结构模板→绑扎非预应力筋→铺设无黏结预应力筋及定位固定→浇筑振捣混凝土→养护、拆模→张拉无黏结预应力筋及锚固→锚头端部处理。本节主要介绍无黏结预应力筋的铺设与定位、预应力筋的张拉与锚固、锚头端部处理等施工工艺中的主要问题。

1. 无黏结预应力筋的铺设与定位

在单向板中，无黏结预应力筋的铺设与非预应力筋的铺设基本相同。

在双向板中，无黏结预应力筋需要配置两个方向的悬垂曲线。无黏结预应力筋相互穿插，施工操作比较困难，必须事先编出无黏结预应力筋的铺设顺序。其方法是将各向无黏结预应力筋各搭接点的标高标出，对各搭接点相应的两个标高分别进行比较，若一个方向某一黏结预应力筋的各点标高，均分别低于与其相交的各筋相应点的标高时，则此筋可先放置。然后依次铺设标高比较大的无黏结预应力筋，以此类推，定出各无黏结预应力筋的铺设顺序。

无黏结预应力筋在铺设过程中，应严格按设计要求的曲线形状就位并固定。其垂直方向，宜用支撑钢筋或钢筋马凳固定，其间距为 1～2m。无黏结预应力筋铺设完毕，经隐蔽工程验收合格后，方可浇筑混凝土。在浇筑混凝土时，严禁踏压撞碰无黏结预应力筋、钢筋马凳及端部预埋件。

2. 无黏结预应力筋的张拉与锚固

无黏结预应力的张拉程序一般采用 $0 \rightarrow 1.03\sigma_{con}$ 进行。由于无黏结预应力筋一般为曲线配筋，当曲线预应力筋的长度超过 25m 时，宜采取两端进行张拉；当曲线预应力筋的长度超过 60m 时，宜采取分段进行张拉。为了减小张拉过程中的摩擦损失，在张拉前应用千斤顶先行往复抽动几次，以利于减少摩擦应力的损失。

无黏结预应力筋的张拉顺序，应根据其铺设顺序进行，即先铺设者先张拉，后铺设者后张拉。在无黏结预应力混凝土楼盖结构中，宜先张拉楼板无黏结预应力筋，后张拉楼面梁无黏结预应力筋。板中的无黏结预应力筋可依次进行张拉，梁中的无黏结预应力筋宜对称张拉。在梁板顶面或墙壁侧面的斜槽内张拉无黏结预应力筋时，宜采用变角张拉装置，如图 4.41 所示。

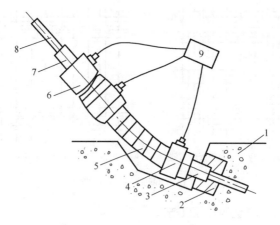

图 4.41　变角张拉装置

1. 凹口；2. 锚垫板；3. 锚具；4. 液压顶压器；5. 变角块；
6. 千斤顶；7. 工具锚；8. 预应力筋；9. 油泵

无黏结预应力筋在张拉过程中，应随时测定其伸长值，其张位伸长值的校核与有黏结预应力筋相同。对超长无黏结预应力筋，由于张拉初期的阻力大，初拉力以下的伸长值比常规推算伸长值要小，应通过试验进行修正。

3. 锚头端部的处理

无黏结预应力筋张拉完毕后，应及时对锚固区进行保护。锚固区必须有严格的密封防护措施，严格防止水汽进入锈蚀预应力筋。无黏结预应力筋锚固后的外露长度不应小于 30mm，多余部分宜用手提砂轮将其切割。在锚具与承压板表面涂以防水涂料。为了使无黏结预应力筋端头全封闭，在锚具端头涂防腐润滑油脂后，罩上封端塑料盖帽。

对于凸出式锚头端部处理方式，目前常用两种方法：第一种方法是在孔道中注入油脂并加以封闭，如图 4.42 所示；另一种方法是在两端留设的孔道内注入环氧树脂水泥砂浆，其抗压强度不低于 35MPa，在灌浆的同时将锚头封闭，如图 4.43 所示。

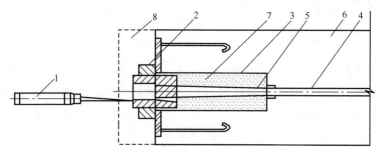

图 4.42　锚头端部处理方法之一

1. 油枪；2. 锚具；3. 端部孔道；4. 有涂层的端部钢丝；5. 无涂层端部钢丝
6. 构件；7. 注入孔道的油脂；8. 混凝土封闭

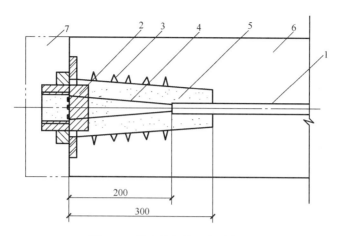

图 4.43　锚头端部处理方法之二

1. 无黏结预应力束；2. 无涂层的端部钢丝；3. 环氧树脂水泥砂浆；

4. 锚具；5. 端部加固螺旋钢筋；6. 构件；7. 混凝土封闭

对于凹入式锚头端部，锚具表面经涂防腐润滑油脂处理，再用微胀混凝土或低收缩防水砂浆进行密封，如图 4.44 所示。

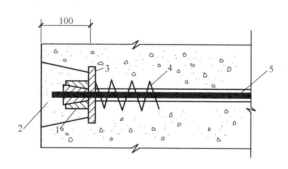

图 4.44　张拉端凹入式构造

1. 无黏结预应力筋；2. 螺旋筋；3. 承压钢板；4. 夹片锚具；5. 砂浆

无黏结预应力筋的固定端，也可利用镦头锚板或挤压锚具采取内埋式做法，如图 4.45 所示。

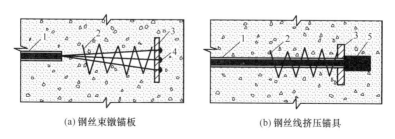

(a) 钢丝束镦锚板　　　　　　　　　　(b) 钢丝线挤压锚具

图 4.45　无黏结预应力筋固定端内埋式构造

1. 无黏结预应力筋；2. 螺旋筋；3. 承压钢板；4. 冷镦头；5. 挤压锚具

复习思考题

4.1　什么叫预应力混凝土？有什么特点？

4.2　先张法、后张法的生产工艺是怎样的？

4.3　台座的作用及类型有哪些？试述台座的设计要点。

4.4　先张法钢筋张拉与放张应注意哪些问题？

4.5　预应力钢筋、锚具、张拉设备应如何配套使用？

4.6　如何计算预应力筋的下料长度？计算时应考虑哪些因素？

4.7　千斤顶张拉预应力筋前，为什么要进行标定？标定期限有何规定？

4.8　孔道留设有哪些方法？分别应注意哪些问题？

4.9　如何计算预应力筋的张拉力和钢筋的伸长值？

4.10　后张法施工工艺过程可能有哪些预应力损失？分别应采取哪些方法来弥补？

4.11　预应力筋张拉锚固后，为什么要进行孔道灌浆？对孔道灌浆有何要求？

4.12　先张法与后张法的最大控制张拉应力如何确定？

4.13　无黏结预应力的施工工艺如何？其锚头端部如何处理？

4.14　先张法与后张法的张拉程序如何？为什么要采用该张拉程序？

第五章 砌筑工程

砌筑工程是指普通黏土砖、硅酸盐类砖、石块和各种砌块的施工。

砖石建筑在我国有悠久的历史，目前在土木工程中仍占有相当大的比重。这种结构虽然取材方便、施工简单、成本低廉，但它的施工仍以手工操作为主，劳动强度大、生产率低，而且烧制黏土砖占用大量农田，因而采用新型墙体材料，改进砌体施工工艺是砌筑工程改革的重点。

5.1 砌筑材料

5.1.1 块材

砌筑工程所用砖有烧结普通砖、烧结多孔砖、蒸压灰砂砖、蒸压粉煤灰砖等；砌块则有混凝土中小砌块、加气混凝土砌块及其他材料制成的各种砌块；石材有毛石与料石。

砖与砌块的质量应符合国家现行的有关标准，对石材则应符合设计要求的强度等级与岩种。

常温下砌砖在砌筑前 1～2d 应浇水润湿，普通黏土砖、多孔砖的含水率宜控制在10%～15%；对灰砂砖、粉煤灰砖含水率在 8%～10% 为宜。干燥的砖在砌筑后会过多地吸收砂浆中的水分而影响砂浆中的水泥水化，降低其与砖的黏结力。但浇水也不宜过多，以免产生砌体走样或滑动。混凝土砌块的含水率宜控制在其自然含水率以内。当气候干燥时，混凝土砌块及石料亦可先喷水润湿。

施工所用的小砌块的产品龄期不应小于 28d。工地上应保持砌块表面干净，避免黏结黏土、脏物。密实砌块的切割可采用切割机。

石砌块采用的石材应质地坚实，无风化剥落和裂纹。用于清水墙、柱表面的石材，尚应色泽均匀。石材表面的泥垢、水锈等杂质，砌筑前应清除干净。

5.1.2 砂浆

砌筑砂浆有水泥砂浆、石灰砂浆、混合砂浆和石膏砂浆。砂浆种类选择及其等级的确定，应根据设计要求。砂浆的组成材料为水泥、砂、石灰膏、搅拌用水及外加剂等，施工时对它们的质量应予以控制。

水泥砂浆和混合砂浆可用于砌筑潮湿环境中，以及强度要求较高的砌体，但对于基础一般只用水泥砂浆。

石灰砂浆仅可用于砌筑干燥环境中以及强度要求不高的砌体，不宜用于潮湿环境的砌体及基础，因为石灰属气硬性胶凝材料，在潮湿环境中石灰膏不但难以结硬，而且会出现溶解流散现象，石膏砂浆硬化快，一般用于不受潮湿的地上砌体中。

砂浆用砂宜选用中砂，并不得含有草根等杂物，砂在使用前应过筛。砂浆用砂的含泥量，对水泥砂浆和强度等级不小于 M5 的水泥混合砂浆，不应超过 5%；对强度等级小于 M5 的水泥混合砂浆，不应超过 10%。

制备混合砂浆和石灰砂浆用的石灰膏，应经筛网过滤并在化灰池中熟化时间不少于7d，严禁使用脱水硬化的石灰膏。

砂浆的拌制一般用砂浆搅拌机，要求拌和均匀。为改善砂浆的保水性可掺入黏土、电石膏、粉煤灰等塑化剂。砂浆应随拌随用。如砂浆出现泌水现象，应再次拌和。水泥砂浆和混合砂浆必须分别在搅拌后 3h 和 4h 内使用完毕，如气温在 30℃ 以上，则必须分别在 2h 和 3h 内用完。

砂浆强度应以标准养护、龄期为 28d 的试块抗压试验结果为准。砂浆的强度等级必须符合设计要求。

砂浆稠度的选择主要根据墙体材料、砌筑部位及气候条件而定。普通砖砌体砂浆的稠度宜为 70～90mm；普通砖平拱过梁、空斗墙、空心砌块宜为 50～70mm；多孔砖、空心砖砌体宜为 60～80mm；石砌体宜为 30～50mm。

5.2　砌筑施工工艺

5.2.1　砌砖施工

1. 砖墙砌筑工艺

砌砖施工通常包括抄平、放线、摆砖样、立皮数杆、挂准线、铺灰、砌砖等工序。如是清水墙，则还要进行勾缝。砌筑应按下面施工顺序进行：当基底标高不同时，应从低处砌起，并由高处向低处搭接。当设计无要求时，搭接长度不应小于基础扩大部分的高度；墙体砌筑时，内外墙应同时砌筑，不能同时砌筑时，应留槎并做好接槎处理。下面以房屋建筑砖墙砌筑为例，说明各工序的具体做法。

（1）抄平

砌砖墙时，先在基础面或楼面上按标准的水准点定出各层标高，并用水泥砂浆或细石混凝土找平。

（2）放线

建筑物底层轴线可按龙门板上定位钉为准拉麻线，沿麻线挂下线锤，将墙身中心轴线放到基础面上，并据此墙身中心轴线为准弹出纵横墙身边线，定出门洞口位置。各楼层的轴线则可利用预先引测在外墙面上的墙身中心轴线，借助于经纬仪把墙身中心轴线引测到楼层上去；或用线锤挂下，对准外墙面上的墙身中心轴线，从而向上引测。轴线的引测是放线的关键，必须按图纸要求尺寸用钢皮尺进行校核。然后，按楼层墙身中心线，弹出各墙边线，划出门窗洞口位置。

（3）摆砖样

按选定的组砌方法，在墙基顶面放线位置试摆砖样（生摆，即不铺灰），尽量使门窗垛符合砖的模数，偏差小时可通过竖缝调整，以减小斩砖数量，并保证砖及砖缝排列整齐、均匀，以提高砌砖效率。摆砖样在清水墙砌筑中尤为重要。

（4）立皮数杆

砌体施工应设置皮数杆，并应根据设计要求、砖的规格及灰缝厚度在皮数杆上标明砌筑的皮数及竖向构造变化部位的标高，如门窗洞、过梁、楼板。

皮数杆（图 5.1）可以控制每皮砖砌筑的竖向尺寸，并使铺灰的厚度均匀，保证砖皮水平。皮数杆立于墙的转角处，其基准标高用水准仪校正，皮数杆间距不应大于 15m。如墙的长度很大，可每隔 10～20m 再立一根。

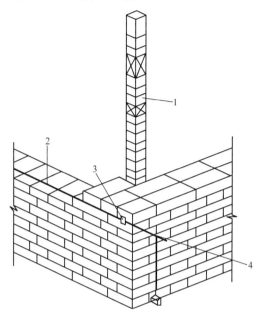

图 5.1 皮数杆示意图

1. 皮数杆；2. 准线；3. 竹片；4. 圆铁钉

（5）铺灰砌砖

铺灰砌转的操作方法很多，各地区的操作习惯、使用工具不同，操作方法也不尽相同。砌筑宜采用一铲灰、一块砖、一揉压的"三一"砌筑法。当采用铺灰砌筑时，铺浆的长度不超过 750mm，如施工期间气温超过 30℃时，铺浆长度不得超过 500mm。

实心砖砌体一般采用一顺一丁、三顺一丁、梅花丁等组砌方法（图 5.2）。砖柱不得采用包心砌法。每层承重墙的最上一皮砖或梁、梁垫下面，或砖砌体的台阶水平面上及挑出部分均应采用砌层砌筑。

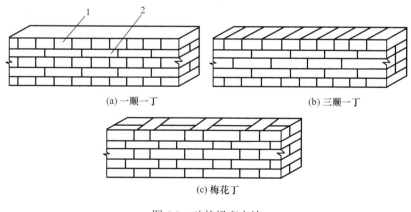

(a) 一顺一丁   (b) 三顺一丁

(c) 梅花丁

图 5.2 砖的组砌方法

1. 丁砌砖；2. 顺砌砖

砌砖通常先在墙角按照皮数杆进行盘角，然后将准线挂在墙侧，作为墙身砌筑的依据，每砌一皮或两皮，准线向上移动一次。对墙厚等于或大于 370mm 的砌体，宜采用双面挂线砌筑，以保证墙面的垂直度与平整度。目前一些地区对 240mm 厚的墙体也采用双面挂线的施工方法，墙体的质量更好。

土木工程中其他砖砌体的施工工艺与房屋建筑砌筑工艺类似。对砌体的砌筑顺序，当基地标高不同时，应从低处砌起，并应由高处向低处搭接，当设计无要求时搭接长度不应小于基础扩大部分的高度；砌体的转角处和交接处应同进砌筑，当不能同时砌筑时，应按规定留槎、接槎；出檐砌体应按层砌筑，同砌筑层应先砌墙身后砌出檐；房屋相邻部分的高差较大时，宜先砌筑高度较大的部分，后砌筑高度较小的部分。

（6）勾缝

清水墙砌完后要进行墙面修正及勾缝。墙面勾缝应横平竖直，深浅一致，搭接平整，不得有丢缝、开裂和黏结不牢等现象。砖墙勾缝宜采用凹缝或平缝，凹缝深度一般为 4～5mm，勾缝完毕后，应及时清理墙面、柱面和落地灰。

2. 砌筑质量要求

砌筑工程质量着重控制灰缝质量，要求做到横平竖直、厚薄均匀、砂浆饱满、上下错缝、内外搭砌、接槎牢固。

对砌砖工程，要求每一皮砖的灰缝横平竖直、砂浆饱满。上面砌体的重量主要通过砌体之间的水平灰缝传递到下面，水平灰缝不饱满往往会使砖块折断。为此，实心砖砌体水平灰缝的砂浆饱满度不得低于 80%。竖向灰缝的饱满程度，影响砌体抗透风和抗渗水的性能，故宜采用挤浆或加浆方法，不得出现透明缝，严禁用水冲浆灌缝。水平灰缝厚度和竖向灰缝宽度规定为 10 ± 2mm，过厚的水平灰缝容易使砖块浮滑，墙身侧倾；过薄的水平灰缝会影响砖块之间的黏结能力。

上下错缝是指砖砌体上下两皮砖的竖向灰缝应当错开，以避免上下通缝。在垂直荷载作用下，砌体会由于"通缝"丧失整体性而造成砌体倒塌。同时，内外搭砌使同皮的里外砖块通过相邻上下皮的砖块搭砌而组砌得牢固。

接槎是指转角及交接处墙体的连接。转角及交接处应同时砌筑，严禁没有可靠措施的内外墙分砌施工，当不能同时砌筑而必须设置的临时间断处，应砌成斜槎，它可便于先、后砌筑的砌体之间的接合，使接槎牢固。普通砖砌体斜槎的长度不应小于高度的 2/3 [图 5.3（a）]。当留斜槎确有困难时，除转角处外，可留直槎，但必须做成凸槎，即从墙面引出长度不小于 120mm 的直槎 [图 5.3（b）]，并沿高度间距不大于 500mm 加设拉结筋，拉结筋每 120mm 墙厚放置 1 根 ϕ 6mm 钢筋，埋入墙的长度从墙留槎处算起，每边均不小于 500mm，末端应设有 90° 弯钩。但抗震设防地区建筑物砌筑工程不得留设直槎。砌体留设的直槎，在后续施工时必须将接槎处的表面清理干净，浇水湿润，并填实砂浆，保持灰缝平直。

砌筑临时间断处的高度差，不得超过一步脚手架的高度。

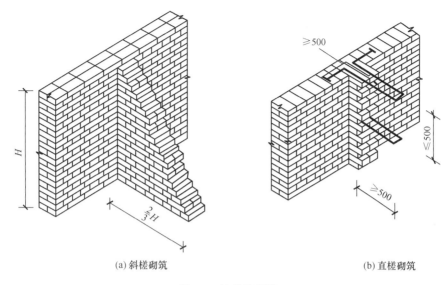

(a) 斜槎砌筑　　　　　　　　　　　(b) 直槎砌筑

图 5.3　接槎的留设

3. 砌筑质量要求

为保证砌筑质量不得在以下部位预留脚手眼和施工空洞:

1) 120mm 厚墙。

2) 过梁上与过梁成 60° 的三角形范围及过梁净跨度 1/2 的高度范围内。

3) 宽度小于 1m 的窗间墙。

4) 墙体门窗洞口两侧 200mm 和转角处 450mm 范围内。

5) 梁或梁垫下及其左右 500mm 范围内。

6) 设计不允许设置脚手眼的部位。

施工脚手眼补砌时,应清除脚手眼内掉落的砂浆、灰尘;脚手眼处砖及填塞用砖应湿润,并应填实砂浆。

设计要求的洞口、管道、沟槽应于砌筑时正确留出或预埋,未经设计同意,不得打凿墙体和墙体上开凿水平沟槽。宽度超过 300mm 的洞口上部,应设置钢筋混凝土过梁。不应在截面长边小于 500mm 的承重墙体、独立柱内埋设管线。

正常施工条件下,砖砌体每日砌筑高度宜控制在 1.5m 或一步脚手架高度内。

砖墙工作段的分段位置,宜设在变形缝、构造柱或门窗洞口处;相邻工作段的砌筑高度不得超过一个楼层高度,也不宜大于 4m。

5.2.2　砌石施工

石材根据加工情况分为毛石和料石,料石按加工平整程度分为毛料石、粗料石、半细料石和细料石等。建筑基础、挡土墙及桥梁墩台中应用较多。

1. 毛石砌体

毛石砌体所用石料应选择块状,其中部厚度不应小于 150mm。

毛石砌筑时宜分皮卧砌,各皮石块之间应利用自然形状经敲打修正使能与先砌筑的石块形状基本吻合、搭砌紧密。石块应上下错缝、内外搭砌，不能采用外面侧立石块中间填心的砌筑方法。砌筑毛石基础的第一皮石块应坐浆，并将大面向下，毛石砌体的第一皮及转角处、交接处、洞口处，应选用较大的平毛石砌筑。最上一皮（包括每个楼层及基础顶面）宜选用较大的毛石砌筑。

毛石墙必须设置拉结石，拉结石应均匀分布，相互错开，毛石基础同皮内每隔 2m 左右设置一块；毛石墙每 $0.7m^2$ 墙面至少应设置一块，且同皮内的中距不应大于 2m。

毛石基础必须设置拉结石。拉结石应均匀分布，毛石基础同皮内每隔 2m 左右设置一块。拉结石长度：如基础宽度等于或小于 400mm，应与基础宽度相等；如基础宽度大于 400mm，可用两块拉结石内外搭接，搭接长度不应小于 150mm，且其中一块拉结石长度不应小于基础宽度的 2/3。

毛石砌体应采用铺浆法砌筑。其灰缝厚度宜为 20～30mm，石块间不得有相互接触现象；石块间较大的空隙应先填塞砂浆后用碎石块嵌实，不得采用先摆碎石后塞砂浆或干填碎石的方法。砂浆必须饱满，叠砌面砂浆饱满度应大于 80%。

毛石砌体的转角处和交接处应同时砌筑，对不能同时砌筑又必须留置临时间断处，应砌筑成踏步槎。由于石材自重较大，且毛石的外形又不规则，留设直槎不便接槎，会影响砌体的整体性，故应砌成踏步槎。毛石砌体每日的砌筑高度不应超过 1.2m。

2. 料石砌体

料石基础砌体的第一皮应用丁砌层坐浆砌筑，料石砌体亦应上下错缝搭砌，砌体厚度大于或等于两块料石宽度时，如同皮内全部采用顺砌，每砌两皮后，应砌一皮丁砌层；如同皮内采用丁顺组砌，丁砌石应交错设置，其中距不应大于 2m。

料石砌体灰浆的厚度，根据石料的种类确定：细石料砌体不宜大于 5mm；半细石料砌体不宜大于 10mm；粗石料和毛石料砌体不宜大于 20mm。料石砌体砌筑时，应放置平稳。砂浆铺设厚度应略高于规定的灰缝厚度。砂浆的饱满度应大于 80%。

料石砌体转角处及交接处也应同时砌筑，必须留设临时间断时也应砌成踏步槎。

用料石和毛石或砖的组合墙中，料石砌体和毛石砌体或砖砌体应同时砌筑，并每隔 2～3 皮料石层用丁砌层与毛石砌体或砖砌体拉结砌合。丁砌料石的长度宜与组合墙厚度相同。

5.2.3 混凝土小型空心砌块的施工

混凝土小型空心砌块是一种新型的墙体材料，目前在我国房屋工程中已得到广泛应用。混凝土小型空心砌块的材料包括普通混凝土小型空心砌块、轻骨料混凝土小型空心砌块等。小型砌块使用时的生产龄期不应小于 28d。由于小型砌块墙体易产生收缩裂缝，充分的养护可使其收缩量在早期完成大部分，从而减少墙体的裂缝。

小型砌块施工前，应分别根据建筑（构筑）物的尺寸、砌块的规格和灰缝厚度确定砌块的皮数和排数。

混凝土小型砌块与砖不同，这类砌块的吸水率很小，如砌块的表面有浮水或在雨天都不得施工。在雨天或表面有浮水时，进行砌筑施工，其表面水会向砂浆渗出，造成砌体游动，甚至造成砌体坍塌。

使用单排孔小砌块砌筑时，应对孔错缝搭砌；使用多排孔小砌块砌筑时，应错缝搭砌，搭接长度不应小于 120mm。如个别部位不能满足时，应在灰缝中设置拉结钢筋或铺设钢筋网片，但竖向通缝不得超过 2 皮砌块。

砌筑时，小型砌块应底面朝上反砌于墙上。这是因为小型砌块制作上的缘故，其成品底部的肋较厚，而上部的肋较薄，为便于砌筑时铺设砂浆，其底部应朝上放置。

小型砌块砌体的水平灰缝应平直，砂浆饱满度按净面积计算不应小于 80%。竖向灰缝应采用加浆方法，严禁用水冲浆灌缝，竖向灰缝的饱满度不宜小于 80%。竖缝不得出现瞎缝或透明缝。水平灰缝的厚度与垂直灰缝的高度应控制在 8～12mm。

这类砌体的转角或内外墙交接处应同时砌筑。如必须设置临时间断处则应砌成斜槎。对非抗震设防地区，除外墙转角处，可在临时间断处留设直槎，即从墙面伸出 200mm 的凸槎，并沿墙高每隔 600mm 设 2ϕ6mm 拉结筋或钢筋网片。拉结筋或网片必须准确埋入灰缝或芯柱内，埋入长度从留槎处算起，每边均不小于 600mm。

在常温条件下，小砌块墙体每日砌筑高度宜控制在 1.5m 或一步架高度内。

5.3　砌筑工程冬期施工

1）当室外日平均气温连续 5d 稳定低于 5℃时，砌筑工程应采取冬期施工措施。

① 气温根据当地气象资料确定。

② 冬期施工期限以外，当日最低气温低于 0℃时，也应按本章的规定执行。

2）冬期施工的砌筑工程质量验收除应符合本章要求外，尚应符合现行行业标准《建筑工程冬期施工规程》（JGJ/T 104—2011）的有关规定。

3）砌筑工程冬期施工应有完整的冬期施工方案。

4）冬期施工所用材料应符合下列规定：

① 石灰膏、电石膏等应防止受冻，如遭冻结，应经融化后使用。

② 拌制砂浆用砂，不得含有冰块和大于 10mm 的冻结块。

③ 砌筑用块体不得遭水浸冻。

5）冬期施工砂浆试块的留置，除应按常温规定要求外，尚应增加 1 组与砌体同条件养护的试块。用于检验转入常温 28d 的强度。如有特殊需要，可另外增加相应龄期的同条件养护的试块。

6）地基土有冻胀性时，应在未冻的地基上砌筑，并应防止在施工期间和回填土前地基受冻。

7）冬期施工中砖、小砌块浇（喷）水湿润应符合下列规定：

① 烧结普通砖、烧结多孔砖、蒸压灰砂砖、蒸压粉煤灰砖、烧结空心砖、吸水率较大的轻骨料混凝土小型空心砌块在气温高于 0℃条件下砌筑时，应浇水湿润；在气温低于或等于 0℃条件下砌筑时，可不浇水，但必须增大砂浆稠度。

② 普通混凝土小型空心砌块、混凝土多孔砖、混凝土实心砖及采用薄灰砌筑法的蒸压加气混凝土砌块施工时，不应对其浇（喷）水湿润。

③ 抗震设防烈度为 9°的建筑物，当烧结普通砖、烧结多孔砖、蒸压粉煤灰砖、烧结空心砖无法浇水湿润时，如无特殊措施，不得砌筑。

8）拌和砂浆时水的温度不得超过 80℃，砂的温度不得超过 40℃。

9）采用砂浆掺外加剂法、暖棚法施工时，砂浆使用温度不得超过 5℃。

10）采用暖棚法施工，块体在砌筑时的温度不应低于 5℃，距离所砌的结构底面 0.5m 处的棚内温度也不应低于 5℃。

11）在暖棚内的砌体养护时间，应根据暖棚内温度，按表 5.1 确定。

表 5.1　暖棚法砌体的养护时间

暖棚的温度/℃	5	10	15	20
养护时间/d	≥6	≥5	≥4	≥3

12）采用外加剂法配制的砌筑砂浆，当设计无要求，且最低气温等于或低于 -15℃ 时，砂浆强度等级应较常温施工提高一级。

13）配筋砌体不得采用掺氯盐的砂浆施工。

5.4　砌筑工程垂直运输设施

砌筑工程垂直运输量很大，在施工过程中不仅要运输大量的建筑材料（砖、砂浆等），而且要运输大量的施工工具和各种预制构件，所以合理选择运输机械是砌筑工程中最先需要解决的问题之一。目前砌筑工程中常用的垂直运输设施有轻型塔式起重机、井架、龙门架、施工电梯等。

（1）轻型塔式起重机

塔式起重机具有提升、回转、水平运输等功能，不仅是重要的吊装设备，而且也是重要的垂直运输设备，尤其在吊运长、大、重的物料时有明显的优势，故在可能条件下宜优先选用。在砌筑工程施工中，常选用 QT1-2、QT1-6 型轨道式轻型塔式起重机。

（2）井架

井架（图 5.4）稳定性好、运输量大，是砌筑工程施工中最常用的垂直运输设施，可用型钢或钢管加工成定型产品，也可用脚手架材料搭设而成。井架多为单孔，也可构成两孔或多孔井架，内设有吊盘。为扩大起重运输的服务范围，常在井架上安装起重臂，臂长 5~10m。起重能力为 5~10kN。吊盘起重量为 10~15kN，其中可放置运料的手推车或其他散装材料。搭设高度可设 40m，需设揽风绳保持井架的稳定。

（3）龙门架

龙门架是由两根三角形截面或矩形截面的立柱及天轮梁（横梁）组成的门式架。在龙门架上设滑轮、倒轨、吊盘、揽风绳等，用于材料、机具和小型预制构件的垂直运输（图 5.5）。龙门架构造简单、制作容易、用材少、装拆方便，但刚度和稳定性较差，一般适用于中小型工程。

（4）施工电梯

多数施工电梯为人、货两用，主要由底笼（外笼）、驱动机构、安全装置、附墙架、起重装置和起重拔杆等构成。按驱动方式可分为齿条驱动和绳轮驱动两种。齿条驱动电梯又有单吊箱（笼）和双吊箱（笼）式两种，并装有可靠的限速装置，适于 20 层以上的建筑工程使用；绳轮驱动电梯为单吊箱（笼），无限速装置，轻巧便宜，适于 20 层以下的建筑工程使用。

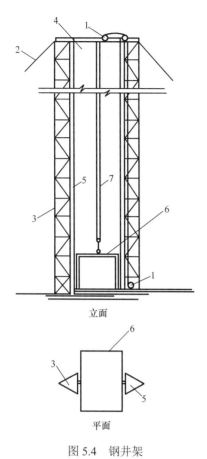

立面

平面

图 5.4　钢井架

1. 滑轮；2. 揽风绳；3. 立柱；4. 横梁；
5. 导轨；6. 吊盘；7. 钢丝绳

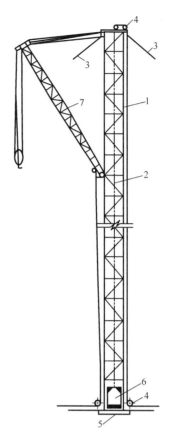

图 5.5　龙门架

1. 井架；2. 钢丝绳；3. 揽风绳；4. 滑轮；
5. 垫梁；6. 吊盘；7. 辅助吊臂

5.5　垂直运输设施的性能要求

砌筑工程中设置垂直运输设施的性能必须满足砌筑施工及施工进度的要求，一般包括提升高度、供应面和供应能力三个方面。

1. 提升度

垂直运输设施的提升高度应比砌筑工程所需要的升运高度（建筑物的檐口）高出平面不少于 3m，以确保安全。带起重杆的井字架，起重杆铰接点应高于建筑物的檐口。

2. 供应面

垂直运输设施的供应面（范围、半径）或称为覆盖面，是指其借助于水平运输的机具所能供应或覆盖范围（半径）的大小。垂直运输设施的供应面一般不超过 80m，并要求有相应的配套水平机具。

3. 供应能力

　　垂直运输设施的供应能力是指其单位时间的供应量即单位时间的运输次数与每次运输量的乘积。垂直运输设施的运次要考虑与其配套的水平运输机具的运次，取两者低值。供应能力还需要考虑 0.5～0.75 的折减系数，以考虑一些不可避免的因素，如机械设备故障和人为因素耽搁等。

复习思考题

　　5.1　简述砌筑用砂浆的种类和适用范围，其对砂浆制备和使用的要求。砂浆强度检验如何规定？

　　5.2　砌筑用砖有哪些种类？其外观质量和强度指标有什么要求？

　　5.3　砌筑工程质量有哪些要求？影响其质量的因素有哪些？

　　5.4　简述毛石基础的构造及施工要点。

　　5.5　砖墙砌体主要有哪几种砌筑形式？各有何特点？

　　5.6　简述砖墙砌筑的施工工艺和施工要点。

　　5.7　皮数杆有何作用？如何布置？

　　5.8　什么是"三一砌砖法"？其优点是什么？

　　5.9　如何绘制砌块排列图？简述砌块的施工工艺。

　　5.10　砌筑工程中的安全防护措施有哪些？

第六章　脚手架工程

脚手架是土木工程施工重要的临时设施，是在施工现场为安全防护、工艺操作以及解决楼层间少量垂直和水平运输而搭设的支架。在结构施工、装修施工和设备管道的安装施工中，都需要按照操作要求搭设脚手架。

我国脚手架工程的发展大致经历了三个阶段。第一阶段是解放初期到 20 世纪 60 年代，脚手架主要利用竹、木材料。60 年代末到 70 年代，出现了钢管扣件式脚手架、各种钢制工具式里脚手架与竹木脚手架并存的第二阶段。从 80 年代以后至现在，随着土木工程的发展，国内一些研究、设计、施工单位在从国外引入的新型脚手架基础上，经多年研究、应用，开发出一系列新型脚手架，进入了多种脚手架并存的第三阶段。

脚手架的种类很多，按其搭设位置分为外脚手架和里脚手架两大类；按其所用材料分为木脚手架、竹脚手架与金属脚手架；按其构造形式分为多立杆式、框式、桥式、吊式、挂式、升降式脚手架等。目前脚手架的发展趋势是采用高强度金属材料制作、具有多种功用的组合式脚手架，可以适用不同情况作业的要求。

对脚手架的基本要求是：工作面满足工人操作、材料堆置和运输的需要；结构有足够的强度、稳定性、变形满足要求；装拆简便；便于周转使用。

6.1　扣件式钢管脚手架

扣件式钢管脚手架由立杆、（纵向水平杆）大横杆、（横向水平杆）小横杆、斜撑、脚手板等组成。它可用于外脚手架（图 6.1），也可作为内部的满堂脚手架，是目前常用的一种脚手架。

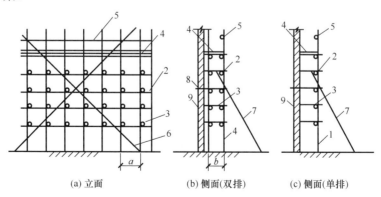

(a) 立面　　　　(b) 侧面（双排）　　　　(c) 侧面（单排）

图 6.1　扣件式钢管外脚手架

1. 立杆；2. 大横杆；3. 小横杆；4. 脚手板；
5. 栏杆；6. 斜撑；7. 抛撑；8. 连墙件；9. 墙体

扣件式钢管外脚手架的特点是：通用性强；搭设高度大；装卸方便；坚固耐用。

6.1.1　基本构造

扣件式脚手架是由标准钢骨杆件（立杆、横杆、斜杆）和特制扣件组成的脚手架框架与脚手板、防护构件、连墙件等组成的。

1. 钢管杆件

钢管杆件一般采用外径 48mm、壁厚 3.5mm 的焊接钢管或无缝钢管，也有外径 50～51mm、壁厚 3～4mm 的焊接钢管或其他钢管。用于立杆、大横杆、斜杆的钢管最大长度不宜超过 6.5m，最大重量不宜超过 250N，以便适合人工搬运，用于小横杆的钢管长度宜在 1.5～2.5m，以适应脚手板的宽度。

2. 扣件

扣件用可锻铸铁铸造或用钢板压制，其基本形式有三种（图 6.2），即供两根成垂直相交钢管连接使用的直角扣件、供两根成任意角度相交钢管连接使用的回转扣件和供两根对接钢管连接使用的对接扣件。在使用中，虽然回转扣件可连接任意角度的相交钢管，但对直角相交的钢管应用直角扣件连接，而不应用回转扣件连接。

(a) 直角扣件　　　　　(b) 回转扣件　　　　　(c) 对接扣件

图 6.2　扣件形式

3. 脚手板

脚手板一般可用厚 2mm 的钢板压制而成，长度 2～4m、宽度 250mm，表面应有防滑措施。也可采用厚度不小于 50mm 的杉木板或松木板，长度 3～6m、宽度 200～250mm，或者采用竹脚手板。

4. 连墙件

当扣件式钢管脚手架用于外脚手架时，必须设置连墙件。连墙件将立杆与主体结构连接在一起，可有效地防止脚手架的失稳与倾覆。常用的连接形式有刚性连接与柔性连接两种。

刚性连接一般通过连墙杆、扣件和墙体上的预埋件连接 [图 6.3（a）]。这种连接方式具有较大的刚度，其既能受拉，又能受压，在荷载作用下变形较小。

柔性连接则通过钢丝或小直径的钢筋、顶撑、木楔等与墙体上的预埋件连接，其刚度较小 [图 6.3（b）]，只能用于高度 24m 以下的脚手架。

5. 底座

用于承受脚手架立杆传递下来的荷载，底座一般采用厚 8mm、边长 150～200mm 的钢板作底板，上焊 150mm 高的钢管。底座形式有内插式和外套式两种（图 6.4），内插式的外径 D_1 比立杆内径小 2mm，外套式的内径 D_2 比立杆外径大 2mm。

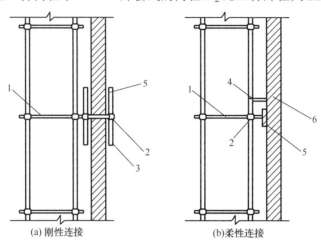

(a) 刚性连接　　(b)柔性连接

图 6.3　连墙件

1. 连墙杆；2. 扣件；3. 刚性钢管；4. 钢丝；5. 木楔；6. 预埋件

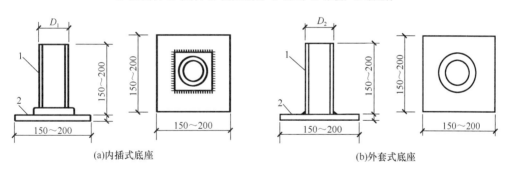

(a)内插式底座　　(b)外套式底座

图 6.4　扣件钢管架底座

1. 承插钢管；2. 钢板底座

6.1.2　搭设要求

钢管扣件脚手架搭设中应注意地基平整坚实，底部设置底座和垫板，并有可靠的排水措施，防止积水浸泡地基。

双排脚手架立杆横距 1.05～1.55m，纵距 1.2～2.0m；单排脚手架的横距 1.2～1.4m，纵距 1.2～2.0m，脚手架的步距 1.5～1.8m，脚手架立杆的纵、横距及步距根据荷载大小确定，单排脚手架横向水平伸入墙内的长度不应小于 180mm。

单排脚手架的搭设高度不应小于 24m，双排脚手架的搭设高度不大于 50m。高度大于 50m 的双排脚手架应采用分段搭设的措施。

纵向水平杆应设置在立杆的内侧，其接长可采用对接扣件或搭连接。主节点处必须设置一根横向水平杆，用直角扣件连接并严禁拆除；立杆的接长除顶层处，必须采用对接扣件连接。

剪刀撑与地面的夹角宜在 45°～60° 内。交叉的两根剪刀撑分别通过回转扣件扣在立杆及小横杆的伸出部分上，以避免两根剪刀撑相交时把钢管别弯。剪刀撑的长度较大，因此除两端扣紧外，中间尚需增加 2～4 个扣接点。

连墙件设置需从底部第一根纵向水平杆处开始，布置应均匀，设置位置应靠近脚手架杆件的节点处，与结构的连接应牢固。每个连墙件的布置间距可参考表 6.1。在搭设时，必须配合施工进度，使一次搭设的高度不应超过相邻连墙件以上 2 步。

表 6.1　连墙件布置的最大间距

脚手架高/m		竖向间距	水平间距	每个连墙件覆盖面积/m^2
双排	≤	$3h$	$3l_a$	≤40
	>	$2h$	$3l_a$	≤27
单排	≤	$3h$	$3l_a$	≤40

注：h 为脚手架的步距（m）；l_a 为脚手架的纵距（m）。

6.2　碗扣式钢管脚手架

碗扣式钢管脚手架是一种多功能脚手架，可用于里、外脚手架。其杆件节点处采用碗扣式承插连接，由于碗扣是固定在钢管上的，构件全部轴向连接，力学性能好，其连接可靠，组成的脚手架整体性好，不存在扣件丢失问题。在我国近年来发展较快，现已广泛用于房屋、桥梁、涵洞、隧道、烟囱、水塔、大坝、大跨度棚架等多种工程施工中，取得了显著的经济效益。

6.2.1　基本构造

碗扣式钢管脚手架由刚管立杆、横杆、碗扣接头等组成。其基本构造和搭设要求与扣件式钢管脚手架类似，不同之处主要在于碗扣接头。

碗扣接头（图 6.5）是由上碗扣、下碗扣、横杆接头和上碗扣的限位销等组成。在立杆上焊接下碗扣和上碗扣的限位销，将上碗扣套入立杆内。在横杆和斜杆上焊接插头。组装时，将横杆和斜杆插入下碗扣内，压紧和旋转上碗扣，利用限位销固定上碗扣。碗扣间距 600mm，碗扣处可同时连接 9 根横杆，可以互相垂直或偏转一定角度。可组成直线形、曲线形、直角交叉形式等多种形式。

6.2.2　搭设要求

碗扣式钢管脚手架立柱横距为 0.9～1.2m，纵距根据脚手架荷载可为 1.2～2.4m，步架高为 1.6～2.0m。脚手架垂直度对搭设高度在 30m 以下应控制在 1/500 以内，高度在 30m 以上的应控制在 1/1000 以内；总高垂直度偏差应不大于 100mm。

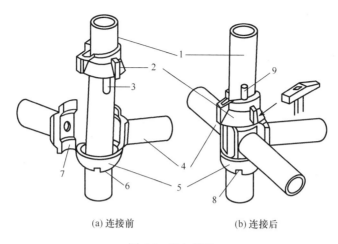

(a) 连接前　　　　　(b) 连接后

图 6.5　碗扣接头

1. 立杆；2. 上碗扣；3. 限位销；4. 横杆；5. 下碗扣；
6. 焊缝；7. 横杆接头；8. 流水槽；9. 限位销

碗扣式脚手架的连墙件应均匀布置。对高度在 30m 以下的脚手架，脚手架每 40m^2 竖向面积应设置 1 个；对高度大于 40m 的高层脚手架或荷载较大的脚手架每 20～25m 竖向面积应设置 1 个。连墙件应尽可能设置在碗扣接头内。

6.3　门式脚手架

门式脚手架是一种工厂生产、现场组拼的脚手架，是当今国际上应用最普遍的脚手架之一。它不仅可作为外脚手架，也可作为移动式里脚手架或满堂架。门式脚手架因其几何尺寸标准化，结构合理、受力性能好，施工中装拆容易，安全可靠、经济实用等特点，广泛应用于建筑、桥梁、隧道、地铁等工程施工，若在门架下部安放轮子，也可以作为机电安装、油漆粉刷、设备维修、广告制作的活动工作平台。

门式钢管脚手架的搭设一般只要根据产品目录所列的使用荷载和搭设规定进行施工，不必再进行验算。如果实际使用情况与规定有不同，则应采用相应的加固措施或进行验算。

通常门式脚手架搭设高度应满足设计计算条件，并且对落地密目式安全网全封闭不应超过 40～55m。

6.3.1　基本构造

门式脚手架是用普通钢管材料制成工具式标准件，在施工现场组合而成。其基本单元是由 2 个门式框架、2 个剪刀撑、1 个水平梁架和 4 个连接器组合而成（图 6.6）。若干基本单元通过连接器在竖向叠加，扣上壁扣，组成一个多层框架。在水平方向，用加固杆和水平梁架使相邻单元连成整体，加上斜梯、栏杆柱和横杆组成上下步相通的外脚手架。

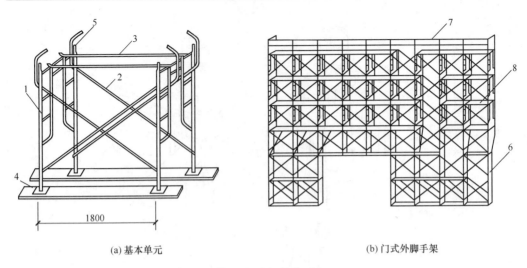

(a) 基本单元　　　　　　　　　　　　(b) 门式外脚手架

图 6.6　门式钢管脚手架

1. 门式框架；2. 剪刀撑；3. 水平梁架；4. 螺旋基脚；5. 连接器；6. 梯子；7. 栏杆；8. 脚手板

6.3.2　搭设要求

门式脚手架的搭设顺序为：铺放垫木→安放底座→设立门架→安装剪刀撑→安装水平梁架→安装梯子→安装水平加固杆→安装连墙杆→……逐层向上……→安装交叉斜杆。

门式脚手架高度一般不超过 45m，每五层至少应架设水平架一道，垂直和水平方向每隔 4～6m 应设一个连墙件，脚手架的转角应用钢管通过扣件扣紧在相邻两个门式框架上 [图 6.7（a）、（b）]。

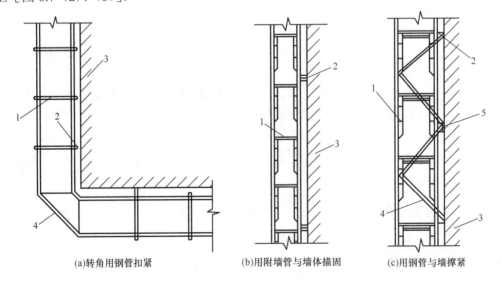

(a) 转角用钢管扣紧　　　(b) 用附墙管与墙体描固　　　(c) 用钢管与墙撑紧

图 6.7　门式钢管脚手架的加固处理

1. 门式脚手架；2. 附墙管；3. 墙体；4. 钢管；5. 混凝土板

脚手架搭设后，应用水平加固杆（钢管）加强，通过扣件将水平加固杆扣在门式框架上，形成水平闭合圈。一般在 10 层框架以下，每 3 层设一道；在 10 层框架以上，每 5 层设一道。最高层顶部和最低层底部应各加设一道，同时还应在两道水平加固杆之间加设直径 42.7mm 的交叉加固杆，其与水平加固杆之夹角应不大于 45°。

门式脚手架搭设超过 10 层，应加设辅助支撑。高度方向每 8～11 层门式框架、宽度方向 5 个门式框架之间，应加设一组，使脚手架与墙体可靠连接 [图 6.7（c)]。

6.4　升降式脚手架

升降式脚手架是沿结构外表面满搭的脚手架，在结构和装修工程施工中应用较为方便，但费料耗工，一次性投资大，工期也长。因此，近年来在高层建筑及筒仓、竖井、桥墩等施工中发展了多种形式的外挂脚手架，其中应用较为广泛的是升降式脚手架，包括自升降式、互升降式和整体升降式三种类型。

升降式脚手架主要特点是：①脚手架不需满搭，只搭设满足施工操作及安全各项要求的高度；②地面不需做支承脚手架的坚实地基，也不占施工场地；③脚手架及其上承担的荷载传给与之相连的结构，对这部分结构的强度有一定要求；④随施工进程，脚手架可随之沿外墙升降。结构施工时由下往上逐层提升，装修施工时由上往下逐层下降。

6.4.1　自升降式脚手架

自升降脚手架的升降运动是通过手动或电动倒链交替对活动架和固定架进行升降来实现的。从升降架的构造来看，活动架和固定架之间能够进行上下相对运动。当脚手架工作时，活动架和固定架均用附墙螺栓与墙体锚固，两架之间无相对运动；当脚手架需要升降时，活动架与固定架中的一个架子仍然锚固在墙体上，使用倒链对另一个架子进行升降，两架之间便产生相对运动。通过活动架和固定架交替附墙，互相升降，脚手架即可沿着墙体上的预留孔逐层升降（图 6.8）。具体操作过程如下。

1. 施工前准备

按照脚手架的平面布置图和升降架附墙支座的位置，在混凝土墙体上设置预留孔。预留孔尽可能与固定模板的螺栓孔结合布置，孔径一般为 40～50mm。为使升降顺利进行，预留孔中心必须在一直线上。脚手架爬升前，应检查墙上预留孔位置是否正确，如有偏差，应预先修正，墙面突出严重时，也应预先修平。

2. 安装

该脚手架的安装在起重机配合下按脚手架平面图进行。先把上、下固定架用临时螺栓连接起来，组成一片，附墙安装。一般每 2 片为一组，每步架上用 4 根 ϕ48mm×3.5mm 钢管作为大横杆，把 2 片升降架连接成一跨，组装成一个与邻跨没有牵连的独立升降单元体。附墙支座的附墙螺栓从墙外穿入，待架子校正后，在墙内紧固。对壁厚的筒仓或桥墩等，也可预埋螺母，然后用附墙螺栓将架子固定在螺母上。脚手架工作时，每个单元体共有 8 个附墙螺栓与墙体锚固。为了满足结构工程施工，脚手架应超过结构一层的安全作业需要。在升降脚手架上墙组装完毕后，用 ϕ48mm×3.5mm 钢管和对接扣件在上固定架上面再接高一步。最后在各升降单元体的顶部扶手栏杆处设临时连接杆，使之成为整体，内侧立杆用钢管扣件与模板支撑系统拉结，以增强脚手架整体稳定。

3. 爬升

爬升可分段进行，视设备、劳动力和施工进度而定，每个爬升过程提升 1.5～2m，每个爬升过程分两步进行（图 6.8）。

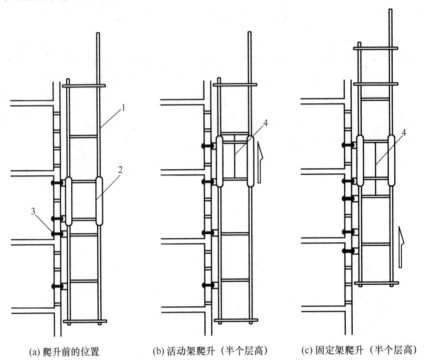

(a) 爬升前的位置　　　(b) 活动架爬升（半个层高）　　　(c) 固定架爬升（半个层高）

图 6.8　自升降式脚手架爬升过程

1. 固定架；2. 活动架；3. 附墙螺栓；4. 倒链

（1）爬升活动架

解除脚手架上部的连接杆，在一个升降单元体两端升降架的吊钩处，各配置 1 只倒链，侧链的上、下吊钩分别挂入固定架和活动架的相应吊钩内。操作人员位于活动架上，倒链受力后卸去活动架附墙支座的螺栓，活动架即被倒链挂在固定架上，然后在两端同步提升，活动架即呈水平状态徐徐上升。爬升到达预定位置后，将活动架用附墙螺栓与墙体锚固，卸下倒链，活动架爬升完毕。

（2）爬升固定架

同爬升活动架相似，在吊钩处用倒链的上、下吊钩分别挂入活动架和固定架的相应吊钩内，倒链受力后卸去固定架附墙支座的附墙螺栓，固定架即被倒链挂吊在活动架上。然后在两端同步抽动倒链，固定架即徐徐上升，同样，爬升至预定位置后，将固定架用附墙螺栓与墙体锚固，卸下倒链，固定架爬升完毕。

至此，脚手架完成了一个爬升过程。待爬升一个施工高度后，重新设置上部连接杆，脚手架进入工作状态，以后按此循环操作，脚手架即可不断爬升，直至结构到顶。

4. 下降

与爬升操作顺序相反，顺着爬升时用过的墙体预留孔倒行。脚手架即可逐层下降，同时把留在墙面上的预留孔修补完毕，最后脚手架返回地面。

5. 拆除

拆除时设置警戒区，有专人监护，统一指挥。先清理脚手架上的垃圾杂物，然后自上而下逐步拆除。拆除升降架可用起重机、卷扬机或倒链。升降机拆下后要及时清理整修和保养，以利重复使用，运输和堆放均应设置地楞，防止变形。

6.4.2　互升降式脚手架

互升降式脚手架将脚手架分为甲、乙两种单元，通过倒链交替对甲、乙两单元进行升降。当脚手架需要工作时，甲单元与乙单元均用附墙螺栓与墙体锚固，两架之间无相对运动；当脚手架需要升降时，一个单元仍然锚固在墙体上，使用倒链对相邻一个架子进行升降，两架之间便产生相对运动。通过甲、乙两单元交替附墙，相互升降，脚手架即可沿着墙体上的预留孔逐层升降。互升降式脚手架的性能特点是：①结构简单，易于操作控制；②架子搭设高度低，用料省；③操作人员不在被升降的架体上，增加了操作人员的安全性；④脚手架结构刚度较大，附墙的跨度大。它适用于框架剪力墙结构的高层建筑、水坝、筒体等施工。具体操作过程如下。

1. 施工前的准备

施工前应根据工程设计和施工需要进行布架设计，绘制设计图编制施工组织设计，制订施工安全操作规定。在施工前，还应将互升降式脚手架所需要的辅助材料和施工机具准备好，并按照设计位置预留附墙螺栓孔或设置好预埋件。

2. 安装

互升降式脚手架的组装可有两种方式：在地面组装好单元脚手架，再用塔吊吊装就位；或是在设计爬升位置搭设操作平台，在平台上逐层安装。爬架组装固定后的允许偏差应满足：沿架子纵向垂直偏差不超过 30mm；沿架子横向垂直偏差不超过 20mm；沿架子水平偏差不超过 30mm。

3. 爬升

脚手架爬升前应进行全面检查，检查的主要内容有：预留附墙连接点的位置是否符合要求，预埋件是否牢靠；架体上的横梁设置是否牢固；提升降单元的导向装置是否可靠；升降单元与周围的约束是否解除，升降有无障碍；架子上是否有杂物；所适用的提升设备是否符合要求等。

当确认以上各项都符合要求后方可进行爬升（图 6.9），提升到位后，应及时将架子同结构固定。然后，用同样的方法对与之相邻的单元脚手架进行爬升操作，待相邻的单元脚手架升至预定位置后，将两单元脚手架连接起来，并在两单元操作层之间铺设脚手板。

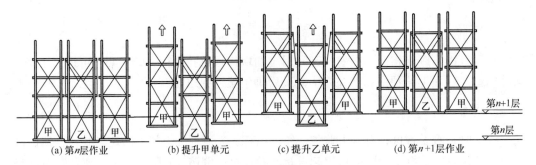

图 6.9　互升降式脚手架爬升过程

4. 下降

与爬升操作顺序相反，利用固定在墙体上的架子对相邻的单元脚手架进行下降操作，同时把留在墙面上的预留孔修补完毕，最后脚手架返回地面。

5. 拆除

爬架拆除前应清理脚手架上的杂物。拆除爬架有两种方式，一种是同常规脚手架拆除方式，采用自上而下的顺序，逐步拆除；另一种用起重设备将脚手架整体吊至地面拆除。

6.4.3　整体升降式脚手架

在超高层建筑的主体施工中，整体升降式脚手架有明显的优越性，它结构整体好、升降快捷方便、机械化程度高、经济效益显著，是一种很有推广使用价值的超高建（构）筑外脚手架，是目前被列为行业重点推广的 10 项新技术之一。

整体升降式外脚手架（图 6.10）以电动倒链为提升机，使整个外脚手架沿建筑物外墙或柱整体向上爬升。搭设高度依建筑物施工层的层高而定，一般取建筑物标准层 4 个层高加 1 步安全栏的高度为架体的总高度。脚手架为双排，宽以 0.8~1m 为宜，里排杆离建筑物净距 0.4~0.6m。脚手架的横杆和立杆间距都不宜超过 1.8m，可将 1 个标准层高分为 2 步架，以此步距为基数确定架体横、立杆的间距。

架体设计时，可将架子沿建筑物外围分成若干单元，每个单元的宽度参考建筑物的开间而定，一般为 5~9m。具体操作如下。

1. 施工前的准备

按平面图先确定承力架及电动倒链挑梁安装的位置和个数，在相应位置上的混凝土墙或梁内预埋螺栓或预留螺栓孔。各层的预留螺栓或预留孔位置要求上下相一致，误差不超过 10mm。

加工制作型钢承力架、挑梁、斜拉杆。准备电动倒链、钢丝绳、脚手管、扣件、安全网、木板等材料。

因整体升降式脚手架的高度一般为 4 个施工层层高，在建筑物施工时，由于建筑物的最下几层层高往往与标准层不一致，且平面形状也往往与标准层不同。所以，一般在建筑物主体施工到 3~5 层时开始安装整体脚手架。下面几层施工时，往往要先搭设落地外脚手架。

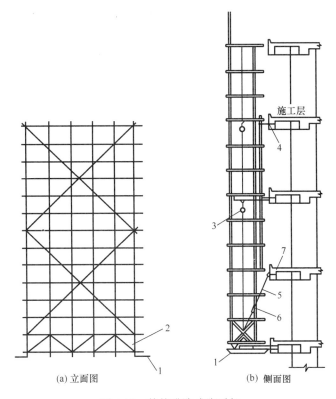

(a) 立面图 (b) 侧面图

图 6.10　整体升降式脚手架

1. 承力架；2. 加固桁架；3. 电动提升机；4. 挑梁；5. 斜拉杆；6. 调节螺栓；7. 墙螺栓

2. 安装

先安装承力架，承力架内侧用 M25～M30 的螺栓与混凝土边梁固定，承力架外侧用斜拉杆与下层边梁拉结固定，用斜拉杆中部的花篮螺栓将承力架调平，再在承力架上面搭设架子，安装承力架上的立杆；然后搭设下面的承力桁架。再逐步搭设整个架体，随搭随设置拉结点，并设斜撑。在比承力架高 2 层的位置安装工字钢挑梁，挑梁与混凝土边梁的连接方法与承力架相同。电动倒链挂在挑梁下，并将电动倒链的吊钩挂在承力架的花篮挑梁上。在架体上每个层高满铺厚木板，架体外面挂安全网。

3. 爬升

短暂开动电动倒链，将电动倒链与承力架之间的吊链拉紧，使其处在初始受力状态，松开架体与建筑物的固定拉结点。松开承力架与建筑物相连的螺栓和斜拉杆，开动电动倒链开始爬升，爬升过程中应随时观察架子的同步情况，如发现不同步应及时停机进行调核。爬升到位后，先安装承力架与混凝土边梁的紧固螺栓，并将承力架的斜拉杆与上层边梁固定。然后安装架体上部与建筑物的各拉结点。待检查符合安全要求后，脚手架可开始使用，进行上一层的主体施工。在新一层主体施工期间，将电动倒链及其挑梁摘下，用滑轮或手动倒链转至上一层重新安装，为下一层爬升做准备。

4. 下降

与爬升操作顺序相反，利用电动倒链顺着爬升用的墙体预留孔倒行，脚手架即可逐层下降，同时把留在墙面上的预留孔修补完毕，最后脚手架返回地面。

5. 拆除

爬架拆除前应清理脚手架上的杂物。拆除方式与互升式脚手架类似。

另有一种液压提升整体式的脚手架—模板组合体系（图6.11），它通过设在建（构）筑内部的支承立柱及立柱顶部的平台桁架，利用液压设备进行脚手架的升降，同时也可升降建筑的模板。

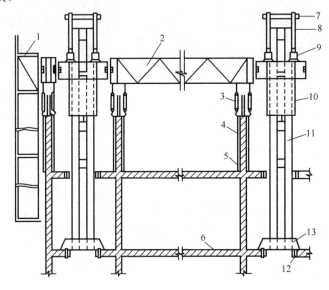

图 6.11　液压整体提升大模板

1. 吊脚手；2. 平台桁架；3. 手拉倒链；4. 墙板；5. 大模板；6. 楼板；7. 支承挑架；
8. 提升支承杆；9. 千斤顶；10. 提升导向架；11. 支承立柱；12. 连接板；13. 螺栓

6.5　里　脚　手　架

里脚手架搭设于建（构）筑物内部，其使用过程中装拆较频繁，故要求轻便灵活，装拆方便。通常将其做成工具式的，结构形式有折叠式、支柱式和门架式。

如图6.12所示为角钢折叠式里脚手架，其架设间距，砌墙时不超过2m，粉刷时不超过2.5m。根据施工层高，沿高度可以搭设两步脚手，第一步高约1m，第二步高约1.65m。

如图6.13所示为套管式支柱，它是支柱式里脚手架的一种。将插管插入立管中，以销孔间距调节高度，在插管顶端的凹形支托内搁置方木横杆，横杆上铺设脚手架。架设高度为1.5～2.1m。

门架式里脚手架由两片A形支架与门架组成（图6.14），其架设高度为1.5～2.4m，两片A形支架间距2.2～2.5m。

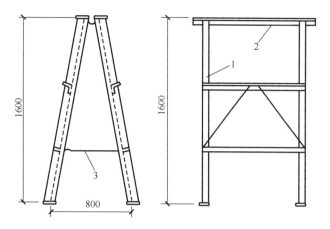

图 6.12 折叠式里脚手架

1. 立柱；2. 横楞；3. 挂钩

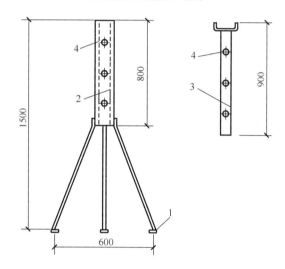

图 6.13 套管式立柱

1. 支脚；2. 立管；3. 插管；4. 销孔

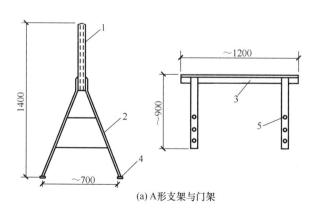

(a) A 形支架与门架　　　　　(b) 安装示意

图 6.14 门架式里脚手架

1. 立管；2. 支脚；3. 门架；4. 垫板；5. 销孔

对高度较高的结构内部施工，如建筑的顶棚等可利用移动式里脚手架（图 6.15），如作业面大、工程量大，则常常在施工区内搭设满堂脚手架。材料可用扣件式钢管、碗扣式钢管或用毛竹等。

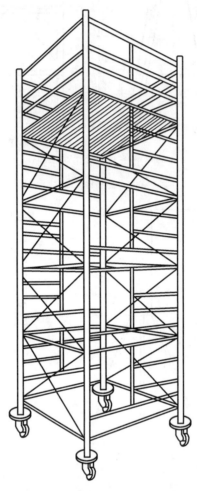

图 6.15　移动式里脚手架

6.6　悬挑式脚手架与吊脚手架

6.6.1　悬挑式脚手架

悬挑式脚手架（图 6.16）简称挑架，搭设在建筑物外边缘向外伸出的悬挑结构上，将脚手架荷载全部或部分传递给建筑结构。悬挑支撑结构有型钢焊接制作的三角桁架下撑式结构以及用钢丝绳斜拉住水平型钢挑梁的斜拉式结构两种主要形式。在悬挑结构上搭设的双排外脚手架与落地式脚手架相同，分段悬挑脚手架的高度一般控制在 25m 以内。由于脚手架是沿建筑物高度分段搭设的，在一定条件下，当上层还在施工时，其下层即可提前交付使用，所以该形式的脚手架适用于高层建筑的施工。

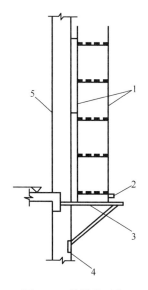

图 6.16　悬挑脚手架

1. 钢管脚手架；2. 型钢横梁；3. 三角支承架；4. 预埋件；5. 钢筋混凝土柱（墙）

6.6.2　吊脚手架

吊脚手架（图 6.17）是一种能自升的悬吊式脚手架，主要由悬挑部件、吊篮、操作平台、升降设备等组成，适用于外墙装修，工业厂房或框架结构的围护墙砌筑。悬吊支承点设置在主体结构上。悬挑构件的安设务必牢固可靠，以防出现倾翻事故。吊篮的升降有手扳葫芦升降、卷扬升降、爬升升降三种方式。

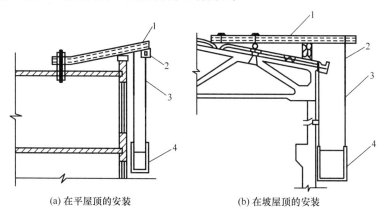

(a) 在平屋顶的安装　　　　　(b) 在坡屋顶的安装

图 6.17　吊挂脚手架

1. 挑梁；2. 吊环；3. 吊索；4. 吊篮

复习思考题

6.1　简述脚手架的作用及基本要求。

6.2　扣件式钢管脚手架的构造如何？其搭设有何要求？

6.3　碗扣式脚手架、门式脚手架的构造有哪些特点？在搭设和使用时应注意哪些问题？

6.4　升降式脚手架有哪些类型？其构造有何特点？

6.5　自升式脚手架及互升式脚手架有哪些类型？其构造有何特点？

6.6　常用里脚手架有哪类型？其特点怎样？

6.7　脚手架的安全防护措施有哪些内容？

第七章　结构安装工程施工

结构安装工程就是采用不同类型的起重机将在现场或工厂预制的构件或构件组合单元安放到设计位置的施工过程，是装配式结构房屋施工中的主导工程，其施工特点如下：

预制构件的类型和质量直接影响吊装进度和工程质量。正确选用起重机具，是完成吊装任务的关键。构件在运输、吊装时，因吊点或支承点的不同，其应力状态也不一致，必要时应对构件进行吊装验算，并采取相应的措施。结构安装工程高空作业多，应加强安全技术措施。

在拟定结构吊装方案时，应解决好以下问题：

1）作好安装前的准备工作。

2）合理选择起重机械。

3）拟定构件吊装工艺及结构吊装方法。

4）确定起重机开行路线与结构平面布置。

7.1　索　具　设　备

7.1.1　卷扬机

卷扬机是结构吊装工程最常用的工具，按驱动方式有手动卷扬机和电动卷扬机。用于结构吊装的卷扬机多为电动卷扬机。电动卷扬机主要由电动机、卷筒、电磁制动器和减速机构等组成，如图 7.1 所示。卷扬机分快速和慢速两种。慢速卷扬机主要用于结构吊装、冷拉钢筋和张拉预应力钢筋；快速卷扬机主要用于垂直运输和打桩作业。

卷扬机必须用地锚予以固定，以防止工作时产生滑动或倾覆。卷扬机的安装位置应注意下列问题：

1）钢丝绳绕入卷筒的方向应与卷筒轴线垂直，这样能使钢丝绳圈排列整齐，不致斜绕和互相错叠挤压。

2）在卷扬机正前方应设置导向滑轮，导向滑轮至卷筒轴线的距离应不小于卷筒长度的 15 倍，即倾角 α 不大于 2°，以免钢丝绳与导向滑轮槽缘产生过分的磨损，使钢丝绳能自动在卷筒上往复缠绕。

3）卷扬机至构件安装位置的水平距离应大于构件的安装高度。即当构件被吊到安装位置时，操作者视线仰角应小于 45°。

4）卷扬机必须有良好的接地或接零装置，接地电阻不得大于 10Ω。在一个供电网络上，接地或接零不得混用。

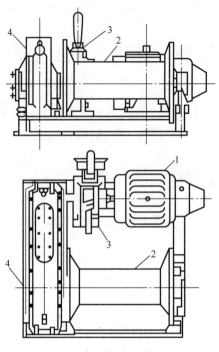

图 7.1　电动卷扬机

1. 电动机；2. 卷筒；3. 电磁制动器；4. 减速机构

7.1.2　钢丝绳

钢丝绳是吊装工作中的主要绳索，它具有强度高、弹性大、韧性好、耐磨、能承受冲击荷载等优点。结构吊装中常用的钢丝绳是由 6 束绳股和 1 根绳芯捻成，绳股是由许多钢丝捻成。

钢丝绳在选用时应考虑多根钢丝的受力不均匀性及其用途，钢丝绳允许拉力为

$$\left[F_g\right]=\frac{\alpha F_g}{K} \tag{7.1}$$

式中，F_g ——钢丝绳的钢丝破断拉力总和，kN；

α ——换算系数（考虑钢丝受力不均匀性），按表 7.1 取用；

K ——钢丝的安全系数，按表 7.2 取用。

表 7.1　钢丝绳破断拉力换算

钢丝绳结构	换算系数
6×19	0.85
6×37	0.82
6×61	0.80

表 7.2　钢丝绳的安全系数

用途	安全系数	用途	安全系数
做缆风绳	3.5	做吊索无弯曲时	6～7
用于手动起重设备	4.5	做捆绑吊索	8～10
用于手动起重设备	5～6	用于载人的升降机	14

7.1.3　滑轮组

滑轮组是由一定数量的定滑轮和动滑轮以及穿绕的钢丝绳所组成，具有省力和改变力的方向的功能，是起重机械的重要组成部分。滑轮组共同负担重物钢丝绳的根数，称为工作线数。滑轮组的名称，以组成滑轮组的定滑轮与动滑轮的数目来表示，如由 4 个定滑轮和 4 个动滑轮组成的滑轮组称四四滑轮组，5 个定滑轮和 4 个动滑轮所组成的滑轮组称五四滑轮组。

滑轮组钢丝绳跑头的拉力 S 为

$$S = kQ \qquad\qquad (7.2)$$

式中，Q——计算荷载；

k——滑轮组省力系数。

7.1.4　吊索

吊索（千斤）主要用以绑扎构件以便起吊，有环状吊索（又称万能吊索或闭式吊索）和 8 股头吊索（又称轻便吊索或开口吊索），如图 7.2 所示。

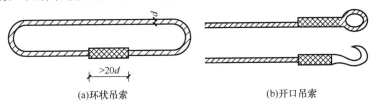

(a)环状吊索　　　　　　　(b)开口吊索

图 7.2　吊索

7.1.5　卡环

卡环用于吊索和吊索或吊索和构件吊环之间的连接，由弯环与销子两部分组成。卡环按弯环形式分，有螺栓式卡环和活络卡环。螺栓式卡环的销子和弯钩采用螺纹连接，活络卡环的销子端头和弯环孔眼无螺纹，可直接抽出，销子断面有圆形和椭圆形两种（图 7.3）。活络卡环用于吊装柱子时使用（图 7.4），可避免高空作业。绑孔时使柱子起吊后销子尾部朝下，在构件起吊前用白棕绳将销子与吊索末端的圆圈连在一起，用铅丝将弯环与吊索末端的圆圈捆在一起。柱子就位临时固定后，放松吊索使其不受力，拉动白棕绳将销子拉出。

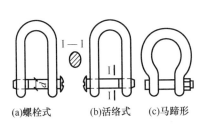

(a)螺栓式　　(b)活络式　(c)马蹄形

图 7.3　卡环

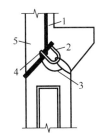

图 7.4　活络卡环绑扎柱子

1. 吊索；2. 活络卡环；3. 销子安全绳；4. 白棕绳；5. 柱

7.1.6　横吊梁

横吊梁常用于柱和屋架等构件的吊装。用横吊梁吊柱容易使柱身保持垂直，便于安装。用横吊梁吊屋架可以降低起吊高度，减少吊索的水平分力对屋架的压力。图 7.5 为吊装柱常用的钢板横吊梁、图 7.6 为吊装屋架常用的钢管横吊梁。

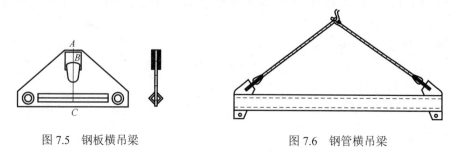

图 7.5　钢板横吊梁　　　　　　　　　　图 7.6　钢管横吊梁

7.2　起 重 机 械

结构吊装工程中常用的起重机械有自行杆式起重机、塔式起重机，在一定的条件下也会用到桅杆式起重机。

7.2.1　自行杆式起重机

自行杆式起重机有履带式起重机、汽车式起重机和轮胎式起重机等。

1. 履带式起重机

履带式起重机是在行走的履带底底盘上装有起重装置的起重机械，是自行式、全回转的一种起重机，它具有操作灵活，使用方便，在一般平整坚实的场地上可以载荷行驶和作业。其缺点是稳定性较差，一般不宜超负荷吊装，行走速度慢，且对路面破坏性大，在城市和长距转场时，需用拖车进行运送。它是结构吊装工程中常用的起重机械。

（1）常用型号及性能

常用的履带式起重机有国产 W1-50 型、W1-100 型、W1-200 型和一些进口机械。常用履带式起重机的外形尺寸如图 7.7 和表 7.3 所示，其技术性能见表 7.4。

表 7.3　履带式起重机外形尺寸　　　　　　　　（单位：mm）

符号	名称	型号		
		W1-50	W1-100	W1-200
A	机身尾部到回转中心距离	2900	3300	4500
B	机身宽度	2700	3120	3200
C	机身顶部到地面高度	3220	3675	4125
D	回转平台底面距地面高度	1000	1045	1190
E	起重臂下较点中心距地面高度	1555	1700	2100
F	起重臂下较点中心至回转中心距离	1000	1300	1600
G	履带长度	3420	4005	4950
M	履带架宽度	2850	3200	4050

续表

符号	名称	型号		
		W1-50	W1-100	W1-200
N	履带板宽度	550	675	800
J	行走底架距地面高度	300	275	390
K	机身上部支架顶部距地面高度	3480	4170	4300

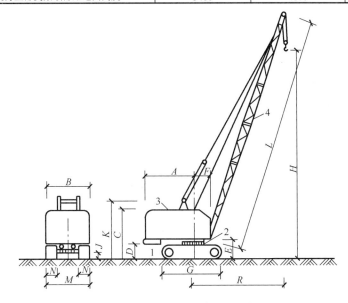

图 7.7 履带式起重机外形图

1. 行走装置；2. 回转机构；3. 机身；4. 起重臂；
A、B、C、…、K. 外形尺寸；L. 起重臂长度；H. 起重高度；R. 起重半径

表 7.4 履带式起重机性能

参数		单位	型号						
			W1-50			W1-100		W1-200	
			10	18	18 带鸟嘴	13	23	15	30	40
起重臂长度		m	10	18	18 带鸟嘴	13	23	15	30	40
最大工作幅度		m	10.0	17.0	10.0	12.5	17.0	15.5	22.5	30.0
最小工作幅度		m	3.7	4.5	6.0	4.23	6.5	4.5	8.0	10.0
起重量	最小工作幅度时	t	10.0	7.5	2.0	15.0	8.0	50.0	20.0	8.0
	最大工作幅度时	t	2.6	1.0	1.0	3.5	1.7	8.2	4.3	1.5
起重高度	最小工作幅度时	m	9.2	17.2	17.2	11.0	19.0	12.0	26.8	36.0
	最大工作幅度时	m	3.7	7.6	14.0	5.8	16.0	3.0	19.0	25.0

注：表中数据所对应的起重臂倾角为 $\alpha_{\min}=30°$，$\alpha_{\max}=77°$。

履带式起重机的主要技术参数为：起重量 Q、起重高度 H 和回转半径 R。其中，起重量 Q 是指起重机安全工作所允许的最大起重重物的质量，起重高度 H 是指起重吊钩的中心至停机面的垂直距离，起重半径 R 是指起重机回转轴线至吊钩中垂线的水平距离。这 3 个参数之间存在相互制约的关系，其数值大小取决于起重臂的长度及其仰角的大小。各型号起重机都有几种臂长。当臂长一定时，随着起重臂仰角的增大，起重量和

起重高度随之增加，而回转半径减小。当起重臂仰角一定时，随着起重臂长度的增加，起重半径和起重高度增加而起重量减少。履带式起重机三个主要参数之间的关系可用工作性能表来表示，也可用起重机工作曲线来表示，在起重机手册中均可查阅。表 7.5、图 7.8 为 W1-100 型履带式起重机的性能及性能曲线。

表 7.5　W1-100 型履带起重机的起重性能

幅度/m	臂长 13m		臂长 23m	
	起重量/t	起升高度/m	起重量/t	起升高度/m
4.5	15	11		
5	13	11		
6	10	11		
6.5	9	10.9	8	19
7	8	10.8	7.2	19
8	6.5	10.4	6	19
9	5.5	9.6	4.9	19
10	4.8	8.8	4.2	18.9
11	4	7.8	3.7	18.6
12	3.7	6.5	3.2	18.2
13			2.9	17.8
14			2.4	17.5
15			2.2	17
17			1.7	16

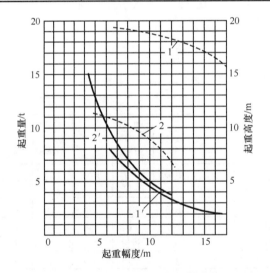

图 7.8　W₁-100 型起重机性能曲线

1、1′. 起重臂长 23m 时 *H-R* 曲线；　2、2′. 起重臂长 23m 时 *Q-R* 曲线

（2）履带式起重机的稳定性验算

起重机的稳定性是指起重机在自重和外荷作用下抵抗倾覆的能力。履带式起重机在进行超负荷吊装或额外接长起重臂时，需进行稳定性验算，以保证起重机在吊装中不会发生倾覆事故。

　　履带式起重机在如图 7.9 所示的情况下（即机身与行驶方向垂直）稳定性最差。此时，履带的轨链中心 A 为倾覆中心，起重机的安全条件为

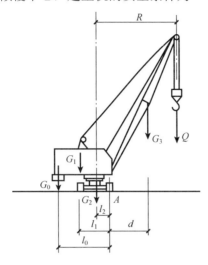

图 7.9　履带起重机稳定性验算示意图

　　1）当考虑吊装荷载时及附加荷载时，稳定安全系数
$$K_1 = M_稳 / M_倾 \geqslant 1.15 \tag{7.3}$$
　　2）当仅考虑吊装荷载时，稳定安全系数
$$K_2 = M_稳 / M_倾 \geqslant 1.4 \tag{7.4a}$$
式中

$$K_1 = \frac{M_稳}{M_倾} = \frac{G_1 l_1 + G_2 l_2 + G_0 l_0 - (G_1 h_1' + G_2 h_2' + G_0 h_0 + G_3 h_2)\sin\beta}{Q(R - l_2)}$$

$$- \frac{G_3 d + M_F + M_G + M_L}{Q(R - l_2)} \geqslant 1.15 \tag{7.4b}$$

　　按 K_1 验算十分复杂，在施工现场中常用 K_2 验算，即

$$K_2 = \frac{M_稳}{M_倾} = \frac{G_1 l_1 + G_2 l_2 + G_0 l_0 - G_3 d}{Q(R - l_2)} \geqslant 1.4 \tag{7.4c}$$

式中，G_0——平衡重力；

　　　　G_1——起重机机身可转动部分的重力；

　　　　G_2——起重机机身不转动部分的重力；

　　　　G_3——起重臂重力（起重臂接长时，为接长后重力）；

　　　　Q——吊装荷载（包括构件重力和索具重力）；

　　　　l_0、l_1、l_2、d——上述相应部分的重心至倾覆中心 A 的距离；

　　　　h_0、h_1'、h_2'、h_2——上述相应部分的重心至地面的距离；

　　　　β——地面倾斜角度，应限制在 3° 以内；

　　　　R——起重机最小回转半径；

　　　　M_F——风载引起的倾覆力矩，可按下式计算：
$$M_F = W_1 h_1 + W_2 h_2 + W_3 h_3 \tag{7.5}$$

式中，W_1——作用在起重机机身上的风载（基本风载值 W_0 取 0.25kPa，下同）；

　　　　W_2——作用在起重臂上的风载，按荷载规范计算；

　　　　W_3——作用在所吊构件上的风载，按构件的实际受风面积计算；

　　　　h_1——机棚后面重心至地面的距离；

　　　　M_G——重物下降时突然刹车的惯性力所引起的倾覆力矩，即

$$M_G = \frac{Qv}{gt}(R - l_2) \tag{7.6}$$

式中，v——吊钩下降速度，m/s，取为吊钩速度的 1.5 倍；

　　　　g——重力加速度（9.8m/s^2）；

　　　　t——从吊钩下降速度 v 变到 0 所需的制动时间，取 1s；

　　　　M_L——起重机回转时的离心力所引起的倾覆力矩

$$M_L = \frac{QRn^2}{900 - n^2 h} \cdot h_3 \tag{7.7}$$

式中，n——起重机回转速度，取 1r/min；

　　　　h——所吊钩件于最低位置时，其重心至起重臂顶端的距离。

2. 汽车式起重机

　　汽车式起重机是将起重机构安装在通用或专用汽车底盘上的一种自行式全回转起重机械。起重臂可自动逐节伸缩，并具有各种限位和报警装置。它具有汽车的行驶通过性能，机动性强、行驶速度快，转移迅速、对路面破坏小、其缺点是吊装时必须设支腿，因而不能负荷行走。

　　目前常用的汽车式起重机有机械传动（代号 Q）、液压传动（代号 QY）和电动传动（代号 QD）三种。

　　汽车式起重机按起重量大小分为轻型、中型和重型三种。起重量在 20t 以内的为轻型，50t（含）以上的为重型。目前，液压传动的汽车式起重机应用较为普遍。图 7.10 是一种轻型汽车式起重机的外形图。

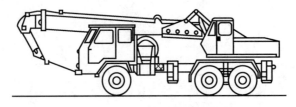

图 7.10　汽车式起重机

3. 轮胎式起重机

　　轮胎式起重机是将起重机安装在加重型轮胎和轮轴组成的特制底盘上的一种自行式全回转起重机械。在底盘上装有可伸缩的支腿，如图 7.11 所示，吊装时用四个支腿支撑，以增加机身的稳定性并保护轮胎。

　　轮胎式起重机的特点是行驶时对路面的破坏性较小，行驶速度比汽车式起重机慢，故不宜作长距离行驶，适宜于作业地点相对固定而作业量较大的现场。

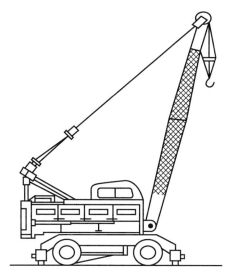

图 7.11　轮胎起重机

　　轮胎式起重机按传动方式分为机械式、电动式和液压式。近年来液压式发展较快已逐渐替代了电动式，机械式已被淘汰。

7.2.2　塔式起重机

　　塔式起重机具有直立的塔身，起重臂安装在塔身的顶部，形成"┏"形的工作空间，具有较高的有效起升高度和较大的有效工作半径，工作面广。塔式起重机的种类很多，在建筑结构吊装过程中特别是在多层及高层建筑施工中，应用广泛。

　　塔式起重机按有无行走机构可分为固定式和移动式两种。固定式塔式起重机可固定在混凝土基础上或附着在建筑物上自动升降，也可以安装在建筑物内部的结构上随建筑物升高。塔式起重机按起重能力大小可分为轻型塔式起重机，起重量为 5～30kN，一般用于 6 层以下民用建筑施工；中型塔式起重机起重量为 30～150kN，适用于一般工业建筑与高层民用建筑施工；重型塔式起重机重量为 200～400kN，一般用于重工业厂房的施工和高炉等设备的吊装。

　　移动式塔式起重机按其行走装置，又可分为履带式、汽车式、轮胎式和轨道式四种；按其回转形式，可分为上回转和下回转两种；按其变幅方式，可分为水平臂小车变幅和动臂变幅两种；按其安装形式，可分为自升式、整体快速拆装和拼装式三种。目前应用最广的是下回转、快速装拆轨道式塔式起重机和能够一机四用（轨道式、固定式、附着式和内爬式）的自升塔式起重机。

　　1. 轨道式塔式起重机

　　轨道式塔式起重机是一种沿轨道行驶的自行式起重机，行驶路线可为直线、L 形和 U 形，能负荷行驶，且服务范围大，是目前广泛应用的起重机，常用的有 QT$_1$-6 型、QT-60/80 型等。QT$_1$-6 型塔式起重机是轨道式上旋转塔式中型起重机，起重量为 20～60kN，最大起重力矩为 400～450kN·m，起重半径 3.5～20m，起重高度 40.5～26.5m，轨距 3.8m；能转弯行驶，起重高度可按需要增减塔身节数，适用面广，如图 7.12 所示。

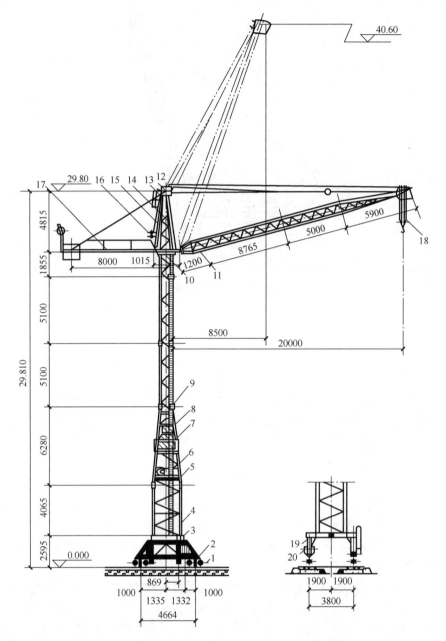

图 7.12　QT₁-6 型塔式起重机外形与构造示意图

1. 被动台车；2. 活动侧架；3. 平台；4. 第一节架；5. 第二节架；6. 卷扬机构；7. 操纵配电系统；
8. 司机室；9. 互换节架；10. 回转机构；11. 起重臂；12. 中央集电环；13. 超负荷保险装置；
14. 塔顶；15. 塔帽；16. 手摇变幅机构；17. 平衡臂；18. 吊钩；19. 固定侧架；20. 主动台车

2. 附着式塔式起重机

附着式塔式起重机是固定式起重机的一种，其塔身底部固定在建筑物近旁专用的混凝土基础上。为减少塔身弯矩，满足稳定性要求，规定每隔 20m 左右将塔身与施工结构用附着杆（锚固装置）联结起来实现附着，以实现更大的起升高度。这种塔式起重机提升高度高，占地少，广泛应用于高层建筑或施工场地狭小的一般工业与民用建筑工程施工中的垂直和水平运输和构件安装，图 7.13 为附着式塔式起重机示意图。

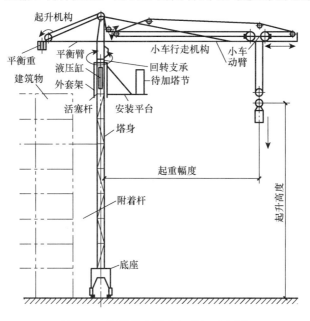

图 7.13　为附着式塔式起重机示意图

　　附着式塔式起重机可借助自身提升装置随着建筑施工高度上升而自行向上接高。常用的型号有 QT_4-10、QT_1-4、ZT-120、ZT-100 型等。

　　附着式塔式起重机的液压顶升系统主要包括顶升套架、长行程液压千斤顶、支承座、顶升横梁及定位销等。液压千斤顶的缸体装在塔吊上部结构的底端承座上，活塞杆通过顶升横梁（扁担梁）支承在塔身顶部。其顶升过程可分以下五个步骤，如图 7.14 所示。

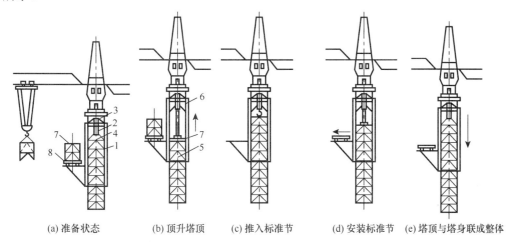

　(a) 准备状态　　(b) 顶升塔顶　　(c) 推入标准节　　(d) 安装标准节　　(e) 塔顶与塔身联成整体

图 7.14　附着式塔式起重机顶升接高过程

1. 顶升套架；2. 液压千斤顶；3. 支承座；4. 顶升横梁；5. 定位销；6. 过渡节；7. 标准节；8. 摆渡小车

1）将标准节吊到摆渡小车上，并将过渡节与塔身标准节相连的螺栓松开，准备顶升。

2）开动液压千斤顶，将塔吊上部结构包括顶升套架向上顶升到超过一个标准节的高度（每顶升一次升高 2.5m），然后用定位销将套架固定。于是塔吊上部结构的重量就通过定位销传递到塔身。

3）液压千斤顶回缩，形成引进空间，此时将装有标准节的摆渡小车开到引进空间内。

4）利用液压千斤顶稍微提起标准节，退出摆渡小车，然后将标准节平稳地落在下面的塔身上，并用螺栓加以连接。

5）拔出定位销，下降过渡节，使之与已接高的塔身连成整体。如一次要接高若干节塔身标准节时，则可重复以上工序。

3. 爬升式塔式起重机

爬升式塔式起重机是一种安装在建筑物内部（电梯井或特设开间）的结构上，依靠套架托梁和爬升系统，随着建筑物的建造高度升高而升高的起重机。一般每隔 1～2 层便要爬升一次。塔身自身高度只有 20m 左右，起重高度随施工高度而定，主要适用于高层建筑施工。

常用爬升式塔式起重机的型号有 QT$_5$-4/40 型和 ZT-120 型。进口机型有 80HC、120HC 及 QTZ63、GTZ100 等。QT$_5$-4/40 型塔式起重机，最大起重量为 40kN，幅度为 11～20m，起重高度可达 110m，一次爬升高度 8.6m，爬升速度为 1m/min，其爬升过程主要分为准备状态、提升套架和提升起重机，如图 7.15 所示。

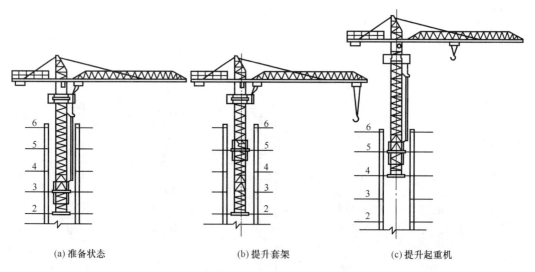

(a) 准备状态   (b) 提升套架   (c) 提升起重机

图 7.15　爬升式塔式起重机的爬升过程

准备状态：将起重小车收回到最小幅度处，下降吊钩，吊住套架并松开固定套架的地脚螺栓，收回活动支腿，做好爬升准备。

提升套架：开动爬升机构将起重机提升到两层楼高度时停止，接着摇出套架四角活动支腿并用地脚螺栓固定，再松开吊钩升高至适当高度并开动起重小车到最大幅度处。

提升起重机：先松开底座地脚螺栓、收回底座活动支腿，开动爬升机构将起重机提升至两层楼高度停止，接着摇出底座四角的活动支腿，并用预埋在建筑结构上的地脚螺栓固定。至此，结束爬升过程。

7.2.3　桅杆式起重机

桅杆式起重机是结构吊装工程中最简单的起重设备。它们的特点是能在比较狭窄的场地使用，制作简单、装拆方便，起重量大，可达 1000 kN 以上。能在其他起重机械不能安装的特殊工程和重大结构吊装时使用。但这类起重机的灵活性较差，移动较困难，起重半径小，且需要设较多缆风绳，因而它适用于安装工程比较集中的工程。

常用的桅杆式起重机有独脚拔杆、人字拔杆、悬臂桅杆和索缆式桅杆起重机等。

独脚拔杆常用圆木、钢管或角钢做成格构式，一般由拔杆、起重滑轮机组、卷扬机、缆风绳和锚碇组成，如图 7.16 所示。金属格构式独脚拔杆起重量可达 100t 以上，起重高度可达 60m。

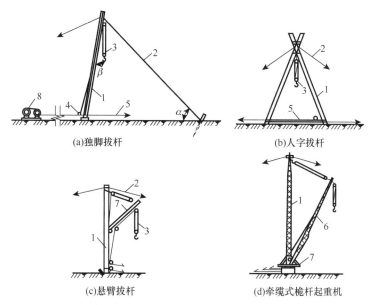

(a)独脚拔杆　　　　　　　　　　(b)人字拔杆

(c)悬臂拔杆　　　　　　(d)牵缆式桅杆起重机

图 7.16　桅杆式起重机

1. 拔杆；2. 缆风绳；3. 起重滑轮组；4. 导向装置；5. 拉索；6. 起重臂；7. 回转盘；8. 卷扬机

独脚拔杆由起重滑轮组、卷扬机、缆风绳及锚碇等组成，起重时拔杆保持不大于 10°的倾角。

独脚拔杆按制作材料可分为木独脚拔杆、钢管独脚拔杆和格构式独脚拔杆。

人字拔杆是用两根圆木、钢管或格构式钢构件以钢丝绳绑扎或铁件铰接而成的，两杆夹角不宜超过 30°，起重时拔杆向前倾斜度不得超过 1/10。其优点是侧向稳定性较好，缺点是构件起吊后活动范围小。

悬臂桅杆是在独脚桅杆的中部或 2/3 高度处装一根起重臂而成，如图 7.16（c）所示。其起重臂可以回转和起伏，可以固定在某一部位，也可以根据需要沿杆升降，悬臂桅杆的特点是有较大的起重高度和相应的起重半径，起重臂还能左右摆动 120°～270°。

牵缆式桅杆起重机是在独脚桅杆下端装上一根可以回转和起伏的起重臂而成，如图 7.16（d）所示。起重量在 10t 以内，起重高度不超过 25m，多用无缝钢管制成，用于一般工业厂房的结构吊装；大型桅杆式起重机的桅杆和起重臂都是用角钢组成的格构式截面，起重量可达 60t，桅杆高度可达 80m，用于重型工业厂房的吊装或设备安装。

7.3 单层工业厂房结构安装

单层工业厂房一般采用钢筋混凝土装配式结构，主要承重结构除基础在施工现场就地灌注外，柱、吊车梁、基础梁、屋架、天窗架、屋面板等多采用钢筋混凝土预制构件。尺寸大、构件重的大型构件一般在施工现场就地预制，中小型构件多在工厂制作，运到现场安装。

7.3.1 构件吊装前的准备

构件吊装前的准备工作包括：清理场地、铺设道路、敷设水电管线，基础准备，构件运输、堆放，拼装与加固，检查、弹线、编号。

1. 基础的准备

装配式钢筋混凝土柱基础一般为杯形基础。基础在浇筑时应保证基础定位轴线及杯口尺寸准确。同时，为便于调整柱子牛腿面的标高，杯底浇筑后的标高应较设计标高低 50mm。柱吊装前，需要对杯底标高进行调整（抄平）。调整的方法是测出杯底原有标高，再测量出吊入该基础的柱的柱脚至牛腿面的实际长度，再根据安装后柱牛腿面的设计标高计算出杯底标高调整值，并在杯口内标出。然后用水泥砂浆或细石混凝土将杯底找平至所需的标高处，如图 7.17 所示。

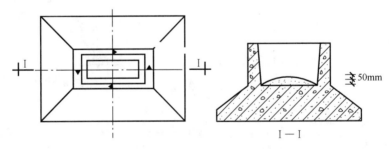

图 7.17 杯底标高调整、杯顶面弹线

此外，还要在基础杯口顶面弹出建筑物的纵、横定位轴线及柱的吊装准线，作为柱吊装对位和校正的依据。

2. 构件的运输和堆放

钢筋混凝土预制构件的运输应选择合理的运输车辆和合适的装卸机械，大多采用载重汽车或平板拖车，要保证构件不变形、不损坏。构件运输时的混凝土强度，如设计无具体要求时，不应低于设计的混凝土立方体抗压强度标准值的 75%。预制构件堆放和运输时的支承位置和方法应符合标准图或设计要求。叠放在车上或码放在现场的构件，构件之间的垫木要在同一垂直线上且厚度相等。构件在运输时要固定牢固，以防在运输中途倾倒。对于屋架等重心较高、支承面较窄的构件，应用支架固定。

构件进入施工现场应按平面布置图所规定的位置堆放，以免二次倒运。堆放场地地面必须平整坚实，排水良好，以防构件因地基不均匀下沉而造成倾斜或倾倒摔坏。

3. 构件的拼装与加固

对于一些长而重或侧向刚度差的构件，如天窗架、大跨度桁架等，为便于运输和防止在扶直和运送中损坏，常把它们分为几个块体预制，然后将块体运到吊装现场组合成一个整体。这种组合工作称为构件拼装。

构件拼装有平拼和立拼两种方法。平拼是将块体平卧于操作台或地面上进行拼装，拼装完毕后用起重机吊至施工平面布置图中所指定的地点堆放。一般情况下，对于小型构件，如 6m 跨度的天窗架和跨度在 18m 以内的桁架，采用平拼。立拼是将块体立着拼装，并直接拼在施工平面布置图中所指定的位置上。大型构件，如跨度为 9m 的天窗架和跨度在 18m 以上的桁架，采用立拼。立拼必须有可靠的稳定措施。

构件在翻身扶直和吊装时所受荷载，一般均小于设计的使用荷载，但荷载的位置大多与设计时的计算简图不同，因此构件可能产生变形或损坏。故当吊点与设计规定不同时，在吊装前须进行吊装应力验算，并采取适当的临时加固措施。

4. 构件的检查与清理

为保证质量并使吊装工作能顺利进行，在构件吊装前应对所有构件进行全面检查。进入现场的预制构件，其外观质量，尺寸偏差及结构性能应符合标准图或设计的要求。构件的外观质量不应有严重缺陷，也不宜有一般缺陷；预制构件不应有影响结构性能和安装、使用功能的尺寸偏差。构件上的预埋件的规格、位置和数量，应符合标准图或设计要求。较大的梁及屋架等构件的混凝土强度，必须达到设计混凝土立方体抗压强度标准值的 100%方可进行吊装。

5. 构件的弹线与编号

构件检查及清理后，吊装之前要在构件表面弹出吊装准线，作为构件对位、校正的依据。对形状复杂的构件，尚需标定它的重心及绑扎点的位置。

柱应在柱身的 3 个面上弹出吊装准线。矩形截面柱按几何中心线；工字形截面柱除在矩形截面部分弹出中心线外，为便于观测及避免视差，还应在工字形截面的翼缘部分弹一条与中心线平行的线。柱身所弹吊装准线的位置应与基础杯口面上所弹的吊装准线相吻合。此外，在柱顶与牛腿面上要弹出屋架及吊车梁安装准线。

梁的两端及顶面应弹出几何中心线。

对构件弹线的同时，应根据设计图纸构件进行编号。对不易辨别上下、左右的构件，还应在构件上加以注明，以免吊装时搞错。

7.3.2 结构的安装方法及技术要求

单层工业厂房结构吊装方案主要解决结构吊装方法，选择起重机，确定起重机的开行路线和平面布置等内容。应根据厂房结构形式，构件的尺寸、重量、安装高度，工程量和工期的要求来确定。同时应充分利用现有的起重设备。

单层工业厂房结构吊装方法有分件吊装法和综合吊装法两种。

1. 分件安装法

起重机每开行一次，仅吊装一种或几种构件。根据构件所在的结构部位的不同，通常分三次开行，吊装完全部构件。

第一次吊装，安装全部柱子，经校正、最后固定及柱接头施工。当接头混凝土强度达到70%的设计强度后可进行第二次吊装。

第二次吊装，安装全部吊车梁、连系梁及柱间支撑，经校正、最后固定及柱接头施工之后可进行第三次吊装。

第三次吊装，依次按节间安装屋架、天窗架、屋面板及屋面支撑等。

吊装的顺序如图7.18所示。分件安装法由于每次基本是吊装同类型构件，索具不需经常更换，操作方法也基本相同。所以吊装速度快，能充分发挥起重机效率，构件可以分批供应，现场平面布置比较简单，也能给构件校正、接头焊接、灌筑混凝土、养护提供充分的时间。缺点是：不能为后续工序及早提供工作面，起重机的开行路线较长。但本法仍为目前国内装配式单层工业厂房结构安装中广泛采用的一种方法。

2. 综合安装法

起重机在厂房内一次开行中（每移动一次）就安装完一个节间内的各种类型的构件。综合吊装法是以每节为单元，一次性安装完毕。吊装的顺序如图7.19所示，即先安装4～6根柱子，并加以校正和最后固定；随后吊装这个节间内的吊车梁、连系梁、屋架、天窗架和屋面板等构件。一个节间的全部构件安装完后，起重机移至下一节间进行安装，直至整个厂房结构吊装完毕。

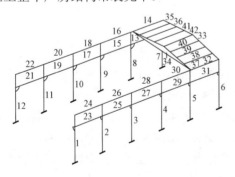

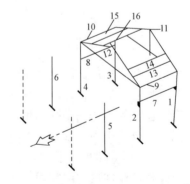

图7.18 分件吊装时的构件吊装顺序　　　图7.19 综合吊装时的构件吊装顺序

综合安装法的优点是：起重机开行路线短，停机点少，能持续作业；吊完一个节间，其后续工种就可进入节间内工作，使各工种进行交叉平行流水作业，有利于缩短工期。缺点是：由于同时安装不同类型的构件，需要更换不同的索具，安装速度较慢；使构件供应紧张和平面布置复杂；构件的校正困难、最后固定时间紧迫。综合安装法需要进行周密的安排和布置，施工现场需要很强的组织能力和管理水平，目前这种方法很少采用。

对于某些结构（如门式框架结构）有特殊要求，或采用桅杆式起重机，因移动比较困难，常采用综合吊装法。

7.3.3 起重机的选用

起重机的选择包括起重机类型、型号、臂长及起重机数量的确定，是结构安装工程的重要问题，它关系到构件的吊装方法，起重机的开行路线和停机点、构件的平面布置等问题。

1. 起重机类型的选择

起重机的类型主要根据厂房跨度、构件重量、尺寸、安装高度及施工现场的条件来确定。

对中小型厂房，一般采用自行杆式起重机，以履带式起重机应用最为普遍。

对重型厂房，其跨度大、构件重、安装高度大，且厂房内的设备安装常与厂房结构安装同时进行，所以一般应选用大型自行杆式起重机，以及重型塔式起重机与其他起重机械配合使用。

2. 起重机型号的选择

起重机类型确定之后，要根据构件的重量、尺寸和安装高度确定起重机型号，使所选起重机的 3 个工作参数：起重量、起重高度、起重半径满足结构吊装的要求。一台起重机一般都有几种不同长度的起重臂，在厂房结构吊装过程中，如各构件的起重量、起重高度相差较大时，可选用同一型号的起重机，以不同的臂长进行吊装，充分发挥起重机的性能。

（1）起重量

起重机的起重量必须大于所安装构件重量与索具重量之和，即

$$Q \geqslant Q_1 + Q_2 \tag{7.8}$$

式中，Q——起重机的起重量，t；

Q_1——构件的重量，t；

Q_2——索具的重量，t。

（2）起重高度

起重机的起重高度必须满足所安装构件的安装高度要求。

对于安装柱、梁、屋架等构件，起重臂不需跨越其他构件，所选起重机的起重高度应计算为（图 7.20）

$$H \geqslant h_1 + h_2 + h_3 + h_4 \tag{7.9}$$

式中，H——起重机的起重高度，m，从停机面算起至吊钩中心；

h_1——安装支座表面高度，m，从停机面算起；

h_2——安装间隙，视具体情况而定，但不小于 0.2m；

h_3——绑扎点至构件吊起后底面的距离，m；

h_4——索具高度，m，自绑扎点至吊钩中心，视具体情况而定。

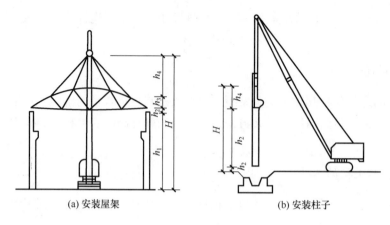

(a) 安装屋架　　　　　　　　　　　(b) 安装柱子

图 7.20　起重机起重高度计算简图

（3）起重半径

起重半径的确定有 3 种情况：

一般情况下，当起重机可以不受限制地开到构件吊装位置附近去吊构件时，对起重半径没有什么要求，可根据计算的起重量 Q 及起重高度 H，查阅起重机工作性能表或曲线来选择起重机型号及起重臂长度，并可查得在一定起重量 Q 及起重高度 H 下的起重半径 R，作为确定起重机开行路线及停机点的依据。

在某种情况下，当起重机停机位置受到限制而不能直接开到构件吊装位置附近去吊装构件时，需根据实际情况确定起吊时的最小起重半径 R，根据起重量 Q、起重高度 H 及起重半径 R 三个参数，查阅起重机工作性能表或曲线来选择起重机的型号及起重臂长。同时满足计算的起重量 Q、起重高度 H 及起重半径 R 的要求。

当起重机的起重臂需跨过已吊装好的构件去吊装构件时，（如跨过屋架去吊装屋面板），为了不使起重臂与已安装好的构件相碰，需求出起重机起吊该构件的最小臂长 L 及相应的起重半径 R，并据此及起重量 Q 和起重高度 H 查起重机性能表或曲线，来选择起重机的型号及臂长。

确定起重机的最小臂长，可用数解法，也可用图解法。

1）数解法。如图 7.21（a）所示，有

$$L = l_1 + l_2 = \frac{h}{\sin\alpha} + \frac{a+g}{\cos\alpha} \tag{7.10}$$

式中，h——起重臂下铰至吊装构件支座顶面的高度，m，$h = h_1 - E$；

h_1——支座高度，m（从停机面算起）；

α——起重钩需跨过已安装好的构件的水平距离，m；

g——起重臂轴线与已安装好构件间的水平距离，至少取 1m；

H——起重高度，m；

d——吊钩中心至定滑轮中心的最小距离，视起重机型号而定，一般为 2.5～3.5m；

α——起重臂的仰角。

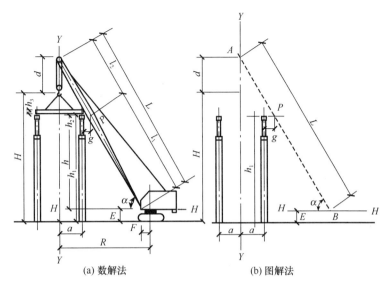

(a) 数解法　　　　　　　　　　(b) 图解法

图 7.21　吊装屋面板时，起重机最小臂长计算简图

为了求得最小臂长，对式（7.8）进行微分，并令 $\dfrac{\mathrm{d}L}{\mathrm{d}\alpha}=0$，得

$$\alpha=\arctan[h/(a+g)]^{1/3} \tag{7.11}$$

将求得的 α 值代入式（7.10），即可得出所需起重臂的最小长度。

2）图解法。如图 7.21（b）所示，按一定比例（不小于 1：200）画出欲吊装厂房一个节间的纵剖面图，并画出起重机吊装屋面板时起重钩应到位置的垂线 Y-Y。

根据初步所选用的起重机型号，从起重机外形尺寸表查得起重臂底铰至停机面的距离 E，画平行于停机面的线 H-H。

自屋架顶面向起重机方向水平量出一距离 g（$g{\geqslant}1\mathrm{m}$），可得 P 点；按满足吊装要求的起重臂上定滑轮中心点的最小高度，在垂线 Y-Y 上定出 A 点（A 点距停机面的距离为 $H+d$）；

连接 A、P 两点，其延长线与 H-H 相交于 B 点，B 点即为起重臂的臂根铰心。

AB 的长度即为所求的起重臂的最小长度 $L_{\min}$。

根据数解法或图解法所求得的最小起重臂长度为理论值 $L_{\min}$，查起重机的性能表或性能曲线，从规定的几种臂长中选择一种臂长 $L{\geqslant}L_{\min}$ 即为吊装屋面板时所选的起重臂长度。

根据实际采用的 L 及相应的 α 值，计算起重半径 R，即

$$R=F+L\cos\alpha \tag{7.12}$$

按计算出的 R 值及已选定的起重臂长度 L 查起重机工作性能表或曲线，复核起重量 Q 及起重高度 H，如满足要求，即可根据 R 值确定起重机吊装屋面板时的停机位置。

3. 起重机台数的确定

所需起重机台数，根据厂房的工程量、工期和起重机的台班产量定额按下式计算

$$N=\frac{1}{TCK}\cdot\sum\frac{Q_i}{P_i} \tag{7.13}$$

式中，N——起重机台数；

T——工期，d；

C——每天工作班数；

K——时间利用系数，取 0.8～0.9；

Q_i——每种构件的吊装工程量，件或 t；

P_i——起重机相应的台班产量定额，件/（台·班）或 t/（台·班）。

此外，在决定起重机数量时，还应考虑构件装卸、拼装和排放的工作量。

7.3.4　构件的安装工艺

装配式钢筋混凝土单层工业厂房的结构构件的吊装过程包括绑扎、吊升、对位、临时固定、校正、最后固定等工序。现场预制的一些构件还需要翻身扶直排放后，才进行吊装。

1. 柱的吊装

（1）柱的绑扎

按柱起吊后柱身是否垂直，分为直吊绑扎法和斜吊绑扎法。

1）斜吊绑扎法。当柱子的宽面抗弯能力满足吊装要求时，可采用斜吊绑扎法（图 7.22）。起吊后柱呈倾斜状态。由于吊索歪在柱的一边，起重钩可低于柱顶，因此，起重臂可以短些。

斜吊绑扎法可用两端带环的吊索及活络卡环绑扎，如图 7.22（a）所示，也可在柱吊点处预留孔洞，采用柱销来绑扎，如图 7.22（b）所示。

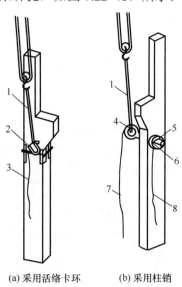

(a) 采用活络卡环　　　(b) 采用柱销

图 7.22　柱的斜吊绑扎法

1. 吊索；2. 活络卡环；3. 活络卡环插销拉绳；4. 柱销；5. 垫圈；6. 插销；7. 柱销拉绳；8. 插销拉绳

2）直吊绑扎法。当柱平放，宽面抗弯强度不足时，吊装前需将柱翻身由平放转为侧立，再绑扎起吊，可采用直吊绑扎法（图 7.23）。采用这种绑扎方法，柱子起吊后，柱身呈垂直状态。铁扁担跨于柱顶之上，吊索分别在柱两侧，通过铁扁担与起重吊钩连接，所以需要较长的起重臂。但是柱起吊后柱身与基础杯底呈垂直状态，容易对位。

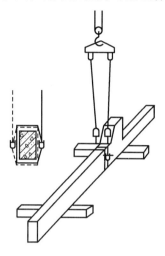

图 7.23 柱的直吊绑扎法

（2）柱的吊升

柱可采用旋转法和滑行法吊升。旋转法（图 7.24）吊装柱时，柱脚宜靠近基础，柱的绑扎点、柱脚与柱基杯口中心宜位于起重机的同一工作半径的圈弧上。起吊时，起重机边升钩，边回转使柱子绕柱脚旋转而成为直立状态，然后起重机将柱吊离地面，再稍转起重臂至基础上方，使柱插入杯口。

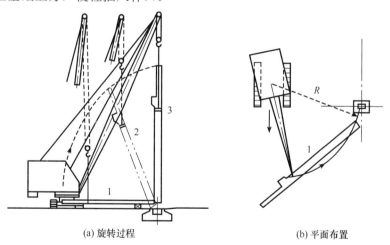

(a) 旋转过程   (b) 平面布置

图 7.24 旋转法吊装柱

1、2、3. 柱的位置

有时由于条件限制，柱的绑扎点、柱脚与柱基中心不能在同一个圆弧上，可采取绑扎点或柱脚与杯口中心两点共弧，这种布置法在柱吊升过程中，起重机就要改变回转半径，起重臂要起伏，工效较低。

用旋转法吊升柱子，柱在吊装过程中所受震动较小，生产率较高，但对起重机的机动性要求较高，采用自行杆式起重机吊装时，宜采用此法。

滑行法吊装柱时，绑扎点布置在基础附近，并使绑扎点和基础杯口中心点两点位于起重机的同一起重半径的圆弧上。起吊柱时，起重臂不动，仅起重钩上升，柱脚沿地面滑行而使柱子在绑扎点位置直立，如图 7.25 所示，然后将柱吊离地面，稍转起重臂将柱插入杯口。

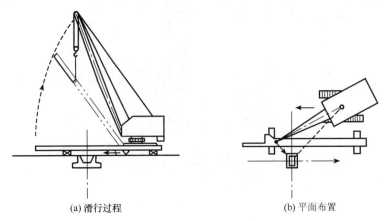

(a) 滑行过程　　　　　　　　(b) 平面布置

图 7.25　滑行法吊装柱

用滑行法吊柱时，柱受到震动较大，为减少柱脚与地面的摩擦阻力，可在柱脚下设置托板，滚洞、并铺设滑行道。其优点是在起吊过程中，起重机不需转动起重臂，即可将柱吊装就位，比较安全。

（3）柱的对位与临时固定

柱脚插入杯口后，停在距杯底下 30～50mm 处进行对位，用 8 只楔块从柱的四边放入杯口，如图 7.26 所示，并用撬棍拨动柱脚，使柱的吊装准线对准杯口上的吊装准线，并保持柱的垂直度，后将 8 只楔块略打紧，放松吊钩，让柱靠自重沉至杯底，再检查吊装准线的对准情况，若符合要求，立即打紧楔块，将柱临时固定。

对重型柱或细长柱，除应用楔块临时固定之外 ，尚应增设缆风绳或斜撑等措施来保证柱的稳定。

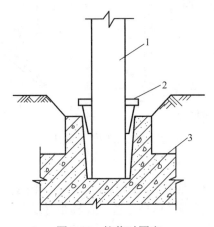

图 7.26　柱临时固定

1. 柱子；2. 楔块；3. 基础

（4）柱的校正

柱的校正包括平面位置、标高及垂直度三个方面。

柱标高的校正，在杯形基础杯底抄平时已完成，柱子平面位置的校正在柱对位时也已完成。因此，在柱临时固定后，主要是校正垂直度。

柱垂直度的检查，是用 2 台经纬仪从柱相邻的两边检查吊装准线的垂直度，测出的实际偏差大于规定值时，应进行校正。当偏差较小时，可用打紧或稍放松楔块的方法来纠正。如偏差较大时，可用螺旋千斤顶斜顶或平顶、钢管支撑斜顶等方法时进行校正（图 7.27）当柱顶加设缆风绳时，也可用缆风绳来纠正柱的垂直偏差。

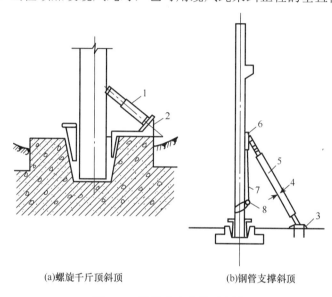

(a)螺旋千斤顶斜顶　　　　　　　(b)钢管支撑斜顶

图 7.27　柱的垂直度校正方法

1. 螺旋千斤顶；2. 千斤顶支座；3. 底板；4. 转动手柄；5. 钢管；6. 头部摩擦板；7. 钢丝绳；8. 卡环

（5）柱的最后固定

柱校正后，应立即进行最后固定，在柱脚与杯口的空隙中分两次浇筑细石混凝土。第一次灌至楔子底面，待混凝土强度达到设计强度等级的 25%后，拔出楔子，将杯口全部灌满混凝土。

2. 吊车梁的吊装

吊车梁的吊装，必须在基础杯口第二次浇筑的细石混凝土强度达到设计强度等级的 75%以上才能进行。

（1）吊车梁的绑扎、吊升、对位与临时固定

绑扎吊车梁时，2 根吊索要等长，绑扎点应对称地设在梁的两端，吊钩对准梁的重心，使吊车梁在起吊后能基本保持水平（图 7.28）。吊车梁两头需用溜绳控制。

吊车梁本身的稳定性较好，一般在就位时用垫铁垫平即可，不需采取临时固定措施。当梁的高度与底宽之比大于 4 时，可用 8 号铅丝将梁捆在柱上，以防倾倒。

（2）吊车梁的校正和最后固定

吊车梁的校正应在厂房结构校正和固定后进行。校正的主要内容为垂直度和平面位

置，两者应同时进行。梁的标高已在基础杯口底调整时基本完成，如仍存在误差，可在铺轨时，在吊车梁顶面挂一层砂浆来找平。

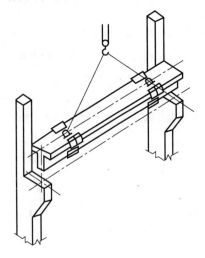

图 7.28 吊车梁吊装

1）垂直度校正。吊车梁垂直度用靠尺、线锤检查。T 型吊车梁测其两端垂直度，鱼腹式吊车梁测其跨中两侧垂直度，吊车梁垂直度允许偏差为 5mm。若偏差超过规定值，需在吊车梁底端与柱牛腿面之间垫入斜垫块校正。

2）平面位置校正。吊车梁平面位置校正，包括直线度（使同一纵轴线上各梁的中线在一条直线上）和轨距（两列吊车梁中间之间的距离）两项。

通线法是根据柱的定位轴线用经纬仪将吊车梁的中线放到一跨四角的吊梁上，并用钢尺校核轨距，然后在 4 根已校正的吊车梁端上设支架（或垫块），高约 200mm，并根据吊车梁的定位轴线拉钢丝通线，同时悬挂重物拉紧。以此来检查并拨正各吊车梁的中心线（图 7.29）。

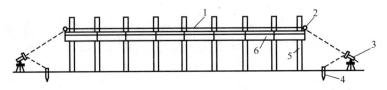

图 7.29 通线法校正吊车梁

1. 通线；2. 支架；3. 经纬仪；4. 木桩；5. 柱；6. 吊车梁

仪器放线法是在柱列边设置经纬仪（图 7.30），逐根将杯口上柱的吊装准线投射到吊车梁顶面处的柱身上（或在各柱侧面放一条与吊车梁中线距离相等的校正基准线），并做出标志，若标志线至柱定位轴线的距离为 a，则标志到吊车梁定位轴线的距离应为 $\lambda - a$（λ 为柱定位轴线到吊车梁定位轴线之间的距离）。可据此来逐根拨正吊车梁的中心线，并检查两列吊车梁之间的轨距是否符合要求。

吊车梁校正之后，立即按设计图的要求，用电焊做最后固定，并在吊车梁与柱的空隙处浇筑细石混凝土。

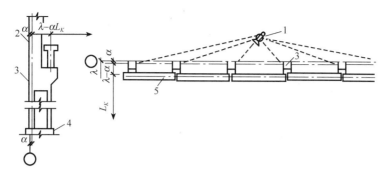

图 7.30　仪器放线法校正吊车梁

1. 经纬仪；2. 标志；3. 柱；4. 柱基础；5. 吊车梁

3. 屋架的吊装

（1）屋架的绑扎

屋架的绑扎应在上弦节点上或靠近节点处，左右对称，绑扎中心（各支吊索内力的合力作用点）必须在屋架重心之上。屋架翻身扶直时，吊索与水平线的夹角不宜小于 60°；吊装时不宜小于 45°，以避免屋架承受过大的横向压力。必要时，为减少屋架的起吊高度及所受横向压力，可采用横吊梁。屋架翻身和吊装的几种绑扎方法如图 7.31 所示。

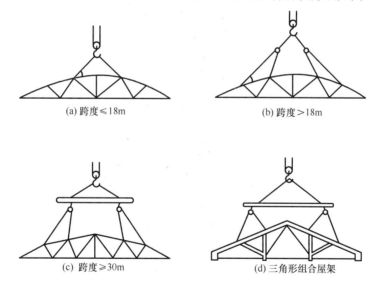

(a) 跨度≤18m　　　　　(b) 跨度>18m

(c) 跨度≥30m　　　　　(d) 三角形组合屋架

图 7.31　屋架绑扎

屋架跨度小于或等于 18m 时，2 点绑扎；屋架跨度大于 18m 时，4 点绑扎；屋架的跨度大于或等于 30m 时，应考虑采用横吊梁；对三角形组合屋架等刚性较差的屋架，下弦不能承受压力，故绑扎时也应采用横吊梁。

（2）屋架的扶直与排放

钢筋混凝土屋架都平卧叠制，屋架在吊装前必须翻身扶直排放。把平卧制作的屋架扶成竖立状态，然后吊放在设计好的位置上，准备吊升。扶直屋架时，由于起重机与屋架相对位置不同，可分为正向扶直与反向扶直。

1）正向扶直起重机立于屋架下弦一边，首先以吊钩对准屋架中心，收紧吊钩，然后略提升起重臂使屋架脱模，接着升钩起臂，使屋架以下弦为轴缓缓转为直立状态，如图 7.32（a）所示。

2）反向扶直是起重机立于屋架上弦一边，首先以吊钩对准屋架中心，收紧吊钩，接着升钩并降低起重臂，使屋架以下弦为轴缓缓转为直立状态，如图 7.32（b）所示。

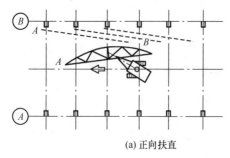 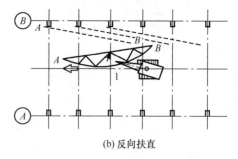

(a) 正向扶直　　　　　　　　　　　　　(b) 反向扶直

图 7.32　屋架的扶植

这两种方法的不同点是在扶直过程中，一为升起起重臂，一为降低起重臂，以保持吊钩始终在屋架上弦的垂直上方，起重臂升臂易于降臂，且操作较安全，故应尽可能采用正向扶直。

（3）屋架的吊升、对位与临时固定

屋架一般采用单机吊升，只有当屋架跨度大或重量大时，才用双机抬吊。

吊装屋架时，先将屋架吊离地面 500mm 左右，然后将屋架转至吊装位置的下方，升钩将屋架提升超过柱顶约 300mm，再用溜绳旋转屋架使其对准柱顶，然后将屋架缓缓降至柱顶，进行对位。屋架对位以事先用经纬仪投放到柱顶的建筑物轴线为准。使屋架端部两个方向的轴线与柱顶轴线重合。对位后，立即进行临时固定。第一榀屋架的临时固定，通常是用 4 根缆风绳从两边将屋架拉牢，有时也可将屋架与抗风柱连接作为临时固定。第二榀屋架则用工具式支撑临时固定在第一榀屋架上，以后各榀屋架的临时固定，也都是用工具式支承撑牢在第一榀屋架上（图 7.33），当屋架经校正，最后固定并安装了若干块大型屋面板后，才可将支承取下。

（4）屋架的校正与最后固定

屋架的校正主要是垂直偏差，可用经纬仪或垂球检查，用工具式支承校正垂直偏差。

用经纬仪检查竖向偏差时，在屋架上弦安装 3 个卡尺，一个安装在上弦中点附近，另两个分别安装在屋架的两端。自屋架几何中心向外量出 500mm，在卡尺上做出标志。然后在距屋架定位轴线同样距离（500mm）处设置经纬仪，用其检查 3 个卡尺上的标志是否在同一垂直面上。

用垂球检查屋架竖向偏差时，也是在屋架上弦安置 3 个卡尺，但卡尺上标志至屋架几何中心线的距离取 300mm。在两端头卡尺的标志间连一通线，自屋架顶卡尺的标志处向下挂垂球，检查 3 个卡尺标志是否在同一垂直面上。

若发现屋架存在竖直偏差，可通过转动工具式支承撑脚上的螺栓进行纠正，并在屋架两端的柱顶垫入斜垫铁。

屋架校正完毕，立即用电焊固定。

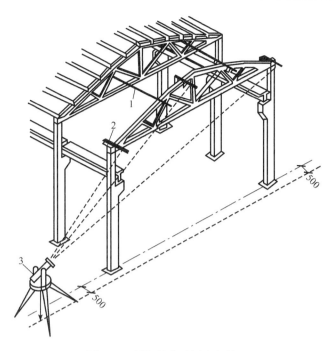

图 7.33 屋架的临时固定与校正

1. 工具式支承；2. 卡尺；3. 经纬仪

4. 天窗架和屋面板的吊装

天窗架可与屋架组合一起绑扎吊装或单独吊装。天窗架单独吊装应在天窗架两侧的屋面板吊装后进行，其吊装方法与屋架基本相同，其校正可用工具式支承进行。

屋面板一般有预埋吊环，用带钩的吊索钩住吊环即可吊装。为充分利用起重机的起重能力，提高工效，可采用一钩多吊的方法（图 7.34）。

屋面板的吊装顺序应由两边檐口左右对称地逐块铺向屋脊，以免屋架受荷不均，屋面板对位后，应立即电焊固定。每块屋面板至少有 3 点与屋架或天窗架焊牢，必须保证焊缝的尺寸和质量。

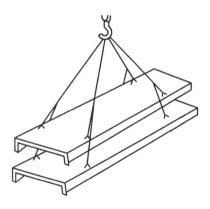

图 7.34 屋面板叠吊

7.3.5 起重机的开行路线与停机位置

起重机的开行路线与起重机的性能、构件的尺寸及重量、构件的平面布置、构件的供应方式及吊装方法等因素有关。

采用分件吊装法时，起重机开行路线有以下几种。

吊装柱时，起重机开行路线有跨边开行和跨中开行两种：

1）当起重半径 $R \geqslant L/2$（L 为厂房跨度）时，起重机可沿跨中开行，每个停机点可吊装 2～4 根柱 [图 7.35（a）、（c）]。

2）当起重半径 $R \geqslant [(L/2)^2 + (b/2)^2]^{\frac{1}{2}}$（$b$ 为柱距）时，停机点位置在该柱网对角线中点处，每个停机点可吊装 4 根柱 [图 7.35（c）]。

3）当起重半径 $R < L/2$ 时，起重机需沿跨边开行，每个停机点只吊一根柱 [图 7.35（c）]。

4）当 $L/2 > R \geqslant [a^2 + (b/2)^2]^{\frac{1}{2}}$（$a$ 为开行路线至柱到纵轴线距离），每个停机点可吊装 2 根柱。停机点在开行路线上柱距中点处 [图 7.35（d）]。

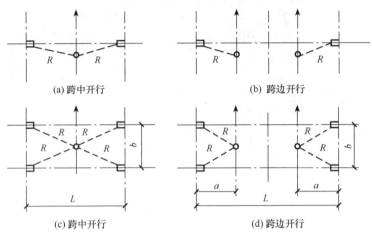

(a) 跨中开行 (b) 跨边开行

(c) 跨中开行 (d) 跨边开行

图 7.35 吊装柱时，起重机的开行路线及停机位置

吊装屋架、屋面板等屋面构件时，起重机大多沿跨中开行。

当厂房具有多跨并列，且有纵横跨时，可先吊装各纵向跨、后吊装横向跨、以保证在各纵向跨吊装时，起重机械、运输车辆畅通。如各纵跨有高低跨时，则应先吊装高跨，然后逐步向两边吊装。

当厂房面积较大或多跨时，为加速工程进度，可将厂房划分为若干施工段，选用多台起重机同时进行施工。每台起重机可独立作业，负责完成一个区段的全部吊装工作，也可选用不同性能的起重机协同作业，分别吊装柱和屋盖系统，组织大流水施工。

7.3.6 构件的平面布置

构件的平面布置与吊装方法、起重机性能、构件制作方法有关。在选定起重机型号、确定施工方案后，可根据施工现场实际情况制定。

构件的平面布置应考虑以下问题：

1）各跨构件应尽可能布置在本跨内，如有困难，才考虑布置在跨外便于吊装的地方。

2）构件的布置方式应满足吊装工艺要求，首先考虑重型构件的布置，尽可能布置在起重机的起重半径内，以减少起重机负荷行走及起重臂的起伏次数。

3）现场预制构件的布置应便于支模及混凝土的浇筑，对预应力构件还应考虑抽管、穿筋等操作所需的场地。

4）各种构件均应力求占地最少，要保证起重机械、运输车辆道路畅通，起重机回转时尾部不致与构件相碰撞。

5）构件的布置要考虑吊装时的朝向，以避免吊装时调头，影响吊装进度和施工安全。

6）构件应布置在坚实的地基上，在新填土上布置时，必须夯实并采取措施防止下沉而影响构件质量。

构件的平面布置可分为预制阶段的构件平面布置和吊装阶段的构件平面布置，两者之间有密切关系，应同时考虑。

（1）预制阶段的构件平面布置

1）柱的布置。柱重量较大，搬动不易，故柱的现场预制位置即为吊装阶段的就位位置。按吊装阶段的排放要求进行布置。有斜向布置和纵向布置两种方式。

当柱以旋转法起吊时，按三点共弧斜向布置，作图步骤如下：

首先确定起重机开行路线到柱基中线的距离 a ［图 7.36（a）］，a 的最大值不要超过起重机吊装该柱时的最大起重半径。a 值也不要取的过小，以免起重机太靠近基坑而失稳。a 值确定后，在图上画出起重机的行走路线；然后，以所吊柱的柱基杯口中心 M 为圆心，以所选吊装该柱的起重半径 R 为半径，画弧交行走路线于 O 点，O 点即为吊装该柱时起重机的停机点；再以起重机停机点 O 为圆心，以吊装该柱的起重半径 R 为半径作弧。按旋转法吊装柱的要求，即绑扎点、柱脚与柱基杯口中心点共弧。这时，在靠近柱基的弧上定一点 B 作为预制时柱脚中心位置，又以 B 为圆心，以柱脚到绑扎点的距离为半径画弧与以 R 为半径的弧相交于 C 点，C 点即绑扎点的位置。然后以 BC 为中心线画出柱的模板图。

在布置时有时由于场地的限制或柱过长，很难做到 3 点共弧，也可 2 点共弧。图 7.36（b）为将柱脚与柱基杯口中心安排在起重机半径的圆弧上，绑扎点在弧外的情况。吊装时，先用较大的起重半径 R' 吊起柱子，并升起起重臂，当起重半径由 R' 变为 R 后，停止升臂，再按旋转法起吊。

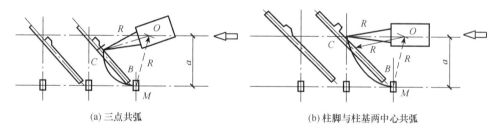

(a) 三点共弧　　　　　　　　　　　　(b) 柱脚与柱基两中心共弧

图 7.36　旋转法吊装柱子时，柱的平面布置

当柱采用滑行法起吊时，按 2 点共弧斜向或纵向布置（图 7.37）。作图时，使绑扎点接近基础。

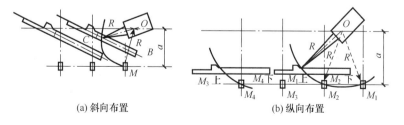

(a) 斜向布置　　　　　　　　　　　　(b) 纵向布置

图 7.37　滑行吊装柱时，柱的平面布置

2）屋架的布置。屋架一般安排在跨内平卧叠层预制，每叠 3～4 榀。布置的方式有

三种：正面斜向布置、正反斜向布置及正反纵向布置（图 7.38）。应优先考虑采用斜向布置方式，因为它便于屋架的扶直排放。

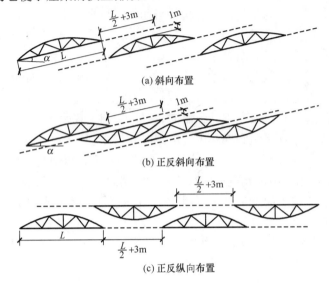

(a) 斜向布置

(b) 正反斜向布置

(c) 正反纵向布置

图 7.38　屋架现场预制布置方式

屋架之间应留 1m 间距，以便支模及浇筑混凝土。若为预应力混凝土屋架，在屋架一端或两端留出抽管及穿筋端需留设的长度，一端抽管时需留出的长度为屋架全长另加抽管时所需工作场地 3m；两端抽管时需留出的长度为 1/2 屋架长度另加 3m。屋架斜向布置时，下弦与厂房纵轴线的夹角 α 宜为 $10°\sim20°$。

屋架平卧叠层预制时尚应考虑屋架扶直就位要求和扶直的先后次序，先扶直的安排在上层制作并按轴线编号。对屋架两端朝向及预埋件位置，也要注意做出标记。

（2）吊装阶段构件的排放布置及运输堆放

由于柱在预制阶段已按吊装阶段的就位要求进行布置，当柱的混凝土强度达到设计要求等级后，即可先行吊装，以便空出场地布置其他构件。所以，吊装阶段的就位布置是指柱已吊装完毕后，屋架的扶直排放，吊车梁、屋面板的运输排放等。

1）屋架的扶直排放。屋架扶直后应立即吊放到预先设计好的地面位置上，准备起吊。按排放的位置不同，可分为同侧排放和异侧排放（图 7.39）。同侧排放时，屋架的预制位置与排放位置均在起重机开行路线的同一边。异侧排放时，需将屋架由预制的一边转至起重机开行路线的另一边排放。

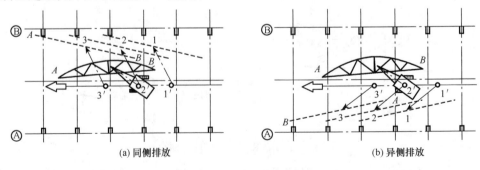

(a) 同侧排放　　　　　　　　　　　　(b) 异侧排放

图 7.39　屋架排放示意图

屋架的排放方式有两种：一种是靠柱边斜向排放；另一种是靠柱边成组纵向排放。斜向排放用于跨度及重量较大的屋架，按作图方法确定其排放位置（图7.40）。

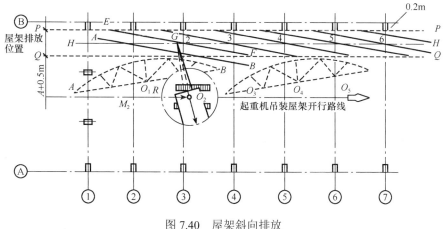

图 7.40　屋架斜向排放

首先确定起重机吊装屋架时的开行路线及停机点。起重机吊装屋架时一般沿跨中开行，在图上画出开行路线。以准备吊装的屋架轴线（如②轴线）中点 M_2 为圆心，以所选择吊装屋架的起重半径 R 为半径作弧交开行路线于 O_2，O_2 即为吊装②轴线屋架的停机位置。

然后确定屋架排放范围。屋架一般靠柱边排放，定出 P-P 线并使距柱边净距不小于200mm。后定出 Q-Q 线，该线距起重机开行路线为 $A+0.5$m（A 为起重机尾部至回转中心的距离）。P-Q 两虚线范围为排放屋架的最大范围，实际需要的排放范围应根据需要确定。

最后确定屋架的排放位置。当根据需要定出屋架实际排放宽度 P-Q 后，在图上作出 P-Q 的中线 H-H。屋架排放后其中点均应在 H-H 线上。以吊②轴线屋架的停机点 O_2 为圆心，以吊装屋架的起重半径 R 为半径作弧交 H-H 于 G 点，G 点即排放②轴线屋架之中点。再以 G 为圆心，以屋架跨度的一半为半径作弧交 P-P、Q-Q 于 E 及 F 两点。连 E、F 即为②轴线屋架排放的位置，其他屋架的排放位置以此类推。第①轴线的屋架由于已安装了抗风柱，可灵活布置，一般后退至②轴线屋架排放位置附近排放。

屋架纵向排放适用于重量较轻的屋架（图7.41）。一般以4～5榀屋架为一组靠柱边顺轴线排放，屋架之间的净距不小于200mm，相互之间用铁丝及支撑拉紧撑牢。每组屋架之间应留3m左右的距离作为横向通道。为避免在已安装好的屋架下绑扎吊装屋架，防止屋架起吊时与安装好的屋架相碰，每组屋架排放的中心可安排在该组屋架倒数第二榀安装轴线之后约2m处。

2）吊车梁、连系梁、屋面板的运输和排放。单层工业厂房除了柱和屋架一般在施工现场制作外，其他构件如吊车梁、连系梁、屋面板等，均在预制厂制作，然后运到现场按施工组织设计所规定的位置就位或集中堆放。梁式构件的叠放不宜超过2层；大型屋面板叠放，不宜超过8层。

吊车梁、连系梁的排放位置，一般在其吊装位置的柱列附近，跨内跨外均可。当条件许可时，也可不就位排放，而直接从运输车上吊至设计位置，称为随吊随运。

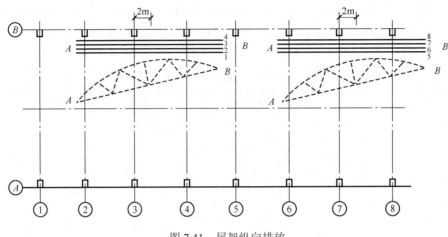

图 7.41　屋架纵向排放

　　屋面板的排放位置，要根据起重机吊装屋面板时所选用的起重半径确定，靠柱边堆放，跨内跨外均可，当在跨内排放时，应向后退 3～4 个节间开始排放，如在跨外排放，应向后退 1～2 个节间开始排放。

7.4　多层装配式结构安装

　　多层房屋是指多层工业厂房和多层民用建筑。在工业建筑中，由于工艺流程和设备管线布置的要求，一般多采用装配式钢筋混凝土框架结构；在民用住宅建筑中，以钢筋混凝土墙板为承重结构的多层装配式大型墙板结构房屋应用广泛。

　　装配式结构的构件全部在预制厂或现场预制，运到现场后用起重机吊装成整体，多层装配式结构房屋的施工特点是：房屋高度较大而占地面积相对较小；构件类型多，数量大；各类构件接头处理复杂，技术要求较高。因此，在拟定结构吊装方案时应着重解决吊装机械的选择与布置；结构吊装方法与吊装顺序；构件的平面布置；构件吊装工艺等问题。

7.4.1　起重机的选择与布置

1. 起重机械的选择

　　起重机的选择应根据建筑物的结构形式、层数与总高、建筑物的平面形状和尺寸、结构构件的形状尺寸和重量，以及它们的安装位置、现场实际条件和现有设备能力等因素来确定。

　　目前多层房屋结构常用的吊装机械有履带式起重机、汽车式起重机、轮胎式起重机及塔式起重机等。

　　五层以下的民用建筑及高度在 18m 以下的工业厂房或外形不规则的多层厂房，选用履带式、汽车式或轮胎式起重机较合适。

　　多层房屋总高度在 25m 以下，宽度在 15m 以内，构件重量在 3t 以下，一般可选用 QT1-6 型塔式起重机、TQ60/80 型塔式起重机或具有相同性能的轻型塔式起重机。

十层以上的高层装配式结构，由于高度大，普通塔式起重机的安装高度不能满足要求，需采用爬升或附着式自升塔式起重机。

2. 起重机械的布置

塔式起重机的布置方案主要根据建筑物的平面形状、构件重量、起重机性能及施工现场院地形条件确定。通常有单侧布置、双侧（或环形）布置、跨内单行布置和跨内环形布置四种，如图 7.42 所示。

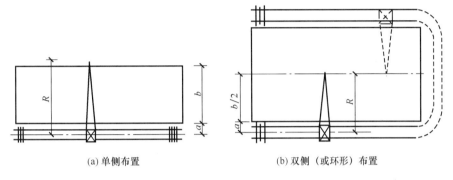

(a) 单侧布置　　　　　　　　　(b) 双侧（或环形）布置

图 7.42　塔式起重机沿建筑物布置

跨外单侧布置适用于建筑物宽度较小（15m 左右）、构件重量较轻（20kN 左右）的情况，这时起重半径应满足 $R \geqslant b+a$。

跨外双向布置或环形布置适用于建筑物宽度较大（$b>17m$）或构件较重，单侧布置时起重机不能满足最远构件的吊装要求的情况。双向布置时起重半径应满足 $R \geqslant b/2+a$。

跨内单行布置适用于建筑场地狭窄，起重机不能布置在外侧或起重机布置在外侧不能满足构件吊装要求的情况。

跨内环形布置适用于构件较重，起重机在跨内单行布置不能满足构件的吊装要求，同时起重机又不可能跨外环形布置的情况。

7.4.2　构件平面布置与堆放

多层厂房的预制构件除较重、较大的柱在现场就地预制外，其余构件大多在预制厂制作后运到工地安装。因此，构件平面布置应着重解决柱的现场预制布置和预制构件的堆放问题。

构件的平面布置与所选用的吊装方法、起重机的类型与性能、构件的重量、形状及制作方法有关。构件现场布置的原则是：

1）预制构件尽可能布置在起重机工作幅度内，避免二次搬运。

2）重型构件尽可能靠近起重机布置，中小型构件可布置在重型构件外侧。对运入工地的小型构件，如直接堆放在起重机工作幅度内有困难时，可以分类集中布置在房屋附近，吊装时再用运输工具运到吊装地点。

3）构件布置的地点与该构件吊装到建筑物上的位置应相配合，以便构件吊装时尽可能使起重机不需移动和变幅。

4）构件现场重叠制作时，应满足构件由下至上的吊装顺序的要求，即安排需先吊装的下部构件放置在上层制作，后吊装的上部构件放置在下层浇制。

5）同类构件应尽量集中堆放，同时构件的堆放不能影响场内的通行。

柱是现场预制构件中最主要的构件，布置必须优先考虑。柱的布置方案有与塔式起重机轨道成平行、倾斜及垂直三种，如图 7.43 所示。

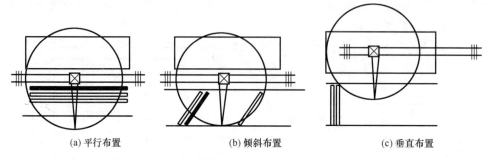

(a) 平行布置　　　　　　　　　(b) 倾斜布置　　　　　　　　　(c) 垂直布置

图 7.43　塔式起重机吊装柱的布置方案

平行布置是常用的布置方案，其优点是可以将几层柱通长预制，能减少柱接头预制偏差。倾斜布置可用旋转起吊、适用于较长的柱。当塔式起重机在跨内开行时，为了使柱的吊点在起重机的工作幅度范围内，柱可与房屋垂直布置。

7.4.3　结构吊装方法与吊装顺序

多层装配式框架结构的吊装方法，有分件吊装法和综合吊装法两种。

1. 分件吊装法

分件吊装法按其流水方式不同，分为分层分段流水吊装法和分层大流水吊装法。

分层分段流水吊装法是以一个楼层为一个施工层（如柱子是两层一节，则以两个楼层为一个施工层），而每一个施工层又再划分为若干个施工段，以便于构件吊装、校正、焊接及接头灌浆等工序的流水作业。起重机在每一施工段做数次往返开行，每次开行吊装该段内某一种构件，待一层各施工段构件全部吊装完毕并固定后，再吊上一层构件。施工段的划分，主要取决于建筑物平面图形和尺寸、起重机的性能及其开行路线、完成各个工序所需时间和临时固定设备的数量等。框架结构的施工段一般是 4～8 个节间。

分层大流水吊装法是每个施工层不再划分施工段，而按一个楼层组织各工序的流水。

2. 综合吊装法

综合吊装法是以一个节间或几个节间为一个施工段，以房屋的全高为一个施工层来组织各工序的流水。起重机把一个施工段的构件吊至房屋的全高，然后转移到下一个施工段。

7.4.4　结构构件的吊装

1. 框架结构

多层装配式梁板式框架结构由柱、主梁、楼板组成。柱一般为方形或矩形截面，为便于预制和吊装，上下各层柱的截面一般保持不变，而采取改变柱内配筋或混凝土强度等级的方法来适应上下层柱承载力的变化。柱的长度有一层一节或 2～3 层一节，或做成梁柱整体式结构（H 型或 T 型构件）。主要取决于现场的起重设备条件。

（1）柱的吊装

多层混凝土结构的柱较长，一般都分成几节进行吊装，柱的吊装方法与单层工业厂房柱相同，多采用旋转法，上柱根部有外伸钢筋，吊装时必须采取保护措施，防止外伸钢筋弯曲。外伸钢筋保护可采用钢管保护或垫木保护。

（2）柱的临时固定与校正

下节柱的临时固定和校正方法与单层工业厂房的柱子相同。

重量较轻的上节柱，可采用方木和管式支撑进行临时固定和校正（图 7.44）。管式支撑为两端装有螺杆的钢管，上端与套在柱上的夹箍相连，下端与楼板的预埋件连接。

较重的上节柱应采用缆风绳进行临时固定与校正，用倒链或手板葫芦拉紧，每根柱拉 4 根缆风绳。柱子校正后，每根缆风绳都要拉紧。

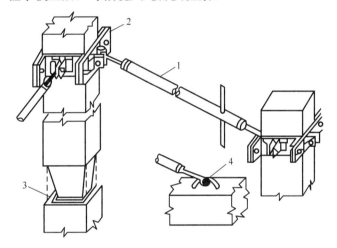

图 7.44 管式支撑临时固定柱

1. 管式支撑；2. 夹箍；3. 预埋钢板及点焊；4. 预埋件

柱子的校正须分 2～3 次进行。首先在起重机脱钩后电焊前进行初校，第二次校正是在柱子接头电焊后进行，以校正因电焊钢筋收缩不均所产生的偏差；当吊装梁和楼板之后，柱子因增加了荷重以及梁柱间的电焊又会使柱产生偏移，故需再次进行观测校正。对于数屋一节的长柱，在每层梁板吊装前后，均需观测垂直偏移值，将柱的最终垂直偏移度控制在允许值以内。

（3）柱接头施工

柱子接头型式有榫式接头、插入式接头和浆锚式接头（图 7.45）。

榫式接头是上柱带有榫头，承受施工阶段荷载。通过上柱和下柱外露的受力钢筋用坡口焊焊接，配置若干钢筋，最后浇灌接头混凝土以形成整体。

插入式接头是上下柱的连接不需焊接，而是将上柱做成榫头，下柱顶部做成杯口，上柱榫头插入杯口用压力灌浆填实杯口间隙形成整体。

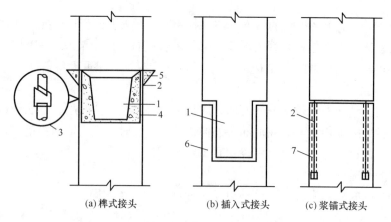

(a)榫式接头　　　　　(b)插入式接头　　　　(c)浆锚式接头

图 7.45　柱接头型式

1. 榫头；2. 上柱外伸钢筋；3. 坡口焊；4. 下柱外伸钢筋；5. 后浇接头混凝土；6. 下柱杯口；7. 下柱预留孔

浆锚式接头是将上柱受力钢筋插入下柱的预留孔洞中，然后用水泥砂浆灌缝锚固上柱钢筋形成整体。

（4）梁与柱接头

装配式框架的梁与柱的接头常用的有明牛腿式刚性接头、齿槽式接头、浇筑整体式接头等。

明牛腿式梁柱刚性接头（图 7.46）要求承受节点负弯矩。因此，梁与柱的钢筋要进行焊接，以保证梁的受力钢筋有足够锚固长度。这种接头节点刚度大，受力可靠，安装方便，适用于大荷载的重型框架以及具有振动的多层工业厂房中。

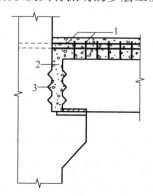

图 7.46　明牛腿式刚性接头

1. 坡口焊；2. 后浇细石混凝土；3. 齿槽

齿槽式接头（图 7.47）的特点是取消了牛腿，利用柱与梁接头处设置的齿槽来传递梁端剪力。安装时要求提供临时支托，接缝混凝土需达到一定强度后才能承担上部荷载。

浇筑整体式梁柱接头实际上是把柱与柱、柱与梁浇筑在一起的节点。图 7.48 为上柱带榫头的浇筑整体式梁柱接头。柱子为每层一节，梁搁在柱上，梁底钢筋按锚固长度要求弯上或焊接。将节点核心区加上箍筋后即可浇筑混凝土到楼板面的高度，等待混凝土强度大于 10MPa 后，再安装上柱。上柱与榫式柱接头相似，也用小榫承受施工阶段荷载，但上、下柱的钢筋不用焊接而是靠搭接，搭接长度≥20d（d为钢筋直径）。第二次浇筑混凝土到上柱的榫头上方，留下35mm左右的空隙，最后用细石混凝土捻缝，便形成刚性接头。

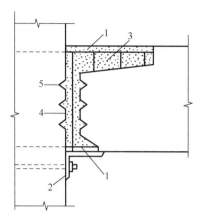

图 7.47　齿槽式梁柱接头

1. 坡口焊；2. 后浇细石混凝土；3. 齿槽；4. 附加钢筋；5. 临时牛腿

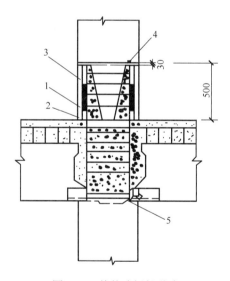

图 7.48　整体式梁柱节点

1. 定位预埋件；2. 定位箍筋；3. 单面焊（4～6d）；4. 干硬性混凝土；5. 单面焊（8d）

2. 墙板结构构件的吊装

装配式墙板结构是将楼板、墙壁、楼梯等房屋构件，在现场或工厂预制，然后在现场装配成整体的一种建筑。装配式墙板工程的安装方法主要有储运吊装法和直接吊运法两种。

直接吊运法是将墙板由生产场地按墙板安装顺序配套运往施工现场，由运输工具上直接向建筑物上安装。直接吊运法可以减少构件的堆放设施，少占用场地，但需用较多的墙板运输车，且要求有严密的施工组织管理。

储运吊装法是将构件由构件厂运至吊装机械工作半径范围内储存，一般储存 1～2 层构件。储运吊装法有充分的时间做好安装前的施工准备工作，可以保证墙板安装连续进行，但占用场地较多。施工中常用此法。

7.5 结构安装工程的质量要求及安全措施

7.5.1 混凝土结构吊装工程质量要求

1）预制构件应进行结构性能检验，结构性能检验不合格的预制构件不得用于混凝土结构。

预制构件应在明显部位标明生产单位、构件型号、生产日期和质量验收标志。构件上的预埋件、插筋和孔洞的规格、位置和数量应符合标准图或设计图要求。

预制构件的外观质量不应有严重缺陷，也不宜有一般缺陷。对已出现的严重缺陷和一般缺陷应按技术处理方案进行处理，并重新检查验收。

预制构件不应有影响结构性能和安装、使用功能的尺寸偏差，对超过尺寸允许偏差且影响结构性能和安装、使用功能的部位，应按技术处理方案进行处理，并重新检查验收。

2）在进行构件的运输或吊装前，必须对构件的制作质量进行复查验收。此前，制作单位须先自查，然后向运输或吊装单位提交构件出厂证明书（附混凝土试块强度报告），并在自查合格的构件上加盖"合格"印章。进入现场的预制构件，外观质量、尺寸偏差及结构性能应符合标准图或设计要求。预制构件尺寸的允许偏差及检查方法见表 7.6。

表 7.6 预制构件尺寸的允许偏差及检验方法

项目		允许偏差/mm	检验方法
长度	板、梁	+10，−5	钢尺检查
	柱	+5，−10	
	墙板	±5	
	薄腹梁、桁架	+15，−10	
宽度、高（厚）度	板、梁、柱、墙板、薄腹梁、桁架	±5	钢尺量一端及中部，取其中较大值
侧向弯曲	梁、柱、板	$l/750$ 且 ≤20	拉线、钢尺量最大侧各弯曲处
	墙板、薄腹梁、桁架	$l/1000$ 且 ≤20	
预埋件	中心线位置	10	钢尺检查
	螺栓位置	5	
	螺栓外露长度	+10，5	
预留孔	中心线位置	5	钢尺检查
预留洞	中心线位置	15	钢尺检查
主筋保护层厚度	板	+5，−3	钢尺或保护层厚芄测定仪量测
	梁、柱、墙板、薄腹梁、桁架	+10，−5	
对角线差	板、墙板	10	钢尺量两个对角线

续表

项目		允许偏差/mm	检验方法
表面平整度	板、墙板、柱、梁	5	2m 靠尺和塞尺检查
预应力构件预留孔道位置	梁、墙板、薄腹梁、桁架	3	钢尺检查
		l/750	
翘曲	墙板	l/1000	调平尺在两端量测

注：1. l 为构件长度（mm）。

2. 检查中心线、螺栓和孔道位置时，应沿纵、横两个方向量测，并取其中的较大值。

3. 对形状复杂或有特殊要求构件，其尺寸偏差应符合标准图或设计的要求。

3）为保证构件在吊装中不断裂，吊装时构件的混凝土强度，预应力混凝土构件孔道灌浆的水泥砂浆强度以及下层结构承受内力的接头（接缝）的混凝土或砂浆强度，必须符合设计要求。设计无具体要求时，混凝土强度不应低于设计的混凝土立方体抗压强度标准值的 75%，预应力混凝土构件孔道灌浆的强度不应低于 15MPa。下层结构承受内力的接头（接缝）的混凝土或砂浆强度不应低于 10MPa。

4）保证构件的型号、位置和支点锚固质量符合设计要求，且无变形损坏现象。

5）保证连接质量。混凝土构件之间的连接，一般有焊接和浇注混凝土接头两种。为保证焊接质量，焊工必须经培训并取得考试合格证；所焊焊缝的外观质量、尺寸偏差及内在质量都必须符合施工验收规范的要求。为保证混凝土接头质量，必须保证配制接头混凝土的各种材料计量的准确，浇捣要密实并认真养护，其强度必须达到设计要求或施工验收规范规定。

7.5.2　混凝土构件安装的允许偏差和检查方法

混凝土构件安装的允许偏差和检查方法见表 7.7。

表 7.7　柱、梁、屋架等构件安装的允许偏差和检验方法

项次	项目			允许偏差/mm	检验方法
1	杯形基础	中心线对轴线位置偏移		10	尺量检查
		杯底安装标高		+0，－10	用水准仪检查
2	柱	中心线对定位轴线位置偏移		5	尺量检查
		上下柱接口中心线位置偏移		3	
		垂直度	≤5m	5	用经纬仪或吊线和尺量检查
			<5m	10	
			≥10m 多节柱	1/1000 柱高且不大于 20	
		牛腿上表面和柱顶标高	≤5m	+0，－5	用水准仪或尺量检查
			>5m	+0，－8	
3	梁或吊车梁	中心线对定位轴线位置偏移		5	尺量检查
		梁上表面标高		+0，－5	用水准仪或尺量检查
4	屋架	下弦中心线对定位轴线位置偏移		5	有经纬仪或吊线和尺量检查
		垂直度	桁架拱形屋架	1/250 屋架高	
			薄腹梁		
5	天窗架	构件中心线对定位轴线位置偏移		5	尺量检查
		垂直度		1/300 天窗架高	有经纬仪或吊线和尺量检查

项次	项 目		允许偏差/mm	检验方法
6	托架梁	底座中心线对定位轴线位置偏移	5	尺量检查
		垂直度	10	有经纬仪或吊线和尺量检查
7	板	相邻板下表面 平整度　　抹灰	5	用直尺和楔形塞尺检查
		不抹灰	3	
8	楼梯 阳台	水平位置偏移	10	尺量检查
		标高	±5	
9	工业厂 房墙板	标高	±5	用水准仪和尺量检查
		墙板两端高低差	±5	

7.5.3　结构安装工程的安全措施

1. 防止起重机倾翻措施

1）起重机的行驶道路必须平整坚实、地下墓坑和松软土层要进行处理。起重机不得停置在斜坡上工作。

2）应尽量避免超载吊装。但在某些特殊情况下难以避免时，应采取保护措施，如在起重机吊杆上拉缆风绳或在起重机尾部增加平衡重等。

3）禁止斜吊。斜吊是指所要起吊的重物不在起重机起重臂顶的正下方，因而当捆绑重物的吊索挂上吊钩后。吊钩滑轮组不与地面垂直，而与水平线成一夹角。斜吊会造成超负荷及钢丝绳出槽，甚至造成拉断钢丝绳。斜吊还会使重物在离开地面后发生快速摆动，可能碰伤人或其他物体。

4）应尽量避免满负荷行驶。

5）双机抬吊时，要根据起重机的起重能力进行合理的负荷分配，并在操作时要统一指挥，互相密切配合。在整个抬吊过程中，两台起重机的吊钩滑轮组均应基本保持垂直状态。

6）不吊重量不明的重大构件或设备。

7）禁止在 6 级以上大风的情况下进行吊装作业。

8）指挥人员应使用统一指挥信号，信号要鲜明、准确，起重机驾驶人员应听从指挥。

2. 防止高处坠落措施

1）操作人员在进行高处作业时，必须正确使用安全带。安全带一般应高挂低用，即将安全带绳端的钩环挂于高处，而人在低处操作。

2）在高处使用撬杠时，人要站稳，如附近有脚手架或已安装好的构件，应一手扶着，一手操作。撬杠插进深度要适宜，应逐步撬动，不宜急于求成。

3）雨天和雪天进行高处作业时，必须采取可靠的防滑、防寒和防冻措施。对进行高处作业的高耸建筑物，应事先设置避雷设施。

4）登高梯子必须牢固。立梯工作角度 70°±5° 为宜,防止搭设挑头脚手板。

5）安装有预留孔洞的楼板或屋面板时，应及时用木板盖严或及时设置防护栏杆、安全网等防坠落措施。电梯井口必须设防护栏杆或固定栅门；电梯井内应每隔两层并最多隔 10m 设一道安全网。

6）屋架和梁类构件安装时，必须搭设牢可靠的操作平台。需在梁上行走时，应设置护栏横杆或绳索。

3. 防止高处落物伤人措施

1）地面操作人员必须戴安全帽。地面操作人员，应尽量避免在高空作业的正下方停留或通过，也不得在起重机的起重臂或正在吊装的构件下停留或通过。

2）高空作业人员使用的工具，零配件等，应放在随身佩带的工具袋内，不可随意向下丢掷。

3）在高处利用气割或电焊切割时，应采取措施，防止火花落下伤人。

4）构件安装后，必须检查连接质量，只有确定了连接的安全可靠后，才能松钩或拆除临时固定工具。

5）吊装现场应设置吊装禁区，禁示与吊装作业无关的人员入内。

4. 防止触电及防火爆炸措施

1）起重机从电线下行驶时，起重臂最高处与电线之间的距离应符合有关要求。

2）电焊机的电源线长度不宜超过 5m，并必须架高，电焊机手把线的正常电压，在用交流电工作时为 60~80V，手把线质量应良好，如有破皮情况，应及时用胶布严密包扎，电焊机的外壳应接地。电焊线如与钢丝绳子交叉时应有绝缘隔离措施。

3）使用塔式起重机或长起重臂的其他类型起重机时，应有避雷防触电措施。

4）现场变电室，配电室必须保持干燥通风。各种可燃材料不准堆放在电闸箱、电焊机、变压器和电动工具周围，防止材料长时间蓄热后发生自燃。

5）搬运氧气瓶时，必须采取防震措施，不可猛摔。氧气瓶严禁曝晒，更不可接近火源。冬期不得用火熏烤冻结的阀门。防止机械油溅落到氧气瓶上。

6）乙炔发生器应放置距火源 10m 以外的地方，严禁在附近吸烟。如高空有电焊作业时，乙炔发生器不应放在下风向。

7）电石桶应存放在干燥的房间内，并在桶下加垫，以防桶底锈蚀腐烂，使水分进入电石桶而产生乙炔。打开电石桶时，应使用不会生火花的工具，如铜凿等。

复习思考题

7.1　起重机械的种类有哪些？试述其特点及适用范围。

7.2　试述起重机的起重量、起重高度、起重半径之间的关系。

7.3　试述柱的绑扎形式及其适用条件。

7.4　试述旋转法和滑行法吊柱各有何特点，对柱的平面布置有何要求？

7.5　如何对柱进行对位、临时固定、校正和最后固定？

7.6　如何校正吊车梁的安装位置？

7.7　屋架扶直就位和吊装时绑扎点如何确定？何谓屋架的"正向扶直"和"反向扶直"，屋架预制阶段有哪几种布置方式？

7.8　试述单层工业厂房的结构吊装方法及其各自的特点。

7.9　预制阶段柱的布置方式有几种，各有什么特点？

7.10　屋架在吊装阶段的排放方式有几种，如何确定屋架排放位置？

7.11　试分析多层结构安装分件吊装法和综合吊装法的特点。

7.12　试述多层装配式框架结构构件接头形式及施工方法。

7.13　试述多层装配式墙板结构的吊装方法及墙板吊装工艺。

7.14　混凝土结构吊装工程的质量要求及安全技术有哪些？

第八章 防 水 工 程

防水工程是建筑工程中的一个重要组成部分，其功能就是要使建筑物或构筑物在设计使用年限内，防止各类水的侵蚀，确保建筑结构及内部空间不受污损。

防水工程按结构做法可分为两大类，即刚性防水和柔性防水。刚性防水又可以分为结构构件的自防水和刚性防水材料防水，结构构件的自防水主要是依靠建筑物构件（如屋面板、墙体、底板等）材料自身的密实性及某些构造措施（如坡度、伸缩缝并铺以油膏嵌缝、埋设止水带等）起到自身防水的作用；刚性防水材料防水则是在建筑构件上抹防水砂浆、浇筑掺有外加剂的细石混凝土或预应力混凝土等以达到防水目的。柔性防水则是在建筑构件上使用柔性材料（如铺设防水卷材、防水涂料、涂膜材料等）做防水层进行防水。

防水工程按工程部位和用途分为屋面防水工程和地下防水工程两大类。

8.1 屋面防水工程

屋面防水工程应根据建筑物的类别、重要程度、使用功能要求确定防水等级，并应按相应等级进行防水设防；对防水有特殊要求的建筑屋面，应进行专项防水设计。屋面防水等级和设防要求应符合表 8.1 的规定。

表 8.1 屋面防水等级和设防要求

项目	屋面防水等级	
	I	II
建筑物类别	重要的建筑 和高层建筑	一般的建筑
防水层合理使用年限	20 年	10 年
设防要求	二道防水设防	一道防水设防

8.1.1 卷材防水屋面

卷材屋面是指采用粘贴胶粘贴卷材或采用带底面粘贴胶的卷材进行热熔或冷粘贴于屋面基层进行防水的屋面。卷材屋面一般采用沥青防水卷材、高聚物改性沥青防水卷材、合成高分子防水卷材、金属防水卷材、膨润土防水毯等柔性防水材料，通过不同施工工艺以及施工方法，将其粘贴成一整片能防水的屋面覆盖层。施工方法通常有热施工、冷施工及机械固定等。

卷材防水屋面由结构层、隔气层、保温层、找平层、防水层和保护层组成（图 8.1）。其中隔气层和保温层在一定的气温和使用条件下可以不设，若将保温层设置在防水层以上时，则称倒置式屋面。

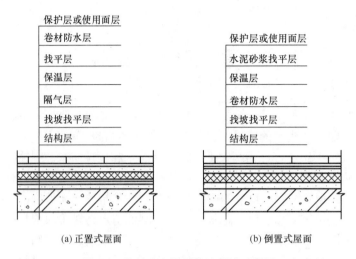

图 8.1　卷材防水屋面构造层次示意图

1. 防水材料

（1）卷材

1）沥青卷材。用原纸、纤维织物、纤维毡等胎体材料浸涂沥青胶，表面散布粉状、粒状或片状材料制成的可卷曲的片状防水材料称为沥青防水卷材，常用的有纸胎沥青油毡、玻纤胎沥青油毡。焦油沥青防水卷材的物理性能差、对环境污染大，已被强制淘汰。目前的沥青防水卷材均使用石油沥青制造，它高低温性能差，强度低，延伸率小，使用量在逐年减少，部分地区已将其列为淘汰产品。其规格、外观质量应符合表 8.2、表 8.3 的要求。

表 8.2　沥青防水卷材规格

标号	宽度/mm	每卷面积/mm²	卷重/kg	
350 号	915 1000 100 1000	20±0.3	粉毡	≥28.5
			片毡	≥31.5
500 号	915 1000	20±0.3	粉毡	≥39.5
			片毡	≥42.5

表 8.3　沥青防水卷材的外观质量要求

项目	外观质量要求
孔洞、硌伤	不允许
露胎、涂盖不匀	不允许
折纹、折皱	距卷芯 1000mm 以外，长度不应大于 100mm
裂纹	距卷芯 1000mm 以外，长度不应大于 10mm
裂口、缺边	边缘裂口小于 20mm，缺边长度小于 50mm，深度小于 20mm，每卷不超过 4 处
头	每卷不应超过 1 处

2）高聚物改性沥青卷材。高聚物改性沥青防水卷材是以合成高分子聚合物改性沥青为涂盖层，纤维织物或纤维毡为胎体，粉状、粒状、片状或薄膜材料为覆盖材料制成

可卷曲的片状防水材料。国内目前常用的有 APP 改性沥青热熔卷材、SBS 改性沥青热熔卷材、APAO 改性沥青热熔卷材、再生胶改性沥青热熔卷材等。其规格见表 8.4，外观质量应符合表 8.5 的要求。

表 8.4　高聚物改性沥青防水卷材规格

厚度/mm	宽度/mm	每卷长度/mm	厚度/mm	宽度/mm	每卷长度/mm
2.0	≥1000	15.0～20.0	4.0	≥1000	7.5
3.0	≥1000	10.0	5.0	≥1000	5.0

表 8.5　高聚物改性沥青防水卷材外观质量

项目	质量要求
孔洞、缺边、裂口	不允许
边缘不整齐	不超过 10mm
胎体露白、未浸透	不允许
撒布材料粒度、颜色	均匀
每卷卷材的接头	不超过 1 处，较短的一段不应小于是 1000mm，接头处应加长 150mm

3）合成高分子卷材。合成高分子防水卷材是以合成橡胶、合成树脂或两者的共混体为基料，加入适量的化学剂和填充料等，经过不同工序加工成可卷曲的片状防水材料。目前，常用的有三元乙丙、氯化聚乙烯、聚氯乙烯、氯磺化聚乙烯防水卷材等。合成高分子防水卷材其规格见表 8.6，外观质量须满足表 8.7 的要求。

表 8.6　合成高分子防水卷材规格

厚度/mm	宽度/mm	每卷长度/mm	厚度/mm	宽度/mm	每卷长度/mm
1.0	≥1000	20.0	1.5	≥1000	20.0
1.2	≥1000	20.0	2.0	≥1000	10.0

表 8.7　合成高分子防水卷材外观质量

项目	质量要求
折痕	每卷不超过 2 处，总长度不超过 20mm
杂质	大于 0.5mm 颗粒不允许。每 $1m^2$ 不超过 $9mm^2$
胶块	每卷不超过 6 处，每处面积不大于 $4mm^2$
凹痕	每卷不超过 6 处，深度不超过本身厚度的 30%；树脂类深度不超过 15%
每卷卷材的接头	橡胶类每 20m 不超过 1 处，较短的一段不应小于 3000mm，接头处应加长 150mm；树脂类 20m 长度内不允许有接头

4）金属防水卷材（PSS 合金防水卷材）。以铅、锡、锑等金属材料经溶化、浇筑、辊压成片状可卷曲的防水材料，PSS 合金防水卷材是惰性金属，具有耐腐蚀、不生锈、不燃、不老化、耐久性极好、强度高、延伸大、耐高低温好、耐穿刺好、防水性能可靠、对基层要求低、可在潮湿基层上使用、施工方便、使用寿命长、维修费用省等特点，搭接缝采取焊丝焊接，达接缝防水可靠。它使用于屋面防水，尤其可用于蓄水屋面、种植屋面、地下室防水和水池防水。

5）膨润土防水毯。将钠质膨润土均匀地织在两层聚丙烯强力网织物间制成的防水毯称为膨润土防水毯。其适用于屋面、地下室、防水和人工湖、人工水库防水。

（2）沥青

沥青具有不透水、不导电、耐酸、耐碱、耐腐蚀等特点，是屋面防水的理想材料。

沥青有石油沥青和焦油沥青两类，性能不同的沥青不得混合使用。石油沥青分为道路石油沥青、建筑石油沥青和普通石油沥青。建筑石油沥青主要用于屋面、地下防水和油毡制造。

（3）沥青胶

沥青胶是粘贴油毡的胶结材料。它由一种牌号的沥青或两种以上牌号的沥青按适当的比例混合熬化而成；也可在熬化的沥青中掺入适当的滑石粉（一般为20%～30%）或石棉粉（一般为5%～15%）等填充搅拌和均匀，形成沥青胶。掺入填料可以改善沥青胶的耐热度、柔韧性、黏结力，延缓沥青老化，节约沥青。在配制沥青胶时，必须对耐热度、柔韧性、黏结力三项指标全面考虑，尤其要注意耐热度。耐热度太高，冬季易脆裂；太低，夏季易流淌。熬制时，必须严格掌握配合比、熬制温度和时间，遵守有关操作规程。一般加热温度不应高于2400℃，使用温度不宜低于1900℃，切忌升温太快。

（4）冷底子油

冷底子油一般用作石油沥青卷材防水屋面的基层处理剂，它是由10号及30号建筑石油沥青加入挥发性溶剂配制而成的溶液，一般现配现用。用10号、30号石油沥青与轻柴油或煤油以4：6的配合比配制而成的为慢挥发性冷底子油；用60号石油沥青与汽油以3：7配制而成的为快挥发性冷底子油。冷底子油黏度小，能渗入基层，待溶剂挥发后，可在基层表面形成一层黏结牢固的沥青薄膜，是指具有一定的憎水性，并能有效地提高沥青胶与基层的黏结力。

2. 卷材防水屋面的施工

（1）沥青油毡防水屋面的施工

1）基层处理。基层必须牢固、平整，无松动现象，一般采用水泥砂浆、沥青砂浆和细石混凝土找平层作为基层。找平层厚度为15～35mm，找平层应平整坚实，采用水泥砂浆找平层时，水泥砂浆抹平收水后应二次压光，充分养护。在与突出屋面结构的连接处以及在基层的转角处，均应做成钝角或半径为100～150mm的圆弧形。为防止温差及混凝土构件收缩而使卷材防水层开裂，找平层应留分格缝，缝宽一般为15～35mm，且应留在预制板支承边的端缝处。

待水泥砂浆找平层基本干燥后，将基层清扫干净，与铺贴油毡前1～2h涂刷冷底子油一遍（沥青砂浆找平层可不必刷冷底子油），涂刷要薄而均匀，不得有漏刷、麻点和起砂现象。

2）卷材施工。油毡铺贴方向应根据屋面坡度或屋面是否受振动而确定。当屋面坡度小于3%时，应平行屋脊铺贴；坡度大于15%或屋面受振动时，为防止油毡下滑，应垂直屋脊铺贴；坡度在3%～15%时，可平行也可垂直屋脊铺贴。卷材屋面坡度不宜超过25%，否则应在短边搭接处采取防止卷材下滑措施，如在搭接处将卷材用钉子钉入找平层内固定。另外，在叠层铺贴油毡时，上下层油毡不得互相垂直铺贴。

卷材铺贴方法可分为满贴法、空铺法、条黏法、点黏法等形式。通常都采用满黏法，而条黏、点黏和空铺法更适合于防水层上有重物覆盖或基层变形较大的场合，是一种克服基层变形拉裂卷材防水层的有效措施。空铺法：铺贴卷材防水层时，卷材与基层仅在四周一定宽度内黏结，其余部分采取不黏结的施工方法；条黏法：铺贴卷材时，卷材与基层黏结面不少于两条，每条宽度不小于 150mm；点黏法：铺贴卷材时，卷材或打孔卷材与基层采用点状黏结的施工方法。每平米黏结不少于 5 点，每点面积为 100mm×100mm。无论采用空铺、条黏还是点黏法，施工时都必须注意：距屋面周边 800mm 内的防水层应满黏，保证防水层四周与基层黏结牢固；卷材与卷材之间应满黏，保证搭接严密。

铺贴油毡应采用搭接方法。上下两层油毡应错开 1/3 幅油毡宽，相邻两幅油毡短边搭接缝应错开不小于 500mm，各层油毡的搭接宽度，长边不应小于 70mm，短边不应小于 100mm（图 8.2）。平行屋脊的搭接缝，长边应顺流水方向。各层油毡的搭接缝必须用沥青粘贴材料仔细封严，以防翘边渗漏。铺贴沥青防水卷材，每层沥青胶的厚度宜为 1～1.5mm；面层沥青胶的厚度宜为 2～3mm；沥青胶应涂刮均匀，不得过厚或堆积，滚压时应将挤出的沥青胶及时刮平、压紧、赶出气泡并于封严。

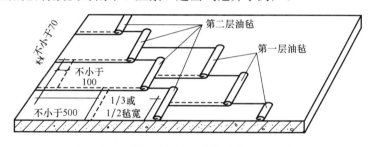

图 8.2　油毡搭接尺寸示意图（单位：mm）

沥青在热能、阳光、空气等长期作用下，内部成分将逐渐老化，为了延长防水层的使用寿命，通常设置绿豆砂作保护层，应将清洁的绿豆砂预热至 100℃，接着挂涂沥青胶，均匀铺撒热绿豆砂，并滚压与沥青胶黏牢。

（2）高聚物改性沥青卷材防水屋面的施工要点

高聚物改性沥青卷材施工方法有冷黏剂黏结法和火焰热熔法两种。

1）冷黏法施工：冷黏法施工的卷材主要指 SBS 改性沥青卷材、APP 改性沥青卷材、铝箔面改性沥青卷材等。进行施工前清除基层表面的突起物，并将尘土杂物等吹扫干净，随后用基层处理剂进行基层处理，基层处理剂是由汽油等溶剂稀释胶黏剂制成，涂刷时要均匀一致。待基层处理剂干燥后，方可铺贴卷材。铺贴卷材时，应根据卷材的配置方案，边涂刷胶黏剂边向前滚铺卷材，并及时辊压密实。

卷材纵横之间的搭接宽度为 100mm，一般接缝既可采用胶黏剂黏合，也可采用汽油喷灯进行加热溶接。对卷材搭接缝的边缘以及末端收头部位，应刮抹膏状胶黏剂进行黏合封闭处理，其宽度不应小于 10mm。

为了屏蔽或反射阳光的辐射和延长卷材的使用寿命，在防水层铺设工作完成后，可在防水层的表面上采用边涂刷冷黏剂边铺撒蛭石粉保护层或均匀涂刷银色或绿色涂料作保护层。

2）热熔法施工：热熔法施工的卷材主要以 APP 改性沥青卷材较为适宜。采用热熔法施工可节省冷黏剂，降低防水工程造价，特别是当气温较低时或屋面基层略有湿气时尤为适合。基层处理必须待涂刷基层处理剂 8h 以上方能进行施工作业。火焰加热器的喷嘴距卷材面的距离应适中，一般为 0.5m 左右，幅宽内加热应均匀，以卷材表面熔融至光亮黑色为度，不得过分加热或烧穿卷材。卷材表面热熔后应立即铺卷材，滚铺时应排除卷材下面的空气，使之平展不得皱折，并应辊压黏结牢固。铺贴的卷材应平整顺直，搭接尺寸应准确，不得扭曲、皱折。搭接部位宜采用热风焊枪加热，加热后随即粘贴牢固，溢出的自黏胶随即刮平封口。接缝口应用密封材料封严，宽度不应小于 10mm，保护层做法与冷黏法施工相同。

（3）合成高分子卷材防水屋面施工要点

基层表面清理干净后将聚氨酯涂膜防水材料的甲料、乙料、二甲苯按 1∶1.5∶3 的比例配合搅拌均匀，然后将其均匀涂布在基层表面上，干燥 4h 后，即可进行铺贴卷材的工作。将卷材展开摊铺在平整干净的基层上，用滚刷蘸满氯丁橡胶系胶黏剂（如 404 胶等），均匀涂布在卷材上，涂布厚度要均匀，不得漏涂，但沿搭接缝部位 100mm 不得涂胶。涂胶黏剂后，静置 10～20min，待胶黏剂结膜干燥到不黏手指时，将卷材用纸筒芯卷好，然后再将胶黏剂均匀涂布在基层处理剂已基本干燥的洁净基层上，干燥 10～20min，指触基本不黏时，即可铺贴卷材。卷材铺设的原则同沥青防水卷材。卷材铺好压黏后，应将搭接部位的结合面清除干净，采用与卷材配套的接缝专用胶黏剂（如氯丁系胶黏剂），在搭接缝黏合面上涂刷均匀，待其干燥不黏手指后，滚压粘牢。除此之外，接缝口应采用密封材料封严，其宽度不应小于 10mm。

8.1.2　涂膜防水屋面

涂膜防水屋面是在钢筋混凝土装配式结构的屋盖体系中，板缝采用油膏嵌缝，板面压光具有一定的防水能力，通过涂布一定厚度高聚物改性沥青、合成高分子材料，经常温交联固化形成具有一定弹性的胶状涂膜，达到防水的目的。

涂膜防水屋面构造如图 8.3 所示。

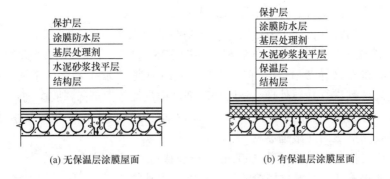

图 8.3　涂膜防水屋面构造图

1．涂膜防水屋面施工

涂膜防水屋面的施工过程分为板缝嵌缝施工和防水涂料施工。

（1）板缝嵌缝施工

1）嵌缝油膏和胶泥。油膏有沥青油膏、橡胶沥青油膏、塑料油膏等，一般由工厂生产成品，现场冷嵌施工。胶泥是以煤焦油和聚乙烯树脂为主剂在现场配制，热灌施工。其配制方法是先将煤焦油脱水后降温至 40～60℃ 备用，然后将各项原材料按表 8.8 配合比准确称量后，加入专用搅拌机中加热塑化，边加热边搅拌，使温度升至 130～140℃，并在此温度下保持 5～10min，即塑化完成。

表 8.8　聚氯乙烯胶泥配合比表（质量比）

成分	名称	单位	数量
主剂	煤焦油	份	100
	聚乙烯树脂	份	10～15
增塑剂	苯二甲酸二辛酯或苯二甲酸二丁酯	份	8～15
稳定剂	三盐基硫酸铅或硬脂酸钙类，其他硬脂酸盐类	份	0.2～1
填充料	滑石粉、粉煤灰、石英粉	份	10～30

2）板缝嵌缝施工。板缝上口宽度 30±10mm，板缝下部灌细石混凝土，其表面距板面 20～30mm，灌缝时应将板缝两侧的砂浆、浮灰清理干净，混凝土表面应抹平，防止呈圆月凹面。

在油膏嵌缝前，板缝必须干燥，清除两侧浮灰、杂物，随即满涂冷底子油一遍，待其干燥后，及时冷嵌或热灌胶泥。冷嵌油膏宜采用嵌缝枪，也可将油膏切成条，随切随嵌，用力压实嵌密，接搓应采用斜搓。热灌胶泥应自下而上进行，并尽量减少接头数量，一般是先灌垂直于屋脊的板缝，后灌平行于屋脊的板缝。在灌垂直于屋脊面的板缝的同时，应将平行屋脊的板缝于交叉处两侧各灌 150mm，并留成斜搓。油膏的覆盖宽度，应超出板缝且每边不少于 20mm。

油膏或胶泥嵌缝后，应沿缝做好保护层，保护层的做法主要有沥青胶粘贴油毡条；用稀释油膏粘贴玻璃丝布，表面再涂刷稀释油膏；涂刷防水涂料；涂刷稀释油膏或加铺绿豆砂、中砂等。

（2）防水涂料施工

1）材料要求。涂料有厚质涂料和薄质涂料之分。厚质涂料有：石灰乳化沥青防水涂料、膨润土乳化沥青涂料、石棉沥青防水涂料、黏土乳化沥青涂料等。薄质涂料分三大类：沥青基橡胶防水涂料、化工副产品防水涂料、合成树脂防水涂料。同时涂料又分为溶剂型和乳液型两种类型。溶剂型涂料是高分子材料溶解于溶剂中形成的溶液。乳液型涂料是以水作为分散介质，是高分子材料以极微小的颗粒稳定悬浮于水中，形成的乳液，水分蒸发后成膜。

2）涂膜防水层施工要点。防水涂膜应分层分遍涂布，第一层一般不需要刷冷底子油。待先涂的涂层干燥成膜后，方可涂布后一遍涂料。在板端、板缝、檐口与屋面板交接处，先干铺一层宽度为 150～300mm 塑料薄膜缓冲层。铺贴玻璃丝布或毡片应采用搭接法，长边搭接宽度不小于 70mm，短边搭接宽度不小于 100mm，上下两层及相邻两幅的搭接缝应错开 1/3 幅宽，但上下两层不得互相垂直铺贴；铺加衬布前，应先浇胶料并刮刷均匀，然后立即铺加衬布，再在上面浇胶料刮刷均匀，纤维不露白，用辊子滚压实，排尽布下空气。必须待上道涂层干燥后方可进行后道涂料施工，干燥时间视当地温度和湿度而定，一般为 4～24h；涂膜防水屋面应设涂层保护层。

8.1.3　刚性防水屋面

刚性防水屋面是用细石混凝土、块体材料或补偿收缩混凝土等材料作屋面防水层，依靠混凝土密实并采取一定的构造措施，以达到防水的目的。刚性防水屋面的结构层宜为整体现浇的钢筋混凝土或装配式钢筋混凝土板。以下重点介绍细石混凝土刚性防水屋面。

细石混凝土刚性防水屋面的一般构造如图 8.4 所示。

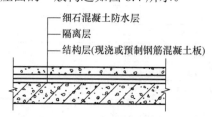

图 8.4　混凝土刚性防水屋面构造

细石混凝土防水屋面，一般是在屋面板上浇筑一层厚度不小于 40mm 的细石混凝土，作为屋面防水层。刚性防水屋面的坡度宜为 2%～3%，并应采用结构找坡。

细石混凝土不得使用火山灰质水泥；砂采用粒径 0.3～0.5mm 的中粗砂，粗骨料含泥量不应大于 1%；细骨料含泥量不应大于 2%；水采用自来水或可饮用的天然水；混凝土强度不应低于 C20，每立方米混凝土水泥用量不少于 330kg，水灰比不应大于 0.55；含砂率宜为 35%～40%；灰砂比宜为（1：2.5）～（1：2）。

细石混凝土防水屋面施工如下。

（1）防水层分格缝留置

分格缝又称分仓缝，应按设计要求设置，如设计无明确规定，留设原则为：分格缝应设在屋面板的支承端、屋面转折处、防水层与突出层面结构的交接处，其纵横间距不宜大于 6m 或者"一间一分格"，分格面积不超过 36m^2；分格缝宽宜为 10～20mm，采用密封材料嵌缝，通常采用油膏嵌缝，缝口上还做覆盖保护层。

（2）防水层细石混凝土浇捣

在混凝土浇捣前，应清除隔离层表面浮渣、杂物，先在隔离层上刷水泥浆一道，使防水层与隔离层紧密结合，随即浇筑细石混凝土；混凝土的浇捣按先远后近、先高后低的原则进行；施工时，一个分格缝范围内的混凝土必须一次浇完，不得留施工缝；分格缝做成直立反边（图 8.5），并与板一次浇筑成型。

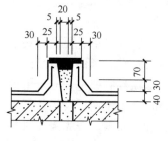

图 8.5　分格缝

（3）密封材料嵌缝

密封材料嵌缝必须密实、连续、饱满、黏结牢固，无气泡、开裂、脱落等缺陷。密封防水部位的基层应牢固，表面应平整、密实，不得有蜂窝、麻面、起皮和起砂现象。

在施工时应注意以下工作：

1）防水层细石混凝土所用的水泥品种、水泥最小用量、水灰比，以及粗细骨料规格和级配应符合规范要求。

2）混凝土防水层，施工气温宜为5～35℃，不得在负温和烈日暴晒下施工。

3）防水层混凝土浇筑后，应及时养护，养护时间不得少于14d。

（4）隔离层施工

为了减小结构变形对防水层的不利影响，可将防水层和结构层完全脱离，在结构层和防水层之间增加一层厚度为10～20mm的黏土砂浆或铺贴卷材隔离层。

1）黏土砂浆隔离层施工。

将石灰膏∶砂∶黏土=1∶2.4∶3.6材料均匀拌和，铺抹厚度为10～20mm，压平抹光，待砂浆基本干燥后，进行防水层施工。

2）卷材隔离层施工。

用1∶3水泥砂浆找平结构层，在干燥的找平层上铺一层干细砂后，再在其上铺一层卷材隔离层，搭接缝用热沥青。

8.1.4 屋面防水工程质量标准

屋面工程所采用的防水材料应有产品合格证书和性能检测报告，材料的品种、规格、性能等应符合现行国家产品标准和设计要求。屋面工程的保温层和防水层严禁在雨天、雪天和五级风及其以上时施工。施工环境气温宜符合表8.9的要求。卷材防水屋面、涂膜防水屋面、刚性防水屋面、瓦屋面和隔热屋面工程，应按屋面面积每100m²抽查一处，每处10m²，且不得少于3处。

表8.9　屋面保温和防水层施工环境气温

项目	施工环境气温
黏结保温层	热沥青不低于−10℃，水泥砂浆不低于5℃
沥青防水卷材	不低于5℃
高聚物改性沥青防水卷材	冷黏法不低于5℃，热熔法不低于−10℃
合成高分子防水卷材	冷黏法不低于5℃，热风焊接法不低于−10℃
高聚物改性沥青防水涂料	溶剂型不低于−5℃，水溶型不低于5℃
合成高分子防水涂料	溶剂型不低于−5℃，水溶型不低于5℃
刚性防水层	不低于5℃

8.2　地下防水工程

由于地下工程常年受到潮湿和地下水的有害影响，所以，对地下工程防水的处理比屋面工程要求更高更严，目前，地下工程的防水方案有以下几种：

1）采用防水混凝土结构，它是利用提高混凝土结构本身的密实性来达到防水要求的。防水混凝土结构既能承重又能防水，应用较广泛。

2）排水方案，即利用盲沟、渗排水层等措施，把地下水排走，以达到防水要求，此法多用于重要的、面积较大的地下防水工程。

3）在地下结构表面设防水层，如抹水泥砂浆防水层或贴卷材防水层等。

为增强防水效果，必要时采取"防"、"排"结合的多道防水方案。

8.2.1 防水混凝土结构

防水混凝土是通过调整混凝土配合比或掺外加剂等方法，来提高混凝土本身的密实性和抗渗性，使其具有一定防水能力的整体式混凝土或钢筋混凝土。防水混凝土具有取材容易、施工方便、耐久性好、工程造价低等优点。因此，在实际工程中得到了广泛的应用。防水混凝土分为普通防水混凝土和掺外加剂的防水混凝土。

1. 防水混凝土材料要求

采用的水泥强度等级不应低于 32.5 级；砂宜用中砂，含泥量不得大于 30%，泥块含量不得大于 1.0%；石子的粒径宜为 5～40mm，含泥量不得大于 1.0%，泥块含量不得大于 0.5%；用水采用一般自来水或可饮用的天然水；外加剂的技术性能，应符合国家或行业标准一等品及以上的质量要求。

2. 防水混凝土配合比

防水混凝土的配合比应根据设计要求确定。每立方米混凝土的水泥用量不少于 300kg，水灰比不宜大于 0.55，砂率宜为 35%～40%，灰砂比宜为（1∶2.5）～（1∶2），混凝土的坍落度不宜大于 50mm。

3. 防水混凝土的施工要点

1）支模模板严密不漏浆，有足够的刚度、强度和稳定性，固定模板的铁件不能穿过防水混凝土，结构用钢筋不得触击模板，避免形成渗水路径。

2）搅拌符合一般普通混凝土搅拌原则。防水混凝土必须用机械充分均匀拌和，不得用人工搅拌，搅拌时间比普通混凝土搅拌时间略长，一般为 120s。

3）运输中防止漏浆和离析泌水现象，如果发生泌水离析，应在浇筑前进行二次拌和。

4）浇筑、振捣浇筑前应清理模板内的杂质、积水，模板应湿水。

5）施工缝的要求：施工缝是防水较薄弱的部位，应不留或少留施工缝。施工缝的做法如图 8.6 所示。

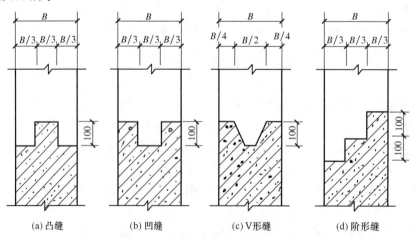

(a)凸缝　　(b)凹缝　　(c)V形缝　　(d)阶形缝

图 8.6　企口缝

6）养护与拆模养护对防水混凝土的抗渗性能影响很大，特别是早期湿润养护更为重要，如果早期失水，将导致防水混凝土的抗渗性大幅度降低。

8.2.2 水泥砂浆防水层

水泥砂浆防水层是在混凝土或砌砖的基层上用多层抹面的水泥砂浆等构成的防水层，它是利用抹压均匀、密实，并交替施工构成坚硬封闭的整体，具有较高的抗渗能力（2.5～3.0MPa，30d 无渗漏），以达到阻止压力水的渗透作用。其适用于承受一定静水压力的地下和地上钢筋混凝土、混凝土和砖石砌体等防水工程。

1. 水泥砂浆防水层材料要求

防水混凝土的配合比应根据设计要求确定。每立方米混凝土的水泥用量不少于 300kg，水灰比不宜大于 0.55，砂率宜为 35%～40%，灰砂比宜为（1∶2.5）～（1∶2），混凝土的坍落度不宜大于 50mm。

2. 水泥砂浆防水层基层要求

水泥砂浆铺抹前，基层的混凝土和砌筑砂浆强度不低于设计值的 80%；基层表面应坚实、平整、粗糙、洁净，并充分湿润，无积水；基层表面的孔洞、缝隙应用与防水层相同的砂浆填塞抹平。

3. 水泥砂浆防水层施工要点

（1）基层的处理

基层处理包括清理、浇水、刷洗、补平等工序，应使基层表面保持湿润、清洁、平整、坚实、粗糙。

（2）灰浆的配合比和拌制

与基层结合的第一层水泥浆是用水泥和水拌和而成，水灰比为 0.55～0.60；其他层水泥浆的水灰比为 0.37～0.40；水泥砂浆由水泥、砂、水拌和而成，水灰比为 0.40～0.50，灰砂比为 1.5～2.0。

（3）防水层施工

水泥砂浆防水层，在迎水面基层的防水层一般采用"五层抹面法"；背水面基层的防水层一般采用"四层抹面法"。防水层的施工缝需留斜坡阶梯形槎；一般留在地面上，具体要求如图 8.7 所示。

（4）防水层的养护

水泥砂浆防水层施工完毕后应立即进行养护，对于地上防水部分应浇水养护，地下潮湿部位不必浇水养护。

8.2.3 卷材防水层

卷材防水层应采用高聚物改性沥青防水卷材和合成高分子防水卷材。所选用的基层处理剂、胶黏剂、密封材料等配套材料，均应与铺贴卷材材性相容。卷材防水层应在地下工程主体迎水面铺贴。卷材防水层是依靠结构的刚度由多层卷材铺贴而成的，要求结构层坚固、形式简单，粘贴卷材的基层面要平整干燥。

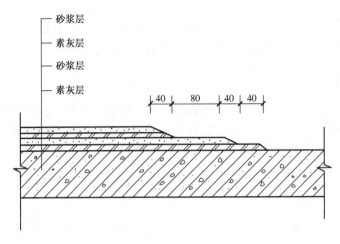

图 8.7　防水层施工

1. 卷材防水层的铺贴方式

地下防水工程一般把卷材防水层设在建筑结构的外侧，称为外防水；受压力水的作用紧压在结构上，防水效果好。外防水有两种施工方法：外防外贴法和外防内贴法。

（1）外防外贴法施工

外贴法（图 8.8）是将立面卷材防水层直接铺设在需防水结构的外墙外表面。适用于防水结构层高大于 3m 的地下结构防水工程。

（2）外防内贴法施工

外防内贴法（图 8.9）是浇筑混凝土垫层后，在垫层上将永久保护墙全部砌好，将卷材防水层铺贴在永久保护墙和垫层上。适用于防水结构层高小于 3m 的地下结构防水工程。

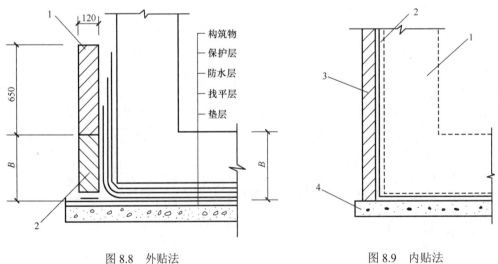

图 8.8　外贴法　　　　　　　　　　　　　　　图 8.9　内贴法

1. 临时保护墙；2. 永久保护墙　　　　　1. 待施工的构筑物；2. 防水层；3. 保护层；4. 垫层

外贴法与内贴法相比较，其优点是：防水层不受结构沉陷的影响；施工结束后即可进行试验且易修补；在灌筑混凝土时，不致碰坏保护墙和防水层，能及时发现混凝土的缺陷并进行补救。但其施工期较长，土方量较大且易产生塌方现象，不能利用保护墙做模板，转角接茬处质量较差。

2. 卷材铺贴及结构缝施工

墙上卷材应垂直方向铺贴，相邻卷材搭接宽度应不小于 100mm，上下层卷材的接缝应相互错开 1/3～1/2 卷材宽度。墙面上铺贴的卷材如需接长时，应用阶梯形接缝相连接，上层卷材盖过下层卷材不应少于 150mm。

保护墙每隔 5～6m 及转角处必须留缝，在缝内用油毡条或沥青麻丝填塞，以免保护墙伸缩时拉裂防水层。

地下防水层及结构施工时，地下水位要设法降至底部最低标高至少 300mm 以下，并防止地面水流入。油毡防水层施工时，气温不宜低于 5℃，最好在 10～25℃时进行。沥青胶的浇涂厚度，一般为 1.5～2.5mm，最大不超过 3mm。同时应特别注意阴阳角部位，穿墙管及变形缝部位的油毡铺贴，这是防水薄弱的地方，铺贴比较困难，操作要仔细，并增贴附加油毡层及采取必要的加强构造措施。

8.2.4 地下工程的渗漏及防止

渗漏水主要是由于结构层存在孔洞、裂缝、蜂窝麻面、变形缝和毛细孔等。堵漏前，必须查明其原因，确定其位置，弄清水压大小，根据不同情况采取不同措施。基本原则是把大漏变小漏，缝漏变点漏，片漏变孔漏，然后堵住漏水。堵漏方法和材料较多，如水泥胶浆、环氧树脂、丙凝浆液、甲凝浆液、氰凝浆液等。

1. 孔洞漏水堵漏方法

（1）直接堵漏法

孔洞较小，水压不较小时，可用直接堵漏法。将孔洞凿成凹槽并冲洗干净，用配合比为 1∶0.6 的水泥胶浆塞入孔洞，迅速用力向槽壁四周挤压密实。堵塞后，检查是否漏水，确定无渗漏后，在其表面抹素灰和砂浆各一层并扫毛。待一定强度后，与结构层一起做防水层。

（2）下管堵漏法

孔洞较大，水压较大时，可采用下管堵漏法。该办法分两步完成，首先凿洞、冲洗干净，插入一根胶管，用促凝剂水泥胶浆堵塞胶管外空隙，使水通过胶管排出；当胶浆开始凝固时，立即用力在孔洞四周压实，检查无渗水时，抹上防水层的第一、二层；待防水层有一定强度后将管拔出，按直接堵塞法将管孔堵塞，最后抹防水层的第三、四层。

（3）木楔子堵塞法

用于孔洞不大，水压很大的情况。用胶浆把一铁管稳牢于漏水处剔成的孔洞内，铁管顶端比基层面低 20mm，四周空隙用砂浆、素灰抹平；待砂浆有一定强度后，把一浸过沥青的木楔打入管内，管顶处再抹素灰、砂浆等，经 24h 后，检查无渗漏时，随同其他部位一起做好防水层，如图 8.10 所示。

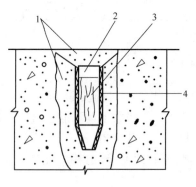

图 8.10　木楔堵漏

1. 素灰和砂浆；2. 干硬性砂浆；3. 木楔；4. 铁管

2. 裂缝漏水堵漏方法

（1）直接堵漏法

水压较小的裂缝，可采用直接堵塞法。堵漏时，先剔槽，在缝中堵塞胶浆，最后做防水层，如缝较长，可分段进行，接缝成斜槎。

（2）下线法

水压较大，缝隙不大时，采用下线法施工。操作时，在缝内先放一线，缝长时分段下线，线间中断 20～30mm 然后用胶浆压紧，从分段处抽线，形成小孔排水；待胶浆有强度后，用胶浆包住钉子塞住抽线时留下的小孔，再抽出钉子，由钉子孔排水，最后将钉子孔堵住做防水层。

（3）圆铁片堵漏法

水压较大，裂缝较大时，可将渗漏处剔成八字槽，用半圆铁片放于槽底；铁片上有小孔插入胶管，铁片用胶浆压住，水便由胶管排出。当胶浆有一定强度时，转动胶管并抽出，再将胶管形成的孔堵住。

3. 氰凝灌浆堵漏

氰凝又名聚异氰酸脂。它是由多种化学原料按一定比例、一定顺序配制而成的氰凝浆液。灌注浆液时，施工操作可分为对混凝土表面处理、布置灌浆孔、埋设注浆嘴、封闭漏水孔（除注浆嘴外，其他漏水部位均用快硬胶浆堵住，以免氰凝浆液漏出）、压水试验、灌浆、封孔等。灌浆孔的间距一般为 1m 左右，并要交错布置；灌浆结束，待浆液固结后，拔出灌浆嘴并用水泥砂浆封固灌浆孔。

灌注浆液时，其动力可用空气压缩机、电动泵等机具。

复习思考题

8.1　简述防水工程的分类及其施工特点。

8.2　试述沥青的主要性能及分类。

8.3　试述冷底子油的分类及作用。

8.4　试述在沥青胶结材料中掺入填料的作用及配置沥青胶的注意事项。

8.5　试述沥青油毡防水屋面的施工工艺。

8.6　试述高聚物改性沥青卷材防水屋面的施工工艺。

8.7　试述涂膜防水屋面的组成及施工工艺。

8.8　试述细石混凝土防水屋面施工的要点及防水层分格缝留置原则。

8.9　试述地下卷材防水层的构造及铺贴方法，各有何特点？

8.10　试述地下工程的渗漏原因及处理方法。

第九章 装饰装修工程

建筑装饰工程是选用适当的材料，通过各种施工工艺措施，对建筑物主体结构的内外表面进行装设和修饰，并对建筑物及其室内环境进行艺术加工和处理。其主要功能是保护建筑物各种构件免受自然界的风、雨、潮气的侵蚀，改善隔热、隔音、防潮功能，提高建筑物的耐久性，延长建筑物的使用寿命。同时，为人们创造良好的生产、生活及工作环境。

建筑装饰工程一般包括工业与民用建筑的抹灰工程、门窗工程、吊顶工程、轻质隔墙工程、饰面工程、幕墙工程、涂饰工程和裱糊工程等。

装饰工程施工的主要特点是项目繁多、工程量大、工期长、用工量大、造价高。装饰材料和施工技术更新快，施工管理复杂。因此，装饰工程施工前，必须做好图纸审查，制定合理的施工顺序和施工工艺，组织材料进场，做好机械设备和施工工具的准备，并做好技术交底和有关技术的准备工作。

9.1 抹 灰 工 程

抹灰工程是装饰装修工程中的主导施工过程。抹灰是将各种砂浆、装饰性石屑浆、石子浆涂抹在建筑物墙面、顶棚、地面等表面上，除了保护建筑物外，还可以作为饰面层起到装饰作用，使之增强抵抗风、霜、雨、雪、寒、暑的能力；提高保温、隔热、隔声、防潮的能力，增强建筑物的使用年限。因此，高质量的抹灰工艺施工过程，可以提高房屋的使用性能，给用户一种舒适、温馨的感觉。

9.1.1 抹灰工程的分类和组成

1. 抹灰工程的分类

抹灰工程按使用材料和装饰效果分为一般抹灰和装饰抹灰。一般抹灰有抹石灰砂浆、水泥石灰砂浆、水泥砂浆、聚合物水泥砂浆以及麻刀灰、纸筋灰、石膏灰等；装饰抹灰有抹水刷石、斩假石、干黏石、假面砖、水磨石，拉毛灰、洒毛灰及喷砂、喷涂、弹涂等。

一般抹灰按质量要求分为普通抹灰和高级抹灰两级。普通抹灰适用于一般居住、公用和工业用房（如住宅、宿舍、汽车库、教学楼、办公楼等），以及高级装修建筑物的附属用房。高级抹灰适用于大型公共建筑、纪念性建筑物（如剧院、礼堂、展览馆和高级住宅），以及有特殊要求的高级建筑物等。

2. 抹灰的组成

抹灰层一般由底层、中层和面层组成（图9.1）。底层主要起与基层黏结的作用，并对基层进行初步找平；中层的作用是找平；面层（又称罩面）是使表面光滑细致，起装饰作用。

抹灰层的平均总厚度根据具体部位及基层材料而定，各抹灰层的厚度，一般是按基层的平整程度和抹灰的质量要求，抹灰砂浆的种类和抹灰的等级而定，每层的厚度不宜过厚，否则不但操作困难，也容易起鼓、起壳，而且由于内外层收水快慢不同，也容易引起裂纹。

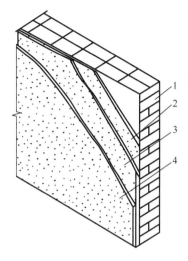

图 9.1　抹灰层的组成

1. 基层；2. 底层；3. 中层；4. 面层

3. 抹灰工程的材料要求

抹灰工程所用材料的品种、规格和质量应符合设计要求和国家现行标准的规定。严禁使用国家明令淘汰的材料。水泥的凝结时间和安定性复验应合格；砂浆的配比应符合设计要求；砂宜用中砂，含泥量不大于 5%，砂中不得含有有机杂质。抹灰用的石灰膏的熟化期不应少于 15d；罩面用的磨细石灰粉的熟化期不应少于 3d。当要求抹灰层具有防水、防潮功能时，应采用防水砂浆。

4. 基层处理

为了使抹灰砂浆与基体表面黏结牢固，防止抹灰层产生空鼓、开裂现象，抹灰前对凹凸不平的基层表面应剔平，或用 1∶3 水泥砂浆补平。孔、洞及缝隙处均应用 1∶3 水泥砂浆或水泥混合砂浆（加少量麻刀灰）分层嵌塞密实。基层表面的尘土、污垢、油渍等应清除干净，并应洒水润湿。过光的混凝土墙面、顶棚应予以凿毛，或涂刷一层界面剂，以加强抹灰层与基层的黏结力。

9.1.2　一般抹灰施工

一般抹灰是指采用水泥砂浆、石灰砂浆、混合砂浆等材料进行涂抹施工。施工过程一般为：基层处理—做灰饼—设置标筋—做阳角护角—抹底层灰—抹中层灰—抹面层灰压光—清理。

抹灰工程应分层进行，目的是为了增强层间的黏结，控制找平，保证质量。如果一次抹得太厚，由于内外收水快慢不同，易产生开裂，甚至起鼓脱落。抹灰层的组成一般分为底层、中层和面层。底层主要起黏结作用，并对基层进行初步找平，厚度为5～7mm，砂浆稠度为10～12cm；中层的作用是找平，厚度为5～12mm，砂浆稠度为7～8cm；面层，也称罩面，主要起装饰作用，厚度为2～5mm，砂浆稠度为10cm左右。当抹灰总厚度大于或等于35mm时，应采取加强措施。不同材料基体交接处表面的抹灰（图9.2），应采取防止开裂的加强措施，当采用加强网时，加强网与各基体的搭接宽度不应小于100mm。

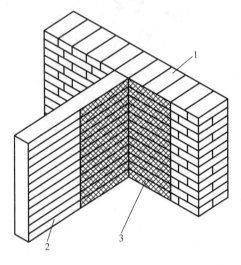

图9.2　不同基层接缝处理

1. 砖墙；2. 板条墙；3. 钢丝网

1. 顶棚抹灰

抹底层灰前，应扫尽钢筋混凝土楼板底的浮灰，砂浆残渣，去除油污及隔离剂剩料，并喷水湿润楼板底。

钢筋混凝土楼板下的顶棚抹灰，应待上层楼板地面面层完成后才能进行。板条、金属网顶棚抹灰不用做标志、标筋，只要在顶棚周围的墙面弹出顶棚抹灰层的面层标高线。抹灰宜从房间里面开始向门口进行，最后从门口退出。

在钢筋混凝土楼板底抹底层灰，铁抹抹压方向应与模板纹路或预制板缝相垂直；在板条、金属网顶棚上抹底层灰，铁抹抹压方向应与板条长度方向垂直，在板条缝处要用力压抹，使底层灰压入板条缝或网眼内，形成转脚以使结合牢固；抹中层灰时，铁抹抹压方向宜与底层灰抹压方向垂直；抹面层灰时，铁抹抹压方向宜平行于房间进光方向，应抹得平整、光滑，不见抹印。

顶棚抹灰应待前一层灰凝结后，才能抹上后一层灰，不可紧接着进行，顶棚面积较小时，整个顶棚抹上灰后再进行压平、压光；顶棚面积较大时，可分段分块进行抹灰、压平、压光，但接合处必须理顺，底层灰全部抹压后，才能抹中层灰。中层灰全部抹压后，才能抹面层灰。

2. 墙面抹灰

（1）弹准线

将房间用角尺规方，小房间可用一面墙壁做基线；大房间或有柱网时，应在地面上弹出十字线。在距墙阴角 100mm 处用线锤吊直，弹出竖线后，再按规方地线及抹面层厚度向里反弹出墙角抹灰准线，并在准线上下两端钉上铁钉，挂上白线作为抹灰饼、冲筋的标准。

（2）设置标筋

为了有效地控制墙面抹灰层的厚度与垂直度，使抹灰面平整，抹灰层涂抹前应设置标筋（又称冲筋），作为底中层抹灰的依据。设置标筋时，首先，距顶棚 200mm 处先做两个上灰饼；其次，以上灰饼为基准，吊线做下灰饼。下灰饼的位置一般在踢脚线上方 200～250mm 处；根据上灰饼，再上下左右拉通线做中间灰饼，灰饼间距 1.2～1.5m，应用与抹灰层相同的砂浆，待灰饼砂浆收水后，在竖向灰饼之间填充灰浆做成冲筋。冲筋时，以垂直方向上下两个灰饼之间的厚度为准，用灰饼相同的砂浆冲筋，抹好冲筋砂浆后，用硬尺与冲筋通平，冲筋面宽 50mm，底宽约 80mm。墙面不大时，可只做两条冲筋，如图 9.3 所示。

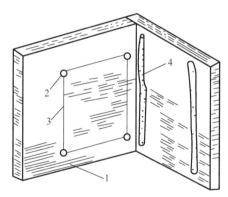

图 9.3　抹灰操作中的标志和冲筋

1. 基层；2. 灰饼；3. 引线；4. 冲筋

（3）抹底层灰

标筋达到一定强度，刮尺操作不致损坏时，即可抹底层灰。

抹底层灰前，基层表面的灰尘、污垢、油渍、沥青渍及松动部分事先均应清除干净，并填实各种网眼，提前一天浇水湿润基层表面。

底层砂浆的厚度为标筋厚度的 2/3，用铁抹子将砂浆抹上墙面并进行压实，并用木刀修补、压实、搓平、搓粗。

（4）抹中层灰

待底层灰凝结后（水泥石灰砂浆抹灰层，应待前一层达到 7～8 成干后，用手指按压已不软，但有指印和潮湿感）抹中层灰，中层砂浆同底层砂浆。抹中层灰时，依冲筋厚以装满砂浆为准，然后以大刮尺紧贴冲筋，将中层灰刮平，最后用木抹子搓平，搓平后用 2m 长的靠尺检查。检查的点数要充足，凡有不合质量标准者，必须修整，直至符合标准为止。

（5）抹罩面灰

当中层灰凝结后（或至 7、8 成干后），普通抹灰可用麻刀灰罩面，中、高级抹灰应用纸筋灰罩面，用铁抹子抹平，并分两遍连续适时压实收光。如中层压灰已干透发白，应先适度洒水湿润后，再抹罩面灰，不刷浆的中级抹灰面层，宜用漂白细麻刀石灰膏或纸筋石灰膏涂抹，应压实收光，表面达到光滑，色泽一致，不显接搓为好。

9.1.3　装饰抹灰施工

1. 水刷石

水刷石是一种传统的抹灰工艺。由于其使用的水泥、石子和颜料种类多，变化大，色彩丰富，立体感强，坚实度高和耐久性好，所以在 20 世纪 70 年代被许多工程采用，被视为高级装修的一种工艺。水刷石工艺应用广泛，但其施工效率低、水泥用量大、劳动强度高等。

水刷石多用于外墙面。在底层砂浆终凝后，在其上按设计要求弹线、分格，根据弹线安装分格条。施工前，应将底层浇水润湿，后用铁抹子满刮水灰比为 0.37～0.40 的素水泥浆一道，以增加与底层的黏结力。面层厚度视石子粒径而定，通常为石子粒径的 2.5 倍，水泥浆的稠度以 5～7cm 为宜，用铁抹子一次抹平、压实。

当面层灰浆初凝后达到刷不掉石子程度时，即可开始喷刷。用毛刷蘸水轻轻刷掉面层灰浆，随即用喷雾器或手压喷浆机喷刷。不仅要将表面的水泥浆冲掉，还要将石子间的水泥冲出来，使得石子露出灰浆表面，以露出石粒粒径 1/3 为宜。然后用清水从上往下全部冲洗干净。洗净后起出分格条，修补槽内水泥浆。

2. 斩假石

斩假石又称剁假石、剁石、剁斧石。其使用部位比较广，几乎可以在外檐的各部位应习。斩假石坚固、耐久，古朴大方而自然，且有真石的感觉，是室外装饰的理想工艺。斩假石由于施工部位不同，相应的施工程序也各有异。

斩假石墙面的施工工艺流程：清理基层→湿润墙面→设置标筋→抹底层砂浆→抹中层砂浆→弹线和粘贴分格条→抹水泥石子浆面层→养护→斩剁→清理。

施工过程是：先用（1∶2.5）～（1∶2）水泥砂浆打底层，待 2h 后浇水养护，硬化后在其表面洒水润湿，刮素水泥浆一道，随即用 1∶1.25 水泥石子浆（内掺 30%石膏）抹罩面，厚 10mm，抹完后要注意防止日晒和冰冻，并养护 2～3d（强度达到 60%～70%），用剁斧将面层斩毛，剁的方向要一致，剁纹深浅要均匀，一般两遍成活，分格缝周边、墙角、柱的棱角周边留 15～20mm 不剁，即可做出类似用石料砌成的装饰面。

3. 干黏石

干黏石抹灰工艺是水刷石抹灰的代用法。其有水刷石的效果，却较水刷石造价低得多，施工进度快，但不如水刷石坚固、耐久。所以，一般多用于室外装饰的首层以上建筑物。

干黏石按其施工工艺可分为机喷干黏石和手工干黏石。机喷干黏石是用喷枪将石渣在空气压力作用下均匀有力地喷射在黏结层上。喷枪要对准墙面，距离为300～400mm，压力以0.6～0.8MPa为宜，随喷随用铁抹子轻压，使表面平整。

手工干黏石施工时，先在已经硬化的水泥砂浆中层上浇水湿润，并刷水泥浆一道，水灰比为0.4～0.5，再抹一层5mm厚的（1∶2.5）～（1∶2）的水泥砂浆层，随即紧跟抹一层2mm厚黏结层，同时将配有不同颜色或同色的小石子或色豆石及绿豆砂甩黏到黏结层上，并拍平压实。要求石子甩粒均匀，拍时不能把灰浆拍出来以免影响美观。

9.2　饰面工程

饰面工程是指在墙体的基层上，安装和镶贴既具有保护功能，又具有装饰功能的各种板（块）材所形成的建筑装饰饰面。饰面板（块）包括釉面瓷砖、陶瓷锦砖面砖、大理石板、花岗石板、金属饰面板、木制面板和玻璃幕墙等。

9.2.1　石材饰面板施工

1. 粘贴法

首先将基层表面的灰尘、污垢和油渍清除干净，并浇水湿润。对于表面光滑的基层表面应进行凿毛处理；对于垂直度、平整度偏差较大的基层表面，应进行剔凿或修补处理。

粘贴时先用1∶2.5（体积比）水泥砂浆分两次打底（厚度约为10mm），并按中级抹灰标准检查验收垂直度和平整度。然后用线锤在墙面、柱面和门窗部位从上至下吊线，确定饰面板表面距基层的距离（一般为30～40mm）。根据垂线，在地面上顺墙、柱面弹出饰面板外轮廓线，此线即为安装基准线。然后弹出第一排标高线，并将第一层板的下沿线弹到墙上。最后根据板面的实际尺寸和缝隙，在墙面弹出分块线。

镶贴时，将湿润并阴干的饰面板，在其背面抹上2～3cm厚的107胶水泥浆（107胶的掺量为水泥重量的10%～15%）或环氧树脂水泥浆，依照水平线，先镶贴底层（墙、柱）两端的两块饰面板，然后拉通线，按编号依次镶贴。第一层贴完，进行第二层镶贴。以此类推，直到贴完，垂直方向用靠尺靠平。

2. 湿作业法（传统安装方法）

湿作业法的施工工艺流程：选材→弹线和预排→设置标筋→绑钢筋网→钻孔和剔槽→安装饰面板→灌浆等。

如图9.4所示，按设计要求事先绑扎好固定饰面板的钢筋网，依据弹好的控制线，与基层的预埋件绑牢或焊牢。

安装前先将饰面板材按设计要求进行修边、剔槽，如图9.5所示，以便穿绑钢丝（或铁丝）与墙面钢筋网片绑牢，固定饰面板。然后按照事先找好的水平线和垂直线进行预排，在最下一行两头用板材找平找直，拉上横线，再从中间或一端开始安装，并用铜丝（或不锈钢钢丝）把板材与结构表面的钢筋骨架绑扎固定，随即用托线板靠直靠平，保证板与板交接处四角平整。固定后用1∶2.5水泥砂浆（稠度一般为8～12cm）分层灌注。

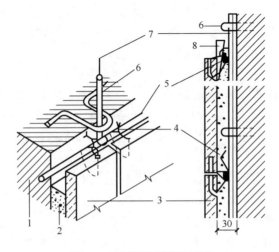

图 9.4　饰面板钢筋网片固定

1. 墙体；2. 水泥砂浆；3. 大理石板；4. 铜丝或钢丝；5. 横筋；6. 铁环；7. 立筋；8. 定位木楔

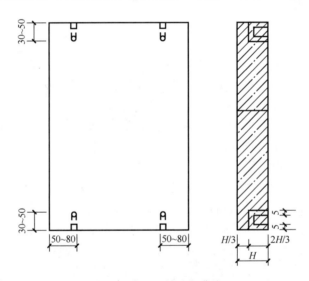

图 9.5　大理石钻孔与凿沟

3. 干挂施工法

干挂法施工不受季节性影响，可由上往下施工，有利于成品保护，不受粘贴砂浆析碱的影响，可保持板面饰材饰面色彩鲜艳。

施工工艺：利用高强螺栓和耐腐蚀、强度高的柔性连接件将薄型石材饰面板挂在建筑物结构的外表面，板材与结构表面之间留出 40～50mm 的空腔，如图 9.6 所示。采暖地区可填入保温材料。此工艺多用于 30m 以下的钢筋混凝土结构，还适宜用于砖墙或加气混凝土墙。由于连接挂件具有三维空间的可调性，增强了板材安装的灵活性，易于使饰面平整。

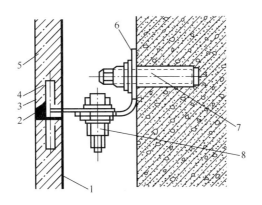

图 9.6　干挂安装示意图

1. 玻纤布增强层；2. 嵌缝；3. 钢针；4. 针孔；5. 饰面板；
6. L 形不锈钢固定件；7. 膨胀螺栓；8. 紧固螺栓

9.2.2　饰面砖镶贴

饰面砖在镶贴前应根据设计要求对釉面砖和外墙面砖进行选择，要求挑选规格一致，形状平整方正，不缺棱掉角，不开裂和脱釉，无凹凸扭曲，颜色均匀的面砖及各配件。按标准尺寸检查饰面砖，分出符合标准尺寸和大于或小于标准尺寸三种规格的饰面砖，同一类尺寸应用于同一层间或同一墙面上，以做到接缝均匀一致，陶瓷锦砖应根据设计要求选择好色彩和图案，统一编号，便于镶贴时依号施工。

釉面砖和外墙面砖镶贴前应先清扫干净，然后置于清水中浸泡。釉面砖浸泡到不冒气泡为止，一般为 2~3h，外墙面砖则需隔夜浸泡，取出晾干，以饰面砖表面有潮湿感，但手按无水迹为准。

1. 陶瓷锦砖（马赛克）镶贴

陶瓷锦砖也称马赛克，是以优质瓷土烧制而成的小块瓷砖，有挂釉与不挂釉两种，目前以不挂釉者为多，有白、粉红、深绿、浅蓝等各种颜色。由于规格小，不宜分块铺贴，故出厂前，工厂按各种图案组合将陶瓷锦砖反贴在约 300mm 见方的护面纸上。由于陶瓷锦砖美观大方，拼接灵活，自重较轻，装饰效果好，除用于厕浴间、游泳池等处外，近年来已大量用作为室外墙面的饰面材料。

传统方法镶贴要点如下：

用厚 10~12mm、1：3 水泥砂浆打底找平、划毛、洒水养护。镶贴前弹出水平线，垂直分格线，阴阳角要垂直方正，然后在湿润的底层上刷水泥浆一道，再抹一层厚 2~3mm 的 1：0.3 水泥纸筋灰或厚 3mm 的 1：1 水泥砂浆（砂用窗纱过筛，掺 2%乳胶）黏结层，用刮尺刮平，抹子抹平。同时将陶瓷锦砖铺放在木垫板上，底面朝上缝里撒灌 1：2 水泥砂，并用软毛刷刷净底面浮砂，再在底面上薄薄喷上一层黏结灰浆。然后逐张将陶瓷锦砖按平尺板上口，由下往上对齐接缝粘贴于墙上。

粘贴后的陶瓷锦砖，要用拍板靠放在已贴好的陶瓷锦砖上，用小锤敲击拍板，仔细拍实，使其黏结牢固，表面平整。待水泥初凝后，用软毛刷将陶瓷锦砖护纸刷水湿润，约半小时后揭纸并检查缝的平直大小情况，并对弯扭的缝进行拨正、调直，然后再普遍用小锤敲击拍板一遍，再用刷子带水将缝里的砂刷出，用湿布擦净陶瓷锦砖面，必要时可用小水壶由上往下浇水冲洗。

镶贴 48h 后，除了起出分格厘米条的大缝用 1∶1 水泥砂浆勾严外，其他小缝均用素水泥浆擦缝，色浆的颜色按设计要求，工程全部完成后，根据不同污染程度用稀盐酸溶液刷洗，并随即用清水冲洗干净。

陶瓷锦砖的质量要求是：尺寸颜色一致，拼接在纸版上的图案应符合设计要求，纸版完整，颗粒齐全，间距均匀，边角整齐。外墙镶贴锦砖应自上而下进行分段，每段内从下向上镶贴。

2. 釉面瓷砖镶贴

釉面砖正面挂釉，又称瓷砖或釉面瓷砖，是用瓷土或优质陶土烧成。底胎均为白色，挂釉面有白色和其他颜色，可带有各种花纹和图案。其表面光滑、美观、易于清洗，且防潮耐碱，具有较好的装饰效果，多用于室内卫生间、厨房、浴室、水池；游泳池等处作为饰面材料。

墙面镶贴的传统方法要点为：

在清理干净的找平层上，首先依照室内找平线、地面标高，按贴砖的面积，计算纵横皮数，用水平尺找平，并弹出釉面砖的水平和垂直控制线；然后，用废瓷砖按黏结层厚度用混合砂浆贴灰饼（作标志块），找出标准；以所弹地平线为依据，设置支撑釉面砖的地面木托板，以防止釉面砖因自重向下滑移，以确保横平竖直。

铺贴一般用 1∶2（体积比）水泥砂浆，为了改善砂浆的和易性，便于操作，可掺入不大于水泥用量的 15% 的石灰膏，镶贴时，用铲刀在釉面砖背面刮满灰浆，厚度 5～6mm，四周刮成斜面，按线就位后用手轻压，然后用橡皮锤或小铲把轻轻敲击，使其与中层贴紧，确保釉面砖四周砂浆饱满，再用靠尺按标志块将其校正平直。铺贴完整行的釉面砖后，再用长靠尺横向校正一次。

镶贴釉面砖宜从阳角处开始，先沿底尺横向贴一行，再沿垂直线竖向贴几行，然后从下往上从第二横行开始，在已贴的釉面砖口间用细铁丝拉准线，横向各行釉面砖依标准线镶贴。镶贴墙面时，应先贴大面，后贴阴阳角、凹槽等费工多、难度大的部位。

釉面砖镶贴完后进行质量检查，用清水将釉面砖表面擦洗干净，接缝处用与釉面砖相同颜色的白水泥擦嵌密实，并将釉面砖表面擦净，并随即用清水冲净。

9.2.3 金属饰面板安装

金属饰面板（图9.7）一般采用铝合金板和彩色压型钢板与聚苯乙烯泡沫塑料热压而形成的隔热夹心墙板；也可在现场以两层金属板间填充保温材料，并与金属框组成整体；亦可采用单层金属板加保温材料组成。

1. 铝合金饰面板安装

铝合金板墙面主要由铝合金板和骨架组成（图9.8）。

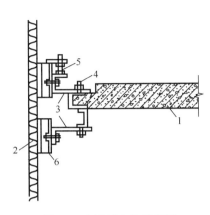

图 9.7　金属板安装示意图

1. 楼板；2. 金属板；3. 连接件；4. 前后调节螺栓；
5. 水平调节；6. 连接槽钢

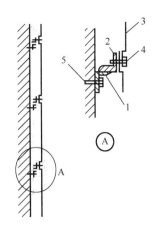

图 9.8　铝合金板的连接示意图

1. 连接件；2. 角钢；3. 铝合金板；
4. 铆钉；5. 膨胀螺栓

铝合金饰面板的安装施工工艺流程:弹线定位→装固定连接件→安装骨架→饰面板安装→收口构造处理→板缝处理→表面清洗。具体如下：

1）弹线定位。以建筑物的轴线为基准，根据设计要求将骨架的位置弹到结构主体上。

2）固定连接件。连接件起骨架与主体结构之间的连接作用，通常连接件用型钢制作并与结构预埋铁件焊接，也可不做预埋件，而是在结构的梁柱或混凝土墙上植筋，将连接件与植筋焊接。

3）安装固定骨架。骨架的安装顺序一般是先安装竖向杆件再安装横档，杆件与连接件间一般采用螺栓连接。安装过程中应及时校正垂直度和平整度。

4）饰面板的安装。铝合金饰面板一般安装有两种方法:一是直接将板材用螺栓固定在骨架型材上，该法连接牢固，耐久性好，常用于外墙饰面工程。二是利用板材预先压制好的各种异形边口压卡在特制的带有卡口的金属龙骨上，该法施工方便，连接简单，适宜受力不大的室内墙面或吊顶饰面工程。

2. 彩色压型钢板复合墙板

彩色压型钢板复合墙板，是以波形彩色压型钢板为面板，以轻质保温材料为芯层，经复合而成的轻质保温墙板，适用于工业与民用建筑的外墙挂板。这种复合墙板的夹芯保温材料，可分别选用聚苯乙烯泡沫板、岩棉板、玻璃棉板、聚氨酯泡沫塑料等。

彩色压型钢板复合板的安装，是用吊挂件把板材挂在墙身檩条上，再把吊挂件与檩条焊牢；板与板之间连接，水平缝为搭接缝，竖缝为企口缝。所有接缝处，除用超细玻璃棉塞缝外，还需用自攻螺钉钉牢，钉距为 200mm。门窗洞口、管道穿墙及墙面端头处，墙板均为异型复合墙板，用压型钢板与保温材料按设计规定尺寸进行裁割，然后按照标准板的做法进行组装。女儿墙顶部、门窗周围均设防雨泛水板，泛水板与墙板的接缝处，用防水油膏嵌缝。压型板墙转角处，用槽形转角板进行外包角和内包角，转角板用螺栓固定。

9.3 涂 饰 工 程

涂饰工程是指将涂料涂敷于基体表面，以达到保护、装饰及防水、防火、防腐蚀、防霉、防静电等目的的一种饰面工程。涂料涂饰是当今建筑饰面较为流行的一种形式，它具有施工方便、装饰效果较好、经久耐用、便于更新等优点。常有水性涂料涂饰、溶剂型涂料涂饰、美术涂饰等。其施工涂饰方法有刷涂、喷涂、滚涂、弹涂等。

9.3.1 施工准备

1. 主要机具

1）涂刷、排笔、盛料桶、天平、磅秤等刷涂计量工具。

2）羊毛滚筒、海绵滚筒、配套专用滚筒及匀料板等滚筒工具。

3）塑料滚筒、铁制压板滚压工具。

4）无气喷涂设备、空气压缩机、手持喷枪、喷斗、各种规格口径的喷嘴、高压胶管等喷涂设备。

5）对空气压缩机、毛滚、涂刷等应按涂饰材料种类、涂饰式样、涂饰部位等选择适用的型号。

2. 材料准备

需准备的材料有涂料、腻子等。涂饰工程所用的涂料和半成品（包括施涂现场配制的），均应有产品名称、执行标准、种类、颜色、生产日期、保质期、生产企业地址、使用说明、产品性能检测报告和产品合格证，并具有生产企业的质量保证书，且应经施工监理单位验收合格后方可使用。外墙涂料使用寿命不得少于 5 年。

9.3.2 常用的建筑涂料

1. 外墙涂料

外墙涂料包括：乳液型外墙涂料、溶剂型外墙涂料和聚合物水泥系外墙涂料等。

乳液型外墙涂料：乳液型外墙涂料是以高分子合成树脂乳液为主要成膜物质的涂料，可分为两类：一类是合成树脂乳液涂料；另一类是水乳型涂料。

溶剂型外墙涂料：溶剂型外墙涂料是以高分子合成树脂为主要成膜物质，是一种挥发性涂料。主要品种有氯化橡胶外墙涂料、丙烯酸酯外墙涂料、聚氨酯丙烯酸酯外墙涂料、有机硅丙烯酸外墙涂料等。

聚合物水泥系外墙涂料：聚合物水泥系外墙涂料是将有机高分子材料加入水泥所构成的有机-无机复合涂料。常用的高分子材料有聚醋酸乙烯乳液、氯乙烯-偏氯乙烯共聚乳液等。

2. 内墙、顶棚涂料

油漆：油漆是一种传统涂料，主要品种有酯胶调和漆、醇酸调和漆、醇酸磁漆等。

乳胶漆：乳胶漆亦称乳液涂料，内墙乳胶漆品种较多，常用的有聚醋酸乙烯乳胶漆、乙-丙乳胶漆、苯-丙乳胶漆、丙烯酸乳胶漆等。

溶剂型内墙涂料：主要品种有丙烯酸酯内墙涂料、有机硅丙烯酸墙涂料、聚氨酯丙烯酸酯内墙涂料、聚氨酯聚酯仿瓷内墙涂料等。

多彩内墙涂料：多彩内墙涂料由两相组成，其中一相为分散介质，常为水相；另一相为分散相，常为涂料相。两者互不相溶，形成一种悬乳型涂料。在分散相中，有两种颜色以上的着色粒子，它们在含有保护胶体的水中均匀分散悬浮，呈稳定状态。主要产品有丙烯酸树脂水包油型多彩内墙涂料等。

轻质顶棚厚质涂料：轻质顶棚厚质涂料具有很好的吸声、隔热效果。其主要由珍珠岩粉、聚苯乙烯泡沫塑料、蛭石等轻质材料作为主要填料的一种轻质厚涂料。

3. 钢结构涂料

钢结构涂料的主要品种有聚氨酯磁漆和调和漆、酚醛磁漆和调和漆、醇酸磁漆和调和漆、酯胶磁漆和调和漆等。

4. 木材表面涂料

木门窗涂料：木门窗涂料分为清漆和混合漆两大类。清漆主要品种有聚氨酯清漆、酚醛清漆、醇酸清漆、硝基清漆、丙烯酸清漆等。色漆主要品种有聚氨酯漆、酚醛磁漆、醇酸磁漆、醇酸调和漆、酯胶磁漆、酯胶调和漆等。

木地板涂料：木地板涂料分为清漆和色漆两类。清漆主要品种有耐磨性优良的聚氨酯类清漆，色漆主要品种有聚氨酯漆、酯胶磁漆、酚醛紫红地板漆等。

9.3.3　涂料工程施工

1. 基层处理

混凝土和抹灰表面：基层表面必须坚实，无酥板、脱层、起砂、粉化等现象。基层表面要求平整，如有孔洞、裂缝，需用同种涂料配制的腻子批嵌，除去表面的油污、灰尘、泥土等，清洗干净。对于施涂溶剂型涂料的基层，其含水率应控制在 6% 以内；对于施涂水溶性和乳液型涂料，其含水率应控制在 10% 以内，pH 在 10 以下。

木材表面：应先将木材表面的灰尘、污垢清除，并把木材表面的缝隙、毛刺等用腻子填补磨光。钉眼应用腻子填平，打磨光滑。

金属表面：将灰尘、油渍、锈斑、焊渣、毛刺等清除干净。

2. 打底子

木材表面打底子的目的是使表面具有均匀吸收涂料的性能，以保证面层的色泽均匀一致。木材表面涂刷混色涂料时，一般用自配的清油打底，如果涂刷清漆，则应用油粉或水粉进行润粉，以填充木纹的棕眼，使表面平滑并起着色作用。

金属表面应刷防锈漆打底。

抹灰或混凝土表面涂刷油性涂料时，一般也可用清油打底。

打底子要求刷到、均匀，不能有遗漏和流淌现象。涂刷顺序一般先上后下，先左后右，先外后里。

3. 刮腻子、磨光

刮腻子的作用是使表面平整。腻子应按基层、底层涂料和面层涂料的性质配套使。应具有塑性和易涂性，干燥后应坚硬。

刮腻子的次数随涂料工程质量等级的高低而定，一般以三道为限，先局部刮腻子，然后再满刮腻子，头道要求平整，二、三道要求光洁。每刮一道腻子待干燥后，再用砂纸磨光。

9.3.4 涂饰施工工艺

1. 刷涂

刷涂施工方法就是用漆刷或排笔将涂料均匀地涂刷在建筑物的表面上。其特点是工具简单、操作方便，适应性广，大部分薄质涂料或云母片状质涂料均可采用，可用于建筑物内、外墙面及地面的涂料施工。施工时，涂刷应按先上后下，先左后右，先难后易，先阳台后墙面的规律进行。

2. 抹涂

先在基层刷涂或滚涂 1～2 道底层涂料，待其干燥后，用不锈钢抹子将饰面涂料抹到已刷涂的底层涂料上，一般抹 1～2 遍（总厚度为 2～3mm），间隔 1h 后，再用不锈钢抹子压平。

在工厂制作组装的钢木制品和金属构件，其涂料宜在生产制作阶段施工，最后一遍安装后在现场施涂。现场制作的构件，组装前应先施涂一遍底子油，安装后再施涂。

3. 滚涂

滚涂施工是用不同类型的辊具将涂料滚涂在建筑物的表面上，一般分手工滚涂和机械滚涂两种施工方法。这种施工方法具有设备简单、操作方便、工效高、涂刷质量好，对环境无污染等特点。根据涂料的不同类型、装饰质感及使用辊具的不同可分为一般滚涂和艺术滚涂。一般滚涂是用羊毛辊具蘸上涂料，将涂料施涂在建筑物的表面；艺术滚涂是使用带有不同花纹的辊具，按设计要求将不同的花纹施涂在建筑物的表面上，或在建筑物的表面上形成立体质感强烈的凹凸花纹。

4. 喷涂

喷涂是一种利用压力或压缩空气将涂料涂布于建筑物表面的机械化施工方法。喷涂施工一般可根据涂料的品种、稠度、最大粒径等，确定喷涂机械的种类，喷嘴的口径、喷涂压力、与基层之间的距离等。喷涂时一般两遍成活，先喷门窗口，后喷大面，先横向喷涂一遍，稍干后，再竖向喷涂一遍，两遍喷涂的时间间隔由喷涂的涂料品种和喷涂的厚度而定。

5. 弹涂

先在基层刷涂 1～2 道底涂层，待其干燥后通过机械方法（弹涂器）将色浆均匀地溅在墙面上，形成 1～3mm 的圆状色点。弹涂时，弹涂器的喷出口应垂直正对被饰面，距离 300～500mm，按一定速度自上而下，由左至右弹涂。选用压花型弹涂时，应适时将彩点压平。

6. 刮涂

利用刮板，将涂料厚浆均匀地批刮于涂面上，形成厚度为 1～2mm 的厚涂层。这种施工方法多用于地面等较厚层涂料的施涂。

9.4　幕墙工程施工

幕墙是现代建筑的重要标志之一，按其材料可分为：石材幕墙、玻璃幕墙和金属幕墙。

9.4.1　石材幕墙

石材幕墙一般由石材面板和骨架组成，利用连接件固定在墙面结构上，也可将石材面板用连接件直接固定在钢筋混凝土墙面结构上构成石材幕墙。

石材面板主要由花岗岩、大理石和青石板加工而成，厚度一般为 20～30mm，常用 25mm。

石材幕墙的安装工艺分为：直接干挂式石材幕墙、骨架干挂式石材幕墙、单元体干挂式石材幕墙和预制复合板干挂式石材幕墙。

直接干挂式石材幕墙是将被安装的石材饰面板通过金属挂件直接安装固定在主体结构上（图 9.9）。骨架干挂式石材幕墙是，当主体结构为框架结构时，先在框架结构的梁柱上安装型钢或铝合金骨架，然后通过干挂件将石板悬挂于型钢或铝合金骨架上（图 9.10）。单元体干挂式石材幕墙是利用特殊强化的铝合金框架，将石板、铝合金窗、玻璃保温层等全部在工厂组装在铝合金框架上，组装成整片墙面单元体，运到工地直接安装到主体结构上（图 9.11）。预制复合板干挂式石材幕墙是以石材薄板为饰面板，钢筋细石混凝土为衬膜，用不锈钢连接件连接，在工厂进行浇筑预制成饰面复合板，运到工地后与主体结构用连接件连接固定（图 9.12）。

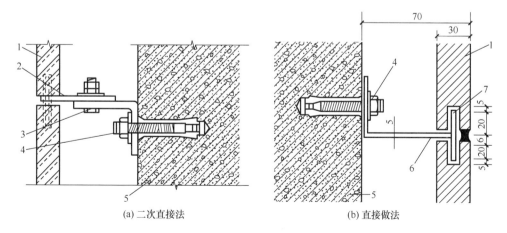

(a) 二次直接法　　　　　　　　　　　　(b) 直接做法

图 9.9　直接式干挂石材幕墙构造示意

1. 石材；2. 舌板；3. 不锈钢螺栓；4. 敲击式重荷锚栓；5. 钢筋混凝土墙；
6. 不锈钢挂件；7. 2mm 厚不锈钢板填焊固定

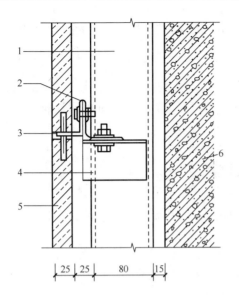

图 9.10　骨架式干挂石材幕墙构造示意图　　　图 9.11　单元体干挂石材幕墙构造示意图

1. 钢立柱；2. 钢横梁；3. 不锈钢销钉式挂件；
4. 钢角码；5. 石材；6. 基层

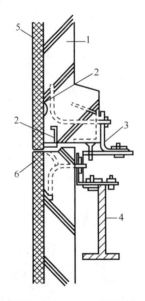

图 9.12　预制复合板干挂石材幕墙构造示意图

1. 预制钢筋混凝土板；2. 不锈钢连接环；3. 连接器具；4. 钢大梁；5. 石材；6. 支承材料

9.4.2　玻璃幕墙

　　玻璃幕墙是由玻璃板片做墙面板材，与金属构件组成悬挂在建筑物主体结构上的非承重连续外围护墙体，其构造如图 9.13 所示。玻璃幕墙体现了现代建筑风貌，它可因所用材料、设计造型和分格的不同，而得到多种不同的立面效果。同时，它作为外围护构件，还具有防水、保温、隔热、气密、防火和避雷等性能。玻璃幕墙广泛应用于现代化高档公共建筑的外墙装饰。

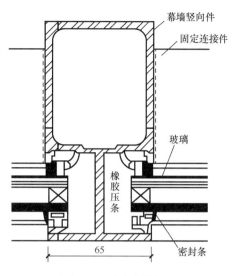

图 9.13　玻璃幕墙构造

目前采用的幕墙玻璃主要有安全玻璃（包括钢化和夹层玻璃）、中空玻璃、热反射镀膜玻璃、吸热玻璃、浮法玻璃、夹丝玻璃和防火玻璃等。施工前玻璃边缘必须进行倒棱倒角处理。由于龙骨结构类型的不同，幕墙玻璃的安装方法也有所差异。型钢龙骨因没镶嵌玻璃的凹槽，一般都是借助与窗框过渡，即先将玻璃安装在铝合金框上，再将窗框与型钢龙骨连接牢固；铝合金型材龙骨在生产成型过程中，已将玻璃固定的凹槽同整个截面一次挤压成型，因而在安装玻璃时先在竖杆内侧按上铝合金压条，然后将玻璃放入凹槽，再用密封材料密封。

玻璃幕墙安装施工顺序为：测量放线→清理预埋件→安装连接件→安装骨架→安装玻璃→洁面处理。

测量放线：将骨架的位置弹到主体结构上。对于由横竖杆件组成的幕墙，一般先弹出竖向杆件的位置，确定锚固点。待竖向杆件通长布置完毕，再将横向杆件弹到竖向杆件上。

清理预埋件：预埋件应在主体结构施工时按设计要求埋设，玻璃幕墙安装前钢制龙骨要刷防锈漆防锈；铝合金龙骨与混凝土直接接触部位要对氧化膜进行防腐处理；所有的连接件、紧固件也都要做防腐处理。

安装连接件：将骨架通过连接件与主体结构相连，并通过连接件调整骨架的位置，使玻璃幕墙位于同一立面上。

骨架安装：根据放线的位置，进行骨架安装。一般先安装竖向杆件后安装横向杆件。

玻璃安装：目前采用的幕墙玻璃主要有安全玻璃（包括钢化和夹层玻璃）、中空玻璃、热反射镀膜玻璃、吸热玻璃、浮法玻璃、夹丝玻璃和防火玻璃等。施工前玻璃边缘必须进行倒棱倒角处理。由于龙骨结构类型的不同，幕墙玻璃的安装方法也有所差异。对于铝合金型材骨架框格，玻璃可直接安装在框格凹槽内；如为型钢骨架，要用窗框过渡，先将玻璃安装在铝合金窗框上，然后再将窗框与型钢骨架连接。立柱安装玻璃时，先在内侧安上铝合金压条，然后将玻璃放入凹槽内，再用密封材料封严；横梁安装玻璃时，外侧须用一条盖板封住。玻璃与构件不得直接接触。

幕墙四周与主体结构之间的缝隙应采用防火的保温材料堵塞，内外表面应采用密封膏连续封闭，接缝应严密无漏水。

洁面处理：将安装后幕墙进行清洁处理，清除表面的污垢，使幕墙洁净明亮。

9.4.3　金属幕墙

由工厂定制的金属板（铝合金或不锈钢）作为维护墙面，与窗一起组合而成。构造形式基本上分为附着式（图 9.14）和构架式（图 9.15）两类。附着式是在混凝土剪力墙上用螺栓或预埋件焊接固定角钢，再根据金属板尺寸将轻钢型材固定在角钢上。构架式是在框架结构的柱梁上安装型钢骨架，然后再将轻钢型材固定在受力骨架上，最后将金属板用连接件固定于轻钢型材上。以下主要介绍铝合金幕墙。

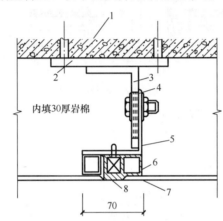

图 9.14　附着式金属幕墙构造示意图

1. 混凝土剪力墙；2. 预埋件；3. L90×60×8 角钢；4. M12 螺栓；
5. 直角轻钢型材；6. 结构胶；7. 铝合金板；8. 密封胶

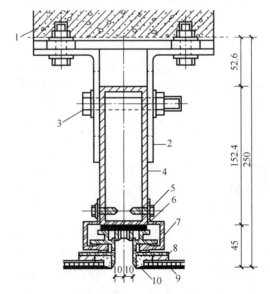

图 9.15　构架式金属幕墙构造示意图

1. 钢筋混凝土框架结构；2. 角钢连接件；3. 镀锌螺栓；4. 钢管骨架；5. 螺栓加垫圈；
6. 聚乙烯泡沫塑料填充；7. 固定钢板件；8. 泡沫塑料填充；9. 铝塑板；10. 密封胶

铝合金幕墙主要由铝合金板和骨架组成。骨架由横竖杆件拼成，材质为铝合金型材或型钢。骨架的横竖杆通过连接件与结构固定。铝合金板多用螺钉与骨架固定，这种连接方式耐久性能好。

铝合金幕墙的施工顺序：测量放线→安装连接件→安装骨架→安装铝合金板→收口处理→洁面处理。

1. 测量放线

首先检查土建结构质量，如结构的垂直度、平整度偏差较大时，应采取措施予以修整。然后将骨架的位置弹到基层上。

2. 固定骨架的连接件

骨架的横竖杆件是通过连接件与结构固定，而连接件与结构之间可以与结构上的预埋件焊牢，也可用膨胀螺栓固定在墙上。后一种方法较灵活，容易保证位置的准确性，实际工程中应用较多。

3. 安装骨架

骨架应预先进行防腐、防锈处理。安装骨架位置要准确，结合要牢固，安装后应全面检查中心线和表面标高等。对建筑外墙，为了保证板的安装精度，宜用经纬仪对骨架安装精度进行校正。

4. 安装铝合金板

铝合金单板的安装是采用异形角铝和压条与骨架连接和收口处理。蜂窝铝合金板在工厂制造过程中已将连接件、周边封边框等同板一起完成。安装时，将两块板用一块 5mm 的铝合金板压住连接件的两端，然后用螺栓拧紧，螺栓间距 300mm 左右。铝塑板安装时，在工厂制作过程中，已同时安装好副框。待铝塑板定位后，将压片的两脚插到板上副框的凹槽里，将压片上的螺栓紧固即可。板与板之间的间隙一般为 10～20mm，用橡胶条或密封胶等弹性材料处理。铝合金板安装完毕，在易被污染的部位，要用塑料薄膜覆盖保护。易被划伤和碰撞的部位，应设安全栏杆保护。

5. 收口处理

水平部位的压顶、端部的收口、伸缩缝处，一般应用特制的铝合金成型板进行处理。转角处可用厚度 1.5mm 的直角形铝合金板与外墙板连接。窗台、女儿墙的上部，均属于水平部位的压顶处理，可用铝合金板盖住，使之能够防止雨水渗漏。

6. 洁面处理

将安装后幕墙撕掉表面的保护膜，清除表面的污垢，进行洁面处理，使其洁净美观。

9.5　裱　糊　工　程

裱糊工程就是将壁纸、墙布用胶黏剂裱糊在结构基层的表面上。由于壁纸和墙布的图案、花纹丰富，色彩鲜艳，故更显得室内装饰豪华、美观、艺术、雅致。

裱糊工程中常用的材料有普通壁纸、塑料壁纸、玻璃纤维墙布、无纺墙布及胶黏剂。

1. 玻璃纤维布和无纺墙布的裱糊

（1）基层处理

玻璃纤维墙布和无纺墙布布料较薄，盖底力较差，故应注意基层颜色的深浅和均匀程度，防止裱糊后色彩不一，影响装饰效果。若基层表面颜色较深或相邻基层颜色不同时，应满刮石膏腻子，或在胶黏剂中掺入适量白色涂料（如白色乳胶漆等）。

（2）裁剪

裁剪前应根据墙面尺寸进行分幅，并在墙面弹出分幅线，然后确定需要粘贴的长度，并应适当放长 100～150mm，再按墙布的花色图案及深浅选布剪裁，以便同幅墙面颜色一致，图案完整。裁布场所要清洁宽敞，用剪刀剪成段时，裁边应顺直，剪裁后应卷拢，横放贮存备用，切勿直立，以免玷污或碰毛布边，影响美观。

（3）刷胶黏剂

胶黏剂制备时先将羟甲基纤维素用水溶化，其中羧甲基纤维素应先用水溶化，经 10h左右用细眼纱过滤，除去杂质，再与其他材料调配并搅拌均匀。调配量以当天用完为限。

玻璃纤维布和无纺墙布无吸水膨胀现象，故裱糊前无须用水湿润。粘贴时墙布背面不用刷胶，否则胶黏剂容易渗透到墙布表面影响美观。

（4）裱糊墙布

在基层上用排笔刷好胶黏剂后，把裁好成卷的墙布自上而下按对花要求缓缓放下，墙布上边应留出 50mm 左右，然后用湿毛巾将墙布抹平贴实，再用活动裁纸刀割去上下多余布料。阴阳角、线角以及偏斜过多的部位，可以裁开拼接，也可搭接，对花要求可适当放宽，但切忌将墙布横拉斜扯，以免造成整块墙布歪斜变形甚至脱落。

2. 塑料壁纸的裱糊

（1）基层处理

裱糊前，应将基层表面的灰砂、污垢、灰疙瘩和尘土清除干净，有磕碰、麻面和缝隙的部位应用腻子抹平抹光，再用橡皮刮板在墙面上满刮腻子一遍，干后用砂纸磨平磨光，并将灰尘清扫干净。涂刷后的腻子要坚实牢固，不得粉化、起皮和裂缝。常用腻子为乙烯乳胶腻子。石膏板基层的接缝处和不同材料基层相接处主糊条盖缝。

为防止基层吸水过快而影响壁纸与基层的黏结效果，用排笔或喷枪在基层表面先涂刷 1～2 遍 1∶1 的 107 胶水溶液作底胶进行封闭处理，要求薄而均匀，不得漏刷和流淌。

（2）弹垂直线

为使壁纸粘贴的花纹、图案、线条纵横连贯，在底胶干后，根据房间大小、门窗位置、壁纸宽度和花纹图案的完整性进行弹线，从墙的阳角开始，以壁纸宽度弹垂直线，作为裱糊时的操作准线。

（3）裁纸、闷水和刷胶

壁纸粘贴前应进行预拼试贴，以确定裁纸尺寸，使接缝花纹完整、效果良好。裁纸应根据弹线实际尺寸统筹规划，并编号按顺序粘贴，一般以墙面高度进行分幅拼花裁切，并注意留有 20～30 mm 的余量。裁切时要用尺子压紧壁纸，刀刃紧贴尺边，一气呵成，使壁纸边缘平直整齐，不得有纸毛和飞刺现象。

塑料壁纸有遇水膨胀、干后自行收缩的特性，因此，应将裁好的壁纸放入水槽中浸泡 3～5min，取出后把明水抖掉，静置 10min 左右，使纸充分吸湿伸胀，然后在墙面和纸背面同时刷胶进行裱糊。

（4）裱糊壁纸

以阴角处事先弹好的垂直线作为裱糊第一幅壁纸的基准；第二幅开始，先上后下对称裱糊，对缝必须互密，不显接槎，花纹图案的对缝必须端正吻合。每次裱糊 2～3 幅后，要吊线检查垂直度，以防造成累积误差，不足一幅的应裱糊在较暗或不显的部位。大厅明柱应在侧面或不显眼处对缝。

9.6　吊　顶　工　程

吊顶又称顶棚、平顶、天花板，是室内装饰工程的一个重要组成部分，具有保温、隔热、隔声和吸声作用，也是安装照明、暖卫、通风空调、通信和防火、报警管线设备的隐蔽层。它的形式有直接式和悬吊式两种。

直接式顶棚安装施工方法和装饰材料的不同，可分为：直接刷（喷）浆顶棚，直接抹灰顶棚、直接粘贴式顶棚（用胶黏剂粘贴装饰面层）。

悬吊式顶棚按结构形式分为：活动式装配吊顶、隐蔽式装配吊顶、金属装饰板吊顶、开敞式吊顶和整体式吊顶（灰板条吊顶）等。悬吊式吊顶是目前广泛采用的新型吊顶，吊顶主要由吊杆（吊筋）、龙骨（格栅）和饰面板（罩面板）三部分组成。

1. 吊杆

对现浇钢筋混凝土楼板，一般在混凝土中预埋 6 号钢筋（吊环）或 8 号镀锌铁丝作为吊杆，也可采用金属膨胀螺丝、射钉固定钢筋（钢丝、镀锌铁丝）作为吊杆，如图 9.16 所示。

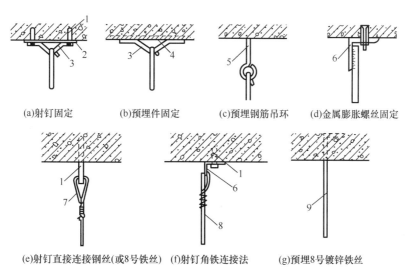

(a)射钉固定　　(b)预埋件固定　　(c)预埋钢筋吊环　　(d)金属膨胀螺丝固定

(e)射钉直接连接钢丝(或8号铁丝)　(f)射钉角铁连接法　(g)预埋8号镀锌铁丝

图 9.16　吊杆固定

1. 射钉；2. 焊板；3.10 号钢筋吊环；4. 预埋钢筋；5.6 号钢筋；

6. 角钢；7. 金屏膨胀螺丝；8. 铝合金丝（8 号、12 号、14 号）；9.8 号铰锌铁丝对于预制楼板，一般在板缝中预埋 6 号钢筋（吊环）或 8 号镀锌铁丝作为吊杆。坡屋顶可用长螺杆栓或 8 号镀锌铁丝吊在屋架下弦作吊杆，如图 9.17 所示。吊杆间距为 1.2～1.5m。

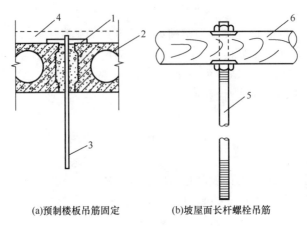

(a)预制楼板吊筋固定   (b)坡屋面长杆螺栓吊筋

图 9.17   预制楼板和坡屋面吊筋固定方法

1. 10 号或 12 号钢筋；2. 预制楼板；3. 6 钢筋或 8 号镀锌铁丝；4. 现浇细石混凝土；5. 长杆螺栓；6. 屋架下弦

2. 龙骨安装

吊顶龙骨有木质龙骨、金属龙骨（轻钢龙骨、铝合金龙骨）两类。

（1）木质龙骨

木质龙骨由大龙骨（主龙骨）、小龙骨、横撑龙骨等组成。主龙骨多采用（50mm×70mm）～（60mm×100mm）方木式薄壁槽钢、（L60×6）～（L70×7）角钢制作。龙骨间距如设计无要求时，一般按 1m 设置。主龙骨一般用 8～10mm 的吊顶螺栓或 8 号镀锌铁丝与屋顶或楼板连接。

木质龙骨安装顺序：安装吊杆→安装大龙骨→安装中龙骨→安装小龙骨。

首先，根据设计图规定的吊杆固定件和吊杆间距，安装好吊杆。然后从房间中央向两边安装大龙骨。在大龙骨底面标高上拉房间通长麻线，将大龙骨吊杆孔位置画线钻孔，并凿一个 30mm×30mm、深 25mm 的方孔，把吊杆螺丝头穿入并垫上 3mm 厚垫片，拧上螺帽，调整大龙骨位置和标高。大龙骨应与预制钢筋混凝土板缝垂直，有木屋架时，与木屋架垂直。安装完大龙骨之后，进行中龙骨安装。在大龙骨底面，拉横向通长麻线，将中龙骨横撑在两根大龙骨之间，底面与大龙骨底面齐平，间距与大龙骨相同。从大龙骨侧面或上面用两枚钉子将大龙骨与中龙骨钉牢。最后，安装小龙骨。先安装两根中龙骨之间的小龙骨，从中龙骨外侧面和上面用两枚钉子将该小龙骨与中龙骨钉牢，然后用同样方法再安装大龙骨与该小龙骨之间的小龙骨，做到各条小龙骨成一直线，底面与大、中龙骨底面齐平。沿墙小龙骨也可钉在墙内预埋的防腐木砖上。

（2）金属龙骨

轻钢龙骨与铝合金龙骨吊顶的主龙骨断面形状有 U 形、T 形、L 形等。截面尺寸取决于荷载大小，其间距尺寸应考虑次龙骨的跨度及施工条件，一般采用 1～1.5m。主龙骨与屋顶结构、楼板结构多通过吊杆连接。

U 形龙骨安装示意图如图 9.18 所示。TL 形铝合金龙骨安装示意图如图 9.19 所示。

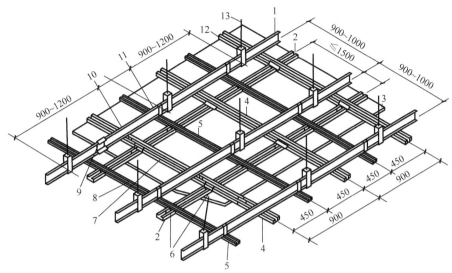

图 9.18　U 形龙骨吊顶示意图

1. BD 大龙骨；2. UZ 横撑龙骨；3. 吊顶板；4. UZ 龙骨；5. UX 龙骨；6. UZ$_3$ 支托连接；7. UZ$_2$ 连接件；
8. UX$_2$ 连接件；9. BD$_2$ 连接件；10. UZ$_1$ 吊挂；11. UX$_1$ 吊挂；12. BD$_1$ 吊件；13. 吊杆

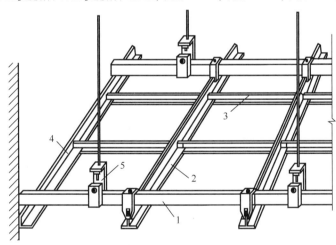

图 9.19　TL 形铝合金吊顶示意图

1. 大龙骨；2. 大 T；3. 小 T；4. 角钢；5. 大吊挂件

轻钢龙骨和铝合金龙骨安装顺序为：弹线→安装大龙骨吊杆→大龙骨安装→小龙骨安装→横撑龙骨安装。

弹线。按楼层标高水平线，用尺竖向量至顶棚设计标高，沿墙四周弹出顶棚标高水平线，并沿顶棚标高水平线在墙上、根据龙骨的要求按一定间距弹出龙骨的位置线。

安装大龙骨吊杆。按墙上弹出的标高线和龙骨位置线，找出吊点中心，将吊杆焊接固定在预埋件上。吊顶结构未设预埋件时，要按确定的节点中心用射钉固定吊杆或铁丝。计算好吊杆的长度后，一端套死，丝口的长度要考虑紧固的余量，并分别配好紧固用的螺丝。

大龙骨安装。将组装好吊挂件的大龙骨，按位置使吊挂件穿入相应的吊杆螺栓上，拧紧螺母，然后相接大龙骨、装连接件，并以房间为单元，拉线调整标高和平直，中间起拱高度应不小于房间短向跨度的 1/200。靠墙四周的龙骨用射钉固定在墙上，钉距≤1m。

小龙骨安装。按已弹好的小龙骨位置线，卡放小龙骨吊挂件，然后按设计规定的小龙骨间距，将小龙骨通过吊挂件垂直吊挂在大龙骨上。小龙骨的间距应按饰面板的密缝或离缝要求进行安装，小龙骨的中距应计算准确。

横撑龙骨安装。横撑龙骨应用小龙骨截取，安装时将截取的小龙骨的端头插入支托，扣在小龙骨上，并用钳子将挂搭弯入小龙骨内。组装好的小龙骨和横撑龙骨底面要求齐平。横撑龙骨间距应根据所用饰面板规格尺寸确定。

3. 饰面板安装

饰面板的安装办法有：搁置法、嵌入法、粘贴法、钉固法、卡固法、压条固定法、塑料小花固定法。

（1）石膏板吊顶

石膏板按其表面的装饰方法、花型和功能分为装饰石膏板和纸面石膏板。

装饰石膏板可与铝合金和轻钢龙骨配套组成活动式装配吊顶和隐蔽式装配吊顶。安装方法有：搁置平放法、螺钉固定法和粘贴安装法。

搁置平放法：当采用铝合金龙骨或 T 型轻钢龙骨时，可将装饰石膏板搁置在 T 形龙骨组成的格框内即可。石膏装饰板的板边可选用直角形，施工时板边如稍有棱角不齐或碰掉之处，只要不显露于格框之外，就不影响顶棚的美观。

螺钉固定法：当采用 U 型轻钢龙骨时，石膏装饰板可用镀锌自攻螺钉与 U 型中、小龙骨固定，钉头嵌入石膏板约 0.5～1.0mm，钉眼用腻子找平，并用与板面同样颜色的色浆涂刷。石膏板之间也可留 8～10mm 缝隙，缝内刷色浆一遍（色浆颜色根据设计要求选用）或用铝压缝条、塑料压缝条将缝压严。

粘贴安装法：当采用 UC 型轻钢龙骨组成的隐蔽式装配吊顶时，可采用胶黏剂将装饰石膏板直接粘贴在龙骨上，胶黏剂应涂刷均匀，不得漏涂，粘贴牢固。

纸面石膏板：根据龙骨的截面、饰面板边的处理及板材的类别，常分为三种安装方法：螺钉固定法、粘贴法、企口暗缝咬接安装法。

螺钉固定法：纸面石膏板（包括基层板和饰面板）用螺钉固定在龙骨上。金属龙骨大多采用自攻螺钉，木龙骨采用木螺钉。安装时，石膏板从吊顶的一端开始错缝安装，逐块排列，石膏板与墙面应留 6mm 间隙。石膏板的长边必须与次龙骨呈交叉状态，使端边落在次龙骨中央部位。

安装双层石膏板时，面层板与基层板的接缝应错开，不允许在同 1 根龙骨上接缝；石膏板的对接缝，应按产品要求进行板缝处理。纸面石膏板与龙骨的固定，应从一块板的中间向板的四边固定，不得多点同时操作。

粘贴法：将石膏板（指饰面板）用胶黏剂黏到龙骨上。

企口暗缝咬接安装法：将石膏板（指饰面板）加工成企口暗缝的形式，龙骨的两条肢插入暗缝内，不用钉、不用胶，靠两条肢将板担住。

（2）金属饰面板吊顶

铝合金龙骨吊顶与轻钢龙骨吊顶饰面板安装方法基本相同。

金属饰面板主要有金属条板、金属方板和金属格栅。板材安装方法有卡固法和钉固法，卡固法要求龙骨形式与条板配套；方板可用搁置法和钉固法，也可以用铜丝绑扎固定。格栅安装方法有两种：一种是将单体构件先用卡具连成整体，然后通过钢管与吊杆相连接；另一种是用带卡口的吊管将单体物卡住，然后将吊管用吊杆悬吊。金属板吊顶与四周墙面空隙，应用同种材质的金属压条找齐。

饰面板安装前，吊顶内的通风、水电管道及上人吊顶内的人行道或安装通道应安装完毕；消防管道安装并试压完毕。吊顶内的灯槽、斜撑、剪刀撑等，应根据工程情况适当布置。轻型灯具应吊在大龙骨或附加龙骨上，重型灯具或电扇不得与吊顶龙骨连接，应另设吊钩；饰面板应按规格、颜色等预先进行分类选配。饰面板安装时不得有悬臂现象，应增加附加龙骨固定；施工用的临时马道应架设或吊挂在结构受力构件上，严禁以吊顶龙骨作为支撑点。

复习思考题

9.1 试述装饰工程的作用及施工特点。

9.2 试述装饰工程的合理施工顺序。

9.3 抹灰工程在施工前应做哪些准备工作，有什么技术要求？

9.4 各抹灰层的作用及施工要求是什么，面层抹灰的技术关键是什么？

9.5 简述水刷石的施工要点。

9.6 简述喷涂、滚涂、弹涂的施工要点。

9.7 简述釉面瓷砖镶贴要点。

9.8 简述饰面板安装方法、工艺流程和技术要点。

9.9 试述玻璃幕墙施工要点。

9.10 试述铝合金吊顶、轻钢龙骨吊顶构造、安装的施工过程。

第十章　钢结构工程施工

10.1　钢结构的材料

10.1.1　结构工程常用钢材

钢材的牌号可集中表明钢材的主要力学性能、冶炼工艺及内在质量等。结构工程中常用的建筑钢材如下。

1. 碳素结构钢

碳素结构钢为碳素钢的一种，有普通碳素结构钢与优质碳素结构钢两类。为保证其塑性、韧性及冷弯性能，建筑钢结构工程中，主要采用低碳钢，其含碳量一般为 0.03%～0.25%。

1）普通碳素结构钢又称碳素结构钢，钢结构工程常用的普通碳素结构钢为 Q235 钢。

2）优质碳素结构钢是为满足不同的加工要求，而赋予相应性能的碳素钢，其牌号较多，在钢结构工程中应用较少，在高强度螺栓中有部分应用。

2. 低合金高强度结构钢

低合金高强度结构钢是指在炼钢过程中增加了一些合金元素（其总含量不超过 5%）的钢材。同碳素结构钢相比，具有强度高，综合性能好，使用寿命长，适用范围广等优点。尤其在大跨度或重负载结构中其优点更为突出。

3. 桥梁用结构钢

《桥梁用结构钢》（GB/T 714—2015）为桥梁建筑行业的专用标准，其规定的内容和技术要求一般都严于建筑结构钢。

4. 耐候结构钢

耐候结构钢为冶炼过程中加入少量的特定金属元素使之在金属基体表面形成保护层，以提高钢材的耐腐蚀性能的钢种，包括高耐候结构钢和焊接用耐候钢两种。

5. 建筑结构用钢板

建筑结构用钢板主要用于高层建筑结构，大跨度结构及其他重要建筑结构。除此之外的建筑结构形式，由于对钢材性能要求并不突出，钢铁产品的通用标准一般已能满足要求。

6. 铸铁

建筑钢结构，尤其是在大跨度情况下，支座及构造复杂的节点有时会用铸铁。

10.1.2　建筑结构钢材的品种、选用及验收

建筑结构钢材有型钢、钢板和钢管等。

型钢根据截面的形状分为圆钢、方钢、扁钢、六角钢、角钢、工字钢、槽钢、H型钢、T型钢、钢轨、Z型钢和其他异型钢材。

钢板分为：薄钢板，厚度≤4mm；厚钢板，厚度>4～60mm；特厚钢板，板厚>60mm。按生产方法可分为热轧钢板和冷轧钢板。热轧钢板有热轧厚钢板、热轧花纹钢板。压型钢板一般是用Q215、Q235钢冷轧制成的卷材，有镀锌板、彩色钢板，是一种经辊压成各种波纹的轻型建筑钢材。一般在高层建筑中作为钢筋混凝土楼板的永久性底模等。

钢管按截面上有无接缝分为无缝钢管和焊接（有缝）钢管两类，按截面形状有圆形、方形、三角形和六角形钢管。焊接钢管比无缝钢管生产效率高，成本低。在建筑结构上多用于制作网架、桁架杆件。

各种结构对钢材各有要求，选用时根据要求对钢材的强度、塑性、韧性、耐疲劳性能、焊接性能、耐腐蚀性能等全面考虑。对厚钢板结构、焊接结构、低温结构和采用含碳量高的钢材制作的结构，还应防止脆性破坏。

结构钢材的选择应符合图纸设计要求的规定。承重结构的钢材，应保证抗拉强度、伸长率、屈服点和硫、磷的极限含量。焊接结构应保证碳的极限量。必要时还应有冷弯试验的合格证。

钢材验收制度是保证钢结构工程质量的重要环节，其主要内容为：

1）钢材的数量和品种是否与订货单符合。

2）钢材的质量保证书是否与钢材上打印的记号符合。每批钢材必须具备生产厂提供的材质证明书，写明钢材的炉号、钢号、化学成分和机械性能等。

3）核对钢材的规格尺寸。

4）核对表面质量检验，不论扁钢、钢板和型钢，表面均不允许有结疤、裂纹、折叠和分层等缺陷。钢材表面的锈蚀深度，不得超过其厚度负偏差值的1/2。

钢材经检验合格后，应按品种、规格分别堆放，并应在其端部固定标牌和编号。标牌应表明钢材的规格、钢号、数量和材质验收证明号，并在钢材端部根据其钢号涂以不同颜色的油漆，油漆的颜色按表10.1选择。

表 10.1　钢材钢号和色漆对照

钢号	Q195	Q215	Q235	Q255	Q275	Q345
油漆颜色	白+黑	黄色	红色	黑色	绿色	白色

对下列情况之一的钢材，应进行抽样复验。

1）国外进口的钢材。

2）钢材混批。

3）板厚等于或大于40mm，且设计中有Z向性能要求的厚板。

4）安全等级为一级的建筑结构钢和大跨度钢结构中主要受力构件新采用的钢材。

5）设计中有复验要求的钢材。

6）对质量有异议的钢材。

钢材复验内容应包括力学性能试验和化学成分分析。其取样、制样及试验按现行国家标准执行。

10.1.3　钢结构对钢材性能要求

1）承重结构的钢材应具有抗拉强度，伸长率、屈服强度和硫、磷含量的合格证明，焊接结构尚应具有碳含量的合格保证。

2）焊接承重结构以及重要的非焊接承重结构的钢材还应具有冷弯性能的合格保证。

3）对于需要验算疲劳的非焊接结构的钢材，应具有常温冲击韧性的合格保证。当结构工作温度等于或低于−20℃时，对 Q235 钢和 Q345 钢应具有 0℃冲击韧性的合格保证，对 Q390 和 Q420 钢应具有 20℃冲击韧性的合格保证。

4）对于需要验算疲劳的焊接结构的钢材，应具有常温冲击韧性的合格保证。当工作温度在−20～0℃时，Q235 钢和 Q345 钢应具有 0℃冲击韧性的合格保证，对 Q390 钢和 Q420 钢应具有−20℃冲击韧性的合格保证。当工作温度等于或低于−20℃时，对 Q235 和 Q345 钢应具有−20℃冲击韧性的合格保证；对 Q390 和 Q420 钢应具有−40℃冲击韧性的合格保证。

5）重要的受拉或受弯的焊接结构件中，厚度大于等于 16mm 钢材应具有常温冲击韧性的合格保证。

10.1.4　建筑结构钢材代用

一般情况下，建筑结构钢材一定要符合设计要求才能使用，施工单位不可随意更改或代用。因钢材规格供应短缺或其他原因必须代用时，必须与设计单位共同研究确定，并办理书面代用手续方可实施代用，以下为钢材代用单位一般原则。

1）以高强度钢代替低强度钢时，应力求经济合理，并应综合考察代用钢材的性能，如塑性、韧性、可焊性等，是否满足要求。

2）低强度钢原则上不可代替高强度钢。必须代用时，需重新计算确定钢材的材质和规格，并须经原设计单位同意。

3）钢材机械性能所需的保证项目仅有一项不合格者，可按以下原则处理：

A 级普通碳素结构钢当冷弯性能合格时，抗拉强度的上限值可以不作为交货条件。

普通碳素结构钢，低合金刚强度结构钢及建筑结构用钢板冲击功值按一组 3 个试样单值的算术平均值，允许其中 1 个试样单值低于规定值，但不得低于规定值的 70%。否则，可以从同一抽样产品再取 3 个试样进行试验，先后 6 个试样的平均值不得低于规定值，但其中低于规定值 70%的试样只允许有 1 个。

耐候结构钢冲击功值按一组 3 个试样单值的算术平均值计算，允许其中一个试验单值低于规定值，但不得低于规定值得 70%。

10.2　钢结构单层工业厂房吊装

10.2.1　钢结构吊装准备

1. 钢结构工程的施工组织设计

施工组织设计的内容包括：计算钢结构构件和连接数量，选择吊装机械，确定流水程序，确定构件吊装方法，制定进度计划，确定劳动组织，规划钢结构堆场，确定质量标准、安全措施和特殊施工技术等。

选择吊装机械的前提条件是：必须满足钢构件的吊装要求，机械必须确保运行，必须保证确定的工期。单层工业厂房的面积较大，宜选用移动式起重机械。对重型钢结构厂房，可选用起重量大的履带式起重机。

吊装流水程序要明确每台吊装机械的工作内容和各台吊装机械之间的相互配合。其内容深度要达到：关键构件反映到单件，竖向构件反映到柱列，屋面部分反映到节间。对重型钢结构厂房，因柱子重量大，要分节吊装。

2. 基础准备和钢结构件检验

基础准备包括轴线误差量测，基础支承面的准备，支承面和支座表面标高与水平度的检验，地脚螺栓位置和伸出支承面长度的量测等。

柱子基础轴线和标高的正确与否是确保钢结构安装质量的基础，应根据基础的验收资料复核各项数据，并标注在基础表面上。

基础支承面的准备有两种做法：一种是基础一次浇筑到设计标高，即基础表面先浇筑到设计标高以下 20～30mm 处；然后在设计标高处设角钢或槽钢制导架，测准其标高；再以导架为依据，用水泥砂浆仔细铺筑支座表面。另一种是基础预留标高，安装时做足，即基础表面先浇筑至距设计标高 50～60mm 处，柱子吊装时，在基础面上放钢垫板（不得多于 3 块）以调整标高，待柱子吊装就位后，再在钢柱脚底下浇筑细石混凝土。

钢构件外形和几何尺寸正确，可以保证结构安装顺利进行。为此，在吊装之前应仔细检验钢构件的外形和几何尺寸，如有超出规定的偏差，应在吊装前设法消除。此外，为了便于校正钢柱的平面位置和垂直度、桁架和吊车梁的标高等。需在钢柱的底部和上部标出两个方向的轴线，在钢柱底部适当高度处标出标高准线，对吊点位置亦应标出，以便于吊装时按规定吊点绑扎。

3. 验算桁架的吊装稳定性

吊装桁架时，如果桁架上、下弦角钢的最小规格能满足表 10.2 的规定，则不论绑扎点在桁架上任何一点，桁架在吊装时都能保证稳定性。

表 10.2　保证桁架吊装稳定性的弦杆最小规格

弦杆断面	桁架跨度/m						
	12	15	18	21	24	27	30
上弦杆 ┐ ┌	90×60×8	100×75×8	100×75×8	120×80×8	120×80×8	$\dfrac{150×100×12}{120×80×12}$	$\dfrac{200×120×12}{180×90×12}$
下弦杆 ┘ ┗	65×6	75×8	90×8	90×8	120×8	120×80×8	150×100×10

注：分数形式表示弦杆为不同的断面。

　　如果弦杆角钢的规格不符合表 10.2 的规定，但通过计算选择适当的吊点（绑扎点）位置，仍然可能保证桁架的吊装稳定性。计算方法如下：

　　1）当弦杆打断面沿跨度方向无变化时，如能符合下列不等式，则其稳定性即可得到保证

$$q_\Phi \cdot A \leqslant J \qquad (10.1)$$

式中，q_Φ——桁架每米长的重量，kg；

　　A——系数，其值根据 $a = l/L$ 值（l 为两吊点之间的距离，图 10.1）由表 10.3（上弦）和表 10.4（下弦）查出；

　　J——弦杆两角钢对垂直轴的惯性矩，cm^4。

　　2）当弦杆的断面变化时（图 10.2），如符合下述条件，则桁架吊装时的稳定性可以保证

$$q_\Phi \cdot A \leqslant \Phi_1 J_1 \qquad (10.2)$$

式中，J_1——断面较小的弦杆两角钢对垂直轴的惯性矩，cm^4；

　　Φ_1——考虑弦杆惯性矩变化的计算系数，其值根据 $\mu = J_2/J_1$ 和 $\eta = b/L$ 由表 10.5 查得（J_2——断面较大的弦杆两角钢对垂直轴的惯性矩，cm^4；b——断面较大的一般弦杆的长度，m）。

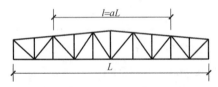

图 10.1　桁架吊装稳定性计算简图　　　　　图 10.2　桁架弦杆变断面时的计算图

表 10.3　用于上弦的系数 A 值

$a = l/L$	桁架跨度 L/m						
	12	15	18	21	24	27	30
0	0.422	0.740	1.450	2.230	3.260	4.880	7.450
0.20	0.414	0.726	1.420	2.190	3.210	4.800	7.320
0.30	0.386	0.678	1.330	2.040	3.000	4.480	6.840
0.40	0.331	0.581	1.140	1.750	2.570	3.840	5.860
0.50	0.235	0.412	0.810	1.240	1.820	2.720	4.150
0.60	0.111	0.194	0.380	0.584	0.858	1.280	1.950
0.65	0.028	0.049	0.096	0.156	0.214	0.320	0.490

表 10.4　用于下弦的系数 A 值

$a=l/L$	桁架跨度 L/m						
	12	15	18	21	24	27	30
0.70	0.070	0.121	0.238	0.370	0.540	0.800	1.220
0.72	0.138	0.242	0.475	0.730	1.070	1.600	2.440
0.75	0.290	0.510	1.000	1.540	2.250	3.360	5.120
0.80	0.510	0.895	0.760	2.700	3.960	5.920	9.030
0.84	0.699	1.210	2.380	3.650	5.350	8.000	12.200
0.87	0.827	1.450	2.850	4.380	6.430	9.600	14.700
0.90	0.940	1.660	3.230	4.960	7.280	10.900	16.600
0.95	1.110	1.940	3.800	5.850	8.560	12.800	19.500
1.00	1.330	2.320	4.560	7.000	10.300	15.400	23.400

表 10.5　$\varPhi_1$ 值

$\mu=J_2/J_1$	$\eta=b/L$							
	0.1	0.2	0.3	0.4	0.5	0.6	0.7	0.8
1.2	1.04	1.10	1.11	1.14	1.16	1.18	1.19	1.20
1.4	1.08	1.17	1.22	1.28	1.33	1.36	1.38	1.39
1.6	1.12	1.25	1.34	1.42	1.49	1.54	1.57	1.59
1.8	1.16	1.33	1.45	1.56	1.65	1.72	1.77	1.79
2.0	1.20	1.39	1.56	1.70	1.82	1.90	1.96	1.99
2.2	1.24	1.46	1.67	1.84	1.99	2.08	2.15	2.18
2.4	1.28	1.54	1.78	1.98	2.15	2.26	2.34	2.38
2.6	1.32	1.63	1.89	2.12	2.31	2.44	2.53	2.58

　　如果不能满足上述条件，桁架在吊装之前需要加固。否则在吊装过程中将引起较大的变形，失去稳定。一般加固的方法是根据弦杆受力情况将原木绑于弦杆上，使原木和弦杆同时受力。此时，验算桁架吊装稳定性的计算公式为

$$q_\varPhi \cdot A \leqslant J_1 + J_2/2 \tag{10.3}$$

$$q_\varPhi \cdot A \leqslant \varphi_1 J_1 + J_2/2 \tag{10.4}$$

式中，J_2——原木的惯性矩，cm^4，如其直径为 D，则 $J_2 = \pi D^4/64$。

10.2.2　钢结构吊装

　　单层厂房钢结构构件，包括柱、吊车梁、桁架、天窗架、檩条及墙架等，构件的形式、尺寸、重量及安装标高都不同，因此所采用的起重设备、吊装方法等亦需随之变化，与其相适应，以达到经济合理。

　　1. 钢柱吊装与校正

　　单层工业厂房占地面积较大，通常用自行杆式起重机或塔式起重机吊装钢柱。

　　钢柱的吊装方法与装配式钢筋混凝土柱相似，可采用旋转吊装法及滑行吊装法。对重型钢柱可采用双机抬吊的方法进行吊装（图 10.3）。起吊时，双机同时将钢柱平吊起来，离地一定高度后暂停，使运输钢柱的平板车移去；然后双机同时打开回转刹车，由

主机单独起吊，当钢柱吊装回直后，拆除辅机下吊点的绑扎钢丝绳，由主机单独将钢柱插进锚固螺栓固定。

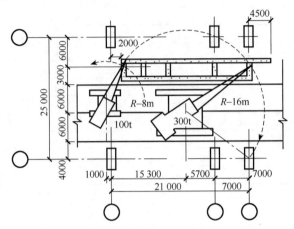

图 10.3　钢柱双机抬吊示意图

钢柱经过初校，待垂直度偏差控制在 20mm 以内，则可使起重机脱钩。

钢柱的垂直度用经纬仪检验，如有偏差，用螺旋千斤顶或油压千斤顶进行校正（图 10.4）。在校正过程中，随时观察柱底部和标高控制块之间是否脱空，以防校正过程中造成水平标高的误差。

钢柱位置的校正，对于重型柱可用螺旋千斤顶加链条套环托座（图 10.5），沿水平方向顶校钢柱。

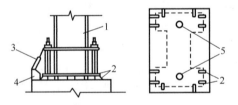

图 10.4　钢柱垂直度校正及承重块布置

1. 钢柱；2. 承重块；3. 千斤顶；4. 钢托座；5. 标高控制块

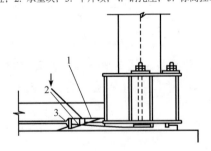

图 10.5　钢柱位置校正

1. 螺旋千斤顶；2. 链条；3. 千斤顶托座

钢柱定位后，再紧固锚固螺栓，并将承重块上下点焊固定，防止走动。

2. 吊车梁吊装与校正

单层工业厂房内的吊车梁，根据起重设备的起重能力分为轻、中、重型三类。轻者重量只有几吨，重型者有跨度大于 30m、重量 100t 以上者。

在钢柱吊装完成经调整固定于基础上之后，即可吊装吊车梁。

钢吊车梁均为简支梁。梁端之间留有 10mm 左右的空隙。梁的搁置处与牛腿面之间留有空隙，设钢垫板。梁与牛腿用螺栓连接，梁与制动架之间用高强螺栓连接。

吊车梁吊装前必须密切注意钢柱吊装后的位移和垂直度的偏差；实测吊车梁搁置处梁高制作的误差；认真做好临时标高垫块工作；严格控制定位轴线。

吊车梁吊装的起重机械，常采用自行杆式起重机，以履带式起重机应用最多。有时也可采用塔式起重机、拔杆、桅杆式起重机等进行吊装。对重量很大的吊车梁，可用双机抬吊。个别情况下还可设置临时支架分段进行吊装。

吊车梁的校正内容为：标高、垂直度、轴线和跨距。标高的校正可在屋盖吊装前进行，其他项目的校正宜在屋盖吊装完成后进行，因为屋盖的吊装可能引起钢柱在跨向有微小的变动。

吊车梁轴线的检验，以跨距为准，采用通线法对各吊车梁逐根进行检验。亦可用经纬仪在柱侧面放一条与吊车梁轴线平行的校正基线，作为吊车梁轴线校正的依据。

吊车梁跨距的检验，用钢卷尺量测，跨度大时，应用弹簧秤拉测（拉力一般为 100～200N），防止下垂。必要时对下垂度 Δ 应进行校正计算

$$\Delta = \frac{\omega^2 L^3}{24T^2} \qquad (10.5)$$

式中，Δ——中央下垂数，m；

　　　　ω——钢卷尺每米重度，N/m；

　　　　L——钢卷尺长度，m；

　　　　T——量距时的拉力，N。

吊车梁标高校正，主要是对梁作高低方向的移动，可用千斤顶或起重机等。轴线和跨距的校正是对梁作水平方向的移动，可用撬棍、钢楔、花篮螺丝、千斤顶等。

3. 钢桁架的吊装与校正

钢桁架可用自行杆式起重机（尤其是履带式起重机）、塔式起重机和桅杆式起重机等进行吊装。由于桁架的跨度、重量和安装高度不同，吊装机械和吊装方法亦随之而异。桁架多用悬空吊装，为使桁架在吊起后不致发生摇摆，同其他构件碰撞，起吊前在离支座的节间附近应用麻绳系牢，随吊随放松，以此保证其正确位置。桁架的绑扎点要保证桁架的吊装稳定，否则就需要在吊装前进行临时加固。

钢桁架的侧向稳定性较差，如果吊装机械的起重量和起重臂长度允许时，最好经扩大拼装后进行组合吊装，即在地面上将两榀桁架及其上的天窗架、檩条、支撑等拼装成整体，一次进行吊装。这样不但提高了吊装效率，也有利于保证吊装的稳定性。

桁架临时固定如需用临时螺栓和冲钉，则每个节点处应穿入的数量必须由计算确定，并应符合下列规定：

1）不得少于安装孔总数的 1/3。

2）至少应穿两个临时螺栓。

3）冲钉穿入数量不宜多于临时螺栓的 30%。

4）扩钻后的螺栓（A 级、B 级）的孔不得使用冲钉。

桁架要检验校正其垂直度和弦杆的正直度。桁架的垂直度可用挂线锤球检验；弦杆的正直度则可用拉紧的测绳进行检验。

钢桁架最后用电焊或高强螺栓固定。

10.3　高层钢结构安装

钢结构具有强度高，抗震性能好，施工速度快等优点，因而广泛用于高层和超高层建筑；其缺点是造价高，防火要求高。

用于高层建筑的钢结构体系有框架体系、框架剪力墙体系、框筒体系、组合筒体系、交错钢桁架体系等。

近年来，在高层建筑中还发展了一种钢-混凝土的组合结构。常用的有组合框筒体系（外部为钢筋混凝土框筒，内部为钢框架）、混凝土核心筒支撑体系（核心为钢筋混凝土筒体，周围为钢框架）、组合钢框架体系（用混凝土包围钢柱和钢梁，并采用钢筋混凝土楼板）、墙板支承的钢框架体系（用与钢框有效连接的钢筋混凝土墙板等作钢框架的支撑）等。

混凝土核心筒体系施工时，中间的钢筋混凝土筒体与周围的钢框架同时进行施工。钢筋混凝土筒体用滑升模板、爬模、大模板等进行浇筑，一般比周围的钢框架超前 3～5 层。在现浇的钢筋混凝土筒体上预埋钢板或预留孔洞，以便与钢框架连接。周围的钢框架吊装同于一般的钢结构高层建筑。

组合钢框架体系的施工，先吊装钢框架，然后在柱、梁周围组装模板，浇筑混凝土。钢框架的施工亦同于一般的钢框架高层建筑。

10.3.1　高层钢结构安装的基本要求

在高层钢结构建筑施工中要做好以下基本工作。

在钢结构详图设计阶段，应与设计单位和钢结构生产制造厂相结合，根据运输设备、吊装机械设备、现场条件以及城市交通管理要求，确定钢结构构件出厂前的组拼单元规格尺寸，尽量减少钢结构构件在现场或高空的组拼，以提高钢结构的安装施工速度。

高层钢结构安装施工前，应按照施工图纸和有关技术文件的要求，结合工期要求、现场条件等，认真编制施工组织设计，作为指导施工的技术文件。

在确定钢结构安装方法时，必须与土建、水电暖卫、通风、电梯等施工单位结合，作好统筹安装，综合平衡工作。

高层钢结构安装用的连接材料，如焊条、焊丝、焊剂、高强螺栓、普通螺栓、栓钉和涂料等，应具有产品质量证明书，并符合设计图纸和有关规范的规定。

高层钢结构工程中土建施工、构件制作和结构安装三个方面使用的钢尺，必须用同一标准进行检查和鉴定，应具有相同的精度。

高层钢结构安装时的主要工艺，如测量校正、厚钢板焊接、栓钉焊、高强螺栓节点的摩擦面加工及安装工艺等，必须在施工前进行工艺试验。在试验结论的基础上，确定各项工艺参数，编出各项操作工艺。

高层钢结构安装前，必须对构件的外形尺寸、螺孔位置及直径、连接件位置及角度、焊缝、栓钉、高强螺栓节点摩擦面加工质量等进行全面检查，符合图纸及规范规定后，才能进行安装施工。

高层建筑钢结构安装，应在具有高层钢结构安装资格的责任工程师指导下进行；安装用的专用机具和检测仪器，应满足施工要求，并应定期进行检验。

10.3.2　安装前的准备工作

1. 结构安装施工流水段的划分及安装顺序

高层钢结构的安装，必须按照建筑物的平面形状、结构形式、安装机械的数量和位置等，合理划分安装施工流水区段。

平面流水段的划分应考虑钢结构在安装过程中的对称性和整体稳定性。其安装顺序，一般应由中央向四周扩展，以利焊接误差的减少和消除。

立面流水以一节钢柱（各节所含层数不一）为单元。每个单元以主梁或钢支撑、带状桁架安装成框架为原则；其次是次梁、楼板及非结构构件的安装。塔式起重机的提升、顶升与锚固，均应满足组成框架的需要。

高层钢结构安装前，应根据安装流水区段和构件安装顺序，编制构件安装顺序表。表中应注明每一构件的节点型号、连接件的规格数量、高强螺栓规格数量、栓焊数量及焊接量、焊接形式等。

构件从成品检验、运输、现场核对、安装、校正，到安装后的质量检查，以及在地面进行构件组拼扩大安装单元时，统一使用安装顺序表。

2. 安装施工机械的选择

高层钢结构安装采用的主要机械为塔式起重机。应根据结构的平面几何形状、尺寸和构件重量等进行选用。

塔式起重机的位置和性能应满足以下要求：

要使起重机的臂杆长度具有足够的覆盖面；要有足够的起重能力，能满足不同位置构件起吊重量的要求；塔式起重机的钢丝绳容量，要满足起吊高度和起重能力的要求；起重速度要有足够的档次，满足安装的需要；当多机作业时，塔式起重机的水平臂杆要有足够的高差，才能安全运转而不碰撞。各起重机之间应有足够的安全距离，确保臂杆与塔身互不相碰。

选用塔式起重机时，尚要考虑施工现场装、拆起重机的条件。凡因装、拆起重机而引起对基坑、钢结构的附加荷载。均应事先进行结构验算。

3. 柱子基础的准备，柱底灌浆

柱子底脚螺栓埋设的精度，直接影响上部钢结构的吊装质量。可采用地脚螺栓一次或二次埋设方法。

为了精确控制钢结构上部结构的标高，在钢柱吊装之前，要根据钢柱预检（其内容为实际长度、牛腿间距离、钢柱底板平整度等）结果，在柱子基础表面浇筑标高块（图 10.6）。标高块的强度不宜小于 30MPa，标高块表面须埋设厚度为 16～20mm 钢面板。浇筑标高块之前，应凿毛基础表面，以增强黏结。

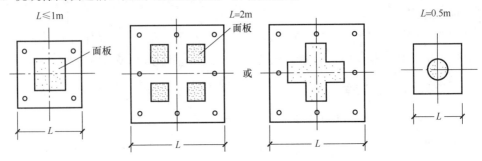

图 10.6　基础标高块

待第一节钢柱吊装、校正和锚固螺栓固定后，要进行底层钢柱的柱底灌浆（图 10.7）。灌浆前于钢柱底板四周立模板，用水清洗基础表面。灌浆用砂浆应基本上保持自由流动，从一边进行连续灌注，灌浆后用湿草包、麻袋等遮盖养护。

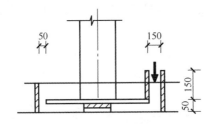

图 10.7　柱底灌浆

10.3.3　钢柱、梁吊装与校正

钢结构高层建筑的柱子多为宽翼缘工字形或箱形截面。宽翼缘工字形柱多采用焊接 H 型钢。高度较大的钢结构高层建筑的柱子，多为箱形截面。

为减少连接和充分利用起重机的吊装能力以加快吊装速度，柱子多为 3～4 层一节，节与节之间用坡口电焊连接。

在第一节钢柱吊装前，应检查基础上预埋的地脚螺栓，并加保护套，以免钢柱就位时碰坏地脚螺栓的丝牙。钢柱吊装前，应先在地面把操作挂篮、爬梯等固定在柱子施工需要的部位上。

钢柱的吊点设在吊耳处（柱子制作时在吊点部位焊有吊耳，吊装完毕后再割去）。钢柱的吊装可用双机抬吊或单机吊装（图 10.8）。单机吊装时，需在柱子根部垫以垫木，以回转法起吊，严禁柱根拖地。双机抬吊时，将柱吊离地面后在空中进行回直。钢柱起吊回转过程中应注意避免同其他已吊好的构件相碰撞，吊索应具有一定的有效高度。

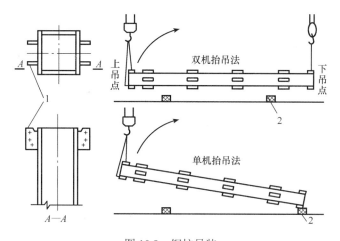

图 10.8　钢柱吊装

1. 吊耳；2. 垫木

钢柱就位后，先对钢柱的垂直度、轴线、牛腿面标高进行初校，然后安设临时固定螺栓，再拆除吊索。

钢梁在吊装前，应于柱子牛腿处检查标高和柱子间距。主梁吊装前，应在梁上装好扶手杆和扶手绳，待主梁吊装到位时，将扶手绳与钢柱系住，以保证施工安全。

钢梁采用二点吊，一般在钢梁上翼缘处开孔，作为吊点。吊点位置取决于钢梁的跨度。为加快吊装速度，次梁和小梁多采用多头吊索一次吊装数根。

有时可将梁、柱在地面组装成排架后进行整体吊装，以减少高空作业，保证质量且加快吊装速度。

当一节钢框架吊装完毕，即需对已吊装的柱、梁进行误差检查和校正。

安装误差的测量，对于控制柱网的基准柱，用线锤或激光仪；其他柱子则根据基准柱子用钢卷尺测量。

基准柱是能控制框架平面轮廓的少数柱子，用它来控制框架结构的安装质量。一般选择平面转角柱为基准柱。以基准柱的柱基中心线为依据，从 X 轴和 Y 轴分别引出距离为 e 的补偿线，其交点作为基准柱的测量基准点，e 值大小由工程情况确定。

为了利用激光仪量测柱子的安装误差，在柱子顶部固定有测量目标（靶标）（图 10.9）。为了使激光束通过，在激光仪上方的各楼面板上留置 $\Phi 100\text{mm}$ 孔。激光经纬仪设置在基准点处。

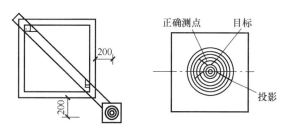

图 10.9　柱顶的激光测量目标

进行钢柱校正时，采用激光经纬仪以基准点为依据对框架标准柱进行竖直观测，对钢柱顶部进行竖直度校正，使其在允许范围内。

柱子间距的校正，对于较小间距的柱，可用油压千斤顶或钢楔进行校正；对于较大间距的柱，则用钢丝绳和神仙葫芦进行校正。

10.3.4 安全施工措施

钢结构高层和超高层建筑施工，应采取有效措施保证施工安全。

在柱、梁安装后而未设置浇筑楼板用的压型钢板时，为便于柱子螺栓等施工的方便，需在钢梁上铺设适当数量的走道板。如图 10.10 所示为上海锦江饭店分馆钢结构吊装时采用的走道板布置和构造。

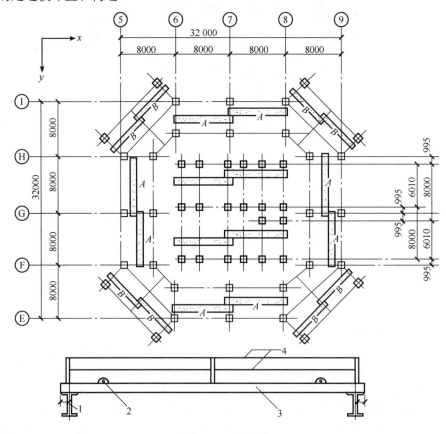

图 10.10　走道板

1. 钢梁；2. 吊耳；3. 走道板；4. 扶手绳

在钢结构吊装时，为防止人员、物料和工具坠落或飞出造成安全事故，需铺设安全网，安全网分平面网和竖网（图 10.11）。

安全网设置在梁面以上 2m 处，当楼层高度小于 4.5m 时，安全平网可隔层设置。安全平网要求在建筑平面范围内满铺。

安全竖网铺设在建筑物外围，防止人和物飞出造成安全事故，竖网铺设的高度一般为两节柱的高度。

为便于接柱施工，在接柱处要设操作平台，平台固定在下节柱的顶部。

钢结构施工时所需用的设备需随结构安装而逐渐升高，为此需在刚安装的钢梁上设置存放设备的平台。设置平台的钢梁必须将紧固螺栓全部投入并加以拧紧。

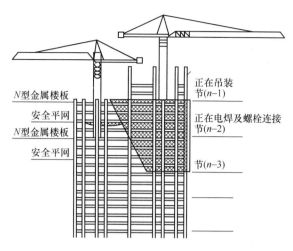

图 10.11　安全平网和竖网

为便于施工登高，吊装柱子前要先将登高钢梯固定在钢柱上，为便于进行柱梁节点紧固高强螺栓和焊接，需在柱梁节点下方安装挂篮脚手。

施工用的电动机械和设备均须接地，绝对不允许使用破损的电线和电缆，严防设备漏电。施工用电器设备和机械的电缆，须集中在一起，并随楼层的施工而逐节升高，每层楼面须分别设置配电箱，供每层楼面施工用电需要。

高空施工，当风速为 10m/s 时，有时吊装工作应该停止，当风速达到 15m/s 时，所有工作均须停止。

施工时尚应注意防火并提供必要的灭火设备和消防人员。

10.4　钢网架吊装

钢网架结构根据其结构形式和施工条件的不同，可选用高空拼装法、整体安装或高空滑移法进行安装。

10.4.1　高空拼装法

钢网架采用高空拼装法进行安装，是先在设计位置处搭设拼装支架，然后用起重机把网架构件分件（或分块）吊至空中的设计位置，在支架上进行拼装。

高空拼装法适用于非焊接连接（螺栓球节点或高强螺栓连接）的网架。

拼装支架是在拼装网架时支承网架、控制标高和作为操作平台之用。支架的数量和布置方式，取决于安装单元的尺寸和刚度。大跨度网架覆盖面积大，支架需要量多，应该在保证拼装质量和方便操作的前提下，尽可能减少支架的数量。拼装支架必须牢固，设计时应对单肢稳定、整体稳定进行验算，并估算沉降量。高空拼装法对支架的沉降要求较高（不得超过 5mm），应予以足够的重视。

高空拼装法分全支架法（即架设满堂脚手架）和悬挑法两种。全支架法可以一根杆件、一个节点的散件在支架上总拼或以一个网格为小拼单元在设计标高进行总拼。为了节省支架，总拼时可以部分网架悬挑。图 10.12 所示是首都体育馆的拼装方法，预先用角钢焊成三种小拼单元［图10.12（a）］，然后在支架上悬挑拼装［图10.12（b）］。高空拼装采用高强螺栓连接。

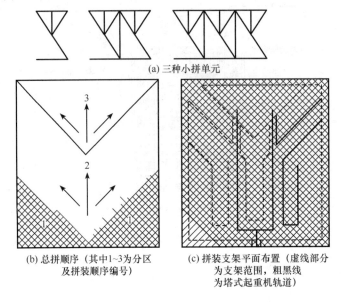

(a) 三种小拼单元

(b) 总拼顺序（其中1~3为分区及拼装顺序编号）

(c) 拼装支架平面布置（虚线部分为支架范围，粗黑线为塔式起重机轨道）

图10.12　首都体育馆网架屋盖高空散装法施工

大型网架为多支撑结构，支撑结构的轴线与标高是否准确，影响网架的内力和支承反力。因此，支撑网架的柱子的轴线和标高的偏差应小，在网架拼装前应予以复核。拼装网架时，为保证其标高和各榀屋架轴线的准确，拼装前需预先放出标高控制线和各榀屋架轴线的辅助线。确定拼装顺序时要避免误差积累并便利拼装，也要考虑结构受力特点和起重机械的性能。

10.4.2　整体安装法

整体安装法就是先将网架在地面上拼装成整体，然后用起重设备将其整体提升到设计位置上加以固定。这种施工方法不需要高大的拼装支架，高空作业少，易保证焊接质量，但需要起重量大的起重设备，技术较复杂。

整体安装法对球节点的钢管网架（尤其是三向网架等构件较多的网架）较适宜。根据所用设备的不同，整体安装法又分为多机抬吊法、拔杆提升法、千斤提升法与千斤顶顶升法等。

1. 多机抬吊法

多机抬吊法适用于高度及重量都不大的中、小型网架结构。安装前先在地面上对网架进行错位拼装（即拼装位置与安装轴线错开一定距离，以避开柱子的位置），然后用多台起重机（多采用履带式起重机或汽车式起重机）将拼装好的网架整体提升到柱顶以上，在空中移位后落下就位固定（图10.13）。

为防止网架整体提升时与柱相碰，错开的距离取决于网架提长过程中网架与柱子或柱子牛腿之间的净距，一般不得小于10~15cm，同时要考虑网架拼装方便和空中移位时起重机工作的方便。

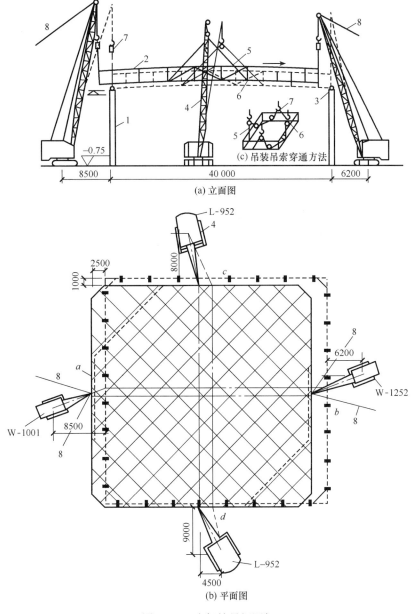

图 10.13　多机抬吊钢网架

1. 柱子；2. 网架；3. 弧形铰支支座；4. 起重机；5. 吊索；6. 吊点；7. 滑轮；8. 缆风绳

　　网架拼装的关键是控制好网架框架轴线支座的尺寸和起拱要求。

　　多机抬吊的关键是各台起重机的起吊速度须一致，否则有的起重机会超负荷致使网架受扭，焊缝开裂。为此，起吊前要测量各台起重机的起吊速度，以便起吊时掌握，或每两台起重机的吊索用滑轮穿通，如图 10.13 所示。

2. 拔杆提升法

　　球节点的大型钢管网架的安装多采用拔杆提升法，用此法施工时，网架先在地面上错位拼装，然后用多根独脚拔杆将网架整体提升到柱顶以上，空中移位，落位安装。

起重设备的选择与布置是网架拔杆提升施工中的一个重要问题，包括：拔杆选择与吊点布置、缆风绳与地锚布置、起重滑轮组与吊点索具的穿法、卷扬机布置等。图 10.14 为某体育馆直径 124.6m 的钢网架采用 6 根拔杆整体提升时的起重设备布置图。

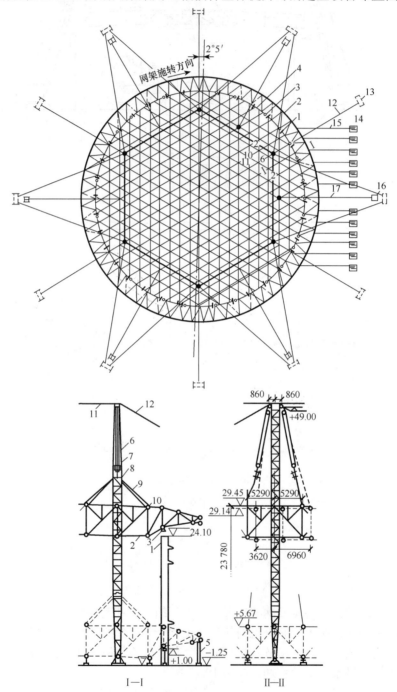

图 10.14　圆形网架屋盖拔杆吊升法示意

1. 柱；2. 网架；3. 摇摆支座；4. 留待提升以后再焊的杆件；5. 拼装用小钢柱；
6. 独脚桅杆；7、8. 门滑轮组；9. 吊索；10. 吊点；11. 平缆风缆；12. 斜缆风绳；13. 地锚；
14. 起重卷扬机；15. 起重钢丝绳；16. 校正用的卷扬机；17. 校正用的钢丝绳

拔杆的选择取决于其所承受的荷载和吊点布置。网架吊点的布置不仅与吊装方案有关，还与提升时网架的受力性能有关。在网架提升过程中，不但某些杆件的内力可能会超过设计时的计算内力，而且对某些杆件还可能引起内力方向改变而引起杆件失稳。因此，应经过网架吊装验算来确定吊点的数量和位置，不过在起重能力、吊装应力和网架刚度满足的前提下，应当尽量减少拔杆和吊点的数量。

缆风绳的布置，应使多根拔杆相互连成整体，以增加整体稳定性。每根拔杆至少要有 6 根缆风绳，地锚要可靠。缆风绳要根据风荷载、吊重、拔杆偏斜量、缆风绳初应力等荷载，按最不利情况组合后计算选择，地锚亦需计算确定。

空中滑移是拔杆提升法的关键，是利用每根拔杆两侧起重滑轮组中的水平力不等而使网架水平移动的。

网架在空中移动时，要求至少有两根以上的拔杆吊住网架，且共同一侧的起重滑轮组不动，因此在网架空中移位时只平移而不倾斜。

3. 电动螺杆提升法

电动螺杆提升法是利用升板工程施工使用的电动螺杆提升机，将在地面上拼装好的钢网架整体提升至设计标高，其优点是不需大型吊装设备，施工简便。

用电动螺杆提升机提升钢网架，只能垂直提升不能水平移动，为此，设计时要考虑在两柱之间设托梁，网架的支点坐落在托梁上。由于网架提升时不进行水平移动，所以网架拼装不需错位，可在原位进行拼装。

提升梁安装在支承网架的柱子上，提升网架时的一切荷载均由柱子承担，因此保证结构在施工时的稳定性很重要。图 10.15 和图 10.16 所示为某体育馆网架用电动螺杆提升法整体提升的工程实例。

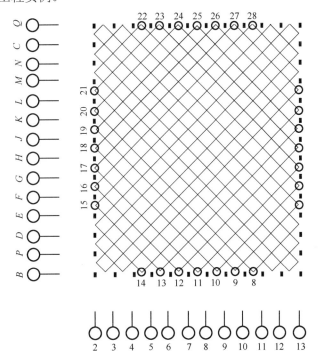

图 10.15　网架提升时吊点布置标○处为吊点位置

提升机设置的数量和位置，既要考虑吊点反力与提升机的提升能力相适应，又要考虑使各提升机的负荷相接近。该网架的支点反力不等，各边中间支座处较大，越往两端反力越小。因而在每边的中部设 7 个提升机（图 10.15）。

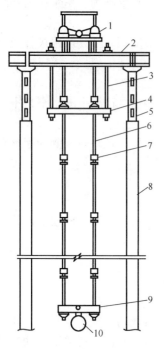

图 10.16　网架提升设备

1. 提升机；2. 上横梁；3. 螺杆；4. 下横梁；
5. 短钢柱；6. 吊杆；7. 接头；
8. 框架柱子；9. 横吊梁；10. 支座钢球

为设置提升机，在柱顶上设短钢柱，短钢柱上架设钢横梁，提升机就安装在横梁跨度中间（图 10.16）。提升机的螺杆下端连接着吊杆，吊杆下端接横吊梁，在横吊梁中部用钢销与网架支座钢球上的吊环相连。在上横梁上用螺杆吊住一根下横梁，用作拆卸吊杆时站人之用。

提升网架时要注意同步控制，提升过程中随时纠正提升差异，待网架提升到托梁以上时，安装托梁，待托梁固定后网架就可下落就位。

10.4.3　高空滑移法

高空滑移法是将待滑的网架条状单元在地面或在设于建筑物一端的高空支架上拼装，滑移时将网架条状单元吊放至滑移轨道上，用牵引设备通过滑轮组由一端滑向另一端。

高空滑移法有下列两种方法。

1. 单条滑移法

将网架条状单元一条条地分别从一端滑到另一端就位安装，各条之间分别在高空再行连接，即逐条滑移，逐条连成整体，如图 10.17（a）所示。

2. 逐条积累滑移法

先将网架条状单元滑移一段距离后（能连接上第一条单元的宽度即可），连接第二条单元后，两条再滑移一段距离（宽度同上），再接第三条。如此循环操作直至接上最后一条单元为止，如图 10.17（b）所示。

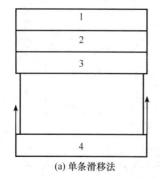

(a) 单条滑移法

(b) 逐条积累滑移法

图 10.17　高空滑移法分类示意图

高空滑移法的主要优点是：网架的滑移可与其他工种工程平行作业，而使总工期缩短。它适用于影剧院、体育馆、礼堂等工程。这种施工方法，网架多在建筑物前厅顶板上设拼装平台进行拼装（也可在观众厅看台上搭设拼装平台进行拼装）。其次是设备简单，不需要大型起重设备，成本低，特别在场地狭小或需跨越其他结构，起重设备无法进入时，更为合适。

如图 10.18 所示为某体育馆网架屋盖的空中滑移施工示意图，网架结构采用平面尺寸为 45m×55m 的斜放四角锥体系，下弦网格尺寸为 3.93m×3.75m，网架高 3.2m，短跨方各起拱 450mm，单向弧形起拱，网架总重量约 106t，网架沿长度方向分为 7 条，沿跨度方向又分为两条。每条的尺寸为 22.5m×7.86m，重 7～9t，单元在空中直接拼装。

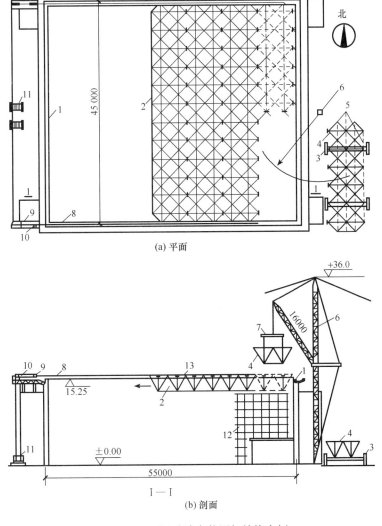

图 10.18 用滑移法安装网架结构实例

1. 天沟梁；2. 网架（临时加固杆件未示出）；3. 拖车架；4. 网架分块单元；
5. 临时加固杆件；6. 悬臂桅杆；7. 工字形铁扁担；8. 牵引绳；
9. 牵引滑轮组；10. 反力架；11. 卷扬机；12. 脚手；13. 拼装节点

10.5　轻型钢结构安装

轻型钢结构主要指由圆钢、小角钢和冷弯薄壁型钢组成的结构。其适用范围一般是檩条、屋架、刚架、网架、施工用托架等。

轻型钢结构分为两类，一类是由圆钢和小角钢组成的轻型钢结构；另一类是由薄壁型钢组成的轻型钢结构。目前后一类发展迅速，也是轻型钢结构发展的方向。

10.5.1　圆钢、小角钢组成的轻钢结构

轻钢结构，主要是屋架、檩条和托架。

屋架的形式主要有三角形屋架、三铰拱屋架和梭形屋架，如图 10.19 所示。

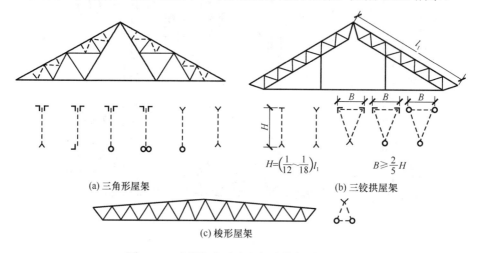

(a) 三角形屋架　　　　　　　　　　　(b) 三铰拱屋架

(c) 梭形屋架

图 10.19　由圆钢与小角钢组成的轻型钢屋架

三角形屋架用钢量较省，节点构造简单；制作、运输、安装方便，适用于跨度和吊车吨位不太大的中、小型工业建筑。

三铰拱屋架用钢量与三角形屋架相近，能充分利用圆钢和小角钢，但节点构造复杂，制作较费工，由于刚度较差，不宜用于有桥式吊车和跨度超过 18m 的工业建筑中。

梭形屋架是由角钢和圆钢组成的空间桁架，属于小坡度的无檩屋盖结构体系。截面重心低，空间刚度较好，但点构造复杂，制作费工，多用于跨度 9～15m、柱距 3.0～4.2m 的民用建筑中。

檩条的形式有实腹式、空腹式和桁架式等。桁架式檩条制作比较麻烦，宜用于荷载和檩距较大的情况。

轻型钢结构的桁架，应使杆件重心线在节点处会交于一点，否则计算时应考虑偏心影响。轻型钢结构的杆件比较柔细，节点构造偏心对结构承载力影响较大，制作时应注意。

常用的节点构造，如图 10.20 所示。

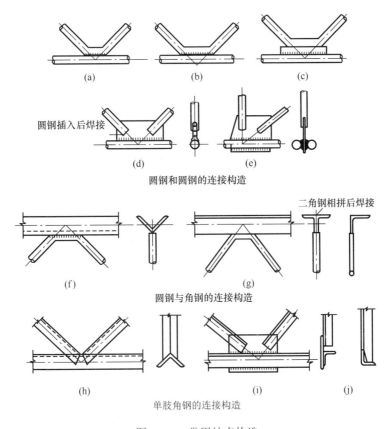

图 10.20　常用结点构造

10.5.2　冷弯薄壁型钢组成的轻钢结构

　　冷弯薄壁型钢是指厚度 2～6mm 的钢板或带钢经冷弯或冷拔等方式弯曲而成的型钢，其截面形状分开口和闭口两类。钢厂生产的闭口截面是圆管和矩形截面，是冷弯的开口截面用高频焊焊接而成。

　　冷弯薄壁型钢可用来制作檩条、屋架、刚架等轻型钢结构，能有效地节约钢材，制作、运输和安装亦较方便。目前在单层结构中应用日趋广泛。

　　薄壁型钢结构的放样与一般钢结构相同。常用的薄壁型钢屋架，不论用圆钢管或方钢管，其节点多不用节点板，构造都比普通钢结构要求高，因此放样和号料应具有足够的精度。常用的节点构造如图 10.21 所示。

　　矩形和圆形管端部的画线，可先制成斜切的样板，直接覆盖在杆件上进行画线。圆钢管端部有弧形断口时，最好用展开的方法放样制成样板。小圆管也可用硬纸板按管径和角度逐步凑出近似的弧线，然后覆于圆管上画线。

　　切割薄壁型钢最好用摩擦锯，效率高，锯口平整。如无摩擦锯，可用氧气、乙炔焰切割。要求用小口径喷嘴，切割后用砂轮、风铲整修，清除毛刺、熔渣等。

　　1.　冷弯薄壁型刚结构的装配和焊接

　　冷弯薄壁型刚屋架的装配一般用一次装配法，其装配过程如图 10.22 所示。装配平台必须稳固，使构件重心线在同一水平面上，高差不大于 3mm。装配时一般先拼弦杆，保证其位置正确，使弦杆与檩条、支撑连接处的位置正确。腹杆在节点上可略有偏差，但在构件表面的中心线不宜超过 3mm。杆件搭接和对接时的错缝或错位，均不得大于 0.5mm。三角形屋架由三个运输单元组成时，应注意三个单元间连接螺孔位置的正确，以免安装时连接困难。

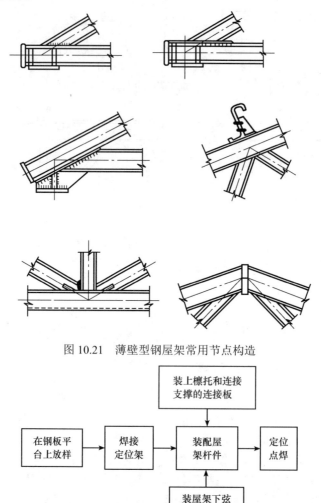

图 10.21　薄壁型钢屋架常用节点构造

图 10.22　薄壁型钢屋架的装配过程

薄壁杆件装配点焊应严格控制壁厚方向的错位，不得超过板厚的 1/4 或 0.5mm。

薄壁型钢结构的焊接，应严格控制质量。焊前应熟悉焊接工艺、焊接程序和技术措施。

为保证焊接质量，对薄壁截面焊接处附近的铁锈、污垢和积水要清除干净，焊条应烘干，并不得在非焊缝处的构件表面起弧或灭弧。

薄壁型钢屋架节点的焊接，常因装配间隙不均匀使一次焊成的焊缝质量较差，故可采用两层焊，尤其对冷弯型钢，因弯角附近的冷加工变形较大，焊后热影响区的塑性较差，对主要受力节点宜用两层焊，先焊第一层，待冷却后再焊第二层，不使过热，以提高焊缝质量。

2. 冷弯薄壁型钢结构安装

冷弯薄壁型钢结构安装前要检查和校正构件相互之间的关系尺寸、标高和构件安装孔的关系尺寸，检查构件的局部变形，如发现问题，应在地面预先矫正或妥善解决。

吊装时要采取适当措施防止产生过大的弯扭变形，应垫好吊索与构件的接触部位，以免损伤构件。

不宜利用已安装就位的冷弯薄壁型钢构件起吊其他重物，以免引起局部变形，不得在主要受力部位加焊其他物件。

安装屋面板之前，应采取措施保证拉条拉紧和檩条的正确位置，檩条的扭角不得大于 3°。

轻钢结构单层房屋（图 10.23）主要由钢柱、屋盖细梁、檩条、墙梁（檩条）、屋盖和柱间支撑、屋面和墙面的彩钢板等组成。钢柱一般为 H 型钢，通过地脚螺栓与混凝土基础连接，通过高强螺栓与屋盖连接，连接形式有直面连接（图 10.24）或斜面连接。屋盖梁为 I 字形截面，根据内力情况可呈变截面，各段由高强螺栓连接。屋面檩条和墙梁多采用高强镀锌彩色钢板辊压成型的 C 型或 Z 型檩条。檩条可由高强螺栓直接与屋盖梁的翼缘连接。屋面和墙面多用彩钢板，是优质高强薄钢卷板（镀锌钢板、钢铝锌钢板）经热浸合金镀层和烘涂彩色涂层经机器辊压而成。其厚度有 0.5mm、0.7mm、0.8mm、1.2mm 几种，其表面涂层材料有普通双性聚酯、高分子聚酯、硅双性聚酯、金属 PVDF、PVF 贴膜等。

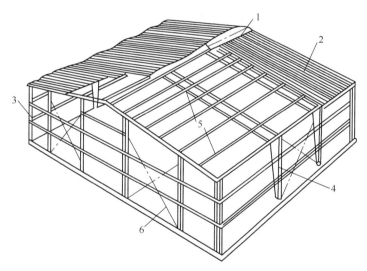

图 10.23　轻钢结构单层房屋构造示意图

1. 屋脊盖板；2. 彩色屋面板；3. 墙筋；4.钢刚架；5.C 型檩条；6. 钢支撑

安装前与普通钢结构一样，也需对基础的轴线、标高、地脚螺栓位置及构件尺寸偏差等进行检查。轻钢结构单层房屋由于构件自重轻，安装高度不大，多利用自行式（履带式、汽车式）起重机安装。刚架梁如跨度大、稳定性差，为防止吊装时出现下挠和侧向失稳，可将刚架梁分成两段，一次吊装半榀，在空中对接。在有支撑的跨间，亦可将相邻两个半榀刚架梁在地面拼成刚性单元进行一次吊装。

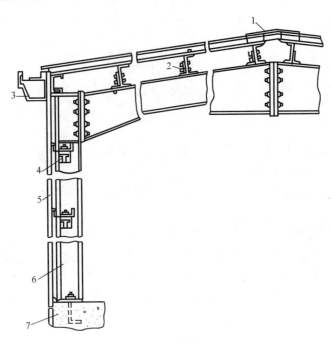

图 10.24 轻钢构件连接图

1. 屋脊盖板；2. 檩条；3. 天沟；4. 墙筋托板；5. 墙面板；6. 钢柱；7. 基础

轻钢结构单层房屋安装，可采用综合吊装法或分件吊装法。采用综合吊装法时，先吊装一个节间的钢柱，经校正固定后立即吊装刚架梁和檩条等。屋面彩钢板由于重量轻可在轻钢结构全部或部分安装完成后进行。

3. 冷弯薄壁型钢结构防腐蚀

防腐蚀是冷弯薄壁型钢加工中的重量环节，它影响维修和使用年限。事实证明，如制造时除锈彻底、底漆质量好，一般的厂房冷弯薄壁型钢结构可 8～10 年维修一次，与普通钢结构相同。否则，其容易腐蚀，并影响结构的耐久性。闭口截面构件经焊接封闭后，其内壁可不作防腐处理。

冷弯薄壁型钢结构必须进行表面处理，要求彻底清除铁锈、污垢及其他附着物。

喷砂、喷丸除锈，应除至露出金属灰白色为止，并应注意喷匀，不得有局部黄色存在。

酸洗除锈，应除至钢材表面全面部呈铁灰色为止，并应清除干净，保证钢材表面无残余酸存在，酸洗后宜作磷化处理或涂磷化底漆。

手工或半机械化除锈，应除去露出钢材表面为止。

冷弯薄壁型钢结构，应根据具体情况选用相适应的防护措施：

（1）金属保护层

金属保护层包括表面合金化镀锌、镀锌等。

（2）防腐涂料

无侵蚀性或弱侵蚀性条件下，可采用油性漆、酚醛漆或醇酸漆。中等侵蚀性条件下，宜采用环氧酯漆、环氧酯漆、过氯乙烯漆、氯化橡胶漆或氯醋漆。防腐涂料的底漆和面漆应相互配套。

（3）复合保护

用镀锌钢板制作的构件，涂漆前应进行除油、磷化、纯化处理（或除油后涂磷化底漆）。表面合金化镀锌钢板、镀锌钢板（如压型钢板、瓦楞铁）的表面不宜涂红丹防锈漆，宜漆 H06-2 锌黄环氧酯底漆（或其他专用涂料）进行维护。

复习思考题

10.1　试述钢结构单层厂房吊装前基础的准备工作。

10.2　试述钢桁架的吊装工艺。

10.3　试述高层钢结构钢柱梁吊装工艺及校正方法。

10.4　钢网架吊装有几种方法？各有什么特点？

10.5　高层钢结构施工过程应采取哪些措施保证施工安全？

10.6　试述轻型钢结构的结构特点及安装要点。

第十一章 桥梁工程

桥梁结构施工包括桥梁基础，墩台、支座和上部结构的施工。桥梁基础工程的形式分为扩大基础、桩基础、沉井基础、地下连续墙基础和组合基础等。下部结构施工包括桥梁墩台施工和桥梁支座安装。上部结构施工包括就地浇筑、预制安装、悬臂施工、顶推法施工、转体施工、逐孔施工、斜拉桥施工、悬索桥施工等。

11.1 桥梁结构施工常用设备

基础施工设备，如打桩机、挖土机。混凝土施工设备，如拌和机、运输泵、振捣设备等。各种长臂式结构，如万能杆件、贝雷梁等。预应力施工设备，如各类张拉千斤顶、锚夹具等。运输安装设备，如汽车、缆索吊、架桥机等。专用施工设备，如移动模架等。

万能杆件：用来拼装各种施工构架的常备杆件，以角钢、钢板、螺栓制成。其杆件较轻，互换性和适应性较强，适用于拼装施工便桥、墩台脚手支架、架桥膺架、起重塔架等。

贝雷梁：由预制的节段式钢桁架片拼接而成的桥梁。每一行架片形式相同，通过销钉或螺栓可迅速接长，还可拼成多层、多列，适用于不同长度及载重，多用于大型桥梁的建设。

架桥机：整跨架设桥梁的施工机械，有双悬臂式架桥机、单梁式架桥机和双梁式架桥机三种，用于分片架设小跨度预应力混凝土梁，公路桥或未通线路的铁路桥。

11.2 混凝土结构桥施工

11.2.1 桥梁下部结构施工

1. 桥梁墩台

桥墩除承受上部结构的荷载外，墩身还受到风力、流水压力及可能发生的冰压力、船只和漂流物的撞击力。桥台设置在桥梁两侧，它起着连接两岸道路的作用。墩台施工方法通常分为两大类：一类是现场就地浇筑与砌筑；另一类是拼装预制的混凝土砌块、钢筋混凝土或预应力混凝土构件。

（1）砌筑墩台

石砌墩台是用片石、块石及粗料石以水泥砂浆砌筑的，具有就地取材和经久耐用等优点。墩台砌筑用挤浆法分段砌筑，砌筑质量应符合有关要求。

（2）装配式墩（柱式墩、后张法预应力墩）

装配式墩台施工适用于山谷架桥、跨越平缓无漂流物的河沟、河滩等的桥梁。

装配式柱式墩系将桥墩分解成若干轻型部件，在工厂或工地集中预制，再运送到现场装配成桥墩。装配式预应力钢筋混凝土墩分为基础、实体墩身和装配墩身三大部分。墩身由基本构件、隔板、顶板及顶帽四种不同形状的构件组成，用高强钢丝穿入预留的上下贯通的孔道内，张拉锚固而成，如图 11.1 所示。

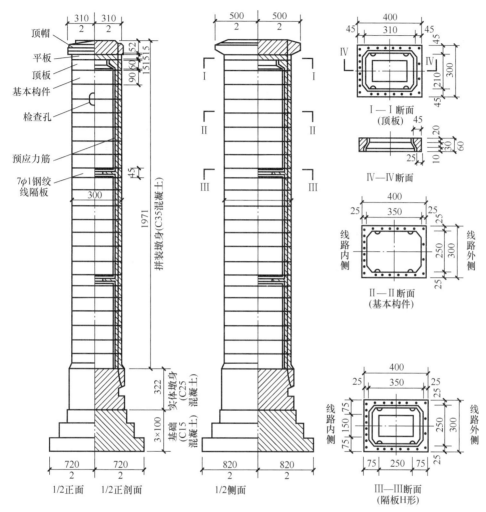

图 11.1　装配式预应力混凝土墩示意图

（3）现场浇筑墩台（V 形墩）

1）墩台模板。一般采用木模板、钢模板。常用的模板类型有：

① 拼装式模板。用各种尺寸的标准模板利用销钉连接，并与拉杆、加劲构件等组成墩需形状的模板，如图 11.2 所示。

② 整体吊装模板。将墩台模板水平分成若干段，每段模板组成一个整体，在地面拼装后吊装就位，如图 11.3 所示。分段高度可视起吊能力而定，一般可为 2～4m。

③ 组合钢模板。以各种长度、宽度及转角标准构件，用连接件将钢模拼成结构用模板。

④ 滑动模板。滑升模板适用于较高的墩台和吊桥、斜拉桥的索塔施工。

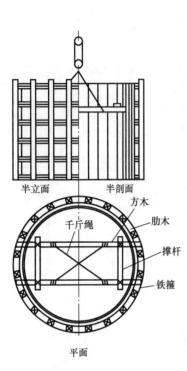

图 11.2　拼装式钢模板

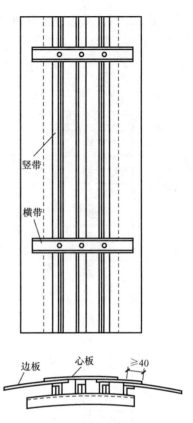

图 11.3　整体吊装式模板图

2）墩台混凝土浇筑。墩台混凝土浇筑前，应将基础顶面冲洗干净，凿除表面浮浆，整修连接钢筋。墩台混凝土浇筑至墩台帽底 30～50cm 时，即须测出墩台纵横中心轴线，并开始立墩台帽模板，安装锚栓孔或安装预埋支座垫板、绑扎钢筋等。

3）支座垫板安设。预埋支座垫板法，须在绑扎墩台帽和支座垫板的钢筋时，将焊有锚固钢筋的钢垫板安设在支座的准确位置上，并将锚固钢筋与墩台骨架钢筋焊牢；预留锚栓孔法，应在安装墩台帽模板时，预留锚栓孔位置。

2. 桥梁支座的安装

（1）钢支座

在安放钢支座之前，应作好放样工作，并对切线式支座和摆柱式支座的各部分进行检查，支座钢板与支承面间应接触严密，轴线、位置、标高应符合设计要求。当每孔梁架安装完毕，经检验符合质量要求后，把支座的下座板与墩台上的预埋垫板焊牢。

（2）橡胶支座

橡胶支座一般采用氯丁橡胶与钢板交替叠置而成，在安设前应进行力学性能检验，应符合设计要求。安设橡胶支座时，支座中心尽可能对准梁的计算支点，使整个橡胶支座的承压面上受力均匀。

（3）其他支座

其他支座包括油毡、石棉板、铅板等支座，适用于跨径较小的钢筋混凝土梁、板。梁、板安装后与支承面间不得有空隙和翘曲。

11.2.2　混凝土桥上部结构的施工

1．预制安装法

在预制工厂或在桥址附近设置预制场进行梁的预制，然后采用一定的架设方法进行安装。预制安装法施工一般是指钢筋混凝土或预应力混凝土简支梁的预制安装。

（1）预制梁

1）预制箱型板。如图 11.4 所示，构件的纵向板缝，可用细石混凝土填充也可用预留的横向钢筋相互扎紧焊牢再浇细石混凝土。

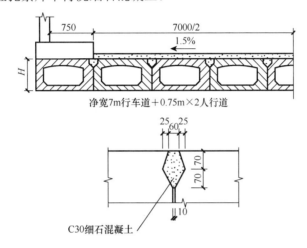

图 11.4　箱形梁桥面断面图

2）无横隔板的 T 形梁。这种梁的横向连接，一般采用翼缘边与翼缘边之间，用钢板焊接，桥面铺 $\phi 4mm$ 的双向钢丝网，最后浇捣细石混凝土，如图 11.5 所示。

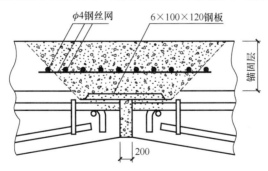

图 11.5　无横隔板的 T 形梁的横向连接图

3）有横隔的 T 形梁。横隔板的连接多采用钢板焊接，并用水泥砂浆嵌缝，如图 11.6 所示。

4）装配式箱形梁。如图 11.7（a）图为两个箱形梁的翼缘板用钢筋连接；（b）图为两个箱形梁中间用闭口构件连接；（c）图为两个 L 形构件和一个 T 形梁构件组成；（d）图为一个"□"形梁和两个翼缘板连接。

5）桁架拱桥。拱架、拱片分三段预制，即两个桁架段和一个实腹段如图 11.8 所示。

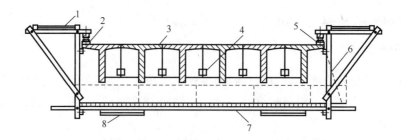

图 11.6　有隔板的 T 形梁的焊接图

1. 水平剪刀撑；2. 曹钢；3. T 形梁；4. 横隔板接头；5. 滚轮；6. 扶梯；7. 吊篮承重横梁；8. 水平剪刀撑

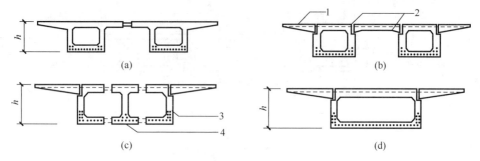

图 11.7　装配式箱形梁图

1. 横向预应力钢丝束；2. 闭口构件；3. L 形构件；4. T 形梁构件

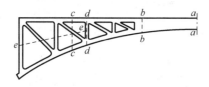

图 11.8　桁架拱桥预制

（2）预制桥梁构件的接头形式

预制块件间的接头有三种方式：湿接头就是现浇混凝土接头、必须在有支撑情况下实施，如图 11.9 所示；干接头如钢板焊接接头，如图 11.10 所示；法兰螺栓接头，如图 11.11 所示；环氧树脂水泥胶涂缝的预应力接头，如图 11.12 所示；干湿混合接头先由干接头受力，待现浇接头混凝土获得强度后共同受力，如图 11.13 所示。

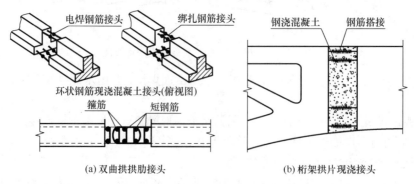

图 11.9　现浇混凝土接头（湿接头）

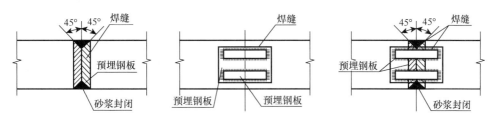

图 11.10　钢板电焊接头（干接头）

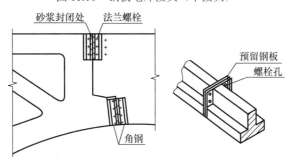

图 11.11　法兰螺栓接头（干接头）

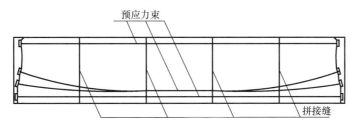

图 11.12　预应力接头示意（干接头）

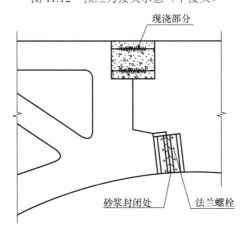

图 11.13　干湿混合接头

（3）预制桥梁的安装

1）跨墩龙门吊机安装。适用于岸上和浅水滩以及不通航浅水区域安装预制梁。两台跨墩龙门吊机分别设于待安装孔的前、后墩位置，预制梁由平车顺桥向运至安装孔的一侧，移动跨墩龙门吊机上的吊梁平车，对准梁的吊点放下吊架，将梁吊起。当梁底超过桥墩顶面后，停止提升，用卷扬机牵引吊梁平车慢慢横移，使梁对准桥墩上的支座，然后落梁就位，接着准备架设下一根梁。

2）穿巷吊机安装。穿巷吊机可以支承在桥墩和已架设的桥面上，不需在岸滩上或水中另搭脚手架和铺设轨道。适用在深水和激流的大河上架设水上桥梁。架梁时，可以将 T 梁垂直提升、顺桥方向移动，吊机也可纵向移动，如图 11.14 所示。

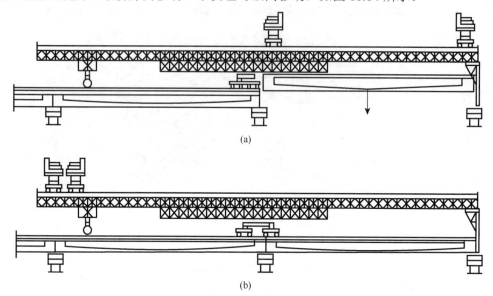

图 11.14　穿巷吊机梁示意图

3）自行式吊机架设法。一般先将梁运到桥位处，采用一台或两台自行式汽车吊机或履带吊机直接将梁片吊起就位，适用于中小跨径的预制梁吊装。自行式吊机架设法可采用一台吊机架设、两台吊机架设和吊机与绞车配合架设三种情况。

4）浮吊架设法。在通航河道或水深河道上架桥，可采用浮吊安装预制梁。当预制梁分片预制安装时，浮船宜逆流而上，先远后近安装。采用浮吊架设要配置运输驳船，岸边设置临时码头，同时在浮吊架设时应有牢固锚碇。

5）联合架桥机架设法。是以联合架桥机并配备若干滑车、千斤顶、绞车等辅助设备架设安装预制梁。架梁时，先设导梁和轨道，用绞车将导梁拖移就位后，把蝴蝶架用平板小车推上轨道，将龙门吊机托运至墩上，再用千斤顶将吊机降落在墩顶，并用螺栓固定在墩的支承垫块上，用平车将梁运到两墩之间，由吊机起吊、横移、下落就位。待全跨梁就位后，向前铺设轨道，用蝴蝶架把吊机移至下一跨架梁。架设过程中不影响桥下通车、通航。预制梁的纵移、起吊、横移、就位都比较便利。较适用于多孔 30m 以下孔径的装配式桥。

2. 现场浇筑法

桥梁现场浇筑法施工，多用于桥墩较低的简支梁桥和中、小跨连续梁桥。

（1）支架

支架必须有足够的强度和刚度，以保证就地浇筑的顺利进行。支架按其构造分为支柱式、梁式和梁支柱式。

（2）混凝土的浇筑

一般采用分层浇筑，厚度 15～30cm；从斜面的低处向上逐层浇捣。为了保证混凝土的整体性，要求在下一层混凝土初凝前完成上一层混凝土的浇筑工作。

3. 悬臂施工法

悬臂施工法是以桥墩为中心向两侧对称、逐节悬臂接长的施工方法。悬臂施工分为悬臂浇筑（简称悬浇法）和悬臂拼装（简称悬拼法）两种。

悬臂浇筑施工简便，结构整体性好，常在跨径大于 100m 的桥梁上使用；悬臂拼装法施工速度快，桥梁上、下部结构可平行作业，但施工精度要求比较高，可在跨径 100m 以下的桥梁中使用。

（1）悬臂浇筑法施工

悬浇法是当桥墩浇筑到顶后，在墩顶安装脚手钢桁架并向两侧伸出悬臂以供垂吊挂蓝，对称现浇混凝土。悬臂浇筑施工时，梁体一般要分四大部分浇筑，如图 11.15 所示。

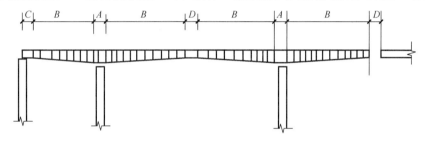

图 11.15 悬臂浇筑分段示意图

A. 墩顶梁段；*B.* 对称悬浇梁段；*C.* 支架现浇梁段；*D.* 合拢梁段

A 为墩顶梁段（0 号段），*B* 为由 0 号段两侧对称分段悬臂浇筑部分，*C* 为边孔在支架上浇筑部分；*D* 为主梁在跨中浇筑合拢部分。主梁各部分的长度视主梁形式和跨径、挂篮的形式及施工周期而定。0 号段一般为 5～10m，悬浇分段一般为 3～5m。支架现浇段一般为 2～3 个悬臂浇筑分段长，合拢段一般为 2～3m。

悬臂浇筑施工法的主要设备是挂篮，是一个能沿轨道行走的活动脚手架，悬挂在已浇筑、张拉的箱梁节段上，梁段的立模、扎筋、管道安装、浇筑混凝土、预应力张拉和孔道灌浆均在挂篮上进行。因此，挂篮除应保证强度和刚度外，还应满足变形小、行走方便、锚固及装拆容易等施工操作要求。挂篮的种类较多，其构造也各有不同，主要由主桁架、悬吊系统、平衡重、行走系统，工作平台和底模架所组成，如图 11.16 和图 11.17 所示。

梁段混凝土浇筑施工。当挂篮安装就位后，即可进行梁段混凝土浇筑施工。悬浇施工主要工序：挂篮就位→安装箱梁底模→安装底板及肋板钢筋→浇底板混凝土→安肋模、顶模及肋内预应力管道→安顶板钢筋及顶板预应力管道→浇肋板顶板混凝土并养护→检查清洁预应力管道→混凝土养生→拆模→穿钢丝束→张拉预应力→管道灌浆。

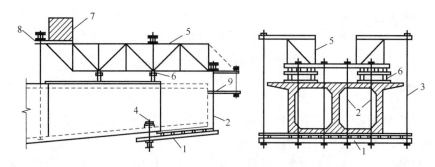

图 11.16　梁式挂篮结构简图

1. 底模架；2、3、4. 悬吊系统；5. 主桁架；6. 行走系统；7. 平衡重；8. 锚固系统；9. 工作平台

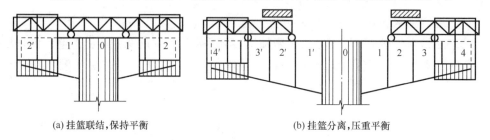

(a) 挂篮联结,保持平衡　　　　　　　　(b) 挂篮分离,压重平衡

图 11.17　挂篮的两种施工状态

悬浇施工要点：混凝土浇筑应从悬臂端开始对称均衡地浇筑，浇筑混凝土时，应注意保护好预应力孔道。箱梁混凝土的浇筑可分为 1 次或 2 次浇筑，采用一次浇筑法时，可在顶板中部留洞口，用于浇筑底板混凝土，待底板混凝土浇筑后，应立即封洞补焊钢筋，并浇筑肋板混凝土，最后浇筑顶板混凝土。当箱梁截面较大，混凝土浇筑量较大时，每个节段可分 2 次浇筑，即先浇筑底板到肋板的倒角以上的混凝土，再浇筑肋板上段和顶板的混凝土，其接缝按施工缝处理。混凝土浇筑完毕，经养护达到设计强度的 75%以后，即可进行穿钢丝束、张拉、压浆和封锚。

中间合拢段混凝土一般最后浇筑，浇筑前应调整两端悬浇梁段的中线及标高，安装合拢段的劲性骨架和张拉临时束，确保合拢段混凝土强度在未达到设计强度前不变形。待混凝土达到设计要求的强度后，进行预应力筋的张拉并压浆；解除临时固结措施，将各墩临时支座反力转移到永久支座上，将梁转换成连续梁体系。

（2）悬臂拼装施工法

悬臂拼装法施工是在工厂或桥位附近将梁体沿轴线划分成适当长度的块件进行预制，然后用船或平车从水上或从已建成部分桥上运至架设地点，用活动吊机等起吊后向墩柱两侧对称均衡地拼装就位，张拉预应力筋。重复这些工序直至拼装完悬臂梁全部块件为止。悬拼施工适用于预应力混凝土 T 形钢构桥、预应力连续梁桥和预应力悬臂梁桥的主梁施工。

1）悬臂拼装法的梁段预制。梁段预制方法有短线法和长线法。预制块件的长度取决于运输、吊装设备的能力，一般块件长度为 1.4～6.0m，块件重量为 14～170t。梁段预制尺寸应准确、接缝应密贴，预留孔道对接应顺畅，可间隔浇筑，如图 11.18 所示。

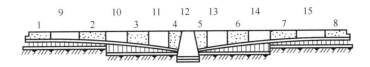

图 11.18 块件预制（间隔法）

2）梁段的运输与拼装。块件的运输方式分为场内运输、块件装船和浮运。

预制块件的悬臂拼装可根据现场布置和设备条件采用不同的方法来实现。当靠岸边的桥跨不高且可以在陆地或便桥上施工时，可采用自行式吊车、门式吊车来拼装。对于河中桥孔，也可采用水上浮吊进行安装。如果桥墩很高或水流湍急而不便在陆上、水上施工时，就可利用各种吊机进行高空悬拼施工，如图 11.19 所示。

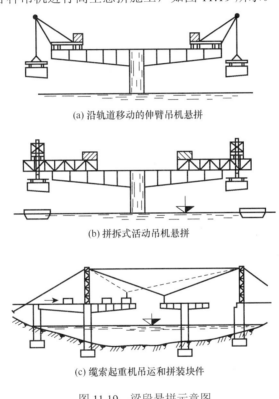

(a) 沿轨道移动的伸臂吊机悬拼

(b) 拼拆式活动吊机悬拼

(c) 缆索起重机吊运和拼装块件

图 11.19 梁段悬拼示意图

3）梁段接缝的型式。悬臂拼装时，预制块件间接缝可采用湿接缝、胶接缝和半干接缝等型式。将伸出钢筋焊接后浇混凝土称为湿接缝，如图 11.20 所示，接缝宽度为 0.1～0.2m。采用湿接缝可使块件安装的位置易于调整。在悬臂拼装中采用最为广泛的是应用环氧树脂等胶结材料使相邻块件黏结的胶接缝。胶接缝能消除水分对接头的有害作用，提高结构的耐久性和结构的抗剪能力、整体刚度。胶接缝可以做成平面型、多齿型、单阶型和单齿型等型式。

4）预应力筋的穿束张拉。穿束有明槽穿束和暗管穿束两种。明槽穿束预应力钢丝束锚固在顶板加厚部分，在此部分预留有孔道，如图 11.21 所示。钢丝束一般为等间距布置，穿束前先将钢丝束在明槽内摆平，后再分别将钢丝束穿入两端孔道内。孔道两头伸出的钢丝束应等长。暗管穿束一般采用人工推送，实际操作应根据钢丝束的长短进行。

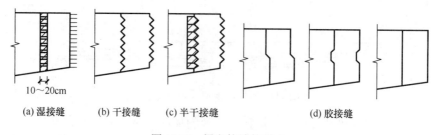

(a) 湿接缝　　　(b) 干接缝　　　(c) 半干接缝　　　　　　(d) 胶接缝

图 11.20　梁段接缝的型式

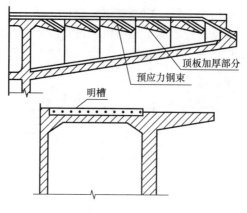

图 11.21　明槽钢丝束布置

挂篮移动前，顶、腹板纵向钢丝束应按设计要求的张拉程序和顺序张拉，如设计未作规定，可采取分批、分阶段对称张拉。张拉时应注意梁体和锚具的变化。

5）合拢段施工。合拢顺序一般为先边跨，后中跨。多跨一次合拢时，必须同时均衡对称地合拢。合拢前应在两端悬臂预加压重，并于浇筑混凝土过程中逐步撤除，使悬臂挠度保持稳定。合拢段混凝土浇筑完后，应加强养护，悬臂端应覆盖，防止日晒。

4. 顶推法施工

顶推法施工是在桥台后面的引道上或在刚性好的临时支架上设置制梁场，制作箱形梁段（10～30m 一段），待有 2～3 段后，在上、下翼板内施加能承受施工中变号内力的预应力，然后用水平千斤顶等设备将支承在聚四氟乙烯塑料板与不锈钢板滑道上的箱梁向前推移，推出一段再接长一段，反复操作直至最终位置。最后，将滑道支承移置成永久支座。

顶推法施工中采用的主要装置是千斤顶、滑板和滑道。根据传力方式的不同，顶推装置分为推头式和拉杆式两种。推头式顶推用于桥台处的顶推。拉杆式顶推可用于梁中各点的顶推。顶推法常用的滑道装置包括墩顶处混凝土滑台、铬钢板和滑板三部分。

顶推的施工方法很多，按施力方法分为单点顶推和多点顶推；按顶推方向分单向顶推和双向顶推；按支承系统分为设置临时滑动支承顶推和使用永久支座兼用的滑动支承顶推。

1）单点顶推。单点顶推水平力的施加位置一般集中设置于主梁预制场靠近桥台或某一桥墩，其他墩台支点只设置滑道支承。单点顶推装置又有两种方式，一种是用单点拉杆千斤顶顶推，视顶推力的大小，安装一台或多台水平千斤顶，通过拉杆连接梁的底板或者两侧，牵引拉动梁体在滑道上前移。另一种是直接顶推梁体，在预制台座的后面，设一个反力座，安装一台或多台千斤顶，直接顶梁向前滑动。单点顶推适用于桥台刚度大，梁体轻的施工。

2）多点顶推是在每个墩台上设置一对小吨位的水平千斤顶，将集中的顶推力分离到各墩上。由于利用水平千斤顶传给墩台的反力来平衡梁体滑移时在桥墩产生的摩阻力，使桥墩在顶推过程中承受较小的水平力，因此可以在柔性墩上采用多点顶推施工。

图 11.22（a）表示一般单向单点顶推的情况。对于特别长的多联多跨桥梁也可以应用多点顶推的方式使每联单独顶推就位，如图 11.22（b）所示。在此情况下，在墩顶上均可设置顶推装置，且梁的前后端都应安装导梁。如图 11.22（c）所示为三跨不等跨连续梁采用从两岸双向顶推施工的图式。用此法可以不设临时墩而修建中跨跨径更大的连续梁桥。

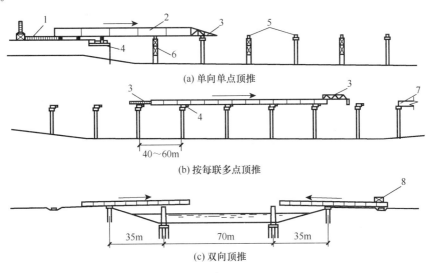

图 11.22 顶推法施工示意图

1. 制梁场；2. 梁段；3. 导梁；4. 千斤顶装置；5. 滑道支承；6. 桥墩；7. 已架完的梁；8. 平衡重

5. 转体施工法

在河流两岸或适当位置，利用地形或使用简便的支架先将半桥预制完成，然后以桥梁结构本身为旋转体，分别将两个半孔转体到轴线位置合拢成桥。目前已将转体施工法广泛应用于拱桥、梁桥、斜拉桥、斜腿刚架桥等桥型上部结构的施工中。

转体施工按桥体在空间转动的方向可分为竖向转体施工法和平面转体施工法。平面转体又分为有平衡重平面转体施工法和无平衡重平面转体施工法。以下仅介绍平面转体施工法。

（1）有平衡重平面转体施工法

有平衡重平面转体施工使用的转体装置主要有两种：一种是环道平面承重转体，如图 11.23 所示；另一种是轴心承重转体，如图 11.24 所示。

转动体系主要包括底盘、上盘、背墙、桥体上部构造、拉杆（或拉索）等几部分。转动体系最关键的部位是转体装置，是由固定的底盘和能旋转的上盘构成。

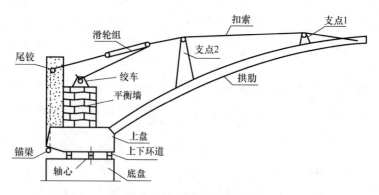

图 11.23　滑板环道转动体系

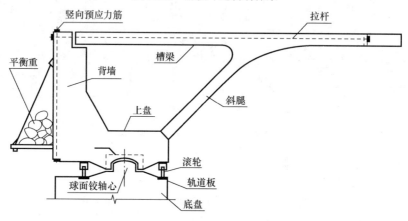

图 11.24　球面铰轨道滚轮转动体系

转体拱桥的施工工序：制作底盘→制作上转盘→布置牵引系统的锚碇及滑轮，试转上盘→浇筑背墙→浇筑主拱圈上部结构→张拉脱架→转体合拢→封上下盘、封拱顶、松拉杆，实现桥梁体系的转化，完成主拱圈的施工。最后进行常规的拱上建筑施工和桥面铺装。

（2）无平衡重转体施工

无平衡重转体施工是把有平衡重转体施工中的拱圈扣锁拉力锚在两岸岩体中，从而节省了庞大的平衡重。锚碇拉力是由尾索预加应力传给引桥面板（或平撑、斜撑），以压力形式储备，如图 11.25 所示。

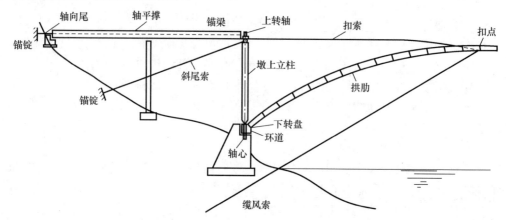

图 11.25　拱桥无平衡重转体一般构造

无平衡重转体施工要点：

1）转动体系的施工，包括设置下转轴、转盘及环道；设置拱座及预制拱箱；设置立柱；安装锚梁、上转轴、轴套、环套；安装扣索。转动体系的施工主要保证转轴、转盘、轴套、环套的制作安装精度及环道的水平高差的精度，并要做好安装完毕到转体前的防护工作。

2）锚碇系统施工，包括制作桥轴线上的开口地锚；设置斜向洞锚；安装轴向斜向平撑；尾索张拉；扣索张拉。锚碇部分的施工应绝对可靠，以确保安全。

3）转体施工。转体施工前应对桥体各部分进行系统、全面地检查。拱箱的转体是靠上、下转轴事先预留的偏心值形成的转动力矩与收放内外缆索来实现的。

4）合拢卸扣施工。拱顶合拢后的高差，通过张紧扣索提升拱顶、放松扣索降低拱顶来调整到设计位置。封拱宜选择低温时进行。先浇封桥台拱座混凝土，再浇封拱顶接头混凝土。当混凝土达到70%设计强度后，即可对称、均衡、分级进行卸扣索。

6. 逐孔施工法

逐孔施工是中等跨径预应力混凝土连续梁中的一种施工方法，它使用一套设备从桥梁的一端逐孔施工，直到对岸。逐孔施工法可分为用临时支承组拼预制节段逐孔施工、用移动支架逐孔现浇施工（移动模架法）、整孔吊装或分段吊装逐步施工。下面仅介绍移动式模架逐孔施工法。

对中小跨径连续梁桥或建在陆地上的桥跨结构可以使用落地式或梁式移动支架，如图11.26所示。梁式支架的承重梁支承在锚固于桥墩的横梁上，也可支承在已施工完成的桥体上。现浇施工的接头最好设在弯矩较小的部位，常取在离桥墩1/5处。

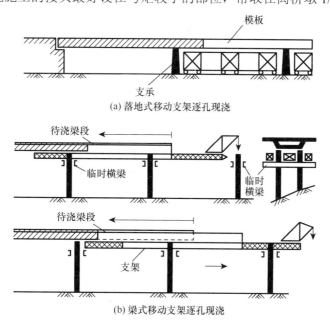

图 11.26　移动支架逐孔现浇施工

当桥墩较高，桥跨较长或桥下净空受到约束时，可以采用非落地支承移动模架逐孔现浇施工，称为移动模架法。适用于多跨长桥，桥梁跨径可达 30～50m，使用一套设备可多次移动周转使用。

常用的移动模架可分为移动悬吊模架与支承式活动模架两种类型。

1）移动悬吊模架施工。移动悬吊模架基本结构包括三部分：承重梁、从承重梁上伸出的肋骨状的横梁、吊杆和承重梁的固定及活动支承，如图 11.27 所示。

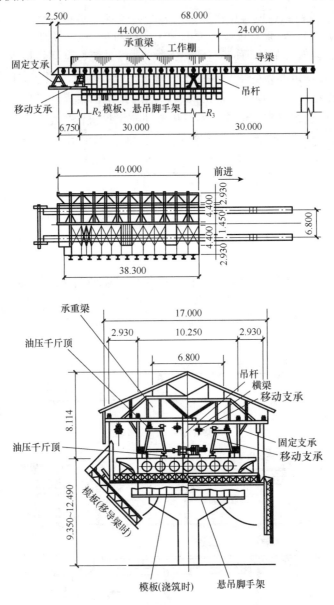

图 11.27　移动悬吊模架的构造（尺寸单位：m）

承重梁常采用钢梁，采用单梁或双梁依桥宽而定，承重梁的前端支承在前方墩上，导梁部分悬出，因此其工作状态呈单悬臂梁。总长度要大于桥梁跨径的两倍。承重梁承受施工设备自重、模板和悬吊脚手架系统的重力及现浇混凝土重力。梁的后段通过可移式支承落在已完成的桥段上，它将重力传给桥墩或直接坐落在桥顶，移动悬吊模架也成为上行式移动模架，吊杆式或挂模式移动模架。

　　承重梁除起承重作用外，在一孔梁施工完成后，作为导梁带动悬吊模架纵移至下一施工跨。从承重梁底部两侧伸出的许多横梁覆盖桥梁全宽，在承重梁顶部左右用 2～3组钢丝束拉住横梁，以增加其刚度，横梁的两端悬挂吊杆，下端吊住呈水平状态的模板，形成下端开口的框架并将主梁（待浇制的）包在内部。当模板支架处于浇混凝土的状态时，模板依靠下端的悬臂梁和锚固在横梁上的吊杆定位，并用千斤顶固定模板浇筑混凝土。当模板需要向前运送时放松千斤顶和吊杆，模板固定在下端悬臂梁上，并转动该梁，使在运送时的模架可顺利通过桥墩。

　　2）支承式活动模架施工。支承式活动模架的构造形式较多，其中一种构造形式由承重梁、导梁、台车和桥墩托架等构件组成。在混凝土箱形梁的两侧各设置一根承重梁，支撑模板和承受施工重力，承重梁的长度要大于桥梁跨径，浇筑混凝土时承重梁支承在桥墩托架上。导梁主要用于运送承重梁和活动模架，因此需要有大于两倍桥梁跨径的长度，当一孔梁施工完成后进行脱模卸架，由前方台车（在导梁上移动）和后方台车（在已完成的梁上移动）沿桥纵向将承重梁和活动模架运送至下一孔，承重梁就位后导梁再向前移动，如图 11.28 所示。

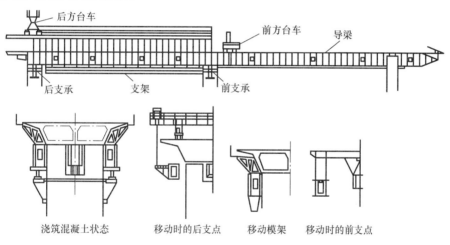

图 11.28　支承式活动模架的构造

11.2.3　斜拉桥施工

　　斜拉桥是将梁用若干根斜拉索拉在塔柱上的桥。按梁所用的材料不同可分为钢斜拉桥和混凝土梁斜拉桥。斜拉桥作为一种拉索体系，比梁式桥的跨越能力更大，是大跨度桥梁的最主要桥型。由于它属于高次超静定的柔性结构，恒载内力状态具有多样性，结构状态呈非线性，施工过程与成桥状态具有相关性，特别是在施工阶段结构体系的不断转换，结构内力和变形亦随之不断发生变化。因此需要对斜拉桥的每一施工阶段进行详尽分析验算，求得斜拉索张拉吨位和主梁挠度、塔柱位移等施工控制参数的理论计算值，对施工的顺序做出明确的规定，并在施工中加以有效的管理和控制。

　　斜拉桥由索塔、主梁、斜拉索组成，如图 11.29 所示。索塔型式有 A 型、倒 Y 型、H 型、独柱。斜拉索布置有单索面、平行双索面、斜索面等。斜拉桥的施工包括索塔施工、主梁施工、斜拉索的制作三大部分。

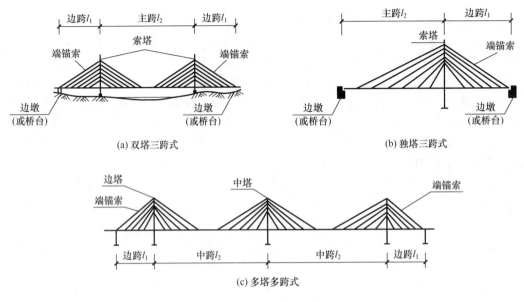

图 11.29　斜拉桥的构造

1. 索塔施工

主塔有钢索塔和混凝土索塔两种情况。钢塔采用预制拼装法施工。混凝土塔的施工则采用搭架现浇、预制拼装、滑升模板浇筑、翻转模板浇筑、爬升模板浇筑等多种施工方法。

（1）钢索塔施工

钢索塔施工一般包括工厂分段预制加工和现场吊拼安装两个大的施工阶段。在制定施工方案时，应对水平运输就位、垂直运输、起重设备吊装高度、起吊吨位大小等施工因素进行充分的考虑。钢索塔在工厂分段焊接加工完成后，应进行多段立体试拼装，合格后方可出厂。现场安装时，一般采用现场焊接接头、高强度螺栓连接或焊接和螺栓连接混合连接的方式对钢索塔块段进行拼装连接。经过工厂加工制造和立体试拼合格的钢索塔块段，在正式安装时还应进行严格的施工测量控制，并及时用填板或对螺栓孔进行扩孔以调整索塔的轴线和方位，防止加工误差、受力误差、安装误差、温度误差、测量误差的积累。

在自然环境条件下，钢材容易锈蚀，钢索塔的防锈蚀措施，一般采用耐候钢材、采用喷锌或铝层、油漆涂装等多种方法。油漆涂料常采用二层底漆，二层面漆，其中三层由加工厂涂装，最后一道面漆由施工安装单位涂装完成。

（2）混凝土索塔施工

混凝土索塔通常由基础、承台、下塔柱、下横梁、中塔柱、上横梁、上塔柱拉索锚固区段及塔顶建筑八大部分或其中的几部分组成。

索塔施工属于高空作业，工作面狭小，起重设备是索塔施工的关键。而起重设备的选择随索塔的结构形式、规模、桥位地形等条件确定，必须满足索塔施工的垂直运输、起吊荷载、吊装高度、起吊范围的要求。起重设备一般采用塔吊辅以人货两用电梯，但也可以采用万能杆件或贝雷架等通用杆件配备卷扬机、电动葫芦装配的提升吊机，或采用满布支架配备卷扬机、摇头扒杆起重等。目前一般采用塔吊辅以人货两用电梯。

浇筑索塔混凝土的模板按结构形式不同可采用提升模板和滑升模板。提升模板按其吊点的不同，可分为依靠外部吊点的单节整体模板逐段提升、多节模板交替提升（简称翻模）以及本身带爬架的爬升模板（简称爬模）；滑升模板只适用于等截面的垂直塔柱。

拉索在塔顶部的锚固形式主要有交叉锚固、钢梁锚固、箱形锚固、固定型锚固、铸钢索鞍等形式。中、小跨径斜拉桥的拉索采用交叉锚固型塔柱。施工程序为：立劲性骨架→钢筋绑扎→拉索套筒的制作及定位→立模→浇筑混凝土等。大跨径斜拉桥多采用拉索钢横梁锚固。施工程序为：立劲性骨架→钢筋绑扎→套筒定位→装外侧模→混凝土浇筑→横梁安装。预应力箱形锚固的施工程序为：立劲性骨架→绑扎钢筋→套筒安装→安装预应力管道及钢束→模板安装→混凝土浇筑养护→施加预应力→灌浆。

索塔施工的关键主要是塔柱线型控制、断面位置、倾斜度、外观质量控制。

2. 主梁施工

斜拉桥主梁的施工常采用支架法、顶推法、转体法、悬臂施工法等来进行。采用挂篮悬浇主梁时，除应符合梁桥挂篮施工有关规定外，还应按下列规定执行：

1）挂篮的悬臂梁及挂篮全部构件制作后应进行检测和试拼，合格后再于现场整体组装检验，并按设计荷载及技术要求进行预压，同时，测定悬臂梁和挂篮的弹性挠度、调整高程性能及其他技术性能；挂篮设计和主梁浇筑时应考虑抗风振的刚度要求。

2）拉索张拉时应对称同步进行，以减少其对塔与梁的位移和内力的影响。

3）为防止合龙梁段施工出现的裂缝，应采用以下方法改善受力和施工状况：

① 在梁上下底板或两肋端部预埋临时连接钢构件，或设置临时纵向连接预应力索，或用千斤顶调节合拢口的应力和合拢口的长度。

② 合龙梁段浇后至纵向预应力索张拉前应禁止施工荷载的超平衡变化：

③ 预制梁段，如设计无规定，宜选用长线台座（可分段设置），亦可采用多段的联线台座，每联宜多于 5 段，先预制顺序中的 1 段、3 段、5 段，脱模后再在其间浇 2 段、4 段，使各端面啮合密贴，端面不应随意修补。

4）钢主梁应注意：

① 钢主梁应由资质合格的专业单位加工制作、试拼，经检验合格后安全运至工地备用。堆放应无损伤、无变形和无腐蚀。钢梁制作的材料应符合设计要求。

② 应进行钢梁的连日温度变形观测对照，确定适宜的合龙温度及实施程序，并应满足钢梁安装就位时高强螺栓定位所需的时间。

3. 斜拉索的制作

钢丝索的断面一般排列成正六边形或缺角六边形，进行大捻距同心左转扭绞，同时缠包一层或两层纤维增强聚酯带，这样可以减少拉索松散的可能性，顺利通过挤塑工作。制作拉索的工艺流程为：钢丝经放线托盘放出粗下料、编束、钢束扭绞成型、下料齐头、分段抽验、焊接牵引钩、绕缠包带、热挤 PE 护套、水槽冷却、测量护套厚度及偏差、精下料、端部入锚部分去除 PE 套、锚板穿丝、分丝墩头、装冷铸锚、锚头养生固化、出厂检验、打盘包装运输。制成的钢索中应确保钢丝无接头、无机械损伤、符合长度要求及包扎定形要求。防护层不应有断裂、裂纹和刻痕。

11.2.4 悬索桥施工

悬索桥，又名吊桥，指的是以通过索塔悬挂并锚固于两岸（或桥两端）的缆索（或钢链）作为上部结构主要承重构件的桥梁。悬索桥是由主缆、加劲梁、主塔、鞍座、锚碇、吊索等构件构成的柔性悬吊体系，其主要构成如图 11.30 所示。悬索桥的主要承重构件是悬索，它主要承受拉力，一般用抗拉强度高的钢材（钢丝、钢绞线、钢缆等）制作。由于悬索桥可以充分利用材料的强度，并具有用料省、自重轻的特点，因此悬索桥在各种体系桥梁中的跨越能力最大。悬索桥施工包括锚碇施工、索塔施工、主缆（吊杆）施工和加劲梁施工几个主要部分。

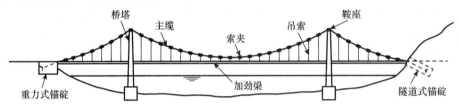

图 11.30　悬索桥的构造

1. 锚碇与塔的施工

（1）锚碇施工

锚碇是锚固主缆的结构，它将主缆中的拉力传递给地基。由混凝土锚块（含钢筋）及支架、锚杆、鞍座（散索鞍）等组成。锚碇分重力式锚和隧道锚两种，如图 11.30 所示。锚碇一般均系大体积混凝土结构，施工中需注意质量、精度要求。

（2）塔施工

1）塔身施工。塔身大多采用翻模法分段浇筑，在主塔连结板的部位要注意预留钢筋及模板支撑预埋件。对于索鞍孔道顶部的混凝土要在主缆架设完成后浇筑，以方便索鞍及缆索的施工。主塔的施工控制主要是垂直度监控，每段混凝土施工完毕后，在第二天早晨 8:00 至 9:00 间温度相对稳定时，利用全站仪对塔身垂直度进行监控，以便调整塔身混凝土施工，应避免在温度变化剧烈时段进行测试，同时随时观测混凝土质量，及时对混凝土配合比进行调整。

2）鞍部施工。检查钢板顶面标高，符合设计要求后清理表面和四周的销孔，吊装就位，对齐销孔使底座与钢板销接。在底座表面进行涂油处理，安装索鞍主体。索鞍由索座、底板、索盖部分组成，索鞍整体吊装和就位困难；可用吊车或卷扬设备分块吊运组装。索鞍安装误差控制在横向轴线误差最大值 3mm 标高误差最大值 3mm。吊装入座后，穿入销钉定位，要求鞍体底面与底座密贴，四周缝隙用黄油填实。

2. 主缆架设

主缆通过塔顶的鞍座悬挂于主塔上并锚固于两端锚固体中。主缆的布置形式一般是采用每桥两根，平行布置于加劲梁两侧吊点之上。现代大跨度悬索桥多采用平行钢丝主缆，它是由平行的高强、冷拔、镀锌钢丝组成。钢丝直径大都在 5mm 左右。视缆力大小，每根主缆可以包含几千乃至几万根钢丝。为便于施工安装和锚固，主缆通常被分成束股编制架设（一般每根主缆可分成几十乃至几百股，每股内的丝数大致相等），并在两端锚碇处分别锚固。为了保护钢丝，并使主缆的形状明确，主缆的其余区段则挤紧成规则的圆形，然后缠以软质钢丝捆扎并进行外部涂装防腐。平行钢丝主缆根据架设方法分为空中送丝法（AS 法）及预制索股法（PWS 法）。

3. 加劲梁

加劲梁的主要功能是提供桥面和防止桥面发生过大的挠曲变形和扭曲变形，它直接承担竖向活载，也是悬索桥承受风荷载和其他横向水平荷载的主要构件，所以必须具有足够的抗扭刚度或自重以保持在风荷载作用下的气动稳定性。梁混凝土的浇筑同普通桥一样，首先梁体标高的控制必须准确，要通过精确的计算预留支架的沉降变形；其次，梁体预埋件的预埋要求有较高的精度，特别是拉杆的预留孔道要有准确的位置及良好的垂直度，以保证在正常的张拉过程中拉杆始终位于孔道的正中心。主梁浇筑顺序应从两端对称向中间施工，防止偏载产生的支架偏移，施工时以水准仪观测支架沉降值，并详细记录。待成型后立即复测梁体线型，将实际线型与设计线型进行比较，及时反馈信息，以调整下一步施工。

11.3　钢 桥 施 工

钢桥的施工分为钢桥制作和架设安装两大工序。前者是在钢桥制造工厂将钢板和各种形式的型钢经过多道工序制成钢桥构件或杆件；后者是将这些构件、杆件运至桥位工地组装成钢桥，架设安装到桥位。

11.3.1　钢桥的拼装架设方法

1. 支架法

在桥位设置落地式脚手架。顶面铺脚手板，在上面拼装钢桥。脚手架须有落梁装置，便于桥梁拼成后与之分离,拆除脚手架。此法仅适用于桥位不高，水浅流缓，不通航运的情况。

2. 拖拉法

钢梁桥在路堤或引桥上拼装后，用卷扬机和滑轮组顺线路方向拖拉，使其在滑道上纵移悬伸架设就位。此法使用的机具设备简单，施工进展较快，适用于中等跨度的钢梁桥。拖拉滑道一般由上、下滑轨及滚轴组成。上滑轨连在纵梁或主桁主要节点下面，下滑轨铺设在路堤、引桥及桥墩顶。上下滑轨之间放进若干直径 8～14cm 的滚轴。拖拉时，用卷扬机及滑轮组的钢索牵引，通过滚轴在滑轨间的滚动，使桥梁向前纵移。连续梁桥采用拖拉架设较为方便。几跨简支梁，可临时连成一体，按连续梁拖拉架设，但需考虑到拖拉过程中受力体系的改变，加强某些截面或杆件。为减少悬臂时的杆件内力和支点反力，可在桥梁前端加设轻型导梁，或在跨间设置临时墩，使之较早地到达前方桥墩。

拖拉法架设钢桥时一般采用纵向拖拉移动钢梁，并且按移梁时可能发生的竖向压力和施工期内风力检算钢梁杆件和临时连接杆件的强度和稳定。钢梁的倾覆稳定系数不得小于1.3。必要时，在钢梁端设置导梁，如图11.31所示。

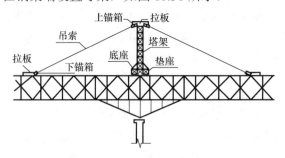

图11.31　吊索悬臂拼装法示意图

拖拉钢梁采用同型号绞车（手动或电动）和钢丝绳滑车组，在钢梁两侧对称地施加牵引力，并设置制动设备。当钢梁设在曲线上采用拖拉架设应注意以下事项：

1）拖拉中线应采取梁跨设计中线（单孔），或取钢梁各孔设计中线平均值（多孔），也可采用接近梁跨中线，拖拉完毕，移梁就位。应视桥头增加土石方数量和临时结构工程量进行比较，并结合施工技术条件等确定。

2）墩台应力和顶帽宽度需满足架梁要求。

3）桥心如需采用临时结构增加横向宽度时，应考虑临时结构和部分桥台施工同时受力时的不同弹性压缩的影响及非弹性压缩、事前采取措施。

3. 悬臂拼装法

悬臂施工法解决了大跨径拱桥无支架施工的问题，在桥高、跨大、通航、水深、急流的桥位上，宜采用悬臂法拼装钢梁。但由于成桥后拱的受力是受压为主的压弯结构，因此悬臂施工时只能将拱作为施工过程悬臂梁的下弦，需要有较多的临时设施（主要是受拉构件）作为悬臂梁的上弦。悬臂拼装时应注意悬臂挠度、临时支座和拼梁坡度、预拱度的保证和落梁及横纵移等几个主要问题。

4. 浮运法

桥梁在驳船上或在河岸上拼装后，用船浮运至桥下，利用落潮或充水压舱落梁就位。此法适用于宽阔平稳的水域，桥位和水面的高差不宜过大。驳船的设计吨位最好大于浮运重量2～3倍，以保证浮运体系的稳定。浮运法一般是在能够通航的河上进行拱桥的施工，他要求具备拱肋在水上运输的工具（大型船只）和水上起吊设备。浮运法应根据施工季节、水文变化、河床断面、两岸地形等条件进行选择，一般分为以下几种方法：纵移、横移、半浮运、半横移和浮拖拉。

钢梁采用纵移法上浮船，钢梁由桥长度方向向前移出，浮船在桥跨中拖住钢梁，边浮边拖，使钢梁前端到达前一个桥墩就位安装，如图11.32所示。

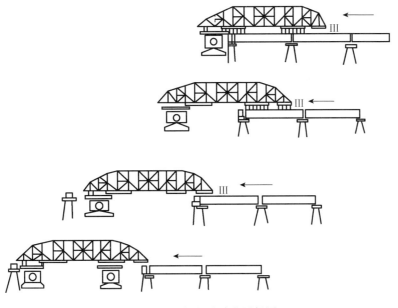

图 11.32　钢梁纵移法上浮船图

5. 缆索拼装法

缆索拼装施工方法是修建大跨度拱桥的主要方法之一。制作时根据吊装能力，可将拱肋分成若干段，以便现场进行吊装。一般情况下，应该双肋吊装、双肋合拢，两肋之间设临时横撑，或将横撑临时固定；但双肋吊装、双肋合拢的吊装质量较大，段与段之间的拼装难度也较大，若拱肋宽度较大（如架式），则可采用单肋合拢。在合拢之前各段之间的接头为上开口，要注意接头的受力情况；为合拢方便，各段应略有上抬，合拢后逐步落下，调制设计标高（留预拱度）；连接各街头和横撑，封拱脚成无铰拱，然后进行管内混凝土浇筑。

缆索吊装方法需在两岸各建立临时塔架，在两塔架顶部之间张挂一对缆索，如图 11.33 所示。从缆索上吊若干吊索吊住钢梁杆件，利用牵引索牵引杆件逐节向前拼装至中间合拢的方法成为缆索拼装架设法，可用于架设钢拱桥、钢梁桥和钢斜腿刚构桥的 V 形墩等结构。

缆索架设方法可分为直吊法和斜吊法。

直吊法是先在缆索上吊挂若干吊索吊住支架梁或钢横梁，然后在支架梁上或横梁两侧逐节组拼杆件，适用于支座不承受水平推力的各种拱式桥。其杆件在无应力状态下组拼。本法在钢梁合拢和调整拱度方面较方便。因全桥重力和施工荷载全部由缆索承受。

斜吊法（扣索挂吊法）缆索只承受一根杆件荷载，起吊就位后，一端与先就位的杆件搭接，另一端用扣索扣挂在缆索塔架或另建的扣索架上。本法适用于支座能承受水平推力的钢拱桥、钢梁桥、钢斜腿刚构桥、V 型钢桥墩等结构。施工技术要求较高，闭合时受施工误差、施工温度变化等影响较大。

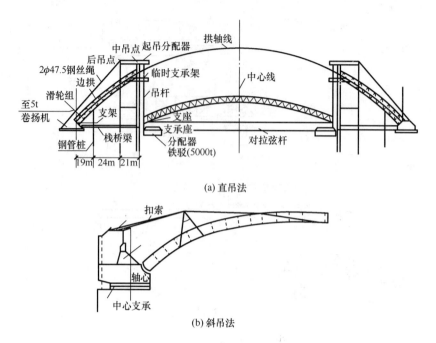

(a) 直吊法

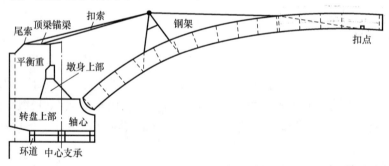

(b) 斜吊法

图 11.33　缆索架设施工法

6. 转体架设法

转体架设法是将拱圈分为两个半跨在两岸制作，通过转体合拢的一种施工方法。拱圈绕拱座做竖直旋转合拢的称为竖向转体架设施工法，拱圈绕拱座做水平旋转的称为平面转体施工法，如图 11.34 所示。

图 11.34　转体架设施工法

竖向转体施工法是在竖向位置利用地形或打支架浇筑拱肋混凝土，然后再从两边逐渐放倒预制拱肋搭接成桥的施工方法。竖转施工法当跨径增大，拱肋过长时，竖向转动不易控制，因此只在中小跨径拱桥中应用。

平面转体施工法分为平衡重转体和无平衡重转体。

平衡重转体主要由平衡体系、转动体系（转轴、环道）和位控体系三部分组成。其中平衡体系可利用桥台或配重来平衡悬臂主拱，主拱与桥台一起转动。无平衡重转体施工法采用锚碇体系平衡悬臂主拱、取消平衡重。锚碇体系通常由作为压杆的立柱、作为撑梁的引桥主梁以及后锚等部分组成。

11.3.2 钢桥防腐

1. 杆件表面处理

钢梁杆件在全部组拼、高强螺栓栓接妥当，架设安装完毕并经过检验、除锈、洗刷并干燥后，在进行全部涂漆工作。涂装前应对杆件表面进行质量检查，如有未涂底漆或已涂而部分脱落者补涂底漆，待底漆干燥后，方可进行涂装施工。

2. 涂装

涂层性能必须符合紧密不透水、不粉化、不龟裂、耐磨、附着力、黏结力良好和不含侵蚀钢料的化学成分的要求。涂装工序如下：清楚面层间锈污→刮嵌腻子→打磨→第一道面漆→打磨→第二道面漆→打磨→第三道面漆。涂装后应进行质量验收。

11.3.3 钢桥桥面铺装

桥面铺装的作用在于保护桥面板防止车履带的直接磨损。并免受雨水的侵蚀，且对车辆轮重的集中载荷起分布作用。行车道的铺装有多种材料：有沥青混凝土、水泥混凝土、沥青表面处治和泥结碎石等。水泥混凝土和沥青混凝土桥面铺装用的最为广泛，能满足各项要求。

1. 沥青混凝土桥面铺装

沥青混凝土铺装质量轻、维修省时、养护方便。当桥面铺装采用沥青混凝土铺筑时，为防止沥青混凝土中的骨料损坏防水层，宜在防水层上先铺一层沥青砂做保护层。

2. 水泥混凝土桥面铺装

水泥混凝土铺装的造价低，耐磨性能好，适应重载交通，但养生期长，日后修补较麻烦。采用水泥混凝土铺筑时，有两种方式：一种是全桥铺装防水混凝土，其厚度一般为6～8cm；另一种方式是在桥面铺装上再设置7cm厚的防水混凝土。防水混凝土铺筑完成后，须及时覆盖和养护，并在混凝土达到设计强度后才能通车。

复习思考题

11.1 简述桥梁结构施工常用设备及其特点。

11.2 简述桥梁墩台的类型及其特点。

11.3 简述预制桥梁构件的接头形式及其特点。

11.4 简述预制桥梁的安装方法。

11.5 简述悬臂施工法的种类及施工工艺。

11.6 简述顶推法施工的施工程序及顶推的施工方法。

11.7 简述有平衡重平面转体施工法和无平衡重平面转体施工法的施工工序。

11.8　何谓移动模架施工法？简述移动模架施工法类型及其特点。

11.9　简述斜拉桥施工的施工程序。

11.10　简述悬索桥的组成体系及施工程序。

11.11　简述钢桥的拼装架设方法。

第十二章 道 路 工 程

12.1 土质路基施工

12.1.1 简述

1. 路基工程的重要性及基本方法

路基的强度和稳定性是保证路面稳定的基本条件。没有坚固、稳定的路基，就没有稳固的路面。提高路基的强度和稳定性，可以减少路面的厚度，提高路面的使用品质，延长其使用寿命，降低公路的造价。随着道路技术等级的不断提高和高速公路的不断修建，路基的作用就显得更加突出，因而必须确保路基施工的质量。

路基的强度和稳定性，不仅要通过设计予以保证，而且要通过施工得以实现。土质路基包括路堤与路堑；基本操作是挖、运、填，工序比较简单。但由于公路沿线自然条件变化多、涉及的范围广；施工是现场操作、工地狭长分散，给技术操作、质量标准、施工管理以及物资运输供应造成许多不利因素。为了确保工程质量，实现高效、快速、安全施工，必须重视施工技术与管理，建立和健全施工技术操作规程与质量检查验收制度，采用现代化的施工管理方法。

路基土石方工程数量大，山区公路更为突出，往往要占总工程量的60%～70%，因此，路基施工往往成为公路施工进度的关键。做好施工准备，合理选择施工方法，周密制定施工组织计划、采用先进技术做好安全生产，不仅能保证施工质量，而且会缩短工期，提高经济效益。

路基施工的基本方法有：

（1）人工施工

人工施工使用手工工具，工效低、劳动强度大、进度慢，工程质量也难以保证，但在施工外部条件有限的情况下，其短期内仍会作为首选施工方法或其他施工方法的补充完成一些辅助工作。

（2）简易机械化施工

以人力为主，对劳动强度大和技术要求高的工序采用机械或简易机械施工可提高工效、降低劳动强度、便于推广，短期内是一种值得采用的施工方法。

（3）水力机械化施工

在有充足电力和水源情况下，用水力机械（水泵、水枪）完成冲挖、流送并沉积于指定地点。适用于砂砾或较松散土质的集中土方工程。

（4）爆破法施工

爆破施工是石质路基开挖的基本方法，在山区公路是不可缺少的施工方法，还可以用于破除孤石、冻土和开采石料等。

（5）机械化施工

机械化施工和综合机械化施工是保证高等级公路施工质量和施工进度的重要条件。

对于路基土石方工程来说，更具有迫切性。使用配套机械，极大地提高劳动效率、减轻劳动强度、提高工程质量、加快施工进度、降低工程造价、保证施工安全，是加速公路建设施工现代化的根本途径。选择施工方法应根据工程性质、工程数量、施工期限以及可能获得的机械设备条件来考虑，应充分发挥现有机械设备的作用，研究推广效率高、质量好的新型筑路机械，逐步实现公路施工机械化。

2. 路基工程基本要求

1）填筑路堤所用的大量材料，一般都是就近取用当地土石。为保证路堤的强度和稳定性，应选择强度高、稳定性好的土石作填料，如碎石、砾石、卵石、粗砂等透水性好的材料，它们不易被压缩、强度高、水稳定性好，填筑时不受含水量限制，分层压实后较易达到规定的施工质量，此类材料应优先选用。用透水性不良或不透水的土，如黏土作路堤填料时，必须在最佳含水量下分层填筑并充分压实。粉质土的水稳定性和抗冻性均较差，不宜作路堤填料，在季节性冰冻地区更应慎用。黏质土和高液限黏土可用填筑高度小于 5m 的路堤，但应水平分层填筑并压实到规定的密实度。

高速公路和一级公路路堤填料应到实地采取土样并进行土工试验，有关指标应符合表 12.1 的技术要求。二级及二级以下公路路堤填料也宜按表 12.1 中的规定选用。

表 12.1　路基填方材料的压实度、最小强度和最大粒径

项目分类（路面底面以下深度）		压实度/%		填料最小强度（CBR）/%		填料最大粒径/cm
		高速、一级公路	其他公路	高速、一级公路	其他公路	
路堤	上路床（0～30cm）	95	93	8.0	6.0	10
	下路床（30～80cm）			5.0	4.0	10
	上路堤（80～150cm）	93	90	4.0	3.0	15
	下路堤（＞150cm）	90	90	3.0	2.0	15
零填及路堑路床（0～30cm）		95	93	8.0	6.0	10

2）捣碎后的植物土、重黏土、白垩土、硅藻土、腐烂的泥炭土在一定条件限制下可以采用。具体的限制条件可参见交通部部颁标准《公路路基施工技术规范》（JTGF 10—2006）。

3）加宽旧路路堤时应遵守下列要求：①所用土宜与旧路堤相同，否则宜选用透水性较佳的土或选用接近于旧路堤的土；②清除地基上的杂草，并沿旧路边坡挖成向内侧倾斜的台阶（台阶宽度应不小于 1m），砂性土可不挖台阶；③分层填筑夯实到要求的密实度。

4）修建山坡路堤前，应对山坡的稳定性进行调查，必要时应采取适当措施，以保证路堤的稳定性。路堤应由最低一层台阶填起，并分层夯实，然后逐台向上填筑、分层夯实。所有台阶填完后，即可按照一般填土程序进行。

12.1.2　土质路基施工

1. 路堤基底的处理

基底是指土石填料与原地面的接触部分。为了使两者结合紧密，防止路堤沿基底发生滑动或路堤填筑后产生过大的沉陷变形，可根据基底的土质、水文、坡度和植被情况

及填土高度采取相应的处理措施。

（1）密实稳定的土质基底

当地面横坡度不陡于 1∶10 且路堤高度超过 0.5m 时，基底可不作处理；路堤高度低于 0.5m 的地段，应将原地面草皮等杂物清除。地面横坡为（1∶10）～（1∶5）时，需铲除地面草皮、杂物、积水和淤泥。

当地面横坡度陡于 1∶5 时，在清除草皮后，还应将原地面挖成台阶，台阶宽度不小于 1m，高度为 0.2～0.3m。台阶顶面做成向内倾斜 2%～4%的斜坡，如图 12.1 所示。

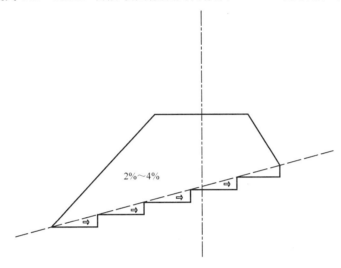

图 12.1 坡基底的处理

（2）覆盖层不厚的倾斜岩石基底

当地面横坡为（1∶5）～（1∶2.5）时，需挖除覆盖层，并将基岩挖成台阶。当地面横坡度陡于 1∶2.5 时，应进行个别设计、特殊处理，如设置护脚或护墙。

（3）耕地或松土基底

路堤基底为耕地或松土时，应先清除有机土、种植土，平整压实后再进行填筑。在深耕地段，必要时应将松土翻挖、土块打碎，然后回填、找平、压实。经过水田、池塘或洼地时，应根据具体情况采取排水疏干、挖除淤泥、打砂桩、抛填片石或砾石等处理措施，以保证基底的稳固。

当路基稳定受到地下水影响时，应予拦截或排除，引地下水至路堤基底范围以外。如处理有困难时，则应在路堤底部填以渗水土或不易风化的岩块。

2. 施工前的准备工作

路基施工的主要内容，大致可归纳为施工前的准备工作和基本工作两大部分。施工的准备工作，内容较多，大致可归纳为组织准备、技术准备和物质准备三个方面。

（1）组织准备工作

主要是建立和健全施工队伍和管理机构，明确施工任务，制定必要的规章制度，确立施工所应达到的目标等。组织准备亦是做好一切准备工作的前提。

（2）技术准备工作

路基开工前，施工单位应在全面熟悉设计文件和设计交底的基础上进行施工现场的勘察与核对，发现问题应及时根据有关程序提出修改意见并报请变更设计；应编制施工组织计划；恢复路线、施工放样与清理施工场地；搞好临时工程等各项工作。现场勘察与核对设计文件目的是熟悉和掌握施工对象特点、要求和内容。路基开工前应做好施工测量工作。其内容包括导线、中线、水准点复测，横断面检查与补测，增设水准点等。施工人员还应对路基工程范围内的地质、水文情况详细调查，通过取样、试验确定其性质和范围，并了解附近现有建筑物对特殊土的处理方法。

（3）物质准备工作

物质准备工作包括各种材料与机具设备的购置、采集、加工、调运与储存，以及生活后勤供应等。为使供应工作能适应基本工作的需要，物质准备工作必须制定具体计划，其中劳动力调配、机具配置及主要材料供应计划，必须服从于保证上述施工组织计划顺利实施，而且常被列为施工组织计划的一个组成部分。

3. 路堤填筑方案

路堤填筑必须考虑不同的土质，从原地面逐层填起并分层压实，不允许任意混填，每层厚度随压实方法而定。一般有下列几种填筑方式。

（1）水平分层填筑

水平分层填筑是路堤填筑的基本方案，即按照路堤设计横断面，自下而上逐层填筑。可将不同性质的土规则地水平分层填筑和压实，易于获得必要的压实度和稳定性，如原地面不平，应由最低处开始分层填筑。水平分层填筑有利于压实，可以保证不同的填料按规定层次填筑。

当采用不同的土质分层填筑路堤时应遵守以下规则：

1）以透水性较差的土填筑路堤下层时，其表面应做成 4% 的双向横坡，以保证来自上层透水性填土的水分及时排出。

2）以透水性较差的土填筑路堤上层时，不应覆盖封闭其下层透水性较大的填料，以保证水分的蒸发和排除。

3）不得将透水性不同的土混杂乱填，以免形成水囊或滑动面。

4）根据强度和稳定性的要求合理安排不同土质的层位，将不因潮湿及冻结而改变其体积的优良土类填在路堤上层，强度较低的土填在下层。

5）在路线纵向用不同的土质填筑的相接处，为防止发生不均匀变形，应在交接处做成斜面，将透水性差的土安排在斜面的下部。不同的填筑方案如图 12.2 所示。

（2）竖向填筑

竖向填筑指沿公路纵向或横向逐步向前填筑，如图 12.3 所示。在路线跨越深谷陡坡地段时，地面高差大，难以水平分层卸土填筑，或局部横坡较陡难以分层填筑时，可采用竖向填筑方案。

竖向填筑因填土过厚不易压实，宜采取必要的技术措施，如选用沉陷量较小的砂石或开挖路堑的废石方，沿路堤全宽一次填足，选用高效能压实机械进行夯实。

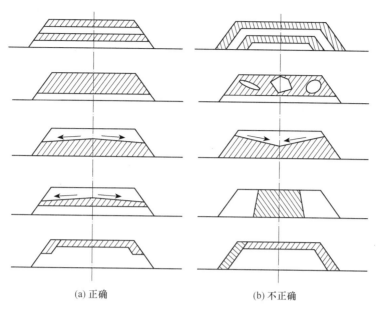

(a) 正确   (b) 不正确

图 12.2 土路堤填筑方案示意图

（3）混合填筑

混合填筑指路堤下层用竖向填筑而上层用水平分层填筑，以使上部填土经分层压实获得足够的密实程度，如图 12.4 所示。

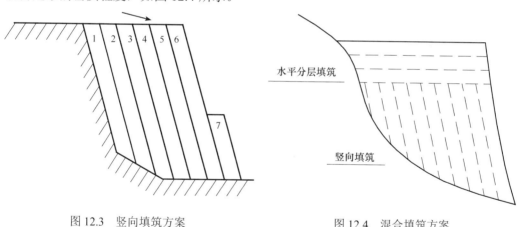

图 12.3 竖向填筑方案   图 12.4 混合填筑方案

4. 路堑开挖

土质路堑开挖，根据挖方数量大小及施工方法的不同，按掘进方向可分为纵向全宽掘进和横向通道掘进两种，同时又可在高度上分单层或双层和纵横掘进混合等（以上掘进方向，依路线纵横方向命名）。

纵向全宽掘进是在路线一端或两端，沿路线纵向向前开挖。单层掘进的高度，即等于路堑设计深度。掘进时逐段成型向前推进，运土由相反方向送出。单层纵向掘进的高度，受到人工操作安全及机械操作有效因素的限制，如果施工紧迫，对于较深路堑，可采用双层掘进法，上层在前，下层随后，下层施工面上留有上层操作的出土和排水通道。

横向通道掘进是先在路堑纵向挖出通道，然后分段同时向横向掘出。此法为扩大施工面、加速施工进度，在开挖长而深的路堑时使用。施工时可以分层和分段，层高和段长视施工方法而定。该法工作面多，但运土通道有限制，施工的干扰性增大，必须周密安排，以防在混乱中出现质量或安全事故。个别情况下，为了扩大施工面，加快施工进度，对土路堑的开挖，还可以考虑采用双层式纵横通道的混合掘进方案，同时沿纵横的正反方向，多施工面同时掘进。混合掘进方案的干扰性更大，一般仅限于人工施工；对于深路堑，如果挖方工程数量大及工期受到限制时可考虑采用。

5. 土基压实标准

根据压实的原理，正确运用压实的特性，按照不同的要求，选择适应不同土质的压实机具，确定最佳压实厚度、碾压遍数和碾压速度，准确地控制最佳含水量，以指导压实的实施工作。

压实标准：压实的目的是使土体呈密实状态，因此密实度是土基压实的重要指标。由于它与土基的强度和稳定性关系密切，反映土基的使用品质，因此可以用来衡量压实的质量。在路基压实施工中为了便于检查和控制压实质量，土基的压实标准是以"压实度"来表示的。所谓压实度是指每层路基土压实后土的干密度与该种土的最大干密度之比。

压实度实际上是以土的最大干密度为基准的相对值，是土在压实后达到接近最大干密度的程度。土的最大干密度是按规定的方法在室内对要压实的土进行试验而确定的。路基各层的压实度 K 值的具体要求可参阅路基施工规范。

12.2　路面工程施工

12.2.1　简述

1. 路面结构与构造

路面是由各种坚硬材料或混合料分层修筑在路基顶面的层状结构物，直接承受行车荷载和自然因素综合作用。路面通常由路面体、路肩、路缘石、中央分隔带等组成。路面结构层次可分为面层、基层、垫层等主要层次（图 12.5）。

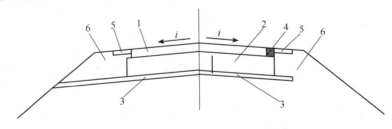

图 12.5　路面结构层次划分示意图

1. 面层；2. 基层（有时包括底基层）；3. 垫层；4. 路缘石；5. 硬路肩；6. 土路肩；i. 路拱横坡度

2. 路面结构层的划分及功能

（1）面层

直接承受车轮荷载反复作用和自然因素影响的结构层叫面层，可由 1～3 层组成。高等级路面的面层常由 2～3 层组成，分别称为上面层、中面层、底面层。中低级路面如砂石路面面层上所设的磨耗层和保护层亦包括在面层内。

（2）基层

基层是设置在面层之下，并与面层一起将车轮荷载的反复作用传递到底基层、垫层和土基。底基层设置在基层之下，并与面层、基层一起承受车轮荷载反复作用，起次要承重作用。

（3）垫层

它是底基层和土基之间的层次，它的主要作用是加强土基、改善基层的工作条件。修筑垫层常用材料有两类：一类是用松散粒料；另一类是用整体性材料。

（4）联结层

联结层是在面层和基层之间设置的一个层次。它的主要作用是加强面层与基层之间的共同作用或减少基层的反射裂缝。联结层所用的材料一般是沥青贯入式或沥青碎石。

为了保护沥青路面的边缘，一般要求基层较面层每边宽出 25cm；垫层也要较基层每边宽出 25cm。

3. 路面的分类

从路面结构在行车荷载作用下的力学特性出发，将路面结构分为柔性路面、刚性路面和半刚性路面。

（1）柔性路面

柔性路面是指刚度较小，抗弯拉强度较低，主要靠抗压、抗剪强度来承受车辆荷载作用的路面结构。它主要包括用各种基层（水泥混凝土除外）和各类沥青面层、碎（砾）石面层、块石面层所组成的路面结构。

（2）刚性路面

刚性路面主要是指水泥混凝土作面层或基层的路面结构。刚性路面与柔性路面的主要区别在于路面破坏状态和它分布荷载到路基上时状态的不同。

（3）半刚性路面

用无机结合料稳定集料或稳定土类，并且有一定厚度的基层结构称为半刚性基层（也称为整体性基层）。它前期具有柔性路面的力学性质；后期强度与刚度都有较大的发展。其最终的强度和刚度较刚性路面仍较低。由于这种材料的刚性处于柔性路面和刚性路面之间，因此把这种基层和铺筑在它上面的沥青面层称为半刚性路面。

12.2.2 路面施工组织

1. 路面施工组织

（1）路面施工组织的特点

1）路面除了面层或基层的构造有变化外，每公里的工作量大致是相同的。因此，路面工作就可以保持比较固定的组织，就能按更均衡的流水速度向前推进。

2）路面工程要用许多材料，因此路面上的施工必须和采掘、加工与储存这些材料的基地工作密切联系。组织路上工作时，也应考虑基地工作的情况。

3）在设计路面施工日程以及各工序的推进速度时，必须考虑路面施工的特别技术要求。

4）由于路面用料数量很大以及对下面各层的平整度有一定的要求，所以对堆料地点、运料路线以及机械的行驶位置都应予以适当的规定，这就是说要做好施工现场布置。

5）建造不同的基层或面层时，要根据各工序的繁重程度以及所遇到的具体情况，决定哪种机械是主导机械。

（2）路面工程施工组织设计的编制

1）根据设计路面的类型，进行料场勘察与选择，确定材料供应范围及加工方法。

2）选择施工方法和设计施工工序。

3）计算工作量。

4）编制流水作业图，布置工地，组织施工队伍。

5）编制工程进度日程图。

6）计算所需资源（劳动力、机械、材料）及平衡分期的需要量，编制材料运输日程计划。

2. 定料源及进场材料的质量检验

所有路面结构材料均应进行质量检验，合格后方可进场。

（1）结合材料

每批到货均应检验生产厂家所附的试验报告，检查装运数量、装运日期、订货数量、试验结果等。对每批进行抽样检测，试验中如有一项达不到规定要求时，应加倍抽样试验，如仍不合格，则退货并索赔。结合材料的试验项目应按规范要求进行常规检测，有时根据合同要求，可增加其他非常规测试项目。

（2）石料

料场选择主要是根据路面要求检查石料的技术标准能否满足要求；是否具备开采条件；对各料场采取样品、制备试件进行试验，并考虑经济性问题后确定。

（3）砂、石屑及矿粉砂的质量是确定砂料场的主要条件，进场的砂、石屑、矿粉应满足规定的质量要求。

3. 拌和设备的选择及场地布置

（1）拌和设备选择

通常根据工程量、工期和拌和设备的生产能力来选择合适的拌和设备，而且其生产能力应和摊铺能力相匹配，不应低于摊铺能力，最好高于摊铺能力 5%左右。高等级公路路面施工，应用拌和能力较大的设备。生产能力大的设备，其单位产品所消耗的人工、燃料和易损配件等费用较低。

（2）拌和场的选址与布置

稳定土拌和设备与沥青混合料拌和设备均是由若干个能够独立工作的装置所组成

的综合性设备。因此，拌和设备的各个组成部分的总体布置都应满足紧凑、相互密切配合、互不干扰各自工作的原则。厂址的选址不应在目前或规划的居民区，但是又要满足拌和对供电和给排水的要求。厂址离施工工地的距离要近，还要处于主交通干线或至少有7m宽路面道路的旁边。在选择好厂址后，就要根据其生产能力估算场地面积。

4. 现场准备

（1）路基检查

路面施工前应按照有关路面结构层的施工技术规范的规定，对路基进行严格的检查，如发现软弱、弹簧等现象，必须及时处理。

（2）路面施工放样

路面施工前，应根据路面施工和施工放样精度要求恢复路线中线；还要根据路面各结构层的宽度和厚度分别放样，钉施工指示边桩、标宽度线、钉钢筋架、挂钢丝线等以指导路面施工。

（3）交通管理

施工范围内的公路两端必经的交叉路口要采取有效的措施，进行交通管理维护交通秩序，以确保施工安全。对交通开放的旧公路施工，更应做好交通管理工作。

5. 施工机械配套与检查

根据工程量的大小、工期要求、施工场地要求、工程质量要求，按施工机械应相互匹配的原则，确定合理的机械类型、数量及组合方式，并应对选用的各种施工机具作全面检查。

1）拌和与运输设备的检查。混合拌和设备在开始运转前要进行一次全面检查，注意连接的紧固情况，注意检查电器系统；对于机械传动部分，还要检查传动链的张紧度。

2）洒油车应检查油泵系统、洒油管道、量油表、保温设备等有无故障，并将一定数量的沥青装入油罐，在路上先试洒，校核其洒油量。

3）摊铺机应检查其规格和主要机械性能，如振捣板、振动器、熨平板、螺旋摊铺器、离合器、刮板送料器、料斗阀门、厚度调节器、自动找平装置等是否正常。

4）压路机应检查其规格和主要机械性能（如转向、启动、振动、倒退、停驶等方面的能力）及压路机滚筒表面的磨损情况。

6. 修筑试验路

高速公路和一级公路或采用新工艺、新技术、新方法或缺乏施工经验的路面在大面积施工前，应采用计划使用的机械设备、混合料配合比铺筑试验段。通过试验段修筑，优化拌和、运输、摊铺、碾压的施工机械设备的组合和施工工序；提出验证混合料生产配合比；明确人员的岗位职务；最后提出标准施工方法。

12.2.3　路面基层施工

1. 砾料类基层施工

砾料类基层（底基层）按强度构成原理可分为嵌锁型与级配型。嵌锁型包括泥结碎石、泥灰结碎石、填隙碎石等；级配型包括级配碎石、级配砾石、符合级配的天然砂砾、部分砂石经轧制掺配而成的级配砾、碎石等。国外有些国家的高等级道路上用级配碎石或级配砾石修筑基层或底基层；级配碎石也可用作沥青面层与半刚性基层之间的联结层。

（1）级配碎石、砾石基层的施工

级配碎石、砾石基层施工力求做到：集料级配要满足要求；配料必须准确，特别是细料指数必须符合规定；掌握好虚铺厚度；路拱横坡符合规定；拌和均匀，避免粗细颗粒离析。级配碎石应在最佳含水量时采用 12t 以上的压路机压实至要求的密实度，压实度以重型击实标准计。采用 12t 以上的三轮压路机时每层压实厚度以不超过 15～18cm 为宜；采用重型振动压路机或轮胎压路机时每层压实厚度可为 20～23cm。基层未洒透层沥青或未铺封层时，不应开放交通，以免表层破坏。

1）级配碎、砾石基层的基本要求。

级配碎、砾石基层厚度一般为 8～16cm。当厚度大于 16cm 时应分两层铺筑，下层厚度为上层厚度的 0.6 倍，上层为总厚度的 0.4 倍。级配碎、砾石基层所用材料主要为天然砾石或碎石。其形状以接近立方体或圆形为佳，石料强度应不低于 IV 级。级配混合料的级配范围标准、粒径级配范围应按规范选用。为防止冻胀和湿软，应注意控制小于 0.6mm 细料的含量和塑性指数。在中湿和潮湿路段，用作沥青路面的基层时应在级配砾石中掺石灰修筑基层，主要是为了提高基层的强度和稳定性。

级配砾石用作垫层时称为级配砂砾垫层，其级配沙砾要求颗粒尺寸在 4.75～37.5mm，其中 19～37.5mm 含量（以质量计）不少于 50%。

2）级配碎、砾石基层和垫层的施工。

级配碎、砾石基层和垫层的施工，一般按下列工序进行：①开路槽；②备料运料；③铺料；④拌和与整形；⑤碾压。若施工方法采用拌和机集中拌制，则第③、④两工序分别改为拌和与摊铺整形两工序。

①开挖路槽：开挖路槽可以使用机械或人工开挖；路槽开挖整形后，用重型压路机滚压数遍，使之达到 95% 以上的压实度。②备料运料：按施工路段长度（与拌和方法有关）分段运备材料。碎、砾石可直接堆放在路槽内，砂及黏土可堆放在路肩上。③铺料：先铺碎、砾石；再铺黏土；最后铺砂。④拌和与整形：可采用平地机或拖拉机牵引多铧犁进行。拌和时边拌边洒水，使混合料的湿度均匀，并避免大小颗粒分离。混合料的最佳含水量约为 5%～9%。混合料拌和均匀后按松铺厚度（压实系数 1.3～1.4）摊平并整理成规定的路拱横坡度。⑤碾压：先用轻型压路机压 2～3 遍，然后用中型压路机（12t 以上）碾压成型。碾压工作应注意在最佳含水量下进行，必要时可适当洒水，每层压实厚度不得超过 15～18cm，超过时需分层压实。用重型振动压路机或轮胎压路机碾压时，每层的压实厚度可达 20cm。在最佳含水量下进行碾压，直到达到规定的按重型击实试验法确定的压实度要求。

除上述以外，也可采用天然砂砾修筑基层和垫层。这样可以就地取材，且施工简易，造价低廉。天然砂砾含土少、水稳定性好，宜作为路面的底基层或垫层。

天然砂砾基层所用的砂砾材料虽无严格要求，但为了保证其水稳定性及便于稳定成型，对于颗粒组成以予适当控制。综合各地初步使用试验，其颗粒组成中大于 19mm 的

粗集料要占 40%以上；最大粒径不宜大于压实厚度的 0.7 倍，并不大于 100mm；小于
0.6mm 的细料含量应小于 15%，细料塑性指数不得大于 4。

天然砂砾基层施工的关键在于洒水碾压。砂砾摊铺均匀后，先用轻型压路机稳压几
遍；接着洒水用中型压路机碾压，边压边洒水，反复碾压至稳定成型。由于天然砂砾基
层的颗粒组成不属于最佳级配，且缺乏黏结料，故其整体稳定性差，强度不高。为了提
高其整体性和强度，可根据交通量和道路线形（如弯道、陡坡）情况，在其表面嵌入碎
石或铺碎石过渡层。

（2）优质级配碎石基层

无结合集料处治粒料在国外是一种应用极为普遍的筑路材料，广泛用于沥青路面的
基层和底基层。用于基层的常为较优质的碎石层。美国、澳大利亚及南非还把最佳级配
的优质碎石用于半刚性基层与沥青面层之间，作为减少沥青路面反射裂缝的措施。我国
也在多项大工程中应用了这类材料和结构，取得了较好的效果。

优质级配碎石基层强度主要来源于碎石本身强度及碎石颗粒之间的嵌挤力。因此，
对于碎石基层应保证高质量的碎石、获得高密度的良好级配和良好的压实手段。我国《公
路工程试验规程》在总结国内外试验及国内使用情况的基础上，规定高速公路和一级公
路路面级配碎石集料压碎值应不大于 26%。研究表明集料中小于 0.5mm 含量及塑性指
数对级配碎石的力学性质有明显的影响。因此，从结构强度和结构层排水综合考虑，建
议液限应小于 25%；同时规定小于 0.5mm 的细料应无塑性，如特殊情况下难以做到，
则塑性指数应小于 4。

级配是影响级配碎石强度与刚度的重要因素。一般来说，密实的级配易于获得高密
度，从而使级配碎石获得高的 CBR 值和回弹模量。用于高等级道路基层或用于半刚性
基层和沥青面层之间的最佳级配优质碎石，其级配应能获得最大密实度，并具有较好的
透水性。

采用重型击实和振动成型方法对级配碎石的试验表明，振动成型可以使级配碎石获
得更高的 CBR 值和回弹模量值。

回弹模量是表征级配碎石刚度的重要指标及设计参数。一般来说，级配碎石的回弹
模量明显低于半刚性基层材料，然而与半刚性材料不同的是，级配碎石材料具有较显著
的非线性。这种非线性使其在刚度较大的下卧层上表现出较大的回弹模量，从而亦有足
够的抵抗应力和变形的能力。最终使得级配碎石作为上基层不仅具有减缓半刚性沥青路
面反射裂缝的作用，同时也具有较好的抗疲劳能力。

（3）填隙碎石基层

填隙碎石基层是用单一尺寸的粗碎石做主集料形成嵌锁作用；用石屑填满碎石间的
空隙增加密实度和稳定性的基层种类。干法施工的填隙碎石特别适宜于干旱缺水地区采
用。填隙碎石可用于各等级道路的底基层和二级以下公路的基层。

填隙碎石基层是用加工轧制的碎石按嵌挤原则构成的结构层。其强度主要依靠石料
的嵌挤作用，强度的大小主要取决于石料自身的强度、尺寸、形状、表面粗糙度以及碾
压嵌挤的紧密程度。主要集料碎石坚硬、尺寸均匀、形状近于立方体、表面粗糙以及嵌
压紧密者，其强度则高。填隙碎石的单层压实厚度，通常为碎石最大粒径的 1.5～2.0 倍。

填隙碎石施工应采用振动压路机（振动轮每米宽的重量至少 18kN）碾压，将粗碎

石层内的空隙全部填满。碾压后，表面粗碎石间的空隙既要填满；填隙料又不能覆盖粗集料而自成一层，表面应看得见粗碎石。碾压后基层的固体体积率应不小于85%，底基层的固体体积率应不小于83%。

填隙碎石基层未洒透层沥青或未铺封层时，禁止开放交通。

1）填隙碎石对材料的要求。

填隙碎石用作基层时，主集料碎石的最大粒径不应超过53mm；用作底基层时，碎石的最大粒径不应超过63mm。材料中扁平、细长和软弱颗粒不应超过15%；粗碎石的压碎值应不大于26%（基层）或30%（底基层）。

填隙料可以利用轧制碎石时得到的4.75mm以下的细筛余料（即石屑）。

2）填隙碎石施工。

填隙碎石的施工工艺及其各工序的具体要求如下：

准备下承层：下承层表面应平整坚实、具有规定的路拱，无任何松散的材料和软弱之处。下承层的平整度应符合有关规定。土基必须用12～15t三轮压路机或等效的碾压机械进行碾压（压3～4遍）。在碾压过程中，如发现土过干、表面松散，应适当洒水；如土过湿发生"弹簧"现象，应采用挖开晾晒、换土、掺石灰或集料等措施进行处理。对于压实度或弯沉值不符合设计要求的底基层，应根据具体情况，分别采用补充碾压方法进行处理。底基层上的低洼和坑洞，应仔细填充压实；底基层上的搓板和辙槽，应刮除；松散处，应耙松、洒水并重新碾压，达到平整密实。应逐个断面检查下承层的高程，其高程的误差应符合有关规定。在槽式断面的路段，两侧路肩上每隔一定距离（如5～10m）应交错开挖泄水沟。

施工放样：在下承层上恢复中线。直线段每15～20m设一桩，平曲线段每10～15m设一桩，并在两侧路肩外设指示桩。进行水平测量，在两侧指示桩上用明显标记标出其基层或底基层边缘的设计高程。

备料：根据基层或底基层的宽度、厚度及松铺系数（1.20～1.30；碎石最大粒径与压实厚度之比为0.5左右时，系数为1.30；比值较大时，系数接近1.20）计算所需粗碎石数量；根据运料车的车厢体积，计算每车料的堆卸间距。填隙料的用量约为粗集料用量的30%～40%。

运输和摊铺粗碎石：碎石装车时，应控制每车料的数量基本相等。在同一料场供料的路段内，由远到近将粗碎石按所计算的距离卸置于下承层上。用平地机或其他合适的机具将粗石料均匀地摊铺在预定的宽度上，表面应力求平整，并有规定的路拱。然后，检查松铺材料层的厚度是否符合预计要求，必要时应进行调整。

撒铺填隙料及碾压。①初压：用8t两轮压路机压3～4遍，使粗碎石稳定就位。在第一遍碾压后，应再次找平。初压终了时，表面应平整，并具有要求的路拱和纵坡。②摊铺填隙料：用石屑撒布机将填隙料均匀的撒铺在已压稳的粗碎石层上，松铺厚度约2.5～3.0cm，并进行扫匀。③碾压：用振动压路机慢速碾压，将全部填隙料振入粗碎石间隙中。如没有振动压路机，可用重型振动板。④再次撒布填隙料：松铺厚度2.0～2.5cm，松铺后扫匀。⑤再次碾压：用振动压路机碾压。在碾压过程中，对局部填隙料不足之处，需人工精心找补，将局部多余的填隙料扫到不足之处或扫出路外。

振动压路机碾压后如表面仍有未填满的空隙，则还需补撒填隙料，并用振动压路机连续碾压，直到全部空隙填满为止。同时，应将局部多余的填隙料铲除或扫除。填隙料不应在粗碎石表面自成一层。表面必须能见到粗碎石。如填隙碎石层上为薄沥青面层，应使粗碎石的棱角外露 3～5mm。

设计厚度超过一层铺筑厚度，需在上再铺一层时，应将已经压成的填隙碎石层表面的填隙料扫除一些，使粗碎石外露 5～10mm 然后再摊铺第二层粗碎石。

填隙碎石表面空隙全部填满后，用 12～15t 三轮压路机再碾压 1～2 遍。在碾压过程中不应有任何蠕动现象。在碾压之前，宜在表面先洒少量水，洒水量在 3kg/m^2 以上。

为了减轻碾压工作量，有时在碾压碎石过程中，也适当洒些水，此法又称湿法。

2. 半刚性路面基层的施工

无机结合料稳定类型基层又称为半刚性基层或整体型基层，它包括水泥稳定类、石灰稳定类、石灰粉煤灰稳定类（二灰稳定类）和二灰土基层（或底基层）。

半刚性基层材料的显著特点是：整体性强、承载力高、刚度大、水稳性好，而且较为经济。国外常采用水泥稳定粒料类、石灰粉煤灰稳定粒料类、碾压混凝土或贫水泥混凝土作为沥青路面的基层。在我国，半刚性材料已经广泛用于修建高等级公路路面基层或底基层。

（1）半刚性基层材料组成设计方法

目前混合材料组成的主要内容是根据规范的强度标准值，通过试验选取适宜于稳定的材料，确定材料的配合比、最大干密度和最佳含水量。

具体设计步骤如下：

1）制备同一种土样下的，不同结合料剂量的混合材料。水泥和石灰的剂量可参考规范。二灰稳定混合料试件的制备可根据不同情况进行。采用二灰做基层或底基层（用石灰和粉煤灰按一定配比，加水拌和、摊铺、碾压及养生而成型的基层或底基层）时，石灰与粉煤灰之比可以是（1∶2）～（1∶9）。采用二灰土做基层或底基层（在二灰中掺入一定量的土，经加水拌和、摊铺、碾压及养生而成的基层或底基层）时，石灰与粉煤灰的比常用（1∶2）～（1∶4）（对于粉性土，以 1∶2 为宜）。石灰粉煤灰与细粒土的比例可以是（30∶70）～（90∶10）。采用石灰粉煤灰与级配粒料（中粒土和粗粒土）的配比可以是（20∶80）～（15∶85）；二灰与粒料的配比可以用 50∶50 左右，但可能强度较低，裂缝较多。

2）采用重型击实试验确定各类混合料的最佳含水量和最大干密度。至少做三个不同水泥或石灰剂量的混合料的击实试验，即最小剂量、中间剂量和最大剂量。其他剂量混合料的最佳含水量和最大干密度可用内插法确定。

3）按工地要求达到的压实度，分别计算不同结合料剂量时试件应有的干密度。

4）按最佳含水量和计算得到的干密度制备试件，进行强度试验。作为平行试验的试件数量应符合规定。如果试验结果的偏差系数大于规定值，则应重做试验。

5）试件在规定温度下保湿养生 6d，浸水 1d，进行无侧限抗压强度试验。试验温度为：冰冻地区 20℃±2℃；非冰冻地区 25℃±2℃。计算试验结果的平均值和偏差系数。

6）根据规范的强度标准，选定合适的结合料剂量。此剂量试验室内试验结果的平均抗压强度应满足如下要求：

$$\overline{R} = \frac{R_d}{1 - Z_a C_v}$$　　　　　　　　（12.1）

式中，R_d——设计抗压强度，MPa；

C_v——试验结果的偏差系数（以小数计）；

Z_a——标准正态分布表中随保证率（或置信度）而变化的系数。高速与一级公路应取保证率 95%，此时，$Z_a = 1.645$；其他公路取保证率 90%，即 $Z_a = 1.282$。

工地实际采用的石灰或水泥剂量应较室内试验确定的剂量多 0.5%～1.0%。石灰土稳定碎石和石灰土稳定砂砾，仅对其中的石灰土进行组成设计。对碎石和砂砾，只要求它具有较好的级配。石灰土与碎石或砂砾的重量比宜为 1∶4，二灰稳定粒料的组成设计，则应包括全部混合料（或 25mm 以下的粒料）。条件不具备时，可仅对二灰进行组合成分设计，确定二灰的配合比后，在二灰中掺入一定比例的粒料。

（2）半刚性基层的施工方法

由于石灰稳定类、水泥稳定类和石灰稳定工业废渣类这些半刚性基层和底基层的施工方法基本相同，因此我们统称为半刚性结构层的施工。从目前来看，施工方法有路拌法和厂拌法两种。

1）路拌法施工。半刚性结构层路拌法施工的主要程序为：

准备下承层→施工放样→备料→摊铺→拌和→整平与碾压成型→养生。

下承层准备与施工放样。施工前对下承层（底基层或土基）按质量验收标准进行验收，要求平整、坚实、达到规定的路拱。不符合要求的，应进行及时处理。继而，恢复中桩，直线段每 15～25m 设一桩，平曲线段每 10～15m 设一桩，并在两侧路面边缘外设指示桩。在指示桩上用明显标记标出结构层边缘设计标高及松铺厚度的位置。

备料，即所用材料应符合质量要求，并根据各路段结构层的宽度、厚度及预定的干密度，计算各路段需要的干燥集料的数量。根据混合料的配合比、材料的含水量以及所用的车辆的吨位，计算各种材料每车料的堆放距离，对于水泥、石灰等结合料，常以袋（或小翻斗车）为计量单位。故因计算出每袋结合料的堆放距离，也可根据各种集料所占比例及其松干密度，计算每种集料松铺厚度，以控制集料施工配合比。而对结合料（水泥、石灰等）仍以每袋的摊铺面积控制计量。

摊铺与拌和，即用平地机、推土机或人工按松铺系数进行摊铺，摊铺力求均匀。摊铺工作完毕后，使用稳定土拌和机进行作业。在没有专用拌和机械的情况下，也可用缺口圆盘耙与多铧犁相配合或用农用旋转耕作机与平地机相配合进行。在拌和开始阶段要反复检查拌和深度，是否留有"夹层"或切入下承层太深。拌和路线应自结构层最外缘向中心线靠拢。拌和中适时测定含水量，一般在摊铺洒水时，用水量应稍大些，这样可以避免二次拌和所造成的浪费。

碾压，即拌和好的混合料以平地机整平，并刮出路拱，然后进行压实作业。无机结合料稳定类结构层应用 12t 以上的压路机碾压。用 12～15t 三轮压路机碾压时，每层的压实厚度不应超过 15cm；用 18～20t 的三轮压路机碾压时，每层的压实厚度不超过 20cm。对于稳定中砾土和粗砾土，采用能量大的振动压路机时，每层的压实厚度应根据试验确定。压实厚度超过上述规定时，应分层摊铺，每层的最小压实厚度为 10cm。压实应遵循先轻后重、先慢后快的原则。直线段，由两侧向中心碾压，即先边后中；平曲线段，由内侧路肩向外侧路肩进行碾压。

碾压过程中，如有"弹簧"、松散、起皮等现象，应及时翻开重新拌和，或用其他方法处理，使其达到质量要求。在碾压结束之前，用平地机再终平一次，使其纵向顺适，路拱和超高符合设计要求。

养生与交通管理。无机结合料稳定类材料都要重视保湿养生。一般采用不透水薄膜、沥青膜，也可采用湿砂、湿黏土覆盖，无条件时还可以洒水养生。养生时间应不少于 7d。水泥稳定类混合料碾压完成后，即刻开始养生；二灰稳定混合料是在碾压完成后的第二天第三天开始养生。养生结束后，应立即铺筑沥青面层或做下封层。基层上未铺封层或面层时，不应该开放交通。

2）厂拌法施工。半刚性基层混合料可以在中心站用多种机械进行集中拌和。例如，强制式拌和机、双转轴桨叶式拌和机等，也可以用路拌机械或人工在场地上进行分批集中拌和。厂拌法施工前，应先调试拌和设备，以确保按设计配合比拌和。集料的颗粒组成发生变化时应重新调试设备，使混合料的颗粒组成和含水量都达到规定的要求。在运输与摊铺时，要采取措施保护混合料热季水分不被蒸发，雨季免受雨淋。如果采取摊铺机施工，厂拌设备的生产率，运输车辆及摊铺机的生产率应尽可能配套，以保证施工的连续性。其他工序与路拌法相同。

由于半刚性基层施工中采用集中厂拌和摊铺机摊铺，修筑的基层不但平整、高程、路拱、纵坡、厚度都能达到规范的要求，而且强度也高。因此，为了提高等级公路的施工质量，应尽可能采用集中厂拌和摊铺机摊铺的施工方法。

12.2.4　沥青路面施工

沥青路面可依据沥青路面的技术特征、强度构成原理、施工工艺等各方面进行分类。其中根据沥青路面的技术特征，沥青路面可以分为沥青混凝土、热拌沥青碎石、乳化沥青碎石混合料、沥青贯入式、沥青表面处治 5 种路面类型。此外，沥青玛蹄脂碎石路面近年来在许多国家也得到了广泛的应用。

（1）沥青表面处治路面

沥青表面处治路面指用沥青和集料按层铺法或拌和法铺筑而成的厚度不超过 3cm 的沥青路面。沥青表面处治的厚度一般为 1.5～3.0cm。层铺法可分为单层、双层、三层。单层表处的厚度为 1.0～1.5cm；双层表处的厚度为 1.5～2.5cm；三层表处的厚度为 2.5～3.0cm。沥青表面处治适用于三级、四级公路的面层、旧沥青面层上加铺罩面或抗滑层、磨耗层等。

（2）沥青贯入式路面

沥青贯入式路面指沥青贯入碎（砾）石做面层的路面。沥青贯入式路面的厚度一般为 4～8cm。当沥青贯入式的上部加铺拌和的沥青混合料时，也称为上拌下贯，此时拌和层的厚度宜为 3～4cm，其总厚度为 7～10cm。沥青贯入式碎石路面适用于做二级及二级以下公路的路面。

（3）沥青碎石路面

沥青碎石路面指沥青碎石做面层的路面，沥青碎石的配合比设计应根据实践经验和马歇尔实验的结果，并通过施工前的试拌和试铺确定。沥青碎石有时也用于做联结层。

（4）沥青混凝土路面

沥青混凝土路面指用沥青混凝土做面层的路面，其面层可由单层、双层或三层沥青混合料组成，各层混合料的组成设计应根据其层厚和层位、气温和降水量等气候条件、交通量和交通组成等因素确定，以满足对沥青面层使用功能的要求。沥青混凝土常用作高等级公路的面层。

（5）乳化沥青碎石路面

乳化沥青碎石路面适用于三级、四级公路的沥青面层、二级公路养护罩面以及各级公路的调平层。国外也有做柔性基层。

（6）沥青玛蹄脂碎石路面

沥青玛蹄脂碎石路面指用沥青玛蹄脂碎石混合料做面层或抗滑层的路面。沥青玛蹄脂碎石混合料是以间断级配为骨架，用改性沥青、矿粉及木质纤维素组成的沥青玛蹄脂为结合料，经拌和、摊铺、压实而形成的一种构造深度较大的抗滑面层。它具有抗滑耐磨、孔隙率小、抗疲劳、高温抗车辙、低温抗开裂的优点，是一种全面提高密级配沥青混凝土使用质量的新材料，适用于高速公路、一级公路和其他重要公路的表面层。

1. 原材料

（1）沥青

路用沥青材料有石油沥青、煤沥青、乳化石油沥青、液体石油沥青等。各类沥青路面所选用沥青材料的标号应根据路面类型、交通量、施工条件、地区气候条件、矿料性质等因素而定。

对热拌热铺类沥青路面，可采用稠度较高的沥青材料；热拌冷铺类沥青路面，可采用稠度较低的沥青材料；对于浇注类沥青路面，应采用中等稠度的沥青材料；当施工现场低温较低、矿料粒径偏小时，宜采用稠度较低的沥青材料；炎热季节施工时，应采用稠度较高的沥青材料；对于热拌类的沥青路面，一般仅采用稠度较低的沥青材料。沥青材料标号见表 12.2。

表 12.2　各类沥青路面选用的沥青标号

气候分区	沥青种类	沥青路面类型			
		沥青表面处治	沥青贯入式及上拌下贯式	沥青碎石	沥青混凝土
寒区	石油沥青	A-140 A-180	A-140 A-180	AH-90　AH-110 AH-130　A-100	AH-90　AH-110 A-100
温区	石油沥青	A-100 A-140 A-180	A-140 A-180	AH-90　AH-110 A-100	AH-70　AH-90 A-60　A-100
热区	石油沥青	A-60 A-100 A-140	A-60 A-100 A-140	AH-50　AH-70 AH-90　A-60 A-100	AH-50　AH-70 A-60　A-100

注：寒冷地区：年度内最低月平均气温低于−10℃；年内月平均气温25℃的日数不少于215d；

温和地区：年度内最低月平均气温0～−10℃；年内月平均气温25℃的日数215～270d；

较热地区：年度内最低月平均气温高于0℃；年内月平均气温25℃的日数多于270d。

A. 普通道路石油沥青；AH. 重交通道路石油沥青。

（2）矿料

沥青混合料里面的矿料包括粗集料、细集料以及填料。粗细集料形成沥青混合料矿质骨架；填料与沥青组成沥青胶浆填充于骨架间的空隙里，并将矿料颗粒黏结在一起，使沥青混合料具有抵抗行车荷载和环境因素作用的能力。我国沥青路面规范是以筛分法粒径 2.36mm 为粗细集料的界限值。

1）粗集料。沥青路面所用的粗集料有碎石、轧制碎石（破碎砾石）、筛选砾石、钢渣、矿渣等。高速公路、一级公路必须采用碎石或破碎砾石。

粗集料形成沥青混合料的主骨架，对沥青混合料的强度和高温稳定性影响很大。要求粗集料应洁净、干燥、无风化、无杂质；具有足够的强度和耐磨耗能力；与沥青有良好的黏附性能。

碎石，系轧制各种岩石所得。要求具有足够的强度和耐磨性能，与沥青材料有良好的黏附性。为保障与沥青有良好的黏结力，应首选憎水性的碱性矿石。

轧制碎石，系轧制漂石或砾石并经筛分而得。在大交通量的沥青路面面层中，5mm 以上颗粒中 50%（以重量计）以上至少有一个破碎面；用于沥青贯入式面层时，主层矿料中要有 30%～40%（以重量计）以上不少于两个破碎面。轧制碎石材质要求同碎石。

筛选砾石，由天然砾石筛选而得。由于天然砾石是各种岩石自然风化而成的，而且多是圆滑形状，因此仅适用于沥青表面处置、交通量小的路面面层和沥青面层中的下层、黏结层。对于交通量大的沥青路面面层，若使用砾石拌制沥青混合料，则在沥青混合料中应掺入至少 50%（以重量计）粒径大于 5mm 的碎石或轧制碎石（两个破碎面）。沥青贯入式路面采用砾石时，亦应掺入 30%～40%（以重量计）以上的碎石或轧制碎石。

2）细集料。粗细集料通常以粒径 2.36mm 作为分界，粒径在 2.36mm 以下的矿料属于细集料。主要有天然砂、机制砂以及石屑。砂和石屑均要求坚硬、洁净、干燥、无风化、无杂质并具有良好的级配。具体要求可参阅沥青路面设计、施工的相关规范。

3）填料（矿粉）。填料一般指的是矿料最大粒径小于 0.075mm 的材料。沥青混合料的填料宜采用石灰岩或岩浆岩中的强基性岩石等憎水性石料磨细得到的材料。对于填料，要求其干燥、洁净，也可以用消石灰、水泥、粉煤灰、页岩粉、磨细矿渣等代用品。

2. 沥青路面施工

（1）沥青混凝土路面施工

1）沥青混凝土路面。沥青混凝土路面指的是由不同粒径的矿料（如碎石、轧制碎石、石屑、砂和矿粉等）按照级配原理选配，用沥青作为黏合料，按照一定比例在严格条件下拌和（热拌），经过摊铺、压实而成型的路面形式。铺筑沥青混凝土路面的这种混合料称为沥青混凝土混合料。

沥青混凝土混合料通常热拌和而成，分为粗料式、中料式、细料式。沥青混凝土混合料是一种优良的路面材料，主要用于高速公路、一级公路和二级公路的面层。

2）沥青混凝土混合料配合比设计。配合比设计包括目标配合比设计阶段、生产（施工）配合比设计阶段和生产（施工）配合比验证阶段。

目标配合比设计阶段，指用工程实际使用的材料计算各种材料的用量配合比。按照规范规定的矿料级配进行马歇尔试验，确定最佳沥青用量；按马歇尔试验步骤设计的混合料进行水稳性试验，即进行浸水马歇尔试验或真空饱水后的浸水马歇尔试验，直到残留稳定度符合要求，否则重新进行配合比设计或者掺入抗剥离剂等措施，直到满足要求；对用于高速公路、一级公路的上面层和中面层的沥青混合料应进行高温稳定性检验，即通过车辙试验机对混合料试件抗车辙能力进行检验。上述均符合要求后，此时沥青混合料的配合比可作为目标配合比，供拌和机进行试拌时确定各料仓的供料比例、进料速度等使用。

生产配合比设计阶段，用间歇式拌和机拌和沥青混合料时，将两次筛分后进入各料仓的矿料取样筛分，计算沥青混合料矿料级配及沥青用量等矿料的配合比比例，并用目标配合比设计阶段的最佳沥青用量、最佳沥青用量±3%等三个沥青用量进行马歇尔试验，确定生产配合比的最佳沥青用量。

生产配合比验证阶段，拌和机采用生产配合比进行试拌，并铺筑试验路。通常用拌和机拌和的沥青混合料制作试件和沥青路面钻芯做马歇尔试验。若各项马歇尔试验指标均符合规范要求，则以此时的沥青混合料配合比作为标准配合比，生产过程中不得随意更改。

3）沥青混凝土路面的施工。沥青混凝土混合料采用厂拌法施工，集料和沥青均在拌和机内进行加热与拌和，并在热状态下碾压成型。拌和时根据生产配合比进行配料，严格控制各种材料的用量和拌和温度。间歇式拌和机拌和质量较好；连续式拌和机的拌和效率较高。高速公路和一级公路所用的沥青混凝土宜采用间歇式拌和机进行拌和。

拌和好的沥青混合料宜用吨位较大的自卸汽车进行运输。运到摊铺现场的混合料应在符合规范要求的摊铺温度下及时进行摊铺；对于未能及时进行摊铺，温度较低的混合料应重新进行加温拌和。

混合料摊铺前应检查下承层的情况；应按要求在下承层上浇洒透层、黏层或铺筑下封层；应进行标高检查和标高平面控制等施工测量工作。所用摊铺机应尽量采用具有自动、半自动调整摊铺厚度和自动找平装置的机械。摊铺时应严格控制混合料的摊铺温度，确保摊铺质量。

沥青混凝土路面压实的目的是提高沥青混合料的密实度；是保证高质量沥青混凝土路面的又一关键工序。碾压工作主要包括碾压机械的选型与组合、碾压温度、碾压速度和碾压遍数的控制；碾压方式的选择；碾压质量的检查等。路面碾压分初压、复压和终压三个阶段进行。初压一般采用轻型钢筒压路机或关闭振动装置的振动式压路机以1.5～2.0km/h碾压两遍，使混合料初步稳定。随即应采用重型压路机复压，用100～200kN三轮压路机或轮胎式压路机复压 4～6 遍。碾压速度，三轮压路机为 3km/h，轮胎压路机为 5km/h；当采用振动压路机时，应根据混合料的种类、温度和厚度选择振动压路机的类型，振动频率取 35～50Hz，振幅取 0.3～0.8mm。重压是在复压后用 60～80kN 的双轮压路机以 3km/h 的碾压速度碾压 2～4 遍，以消除碾压轮产生的轮迹，形成平整的路面。压实完成后，压实度和压实厚度的检测一般通过钻芯取样的方法检测；通常是在第二天，用钻芯机钻孔取样，量取试样厚度，将试样拿到实验室作压实度检测。

（2）沥青碎石路面施工

沥青碎石路面是由几种不同粒径大小的级配矿料掺加少量的矿粉或不加矿粉，用沥青做混合料，按照一定的比例配合，均匀拌和，经摊铺、压实成型的路面形式。这种组成沥青碎石路面的沥青混合料称为沥青碎石混合料。与沥青混凝土相比，主要差别是混合料孔隙率较大，一般在 10%。用这种混合料铺筑的路面能充分发挥颗粒之间的嵌挤作用，提高高温稳定性。缺点是由于孔隙率较大，易透水，故而降低了沥青与矿料之间的黏结力；沥青老化后，路面结构容易疏松，导致破坏；较沥青混凝土路面在强度、耐久性方面较差。

沥青碎石路面的施工方法有厂拌热拌热铺、热拌冷铺，路拌冷拌冷铺等几种方法。在混合料设计相同的前提下，前者多用于高等级路面的铺筑，其他方法用于次高等级路面的铺筑。沥青碎石混合料还可用作高等级沥青路面的联结层、基层及调平层。一般道路可铺筑沥青碎石路面但上面层宜采用沥青混凝土铺筑，或在沥青碎石表面上加铺沥青表面处治或沥青砂等封层。

厂拌热拌热铺、热拌冷铺的施工方法和施工要求基本上与沥青混凝土路面的施工方法和要求相同。

路拌沥青碎石路面施工是在路上用机械将热的沥青材料与冷的矿料拌和，并铺摊、压实而成。其施工工序为：清扫基层→铺摊矿料→洒布沥青材料→拌和→整型→碾压→初期养护→封层。在清扫干净的基层上铺撒矿料，矿料在整个路面宽度范围之内均匀铺撒。随后用沥青洒布车按沥青材料的用量标准分数次撒布。每次洒布沥青后，随即用齿耙机或圆盘耙把矿料与沥青混合料初步拌和，再改用自动平地机做主要的拌和工作。拌和时，平地机行程的次数视施工气温、路面面层摊铺厚度、矿料粒径的大小和沥青的黏稠度而定。一般需要 20～30 次往返行程方可拌和均匀。矿料与沥青翻拌后随即摊铺成规定的路拱横断面，并用路刮板刮平。碾压时，先用轻型压路机碾压 3～4 遍后，再用重型压路机碾压 3～6 遍。压实后，即可开放交通。通车后的一个月内应控制行车路线和车速，以便路面进一步被压实成型。

（3）沥青表面处治路面的施工

沥青表面处治是指用沥青和集料按层铺法或拌和法铺筑而成的沥青路面。主要用于改善行车条件，厚度不大于 3cm，适用于三、四级公路的面层；高速公路和一级公路的施工便道的面层；也可作为旧沥青路面的罩面和防滑磨耗层。采用层铺法施工时，分为单层、双层、三层。单层表面处治厚度为 1.0～1.5cm；双层表面处治厚度为 1.5～2.5cm；三层表面处治厚度为 2.5～3.0cm。

沥青表面处治的施工方法有拌和法和层铺法两种。拌和法是用不同粒径的矿料按一定的比例混合后与沥青一起拌和而成。其施工方法和要求与路拌沥青碎石路面相同；层铺法是用沥青和矿料分层铺筑而成的。层铺法施工各工序如下：

1）清理基层。在表面处置层施工前，应将路面基层清扫干净，使基层的矿料大部分外漏，保持干燥。对有坑槽处、不平整的路段先行整平。

2）洒布沥青。沥青应均匀洒布，不应有积聚或空白现象，以免日后产生松散、壅包等病害；应按洒布面积来控制单位面积上的沥青用量。沥青的浇洒温度应根据使用的沥青标号确定。选择石油沥青时的洒布温度应控制在 150～170℃；煤沥青的洒布温度控制在 80～120℃；乳化沥青可在常温下洒布。

3）铺摊矿料。沥青洒布后应趁热迅速铺撒矿料，按规定用量一次撒足，并要铺撒均匀。局部有缺料或矿料集中时，应适当找补或扫除。矿料不应有重叠或漏空现象。当使用乳化沥青时，集料撒布应在乳液破乳之前完成。

4）碾压。沥青表面处治路面的碾压应在铺撒矿料后，立即用 60～80kN 的双轮压路机或轮胎压路机及时的碾压。碾压时应从一侧路缘压向路中心；每次轮迹重叠 30cm，碾压 3～4 遍。压路机械的行驶速度开始时应大约为 2km/h，以后可适当提高。

5）初期养护。碾压结束后即可开放交通，但应限制行驶速度（不超过 20km/h）。要控制车辆行驶的路线，使路面全幅宽度内获得较为均匀的碾压，加速处置层泛油稳定成型。对局部泛油、松散、麻面等现象，应及时修整处理。

（4）沥青贯入式路面施工

沥青贯入式路面是在初步压实的碎石或轧制砾石上分层浇洒沥青、撒布嵌缝料，经碾压并借助行车压实而成的又一路面形式。

沥青贯入式路面适用于二级及二级以下的公路、城市道路的次干道及支路。沥青贯入式路面系次高级路面，也可作为沥青混凝土路面的联结层。该种路面具有强度高、稳定性好、施工简便和不宜产生裂缝等优点。其强度主要依靠于矿料的嵌固作用和沥青的黏结力。沥青贯入式路面孔隙率较大，故温度稳定性较好。但由于是一种多孔隙机构，路表水易渗入，为增强路面的水稳定性，沥青贯入式路面上面必须加铺封层。当作为联结层使用时，上边可以不加上封层。

沥青贯入式路面的施工程序如下：

1）整修和清扫基层。

2）浇洒透层或黏结沥青。

3）撒铺主层矿料。避免同粒径集料堆积集中，以达到主层集料的较好级配；并应检查松铺厚度。

4）撒铺后先用 60～80kN 压路机初压，然后再用 100～200kN 压路机复压。

5）洒布第一次沥青，撒铺第一次嵌缝料，第一遍碾压。

6）洒布第二次沥青，撒布第二次嵌缝料，进行第二遍碾压；洒布第三次沥青，撒铺封面矿料，并进行最后碾压。

7）开放交通，但进行必要的交通控制以进行初期养护，其要求与沥青表面处治相同。

12.2.5　水泥混凝土路面施工

1. 水泥混凝土路面材料要求

（1）水泥

水泥混凝土路面应采用强度高、干缩性小、耐磨性和抗冻性较好的水泥。我国目前采用硅酸盐水泥、普通硅酸盐水泥和道路硅酸盐水泥。对于特重交通，路面用水泥的强度等级不宜低于 52.5；对于其他中、轻等级交通的路面用水泥，其强度不宜低于 42.5。

（2）粗集料与细集料

粗集料指碎石或砾石；细集料指砂或石屑。粗集料应质地坚硬、耐久、洁净、符合规范规定的级配要求且最大粒径不应大于 40mm；细集料要求颗粒坚硬耐磨、具有良好的级配、表面粗糙有棱角、细度模数在 2.5 以上。

（3）水

拌制和养生混凝土用水在检查符合标准后才可以使用。对于拌制和养生混凝土用水，一般饮用水即可；对于非饮用水，应检验其 pH 和硫酸盐含量，一般要求其 pH 小于 4。

（4）外加剂

为了改善混凝土的技术性能，一般在混凝土的制备过程中加入一定量的外加剂，其中有代表性的主要为减水剂、缓凝剂和引气剂等。

（5）接缝材料

接缝材料按使用性能可以分为接缝板和填缝料两类。接缝板常采用杉木板、纤维板、泡沫树脂板等；填缝料按施工时对温度的要求，可以分为加热施工式和常温施工式两类。加热施工式填料主要有沥青橡胶类、聚氯乙烯胶泥类和沥青玛蹄脂类等；常温施工式填料有聚氨酯胶泥类、氯丁橡胶类和乳化沥青橡胶类等。

2. 水泥混凝土路面材料配合比设计

水泥混凝土路面材料配合比设计应满足抗弯拉强度要求。各交通等级路面板的 28d 设计抗弯拉强度标准值 f_r 和弯拉弹性模量 E_C 应符合规范要求。28d 抗弯拉强度平均值 f_c 为

$$f_c = \frac{f_r}{1-1.04C_v} + t \cdot s \tag{12.2}$$

式中，f_r——养护 28d 抗弯拉强度标准值，MPa；

f_c——抗弯拉强度平均值，MPa；

C_v——弯拉强度变异系数；

t——保证率系数，按规定要求确定；

s——弯拉强度试验样本的标准差，MPa。

3. 水泥混凝土路面施工方法

按路面混凝土拌和成型所采用的方法和主要机械的不同，水泥混凝土路面面层施工方法常见的有三种。

1）小型机具施工法。小型机具施工工艺是水泥混凝土路面施工的传统方法。其主要靠人工，不需要大型的施工设备。该法主要用于三、四级公路、旅游公路、村镇公路和广场建设等低等级、小型项目。小型机具施工法的施工工艺程序如下：安装模板→安装传力件→混凝土拌和与运输→混凝土摊铺与振捣→接缝处理→整修表面→路面养生与填缝。

2）滑模式摊铺机施工法。用滑模式摊铺机铺筑混凝土路面，与前者相比不需要在基层上安装模板，铺筑所需模板固定在摊铺机上，随着摊铺机的前进，模板逐渐向前滑移，同时完成支模、摊铺、振捣、成型、装传力件等一系列工艺流程。除所述以外的工序如：表面整修、锯缝、养生、填缝等工艺的施工方法与小型机械施工法的处置方法相同。较为特殊的是，对于滑模式摊铺机施工方法，应注意解决适合应用滑模摊铺机施工的水泥混凝土配合比，它与小型机具施工对混凝土配合比的要求不同，如其要求水泥混凝土要有更好的流动性等性能。经验表明：与前者相比，其更适用于水灰比较小、砂率较大的混凝土；此外应注意适量减水剂等外加剂的使用，以使混凝土有较好的施工和易

性，保证混凝土易于摊铺、在滑模前进后能及时、尽快成型。

3）轨道式摊铺机施工法。轨道式摊铺机铺筑混凝土路面，首先在基层上安装轨道和钢模板，将运输卸下的混凝土用均料机均匀分铺在铺筑路段内；然后当摊铺机在轨道上行驶时，通过螺旋摊铺器或叶片摊铺器将事先经过前道工序已初步均匀的混凝土进一步摊铺整平；同时用插入式振捣机或弧形振捣头进行振捣密实，并在机械自重下实现对路面的初压；接着运用整平机进行整平。其余工序如：整平拉毛、锯缝、养生等的处置方法均与上述其他两种施工方法的处置相同。

4. 浇筑接缝

（1）胀缝浇注

先浇筑胀缝一侧混凝土，取去胀缝模板后，再浇筑另一侧混凝土，钢筋支架浇在混凝土内。压缝板条使用前应涂废机油或其他润滑油，在混凝土振捣后，先抽动一下，而后最迟在终凝前将压缝板条抽出。抽出时为确保两侧混凝土不被扰动，可用木板条压住两侧混凝土，然后轻轻抽出压缝板条，再用铁抹板将两侧混凝土抹平整。缝隙上部浇灌填缝料，留在缝隙下部的嵌缝板是用沥青浸制的软木板或油毛毡等材料制成。

（2）横向缩缝

可用下列方法筑做：

1）压缝法。在混凝土捣实整平后，利用振捣梁将"T"形振动刀准确地按缩缝位置震压出一条槽，随后将铁制压缝板放人，并用原浆修平槽边。当混凝土收浆抹面后，再轻轻取出压缝板，并立即用专用抹子修整缝缘。这种做法要求谨慎操作，以免混凝土结构受到扰动和接缝边缘出现不平整（错台）。

2）切缝法。在结硬的混凝土中用锯缝机（带有金刚石或金刚砂轮锯片）切割出要求深度的槽口。这种方法可保证缝槽质量并且不易扰动混凝土结构。但要掌握好切割时间，过迟会因混凝土过硬而使锯片磨损过大且费工，而且更主要的是可能在切割前混凝土会出现收缩裂缝；过早混凝土因还未结硬，切割时槽口边缘易产生剥落。合适的时间视气候条件而定，炎热而多风的天气，或者早晚气温有突变时，混凝土板会产生较大的湿度或温度坡差，使内应力过大而出现裂缝，切缝在表面整修后 4h 即可开始；如天气较冷，一天内气温变化不大时，切割时间可晚至 12h 以上。

（3）纵缝

筑做企口式纵缝，模板内壁做成凸出的榫状。拆模后，混凝土板侧面即形成凹槽。需设置拉杆时，模板在相应位置处要钻成圆孔，以便拉杆穿入。浇筑另一侧混凝土前，应先在凹槽壁上涂抹沥青。对于采用多车道宽行摊铺机铺筑的路面，纵缝可用切缝法筑做。

5. 表面整修与防滑措施

混凝土终凝前必须用人工或机械抹平其表面。当用人工抹光时，不仅劳动强度大、工效低，而且还会把水分、水泥和细砂带至混凝土表面，致使它比下部混凝土或砂浆有较高的干缩性和较低的强度；而采用机械抹面时可以克服以上缺点。目前国产的小型电动抹面机有两种装置：装上圆盘即可进行粗光；装上细抹叶片即可进行精光。在一般情况下，面层表面仅需粗光即可。抹面结束后，有时再用拖光带横向轻轻拖拉几次。

为保证行车安全，混凝土表面应具有粗糙抗滑的表面。最普通的做法是用拉毛机顺横向在抹平后的表面上轻轻拉毛；也可用金属丝梳子梳成深 1～2mm 的横槽。近年来，国外已采用一种更有效的方法，即在已硬结的路面上，用锯槽机将路面锯割成深 3～5mm、2～3mm、间距 12～24mm 的小横槽，也可在未结硬的混凝土表面塑压成槽，或压入坚硬的石屑来防滑。

6. 养生与灌缝

为防止混凝土中水分蒸发过速而产生缩裂，并保证水泥水化过程的顺利进行，混凝土应及时养生。一般用下列两种养生方法。

（1）潮湿养生

混凝土抹面 2h 后，当表面已有相当硬度，用手指轻压不现痕迹，即可开始养生。一般采用湿麻袋或草垫，或者 20～30mm 厚的湿砂覆盖于混凝土表面。每天均匀洒水数次，使其保持潮湿状态，至少延续 14d。

（2）塑料薄膜或养护剂养生

当混凝土表面不见浮水，用手指按压无痕迹时，即均匀喷洒塑料溶液，形成不透水的薄膜黏附于表面，从而阻止混凝土中水分的蒸发，保证混凝土的水化作用。

灌缝工作宜在混凝土初步结硬后及时进行。灌缝前，首先将缝隙内泥沙杂物清除干净，然后浇灌填缝料。

理想的填缝料应能长期保持弹性、韧性，热天缝隙缩窄时不软化挤出，冷天缝隙增宽时能胀大并不脆裂；同时还要与混凝土黏牢，防止土砂、雨水进入缝内；此外还要耐磨、耐疲劳、不易老化。实践表明，填料不宜填满缝隙全深，最好在浇灌填料前先用多孔柔性材料填塞缝底，然后再加填料，这样夏天胀缝变窄时填料不致受挤而溢至路面。

7. 冬季和夏季施工

混凝土强度的增长主要依靠水泥的水化作用。当水结冰时，水泥的水化作用即停止，而混凝土的强度也就不再增长，而且当水结冰时体积会膨胀，促使混凝土结构松散破坏。因此，混凝土路面应尽可能在气温高于 +5℃ 时施工。由于特殊情况必须在低温情况下（昼夜平均气温低于 +5℃ 和最低气温低于 −3℃ 时）施工时应采取下述措施：

1）采用高等级（42.5 级以上）快凝水泥，或掺入早强剂，或增加水泥用量。

2）加热水或集料。较常用的方法是仅将水加热，一方面是因加热设备简单，水温容易控制；另一方面水的热容量比粒料热容量大，1kg 水升高 1℃ 所吸收的热量比同样重的粒料升高 1℃ 所吸收的热量多 4 倍左右，所以提高水温的方法最为有效。

拌制混凝土时，先用温度超过 70～80℃ 的水同冷集料相拌和，使混合料在拌和时的温度不超过 50℃，摊铺后的温度不低于 10℃（气温为 0℃ 时）～20℃（气温为 −3℃ 时）。

3）混凝土整修完毕后，表面应覆盖蓄热保温材料，必要时还应加盖养生暖棚。

在持续 5 昼夜寒冷和昼夜平均气温低于 5℃，夜间最低温度低于 −3℃ 时，应停止施工。

在气温超过 30℃ 时施工，应防止混凝土的温度超过 30℃，以免混凝土中水分蒸发过快，致使混凝土干缩而出现裂缝，必要时可采取下列措施：

1）对湿混合料，在运输途中要加以遮盖。

2）各道工序应紧凑衔接，尽量缩短施工时间。

3）搭设临时性的遮光挡风设备，避免混凝土遭到烈日暴晒并降低吹到混凝土表面的风速，减少水分蒸发。

复习思考题

12.1　路基施工中有哪三种基本方法？方法选择时应考虑哪些因素？

12.2　路堤填筑有哪些方案？各自适用性如何？

12.3　路堑开挖有哪些方案？各自适用性如何？

12.4　影响压实效果的主要因素有哪些？

12.5　压实度是什么？压实度标准如何？

12.6　如何正确进行土基压实？应注意哪些问题？

12.7　沥青路面是如何分类的？

12.8　沥青路面对材料有哪些基本要求？

12.9　如何进行沥青混合料的组成设计？

12.10　沥青面层的施工要点是什么？

12.11　水泥混凝土路面的施工工艺有哪些？

12.12　水泥混凝土路面的施工质量如何控制？

第十三章　施工组织概论

随着社会经济发展和建筑技术的进步，现代土木工程施工已成为一项十分复杂的生产活动。一项大型工程，不仅要投入众多的人力、机械设备、材料和构配件，还要安排好施工现场的临时供水、供电、供热及各种临时建筑物等。土木工程施工组织正是探索施工活动的客观规律、研究施工生产的方案、途径和办法的一门科学。

13.1　土木工程产品及其生产特点

土木工程建设与工业生产一样，是一系列资源投入产出的过程，其在生产的阶段性和连续性、组织的专门化和协作化等方面是一致的；但土木工程产品具有形体庞大、复杂多样、整体难分、不能移动等固有特点，由此决定了其生产即土木工程施工的流动性、单件性、生产周期长、易受气候影响及外界干扰等特点。

13.1.1　土木工程产品的特点

由于土木工程产品的使用功能、平面与空间组合、结构与构造形式等特殊性，以及土木工程产品所使用材料的物理力学性能的特殊性，决定了其具有如下特点。

1. 土木工程产品在空间上的固定性

一般的土木工程产品均由自然地面以下的基础和自然地面以上的主体两部分组成。基础承受主体的全部荷载（包括基础的自重），并传递给地基，同时将主体的全部荷载（包括基础的自重），并传递给地基，同时将主体固定在地球上。任何土木工程产品都是在选定的地点上建造，与选定地点的土地不可分割，同时只能在建造的地方供长期使用。所以，土木工程产品的建造和使用地点在空间上是固定的。

2. 土木工程产品的多样性

由于土木工程产品使用目的、技术等级、技术标准、自然条件以及使用功能不同，此外还要体现不同地区的民族风格、物质文明和精神文明，因此其在规模、结构、构造、型式等诸方面千差万别、复杂多样。

3. 土木工程产品形体庞大

为了满足使用功能的要求，并结合材料的物理力学性能，土木工程产品需要大量的物质资源，占据广阔的土地与空间，因而其具有形体的庞大性。

13.1.2　土木工程产品施工的特点

土木工程产品施工的特点是由土木工程产品本身的特点所决定的，具体如下。

1. 施工流动性大

土木工程产品地点的固定性决定了土木工程产品施工的流动性。由于不仅要进行个别设计，而且要个别组织施工。即使选用标准设计、通用构件或配件，由于土木工程产品所在地区的自然、技术、经济条件的不同，也使土木工程产品的结构和构造、土木工程材料、施工组织和施工方法等因地制宜加以修改，从而使土木工程产品的施工具有单件性。

2. 施工的单件性

土木工程类型多、施工环节多、工序复杂，每项工程又具有不同的功能和施工条件，不仅要进行个别设计，而且要个别组织施工。即使选用标准设计、通用构件或配件，由于土木工程产品所在地区的自然、技术、经济条件的不同，也使土木工程产品的结构和构造、建筑材料、施工组织和施工方法等因地制宜加以修改，从而使各土木工程产品施工具有单件性。

3. 施工周期长

土木工程产品的固定性和形体的庞大性决定了土木工程产品施工周期长。土木工程产品形体庞大，使得最终土木工程产品的建成必然消耗大量的人力、物力和财力。同时，土木工程产品的施工全过程还要受到工艺流程和施工程序的制约，使各专业、各工种之间必须按照合理的施工顺序进行配合和衔接。又由于土木工程产品的固定性，使施工活动的空间具有局限性，从而导致土木工程产品施工具有周期长、占用资金大的特点。

4. 受外界干扰及自然因素影响大

土木工程产品的固定性和形体庞大的特点，决定了土木工程产品施工露天作业多。因此，其受自然条件的影响较大，如气候冷暖、地势高低、洪水、雨雪等。设计变更、地质情况、物资供应条件、环境因素等对工程进度、工程质量、工程成本等对产品都有很大的影响。

5. 施工协作性高

由上述土木工程产品施工的特点可以看出，土木工程产品施工涉及面广。每项工程都涉及建设、设计、施工等单位的密切配合，需要材料、动力、运输等各个部门的通力协作。因此，施工过程中的综合平衡和调度、严密的计划和科学的管理显得尤为重要。

13.2　施工组织的基本原则

根据我国工程施工组织与管理中积累的大量经验和教训，为了充分发挥施工组织设计的作用，在编制施工组织设计和施工组织工作中，应当遵循以下几条基本原则。

1. 执行基本建设程序，统筹兼顾，保证重点

在遵循基本建设程序的基础上，根据客观条件的许可，集中力量抓好主体工程与重

点环节，使工程尽快建成。同时兼顾一般工程和配套工程，主次分明，合理有序。

2. 科学合理地安排施工顺序

施工顺序反映了工程的客观规律要求。由于土木工程产品的固定性。因此，施工活动只能在同一空间上同时或先后交替进行。安排好施工顺序，可缩短工期，加快建设速度。虽然随着工程性质和施工条件不同，施工顺序会有一定差异。但实践表明，仍有一些可共同遵循的规律，即先做准备工作，后进行正式施工；先完成全场性工程，后进行各个工程项目的施工；单个房屋和构筑物的施工，既要考虑空间顺序，也要考虑工种顺序。

3. 工程质量，百年大计

在施工组织过程中，坚持树立质量第一的思想，推行全面质量管理，遵守工艺规程和技术规范，严格工程质量验收和评定制度。重视安全教育和培训，贯彻落实各项安全操作规程，并制定相应的保证工程施工质量和安全生产的措施。

4. 积极采用新技术，提高组织管理水平

每一种施工方案的确定往往是经过各种方案的运算、分析和比较而定的，是应用最新科技成果的结晶。组织管理水平的提高，反映在管理手段的现代化、管理方法的科学化上。

5. 提高施工机械化和预制装配化水平

应积极贯彻建筑工业化方针，扩大预制范围，充分利用机械设备，减轻劳动强度，加快施工速度，保证施工质量，提高生产效率。

6. 注意节约，讲求效益

土木工程施工消耗大，注意节约资源消耗，可大大提高施工经济效益。应合理布置施工平面图，节约施工用地，充分利用永久性道路和建筑物，减少暂设工程的规模和投资，减少物资运输量，努力降低施工成本。

13.3　施工准备工作

施工准备工作是为了创造有利的施工条件，保证施工任务能够顺利完成。根据时间和内容的不同，施工准备工作可以分为项目建设前期施工准备工作、单位工程开工前的施工准备工作、施工期间的经常性施工准备工作和冬雨季施工特殊施工准备等。

13.3.1　建设前期的施工准备

工程设计和施工是紧密相关的。设计方案一旦产生，施工准备的问题也就提到了议事日程上。一个大型建设项目全面施工之前的施工准备，一般需要持续相当长的时间，它是整个工程建设的序幕，称为建设前期的施工准备。其重点有以下几个方面。

1. 落实施工组织准备措施

施工组织准备措施的内容包括：

1）确立工程建设指挥机构，委派建设项目总经理、总工程师，组建业务工作部门，形成健全的工程建设管理工作系统。

2）拟定参加施工的建筑安装机构和专业化施工机构的招投标方案和承发包模式，规划好施工队伍的生产、生活设施的布局。

3）办理各项计划、规划和施工合法手续，为早日动工创造必备条件。

4）研究建设项目融资方案，解决建设资金问题，并合理制定建设资金的使用计划。

5）及时审批技术设计，明确施工任务，编制施工组织设计文件，划分施工阶段，确定建设总进度。在施工组织设计中列出准备时期所必须完成的项目。

6）对施工地区的自然条件和技术经济条件进行调查和勘测，并办理施工用地的征用手续。

7）框算各种施工技术物资需要量，落实货源，签订采购订货合同。

2. 搞好场内场外准备工程

施工场内场外准备工程应在主要工程开工之前完成。

场外准备工程包括修筑通往建筑场地及沿线供应基地的室外专用铁路、公路、码头、通信线路、配有变电站的输电线路、带引水结构物的给水管网及有净水设施的排水干管；在未开发地区进行建设时，场外准备工程还包括建立建筑材料和构件的生产企业，这些企业的任务是向该建筑工程提供产品，以及设计规定的供施工人员居住和使用的住房及公共建筑物。

场内准备工程包括：为施工测量放样做好准备工作；开拓建筑场地清理施工现场和拆除在施工过程中不使用的建筑物；施工现场的工程准备工作：平整场地，保证地表水的临时排水，迁移现有工程管道，修筑永久性和临时性场内道路，铺设供水、供电管网，敷设电话和无线电通信网等；建立全工地性仓库业务，修建设备和建筑构件的拼装场，以及为工地服务的其他设施；安装工具库、机械设备库和临时构筑物，必要时建造临时为施工服务的永久性建筑物和构筑物；保证建筑工地所需的消防器材、通信工具和信号装置。

必需完成的组织准备措施和场外准备工程做好之后，主要工程才允许开工。

13.3.2　单位工程开工前的施工准备

无论单位工程是独立的或者是某建筑群的一部分，都只有在工程技术资料齐全、施工现场完成"三通一平"（即水通、路通、电通和场地平整）及主要建筑材料、构、配件基本落实的前提下，才具备开工条件。因此，单位工程开工前的施工准备工作，对于该工程施工活动的顺利开展，同样具有重要的作用。这方面准备工作的主要内容如下。

1. 技术组织准备

1）技术力量配备。根据工程规模、结构特点和复杂程度，建立既有施工经验，又有领导才能的干部组成工地领导机构；配齐一支既有承担各项技术责任的专业技术人员、又有实施各项操作的专业技术工人的精干队伍。

2）审查设计图纸。开工之前，建设项目的工程设计图纸已出齐，施工技术人员已熟悉了图纸；设计人员已作了设计交底，使施工人员掌握了设计意图；还要注意检查建筑、结构、设备等图纸本身及相互之间是否有错误与矛盾，图纸与说明书、门窗表、构件表之间有无矛盾和遗漏。一般应进行图纸自审、会审和现场签证三个阶段。

3）技术文件的编制。施工前应做好以下技术文件的编制工作：编制施工图预算和施工预算及编制施工组织设计；拟定出推广新技术的项目及特殊工程施工、复杂设备安装的技术措施；制定技术岗位责任制和技术、质量、安全管理网络。

4）办理开工手续。对于独立的单位工程，施工单位必须在项目开工前，申请办理施工许可证。

2. 施工现场准备

1）及时做好施工现场补充勘测，取得工程地质第一手资料，了解拟建工程位置的地下有无暗沟、墓穴或地下管道等。

2）砍伐树木，拆除障碍物，平整场地。

3）铺设临时施工道路，接通施工临时供水供电管线。

4）做好场地排水防洪设施。

5）搭设仓库、工棚和办公、生活等施工临时用房屋。

6）做好拟建房屋定位放线，建立控制标高引测点。

7）设置防火保安等消防设施。

3. 物资资源准备

（1）落实建设资金

建设项目的资金已经落实，投资方已按计划任务书批准的初步设计、工程项目一览表、批准的设计概算和施工图预算、批准的年度基本建设财务和物资计划等文件，将建设项目的所需资金拨付建设单位，建设单位按建设项目施工合同将工程备料预付款拨给承包的施工单位，施工单位可备料准备开工。

（2）办理建筑构件、配件及材料的购买和委托加工手续

对钢材、木材、水泥等主要材料，应根据工程进度编制材料需要量计划交材料供应部门，及时组织材料的采购供应，以确保施工需要；砖、瓦、灰、砂、石等地方材料，是建筑施工的大宗材料，其质量、价格、供应情况对施工影响极大，施工单位应作为准备工作的重点，落实货源，办理订购，择优购买，必要时可直接组织地方材料的生产，以降低成本，满足施工要求；对工程建设需求量较大的工程构配件，如混凝土构件、木构件、水暖设备和配件、建筑五金、特种材料等都需及早按施工图预算、施工计划组织进场，避免贻误工期或造成浪费；对钢筋及埋件，土建开工前应先安排钢筋下料、制作，安排钢结构的加工，安排铁件加工。

（3）组织机械设备和模具等的进场

施工用的塔吊、卷扬机、搅拌机等施工机械，以及模板、脚手架、支承、安全网等

施工工具，都由施工现场统一调配，并按施工计划分批进场，做到既满足施工需要，又要节省机械台班等费用。

13.3.3 施工期间的经常性准备工作

施工过程中经常性的准备工作主要有：按照单位工程施工设计的要求，搞好各阶段施工平面布置；根据施工进度计划，组织建筑材料和构件进场，认真做好检验试验和储存保管工作，详细核对材料的品种、规格和数量；做好各项施工前的技术交底，签发施工任务单；做好施工机械、设备的经常性检查和维修工作；做好施工新工艺的技术培训。

13.3.4 冬雨季施工准备工作

1. 冬季施工准备

冬季施工是一项复杂而细致的工作。由于气温低、工作条件差、技术要求高，因此，认真做好冬季施工准备具有特殊的意义。

1）合理调整冬季施工项目进度。在安排施工进度时，对于受冬季施工影响较大的项目，如土方、外粉刷、防水工程、道路等，拟安排在冬季前施工；同时，应尽可能缩小冬季施工面积，将有条件完成外壳工程的项目尽可能安排在冬季前完成外壳施工，为冬季施工创造工作面。

2）采取防冻保暖措施。施工临时给水排水管网应采用防冻措施，免受冻结；道路要注意及时清理整修，防止冰雪阻塞交通，保持运输畅通。

3）做好冬季物资供应和储备。考虑到冬季运输比较困难，冬季施工前需适当加大材料的储备量。准备好冬季施工需用的一些特殊材料，如促凝剂、防寒用品等。

4）加强防火安全措施。冬季施工期间，气候干燥，保温、取暖等火源增多，需加强消防安全工作，经常检查消防器材和装备的性能状况。

2. 雨季施工准备

雨季施工准备的要点：

1）注意晴雨结合，在雨季来临之前，尽可能创造出适宜雨季施工的室外或室内的工作面如大型土石方工程、屋面防水工程、外部装修工程等宜先完成。

2）做好排水防洪准备工作。保持排水畅通，防止低洼工作面积水。

3）采取技术措施，保证雨季质量，如防止砂浆、混凝土含水量过多的措施，防止水泥受潮措施，注意物资保管。

4）做好安全防护工作。防止雨季塌方、注意道路防滑、防止洪水淹泡、漏电触电等。

13.4 施工组织设计概述

13.4.1 施工组织设计的概念

施工组织设计是指导一个拟建工程进行施工准备和组织实施施工的基本的技术经

济文件。它的任务是要对具体的拟建工程（建筑群或单个建筑物）的施工准备工作和整个施工过程，在人力和物力、时间和空间、技术和组织上，作出一个全面而合理、符合好、快、省、安全要求的计划安排。

13.4.2　施工组织设计的作用

1. 统一规划和协调复杂的施工活动

做任何事情之前都不能没有通盘的考虑和计划，否则是不可能达到预定的目的的。施工的特点综合表现为复杂性，要完成施工任务、达到预定的目的，一定要预先制订好相应的计划，并且切实执行。对于施工单位来说，就是要编制生产计划；对于一个拟建工程来说，就是要进行施工组织设计。

2. 对拟建工程施工全过程进行科学管理

施工全过程是在施工组织设计的指导下进行的。首先，在接受施工任务并得到初步设计以后，就可以开始编制建设项目的施工组织设计。施工组织设计经主管部门批准以后，再进行全场性施工的具体实施准备。随着施工图的出图，按照各工程项目的施工顺序，逐一制定各单位工程的施工组织设计，然后根据各个单位工程施工组织设计，指导实施具体施工的各项准备工作和施工活动。在工程的实施过程中，要根据施工组织设计的计划安排，组织现场施工活动，进行各种施工生产要素的落实与管理，进行施工进度、质量、成本、技术与安全的管理等。

3. 使施工人员心中有数，工作处于主动地位

施工组织设计根据工程特点和施工的各种具体条件科学地拟定了施工方案，确定了施工顺序、施工方法和技术组织措施，排定了施工的进度；施工人员可以根据相应的施工方法，在进度计划的控制下，有条不紊地组织施工，保证拟建工程按照合同的要求完成。通过施工组织设计，把施工生产合理地组织起来了，规定了有关施工活动的基本内容，保证了具体工程的施工得以顺利进行和完成施工任务。因此，施工组织设计的编制，是具体工程施工准备阶段中各项工作的核心，在施工组织与管理工作中占有十分重要的地位。

13.4.3　施工组织设计的基本内容及其分类

1. 施工组织设计的基本内容

施工组织设计根据工程规模和特点的不同，编制内容的繁简程度有所差异。但不论何种施工组织设计，要完成组织施工的任务，一般都必须具备施工方案、施工进度计划、施工现场平面布置和各种资源需用量计划等基本内容。

（1）施工方案

施工方案是指拟建工程所采取的施工方法及相应施工方案的技术组织措施的总称。施工方案是组织施工应首先考虑的带根本性的问题。其优劣，在很大程度上决定了施工组织设计的质量与施工任务完成的好坏。

施工方案的内容概括起来，主要有施工方法的确定、施工机具的选择、施工顺序的安排、流水施工的组织等四个方面的内容。施工方法的确定和施工机具的选择属于施工方案的技术内容，施工顺序的安排和流水施工的组织属于施工方案的组织内容。

制定和选择施工方案总的基本要求是：在切实可行的基础上，满足工期、质量和施工生产安全的要求，并在此基础上尽可能争取施工成本最低、效益最好。

施工方案一般用文字叙述，必要时可结合图、表进行说明。

（2）施工进度计划

施工进度计划是表示各项工程的施工顺序和开、竣工时间以及相互衔接的关系，以便有步骤、均衡连续地按照规定期限，好、快、省、安全地完成施工任务的计划。它带动和联系着施工中的其他工作，使其他工作都围绕着施工进度计划并适应它的要求加以安排。其在施工组织设计中起着主导作用，一般用横道计划图或网络计划图来表达，也可以结合一定的文字予以说明。

（3）施工平面布置

施工的流动性决定了施工现场的临时性施工平面布置，施工的个别性决定了每个工程具有不同的施工现场环境。为保证施工的顺利进行，提高劳动效率，每个工程都必须根据工程特点、现场环境，对施工必需的各种材料物资、机具设备、各种附属设施进行合理布置，为施工创造良好的现场条件。施工平面布置目的就是在施工过程中，对人员、材料、机械设备和各种为施工服务的设施所需的空间，做出最合理的分配和安排，并使它们相互间能有效地组合和安全地运行，其在施工组织设计中一般用施工平面图表达。

（4）各种资源需要量计划

施工所需资源（人力、材料物品、机具设备等）是实现施工方案和进度计划的前提，是决定施工平面布置的主要因素之一。施工所需资源的数量和种类取决于工程规模、特点和施工方案，其进场顺序和需要时间是由进度计划决定的。在施工组织设计中，各种资源需用量及进场时间顺序一般用表格的形式表达，称之为资源需用量计划表。

2. 施工组织设计的种类

根据工程规模、结构特点、技术繁简程度及施工条件的差异，施工组织设计在编制的深度和广度上都有所不同。目前在实际工作中主要有以下几种。

（1）施工组织规划设计

施工组织规划设计是在初步设计阶段编制的。其主要目的是根据施工工程的具体建设条件、资源条件、技术条件和经济条件，做出一个基本轮廓的施工规划，借以肯定拟建工程在指定地点和规定期限内进行建设的经济合理性和技术可能性，为国家审批设计文件时提供参考和依据，并使建设单位能据此进行初步的准备工作，也是施工组织总设计的编制依据。

（2）施工组织总设计

施工组织总设计是以一个建设项目或建筑群为编制对象，用以指导其施工全过程各项活动的技术、经济的综合性文件。它是整个建设项目施工的战略部署文件，其范围较广，内容比较概括。它是在初步设计或扩大初步设计批准后，由总承包单位牵头，会同建设、设计和其他分包单位共同编制的。它是施工组织规划设计的进一步具体化的设计文件，也是单位工程施工组织设计的编制依据。

（3）单位工程施工组织设计

单位工程施工组织设计是以单位工程（一个建筑物、构筑物或一个交竣工系统）为编制对象，用以指导其施工全过程各项活动的技术、经济的综合性文件。它是施工组织总设计的具体化设计文件，其内容更详细。它是在施工图完成后，由工程项目部负责组织编制的。它是施工单位编制季度、月份和分部（项）工程作业设计的依据。

（4）分部、分项工程施工组织设计

分部、分项工程施工组织设计是以施工难度较大或技术较复杂的分部、分项工程（如复杂的基础工程、特大构件的吊装工程、大量土石方的平整场地工程等）为编制对象，用来指导其施工活动的技术、经济文件。它结合施工单位的月、旬作业计划，把单位工程施工组织设计进一步具体化，是专业工程的具体施工设计文件。一般在单位工程施工组织设计确定了施工方案后，由项目部技术负责人编制。

复习思考题

13.1 简述土木工程产品及其生产的特点。

13.2 简述施工组织的基本原则。

13.3 简述施工准备工作的内容。

13.4 简述施工组织设计的作用。

13.5 简述施工组织设计的分类。

13.6 简述施工组织设计的基本内容。

第十四章　流水施工原理

流水作业是一种诞生较早、组织生产行之有效的科学组织方法，在土木工程施工中得到了广泛使用。它是建立在分工协作和大批量生产的基础上，充分利用工作时间和操作空间，使生产过程得以连续、均衡、有节奏地进行，能提高劳动生产率，缩短工期，节约施工费用。

14.1　基　本　概　念

土木工程的流水施工与一般工业生产流水线作业十分相似。不同的是，在工业生产的流水作业中，专业生产者是固定的，各产品和中间产品在流水线上流动，由前一个工序流向后一个工序；而在土木过程施工中各施工段是固定的，专业工作队则是流动的，并由前一施工段流向后一施工段。

14.1.1　组织施工的常见方式

在组织拟建工程的施工过程中，常用的施工组织方式有依次施工、平行施工和流水施工三种。

欲建造 4 幢相同的建筑物，其编号分别为 I、II、III、IV。设每幢建筑物都由基础工程、主体结构工程和装饰工程组成，每一工程施工时间均为 30d。其中基础施工时，工作队由 20 人组成；主体结构施工时，工作队由 40 人组成；装修时工作队由 10人组成。若按依次施工、平行施工、流水施工组织生产，其进度和资源消耗如图 14.1所示。

1. 依次施工

依次施工是第一个施工过程结束后才开始第二个施工过程的施工，即按施工顺序依次地进行各个施工过程的施工。从图 14.1 可以看出，依次施工组织方式的特点是：同时投入的劳动资源和劳动力较少；施工现场的组织、管理较简单；各专业队不能连续作业，产生窝工现象；不能充分利用工作面进行施工，工期长。

2. 平行施工

平行施工是指相同的施工过程同时开工，同时竣工。从图 14.1 可以看出，平行施工组织方式的特点是：分别利用工作面进行施工，工期短；各专业工作队数量增加，但仍不能连续作业；同时投入的劳动力和劳动资源消耗集中，现场临时设施也相应增加；施工现场的组织、管理较复杂。因此平行施工适用于拟建工程任务十分紧迫、工作面允许以及资源能保证供应的工程项目的施工。

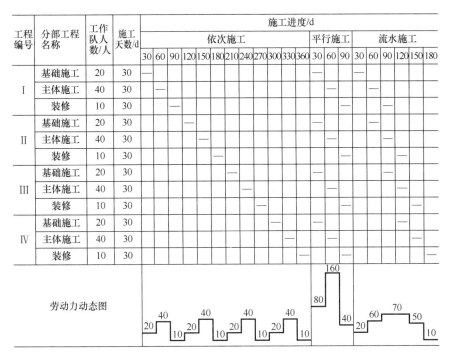

图 14.1　不同组织方式的进度与劳动力动态图

3. 流水施工

流水施工是把拟建工程项目的全部建造过程，根据其工程特点和结构特征、在工艺上划分为若干个施工过程，在平面上划分为若干个施工段，在竖向上划分为若干个施工层；然后组织各专业队（班组）沿着一定的工艺顺序，依次连续地在各段上完成各自的工序，使施工连续、均衡、有节奏地进行。

14.1.2　流水施工的技术经济效果

通过上述三种施工组织方式的比较可以看出，流水施工在工艺划分、时间安排和空间布置上都体现出了科学性、先进性和合理性，有显著的技术经济效果：

1）工作队及工人实现了专业化生产，有利于提高技术水平，有利于技术革新，从而有利于保证施工质量，减少返工浪费和维修费用。

2）工人实现了连续性单一作业，便于改善劳动组织、操作技术和施工机具，增加熟练技巧，有利于提高劳动生产率（一般可提高 30%～50%），加快施工进度。

3）由于资源消耗均衡，避免了高峰现象，有利于资源的供应与充分利用，减少现场暂时设备，从而可有效地降低工程成本（一般可降低 6%～12%）。

4）施工具有节奏性、均衡性和连续性，减少了施工间歇，从而可缩短工期（比依次施工可缩短 30%～50%），尽早发挥工程项目的投资效益。

5）施工机械、设备和劳动力得到合理、充分地利用，减少了浪费，有利于提高承包单位的经济效益。

14.1.3　流水施工的表达方式

1. 水平图表

水平图表又称横道图，是表达流水施工最常用的方法。它的左半部分是按照施工的先后顺序排列的施工对象或施工过程；右半部分是施工进度，用水平线段表示工作的持续时间，线段上标注工作内容或施工对象。如某项目有甲、乙、丙、丁四栋房屋的抹灰工程，其流水施工的横道图表达有两种形式：在进度线上标注工作内容或施工对象，分别如图 14.2 所示，其中以在进度线上标注施工对象的图 14.2（b）更为常用。

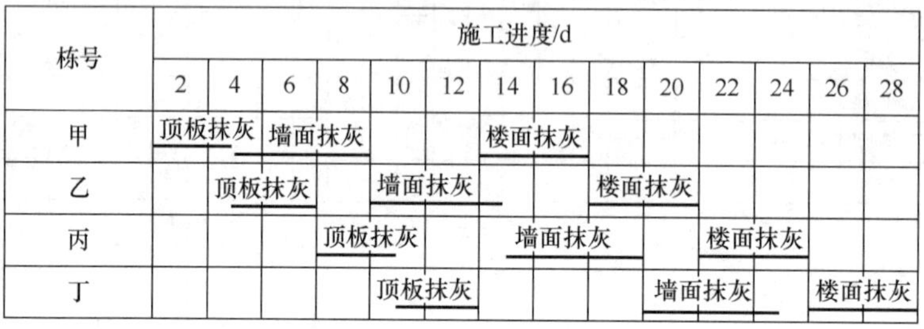

栋号	施工进度/d													
	2	4	6	8	10	12	14	16	18	20	22	24	26	28
甲	顶板抹灰		墙面抹灰				楼面抹灰							
乙		顶板抹灰		墙面抹灰				楼面抹灰						
丙			顶板抹灰			墙面抹灰				楼面抹灰				
丁				顶板抹灰					墙面抹灰			楼面抹灰		

(a) 进度线上标注工作内容的横道图

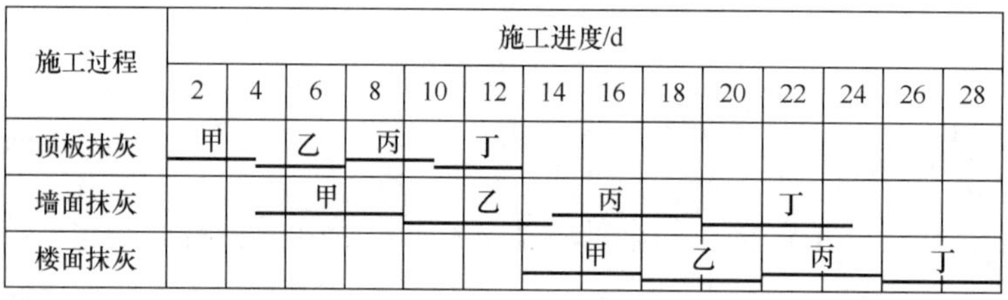

施工过程	施工进度/d													
	2	4	6	8	10	12	14	16	18	20	22	24	26	28
顶板抹灰	甲		乙		丙		丁							
墙面抹灰			甲			乙			丙			丁		
楼面抹灰							甲		乙		丙		丁	

(b) 进度线上标注施工对象的横道图

图 14.2　流水施工的横道图

2. 垂直图表

垂直图表也称垂直图，如图 14.3 所示。横坐标表示流水施工的持续时间，纵坐标表示施工对象或施工段的编号。每条斜线段表示一个施工过程或专业队的施工进度，其斜率不同表达了进展速度的差异。

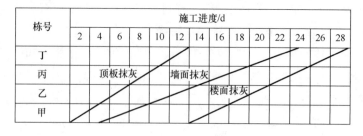

栋号	施工进度/d													
	2	4	6	8	10	12	14	16	18	20	22	24	26	28
丁														
丙		顶板抹灰			墙面抹灰									
乙							楼面抹灰							
甲														

图 14.3　流水施工垂直图

14.1.4　流水施工的分类

流水施工可按其范围、节拍特征、空间特点等依据，划分为不同的类别。

1. 按照流水施工的范围分类

1）分项工程流水，又称为细部流水，指一个专业队利用统一的生产工具依次连续不断地在各个区段完成同一项施工过程的施工。如模板工作队依次在各施工段上连续完成模板的支设任务，即称为细部流水。

2）分部工程流水，又称为专业流水，即在一个分部工程的内部、各分项工程之间组织的流水施工。该施工方式是各个专业队共同围绕完成一个分部工程的流水，如基础工程流水、主体结构工程流水、装修过程流水等。

3）单位工程流水是指在一个单位工程内部、各分部工程之间组织的流水施工，即为完成单位工程而组织起来的全部专业流水的总和。

4）群体工程流水，又称为大流水施工，是为完成工业企业或民用建筑群而组织起来的全部单位工程流水的总和。

2. 按流水节拍的特征分类

按流水节拍的规律不同，流水施工还可分为有节奏流水施工和无节奏流水施工，详见14.3节。

3. 按组织流水的空间特点分类

按组织流水的空间特点不同，可分为流水段法和流水线法。

流水段法常用于建筑、桥梁等体型宽大、构造较复杂的工程，详见第14.3.1～14.3.3节；流水线法常用于管线、道路等体型狭长的工程，其组织原理相同，不再赘述。

14.2　流水作业参数及其确定

在组织流水施工时，用以表达流水施工在工艺流程、空间及时间方面开展状态的参数，统称为流水参数。按其性质分为工艺参数、空间参数和时间参数三类。

14.2.1　工艺参数及其确定

工艺参数是用以表达流水施工在施工工艺上的开展顺序及其特性的参数，包括施工过程数和流水强度。

1. 施工过程数 n 及其确定

（1）施工过程数

在组织流水施工时，用以表达流水施工在工艺上开展层次的有关过程，统称为施工过程。按工程的性质和特点，施工过程分三类：制备类、运输类和建造类。制备类是为制造建筑制品和半成品而进行的施工过程，如构件制作、砂浆或混凝土的拌制、钢筋成型等；运输类是把材料、制品送到工地仓库或现场使用地点的施工过程；建造类是在施工对象的空间上直接进行砌筑、安装与加工，最终形成土木工程产品的施工过程。

施工过程的数目一般用 n 表示。根据组织流水的范围，施工过程的范围可大可小。划分时，应根据工程的类型、进度计划的性质、工程对象的特征来确定。

（2）施工过程数 n 的确定

划分施工过程时，其数量要适当。一般来讲，应以主导施工过程为主，力求简洁；对于占用时间很少的施工过程可以忽略；对于工作量较小且由一个专业队组同时或连续施工的几个施工过程可合并为一项，以便于组织流水。

施工过程数 n 的确定，与该单项工程的复杂程度、施工方法等有关。从施工过程的性质考虑，建造类施工过程在施工中占有主导地位，直接占有施工对象的空间，影响工期的长短、因而在编制流水施工计划时必须列入；制备类和运输类施工过程一般不占有施工对象的工作面，不影响工期，故在流水施工计划中不必列入；只有那些需占用工期或工作面而影响工期的运输过程或制备过程，才列入流水施工的组织中。如装配式单层厂房的现场制作、运输构件等。

2. 流水强度及其确定

在组织流水施工时，某一施工过程在单位时间内所完成的工程量，称为该施工过程的流水强度，或称为流水能力、生产能力，一般用 V 表示。

（1）机械施工过程的流水强度

$$V=\sum_{i=1}^{x} R_i S_i \qquad (14.1)$$

式中，V——某施工过程的流水强度；

　　　R_i——第 i 种施工机械台数；

　　　S_i——第 i 种施工机械台班生产率；

　　　x——用于同一施工过程的主导施工机械总数。

（2）手工操作过程的流水强度

$$V=R \cdot S \qquad (14.2)$$

式中，V——某施工过程的流水强度；

　　　R——每一工作队工人人数（应小于工作面上允许容纳的最多人数）；

　　　S——每一工人每班产量。

14.2.2　空间参数及其确定

在组织流水施工时，用以表达流水施工在空间布置上所处状态的参量，称为空间参数。它包括工作面、施工层和施工段等。

1. 工作面 A 及其确定

在组织流水施工时，某专业工种施工时所必须具备的活动空间，称为该工种的工作面。它表明了施工对象上可能安置多少工人操作或布置施工机械地段的大小，反映了施工过程（工人操作、机械布置）在空间上布置的可能性，应根据该工种的计划产量定额和安全施工技术规程的要求来确定其工作面的，一般用 A 表示。工作面确定的合理与否，将直接影响工人的劳动生产效率和施工安全。常见工种工程的工作面见表 14.1。

表 14.1 常见工种工程所需工作面参考数据

工作项目	每个技工的工作面	工作项目	每个技工的工作面
砌 740 厚基础	4.2m/人	现浇钢筋混凝土梁	3.20m³/人（机拌、机捣）
砌 240 砖墙	8.5m/人	现浇钢筋混凝土楼板	5m³/人（机拌、机捣）
砌 120 砖墙	11m/人	外墙抹灰	16m²/人
砌框架间墙	6m/人	内墙抹灰	18.5m²/人
浇筑混凝土柱、墙基础	8m³/人（机拌、机捣）	卷材屋面	18.5m²/人
现浇钢筋混凝土柱	2.45m³/人（机拌、机捣）	门窗安装	11m²/人

2. 施工层数 j 及其确定

在组织流水施工时，为了满足结构构造及专业工种对施工工艺和操作高度的要求，需将施工对象在竖向上划分为若干个操作层，这些操作层就称为施工层。施工层的划分，要按施工工艺的具体要求及建筑物、楼层和脚手架的高度情况来确定。如一般房屋的结构施工、室内抹灰等，可将每一楼层作为一个施工层；对单层厂房的围护墙砌筑、外墙抹灰、外墙面砖等，可将每步架或每个水平分格作为一个施工层。

3. 施工段数 m 及其确定

（1）施工段的概念

在组织流水施工时，通常把施工对象在平面上划分成劳动量相等或大致相等的若干个独立区段，称为施工段或流水段。

（2）施工段划分的目的

划分施工段是流水施工的基础。分段的目的是要保证各个专业工作队有自己的工作空间，避免工作中的相互干扰，使得各个专业工作队能够同时、在不同的空间上进行平行作业，以达到缩短工期的目的。施工段的划分数目是流水施工的基本参数之一，称为施工段数，用 m 表示。

（3）划分施工段的原则

施工段的数目要适当，划分时应遵循以下原则：

1）施工段的界限应尽可能与结构界限相吻合，或设在对结构整体性影响较小的部位，凡不允许留设施工缝的部位均不能作为施工段的边界。

2）同一专业工作队在各个施工段上的劳动量应大致相等，相差不宜超过 15%，以便组织较为理想的流水。

3）施工段大小应满足工作面的要求，以保证施工效率和安全。

4）分段要以主导施工过程为主，段数不宜过多，以免使工期延长。

5）当施工有层间关系，分段又分层时，若要保证各队连续施工，则每层施工段数 m 应大于或等于施工过程数 n（或施工队组数），以保证施工队能及时向另一层转移，详见 14.3.1 节所述。

14.2.3 时间参数及其确定

在组织流水施工时，用以表达流水施工在时间排列上所处状态的参数，称为时间参数。时间参数包括流水节拍、流水步距、技术间歇、组织间歇和搭接时间等。

1. 流水节拍 t

流水节拍是指每个专业队在各个施工段上完成各自的施工过程所必需的持续时间，以 t 表示。流水节拍的长短直接关系着投入的劳动力、机械和材料量的多少，决定着施工的速度和施工的节奏性。其确定方式有两种：一种是根据现有能够投入的资源（劳动力、机械台数、材料量）来确定，称为定额计算法；另一种是根据工期要求来确定，称为工期计算法。

（1）定额计算法

定额计算法又称顺排进度法。对于某一已知工程，先计算施工过程的工程量，依据劳动定额、补充定额等可计算为

$$t_{ij} = \frac{Q_{ij}}{S_i R_{ij} N_i} = \frac{P_{ij}}{R_{ij} N_i} \tag{14.3}$$

式中，t_{ij}——施工过程 i 在施工段 j 上的流水节拍，其中 $i=1, 2, \cdots, n$，$j=1, 2, \cdots, m$；

Q_{ij}——施工过程 i 在施工段 j 上的工程量；

S_i——每一工作日（或台班）的计划产量定额；

R_{ij}——施工过程 i 在施工段 j 上的工人班组人数（或机械台数）；

N_i——施工过程 i 专业工作队的工作班次（或台斑数）；

P_{ij}——施工过程 i 在施工段 j 上的劳动量或机械台班数量。

例 14.1 某混合结构某施工段砌砖 $48m^3$，砌砖工人数为 8 人，计划产量定额为每一工作日 $1.5m^3$，工作班次 $N=2$，试确定其流水节拍。

解
$$t = \frac{Q}{S \cdot R \cdot N} = \frac{48}{1.5 \times 8 \times 2} = 2 \text{ （d）}$$

（2）工期计算法

工期计算法又称倒排进度法，适用于某些在规定工期内必须完成的工程项目。可根据工期要求，用式（14.3）反算出所需要的人数（或机械台班数）。在这种情况下，必须检查劳动力、材料和机械供应的可能性、工作面是否足够等。

（3）确定流水节拍应注意的问题

1）确定专业队人数时，应尽可能不改变原有的劳动组织状况、应使其具备集体协作的能力、应考虑工作面的限制。

2）确定机械数量时，应考虑机械设备的供应情况、工作效率及其对场地的要求。

3）受技术操作或安全质量等方面限制的施工过程（如砌墙受每日施工高度的限制），在确定其流水节拍时，应当满足其作业时间长度、间歇性或连续性等限制的要求。

4）必须考虑材料和构配件供应能力和储存条件对施工进度的影响和限制。

5）为便于组织施工、避免工作队转移时浪费工时，流水节拍值最好是半天的整数倍。

2. 流水步距 k

流水步距是指相邻两个工作队（或施工过程）进入同一施工段进行流水作业的时间间隔，一般用 k 表示。流水步距的数目取决于参加流水作业的施工过程数，若施工过程

数为 n，则流水步距的数目为 $n-1$ 个。

流水步距的大小直接影响着工期，步距越大则工期越长，反之则工期越短；而步距的长短也与流水节拍有一定关系，详见 14.3 节。

在确定流水步距时，通常要满足以下原则：

1）应始终保持两个相邻施工过程的先后工艺顺序。

2）应保持相邻两个施工过程在各个施工段上都能够连续作业。

3）应保持相邻的两个施工过程，在开工时间上实现最大限度、合理的搭接。

3. 间歇时间

组织流水施工时，除要考虑相邻专业工作队之间的流水步距外，有时还需要根据技术要求或组织安排，留出必要的等待时间，即间歇。

（1）工艺间歇和组织间歇

间歇按其性质不同，可分为工艺间歇和组织间歇。

1）工艺间隙时间 S。

根据施工过程的工艺性质，在流水施工中除了考虑两个相邻施工过程之间的流水步距外，还需考虑增加一定的工艺间隙时间。如楼板混凝土浇筑后，需要一定的养护时间才能进行后续工序的施工；又如屋面找平层完成后，需等待一定时间，使其彻底干燥，才能进行屋面防水层施工等。

2）组织间隙时间 G。

出于组织因素要求两个相邻的施工过程在规定的流水步距以外增加必要的间歇时间，如质量验收、安全检查等，即组织间歇时间。

（2）施工过程间歇和层间间歇

间歇按其位置不同，可分为施工过程间歇和层间间歇。在组织流水施工时必须分清该工艺间歇或组织间歇是属于施工过程间歇还是属于层间间歇。

1）施工过程间歇时间 Z_1。

在同一个施工层内，相邻两个施工过程之间的工艺间歇或组织间歇统称为施工过程间歇时间；层内所有间歇时间之和记为 $\sum Z_1$，易知有 $\sum Z_1 = \sum S + \sum G$。

2）层间歇时间 Z_2。

在相邻两个施工层之间，前一施工层的最后一个施工过程与后一个施工层相应施工段上的第一个施工过程之间的工艺或组织间歇统称为层间间歇。

4. 搭接时间 C

在组织流水施工时，有时为了缩短工期，在前一个施工过程的专业队还未撤出某一施工段时，就允许后一个施工过程的专业队提前进入该段施工，两者在同一施工段上同时施工的时间称为搭接时间。

5. 流水工期 T

流水工期是指从第一个专业队投入流水施工开始，到最后一个专业队完成流水施工为止的整个持续时间。

14.3　流水施工的组织方法

按组织流水时的节拍及步距特征，流水施工可划分为有节奏流水和无节奏流水。在有节奏流水中，根据各施工过程之间流水节拍是否相等或是否互成倍数，又可以划分为固定节拍流水（全等节拍流水）和成倍节拍流水（又称为异节奏流水）；在异节奏流水中，按流水步距的特征，又划分为等步距成倍节拍流水和异步距成倍节拍流水。无节奏流水，又称为分别流水，是指流水节拍既不相等，也不成比例，其流水步距也不相等。以下按固定节拍流水、成倍节拍流水和分别流水等三类进行阐述。

14.3.1　固定节拍流水

固定节拍流水亦称全等节拍流水，是最理想的流水组织形式，在可能情况下应尽量采用。

1. 单层房屋固定节拍流水

首先考虑 n 个施工过程、划分为 m 个施工段、无间歇和搭接时间的单层房屋流水组织问题，设施工过程 $i(i=1,2,\cdots,n)$ 在施工段上 $j(j=1,2,\cdots,m)$ 的节拍为 t_{ij}。

（1）组织条件

设流水节拍 t_{ij} 满足如下条件：

$t_{i1}=t_{i2}=\cdots=t_{ij}=\cdots=t_{im}=t_i$，即同一施工过程在不同施工段上的流水节拍相等；

$t_1=t_2=\cdots=t_i=\cdots=t_n=t$，即不同施工过程在同一施工段上的流水节拍也彼此都相等，为一固定值。

（2）组织方法

在确定了施工段数、施工过程数、节拍数等参数后，关键工作是要确定相邻施工过程间依次开始施工的时间间隔，即流水步距 $K_{i,j+1}$。针对上述节拍特征，采取各施工过程均安排一个专业工作队、总工作队数等于施工过程数的做法，即 $b_i=1$、$\sum b_i=n$；取定各相邻施工过程间的流水步距为 $K_{1,2}=K_{2,3}=\cdots K_{i,j+1}=\cdots K_{n-1,n}=t$，即各流水步距等于流水节拍；按流水作业的组织方法，可得如图 14.4 所示的流水指示图表。

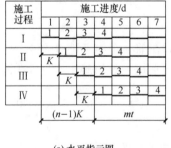

(a) 水平指示图

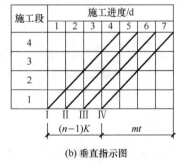

(b) 垂直指示图

图 14.4　固定节拍流水指示图（单层房屋）

（3）固定节拍流水的特点和效果

从垂直图表 14.4（b）中可知，各施工过程的进度线是一组斜率相同的平行直线，非常协调。即这种组织方式下，时间和空间都得到了充分利用，效果良好。

但进一步分析可知，欲组织固定节拍流水施工，条件 $t_{i1}=t_{i2}=\cdots=t_{ij}=\cdots=t_{im}=t_i$ 较易得到满足，只需在划分施工段时给予适当考虑即可；但由于各施工过程的性质、复杂程度不同，条件 $t_1=t_2=\cdots=t_i=\cdots=t_n$ 有时无法满足。因此固定节拍流水是一种组织条件较为严格的方式。

其特点和效果如下：

1）同一施工过程在不同施工段上的流水节拍相等，且各施工过程的流水节拍彼此都相等，为一固定值，即 $t_{ij}=t_i=t$。

2）流水步距都相等，并且等于流水节拍，即 $K_{i,j+1}=K=t$。

3）施工的专业队数 $\sum b_i$ 等于施工过程数 n，即每一个施工过程成立一个专业队，完成所有施工段上的任务。

4）同一专业工作队连续逐段转移，无窝工。

5）不同专业工作队按工艺关系对施工段连续加工，无工作面空闲。

（4）工期公式

由图 14.4 可知，固定节拍流水的工期，可计算为

$$T=(n-1)k+mt \tag{14.4}$$

因 $t=K$，所以 $T=(m+n-1)K$。

对于有间歇和搭接时间的单层房屋流水，若其满足上述的严格条件，则亦可根据上述方法组织时间和空间均连续的固定节拍流水，不再赘述。但计算流水工期时，当某施工过程要求有间歇时间时，应将施工过程与其紧后施工过程的流水步距再加上相应的间歇时间，作为开工的时间间隔而进行绘制；若有平行搭接时间，则应从流水步距中扣除。即流水工期需按式（14.5）计算，如图 14.5 所示。

$$T=(m+n-1)K+\sum Z_1-\sum C \tag{14.5}$$

式中，$\sum Z_1$——层内间歇时间之和；

$\sum C$——层内搭接时间之和。

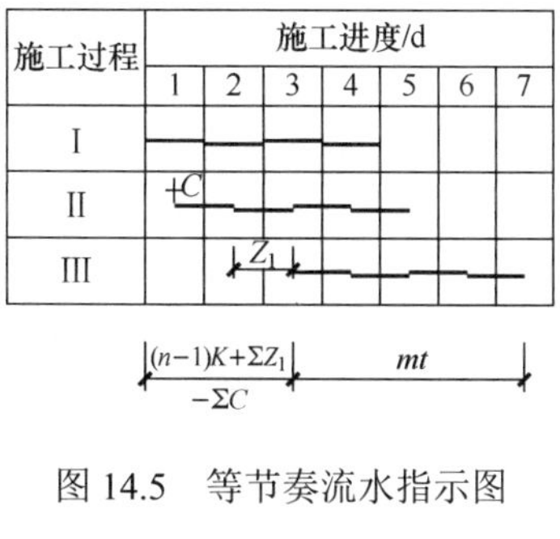

图 14.5　等节奏流水指示图

例 14.2　某工程由 A、B、C、D 四个分项工程组成，划分为 5 个施工段，每个分项工程在各个施工段上的流水节拍均为 4d。要求 A 完成后，它的相应施工段至少要有

组织间歇时间 1d；B 完成后，其相应施工段至少要有工艺间歇时间 2d，为缩短计划工期，允许 D 与 C 平行搭接时间为 1d。试组织流水施工。

解 1）确定流水步距 t：为全等节拍流水，取 $k=t=4$d。

2）流水段数 m：已知 $m=5$ 段。

3）计算流水工期 T：

$$T=(rm+n-1)k+\sum Z_1-\sum C$$
$$=(1\times 5+4-1)\times 4+(1+2)-1=34d$$

4）绘制流水施工横道图，如图 14.6 所示。

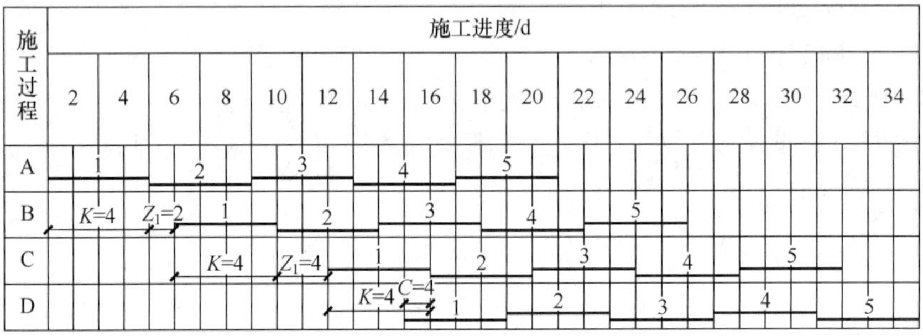

施工过程	施工进度/d																
	2	4	6	8	10	12	14	16	18	20	22	24	26	28	30	32	34
A	1		2		3		4		5								
B	$K=4$ $Z_1=2$ 1			2		3		4		5							
C			$K=4$ $Z_1=4$				1		2		3		4		5		
D							$K=4$ $C=4$ 1		2		3		4		5		

图 14.6　流水施工横道图

2. 多层房屋固定节拍流水

在多个施工层的流水施工中，欲安排固定节拍流水，每层的施工段数 m 与施工过程数 n 应保持一定的关系，以保证实现流水效果。

（1）施工段数 m 与施工过程数 n 的关系

考虑某局部二层的现浇钢筋混凝土结构的建筑物，有支模板、绑扎钢筋和浇注混凝土三个施工过程；在竖向上结构层与施工层相一致，即划分两个施工层 $j=2$。

以下分别讨论 $m>n$、$m=n$、$m<n$ 三种情况。

若按照划分施工段的原则，在平面上其可分成 4 个施工段，即 $m=4$，$n=3$，各施工过程在各段上的流水节拍都是 2d；组织等节奏流水，如图 14.7（a）所示；可知 $m>n$ 时，各专业工作队能够连续作业，但施工段有空闲。如图 14.7（a）中，各施工段在第一层浇完混凝土后均空闲 2d。这种工作面空闲，可用于弥补由于技术间歇、组织管理间歇和备料等要求所必需的时间，因而可以接受。

若按照划分施工段的原则，在平面上也可分成 3 个施工段，即 $m=3$，$n=3$，各施工过程在各段上的流水节拍仍是 2d（较之 $m=4$ 情况，各段投入资源将增大）；组织等节奏流水，如图 14.7（b）所示；可知各专业工作队能连续施工，施工段没有空闲，效果最理想。

若按照划分施工段的原则，在平面上也可分成 2 个施工段，即 $m=2$，$n=3$，各施工过程在各段上的流水节拍仍是 2d（较之 $m=4$ 情况，各段投入资源进一步增大）；组织等节奏流水，如图 14.7（c）所示；由图可知当 $m<n$ 时，各专业工作队不能连续作业，施工段没有空闲；但特殊情况下施工段也会出现空闲，以致造成大多数专业工作队停工。

因一个施工段只供一个专业工作队施工，超过施工段数的专业工作队就无工作面而停工。在图 14.7（c）中，支模工作队完成第一层的施工任务后，要停工 2d 才能进行第二层第一段的施工；其他队组同样也要停工 2d，从而工期延长。

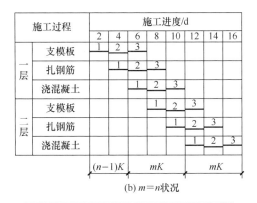

图 14.7 施工段数 m 与施工过程 n 的关系

从上面的三种情况可以看出：施工段数的多少，直接影响工期的长短。

当 $m>n$ 时，专业工作队连续施工，施工段出现空闲状态，可能会影响工期，但若能在空闲工作面上安排一些准备或辅助工作，如运输类施工过程，则可为后继工作创造条件，属于比较合理的安排；

当 $m=n$ 时，专业工作队连续施工，施工段上始终有工作队在工作，即施工段无空闲状态，是理想情况。

而 $m<n$ 时，专业工作队在一个工程中不能连续工作而出现窝工现象，则是施工组织中不可取的安排。

因此，要想保证专业工作队能够连续施工，必须满足 $m \geqslant n$ 的条件，即每层的施工段数 m 应不小于施工过程数 n；欲组织固定节拍流水，则应满足 $m = n$。应当指出，当无层间关系或无施工层（如单层建筑物、基础工程等）时，则施工段数不受上述限制。

（2）无间歇和搭接时间多层专业流水的工期公式

流水施工工期是指从第一个施工过程开始施工到最后一个施工过程完工的全部时间。由图 14.7（b）可知，对于无间歇和搭接时间的多层专业流水，其固定节拍流水的总工期为

$$T = (n-1)K + jmk = (jm+n-1)k \tag{14.6}$$

式中，j——施工层数；其他符号同前。

（3）有间歇和搭接时间多层专业流水的施工段数及工期公式

由图 14.7（a）进一步分析可知，在实际施工中若某些施工过程之间要求有间歇时间，欲组织固定节拍流水，每层的施工段数应大于施工过程。此时，每层施工段空闲数为 $m-n$，一个空闲施工段的时间为 t，则每层的空闲时间为 $(m-n) \cdot t = (m-n)K$。

若一个楼层内各施工过程之间的技术、组织间歇时间之和为 $\sum Z_1$，施工层间技术、组织间歇时间之和为 Z_2；如果每层的 $\sum Z_1$、Z_2 均相等，且为了保证连续施工，施工段上除了 $\sum Z_1$ 和 Z_2 外无空闲，则 $(m-n) \cdot K = \sum Z_1 + Z_2$，因此每层的施工段数可按式（14.7）确定：

$$m_{\min} = n + \frac{\sum Z_1}{K} + \frac{Z_2}{K} \tag{14.7}$$

式中，$m_{\min}$——每层需划分的最少施工段数；

　　　n——施工过程数；

　　　$\sum Z_1$——一层内间歇时间之和；

　　　Z_2——层间间歇时间；

　　　K——流水步距。

此外，有时某些施工过程之间还要求有搭接时间，则应减少施工段数。

因此，有间歇和搭接的多层专业流水，如欲组织固定节拍流水，每层最少施工段数计算为

$$m_{\min} = n + \frac{\sum Z_1}{K} + \frac{Z_2}{K} - \frac{\sum C}{K} \tag{14.8}$$

式中，$\sum C$——一层内搭接时间之和；其他符号同公式（14.7）。

进一步可知，有间歇和搭接时间的多层固定节拍流水，总工期为

$$T = (jm+n-1)K + \sum Z_1 - \sum C \tag{14.9}$$

例 14.3　某二层建筑物由四个施工过程组成，流水节拍均为 2d。施工过程 Ⅰ 与 Ⅱ 之间有组织间歇 2d，施工过程 Ⅲ 与 Ⅳ 之间有技术间歇 1d。要求第一层施工完毕停歇 1d 再进行第二层施工。试组织流水施工、计算总工期，并绘制横道图。

解　由题意知

$$n=4, j=2, t=2d, \sum Z_1 = \sum S + \sum G = 1+2 = 3d, Z_2 = 0, \sum C = 0$$

1）由流水节拍的特征，可确定流水步距 $K=t=2$d。

2）确定施工段数

$$m_{\min}=n+\frac{\sum Z_1}{K}+\frac{Z_2}{K}-\frac{\sum C}{K}=4+\frac{2+1-0+1}{2}=6$$

要求 $m \geq m_{\min}=6$，取 $m=6$。

3）确定流水总工期 T

$$T=(jm+n-1)K+\sum Z_1-\sum C=(2\times6+4-1)\times2+3=33(\text{d})$$

4）绘制流水施工横道图，如图 14.8 所示。

施工层	施工过程	施工进度/d																
		2	4	6	8	10	12	14	16	18	20	22	24	26	28	30	32	34
第一层	I	①	②	③	④	⑤	⑥											
	II	k	G	①	②	③	④	⑤	⑥									
	III			k	Z	①	②	③	④	⑤	⑥							
	IV				k		①	②	③	④	⑤	⑥						
第二层	I						k	S	①	②	③	④	⑤	⑥				
	II							k	G	①	②	③	④	⑤	⑥			
	III								k	Z	①	②	③	④	⑤	⑥		
	IV										k	①	②	③	④	⑤	⑥	

图 14.8 有间歇时间的流水施工图

14.3.2 成倍节拍流水

在进行流水设计时，可能不同施工过程之间的流水节拍并不完全彼此相等，即不具备组织固定节拍流水的条件；但各施工过程的节拍仍具有一定规律，如同一个施工过程的节拍全都相等，而各施工过程之间的节拍虽然不等、但同为某一常数的倍数。

考虑如下流水施工的组织问题：某工地建造六幢住宅，每幢房屋的主要施工过程划分为：基础工程一个月；主体结构三个月；粉刷装修两个月；室外与清洁工程两个月。结合上述节拍特征，根据工期的不同要求，可分别组织异步距成倍节拍流水或等步距成倍节拍流水。

1. 异步距成倍节拍流水

对上述六幢住宅的施工，可组织如图 14.9 所示的施工进度，谓之异步距成倍节拍流水，又称为一般成倍节拍流水。

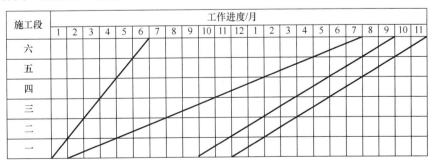

施工段	工作进度/月																						
	1	2	3	4	5	6	7	8	9	10	11	12	1	2	3	4	5	6	7	8	9	10	11
六																							
五																							
四																							
三																							
二																							
一																							

图 14.9 一般成倍节拍流水（垂直指示图）

（1）一般成倍节拍流水的组织

由流水的组织方法可知，安排流水首先要确定工作队数和流水步距两项基本参数。在图 14.9 的一般成倍流水组织方式中，采用各施工过程均安排一个专业工作队、总工作队数等于施工过程数的做法，即 $b_i=1$、$\sum b_i=n$；由于各施工过程节拍的不同，必须安排不同的步距以满足施工工艺上的要求。

分析图 14.9 各施工过程的相互关系，各相邻施工过程间的流水步距按下列两种情况确定：

1）前一施工过程的流水节拍小于等于后续施工过程的流水节拍，即 $t_i \leqslant t_{i+1}$。

此时，前一施工过程的施工速度比后续施工过程的施工速度快；只需在第一施工段上相邻两施工过程能保持正常的流水步距，则后续所有施工段上都能满足要求。计算流水步距为

$$K_{i,i+1}=t_i \quad （当 t_i \leqslant t_{i+1} 时）\tag{14.10}$$

如图 14.10 中施工过程Ⅰ和Ⅱ，$t_Ⅰ<t_Ⅱ$，$K_{Ⅰ-Ⅱ}=t_Ⅰ=1d$，此时可以得到最短工期。尽管同一施工段上施工过程在时间上衔接不紧，但施工工艺是合理的。

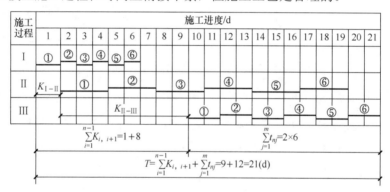

图 14.10　一般成倍节拍流水指示图

2）前一施工过程的流水节拍大于后续施工过程的流水节拍，即 $t_i>t_{i+1}$。

此时，前一施工过程比后续施工过程速度慢，若仍按上述方法确定流水步距，则在第二个施工段上就会出现两相邻施工过程在一个施工段上同时工作、后一施工段上可能出现施工顺序倒置的现象。为避免发生这种不合理情况，同时要实现全部施工过程的连续作业，流水步距为

$$K_{i,i+1}=t_i+(t_i-t_{i+1})(m-1) \quad （当 t_i>t_{i+1} 时）\tag{14.11}$$

因时间不能出现负值，所以当 $t_i-t_{i+1}<0$ 时规定取零，则一般成倍节拍流水的流水步距可统一按式（14.11）计算。

如图 14.11 中施工过程Ⅱ和Ⅲ，为满足施工工艺的要求，应从第二施工段开始，后续施工过程必须推迟一段时间施工；若每一施工段上推迟时间取为 $t_Ⅱ-t_Ⅲ=1d$，此时虽满足了施工工艺的要求，但施工过程Ⅲ不能保持连续施工；为了施工过程连续作业，后续施工过程开始工作的时间必须继续推迟，从第①施工段就开始推迟各施工段开工 1d，每一施工段上推迟施工的时间应视为流水步距 $K_{Ⅱ-Ⅲ}$ 的组成部分，各段推迟时间共计

$1\times5=5d$，再加上正常的 $K_{II-III}=3d$，则 $K_{II-III}=8d$，即按公式计算 $K_{II-III}=3+(3-2)\times(6-1)=8d$。

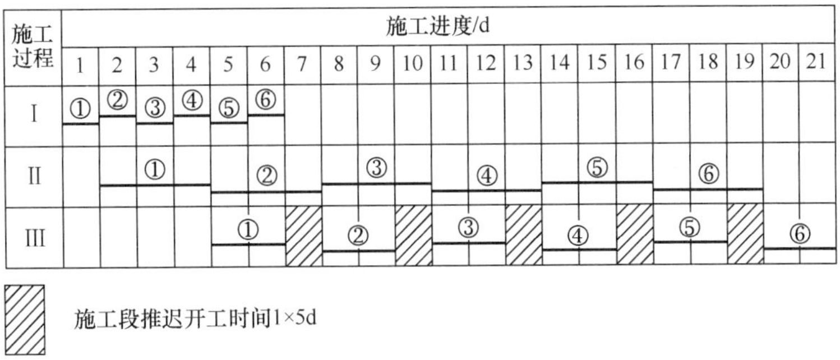

施工过程	施工进度/d																				
	1	2	3	4	5	6	7	8	9	10	11	12	13	14	15	16	17	18	19	20	21
I	①	②	③	④	⑤	⑥															
II			①			②			③			④			⑤			⑥			
III				①				②			③			④			⑤			⑥	

施工段推迟开工时间l×5d

图 14.11　分析图 14.11 中 $K_{II-III}=8$ 的计算

（2）一般成倍节拍流水的工期公式

由图 14.10 中可以看出，一般成倍节拍流水由于流水步距不同，流水工期为

$$T=\sum_{i=1}^{n-1}K_{i,i+1}+\sum_{j=1}^{m}t_{nj}+\sum Z_1-\sum C \qquad (14.12)$$

式中，$\sum_{i=1}^{n-1}K_{i,i+1}$——流水步距之和；

$\sum_{j=1}^{m}t_{nj}$——最后一个施工过程在各施工段上的节拍之和；

$\sum Z_1$——间歇时间之和；

$\sum C$——搭接时间之和。

（3）一般成倍节拍流水的组织特点及分析

一般成倍节拍流水的组织特点：各个专业施工队能连续作业；施工段有空闲；各施工过程之间的流水步距不完全相等；专业施工队数目与施工过程数相等。

按一般成倍节拍方法组织流水施工，在实际工程中并不够合理。一般成倍节拍流水通常只在单层施工时才采用；多个施工层时这种方法并没有太大实用价值。

2. 等步距成倍节拍流水（又称为加快成倍节拍流水）

（1）加快成倍节拍流水的形式

考虑上例施工组织方案可知，欲合理安排施工以缩短工程工期，可通过增加主体结构、粉刷装修和室外工程施工工作队的方法来达到加快施工速度的目的。

例如，主体结构由原来的一个队增加到三个队，装修室外工程施工的工作队也分别由原来的一个队增加到两个队。如在同一幢房屋上施工，会受到工作面的限制而降低生产效率；因此可安排第一、四幢结构施工由主体结构工作队甲来完成，二、五幢结构施工由主体结构工作队乙来完成，三、六幢结构施工由主体结构工作队丙来完成；其他工作队也按此法作相应安排。由此可得图 14.12 所示的进度计划图表，其工期为13 个月。

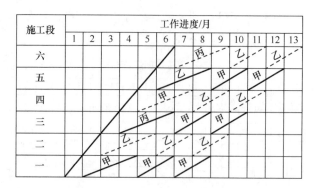

图 14.12　加快成倍节拍流水

（2）加快成倍节拍流水的组织

由上述组织方法可知，对某些主要施工过程增加专业工作队，就可达到既充分利用工作面又缩短工期的目的。具体来讲，若要缩短施工工期、并保持施工的连续性和均衡性，可利用各施工过程之间流水节拍的倍数比关系，取其最大公约数来组建每个施工过程的专业施工队，构成一个工期短、保持流水施工特点、类似于固定节拍流水的组织方案，即加快成倍节拍流水。实际上，在工程中多采用加快成倍节拍流水来组织施工。

1）加快成倍节拍的单层专业流水。

组织加快成倍流水时，流水节拍较长的施工过程，需组织多个专业班组参加流水施工，以与其他施工过程保持步调一致。各施工过程的工作队队数为

$$b_i = \frac{t_i}{K} \tag{14.13}$$

式中，b_i——第 i 施工过程所需的工作队队数；

t_i——第 i 施工过程的流水节拍；

K——流水步距，可取各施工过程流水节拍 t_i 的公约数；为缩短工期，一般取最大公约数，且在整个流水过程中为一常数。

加快成倍节拍流水是在资源供应满足要求的前提下，对流水节拍较长的施工过程，安排几个同工种的专业工作队，以使其与其他施工过程保持同样的施工速度，最终可完成该施工过程在不同施工段上的任务。在同类型建筑中采用加快成倍节拍的组织方案，可以收到较好经济效果；但需考虑实际施工时同一施工过程组织多个作业班组的可能性，否则也会由于劳动资源不易保证而延误施工。

可见，加快成倍节拍流水正是通过合理组建多个同类型工作队队组的做法，形成了与固定节拍流水一样效果的流水施工。在加快成倍节拍流水中，流水节拍长的施工过程安排了一个以上的工作队、总工作队数 $\sum b_i > n$。

对于无间歇和搭接的单层施工，其流水工期为

$$T = (m + \sum b_i - 1)K \tag{14.14}$$

式中，$\sum b_i$——各施工过程的工作队总数；其他符号同前。

比较固定节拍流水与加快成倍节拍流水的工期表达式（14.4）与式（14.14），两者的差别仅在于，式（14.5）中施工过程数 n 的位置在式（14.15）中为工作队总数 $\sum b_i$。

可以推知，对于有间歇和搭接的单层施工，工期公式只需将式（14.5）中的 n 换为 $\sum b_i$，即

$$T=(m+\sum b_i-1)K+\sum Z_1-\sum C \qquad (14.15)$$

例14.4 14 栋同类型房屋的基础组织流水作业施工，4 个施工过程的流水节拍分别为 6d、6d、3d、6d。若各项资源可按需要供应，规定工期不得超过 60d。试确定流水步距、工作队数并绘制流水指示图表。

解 因工期有限制，考虑采用加快成倍节拍流水施工。

流水节拍 6d、6d、3d、6d 的最大公约数是 3，因此取流水步距 $K=3$d。

各施工过程工作队数，$b_1=\dfrac{t_1}{K}=\dfrac{6}{3}=2$ 队，

同理 $b_2=2$ 队，$b_3=1$ 队，$b_4=2$ 队，$\sum b_i=6$d

总工期为

$$T=\left(m+\sum_{i=1}^{n}b_i-1\right)K+\sum Z_1-\sum C=(14+2+2+1+2-1)3+0-0=60\ (d)$$

依次组织各工作队间隔一个流水步距 3d、投入施工。

绘制流水指示图表如图 14.13 所示。

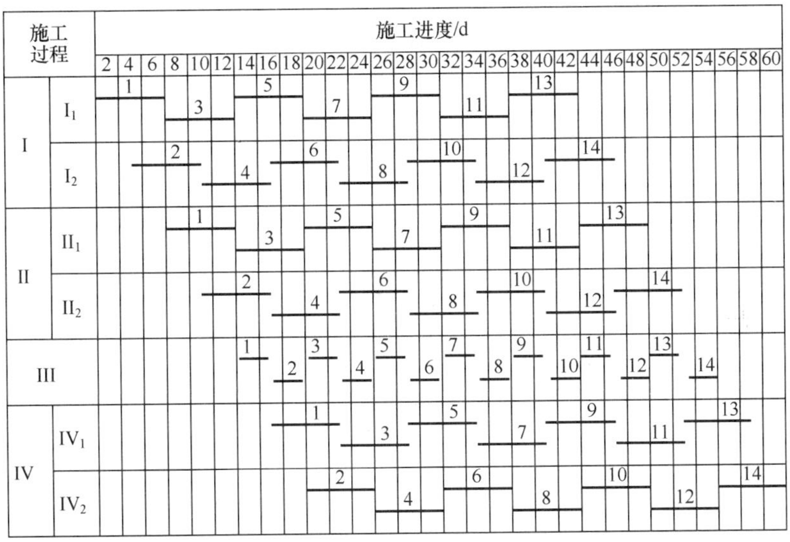

图 14.13 14 幢同类型房屋基础工程流水指示图

2）加快成倍节拍的多层专业流水。

同理，多层施工如欲组织加快成倍节拍流水，要想保证专业工作队能够连续施工，必须满足 $m\geqslant\sum b_i$ 的条件，即每层的施工段数 m 应不小于专业工作队数 $\sum b_i$；每层的最少施工段数为

$$m_{\min}=\sum b_i+\frac{\sum Z_1}{K}+\frac{Z_2}{K}-\frac{\sum C}{K} \qquad (14.16)$$

式中，$\sum b_i$——各施工过程的工作队总数；

其他符号同前。

类似地，对于有间歇和搭接的多层施工，工期公式只需将式（14.9）中的 n 换为 $\sum b_i$，即

$$T=(jm+\sum b_i-1)K+\sum Z_1-\sum C \qquad (14.17)$$

事实上，固定节拍流水中由于各施工过程均采用一个工作队，因此施工过程数等于工作队数；若将 n 视为总工作队数，即 $n=\sum b_i$，则固定节拍流水与加快成倍节拍流水的有关计算公式可以统一为式（14.5）～式（14.9），只需对加快成倍节拍流水将 n 用 $\sum b_i$ 置换即可。

例 14.5　某三层现浇钢筋混凝土工程，支模板、扎钢筋、浇混凝土的流水节拍分别为 4d、2d、2d，扎钢筋与支模板可搭接 1d，层间技术间歇为 1d。若资源可按需供应，试组织流水施工。

解　由题知，$j=3$，$n=3$，$t_支=4\,\mathrm{d}$，$t_扎=2\,\mathrm{d}$，$t_{混凝土}=2\,\mathrm{d}$，

$\sum Z_1=0\mathrm{d}$；$\sum C=1\mathrm{d}$；$Z_2=1\mathrm{d}$。

根据流水节拍的特征，考虑采用比较理想的加快成倍节拍流水。

流水步距取各流水节拍的最大公约数，即 $K=2d$。

工作队队数为 b_1（支模板）$=\dfrac{t_支}{K}=\dfrac{4}{2}=2$ 队，

同理 b_2（扎钢筋）$=1$ 队，b_3（浇混凝土）$=1$ 队，$\sum b_i=4$ 队。

施工段数按式（14.16）计算，$m=4+\dfrac{0}{2}+\dfrac{1}{2}-\dfrac{1}{2}=4$ 段。

流水指示图如图 14.14 所示。总工期为 $T=(3\times4+4-1)\times2+0-1=29\mathrm{d}$。

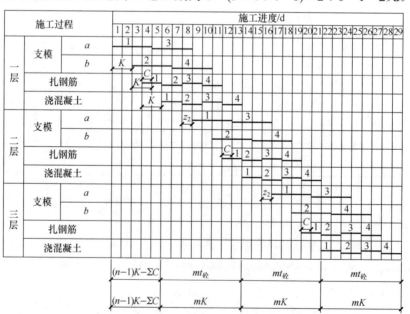

图 14.14　三层现浇钢筋混凝土框架主体结构流水指示图

图 14.14 对式（14.17）做出了直观解释：二层及二层以上的 $\sum Z_1$、$\sum C$ 和 Z_2，均

已包括各层的 mK 项内，因此在工期公式内不再出现，即计算工期时，只需考虑层内间歇和搭接时间，式（14.9）、式（14.15）中也是如此；而在划分流水段时，层内间歇、搭接和层间间歇则均需考虑，详见式（14.8）、式（14.16）所示。

（3）加快成倍节拍流水的组织特点及分析

加快成倍节拍流水的组织特点：同一专业工作队连续逐段转移，无窝工；不同专业工作队按工艺关系对施工段连续加工，无工作面空闲；各施工过程之间的流水步距相等，等于各流水节拍的最大公约数；流水节拍长的施工过程要组建成倍的同类型工作队，专业施工队数目大于施工过程数。

理论上只要各施工过程的流水节拍具有倍数关系，均可采用这种加快成倍节拍流水组织方法。但如果其倍数差异较大，往往难以配备足够的施工队组，或者难以满足各个队组的工作面及资源要求，使得这种组织方法失去了实际应用的可能。

14.3.3　分别流水

前述各种流水方式，都是比较理想情况下的安排。实际工作中，通常每个施工过程在各个施工段上的工程量彼此不相等，或各个专业工作队的生产效率不同，从而导致大多数施工过程的流水节拍彼此不相等或没有倍数关系。在此情况下，只能按照施工顺序，合理确定相邻专业工作队之间的流水步距，使其在开工时间上争取最大搭接，组织成每个专业施工队都能够连续作业的无节奏流水施工。

1. 无节奏流水及其组织原则

无节奏流水是在工艺上互相有联系的分项工程，先组织成若干个独立的分项工程流水，然后再按施工顺序联系起来的组织方法。

组织无节奏流水的基本要求是保证各施工过程衔接的合理性；各工作队尽量连续工作和各施工段尽量不间歇或少间歇。当各施工过程在各个施工段上的流水节拍不相等且变化无规律时，应根据上述原则进行安排。

一般来讲，无节奏流水采用各施工过程安排一个专业工作队的做法。

2. 无节奏流水的步距

无节奏流水组织的关键是确定流水步距。

流水步距的确定有很多方法，以下是一种最简便的实用方法，称为"累加数列错位相减取大差"，其计算步骤如下：

1）求同一施工过程专业施工队在各施工段上的流水节拍的累加数列。

2）按施工顺序，将所求相邻的两个施工过程流水节拍的累加数列，向右错位相减。

3）在错位相减结果中数值最大者，即为相邻专业施工队组之间的流水步距。

实际上，这种方法同样适用于一般加快成倍节拍流水的步距计算，详见例 14.6。

3. 无节奏流水的工期

无节奏流水的工期仍按式（14.14）计算。

需要说明的是，式（14.14）适用于流水施工的各种组织形式，前述各项有节奏流水中都是在这个普遍公式的基础上进一步提炼得到的。

4. 无节奏流水的组织特点及分析

无节奏流水的组织特点是：各专业工作队都能连续施工，个别施工段可能有空闲；专业工作队队数等于施工过程数；流水步距通常不相等。

这种流水方式在实际中是最常见、应用最普遍的最基本的组织方法，它不仅在流水节拍不规则的条件下使用；对于在固定节拍流水、成倍节拍流水的有规律条件下，当施工段数、施工队组数，以及工作面或资源状况不能满足相应要求时，也需要按分别流水法组织施工；而有节奏流水则是无节奏流水的特殊形式。

例 14.6　某分部工程有Ⅰ、Ⅱ、Ⅲ、Ⅳ、Ⅴ五个施工过程，分为四个施工段，每个施工过程在各个施工段上的流水节拍如表 14.2 所示。规定施工过程Ⅱ完成后，其相应施工段至少养护 2d；施工过程Ⅳ完成后，其相应施工段要留有 1d 的准备时间；为了尽早完工，允许施工过程Ⅰ、Ⅱ之间搭接施工 1d。试编制流水施工方案。

解　根据题设条件，该工程只能组织无节奏流水。

表 14.2　各施工过程流水节拍表　　　　　　　（单位：d）

施工段	Ⅰ	Ⅱ	Ⅲ	Ⅳ	Ⅴ
①	3	1	2	4	3
②	2	3	1	2	4
③	2	5	3	3	2
④	4	3	5	3	1

首先求流水节拍的累加数列

$$Ⅰ：3，5，7，11$$
$$Ⅱ：1，4，9，12$$
$$Ⅲ：2，3，6，11$$
$$Ⅳ：4，6，9，12$$
$$Ⅴ：3，7，9，10$$

接着确定流水步距 $K_{Ⅰ, Ⅱ}$

$$
\begin{array}{r}
3，5，7，11 \\
-)\quad\ 1，4，9，\ 12 \\
\hline
3，4，3，2，-12
\end{array}
$$

∴ $K_{Ⅰ, Ⅱ}$＝max{3，4，3，2，−12}＝4d；同理 $K_{Ⅱ, Ⅲ}$＝6d；$K_{Ⅲ, Ⅳ}$＝2d；$K_{Ⅳ, Ⅴ}$＝4d。

根据题设中的 $Z_{Ⅱ, Ⅲ}$＝2d；$Z_{Ⅳ, Ⅴ}$＝1d；$C_{Ⅰ, Ⅱ}$＝1d，以及上述各施工过程间的流水步距，按照流水施工组织原理绘制指示图表如图 14.15 所示。

$$T=\sum_{i=1}^{n-1}K_{i,i+1}+\sum_{j=1}^{m}t_{nj}+\sum Z_1-\sum C=(4+6+2+4)+(3+4+2+1)+2+1-1=28(\text{d})$$

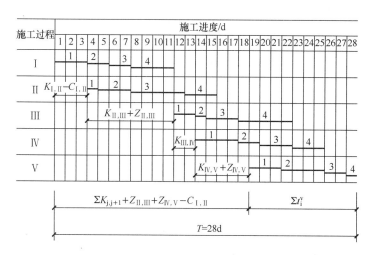

图 14.15 无节奏流水指示图

由图 14.15 可知，当同一施工段上不同施工过程的流水节拍不同、但互为整倍数关系时，如果不组织多个同型专业工作队完成同一施工过程的任务，流水步距必然不等，只能采用用分别流水中的一般成倍节拍流水的形式组织施工；如果以缩短流水节拍长的施工过程、达到等步距流水，就要在增加劳动力没有问题的情况下，检查工作面是否满足要求；如果延长流水节拍短的施工过程，工期就要延长。

实际工作中到底采用哪一种流水施工的组织形式，除要分析流水节拍的特点外，还要考虑工期要求和承包商自身的具体施工条件。任何一种流水施工的组织形式，仅仅是一种组织管理手段，其最终目的都是要实现工程质量好、工期短、成本低、效益高和安全施工的目标。

复习思考题

14.1 土木工程施工的组织方式有哪些？其特点分别是什么？

14.2 流水作业的表达方式有哪些？

14.3 如何组织流水施工？

14.4 流水施工参数及其分类。

14.5 流水施工组织方式有哪几类？

14.6 划分施工段的基本原则是什么？

14.7 某工程有 A、B、C 三个施工过程，每个施工过程均划分为三个施工段，节拍分别为 $t_A=3d$、$t_B=2d$、$t_C=4d$。试分别计算顺序、平行和流水三种施工方式的工期，并绘出各自的施工进度计划表。

14.8 试安排并绘制三层现浇钢筋混凝土楼盖工程的流水施工进度表。已知：①框架平面尺寸为 17.4m×144m。沿长度方向每隔 48m 留伸缩缝一道；②$t_{支模}=4d$；$t_{扎筋}=2d$；$t_{浇混凝土}=2d$；③层间技术间歇（即混凝土浇筑后在其上支模的间歇要求）为 2d。

14.9 某 3 层砖混结构建筑物，其主体工程包含 4 个施工过程：A（砌砖墙）→B（钢筋混凝土构造柱及圈梁）→C（安装预制楼板及楼梯）→D（楼板灌缝）。若该建筑物分成三个相等的施工段，各施工过程的流水节拍分为 4d、3d、2d、1d。施工过程 B、C 之间技术间歇 1d。试指出该主体工程的主导施工过程，安排并绘制其流水施工进度计划表。

14.10　根据表中数据，组织流水施工并绘制进度表，见表 14.3。

表 14.3

施工段　＼　施工过程	A	B	C	D	E
1	4	2	1	5	4
2	3	3	4	2	2
3	2	3	3	4	1
4	2	4	4	3	2

14.11　某工程施工，各施工过程在各施工段上的延续时间如下表，且知 B 做好后需间歇一天。试组织流水施工并绘制进度表，见表 14.4。

表 14.4

施工过程　＼　施工段	1	2	3
A	2	3	2
B	2	2	2
C	3	2	2
D	2	2	1

第十五章　网络计划技术

网络计划技术亦称为网络计划方法，在我国也称为统筹方法。它是 20 世纪 50 年代末为了适应生产发展和科学研究工作的需要而开发出的一种新的计划管理技术。这种网络计划是应用网络图的形式来表达一项计划中各项工作之间的相互关系和进度，通过计算时间参数，找出计划中的关键工作和关键线路，通过不断调整网络计划，寻求最优方案；在计划执行过程中对计划进行有效的控制与监督，保证合理地使用资源，取得可能达到的最好效果。因此它是一种有效的科学管理方法。

15.1　网络图的基本概念

15.1.1　网络图的概念及其分类

网络图是由箭线和节点组成，用来表示工作流程的有向、有序网状的图形。一个网络图表示一项计划任务。网络图有很多分类方法，按表达方式的不同划分为双代号网络图和单代号网络图；按网络计划终点节点个数的不同划分为单目标网络图和多目标网络图；按参数类型的不同划分为肯定型网络图和非肯定型网络图；按工作之间衔接关系的不同划分为一般网络图和搭接网络图等。

15.1.2　网络图的特点

网络图把施工过程中的各有关工作组成了一个有机的整体，能全面而明确地表达各项工作开展的先后顺序及相互之间的关系；通过网络图的计算，能确定各项工作的开始时间和结束时间，并能找出关键工作和关键线路，便于计划管理者集中力量抓主要矛盾、确保工期，避免盲目施工；能够从许多可行方案中寻求最优方案；在计划的实施过程中进行有效的控制和调整，保证以最小的资源消耗取得最大的经济效果和最理想的工期。

15.2　双代号网络图

15.2.1　双代号网络图的组成

双代号网络图又称箭线网络图。它是指以箭线表示工作，以节点表示工作之间的连接点，并以箭线两端的节点编号代表一项工作，由一系列箭线和节点组成线路，许多这样的线路就构成了有向网络图。工作（工序或施工过程）、节点、线路是双代号网络图组成的三个基本要素，如图 15.1 所示。

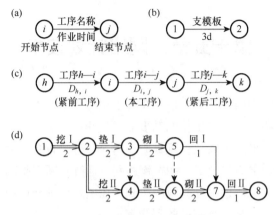

图 15.1　双代号网络图表示图

（1）工作

工作就是计划任务按需要粗细程度划分而成的一个消耗时间或也消耗资源的子项目或子任务。它是网络图的组成要素之一，用一根箭线和两个圆圈来表示。工作的名称标注在箭线的上面，工作持续时间标注在箭线的下面，箭线的箭尾节点表示工作的开始，箭头节点表示工作的结束。箭线可以用直线、曲线、折线表示，其长短与工作的延续时间无关。

（2）节点

在网络图中箭线的出发和交汇处画上圆圈，用以表示该圆圈前面一项或若干项工作的结束和允许后面一项或若干项工作的开始的时间点称为节点。

在网络图中，节点不同于工作，它只标志着工作的结束和开始的瞬间，具有承上启下的衔接作用，而不需要消耗时间或资源。

箭线出发的节点称为开始节点，箭线进入的节点称为结束节点。

（3）线路

网络图中从起点节点开始，沿箭线方向连续通过一系列箭线与节点，最后到达终点节点的通路称为线路。每一条线路都有自己确定的完成时间，它等于该线路上各项工作持续时间的总和，也是完成这条线路上所有工作的总时间。持续时间之和最长的线路，称为关键线路。位于关键线路上的工作称为关键工作。关键工作没有机动时间，关键工作完成的快慢直接影响整个计划工期的实现，关键线路一般用粗箭线、双箭线或彩色箭线连接。关键线路在网络图中不止一条，可能同时存在几路，即这几条线路上的持续时间相同。短于关键线路持续时间的线路称为非关键线路。位于非关键线路上的工作称为非关键工作；它有机动时间。

关键线路、非关键线路并不是一成不变的，在一定条件下，关键线路和非关键线路可以互相转化。

如图 15.1（d）所示为某一建筑物砖基础施工的双代号网络计划图。该基础施工划分为两个施工段，每个施工段包括挖基槽、做垫层、砌基础、回填土四项工序。图中工序表示如下：第 I 施工段挖基槽 I(1-2)，做垫层 I(2-3)，砌基础 I(3-5)，回填土 I(5-7)。第 II 施工段对应的工序分别为（2-4）、（4-6）、（6-7）、（7-8）。箭线下数字为工序作业时间。图中每条实箭线表示实际工序，每项实际工序都要消耗一定的时间和资源。（3-4）、（5-6）两个虚箭线表示虚工序，虚工序是为了在网络图中表示相邻前后两项工序之间的逻辑关系而添加的工序，它不消耗时间和资源，作业时间为零。例如，虚工序（3-4）表示垫层Ⅰ完成后，垫层Ⅱ才能开始，即垫层Ⅰ是垫层Ⅱ的紧前工序。有时虚工序也用作业时间为零的实箭线表示。

15.2.2 双代号网络图的绘制

双代号网络图的绘制方法，视各人的经验而不同，但从根本上说，都要在既定施工方案的基础上，根据具体的施工客观条件，以统筹安排为原则。一般的绘图步骤如下：

1）任务分解，划分施工工作。

2）确定完成工作计划的全部工作及其逻辑关系。

3）确定每一工作的持续时间，制定工程分析表。

4）根据工程分析表，绘制并修改网络图。

为了正确地绘制网络图，需要先搞清楚工程项目计划中工作之间的逻辑关系有哪些，如何正确地表达各种逻辑关系，以及绘制双代号网络图应遵守的规则等，然后再通过实例掌握网络图的绘制方法。

1. 双代号网络图绘制的基本原则

1）对工程项目的工作进行系统分析，确定各工作之间的逻辑关系，绘制工作逻辑关系表。

逻辑关系是指工作进行时各工作间客观上存在的一种相互制约或依赖的关系，也就是先后顺作关系，包括工艺逻辑关系与组织逻辑关系两种。

① 工艺逻辑关系。生产性工作之间由工艺过程决定的、非生产性工作之间由工作程序决定的先后顺序关系称为工艺逻辑关系。

② 组织逻辑关系。工作之间由组织安排需要或资源（劳动力、原材料、施工机具等）调配需要而规定的先后顺作关系称为组织逻辑关系。

2）在一个网络图中，只允许有一个起始节点（没有一个箭线的箭头指向该节点）；在不分期完成任务的网络图中，应只有一个终止节点（只有一个箭头指向该节点）；而其他所有节点均应是中间节点（既有箭头指向该节点，又有由它引出的箭头指向其他节点）。如图 15.2（a）出现了两个起始节点 1、2，四个终点节点 11、13、14、15，这种情况在双代号网络图中是不允许的，必须加以改正。图 15.2（b）为改正后的正确网络图。

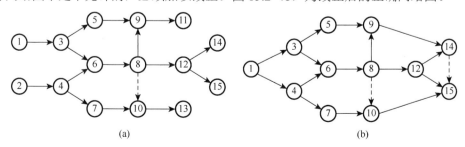

(a)   (b)

图 15.2 起始节点与终点节点表示法

3）网络图中不允许出现循环回路（或闭合回路）。如图 15.3（a）工作 H、I、R 形成了循环回路；即 R 的紧前工作为 I，I 的紧前工作为 H，H 的紧前工作为 R，形成循环关系。这种情形无法确定其先后顺作，在工艺顺作上是相互矛盾的，在时间安排上也是无法实施的。

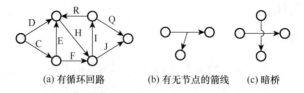

(a) 有循环回路　　　　(b) 有无节点的箭线　　(c) 暗桥

图 15.3　循环回路与箭线交叉示例

4）在网络图中不允许出现重复编号的箭线，即两个节点之间只允许有一个工作箭线，如有两个以上时应增加虚工作。如图 15.4（a）工作 B、E 有相同的代号（2-3）是不允许的，图 15.4（b）为加虚工作后的正确网络图。

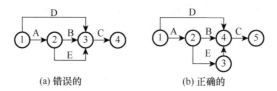

(a) 错误的　　　　　　　(b) 正确的

图 15.4　两个节点间有多个工作时的表示方法

5）在网络图中不允许出现没有箭头或箭尾节点的工作。

6）在网络图中不允许出现带有双箭头或无箭头的工作，如图 15.3（b）所示。

7）绘制网络图时应尽量避免箭线交叉，当交叉不可避免时，可采用搭桥法或指向法，如图 15.3（c）所示。

8）网络图节点编号规则：从起始节点开始编号；每个工作开始节点编号应小于结束节点编号；在一个网络图中，不允许出现重复编号，可采用不连续编号的方法。

2. 双代号网络图各种逻辑关系的正确表示方法

网络图中工作之间的逻辑关系，可以归纳为五种基本形式。五种基本形式的描述及其在双代号网络图中的表达方法列于表 15.1 中。

表 15.1　工作基本逻辑关系的描述及其表达方法

序号	描述	表达方式	逻辑关系	
			工作名称	紧前工作
1	A 工作完成后，B 工作才能开始	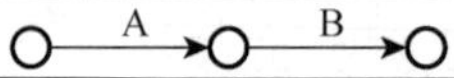	B	A
2	A 工作完成后，B、C 工作才能开始	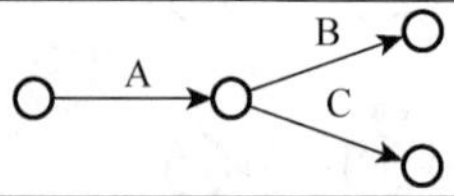	B C	A A
3	A、B 工作完成后，C 工作才能开始	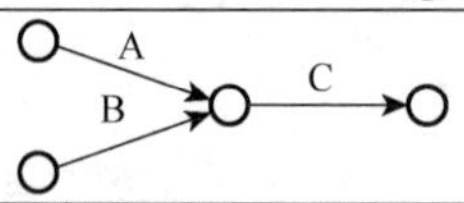	C	A、B

续表

序号	描述	表达方式	逻辑关系 工作名称	逻辑关系 紧前工作
4	A、B 工作完成后，C、D 工作才能开始		C D	B A、B
5	A、B 工作完成后，C 工作才能开始，且 B 工作完成后，D 工作才能开始		C D	B B

表 15.1 中，前四种基本形式的共同特点是：一个或者两个工作，若只有一个共同的紧前工作时，则以这个工作的结束节点作为它们的开始节点；若具有两个共同的紧前工作时，则必须将这两个紧前工作的结束节点合为一个共同的结束节点，再以此点作为它们的开始节点。第五种形式则必须增加一个虚工作，虚工作连接工作 A、B 的结束节点，且其箭头指向工作 A 的结束节点。由于虚工作作业时间为零，即在工作 A 的结束节点处，工作 A、B 都完成，也就是说，以此节点为开始节点的工作 C 有两个紧前工作 A 和 B。以工作 B 的结束节点作为开始节点的工作 D，则仅有一个紧前工作 B。

在绘制网络图时，不论工作有多少，其逻辑关系都是由这五种基本形式组合而成的。另外，对于较复杂的逻辑关系，必须注意正确使用虚工作：只有在两个工作有共同的紧后工作，且其中一个工作又有属于它自己的紧后工作时，才需要增加虚工作。若网络图中出现了不属于这种关系的虚工作，这个虚工作显然是多余的，应该从网络图中去掉。

表 15.2 列举了四个例子，说明虚工作的用法。表中序号 1、序号 2 的虚工作是必须增加的；序号 3、序号 4 中的 a 图有多余的虚工作，b 图为去掉多余虚工作之后的正确逻辑关系图。

表 15.2　虚工作用法示例

序号	工作名称	紧前工作	表达方法	说明
1	K L M	A A、B B		A、B 有共同的紧后工作，A、B 又分别有各自的紧后工作，必须增加两道虚工作形成共同的结束节点
2	K L M	A A、B B、C		B 与 A 有共同的紧后工作，B 又与 C 有共同的紧后工作，必须从 B 引出两个虚工作，分别与 A 和 C 工作的结束节点连接；而 A 又有自己单独的紧后工作，再加一个虚工作将 A 的结束节点与 A、B 共同的结束节点分开
3	B C D	M、N、O O O、S		图（a）中有多余的虚工作 P_1、P_3，图（b）为去掉图（a）中多余虚工作后正确的逻辑关系图

序号	工作名称	紧前工作	表达方法	说明
4	A B C D	M，N N，O N，O S，O	 (a)　　　　　　(b)	图（a）中有多余的虚工作 P_2、P_4 或 P_3、P_5，图（b）为去掉图（a）中多余虚工作后正确的逻辑关系图

例 15.1　某大型钢筋混凝土基础工程，分三段施工，包括支模板、绑扎钢筋、浇筑混凝土三道工序，每道工作安排一个施工队进行施工，且各工作在一个施工段上的作业时间分别为 3d、2d、1d，试绘制双代号网络图。

解　1）分析各工序之间的逻辑关系，绘制工作逻辑关系表。如题示，三道工序的工艺逻辑关系为支模板 ⟶ 绑扎钢筋 ⟶ 浇筑混凝土。

组织逻辑关系为：每道工作的施工队从第 Ⅰ 段 ⟶ 第 Ⅱ 段 ⟶ 第Ⅲ段。

归纳两类逻辑关系，即可得出该工程的工序逻辑关系表，见表 15.3。

表 15.3　工序逻辑关系表

序号	工序名称	紧前工序	说明
1	支模Ⅰ	—	开始工序
2	扎筋Ⅰ	支模Ⅰ	工艺逻辑关系
3	浇混凝土Ⅰ	扎筋Ⅰ	工艺逻辑关系
4	支模Ⅱ	支模Ⅰ	组织逻辑关系
5	扎筋Ⅱ	支模Ⅱ	工艺逻辑关系
		扎筋Ⅰ	组织逻辑关系
6	浇混凝土Ⅱ	扎筋Ⅱ	工艺逻辑关系
		浇混凝土Ⅰ	组织逻辑关系
7	支模Ⅲ	支模Ⅱ	组织逻辑关系
8	扎筋Ⅲ	支模Ⅲ	工艺逻辑关系
		扎筋Ⅱ	组织逻辑关系
9	浇混凝土Ⅲ	扎筋Ⅲ	工艺逻辑关系
		浇混凝土Ⅱ	组织逻辑关系

2）根据工序逻辑关系表绘制组合逻辑关系图。首先从表 15.3 中找出没有紧前工序的工序（起始工序）支模板 Ⅰ，并画在图上，如图 15.5（a）所示。其次，从表 15.3 中依次找出以已画在图上的工序为唯一紧前工序的工序，并以其结束节点为开始节点．将扎筋 Ⅰ、支模 Ⅱ、浇混凝土 Ⅰ、支模Ⅲ一一绘在图上，如图 15.5（b）所示。然后再依次将有两个紧前工序，且这两个工作都已画在图上，添加虚工序连接两工序的结束节点，再以虚箭线指向的结束节点作为开始节点，绘制该工序。如图 15.5（c）依次加虚工序后，将扎筋 Ⅱ、浇混凝土 Ⅱ、扎筋Ⅲ与浇混凝土Ⅲ表示在图上，即得组合逻辑关系图。

3）检查组合逻辑关系图中各工序逻辑关系表达是否正确，若有错误，用增加虚工序的方法进行修正完善。

按照网络图绘图规则与工序逻辑关系表 15.3，逐项检查如下：

支模 Ⅰ 没有紧前工序，在图上为起始工序，绘图正确。

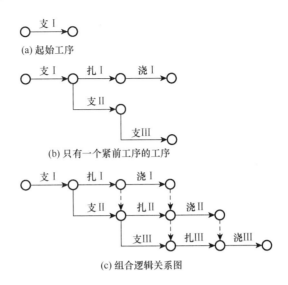

图 15.5　组合逻辑关系绘制过程图

扎筋Ⅰ的紧前工序是支模Ⅰ，在图上支模Ⅰ的结束节点也是扎筋Ⅰ的开始节点，绘图正确。

同前，浇混凝土Ⅰ、支模Ⅱ，绘图正确。

扎筋Ⅱ有两个紧前工序：支模Ⅱ与扎。筋Ⅰ，在图上扎筋Ⅱ的开始节点为连接支模Ⅱ与扎筋Ⅰ结束节点虚工序的箭头指向节点，该节点表示支模Ⅱ与扎筋Ⅰ都已完成，绘图正确。

同前，浇混凝土Ⅰ绘图正确。

支模Ⅲ的紧前工序是支模Ⅱ，在图上其开始节点有一个虚箭线的箭头指向它，即支模Ⅲ有两个紧前工序：扎筋Ⅰ与支模Ⅱ，不符合逻辑关系的表示规则，需要加以修正。为此，先标记出错误工作，在其箭线上画 X，如图 15.6（a）所示 [图 15.6（a）为图 15.5（c）中支模Ⅱ与其紧前工序的关系图]，再用加虚工序的方法进行修正，修正后的支模Ⅲ如图 15.6（b）所示。由于支模Ⅱ与扎筋Ⅰ有共同的紧后工序扎筋Ⅱ，且支模Ⅱ又有自己的紧后工序支模Ⅲ，所以必须从支模Ⅱ的结束节点 A 引出虚工序 A-B，在 A 节点支模Ⅱ完成，用它作为支模Ⅲ的开始节点；在 B 节点扎筋Ⅰ与支模Ⅲ都完成，只作为扎筋Ⅱ的开始节点。

同前，图示扎筋Ⅲ有三个紧前工序：浇混凝土Ⅰ、扎筋Ⅱ、支模Ⅲ。与表 15.3 不符，如图 15.6（c）所示，需要进行修正。修正后扎筋Ⅲ的逻辑关系图如图 15.6（d）所示。

同前，浇混凝土Ⅲ，绘图正确。

检查修正完毕。修正后的双代号网络图如图 15.7（a）所示。

4）去掉多余的虚工序，进行节点编号，并标注工序作业时间。图 15.7（a）中共有 6 个虚工序，其中浇混凝土Ⅰ只与扎筋Ⅱ有共同的紧后工序浇混凝土Ⅱ，E_5 为多余的虚工序；同理，E_6 也是多余的虚工序；E_1、E_2、E_3、E_4 为必须增加的虚工序。去掉多余的虚工序后的网络图如图 15.7（b）所示。再从起始节点开始，对各节点进行编号，并标注工序作业时间，即得最终网络图。

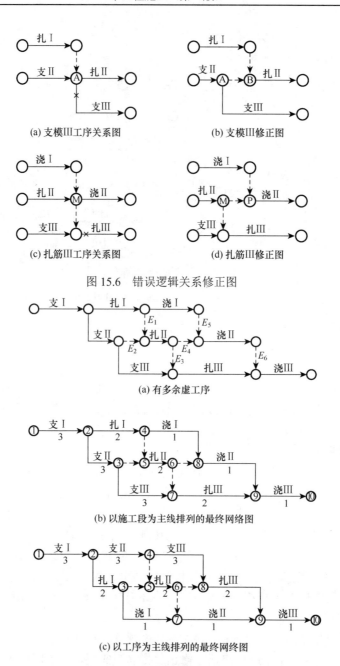

图 15.6　错误逻辑关系修正图

(a) 有多余虚工序

(b) 以施工段为主线排列的最终网络图

(c) 以工序为主线排列的最终网终图

图 15.7　混凝土基础工程网络图

　　网络图也可以绘制成不同的形式。图 15.7（b）所示是以施工段为主线排列的混凝土基础工程网络图；如图 15.7（c）所示是以工序为主线排列的混凝土基础工程网络图。

　　例 15.2　已知工作逻辑关系、作业时间如表 15.4 所示，试绘制双代号网络图。

　　解题思路：根据表 15.4 所列逻辑关系绘制双代号网络图，无法正确表示时，加虚工作断开，最后再去掉多余的虚工作。

表 15.4 工作逻辑关系表

序号	工作名称	紧前工作	作业时间
1	A	—	5
2	B	—	10
3	C	A	4
4	E	A	7
5	F	A	6
6	G	D、E	5
7	H	E	3
8	I	D、C、B	8
9	J	E	2
10	K	E	12
11	L	F、H、G	4
12	M	K、I	6
13	N	K、I	8
14	O	L、M、J	3
15		M、J	9

解 1）按绘图步骤绘制网络图，绘制过程如图 15.8 所示。

2）进行检查与修正过程如图 15.9 所示。

3）去掉多余工作，完成最终网络图，如图 15.10 所示。

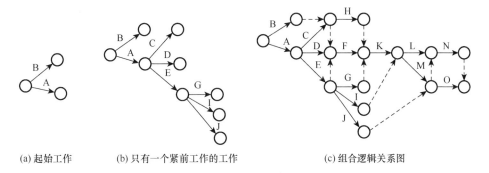

(a) 起始工作 (b) 只有一个紧前工作的工作 (c) 组合逻辑关系图

图 15.8 组合逻辑关系图绘制过程

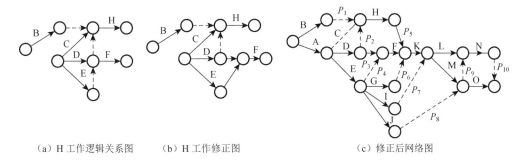

（a）H 工作逻辑关系图 （b）H 工作修正图 （c）修正后网络图

图 15.9 逻辑关系修正图

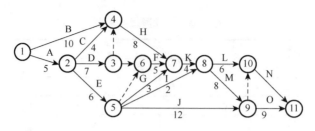

图 15.10　最终网络图

15.2.3　双代号网络图的计算

双代号网络图的计算是指确定各工作的开始时间和结束时间，以及工作的时差，并以此确定整个计划的完成时间（工期）、关键工作和关键线路，为网络计划的执行、调整和优化提供依据。

双代号网络图的时间参数分为节点时间参数、工作基本时间参数和工作机动时间参数三部分，通常采用图上计算法进行计算，计算结果直接标注在图上。对于大型工程项目的网络计划多采用编制程序在计算机上进行计算。本节仅介绍网络时间参数计算的图上计算法。

1. 节点时间参数的计算

每个节点有两个时间参数：节点最早时间和节点最迟时间，分别用 ET 和 LT 表示，其计算结果应标注在节点之上，如图 15.11 所示。

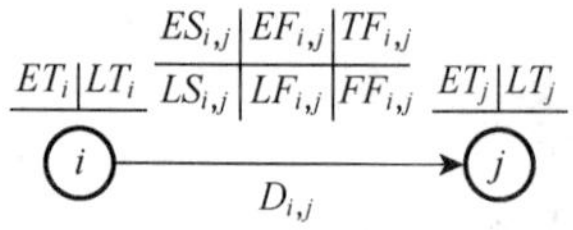

（1）节点最早时间 ET 的计算

节点最早时间是以网络计划开始时间为零，相对于这个时间，沿着各条线路到达每一个节点的时刻。

显然，起始节点 1 的最早时间为零，即

$$ET_1 = 0 \tag{15.1}$$

图 15.11　时间参数标注方式

网络图中任一节点 j 的最早时间，是指以该节点为结束节点的紧前工作全部完成，以这个节点为开始节点的紧后工作最早开始的时间。因此，节点 j 最早时间应取紧前各工作开始节点 i 的最早时间与该工作作业时间 $D_{i,j}$ 之和（即紧前工作的结束时间）中的最大值。用公式表示为

$$ET_j = \max_{\forall i} \{ET_i + D_{i,j}\} \tag{15.2}$$

ET 的计算顺序是从网络图的起始节点开始，顺着箭头的方向逐点计算，最后至终点节点。

现以图 15.12 所示网络图为例，计算节点最早时间，计算结果标注在每个节点上方左侧的方框内，框内各数字计算过程见表 15.5。

由图 15.12 计算过程可知，若只有一个箭线的箭头指向该节点时，如 2、3、5 节点的最早时间等于紧前工作开始节点最早时间加上该工作的作业时间；若有两个上以上箭线的箭头指向该节点时，如 4、6、7、8 节点的最早时间，应分别计算其紧前各工作开始节点最早时间与其作业时间之和，从中取最大值。也就是说沿着到达该节点的最长线路求 ET 值。

表 15.5　节点最早时间计算过程

| 节点编号 j | 紧前工作 $i-j$ | | | 计算过程（算式）$ET_j=\max\{ET_i+D_{i,j}\}$ | 节点最早时间 ET_j |
	工作代号 $i-j$	开始节点最早时间 ET_i	作业时间 $D_{i,j}$		
1	—			$ET_1=0$	0
2	1—2	0	5	$0+5=5$	5
3	2—3	5	6	$5+6=11$	11
4	2—4 3—4	5 11	7 3	$5+7=12$ $11+3=14$	14
5	4—5	14	4	$14+4=18$	18
6	1—6 5—6	0 18	8 0	$0+8=8$ $18+0=18$	18
7	3—7 5—7	11 18	10 0	$11+10=21$ $18+0=18$	21
8	6—8 7—8	18 21	2 4	$18+2=20$ $21+4=25$	25

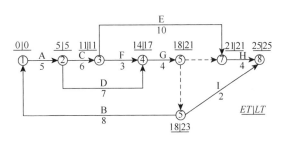

图 15.12　双代号网络图节点时间参数计算

（2）节点最迟时间 LT 的计算

节点的最迟时间是以该网络计划的计划工期作为网络图终点节点的最迟时间，逆向推出各节点的最迟时间。因此，终点节点 n 的最迟时间为

$$LT_n=T_p（计划工期） \tag{15.3}$$

一般情况下，制定一项计划总希望能够尽早完成，故常取计划工期等于网络计划终点节点的最早时间 ET_n，即

$$LT_n=ET_n \tag{15.4}$$

网络图中任一节点 i 的最迟时间是指以这个节点为开始节点的紧后工作最迟开始的时间，以这个节点为结束节点的紧前工作的最迟完成时间，也就是说该节点的紧前工作最迟在这个时刻必须全部完工，如果迟于这个时刻则必然延误工期。

因此，节点最迟时间的计算与节点最早时间的计算顺序相反，是从网络图的终止节点开始，逆着箭头方向逐点计算，直至起始节点。其值等于该节点的各紧后工作结束节点 j 的最迟时间与该工作作业时间之差中的最小值，用公式表示为

$$LT_i = \min_{\forall j} \{LT_j - D_{i,j}\} \qquad (15.5)$$

图 15.12 中各节点的最迟时间列于节点上方右边的方框内，其计算过程见表 15.6。

表 15.6　节点最迟时间计算过程

节点编号 j	紧前工作 i-j			计算过程（算式）$ET_j = \min(ET_i + D_{i,j})$	节点最早时间 LT_j
	工作代号 i-j	结束节点最早时间 LT_i	作业时间 $D_{i,j}$		
8	—	—	—	$LT_8 = ET_8 = 25$	25
7	7—8	25	4	25−4=21	21
6	6—8	25	2	25−2=23	23
5	5—7	21	0	21−0=21 ⎫	21
	5—6	23	0	23−0=23 ⎭	
4	4—5	21	4	21−4=17	17
3	3—7	21	10	21−10=11 ⎫	11
	3—4	17	3	17−3=14 ⎭	
2	2—4	17	7	17−7=10 ⎫	5
	2—3	11	6	11−6=5 ⎭	
1	1—6	23	8	23−8=15 ⎫	0
	1—2	5	5	5−5=0 ⎭	

由图 15.12 最迟时间的计算过程可知，若只有一个箭线从该节点引出时，如 7、6、4 节点，其节点最迟时间等于紧后工作结束节点的最迟时间减去该工作的作业时间；若有两个以上箭线从该节点引出时，如 5、3、2、1 节点，则分别按各紧后工作计算该节点的最迟时间，取其中的最小值。也就是说从该点到达终点节点的多余线路中，沿最长线路求 LT 值。

2. 工作基本时间参数的计算

工作基本时间参数指工作的开始、完成时间。每个工作有四个基本时间参数，即最早开始时间（ES）、最早完成时间（ET）、最迟开始时间（LS）和最迟完成时间（LF）。

工作的四个基本时间参数可根据节点时间参数求出。若工作用 i−j 表示，四个工作基本时间参数分别表示为 $ES_{i,j}$、$EF_{i,j}$、$LS_{i,j}$ 与 $LF_{i,j}$，其计算结果应标注在箭线之上，如图 15.11 所示。

（1）工作最早开始时间 $ES_{i,j}$ 和最早完成时间 $EF_{i,j}$ 的计算

工作最早开始时间 $ES_{i,j}$ 取决于其紧前各工作的全部完成时间，因此它应等于该工作的开始节点 i 的最早时间；工作的最早完成时间 $EF_{i,j}$ 等于工作最早开始时间加上工作的作业时间。用公式表示为

$$ES_{i,j} = ET_i$$

$$EF_{i,j} = ES_{i,j} + D_{i,j} \qquad (15.6)$$

（2）工作最迟开始时间 $LS_{i,j}$ 和最迟完成时间 $LF_{i,j}$ 的计算

工作最迟完成时间 $LF_{i,j}$ 应等于它的结束节点 j 的最迟时间；工作最迟开始时间 $LS_{i,j}$ 等于工作最迟完成时间减去工作作业时间。用公式表示为

$$LF_{i,j}=LT_j$$

$$LS_{i,j}=LF_{i,j}-D_{i,j} \qquad (15.7)$$

工作的四个基本时间参数，直接在网络图上进行计算，其计算结果标注在工作箭线上方的方框内，如图 15.13 所示，框内各数字的计算过程见表 15.7、表 15.8。图 15.13 所示为一道工作 $i-j$ 的基本时间参数 $ES_{i,j}$、$EF_{i,j}$、$LS_{i,j}$、$LF_{i,j}$ 与工作开始、结束节点的节点时间参数 ET_i、LT_i、ET_j、LT_j 的对应关系。

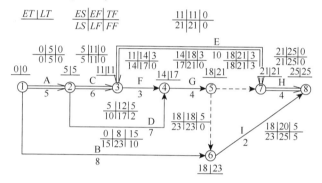

图 15.13　工作基本时间参数及时差的计算

表 15.7　工作最早开始与完成时间计算过程

工作代号 $i-j$	开始节点最早时间 ET_i	工作最早开始时间 $ES_{i,j}$（$ES_{i,j}=ET_i$）	工作作业时间 $D_{i,j}$	工作最早完成时间算式 $ET_{i,j}=ES_{i,j}-D_{i,j}$	工作最早结束时间 $EF_{i,j}$
1—2	0	0	5	0+5=5	5
1—6	0	0	8	0+8=8	8
2—3	5	5	6	5+6=11	11
2—4	5	5	7	5+7=12	12
3—4	11	11	3	11+3=14	14
3—7	11	11	10	11+10=21	21
4—5	14	14	4	14+4=18	18
5—6	18	18	0	18+0=18	18
5—7	18	18	0	18+0=18	18
6—8	18	18	2	18+2=20	20
7—8	21	21	4	21+4=25	25

表 15.8　工作最迟开始与完成时间计算过程

工作代号 $i-j$	结束节点最迟时间 LT_j	工作最迟完成时间 $LF_{i,j}$（$LF_{i,j}=LT_j$）	工作作业时间 $D_{i,j}$	工作最迟开始时间算式 $LS_{i,j}=LF_{i,j}-D_{i,j}$	工作最迟必须开始时间 $LS_{i,j}$
1—2	5	5	5	5−5=0	0
1—6	23	23	8	23−8=15	15
2—3	11	11	6	11−6=5	5
2—4	17	17	7	17−7=10	10
3—4	17	17	3	17−3=14	14

续表

工作代号 $i-j$	结束节点 最迟时间 LT_j	工作最迟完成时间 $LF_{i,j}$（$LF_{i,j}=LT_j$）	工作作业 时间 $D_{i,j}$	工作最迟开始时间 算式 $LS_{i,j}=LF_i-D_{i,j}$	工作最迟必须 开始时间 $LS_{i,j}$
3—7	21	21	10	21−10=11	11
4—5	21	21	4	21−4=17	17
5—6	23	23	0	23−0=23	23
5—7	21	21	0	21−0=21	21
6—8	25	25	2	25−2=23	23
7—8	25	25	4	25−4=21	21

从图 15.14 可以看出，每个工作的作业时间应该在最早开始时间 $ES_{i,j}$（或开始节点的最早时间 ET_i）与最迟完成时间 $LF_{i,j}$（或结束节点的最迟时间 LT_j）这一时域范围内完成。只有在这两个界线内完成，才会按时完成计划。如果这两个时间之差超过工作的作业时间，那么很明显在工作开工之前或完工之后有机动时间，可作为调节的备用时间。

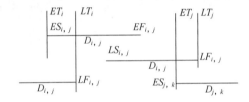

图 15.14　工作基本时参与节点时间参数对应关系

3. 工作时差的计算

工作时差就是指工作的机动时间。按照其性质和作用，工作时差主要有三种：工作总时差 TF、工作自由时差 FF、工作相干时差 IF。我国现行《工程网络计划技术规程》JCJ／T 121—99 对 IF 未涉及，在此也不介绍。

（1）工作总时差 $TF_{i,j}$ 的计算

工作总时差是指在不影响工期的前提下，该工作可以利用的机动时间。这个时间就是上面提到过的，由于工作最迟完成时间与最早开始时间之差大于工作作业时间而产生的机动时间。利用这段时间延长工作的作业时间或推迟其开工时间，不会影响计划的总工期。工作总时差用公式表示为

$$TF_{i,j}=LF_{i,j}-ES_{i,j}-D_{i,j} \tag{15.8}$$

从式中可以看出，$LF_{i,j}-D_{i,j}=LS_{i,j}$，而 $ES_{i,j}+D_{i,j}=EF_{i,j}$，所以上式又可以表示为

$$TF_{i,j}=LS_{i,j}-ES_{i,j}$$

或

$$TF_{i,j}=LF_{i,j}-EF_{i,j} \tag{15.9}$$

即工作两个开始时间之差（工作的最迟开始时间减去工作最早开始时间），或者工作两个完成时间之差（工作最迟完成时间减去工作最早完成时间）。后两个公式更方便于在图上计算。图 15.13 的工作总时差值计算过程见表 15.9。

从计算结果可以看出，工作 1—2、2—3、3—7、7—8 总时差为 0，也就是说这些工作没有机动时间，由这些工作连接起来的线路就是从起始节点到终点节点的最长线路。因此，在执行网络计划时，要保证计划按期完成，必须使这些工作按计划时间进行。这

些工作称为关键工作，这条线路称为关键线路，其他线路称为非关键线路。

表 15.9　工作总时差计算过程

工作代号 i-j	工作最迟开 始时间 $LS_{i,j}$	工作最早开 始时间 ES_i	工作总时差算式 $TF_{i,j}=LS_{i,j}-ES_i$	工作总时差 $TF_{i,j}$
1—2	0	0	0−0=0	0
1—6	15	0	15−0=15	15
2—3	5	5	5−5=0	0
2—4	10	5	10−5=5	5
3—4	14	11	14−11=3	3
3—7	11	11	11−11=0	0
4—5	17	14	17−14=3	3
5—6	23	18	23−18=5	5
5—7	21	18	21−18=3	3
6—8	23	18	23−18=5	5
7—8	21	21	21−21=0	0

　　工作总时差还具有这样一个特性，就是它不仅属于本工作，而且与前后工作都有密切的关系，也就是说它为一条线路或一段线路所共有。前一工作动用了工作总时差，其紧后工作的总时差将变为原总时差与已动用总时差的差值。以图 15.13 中的线路 1—2—3—4—5—7—8 为例，各工作的作业时间与总时差如图 15.15 所示。

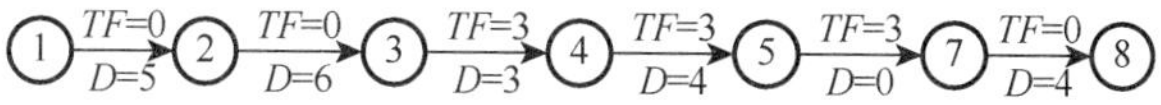

图 15.15　一条线路总时差分析示例

线路的总时间为 5d+6d+3d+4d+0d+4d=22d，网络计划工期 T=25d，其差值为 25d−22d=3d

　　从上述数字看出，如果将该线路延长 3d，也就转变成关键线路了。也就是说在这条线路上各工作总时差的总和为 3d。由于工作 1—2、2—3、7—8 的工作总时差为 0，则工作 3—4、4—5、5—7 具有的时差为 3—4—5—7 线段上的时差。若工作 3—4 动用了 2d，则工作 4—5（5—7 为虚工作）可利用的时差就只有 3d−2d=1d；若工作 4—5 动用了 3d，则工作 3—4 就没有可动用的时差了；若动用的时差超过 3d，则这条线路的总时间就超过了计划工期 25d。

　　（2）工作自由时差 $FF_{i,j}$ 的计算

　　工作自由时差是指在保证其紧后工作按最早开始时间开工的前提下，该工作可以利用的机动时间。也就是说工作可以在这个时间范围内自由地延长或推迟作业时间，不会影响其紧后工作按最早时间开工。如图 15.16（a）所示，工作 i—j 的各紧后工作的最早开始时间都相等，且等于其公共开始节点 j 的最早时间 $ES_j=ES_{i,j}=ET_j$，j 为工作的结束节点。所以工作 i—j 的自由时差等于其结束节点的最早时间减去其工作的最早完成时间，用公式表示为

$$FF_{i,j}=ET_j-EF_{i,j} \tag{15.10}$$

　　图 15.16 中的工作自由时差的计算过程见表 15.10。

　　工作自由时差为工作总时差的一部分，如图 15.16（b）所示。

表 15.10 工作自由时差计算过程

工作代号 $i-j$	工作结束节点最早时间 ET_j	工作最早完成时间 $EF_{i,i}$	工作自由时差算式 $FF_{i,j}=ET_j-EF_{i,}$	工作自由时差 $FF_{i,j}$
1—2	5	5	5−5=0	0
1—6	18	8	18−8=10	10
2—3	11	11	11−11=0	0
2—4	14	12	14−12=2	2
3—4	14	14	14−14=0	0
3—7	21	21	21−21=0	0
4—5	18	18	18−18=0	0
5—6	18	18	18−18=0	0
5—7	21	18	21−18=3	3
6—8	25	20	25−20=5	5
7—8	25	25	25−25=0	0

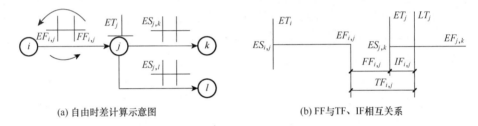

(a) 自由时差计算示意图　　　　(b) FF 与 TF、IF 相互关系

图 15.16 工作自由时差计算示意图

一个工作的自由时差隶属于该工作，与同一条线路上的其他工作无关。例如，图 15.13 中的线路 1—2—4—5—7—8，如图 15.17 所示，若工作 2—4 动用自由时差 2d 时，则表示工作 2—4 的最早完成时间由原来的第 12d 推迟到第 14d，而其紧后工作 4—5 仍可按该工作的最早开始时间（第 14d）开始施工。也就是说工作 2—4 使用了自由时差，对其紧后工作毫无影响，仅减少了工作 2—4 本身的总时差中属于本工作独立具有的部分，此时工作 2—4 的总时差，只剩下 5d−2d=3d。

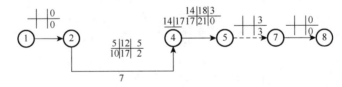

图 15.17 一条线路上工作自由时差分析示例

在网络图中，可以利用工作总时差与工作自由时差进行计划的调整与优化。例如，在计划安排中，某段时间内出现了劳动力或材料需要量的高峰，则可将出现在高峰期内某些有自由时差或总时差的工作推迟开始，在满足不超过其最迟开始时间的条件下，使高峰期的劳动力或材料需要量趋于均衡，且不影响工程的完工时间。

4. 关键线路

关键线路是指从网络图的起始节点到终点节点作业时间最长的线路，即由关键工作连成的线路。如图 15.13 中的 1—2—3—7—8 就是关键线路。关键线路具有下述特点：

1）关键线路为从网络图的起始节点到终点节点各条线路中，时间最长的线路，其长度就是网络计划的工期。

2）关键线路上各工作总时差为零（ET_n等于计划工期）或为负值（ET_n大于计划工期）或为最小正值（ET_n接近或稍小于计划工期）。

3）一个网络计划中可以有多条关键线路，且至少有一条关键线路。

关键线路明确指出了保证工程施工进度的关键工作，在工程项目管理中只有统筹安排，合理调配人力、物力，重点保证关键工作如期完工，才不致延误工期。另外，注意挖掘非关键工作的潜力，对降低工程成本也有着重要的意义。

15.3　单代号网络图

15.3.1　单代号网络图的组成

单代号网络图又称节点网络图。它是指以节点表示工作，以箭线表示工作之间的逻辑关系，每一节点的编号都可以独立代表一项工作的网络图。节点用圆圈或方框表示，工作名称、作业时间与节点编号都标注在节点的圆圈内或方框内。节点的编号就是工作的代号，如图 15.18 所示。紧前工作、紧后工作由箭线箭头指向标明。箭尾节点为紧前工作，箭头指向的节点为紧后工作，如图 15.18（d）所示为前节叙述分两段施工的砖基础工程的单代号网络图。

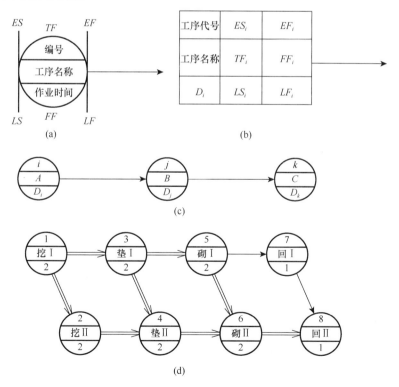

图 15.18　单代号网络图表示法

任何一个网络计划都可以用双代号网络图与单代号网络图两种方式表达。目前两种方式应用都较为普遍。对于较复杂的大型工程项目的网络计划，后者更易表达。

15.3.2 单代号网络图的绘制

由于单代号网络图和双代号网络图是网络计划两种不同的表达方式，因此关于双代号网络图的工作逻辑关系及绘图规则也基本适用于单代号网络图。这里，仅对二者表达方式的不同之处加以叙述。

为便于对比，将单代号网络图五种基本的表达方式与前述双代号网络图表达方式对照列于表 15.11 中。

表 15.11　五种基本逻辑关系单、双代号表达方式对照表

序号	描述	单代号表达方法	双代号表达方法
1	A 工作完成后，B 工作才能开始	Ⓐ→Ⓑ	○—A→○—B→○
2	A 工作完成后，B、C 工作才能开始	Ⓐ→Ⓑ，Ⓒ	○—A→○〈B/C〉○○
3	A、B 工作完成后，C 工作才能开始	Ⓐ，Ⓑ→Ⓒ	○〈A/B〉○—C→○
4	A、B 工作完成后，C、D 工作才能开始	Ⓐ，Ⓑ→Ⓒ，Ⓓ	○〈A/B〉○〈C/D〉○○
5	A、B 工作完成后，C 工作才能开始，且 B 工作完成后，D 工作才能开始	Ⓑ→Ⓓ，Ⓐ→Ⓒ	○—A→○—C→○，○—B→○—D→○

单代号网络图中，若有多个开始工作或多个结束工作时，必须增加一个虚拟的工作（节点），将多个开始工作或多个结束工作归一，作为网络图的开始工作或结束工作，且令该工作的作业时间为零，如图 15.19 所示。

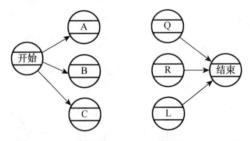

图 15.19　虚拟的开始工作和结束工作示例

例 15.3　将例题 15.1 改绘成单代号网络图。

解　通过作图绘成的单代号网络图如图 15.20 所示。

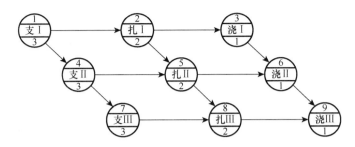

图 15.20 单代号网络图绘制示例

15.3.3 单代号网络图的计算

单代号网络图中节点即为工作，因而单代号网络图只有四个基本时间参数和两个工作机动时间参数。各参数的含义与双代号网络图相同。为了便于比较，仍以图 15.12 所示双代号网络图为例，其单代号网络图如图 15.21 所示。下面介绍用图上计算法计算单代号网络图的时间参数。

1. 工作基本时间参数的计算

（1）工作最早开始时间 ES_i 和工作最早完成时间 EF_i 的计算

工作最早时间的计算顺作从网络图起始节点开始，顺着箭头方向依次逐项进行。当起始节点（开始工作 1）的最早开始时间无规定时，其值应为零，即

$$ES_1 = 0 \qquad (15.11)$$

任意一个工作 j 的最早开始时间 ES_j，等于其紧前各工作全部完成的时间，即为紧前各工作最早完成时间中的最大值；最早完成时间 EF_j 等于最早开始时间加上工作作业时间。用公式表示为

$$ES_j = \max_{\forall i} \ (EF_i) \quad (i<j)$$

$$EF_j = ES_j + D_j \qquad (15.12)$$

（2）工作最迟开始时间 LS_1 和工作最迟完成时间 LF_1 的计算

工作最迟时间的计算顺序从网络图的终点节点开始，逆着箭头方向依次逐项进行，直至起始节点。网络图的结束工作的最迟完成时间是在保证不致拖延总工期的条件下，本工作最迟完成的时间，所以在无规定时，其值为

$$LF_n = EF_n \quad (n \text{ 为结束工作的编号}) \qquad (15.13)$$

任意一个工作 i 的最迟完成时间 LF_i 等于其紧后各工作最迟开始时间中的最小值；最迟开始时间 LS_n 等于其最迟完成时间减去工作的作业时间。用公式表示为

$$LF_n = \min_{\forall j} \ (LS_j) \quad (i<j)$$

$$LS_i = LF_i - D_i \qquad (15.14)$$

工作的四个基本时间参数，直接在网络图上进行计算，计算结果标注在工作（节点）两侧的短线上下，如图 15.21 所示，各个数字的计算过程见表 15.12 和表 15.13。

表 15.12　工作最早时间计算过程

工作代号 j	紧前工作		工作最早开始时间 $ES_j = \max\{EF_i\}$	工作作业时间 D_i	工作最早完成时间算式 $EF_j = ES_i + D_j$	工作最早完成时间 EF_j
	工作代号 i	最早完成 EF_i				
1	—	—	0	0	0+0=0	0
2	1	0	0	5	0+5=5	5
3	1	0	0	8	0+8=8	8
4	2	5	5	6	5+6=11	11
5	2	5	5	7	5+7=12	12
6	4	11	11	10	11+10=21	21
7	4	11	11	3	11+3=14	14
8	5 7	12 14	14	4	14+4=18	18
9	6 8	21 18	21	4	21+4=25	25
10	3 8	8 18	18	2	18+2=20	20
11	9 10	25 20	25	0	25+0=25	25

表 15.13　工作最迟时间计算过程

工作代号 j	紧前工作		工作最迟完成时间 $LF_j = \max\{LS_i\}$	工作作业时间 D_i	工作最早完成时间算式 $DF_j = ES_i - D_j$	工作最早完成时间 EF_j
	工作代号 i	最迟开始 LS_i				
11	—	—	$LF_{11}=EF_{11}=25$	0	25−0=25	25
10	11	25	25	2	25−2=23	23
9	11	25	25	4	25−4=21	21
8	10 9	23 21	21	4	21−4=17	17
7	8	17	17	3	17−3=14	14
6	9	21	21	10	21−10=11	11
5	8	17	17	7	17−7=10	10
4	7 6	14 11	11	6	11−6=5	5
3	10	23	23	8	23−8=15	15
2	5 4	10 5	5	5	5−5=0	0
1	3 2	15 0	0	0	0−0=0	0

2. 工作时差的计算

工作总时差的概念和计算方法与双代号网络图相同，不再赘述。

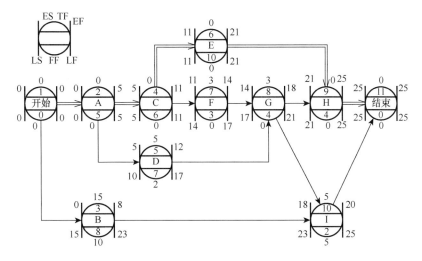

图 15.21　单代号网络图时间参数计算

工作自由时差的概念与双代号网络图相同，但其计算方法稍有差异，其值等于其紧后工作，j 的最早开始时间 ES_j 中的最小值减去该工作的最早完成时间 EF_i，用公式表示为

$$FF_i = \min_{\forall j}\ (ES_j) - EF_i \qquad (15.15)$$

图 15.21 中，TF、FF 分别标注在节点（工作）的上下，其中自由时差 FF 的计算过程见表 15.14。

表 15.14　工作自由时差计算过程

工作代号 i	紧后工作			工作最早完成时间 EF_i	工作自由时差算式 $FF_i=\min\{ES_j\}-EF_i$	工作自由时差 FF_i
	工作代号 j	最早开始 ES_i	$\min\{ES_j\}$			
1	2 3	0 0	0	0	0−0=0	0
2	4 5	5 5	5	5	5−5=0	0
3	10	18	18	8	18−8=10	10
4	6 7	11 11	11	11	11−11=0	0
5	8	14	14	12	14−12=2	2
6	9	21	21	21	21−21=0	0
7	8	14	14	14	14−14=0	0
8	9 10	21 18	18	18	18−18=0	0
9	11	25	25	25	25−25=0	0
10	11	25	25	20	25−20=5	5
11	—	—	25	25	25−25=0	0

关键线路的确定方法与双代号网络图相同。

15.4　搭接网络计划

在土木工程施工中，为了缩短工期，常常将许多工作安排成平行搭接方式进行。如某一单层工业厂房现浇钢筋混凝土杯形基础施工，安排支模板进行 1 d 以后，钢筋工作队开始绑扎钢筋，与支模板平行施工，且绑扎钢筋要比支模板迟 1 d 结束。这种平行搭接关系如果用一般网络计划技术（CPM 和 PERT）来描述，则必须把支模板与绑扎钢筋工作从搭接处各划分为两个工作，将搭接关系转化为顺序衔接关系。这样划分的工序若用双代号网络图表示，需要 5 个工序，用单代号网络图表示，需要 4 个工序，如图 15.22（a）～（d）所示。显然，当搭接工序数目较多时，将会增加许多网络图的绘制和计算工作量，且图面复杂，不易掌握。在 20 世纪 60 年代，出现了一种能够反映各种搭接关系的网络计划技术，补充和扩大了网络计划的应用范围，简化了网络图的表示方式，在项目管理中得到了广泛的应用。

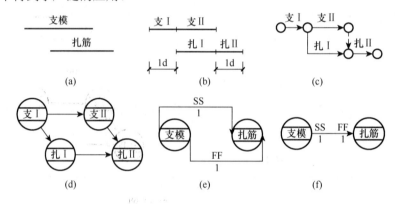

图 15.22　搭接网络图表示法

搭接网络图是用搭接关系与时距表明紧邻工作之间逻辑关系的一种网络计划，有双代号与单代号两种表达方式。单代号搭接网络比较简明，使用也较普遍，本节仅介绍单代号搭接网络图。如图 15.22（e）、（f）所示为前述两工作的单代号搭接网络图表示形式。

15.4.1　工作的基本搭接关系

单代号搭接网络图有五种基本的工作搭接关系：

1）结束到开始的搭接关系（用 FS 或 FTS 表示）：指相邻两工作，前项工作 i 结束后，经过时距 $Z_{i,j}$，后面工作 j 才能开始的搭接关系。当 $Z_{i,j}=0$ 时，表示相邻两工作之间没有间歇时间，即前项工作结束后，后面工作立即开始，这就是一般网络图的逻辑关系。

2）开始到开始的搭接关系（用 SS 或 STS 表示）：指相邻两工作，前项工作 i 开始以后，经过时距 $Z_{i,j}$，后面工作 j 才能开始的搭接关系。

3）结束到结束的搭接关系（用 FF 或 FTF 表示）：指相邻两工作，前项工作 i 结束后时距 $Z_{i,j}$，后面工作 j 才能结束的搭接关系。

4）开始到结束的搭接关系（用 SF 或 STF 表示）：指相邻两工作，前项工作 i 开始以后，经过时距 $Z_{i,j}$ 后面工作 j 才能结束的搭接关系。

5）混合搭接关系：当两个工作之间同时存在以上四种基本关系的两种关系时，这种具有双重约束的关系称为"混合搭接关系"。除了常见的 STS 和 FTF 外，还有 STS 和 STF 以及和 FTS 两种混合搭接关系。

五种基本搭接关系的表达方法见表 15.15。

表 15.15　搭接关系及其表示方法

搭接关系	横道图表方法	单代号搭接网络		举例
		表示方法	简易表示方法	
FS（FTS）				屋面保温层上的找平层结束后 4d，铺油毡防水层才能开始
SS（STF）				支模板开始 1d 以后，开始绑扎钢筋
FF（FTF）				挖基槽结束 1d 后，浇筑混凝土垫层才能结束
SF（STF）				绑扎现浇梁、板钢筋开始 1d 以后，开始铺设电缆与管道，待后者结束后，绑扎钢筋才能结束
混合（以 STS，FTF 为例）				基础挖土 3d 后，开始浇混凝土垫层；挖土结束后 2d，混凝土垫层结束

15.4.2　单代号搭接网络图的绘制

单代号搭接网络图的绘制与单代号网络图的绘图方法基本相同：首先根据工作的工艺逻辑关系与组织逻辑关系绘制工作逻辑关系表，确定相邻工作的搭接类型与搭接时距；再根据工作逻辑关系表，按单代号网络图的绘制方法，绘制单代号网络图；最后再将搭接类型与时距标注在工作箭线上。

例 15.4　根据表 15.16 所列某一工程项目的工作逻辑关系、搭接关系、搭接时距绘制该工程项目的单代号搭接网络图。

表 15.16　工作搭接关系与时距

工作名称	作业时间	紧前工作	搭接关系	搭接时距
A	5	—	—	—
B	8	—	—	—
C	10	A	SS	2
D	20	A	FF	15
		B	FS	4
		C	SS	11
E	15	B	FF	3
F	13	C	FS	15
		D	FS	4
G	8	D	SS	10
			FF	5
		E	FS	3
		F	SS	3

解　通过作图绘成的单代号搭接网络图如图 15.23 所示（绘图步骤略）。

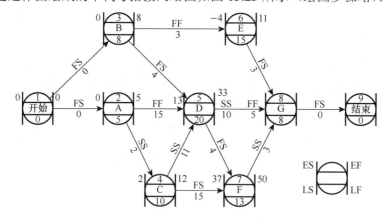

图 15.23　单代号搭接网络图的绘制及时间参数计算

15.4.3　单代号搭接网络图的计算

单代号搭接网络图计算的内容与一般网络图是相同的，都需要计算工作基本时间参数和工作时差，但前者在计算工作基本时间参数和自由时差时，需要首先找出相邻工作之间的搭接关系与时距。

1. 工作基本时间参数的计算

（1）工作最早开始时间（ES_i）和最早完成时间（EF_i）的计算

单代号搭接网络图与单代号网络图工作最早时间的计算顺序是相同的，都是从起始工作开始计算，取

$$ES_1 = 0 \tag{15.16}$$

以后再顺着箭头方向依次计算各工作的最早时间。

一个工作的两个最早时间 ES_i 与 EF_i 的计算次序和计算公式，由该工作与紧前工作（一个或多个）之间搭接关系的类型和时距确定。

搭接关系中第一个字母代表箭线箭尾的工作（紧前工作 i）；第二个字母代表箭线箭头的工作（紧后工作 j）。计算最早时间时，若搭接关系的第一个字母为 F，则用箭尾工作 i 的最早完成时间 EF_i 加上时距 $Z_{i,j}$；若为 S，则用工作 i 的最早开始时间 ES_i 加上时距 $Z_{i,j}$。搭接关系的最后一个字母若为 F，上式结果为箭头工作 j 的最早完成时间 EF_j；若为 S，上式结果为箭头工作 j 的最早开始时间 ES_j。用公式表示见表 15.17。

表 15.17　搭接网络图基本时间参数计算公式

搭接关系	ES_j 与 EF_j（紧前工作为 i）	LS_i 与 LF_i（紧后工作为 j）
FS	$ES_j=EF_i+Z_{i,j}$ $EF_j=ES_j+D_j$	$LF_i=LS_j-Z_{i,j}$ $LS_i=LF_i-D_i$
SS	$ES_j=ES_i+Z_{i,j}$ $EF_j=ES_j+D_j$	$LS_i=S_iLS_j-Z_{i,j}$ $LF_i=LS_i+D_i$
FF	$EF_j=EF_i+Z_{i,j}$ $ES_j=EF_j-D_j$	$LF_i=LF_j-Z_{i,j}$ $LS_i=LF_i-D_i$
SF	$EF_j=ES_i+Z_{i,j}$ $ES_j=EF_j-D_j$	$LS_i=LF_j-Z_{i,j}$ $LF_i=LS_i+D_i$

若一个工作有多个紧前工作时，则应按照该工作与每个紧前工作的搭接关系分别进行计算，取最大值作为该工作的最早时间。

采用图上计算法，最早时间的计算过程为：①查找该工作的紧前工作 i；②查找与紧前工作的搭接关系；③根据搭接关系第一个字母 S 或 F，找出紧前工作对应的 ES_i 或 EF_i；④计算 ES_i 或 EF_i 与相应的时距 $Z_{i,j}$ 之和；⑤计算的结果为与搭接关系第二个字母 S 或 F 对应的，紧后工作 j 的 ES_j 或 EF_j。有多个紧前工作时，为了从各计算结果中选大值，同一工作的计算结果必须统一，统一计算出 ES 值，再进行比较。因此，如果按上述步骤计算的结果是 EF_j，则用表 15.17 中公式时，应减去该工作的作业时间 D_j 换算为相应的 ES_j。

以例 15.4 所示搭接网络图为例，其参数计算仍采用图上计算法，从图 15.23 的起始工作开始，依次计算各工作的最早时间，将计算结果标注在图上。图中，工作 6 的最早开始时间出现了负值（-4），其含义表示工作 6 在整个工程开工前 4d 已开始进行，也就是说在起始工作最早开始时间之前已进行了 4d，显然与题设条件不符。产生此现象的原因是工作 6 与紧前工作 3 的搭接关系 FF 只控制了它的完成时间 EF_6，未控制它的开始时间 ES_6，因而当 $D_6>EF_6$ 时，ES_6 必为负值。所以必须从开始工作到工作 6 增加一个箭线，如图 15.24 中虚线所示。限定工作 6 必须在开始工作之后进行，取搭接关系为 FS，时距为 0。这样就限定了工作 6 的最早开始时间必须从两个紧前工作（开始工作与工作 3）计算的 ES_6 值中取大值，其值为 0。修改后的计算结果标注在图 15.24 中。

从图 15.24 中看出，工作 7 的最早完成时间为第 50d，而结束工作的最早完成时间为第 48d。根据其含义，结束工作应该在全部工作结束之后才能进行。产生工作 7 滞后结束的原因是：工作 7 与其紧后工作 8 的搭接关系 SS，只限定了工作 7 的最早开始时间 ES_7 在工作 8 最早开始时间 ES_8 之前 3 天开始，而其最早完成时间没有受到任何条件限制。因而，当 D_7+ES_7 大于 $ES_{结束}$ 时，即产生了工作 7 在结束工作之后才能完成的现象。所以也需要增加一个从工作 7 到结束工作之间的虚箭线，控制工作 7 必须在结束工作开始之前结束，取搭接关系为 *FS*，时距为 0，如图 15.25 所示。这样结束工作的最早开始时间受两个紧前工作 8 与 7 的控制，分别计算 *ES* 结束，取其中的最大值 50d，修改后的结果标注在图 15.25 上，各工作最早开始与完成时间的计算过程，见表 15.18。

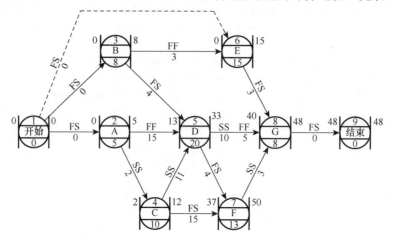

图 15.24 搭接网络图工作最早时间计算修正图

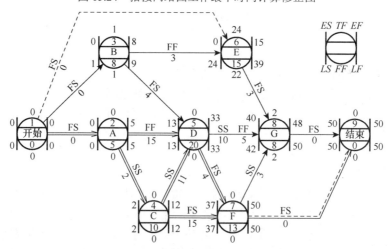

图 15.25 搭接网络图工作时参计算最终结果图

（2）工作最迟开始（LS_i）和最迟完成时间（LF_i）的计算

计算工作的最迟时间从结束工作 *n*（终止节点）开始，首先令

$$LF_n = EF_n \tag{15.17}$$

然后逆着箭头方向计算各工作的最迟时间，见表 15-19。

表 15.18 搭接网络图工作最早时间计算过程

工作代号 *j*	作业时间 D_j	紧前工作 *i*	搭接关系	搭接时距 $Z_{i,j}$	与搭接关系第一个字母（S或F）对应的紧前工作的 ES_i 或 EF_i	ES_j 算式	ES_j 值（取最大值）	EF_j 算式 $(EF_j = ES_j + D_j)$
1	0	—	—	—		$ES_1 = 0$	0	$0 + 0 = 0$
2	5	1	FS	0	$EF_1 = 0$	$ES_2 = EF_1 + Z_{1,2} = 0 + 0 = 0$	0	$0 + 5 = 5$

续表

工作代号 j	作业时间 D_j	紧前工作 i	搭接关系	搭接时距 $Z_{i,j}$	与搭接关系第一个字母（S 或 F）对应的紧前工作的 ES_i 或 EF_i	ES_j 算式	ES_j 值（取最大值）	EF_j 算式（$EF_j=ES_j+D_j$）
3	8	1	FS	0	$EF_1=0$	$ES_3=EF_1+Z_{1,3}=0+0=0$	0	$0+8=8$
4	10	2	SS	2	$EF_2=0$	$ES_4=ES_2+Z_{2,4}=0+2=2$	2	$2+10=12$
5	20	3 2 4	FS FF SS	4 15 11	$EF_3=8$ $EF_2=5$ $ES_4=2$	$ES_5=EF_3+Z_{3,5}=8+4=12$ $ES_5=EF_2+Z_{2,5}-D_5=5+15-20=0$ $ES_5=ES_4+Z_{4,5}=2+11=13$	13	$13+20=33$
6	15	3 1	FF FS	3 0	$ES_3=8$ $EF_1=0$	$ES_6=EF_3+Z_{3,6}-D_6=8+3-15=-4$ $ES_6=EF_1+Z_{1,6}=0+0=0$	0	$0+15=15$
7	13	4 5	FS FS	15 4	$EF_4=12$ $EF_5=33$	$ES_7=EF_4+Z_{4,7}=12+15=27$ $ES_7=EF_5+Z_{5,7}=33+4=37$	37	$37+13=50$
8	8	6 5 7	ES FF SS SS	3 5 10 3	$EF_6=15$ $EF_5=33$ $EF_5=13$ $EF_7=37$	$ES_8=EF_6+Z_{6,8}=15+3=18$ $ES_8=EF_5+Z_{5,8}-D_8=33+5-8=30$ $ES_8=ES_5+Z_{5,8}=13+10=23$ $ES_8=EF_7+Z_{7,8}=37+3=40$	40	$40+8=48$
9	8	8 7	FS FS	0 0	$EF_8=48$ $EF_7=50$	$ES_9=EF_8+Z_{8,9}=48+0=48$ $ES_9=EF_7+Z_{7,9}=50+0=50$	50	$50+0=50$

表 15.19　搭接网络工作最迟时间计算过程

工作代号 i	作业时间 D_i	紧后工作 i	搭接关系	搭接时距 $Z_{i,j}$	与搭接关系第二个字母（S 和 F）对应的紧后工作的 LS_j 或 LF_j	LF_i 算式	LF_i 值（取最小值）	LS_i 算式（$LS_i=LF_i-D_i$）
9	0	—	—	—		$LF_9=EF_9=50$	50	$50-0=50$
8	8	9	FS	0	$LS_9=50$	$LF_8=LF_9-Z_{8,9}=50-0=50$	50	$50-8=42$
7	13	9 8	FS SS	0 3	$LS_9=50$ $LS_8=42$	$LF_7=LS_9-Z_{7,9}=50-0=50$ $LF_7=LS_8-Z_{7,8}+D_7=42-3+13=52$	50	$50-13=37$
6	15	8	FS	3	$LF_8=42$	$LF_6=LS_8-Z_{6,8}=42-3=39$	39	$39-15=24$
5	20	8 7	SS FF FS	10 5 4	$LS_8=42$ $LS_8=50$ $LS_7=37$	$LF_5=LS_8-Z_{5,8}+D_5=42-10+20=52$ $LF_5=LF_8-Z_{5,8}=50-5=45$ $LF_5=LF_7-Z_{5,7}=37-4=33$	33	$33-20=13$
4	10	7 5	FS SS	15 11	$LS_7=37$ $LS_5=13$	$LF_4=LS_7-Z_{4,7}=37-15=22$ $LF_4=LS_5-Z_{4,5}+D_4=13-11+10=12$	12	$12-10=2$
3	8	6 5	FF FS	3 4	$LF_6=39$ $LS_5=13$	$LF_3=LF_6-Z_{3,6}=39-3=36$ $LF_3=LF_5-Z_{3,5}=13-4=9$	9	$9-8=1$
2	5	5 4	FF SS	15 2	$LF_5=33$ $LS_4=2$	$LF_2=LF_5-Z_{2,5}=33-15=18$ $LF_2=LS_4-Z_{2,4}+D_2=2-2+5=5$	5	$5-5=0$
1	0	6 3 2	FS FS FS	0 0 0	$LS_6=24$ $LS_3=1$ $LS_2=0$	$LF_1=LS_6-Z_{1,6}=24-0=24$ $LF_1=LS_3-Z_{1,3}=1-0=1$ $LF_1=LS_2-Z_{1,2}=0-0=0$	0	$0-0=0$

2. 工作时差的计算

工作总时差的含义与计算公式和单代号网络图完全相同，不再赘述。搭接网络图中，工作自由时差是指在保证要求的时距，且不影响其紧后各工作按最早开始时间开工的前提下，该工作可以利用的机动时间。所以搭接网络图中的工作自由时差的计算与其搭接关系有很大的关系。

不同搭接关系自由时差的计算公式列于表 15.20 中。图 15.25 中工作下方数字为工作的自由时差的计算结果。非关键工作自由时差的计算过程见表 15.21。

表 15.20　自由时差计算公式

搭接关系	计算公式	图形表达
FS	$FF_i = ES_j - EF_i - Z_{i,j}$	
SS	$FF_i = ES_j - ES_i - Z_{i,j}$	
FF	$FF_i = EF_j - EF_i - Z_{i,j}$	
SF	$FF_i = EF_j - ES_i - Z_{i,j}$	

表 15.21　非关键工作自由时差计算过程

工作代号 i	紧后工作 j	搭接关系	搭接时距 $Z_{i,j}$	紧后工作 j 的 ES_j 或 EF_j（由搭接关系第二个字母确定）	本工作 i 的 ES_i 或 EF_i（由搭接关系第一个字母确定）	FF_i 计算式	FF_i 值（取最小值）
3	5	FS	4	$ES_5 = 13$	$EF_3 = 8$	$FF_3 = ES_5 - EF_3 - Z_{3,5} = 13 - 8 - 4 = 1$	1
	6	FF	3	$EF_6 = 15$	$EF_3 = 8$	$FF_3 = EF_6 - EF_3 - Z_{3,6} = 15 - 8 - 3 = 4$	
6	8	FS	3	$ES_8 = 40$	$EF_6 = 15$	$FF_6 = ES_8 - EF_6 - Z_{3,8} = 40 - 15 - 3 = 22$	22
8	9	FS	0	$ES_9 = 50$	$EF_8 = 48$	$FF_6 = ES_9 - EF_8 - Z_{8,9} = 50 - 48 = 2$	2

3. 关键线路的确定

从网络图的开始工作（起始节点）到结束工作（终点节点），由工作总时差为零的关键工作连接的线路即为关键线路。例中的关键线路有三条，它们是：开始→2→4→5→7→结束，开始→2→4→7→结束，开始→2→5→7→结束。

15.5　网络计划的优化

　　网络计划的优化是通过利用时差不断改善网络计划的最初方案，在满足既定条件的情况下，按某一衡量指标来寻求最优方案的问题。网络计划的优化目标按计划任务的需要和条件选定。有工期目标、费用目标和资源目标。本节主要介绍资源优化和工期—成本优化。

15.5.1　资源优化

　　资源是为完成某一工程项目所需的人力、材料、机械设备和资金等的统称。资源优化是指调整网络计划初始方案的日资源需要量，使其不超过日资源量或者使之尽可能均衡。资源优化根据优化目标的不同又分为两类：①在工期不变的情况下，使日资源的需要量尽可能均衡；②当日资源受限时，使日资源需要量不超过限制的日资源限量，工期延长值尽可能最小。

　　1.　工期不变资源使用均衡的优化

　　工期不变资源均衡优化主要是利用工作的时差，调整工作的开始和结束日期，以达到减少高峰期的资源需要量，增加低谷期的资源需要量，使日资源需要量趋于均衡。调整的方法常用的有方差法和时段法两种，下面仅以方差法为例介绍资源均衡的优化方法。

　　方差法的优化目标是使日资源需要量的方差最小。方差（均方差 σ^2）表示在资源需要量动态曲线上，每天计划需要量与每天平均需要量之差的平方和的平均值。用公式表示为

$$\sigma^2 = \frac{1}{T}\sum_{t=1}^{T}\ (R_t - R_m)^2 \tag{15.18}$$

式中：R_t——第 t 天的日资源需要量；

　　　　R_m—— 平均日资源需要量，$R_m = \frac{1}{T}\sum_{t=1}^{T}R_t$；

　　　　T——规定的工期。

将上式展开得

$$\sigma^2 = \frac{1}{T}\sum_{t=1}^{T}\ (R_t^2 - 2R_t R_m + R_m^2)$$

$$= \frac{1}{T}\sum_{t=1}^{T}\ (R_t^2 - R_m^2) \tag{15.19}$$

　　由于式中 T 与 R_m 均为常数，因此，要使均方差 σ^2 为最小，只需使得 $\sum_{t=1}^{T}R_t^2$ 为最小。

　　如工作 $1-n$ 的最早开始日期为第 i 天，最早结束日期为第 j 天，自由时差为 $FF_{l,n}$。若工作 $1-n$ 的日资源需要量为 $r_{l,n}$，则如将工作 $1-n$ 右移 1d（图 15.26），方差的变化值可计算如下：

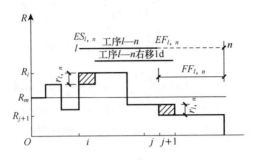

图 15.26　资源调整示意图

未移动前

$$\sum R_t^2 = R_1^2 + R_2^2 + R_3^2 + \cdots + R_i^2 + R_{j+1}^2 + \cdots + R_T^2$$

向右移一天后

$$\sum R_t'^2 = R_1^2 + R_2^2 + R_3^2 + \cdots + (R_i - r_{l,n})^2 + \cdots + R_j^2 + (R_{j+1} + r_{l,n})^2 + \cdots + R_T^2$$

方差变化值为

$$\sum R_t'^2 - \sum R_t^2 = (R_i - r_{l,n})^2 - R_i + (R_{j+1} + r_{l,n})^2 - R_{j+1}^2$$
$$= -2R_u r_{l,n} + r_{l,n}^2 + 2R_{j+1} r_{l,n} + r_{l,n}^2$$
$$= 2r_{l,n}(R_{j+1} - R_i + r_{l,n}) \tag{15.20}$$

如方差变化值为负，则右移一天可使方差变小；如方差变化值为正，则右移一天可使方差变大。因此，可用方差变化值的正、负判别右移一天是否趋于均衡。由于 $r_{l,n}$ 为非负常数，故可用 $R_{i+r} - R_i + r_{l,n}$ 作为是否可以右移一天的判别式，用 Δ 表示。Δ 称为判别值，即

$$\Delta = R_{j+1} - R_i + r_{l,n} \tag{15.21}$$

若计算出右移一天的判别值 Δ_1 为负，则可将工作 $1-n$ 向右移一天。再在工作 $1-n$ 右移一天后新的动态曲线上，按上述同样的方法，在自由时差范围内，继续考虑工作 $1-n$ 是否还能再右移一天，计算判别值 Δ_2，若 Δ_2 为负，那么就再右移一天。依此继续进行，直至不能移动为止。

如果计算出的判别值 Δ_1 为正值，即表示工作 $1-n$ 不能向右移一天。那么就考虑工作 $1-n$ 是否可能向右移两天，计算出 Δ_2，如果 Δ_2 为负，再计算右移 2 天判别值之和 $\Delta_1 + \Delta_2$，若它为负值，那么就将工作 $1-n$ 右移 2 天（在自由时差范围内）。继而还可考虑工作 $1-n$ 能否右移 3 天的问题（在自由时差范围内）。

综上所述，若某工作有自由时差 m 天，在 m 天范围内，将工作 $1-n$ 逐日右移。每向右移动一天计算一次判别值 Δ，则依次计算出 Δ_1，Δ_2，Δ_3，$\cdots$，Δ_m，再算出判别值的累加数列 Δ_1，$\Delta_1 + \Delta_2$，$\cdots$，$\Delta_1 + \Delta_2 + \cdots + \Delta_m$。然后，从累加数列中找出第一个出现最大负值的项次，项次之值即为右移的天数。若数列全为正数，则表示工作 $1-n$ 不能右移。

优化步骤归纳如下：

1）计算网络图的时间参数。

2）按照工作的最早开始和完成时间，绘制时间坐标网络图。

3）计算资源日需要量，绘制资源需要量动态图。

4）从网络图的终点节点开始，逆箭头方向，按最早开始时间值的大、小顺序，逐个对非关键工作在自由时差范围内，计算判别值，作右移的调整。直到全部非关键工作都不能再调整为止。所得网络图即为工期不变资源使用均衡的网络图。

2. 资源限量，工期最短优化

资源限量，工期最短优化的目标，是使日资源需要量小于、接近于或等于日资源供应量，充分使用限量资源，使总工期尽可能最短。

资源限量优化与资源均衡优化不同之处在于，不仅要调整非关键工作，有时还需要调整关键工作才能实现。

若实现某工程施工进度计划需要 N 种资源，其中有 W 种资源日供应量受到限制，分别记作 $S^{(1)}(t)$，…，$S^{(K)}(t)$，…，$S^{(W)}(t)$。设工作 $i-j$ 所需第 K 种资源的日需要量为 $r_{i,j}^{(K)}$ 平，那么在第 m 天，各工作对第 K 种资源的日需要量之和为 $R^{(K)}(m)=\sum\limits_{Am} r_{(i,j)}^{(K)}$，可供应量为 $S^{(K)}(m)$，则第 m 天满足资源限量的条件为

$$R^{(K)}(m) \leqslant S^{(K)}(m) \tag{15.22}$$

若工期为 T，第 K 种资源可供应的总量为 $\sum\limits_{t=1}^{T} S^{(K)}(t)$，则平均日供应量为

$$\frac{\sum\limits_{t=1}^{T} S^{(K)}(t)}{T} \tag{15.23}$$

第 K 种资源的总需要量为 $\sum\limits_{t=1}^{T} R^{(K)}(t)$。根据第 K 种资源限量计算出所需工期为

$$T^{(K)}=\frac{\sum\limits_{t=1}^{T} R^{(K)}(t)}{\dfrac{\sum\limits_{t=1}^{T} S^{(K)}(t)}{T}}=T\frac{\sum\limits_{t=1}^{T} R^{(K)}(t)}{\sum\limits_{t=1}^{T} S^{(K)}(t)} \tag{15.24}$$

令

$$P^{(K)}=\frac{\sum\limits_{t=1}^{T} R^{(K)}(t)}{\sum\limits_{t=1}^{T} S^{(K)}(t)}$$

则

$$T^{(K)}=P^{(K)} T \tag{15.25}$$

式中，$P^{(K)}$——第 K 种资源限量工期调整系数；

　　　T——网络计划工期（关键线路长）；

　　　$T^{(K)}$——根据第 K 种资源限量计算的最佳工期。

由此可知，当满足全部 W 种资源供应量受到限制条件下，其工期 T 应满足下式

$$T \geqslant \max\{T^{(K)}\} \quad (K=1, 2, \cdots, W) \tag{15.26}$$

进行资源限量、工期最短优化常采用时段法，时段法的优化过程与方差法一样，也

是在已绘好的时间坐标网络图与相应的资源需要量动态图上进行的。该方法的要点是：首先将资源需要量动态图中日资源需要量相同的部分划分为一个区段，称为时段；再对日资源需要量超过日资源限量的时段进行调整，使之小于等于日资源限量。

时段法资源限量、工期最短优化的步骤如下：

1）计算时间参数，绘制时间坐标网络图与资源需要量动态图。

2）将资源需要量动态图划分出时段。

3）自左至右对 $R^{(K)}(m) > S^{(K)}(m)$ 的时段进行调整。

调整的方法是：从该时段的非关键工作中选择可以右移出该时段的工作。这个工作应满足：①工作时差 TF 或 FF 大于时段的长度（即时段所包含的天数）；②若有多个非关键工作时，还应使留在该时段中的工作日资源需要量之和等于或小于日资源限量。

每调整一个工作，调整一次资源需要量动态图，并重新划分时段。

15.5.2　工期–成本优化

工程成本是由直接费和间接费两部分组成的。它们与工期的关系如图 15.27 所示。

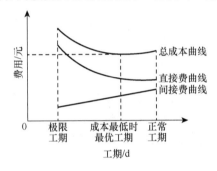

图 15.27　工期–成本曲线

当工作 i—j 的直接费用按随作业时间的改变而连续变化来考虑时，一般把介于正常作业时间与极限作业时间之间的任意作业时间 D_F 的直接费 C_F，可用单位时间费用变化率 C_P 计算。其公式表示为

$$C_{Pi,j} = \frac{C_{Ci,j} - C_{Ni,j}}{D_{Ni,j} - D_{Ci,j}} \tag{15.27}$$

$$C_{Fi,j} = C_{Pi,j} D_{Fi,j} \tag{15.28}$$

式中，$C_{Pi,j}$——工作 i—j 的直接费率；

　　　$C_{Ci,j}$——工作 i—j 的极限作业时间所需直接费；

　　　$C_{Ni,j}$——工作 i—j 的正常作业时间所需直接费；

　　　$D_{Ci,j}$——工作 i—j 的极限作业时间；

　　　$D_{Ni,j}$——工作 i—j 的正常作业时间。

当工作的直接费用在作业时间上的分布是离散时，一般是由工程技术人员估算确定。

进行工期—成本优化主要研究两类问题：一类是寻求指定工期（指令工期）时的最低成本；另一类是寻求工程成本最低时的最优工期。如图 15.27 所示。这两类优化问题的基本思路是找出能使计划工期缩短的关键线路，缩短直接费用增加额最少的关键工作的作业时间。

为了使工程总成本减少，缩短作业时间的关键工作必须满足：缩短工作作业时间增加的直接费小于因工期缩短而减少的间接费用。工作的直接费用单位时间的直接费率表示，间接费用单位时间的间接费率表示。因此，只有缩短那些直接费率小于间接费率的关键工作，才能使工程总成本下降。在同时有多条关键线路的情况下，每条线路都需要缩短相同的时间，才能使工程的工期也相应缩短同样的时间。为此必须找出能同时缩短各条关键线路长度的诸工作组合中直接费率之和最小的工作组合，这种工作组合简称为最小直接费率组合。

如图 15.28 所示，图中工作全是关键工作。图（a）中只有一条关键线路，直接费率最小的工作 6～7 为最小直接费率组合；图（b）中有四条关键线路，能同时缩短各条关键线路长度的工作组合有 8 组，各组的直接费率之和为

$$A—A: C_{P1, 2}+C_{P1, 3}=8+4=12$$
$$B—B: C_{P1, 3}+C_{P2, 3}+C_{P2, 5}+C_{P2, 4}=4+2+3+4=13$$
$$C—C: C_{Pl, 3}+C_{P2, 3}+C_{P2, 5}+C_{P4, 6}=4+2+3+5=14$$
$$D—D: C_{P1, 3}+C_{P2, 3}+C_{P2, 5}+C_{P6, 7}=4+2+3+3=12$$
$$E—E: C_{P3, 5}+C_{P2, 5}+C_{P2, 4}=5+3+4=12$$
$$F—F: C_{P3, 5}+C_{P2, 5}+C_{P4, 6}=5+3+5=13$$
$$G—G: C_{P3, 5}+C_{P2, 5}+C_{P6, 7}=5+3+3=11$$
$$H—H: C_{P5, 7}+C_{P6, 7}=10+3=13$$

G—G 为最小直接费率组合：组合直接费率＝11

组合包含 3 个工作： 工作 3—5

工作 2—5

工作 6—7

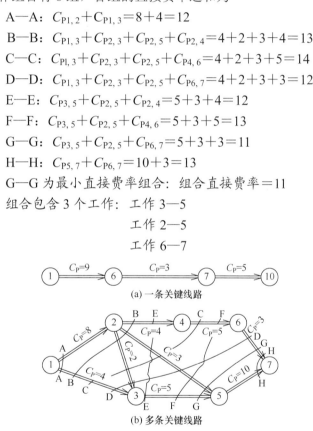

(a) 一条关键线路

(b) 多条关键线路

图 15.28　计算直接费率最小组合示例

进行工期—成本优化时重复工作量较大，每进行一步，都需要重新计算时间参数，寻找关键线路。为简便起见，这里介绍一种图论中寻求关键路线的标号法，不需要计算时间参数，可直接找出关键线路。这种简易方法称为关键线路标号法。

关键线路标号法与计算节点最早时间相似，也是从起始节点开始顺箭头方向对每个节点进行标号。标记由两部分组成：一部分称为标记值，用 TE_j 表示；另一部分称为标记号，用 i 表示。记作 (i, TE_j) 其中：TE_j 为节点 j 的标记值，它等于该节点的最早时

间，$TE_j = \max_{\forall i} \{TE_i + D_{i,j}\}$；$i$ 为节点 j 的标记号，它为确定该节点最早时间的工作开始节点编号。

网络图起始节点的标记值为 0，标记号用短横线表示，其标记记作（—，0）。

用关键线路标号法寻求关键线路的步骤如下：

1）从起始节点开始顺箭头方向直至终点节点，依次对各节点进行标记。

2）从终点节点开始逆箭头方向，按标记号依次将该节点与标记号节点间的箭线连成双线，直至起始节点。双线标志的线路，即为关键线路。

工期固定的最低成本优化步骤如下：

1）将各工作作业时间缩短到极限作业时间，并用标号法找出关键线路。

2）延长关键线路上工作的作业时间，使关键线路的总时间等于按计划要求的工期。若延长后关键线路总时间仍小于要求的工期时，则该线路应看作非关键线路。此时，需反复循环执行第 3）、2）步，直到找到满足要求工期的关键线路为止。

延长关键工作的原则是：①首先延长直接费率大的工作，使直接费有较大的减少，总成本降低；②尽量使以关键工作的开始节点作为起始节点，以关键工作结束节点作为终点节点的线段上的工作成为关键工作。

3）松弛非关键工作，使其尽量成为关键工作。

4）计算最优方案网络图的时间参数与总成本。

15.6　网络计划的实施与计算机管理

工程项目的网络计划实施之前，一般还要将其绘制在时间坐标上，形成直观、易懂的实施网络计划。在网络计划执行过程中要加强管理，及时反馈、记录计划实施情况，再根据反馈的信息及时调整与修正网络图，以保证网络计划对施工过程的控制与指导作用。

15.6.1　实施网络图的绘制

实施网络图常见的有两种形式，即时标网络图和网络计划横道图。

1. 时标网络图的绘制

时标网络图是将一般网络图加上时间横坐标，工作之间逻辑关系表达与原网络图完全相同，其表达方式也有双代号与单代号两种形式。目前使用较多的是双代号时标网络图，在土木工程施工中按最早时间安排的时标网络图使用较多。

绘制双代号时标网络图的基本符号：用实箭线代表工作，箭线在水平方向的投影长度表示工作的作业时间；用波形线代表工作自由时差；用虚线代表虚工作。当实箭线之后有波形线且其末端有垂直部分时，其垂直部分用实线绘制；当虚箭线有时差且其末端有垂直部分时，其垂直部分用虚线绘制。

绘图步骤如下：

1）按节点最早时间，在有横向时间坐标的表格上标定各节点的位置。

2）从每道工作的开始节点出发画出箭线的实线部分，箭线在水平方向的投影长度等于该工作的作业时间。

3）在箭线与结束节点之间，若存在空档时，空档的水平投影长度等于该工作的自由时差，用波形线将其连接起来。

例 15.5　将图 15.13 所示双代号网络图绘制成双代号时标网络图。

解　根据图 15.13 中的时间参数，按上述步骤绘制双代号时标网络图，如图 15.29（a）所示。图中双线所示为关键线路（绘图步骤略）。也可将关键线路各工作集中画在一条直线上，如图 15.29（b）所示。

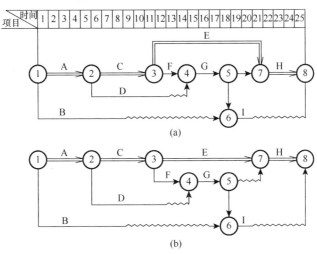

图 15.29　双代号时标网络图

2. 网络计划横道图

网络计划横道图是把网络图计算的时间参数采用横道图的形式绘制的图形。这种表示方法既具有常见的一般横道图的表现形式，又能够表示出网络计划中的关键工作、关键线路及非关键工作的作业时间与时差。网络计划横道图没有单代号双代号之分，两者表示方法是相同的。

绘图符号：用双线表示关键工作，用单实线表示非关键工作，用波形线表示工作自由时差，用虚线表示工作相干时差，上述线段的水平投影长度分别等于工作的作业时间与时差。

绘图步骤如下：

1）按工作最早开始时间与最早完成时间，在有横向时间坐标的表格上表示出各工作的作业时间。

2）将关键工作画成双线，在非关键工作的作业时间后依次用波形线画出工作自由时差，用虚线画出相干时差。若工作自由时差为 0 时，则在工作作业线后用虚线画出相干时差。

3）用纵向单实线将相邻关键工作首尾相连构成关键线路，为醒目起见，亦可用单实箭线连接。

例 15.6　将如图 15.13 所示双代号网络图绘制成网络计划横道图。

解　根据图 15.13 中数据绘制的网络计划横道图如图 15.30 所示（绘图步骤略）。

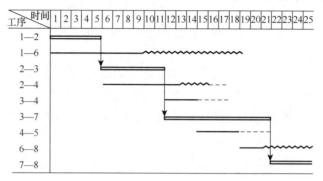

图 15.30　网络计划横道图

15.6.2　网络计划的执行

加强网络计划执行中的统一调度与协调管理是确保网络计划顺利实施的关键。为了使计划管理具有权威性，制定的计划应由主管领导审查批准，由计划编制单位负责管理计划的实施工作。进行网络计划执行过程管理主要应作好以下几件工作：

1）实行严格施工项目经理责任制，将每条箭线所代表的工作落实到班组，向他们进行交底，用《项目管理目标责任书》的形式明确项目部的责、权、利。

2）认真组织好工程开工前的各项施工准备（包括技术准备、物资准备与施工场地准备等）及分部分项工程施工的各项作业条件准备，以保证网络计划中各工作如期开工。

3）如实记录计划实际执行情况，掌握施工动态，预测计划执行中可能出现的问题，及时采取措施，排除施工中的障碍，保证计划实施。

4）必须做到严格按计划的逻辑关系科学作业，确保各项关键工作的作业时间，以实现整个计划的目标工期。

网络计划执行情况的记录工作，一般由统计人员或计划人员负责，记录方式包括表格记录和绘图标注两种。下面仅介绍在时标网络计划中应用"实际进度前锋线"标志施工进度的方法。

"实际进度前锋线"的画法如下：

1）在网络计划的每个记录日期上作实际进度标注，标明按期实现、提前实现、拖延工期三种情况。对按计划进度实现者，将实际进度标注在记录日期垂直线与该工作箭线的交点上；对按计划进度提前者，将提前天数在标注日期右方该箭线上标点；对进度拖期者，将拖期天数在标注日期左方箭线上标点。

2）将各箭线的实际进度点连接起来，形成实际进度波形线，该线称为实际进度前锋线。该波形线的波峰处既表示实际进度比计划快，也表示该工作比相邻工作进度快，其波谷处既表示实际进度比计划慢，也表示该工作比相邻工作进度慢。

图 15.30 中的进度波形线 *A—A* 与 *B—B* 分别表示图 15.31 双代号时标网络图第 7d 与 14d 的"实际进度前锋线"。

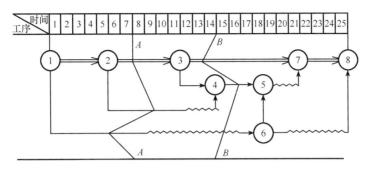

图 15.31　实际进度前锋线

15.6.3　网络计划的调整

网络计划的调整是指根据计划执行反馈的信息，对那些未能完全按原计划执行而产生的偏差所采取的应变措施。网络计划的调整内容包括：关键工作作业时间调整，非关键工作的时差调整，工作的增减，逻辑关系的调整，以及某些工作作业时间的调整等。

1. 对关键工作作业时间的调整

当关键工作作业时间缩短时，若仍要保持原计划总工期不变，则可适当延长后续关键工作中那些日资源需要量大的或者是工作直接费高的工作的作业时间；若想在关键工作作业时间缩短的基础上，使总工期缩短，则可按实际执行的工作作业时间，重新计算时间参数，按新的时间参数执行。

关键工作作业时间拖延。必然导致总工期拖长，此时可采用下列方法予以补救：重新计算时间参数，在后续关键工作中选择日资源需要量小的或直接费率低的予以缩短；选择后续非关键工作中日资源需要量大、时差大的非关键工作。延长其作业时间抽调资源支援与其平行作业的关键工作，使关键工作作业时间缩短。

2. 非关键工作的时差调整

非关键工作的时差调整与网络计划优化的思路和方法是相同的，但其调整的幅度仅限于因执行情况发生变化而引起的原网络计划的变更部分，属于局部调整。

3. 工作的增减调整

在网络计划执行过程中，有时会发现原计划中漏掉了某个工作或某个工作为多余工作，此时应对原网络计划进行工作增、减的调整。但做这种调整时应力求避免打乱原网络计划的逻辑关系，应在原计划基础上只做局部逻辑关系的调整。增、减工作以后，必须重新计算时间参数。

4. 逻辑关系的调整

在施工方法没有改变的情况下，工艺逻辑关系一般也是不会改变的。这里指的逻辑关系调整，主要是指组织逻辑关系的调整。当组织关系改变时或原有组织关系的技术经济效果欠佳时，则需要进行组织逻辑关系的调整。逻辑关系调整后，应对网络图进行修正，并重新计算时间参数。

5. 对某些工作作业时间的调整

在计划执行中发现某些工作作业时间计算有误或出现技术、资源条件变化等原因，则必须改变工作作业时间。在调整作业时间时不能改变总工期，对非关键工作作业时间的调整应该控制在时差范围内进行。调整后，必须重新计算时间参数。

上述五种网络图的调整，应针对执行中发生的实际问题分别选用。网络计划的调整可定期进行，也可紧急情况下进行应急调整。用正确的方法做好网络计划的调整工作，可使原定网络计划更符合工程实际，对网络计划的正常执行并保证顺利完成建设项目施工有重要意义。

15.6.4　网络计划的计算机管理简介

网络计划的时间参数计算、网络计划的优化、网络计划执行过程中的修改、调整及跟踪控制等，都需要进行大量的重复计算。在网络图比较复杂的情况下，用手工计算不但费时，而且容易出错，特别是大型工程项目的网络计划，工作数目较多，应用手工进行网络优化与计划实施过程中的跟踪调整几乎是不可能实现的。因此，必须借助计算机对网络计划进行管理。

目前在国内外有许多通用和专用网络计划商品软件。这些软件具有从工作逻辑转换成网络结构的自动生成系统，计算机的输出图形功能有了大的发展，使网络计划软件这种管理手段逐步从少数专家手上向拥有微机的土木工程施工管理人员手中转移。

这些软件总体性能上有如下特点：

1）都包括了施工进度计划时间参数计算和关键线路分析，以及资源均衡和优化等基本内容。

2）图像屏幕显示、编辑、修改和输出功能。图形的显示和输出大致有五类：①横道图；②网络图（可带时标）；③资源直方图；④s 曲线；⑤其他图形。

3）网络结构的自动生成功能。它可使上机的数据输入大大简化，实现数据共享。例如，自动识别工程设计的 CAD 工程图，从中提取网络计划所需的数据，自动生成网络计划等。

4）网络的更新和记录功能，帮助网络计划的查询、比较、调整和更新。

5）普遍利用屏幕菜单和窗口技术，给用户带来很大方便。

此外，有些软件还具备费用和进度综合管理功能，开发了决策网络、随机网络、搭接网络等新型网络技术。

复习思考题

15.1　网络图的概念及其分类是什么？

15.2　网络图的特点有哪些？

15.3　双代号网络图的组成有哪些基本要素？

15.4 何谓虚工作？

15.5 单代号网络图的组成有哪些？

15.6 绘制时标网络图的步骤有哪些？

15.7 简述绘制网络计划横道图的步骤？

15.8 何谓关键线路？何谓非关键线路？

15.9 什么是工作自由时差？如何计算？

15.10 什么是工作总时差？如何计算？

15.11 双代号网络图的时间参数分几部分？

15.12 已知工作逻辑关系、作业时间如表 15.22～表 15.24 所示，试绘制双代号网络图。

（1）

表 15.22 工作逻辑关系表

工作名称	A	B	C	D	E	F	G
紧前工作	—	A	B	A	B、D	E、C	F
作业时间/d	5	4	3	3	5	4	2

（2）

表 15.23 工作逻辑关系表

工作名称	A	B	C	D	E	F	G	H	I	J	K
紧前工作	—	A	A	B	B	E	A	D、C	E	F、G、H	I、J
作业时间/d	4	6	3	2	4	8	6	5	4	9	6

（3）

表 15.24 工作逻辑关系表

工作名称	A	B	C	D	E	F	G	H	I	J	K
紧前工作	—	—	B	B	A、C	A、C	A、C、D	E	F、G	H、I	F、G
作业时间/d	2	3	5	6	4	10	7	4	5	9	8

15.13 计算如图 15.32 所示的双代号网络图时间参数，用双线标出关键线路。

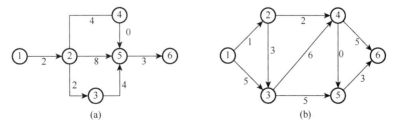

(a)　　　　　　　　　　(b)

图 15.32 双代号网络图

15.14 将如图 15.32 所示的双代号网络图改为单代号网络图，并计算时间参数，用双线标出关键线路。

15.15 已知搭接网络图如图 15.33 所示，试计算时间参数，指出关键线路。

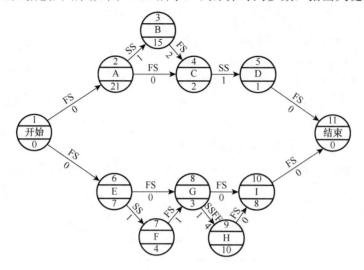

图 15.33 搭接网络图

15.16 将如图 15.34 所示的双代号网络图绘制成双代号时标网络计划。

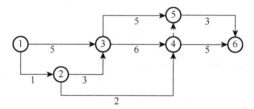

图 15.34 双代号网络图

第十六章 单位工程施工组织设计

单位工程施工组织设计是沟通设计与施工的桥梁，它既要体现国家有关法规和施工图的要求，又要符合施工活动的客观规律。

16.1 概 述

16.1.1 单位工程施工组织设计的作用

单位工程施工组织设计是报批开工、备工、备料、备机及申请预付工程款的基本文件，是施工单位有计划地开展施工，检查、控制工程进展情况的重要文件，是施工队组安排施工作业计划的主要依据，是协调各单位、各工种之间、各资源之间的空间布置和时间安排之间关系的依据，是建设单位配合施工、监理、落实工程款项的基本依据。

16.1.2 单位工程施工组织设计的编制依据

单位工程施工组织设计的编制依据有：主管部门的批示文件及建设单位的要求；施工图纸及设计单位对施工的要求；建筑业企业年度生产计划对该工程的安排和规定的有关指标；施工组织总设计或大纲对该工程的有关规定和安排；资源配备情况；建设单位可能提供的条件和水、电供应情况；施工现场条件和勘察资料；预算文件和国家规范等资料。

16.1.3 单位工程施工组织设计的编制内容

单位工程施工组织设计的内容，根据工程性质、规模、繁简程度的不同，其内容和深广度要求不同，一般应包括：工程概况及施工特点分析；施工方案设计；单位工程施工进度计划；单位工程施工准备工作计划；劳动力、材料、构件、加工品、施工机械和机具等需要量计划；单位工程施工平面图设计；保证质量、安全、降低成本和冬雨期施工的技术组织措施；各项技术经济指标。对于一般常见的建筑结构类型且规模不大的单位工程，施工组织设计可以编制得简单一些，其主要内容为施工方案、施工进度计划和施工平面图，并辅以简明扼要的文字说明。

16.1.4 单位工程施工组织设计的编制程序

单位工程施工组织设计的编制程序，是指对其各组成部分形成的先后次序及相互之间制约关系的处理，如图 16.1 所示。

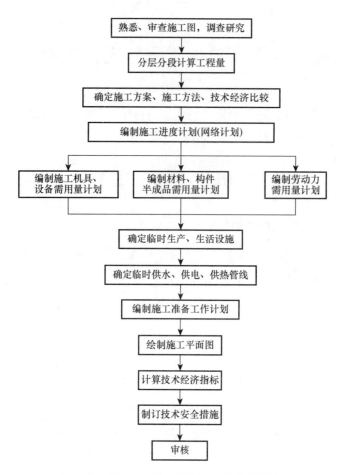

图 16.1 单位工程施工组织设计的编制程序

16.2 施工方案设计

施工方案是单位工程施工组织设计的核心。所确定的施工方案合理与否，不仅影响到施工进度计划的安排和施工平面图的布置，而且将直接关系到工程的施工效率、质量、工期和技术经济效果。施工方案的设计一般包括确定施工程序、确定单位工程施工起点和流向、确定施工顺序、合理选择施工机械和施工方法及相应技术组织措施等内容。

16.2.1 确定施工程序

施工程序是指单位工程中各分部工程或施工阶段的先后次序及其制约关系，其任务主要是从总体上确定单位工程主要分部工程的施工顺序。确定施工程序时应注意以下几个方面。

1. 做好施工准备工作

单位工程的施工准备分内业和外业两部分。内业准备工作包括熟悉施工图、图纸会审、编制施工预算、编制施工组织设计、落实设备与劳动力计划、落实协作单位、对职工进行施工安全与防火教育等。外业准备工作包括完成拆迁、清理障碍、管线迁移、平整场地、设置施工用的临时建筑、完成附属加工设施、铺设临时水电管网、完成临时道路、机械设备进场、必要的材料进场等。

2. 遵循基本的施工原则

基本施工原则是指"先地下后地上""先土建后设备""先主体后围护""先结构后装饰"。由于影响施工的因素很多，施工程序并不是一成不变的，应根据具体情况处理。

3. 合理安排土建施工与设备安装的施工程序

工业厂房的施工除了要完成一般土建工程外，还要同时完成工艺设备和工业管道等的安装工程。为了使工厂早日投产，不仅要加快土建工程施工速度为设备安装工程提供作业面，还要根据设备性质、安装方法、厂房用途等因素，合理安排土建工程与工艺设备安装工程之间的施工程序。

4. 做好竣工扫尾工作

扫尾工程或称收尾工程，是指工程接近交工阶段时一些未完的零星项目，其特点是分散、工程量小、分布面广。做好收尾工作有利于提前交工，进行收尾工作时，应首先做好准备工作，摸清收尾项目，然后落实好相应劳动力和机具材料，逐项解决、完成。

16.2.2 确定单位工程施工流向

施工流向是指单位工程在平面或空间上施工的开始部位及其展开方向，这主要取决于生产需要、缩短工期和保证质量等要求。一般来说，对单层建筑物，只要按其工段、跨间分区分段地确定平面上的施工流向；对多层建筑物，除了确定每层平面上的施工流向外，还要确定其层间或单元空间上的施工流向。

施工流向的确定影响到一系列施工过程的开展和进程，是组织施工的重要环节，应考虑以下几个因素。

1. 生产工艺或使用要求

生产工艺上影响其他工段试车投产的或生产使用上要求急的工段或部分可先安排施工。例如，工业厂房内要求先试生产的工段应先施工；高层宾馆、饭店等，可在主体结构施工到相当层数后，即进行地面上若干层的设备安装与室内外装修。

2. 单位工程各部分的繁简程度

对技术复杂、施工进度较慢、工期较长的工段或部位应先施工。例如，高层现浇钢筋混凝土结构房屋，主楼部分应先施工，裙房部分后施工。

3. 房屋高低层或高低跨

柱的吊装应从高低层或高低跨并列处开始。高低层并列的多层建筑物中，层数多的区段常先施工。屋面防水层施工应先高后低。基础施工应先深后浅。

4. 工程现场条件和施工方案

施工场地大小、道路布置和施工方案所采用的施工方法及机械也是确定施工流程的主要因素。例如，土方工程施工中，边开挖边外运余土，则施工起点应确定在远离道路的部位，由远及近地展开施工。

5. 施工技术与组织上的要求

例如，图 16.2 为多层建筑物层高不等时的施工流向示意图，采取图示顺序组织施工时，更易使各施工过程的工作队在各施工段上（包括各层的施工段）连续施工。

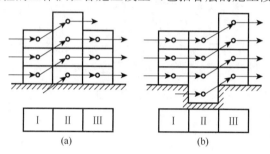

图 16.2　不等高多层房屋施工流向图

6. 分部工程或施工阶段的特点

如基础工程由施工机械和施工方法决定其平面的施工流向；主体结构工程从平面上看，从哪一边先开始都可以，但竖向一般应自下而上施工；装饰工程的竖向流程比较复杂，室外装饰一般采用自上而下的工程流向，室内装饰则有自上而下、自下而上及自中而下再自上而中三种流向。

16.2.3　确定施工顺序

确定施工顺序主要是指分项工程施工的先后次序，既是为了按照客观施工规律组织施工，也是为了解决工种之间的时间搭接和空间配合问题。在保证质量与安全施工的前提下，充分利用空间、争取时间，实现缩短工期的目的。

1. 确定施工顺序时的考虑因素

（1）遵循施工程序
施工程序确定了施工阶段或分部工程之间的先后次序，确定施工顺序必须遵循施工程序。
（2）必须满足施工工艺的要求
各施工过程之间存在着一定的工艺顺序关系，随施工对象结构、构造和使用功能的不同而变化。在确定施工顺序时，应注意分析该施工对象各施工过程的工艺关系。如预制钢筋混凝土柱的施工顺序为：支模板→绑钢筋→浇混凝土→养护→拆模；而现浇钢筋混凝土柱的施工顺序为：绑钢筋→支模板→浇混凝土→养护→拆模。
（3）施工顺序应与所采用的施工方法和施工机械相一致
确定施工顺序时，要注意与该工程的施工方法和所选择的施工机械相协调一致。如基坑开挖对地下水的处理可采用明排水，其施工顺序应是在挖土过程中排水；而当可能出现流砂时，常采用轻型井点降低地下水，其施工顺序则应是在挖土之前先降低地下水位。两种不同的施工方法，所采用的抽水设备不同，其施工顺序也就不同。

（4）应考虑施工组织的要求

有些施工过程的施工顺序，在满足施工工艺的条件下有可能会有多种施工方案，此时就应考虑施工组织上的要求进行分析、对比，选择最经济合理的施工顺序。在相同条件下，优先选用能为后续施工过程创造较优越施工条件的施工顺序。

（5）应考虑施工质量的要求

在安排施工顺序时，要以能确保工程质量为前提条件。如果有可能出现影响工程质量的情况，则应重新安排施工顺序或采取必要的技术措施。例如，顶层天棚的粉刷应安排在屋面防水层完成后进行，以防屋面板缝渗水而损坏天棚粉刷层。

（6）应考虑当地的气候条件

在安排施工顺序时，必须考虑施工地区的气候条件。例如，南方地区应注意多雨和热带风暴多的特点，而北方地区应多考虑冻寒对施工的影响。

（7）应考虑施工安全的要求

在确定施工顺序时，必须力求各施工过程的搭接不致产生不安全因素，以避免安全事故的发生。例如，不能为了加快施工进度而在同一施工段上一面吊装楼板一面又进行其他工作。对于不可避免的垂直交叉作业，必须采取可靠的安全措施才允许进行施工。

2. 几种常用结构房屋的一般施工顺序

多层砖混结构居住房屋、多层全现浇钢筋混凝土框架结构房屋、装配式钢筋混凝土单层工业厂房是几种具有代表性的房屋，分别叙述其施工顺序如下。

（1）多层混合结构居住房屋的施工顺序

多层混合结构房屋的施工，一般可划分为基础工程、主体结构工程、屋面及装饰工程几个施工阶段。混合结构三层居住房屋施工顺序示意如图 16.3 所示。

多层混合结构居住房屋的基础工程施工阶段是指室内地坪（±0.00）以下的所有工程施工阶段。其施工顺序一般是挖土→做垫层→砌基础→地圈梁→回填土。

多层混合结构居住房屋主体结构施工阶段的工作，通常包括搭脚手架、墙体砌筑、安门窗框、安预制过梁、安预制楼板和楼梯、现浇构造柱、楼板、圈梁、雨篷、楼梯、屋面板等分项工程。若圈梁、楼板、楼梯为现浇时，其施工顺序应为立柱筋→砌 墙→安柱模→浇注混凝土→安梁、板、梯模板→安梁、板、楼梯钢 筋→浇梁、板、梯混凝土；若楼板为预制件时，此砌墙和安装楼板是主体结构工程的主导施工过程。在组织施工时，应尽量使砌墙连续施工；现浇厨房、卫生间楼板的支模、绑筋可安排在墙体砌筑的最后一步插入，在浇筑构造柱、圈梁的同时浇筑厨房、卫生间楼板，各层预制楼梯段的吊装应在砌墙、安装楼板的同时相继完成。

多层混合结构居住房屋屋面工程的施工顺序一般为，找平层→隔气层→保温层→找平层→冷底子油结合层→防水层。对于刚性防水屋面的现浇钢筋混凝土防水层，分格缝施工应在主体结构完成后开始、并尽快完成，以便为室内装饰创造条件。一般情况下，屋面工程可以和装饰工程搭接或平行施工。

多层混合结构居住房屋装饰工程可分为室内装饰（天棚、墙 面、楼地面、楼梯等抹灰，门窗扇安装，门窗油漆、安玻璃，油墙裙，做踢脚线等）和室外装饰（外墙抹灰、勒脚、散水、台阶、明沟、水落管等）。室内外装饰工程的施工顺序有先内后外、先外后内、内外同时进行等三种顺序，具体确定为哪种顺序应视施工条件和气候条件而定。

多层混合结构居住房屋的水、暖、电、卫等工程，一般与土建工程中有关的分部分项工程进行交叉施工，紧密配合。

（2）多层全现浇钢筋混凝土框架结构房屋的施工顺序

多层全现浇钢筋混凝土框架结构房屋的施工，一般可划分为基础工程、主体结构工程、围护工程和装饰工程等四个施工阶段。

其基础工程一般可分为有地下室和无地下室基础工程。其±0.00以下的施工顺序，若有地下室一层，且房屋建造在软土地基上时，基础工程的施工顺序一般为桩基→围护结构→土方开挖→垫层地下室底板→地下室墙、柱（防水处理）→地下室顶板→回填土；若无地下室，且房屋建造在土质较好的地区时，基础工程的施工顺序一般为挖土→垫层→基础（扎筋、支模、浇混凝土、养护、拆模）→回填土。

在基础工程施工之前，先处理好基础下部的松软土、洞穴等，然后分段进行平面流水施工。施工时，应根据当地的气候条件，加强对垫层和基础混凝土的养护，在基础混凝土达到拆模要求时及时拆模，并提早回填土。

主体结构工程的施工顺序为绑柱钢筋→安柱、梁、板模板→浇柱混凝土→绑扎梁、板钢筋→浇梁、板混凝土。柱、梁、板的支模、绑筋、浇混凝土等施工过程的工程量大，耗用的劳动力和材料多，而且对工程质量和工期也起着决定性作用，需把多层框架在竖向上分成层、在平面上分成段，即分成若干个施工段，组织平面上和竖向上的流水施工。

围护工程的施工包括墙体工程、安装门窗框和屋面工程。墙体工程包括砌筑用的脚手架的搭拆，内、外墙砌筑等分项工程。不同的分项工程之间可组织平行、搭接、立体交叉流水施工。屋面工程、墙体工程应密切配合，如在主体结构工程结束之后，先进行屋面保温层、找平层施工，待外墙砌筑到顶后，再进行屋面油毡防水层的施工。脚手架应配合砌筑工程搭设，在室外装饰之后、做散水坡之前拆除。内墙的砌筑则应根据内墙的基础形式而定，或在地面工程完成后进行，或在地面工程之前与外墙同时进行。

屋面工程、装饰工程的施工顺序与混合结构房屋的施工顺序基本相同。

（3）装配式钢筋混凝土单层工业厂房的施工顺序

单层工业厂房由于生产工艺的需要，无论在厂房类型、建筑平面、造型或结构构造上都与民用建筑有很大差别，具有设备基础和各种管网，其施工要比民用建筑复杂。装配式钢筋混凝土单层工业厂房的施工可分为基础工程、预制工程、结构安装工程、围护工程和装饰工程五个施工阶段。

单层工业厂房的柱基础一般为现浇钢筋混凝土杯形基础，其施工顺序与现浇钢筋混凝土框架结构的独立基础施工顺序相同。杯型基础的施工应按一定的流向分段进行流水施工，并与后续的预制工程、结构安装工程的施工流向一致。在安排各分项工程之间的搭接施工时，应根据当时的气温条件适当考虑基础垫层和杯口基础混凝土养护时间。

单层工业厂房附属生活用房的基础施工及其他分项工程的施工，与多层混合结构施工基本相同，其基础一般在主体结构吊装后进行。

多数单层工业厂房都有设备基础，特别是重型机械厂房设备基础既大又深，其施工难度大，技术要求高，工期也较长。设备基础的施工顺序如何安排，常会影响到主体结构的安装方法和设备安装的进度。因此，在单层工业厂房基础施工阶段，关键在于安排好设备基础的施工顺序。当厂房柱基础的埋置深度大于设备基础的埋置深度时，采用"封闭式"施工，即厂房柱基础先施工、设备基础后施工；当设备基础的埋置深度大于厂房柱基础的埋置深度时，通常采用"开敞式"施工，即设备基础与厂房柱基础同时施工。

单层工业厂房结构构件的预制方式，一般可采用加工厂预制和现场预制相结合的方法。通常，对于尺寸大、自重大的大型构件，因运输困难而问题较多，多采用在拟建厂房内部就地预制，如柱、托架梁、屋架、鱼腹式预应力吊车梁等，对于种类及规格繁多的异形构件，可在拟建厂房外部集中预制，如门窗过梁等。对于数量较多的中小型构件，可在加工厂预制，如大型屋面板等标准构件、木制品及钢结构构件等。

预制构件现场预制的施工顺序为场地平整夯实→支模→扎筋（有时先扎筋后支模）→预留孔道→浇筑混凝土→养护→拆模→张拉预应力筋→锚固→灌浆。现场内部就地预制的构件，一般来说只要基础回填土、场地平整完成一部分以后就可以开始制作。但构件在平面上的布置、制作的流向和先后次序，主要取决于构件的安装方法、所选择起重机性能及构件的制作方法。制作的流向应与基础工程的施工流向一致，以便为结构安装工程提早开始创造条件。

当预制构件采用分件安装时，若场地狭窄而工期又允许时，不同类型的预制构件可分别进行制作；当预制构件采用综合安装方法时，由于是分节间安装完各种类型所有构件，因此需一次制作构件，其构件的平面布置问题上，需视场地的具体情况确定出构件是全部在拟建厂房内就地预制、还是一部分在拟建厂房外预制。

结构安装工程是装配式单层工业厂房的主导施工阶段，应单独编制结构安装工程的施工作业设计。结构安装工程的施工顺序取决于安装方法。结构吊装的流向通常应与预制构件制作的流向一致。当厂房为多跨且有高、低跨时，构件安装应从高、低跨柱列开始，先安装高跨，后安装低跨，以适应安装工艺要求。

围护工程的工作内容包括墙体砌筑、安装门窗框等施工过程。墙体工程又包括搭设脚手架、内外墙砌筑等各项工作。其施工顺序与现浇钢筋混凝土框架结构房屋的基本相同。房装饰工程的施工分为室内装饰和室外装饰，一般不占总工期。

单层工业厂房的水、暖、电、卫等工程与混合结构居住房屋水、暖、电、卫等工程的施工顺序基本相同，但应注意空调设备安装工程的安排。生产设备的安装，一般由专业公司承担，由于其专业性强、技术要求高，应遵照有关专业的生产顺序进行。

16.2.4　确定施工方法

1. 确定施工方法应遵循的基本原则

1）施工方法的技术先进性与经济合理性相统一。

2）兼顾施工机械的适用性和多用性，尽可能充分发挥施工机械的使用效率。

3）充分考虑施工单位的技术特点、技术水平、劳动组织形式、施工习惯以及可利用的现有条件等。

2. 拟定施工方法的重点

拟定施工方法应着重考虑影响整个单位工程施工的分部分项工程的施工方法。对于那些按常规做法和生产人员比较熟悉的分项工程可适当简单些，只要提出应该注意的特殊要点和解决措施即可。对于下列项目，在拟定施工方法时则应详细、具体，必要时还应编制单项作业设计：

1）工程量大、在单位工程中占重要地位、对工程质量起关键作用的分部分项工程。如基础工程、钢筋混凝土等隐蔽工程。

2）施工技术比较复杂、施工难度比较大，或采用新技术、新工艺、新结构、新材料的分部分项工程。如采用钢结构预应力、不设缝结构施工、软土地基等。

3）施工人员不太熟悉的特殊结构或专业性很强的特殊专业工程，如仿古建筑、灯塔及大型钢结构整体提升等。

3. 拟定施工方法的要求

1）拟定主要的操作过程和方法，包括施工机械的选择。

2）提出质量要求和达到质量要求的技术措施，指出可能产生的问题和防治措施。

3）提出季节性施工和降低成本的措施。

4）提出切实可行的安全施工措施。

16.2.5　选择施工机械

施工工艺、施工方法和所用施工机械密切相关，施工机械的选择是确定施工方案的一个重要环节。

1. 选择主导施工机械

选择施工机械应根据工程的特点，确定适用的主要施工机械的类型。

例如，选择单层工业厂房结构安装用的起重机械类型时，当吊装工程量大而集中、工期较紧时，可选用生产效率较高的塔式起重机；但当工程量不大或工程量虽大，但构件布置又相当分散时，则选择机动性较好的自行杆式起重机较为经济；当工程量不大但布置集中，在工期允许的前提下选用桅杆式起重机也是合理的。

2. 施工机械之间的生产能力应协调

为了充分发挥主导机械的生产效率，选择与主导机械直接配套使用的其他各种机械时，必须考虑各种机械之间的生产能力相互协调一致，避免出现"瓶颈"现象而影响主导机械的利用率；同时应根据最大生产能力来配备足够的生产人员和供应足够的生产材料。例如，当选塔式起重机承担混凝土的垂直运输时，则应根据塔式起重机的生产能力，配备与之相应的混凝土搅拌机、混凝土水平运输机械的数量，配备足够的砂、石子和水泥，并根据所完成的工程量来配备各工作岗位上的生产人员。

16.3　施工进度计划和资源需要量计划

单位工程施工进度计划是施工组织设计的主要部分,是具体指导施工的计划文件。其任务是在施工方案的基础上,根据规定工期和各种资源源供应条件,确定单位工程中各工序的合理施工顺序和施工时间及其搭接关系,并用图表的形式表达出来,指导和保证单位工程在规定期限内有条不紊地完成施工任务。在单位工程施工进度计划正式编制完后,就可以编制各项资源需要量计划,用以确定建筑工地的临时设施,并按计划供应材料、调配劳动力。

16.3.1　单位工程施工进度计划的作用

单位工程施工进度计划的作用是控制单位工程的施工进度,保证在规定工期内完成符合质量要求的工程任务;确定单位工程各个施工过程的施工顺序、施工持续时间相互衔接和合理配合关系;为编制季度、月度生产作业计划提供依据;是制定各项资源需要量计划和编制施工准备工作计划的依据。

16.3.2　施工进度计划的编制依据

编制单位工程施工进度计划的主要依据有经过审批的建筑总平面图和单位工程全套施工图,以及地质图、地形图、工艺设计图、设备图及其基础图,采用的各种标准图等图样及技术资料;施工组织总设计对本单位工程的有关规定;施工工期要求及开、竣工日期;施工条件、劳动力、材料、构件及机械的供应条件、分包单位的情况等;主要分部、分项工程的施工方案,包括施工程序、施工段划分、施工流程、施工顺序、施工方法、技术及组织措施等;施工定额;施工合同。

16.3.3　施工进度计划的组成及表示方法

单位工程施工进度计划通常按照一定的格式编制,一般应包括各分部分项工程名称、工程量、劳动量、每天安排的人数和施工时间等内容。表16.1是常用的施工进度计划表形式。

表 16.1　单位工程施工进度计划横道图表

序号	分部分项工程名称	工程量		时间定额	劳动量		需用机械		每天工作班次	每班工人数	工作天数	施工进度								
		单位	数量		工种	数量（工日）	机械名称	台班数量				月					月			
												5	10	15	20	25	5	10	15	

表格由两部分组成,左面部分是工程项目和有关施工参数,列出各种计算数据,

如分部分项 工程名称、相应的工程量、采用的定额、需要的劳动量或机械台班数、每天施工的工人数和施工的天数等；右边部分是时间图表部分，即规定的开工之日起到竣工之日止的日历表。下面是以左面表格的计算数据设计的进度指示图表，用线条形象表现各个分部分项工程的施工进度、各个分部分项工程阶段的工期和整个单位工程的总工期；且综合反映出各分部分项工程相互关系和各个工作队在时间上和空间上开展工作的相互配合关系。有时在其下面汇总每天资源需要量，绘出资源、需要量的动态曲线。

16.3.4　单位工程施工进度计划的编制步骤

单位工程施工进度计划编制的一般方法是，根据流水作业原理，首先编制各分部工程进度计划，然后搭接各分部工程流水，并合理安排其他不便组织流水施工的某些工序，形成单位工程进度计划。施工进度计划的编制程序如图 16.3 所示。

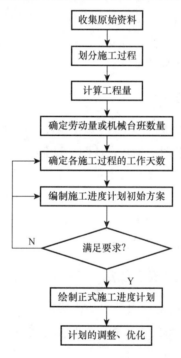

图 16.3　施工进度计划的编制程序

1. 划分施工过程

编制进度计划时，首先应按照图纸和施工顺序将拟建单位工程的各个施工过程列出，并结合施工方法、施工条件、劳动组织等因素，经适当调整使其成为编制施工进度计划所需的施工过程。

所采用的施工过程名称可参考现行定额手册上的项目名称；拟建工程所有施工过程应大致按施工顺序的先后进行排列，填在施工进度计划表的有关栏目内。

通常施工进度计划表中只列出直接在建筑物（或构筑物）上进行施工的砌筑安装类

施工过程，构件制作和运输等则不需列出，如门窗制作和运输等制备类、运输类施工过程；但当某些构件采用现场就地预制方案，单独占有工期，且对其他分部分项工程的施工有影响或其运输工作需与其他分部分项工程的施工密切配合如楼板随运随吊时，也需将其列入。

施工过程的划分还与所选择的施工方案有关。如结构安装工程，若采用分件吊装法，施工过程的名称、数量和内容及其安装顺序应按照构件来确定；若采用综合吊装法，施工过程应按施工单元（节间、区段）来确定。

在确定施工过程时，尚需注意适当简化进度表的内容，避免划分过细而重点不明。一般可将某些分项工程合并到主要分项工程中去，如安装门窗框可以并入砌墙工程。项目的合并比较灵活，应根据具体情况进行，一般在合并项目时考虑施工过程在施工工艺上是否接近、施工组织上是否有联系等，如对工业厂房中的钢窗油漆、钢门油漆、钢支撑油漆、钢梯油漆合并为钢构件油漆一个施工过程，就是对在同一时间内、由同一工程队施工的项目进行合并；对于次要的、零星的分项工程可合并成一项，以"其他工程"单独列出，在计算劳动量时统一进行考虑。

水暖电卫工程和设备安装工程通常由专业机构负责施工，在施工进度计划中只需反映出这些工程与土建工程如何配合即可，不必细分。

总之，施工过程的划分要粗细得当，单位工程施工进度计划的工程项目不宜列得过多（小于 40 项为宜）。工程项目应包括从准备工作在内的全部土建工程，也包括有关的配合工程（如水电安装等），切忌漏项或重复。

2. 计算工程量

工程量计算应严格按照施工图纸和工程量计算规则进行。如编制施工进度计划时已有了预算文件，可以直接采用施工图预算的数据；但应注意有些项目的工程量应按实际情况作适当调整。如计算柱基土方工程量时，应根据土壤级别和采用施工方法 （单独基坑开挖、基槽开挖还是大开挖，放边坡还是加支撑）等实际情况进行计算。计算工程量时应注意：

1）各分部分项工程的工程量计算单位应与现行定额手册中所规定的单位相一致，以便计算劳动量、材料、机械台班消耗量时直接套用，避免进行换算，产生错误。

2）结合分部分项工程施工方法和技术安全的要求计算工程量。例如，土方开挖应考虑土的类别、挖土的方法、边坡护坡处理和地下水的情况。

3）结合施工组织的要求分层、分段地计算工程量。

4）直接采用预算文件中的工程量时，应按施工过程的划分情况将预算文件中有关项目的工程量汇总。如"砌筑砖墙"一项要将预算中按内墙、外墙，按不同墙厚、不同砌筑砂浆及强度等级计算的工程量进行汇总。

3. 确定劳动量和机械台班数量

劳动量和机械台班数量应当根据各分部分项工程的工程量、施工方法和现行的施工定额，并结合当时当地的具体情况加以确定，即

$$P = \frac{Q}{S} \qquad (16.1a)$$

$$P = Q \cdot H \qquad (16.1b)$$

式中，P——完成某施工过程所需的劳动量（工日）或机械台班数量（台班）；

　　　Q——完成某施工过程所需的工程量（m^3、m^2、t…）；

　　　S——某施工过程所采用的产量定额（m^3、m^2、t…/工日或台班）；

　　　H——某施工过程所采用的时间定额（工日或台班/m^3、m^2、t…）。

对于"其他工程"项目的劳动量或机械台班量，可根据合并项目的实际情况进行计算。实践中常根据工程特点，结合工地和施工单位的具体情况，以总劳动量的一定比例估算，一般约占总劳动量的 10%～20%；水暖电卫、设备安装的工程项目，一般不计算劳动量和机械台班需要量，仅安排与一般土建工程配合的进度

此外，在使用定额时，常遇到定额所列项目工作内容与编制施工进度计划所列项目不一致的情况，应计算综合劳动定额。

当某一分项工程是由若干项具有同一性质而不同类型的分项工程合并而成时，应根据各个不同分项工程的劳动定额和工程量，按合并前后总劳动量不变的原则，计算合并后的综合劳动定额，即

$$S = \frac{\sum\limits_{i}^{n} Q_i}{\dfrac{Q_1}{S_1} + \dfrac{Q_2}{S_2} + \cdots + \dfrac{Q_n}{S_n}} \qquad (16.2a)$$

或

$$S = \frac{\sum Q_i}{Q_1 H_1 + Q_2 H_2 + \cdots + Q_n H_n} \qquad (16.2b)$$

式中，S——综合产量定额；

　　　$Q_1, Q_2, \cdots, Q_n$——合并前各分项工程的工程量；

　　　$S_1, S_2, \cdots, S_n$——合并前各分项工程的产量定额；

　　　$H_1, H_2, \cdots, H_n$——合并前各分项工程的时间定额。

实际使用时应特别注意合并前各分项工程的工作内容和工程量单位。

例 16.1　钢门窗油漆一项由钢门油漆和钢窗油漆两项合并而成，已知 Q_1 为钢门面积 368.52m^2，Q_2 为钢窗面积 889.66m^2，钢门油漆的产量定额 S_1 为 11.2m^2工日，钢窗油漆的产量定额 S_2 为 14.63m^2/工日，平均产量定额是多少？

解　平均产量定额为

$$S = \frac{Q_1 + Q_2}{\dfrac{Q_1}{S_1} + \dfrac{Q_2}{S_2}} = \frac{368.52 + 889.66}{\dfrac{368.52}{11.2} + \dfrac{889.66}{14.63}} = 13.43 (m^2/\text{工日})$$

当合并前各分项工程的工作内容和工程量单位不完全一致时，式中 $\sum\limits_{i=1}^{n} Q_i$ 应取与综合劳动定额单位一致、且工作内容也基本一致的各分项工程工程量之和；综合劳动定额单位总是与合并前各分项工程之一的劳动定额单位一致，最终取哪一单位为好，应视今

后使用方便而定。

例 16.2　某一预制钢筋混凝土构件工程，其施工参数见表 16.2。求各分项工程合并后的综合劳动定额。

解　因合并前各分项工程的工作内容和定额单位不同，所以其工程量不能相加。由于是钢筋混凝土工程，合并后的综合定额以混凝土工程单位应用方便。

表 16.2　某钢筋混凝土预制构件施工参数

施工过程		工程量		劳动定额	
		数量	单位	数量	单位
A	安装楼板	165	$10m^2$	2.67	工日/$10m^2$
B	绑扎钢筋	19.5	t	15.5	工日/t
C	浇混凝土	150	m^3	1.9	工日/m^3

表中劳动定额为时间定额，用式（16.2b）计算可得

$$S = \frac{\sum Q_i}{Q_1 H_1 + Q_2 H_2 + \cdots + Q_n H_n}$$
$$= \frac{150}{165 \times 2.67 + 19.5 \times 15.5 + 150 \times 1.90} = 0.146(m^3 / 工日) \qquad (16.3)$$

该综合劳动定额所表示的意义为：每工日完成 $0.146m^3$ 混凝土的浇筑，并包括该部分混凝土的模板安装和绑扎钢筋的工作。

4. 确定各施工过程的施工天数

确定施工过程的工作时间（持续时间）就是计算流水节拍，详见 14.2 节所述。

5. 编制施工进度计划的初始方案

编制施工进度计划时，必须考虑各分部分项工程的合理施工顺序，尽可能组织流水施工，力求主要工种的工作队连续施工。其方法是：

1）划分主要施工阶段（分部工程），组织流水施工。首先安排主导施工过程的进度，使其尽可能连续施工，其他穿插施工过程尽可能与它配合、穿插、搭接或平行作业。

2）配合主要施工阶段，安排其他施工阶段（分部工程）的施工进度。

3）按照工艺的合理性和工序间尽量穿插、搭接或平行作业方法，将各施工阶段（分部工程）的流水作业图表最大限度地搭接起来，即得单位工程施工进度计划的初始方案。

例如，多层混合结构工程主体结构施工是该工程的主导分部工程，应先安排该分部工程中的主导分项工程，即砌墙和吊装的施工进度；而基础工程和装饰等分部工程应服从主体工程的施工进度。当在安排基础和装饰分部工程进度时，挖土和抹灰又分别是该两分部工程中的主导施工过程，也应优先考虑，然后再安排其他分项工程的施工进度。

6. 检查和调整施工进度

编制施工进度时需考虑的因素很多，初步编制时往往会顾此失彼，难以统筹全局。因此初步进度仅起框架作用，编制后还应进行检查、平衡和调整。一般应检查以下几项：

1）各分部分项工程的施工时间和施工顺序的安排是否合理。

2）安排的工期是否满足规定要求。

3）所安排的劳动力、施工机械和各种材料供应是否能满足，资源使用是否均衡等。

经过检查，对不符合要求的部分，可采用增加或缩短某些分项工程的施工时间；在施工顺序允许的情况下，将某些分项工程的施工时间向前或向后移动；必要时，改变施工方法或施工组织等方法进行调整。调整某一分项工程时要注意它对其他分项工程的影响。进而作资源和工期优化，使进度计划更加合理，形成最终进度计划表。

通过调整可使劳动力、材料的需要量更为均衡，主要施工机械的利用更为合理，这样可避免或减少短期内资源的过分集中。无论是整个单位工程还是各个分部工程，其资源消耗都应力求均衡。

资源消耗的均衡程度常用资源不均衡系数 K 和资源动态图来表示。资源动态图是把单位时间内各施工过程消耗某一种资源的数量进行累计，然后把单位时间内所消耗的总量按统一比例绘制而成的图形。资源不均衡系数为

$$K = \frac{R_{max}}{\bar{R}} \tag{16.4}$$

式中，R_{max} ——单位时间内资源消耗的最大值；

$\bar{R}$ ——该施工期内资源消耗的平均值。

资源不均衡系数一般控制在 1.5 左右为最佳，当有几个单位施工工程统一调配资源时该值可适当放宽。

16.3.5 单位工程资源需要量计划

单位工程施工进度计划确定以后，根据施工图样、工程量数据、施工方案、施工进度计划等有关技术资料，编制劳动力、材料、构配件、施工机械、器具等资源需要量计划，用于确定建筑工地的临时设施，并按照施工先后顺序，组织材料的采购、运输、现场的堆放、调配劳动力和大型设备的进场，以确保施工按计划顺利进行。资源需要量计划不仅是为了明确各种技术工人和各种技术物资的需要量，还是做好劳动力与物资的供应、平衡、调度、落实的依据，也是施工单位编制月、季生产作业计划的主要依据之一。

1. 劳动力需要量计划

劳动力需要量计划主要是调配劳动力，安排生活和福利设施。其编制方法是将单位工程施工进度计划表内所列各施工过程中每单位时间（天、旬、月）所需工人人数，按工种汇总列成表格，送交劳动人事部门统一调配。其表格形式见表 16.3。

表 16.3　劳动力需要量计划表

项次	工程名称	人数	月份									
			1	2	3	4	5	6	7	8	9	…

2. 主要建筑材料、构配件需要量计划

该需要量计划主要为组织备料，掌握备料情况，确定现场仓库、堆场面积，组织运

输之用。其编制方法是将施工预算中或进度计划表中的工程量，按材料名称、规格、使用时间并考虑材料、构配件的贮存和损耗情况进行统计并汇总成表，送交材料供应部门和有关部门组织采购和运输。其表格形式见表 16.4。

表 16.4　主要建筑材料、构配件需要量计划表

项次	材料及构配件名称	单位	数量	规格	月份							
					1	2	3	4	5	6	7	…

3. 机械、设备需要量计划

根据所采用的施工方案和施工进度计划，确定施工机械和设备的型号、规格、数量、进、退场时间等，汇总成表。在安排施工机械进场日期时，有些大型机械应考虑铺设轨道及安装时间，如塔式起重机、打桩机等。资源需要量计划表的形式多样，施工单位一般都有现成表格可供使用，见表 16.5。

表 16.5　机械、设备需要量计划

项次	机械名称	数量	型号	月　份							
				1	2	3	4	5	6	7	…

16.4　施工平面图设计

单位工程施工平面图是用以指导单位工程施工的现场平面布置图，它涉及与单位工程有关的空间问题，是施工总平面图的组成部分。单位工程施工平面图设计的主要依据是单位工程的施工方案和施工进度计划，一般按（1∶500）～（1∶200）的比例绘制。

16.4.1　单位工程施工平面图的内容

单位工程施工平面图应表明以下内容：施工现场内已建和拟建的地上和地面以下的一切建筑物、构筑物以及其他设施；移动式起重机的开行路线、其他垂直运输机械以及其他施工机械的位置，如井架、混凝土搅拌机等；地形等高线、测量放线标志桩位置和有关取舍土的位置；为施工服务的一切临时设施的位置和要求的面积，主要有工地内外的运输道路，各种材料、半成品、构配件以及工艺设备堆放的仓库和场地；装配式结构构件制作和拼装的地点；生产、行政管理和生活用的临时建筑，如办公室、工作车间、食堂等；临时供水、供电、排水的各种管线；一切安全和消防设施的位置，如高压线、消防栓的布置位置等。

上述内容，应根据工程规模、施工条件和生产需要适当增减。例如当现场采用商品混凝土时，混凝土的制备往往在场外进行，则施工现场的临时堆场较为简单；但现场的临时道路要求相对高一些。当工程规模较大，各施工阶段或分部工程施工也较复杂时，其施工平面图应根据情况分阶段地进行设计。

16.4.2　单位工程施工平面图设计的依据

单位工程施工平面图设计的主要依据有：建筑区域平面图或施工组织总平面布置图，用以确定单位工程施工平面图的图幅范围和选定建筑物轮廓线位置、了解单位工程建筑物周围的具体情况和考虑要布置的主要内容；工程施工设计平面图，用以确定建筑物具体尺寸的主要依据；本工程的施工方案、施工进度计划和各种资源需要量计划，用以确定单位工程施工现场具体布置内容的主要依据；施工组织总设计。

16.4.3　单位工程施工平面图的设计原则

设计单位工程施工平面图时，应考虑以下主要原则：

1. 在保证施工顺利进行的前提下尽量少占施工用地

少占施工用地除了在解决城市场地拥挤和少占农田方面有重要意义外，对于土木工程施工而言也减少了场内运输工作量和临时水电管网，既便于管理又减少了施工成本。

2. 在保证工程顺利进行的前提下尽量减少临时设施的用量

为了降低临时工程的施工费用，最有效的办法是尽量利用已有或拟建的房屋和各种管线为施工服务。另外对必须建造的临时设施，应尽量采用装拆式或临时固定式。临时道路的选择方案应使土方量最小，临时水电系统的选择应使管网线路的长度为最短等。

3. 最大限度地缩短在场内的运输距离，特别是尽可能减少场内二次搬运

为了缩短运距，各种材料必须按计划分期分批地进场，以充分利用场地。合理安排生产流程、施工机械的位置，材料、半成品等的堆场应尽量布置在使用地点附近。合理地选择运输方式和工地运输道路的铺设，以保证各种建筑材料和其他资源的运距及转运次数为最少；在同等条件下，应优先减少楼面上的水平运输工作。

4. 要符合劳动保护、技术安全、消防和文明施工的要求

为了保证施工的顺利进行，要求场内道路畅通，机械设备所用的缆绳、电线，以及排水沟、供水管等不得妨碍场内交通。易燃设施（如木工房、油漆材料仓库等）和有碍人体健康的设施应满足消防、安全要求，并布置在空旷和下风处。主要的消防设施（如灭火器等）应布置在易燃场所的显眼处并设有必要的标志。

设计施工平面图必须考虑上述基本原则外，还必须结合施工现场的具体情况，考虑施工总平面图的要求和所采用的施工方法、施工进度，设计多种方案从中择优。

16.4.4　单位工程施工平面图的设计步骤

单位工程施工平面图的设计步骤如图 16.4 所示。

1. 起重运输机械的布置

起重运输机械的位置直接影响搅拌站、加工厂及各种材料、构件的堆场或仓库等的

位置和道路、临时设施及水、电管线的布置等，因此它是施工现场全局布置的中心环节，应首先确定。

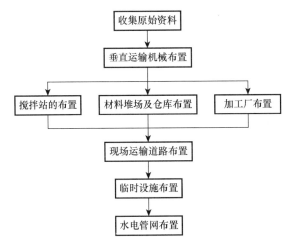

图 16.4　单位工程施工平面图的设计步骤

单位工程所用垂直起重机械依其结构规格不同，其布置原则和要求也各有不同。

（1）固定式起重机械

布置固定式垂直运输机械（如井架、桅杆式和定点式塔式起重机等），主要应根据机械的运输能力、建筑物的平面形状、施工段划分情况、最大起升载荷和运输道路等情况来确定。其目的是充分发挥起重机械的工作能力，并使地面和楼面的运输量最小且施工方便。一般低、中层砖混结构多采用井架（或龙门架）卷扬机；中、高层结构或多栋房屋同时施工时，多以塔式起重机为主。

通常，当建筑物各部位高度相同时，布置在施工段界线附近；当建筑物高度不同或平面较复杂时，布置在高低跨分界处或拐角处；当建筑物为点式高层时，采用内爬式塔式起重机布置在建筑物中间或转角处，这些布置的特点是使各施工段上的楼面水平运输互不干扰且服务范围广。

（2）轨道式起重机械

轨道式塔式起重机械的布置，主要取决于建筑物的平面形状、大小和周围场地的具体情况。应尽量使起重机在工作幅度内能将建筑材料和构件直接运到建筑物的任何施工地点，避免出现运输死角。但有时难免会出现局部死角，应采取其他措施解决，如图 16.5 所示。

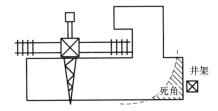

图 16.5　轨道式起重机械的布置

（3）无轨自行式起重机械

单层工业厂房常采用无轨自行式起重机械。它分为履带式、轮胎式和汽车式三种，一般不用作水平运输和垂直运输，专门用于构件的装卸和起吊。吊装时的开行路线及停机位置主要取决于建筑物的平面布置、构件自重、吊装高度和吊装方法等。

2. 搅拌机械的布置

除了垂直运输机械外，主要是布置好混凝土和砂浆搅拌机械的位置。应根据施工任务大小、工程特点，选择适用的搅拌机，应与垂直运输机械工作能力相协调，以提高机械利用率。

混凝土和砂浆搅拌机的位置，主要由材料水平运输和垂直运输的要求所决定，应按方便原材料和半成品材料的运输进行布置，尽量靠近使用地点或在塔式起重机服务范围之内，尽可能布置在场地运输线附近，且与场外运输道路相连，以保证大量的混凝土材料顺利进场。另外混凝土搅拌站与砂浆搅拌站应靠近布置，以便用水、用电、排水、用砂等的集中控制。然后根据总体要求，将搅拌机布置在距使用地点或起重机械较近处。

其他施工机械 （如打桩机），可根据分部工程的要求合理布置。小型施工机械（如钢筋对焊机）布置方便灵活，在此不再赘述。

3. 材料堆场和仓库的布置

材料堆场和仓库布置总的要求是，尽量要方便施工，运输距离较短；避免二次搬运以求提高生产效率和节约成本。应根据施工阶段、施工位置的标高和使用时间的先后确定布置位置。一般有以下几种布置：

1）建筑物基础和第一层施工时所用的材料应尽量布置在建筑物的附近，并根据基槽（坑）的深度、宽度和放坡坡度确定堆放地点，与基槽（坑）边缘保持一定的安全距离，以免造成土壁塌方事故。

2）第二层以上施工用材料、构件等应布置在垂直运输机械附近。

3）砂、石等大宗材料应布置在搅拌机附近且靠近道路。

4）当多种材料同时布置时，对大宗的、重量较大的和先期使用的材料，应尽量靠近使用地点或垂直运输机械；少量的、较轻的和后期使用的则可布置在稍远处；对于易受潮、易燃和易损材料则应布置在仓库内。

5）在同一位置上按不同施工阶段先后可堆放不同的材料。如混合结构基础施工阶段，建筑物周围可堆放毛石，而在主体结构施工阶段时可在建筑物四周堆放标准砖。

当材料和构配件仓库、堆场位置初步确定以后，则应根据材料储备量来确定所需面积，即

$$A = \frac{Q \cdot T_n \cdot K}{T_Q \cdot q \cdot K_1} \tag{16.5}$$

式中，A——仓库、堆场所需的面积，m^2；

Q——计算时间内材料的总需用量，可根据施工进度计划求得；

T_n——材料在现场的储备天数，应根据该材料的供应、运输和工期需要确定，也可查表 16.6 作为参考；

K——材料使用不均衡系数，可根据计算或查表 16.6；

T_Q——计算进度内的时间，即该材料的使用时间；

q——该材料单位面积的平均储备量，可查表 16.6 和表 16.7；

K_1——仓库、堆场的面积有效利用系数，可查表 16.6 和表 16.7。

表 16.6　计算仓库面积的有关参考系数

序号	材料及半成品	单位	储备天数 T_n/d	不均衡系数 K	每 m² 面积储存定额 q	利用系数 K_1	仓库类别	备注
1	水泥	t	30～60	1.5	1.5～1.9	0.65	封闭式	堆高 10～12 袋
2	砂、石	m³	30	1.4	1.2～2.49	0.70	露天	堆高 2m
3	块石	m³	15～30	1.5	1.0	0.70	露天	堆高 1.2m
4	钢筋（直筋）	t	30～50	1.4	2.0～2.4	0.60	露天	堆高 0.5m
5	钢筋（盘圆）	t	30～50	1.4	0.8～1.2	0.60	库或棚	堆高 1m
6	型钢	t	30～50	1.4	0.8～1.8	0.60	露天	堆高 0.5m
7	木材	m³	30～45	1.4	0.7～0.8	0.50	露天	堆高 1m
8	门窗扇框	m³	30	1.2	2.0～2.8	0.60	露天	堆高 2m
9	木模板	m³	3～7	1.4	4～5	0.70	露天	堆高 2m
10	钢模板	m³	3～7	1.4	1.2～2.0	0.70	露天	堆高 1.8m
11	标准砖	千块	15～30	1.2	0.7～0.8	0.60	露天	堆高 1～2m

表 16.7　钢筋和钢筋混凝土预制件堆存系数

序号	构件名称	堆置高度/层	面积利用系数 K_1	每 m² 面积堆置定额 q
1	梁类钢筋骨架	3	0.67～0.70	0.05t
2	板类钢筋骨架	3	0.5	0.04t
3	屋面板构件	5	0.6	0.23m³
4	空心板构件	5	0.6	0.40m³
5	大型梁类构件	1～2	0.60～0.70	0.28m³
6	小型梁类构件	6	0.60～0.70	0.80m³
7	其他类构件	5	0.60～0.70	0.80m³

4. 现场作业车间的布置

单位工程现场作业车间主要包括钢筋加工车间、木工车间等，有时还需考虑金属结构加工车间和现场小型预制混凝土构件的场地。现场预制加工厂应布置在人员较少往来的偏僻地区，并要求靠近砂、石堆场和水泥仓库；加工厂（如木工棚、钢筋加工棚）的位置，宜布置在建筑物四周稍远的位置，且应有一定的材料、成品的堆放场地，应远离办公、生活和服务性房屋，远离火种、火源和腐蚀性物质。

车间面积为

$$A = \frac{Q \cdot K}{T \cdot R \cdot K_1} \tag{16.6}$$

式中，A——作业车间的面积，m²；

Q——车间加工总量；

K——生产不均衡系数，可查表 16.8；

R——产量指标，可查表 16.8；

T——生产时间，由进度确定；

K_1——场地利用系数，可查表 16.8。

表 16.8　现场作业车间面积参考指标

名称	单位	不均衡系数 K		R	K_1	说明
		年度	季度			
钢筋车间	t	1.5	1.5	0.53～0.37（t/（m²·月））	0.6～0.7	棚占 20%
混凝土预制构件场	m²	1.3	1.3	屋架、屋面板为 0.2，其他为 0.5（m³/（m²·月））	0.6	露天预制自然养护
粗木车间	m²	1.5～1.6	1.2～1.3	5～2.0（m³/（m²·月））	0.6～0.7	棚占 20%（模板）
金属焊接场	t	1.5～1.6	1.2～1.3	0.6～0.7（t/（m²·月））	0.6～0.7	露天

5. 场内临时施工道路的布置

为便于单位工程施工材料的水平运输，现场运输道路应按照材料和构件运输的需要，沿着仓库和堆场进行布置。应当尽可能利用永久性道路或先做好永久性道路的路基，在交工之前再铺路面。道路宽度要符合规定，通常单行道应不小于 3～3.5m，双行道应不小于 5.5～6m。

布置时应保证车辆行驶通畅，有回转的可能，最好能围绕建筑物布置成一条环形道路，便于运输车辆回转、调头。若无条件布置成一条环形道路，应在适当的地点布置回车场。道路两侧一般应结合地形设置排水沟，沟深不小于 0.4m，底宽不小于 0.3m。

6. 办公、生活和服务性临时设施的布置

单位工程临时设施涉及面积一般不大，办公用房一般包括办公室、门卫室；生活和服务性用房一般包括职工宿舍、开水房、食堂、浴室、厕所等。布置时应考虑使用方便，不妨碍施工，符合安全、防火的要求。

通常情况下，办公室的布置应靠近施工现场，宜设在工地出入口处；工人休息室应设在工人作业区；宿舍应布置在安全的上风方向；门卫、收发室宜布置在工地出入口处。要尽量利用已有设施或已建工程，必须修建时要经过计算合理确定面积，努力节约临时设施费用。

7. 布置水电管网

单位工程施工用水、电管网的布置内容和要求，参见施工组织总设计中水、电管网的布置要求进行。

8. 绘制单位工程施工平面图

单位工程施工平面图略。

16.5　施工技术组织措施

施工技术组织措施是指在技术和组织方面对保证工程质量、安全、节约和文明施工所采用的方法，制定这些方法是施工组织设计编制者带有创造性的工作。

16.5.1　保证工程质量措施

保证工程质量的关键是对施工组织设计工程对象经常发生的质量通病制定防治措施，可以按照各主要分部分项工程提出质量要求，也可以按照各工种工程提出质量要求。

保证工程质量的措施可从以下各方面考虑：

原始测量控制点和拟建工程定位测量的复核，轴线尺寸、标高测量、沉降观测等测量措施；为了确保地基承载能力符合设计规定的要求而应采取的有关技术组织措施；各种基础、地下结构、地下防水施工的质量措施；确保主体承重结构各主要施工过程的质量要求；各种材料砂浆、混凝土等检验及使用要求；对新结构、新工艺、新材料、新技术的施工操作提出质量措施或要求；冬、雨期施工的质量措施；屋面防水施工、各种抹灰及装饰操作中，确保施工质量的技术措施；解决质量通病措施；执行施工质量的检查、验收制度；提出各分部工程的质量评定的目标计划等。

16.5.2　安全施工措施

安全施工措施应贯彻安全操作规程，对施工中可能发生的安全问题进行预测，有针对性地提出预防措施，以杜绝施工中伤亡事故的发生。安全施工措施主要包括：

提出安全施工宣传、教育的具体措施，对新工人进场上岗前必须作安全教育及安全操作的培训；针对拟建工程地形、环境、自然气候、气象等情况，提出可能突然发生自然灾害时有关施工安全方面的若干措施及其具体的办法，以便减少损失，避免伤亡；提出易燃、易爆品严格管理及使用的安全技术措施；防火、消防措施；高温、有毒、有尘、有害气体环境下操作人员的安全要求和措施；土方、深坑施工，高空、高架操作，结构吊装、上下垂直平行施工时的安全要求和措施；各种机械、机具安全操作要求；交通、车辆的安全管理；各处电器设备的安全管理及安全使用措施；狂风、暴雨、雷电等各种特殊天气发生前后的安全检查措施及安全维护制度。

16.5.3　降低成本措施

降低成本措施的制定应以施工预算为尺度，以企业（或基层施工单位）年度、季度降低成本计划和技术组织措施计划为依据进行编制。要针对工程施工中降低成本潜力大的（工程量大、有采取措施的可行性及有条件的）项目，充分开动脑筋，把措施提出来，并计算出经济效益和指标，加以评价、决策。这些措施必须是不影响质量且能保证安全的，它应考虑以下因素：生产力水平是先进的；有精心施工的领导班子来合理组织施工生产活动；有合理的劳动组织，以保证劳动生产率的提高，减少总的用工数；物资管理的计划性，从采购、运输、现场管理及竣工材料回收等方面，最大限度地降低原材料、成品和半成品的成本；采用新技术、新工艺，以提高工效，降低材料耗用量，节约施工总费用；保证工程质量，减少返工损失；保证安全生产，减少事故频率，避免意外工伤事故带来的损失；提高机械利用率，减少机械费用的开支；增收节支，减少施工管理费的支出；工程建设提前完工，以节省各项费用开支。

降低成本措施应包括节约劳动力、材料费、机械设备费用、工具费、间接费及临时设施费等，应正确处理降低成本、提高质量和缩短工期三者的关系，对措施要计算经济效果。

16.5.4　单位工程施工进度计划的风险分析及控制措施

该项内容是在施工项目管理实施规划进行风险管理规划（《建设工程项目管理规范》（GB/T 50326—2001）第 4.3.13 条）的基础上，针对本单位工程的实际情况编写的，可以是节录，也可以在其基础上细化。主要是分析在进度方面可能遇到哪些风险，它对进度的影响程度，应对措施有哪些等。根据经验分析，施工项目进度控制遇到的风险主要有以下一些：工程变更、工程量增减、材料等物资供应不及时、劳动力供应不及时、机械供应不及时、效率不达标、自然条件干扰、拖欠工程款、分包影响等。控制措施可以从技术、组织、经济、合同四个方面进行设计，但要抓住重点。如拖欠工程款问题，应制定有效的解决办法，尽量做到不因资金短缺而停工。

16.5.5　现场文明施工措施

现场场容管理措施主要包括施工现场的围挡与标牌，出入口与交通安全，道路畅通，场地平整；暂设工程的规划与搭设，办公室、更衣室、食堂、厕所的安排与环境卫生；各种材料、半成品、构件的堆放与管理；散碎材料、施工垃圾运输，以及其他各种环境污染，如搅拌机冲洗废水、油漆废液、灰浆水等施工废水污染，运输土方与垃圾、白灰堆放、散装材料运输等粉尘污染，熬制沥青、熟化石灰等废气污染，打桩、搅拌混凝土、振捣混凝土等噪声污染；成品保护；工机械保养与安全使用；安全与消防。

16.5.6　环境保护措施

保护和改善施工现场环境是消除对外部干扰，保证施工顺利进行的需要，也是节约能源、保护人类生存环境和可持续发展的需要。建筑施工的污染主要包括：大气污染、建筑材料引起的空气污染、水污染、土壤污染、噪声污染和光污染。在施工时应当从材料、施工机械、施工方法等方向减少污染源，减轻污染损害。

16.6　施工组织设计的技术经济分析

16.6.1　技术经济分析的目的

技术经济分析的目的是，论证施工组织设计在技术上是否可行、在经济上是否合理，通过科学的计算和分析比较，选择技术经济效果最佳的方案，为不断改进和提高施工组织设计水平提供依据，为寻求增产节约途径和提高经济效益提供信息。技术经济分析既是单位工程施工组织设计的内容之一，也是必要的设计手段。

16.6.2　技术经济分析的基础要求

作技术经济分析时应全面分析，要对施工的技术方法、组织方法及经济效果进行分析，对需要与可能进行分析，对施工的具体环节及全过程进行分析；应抓住施工方案、施工进度计划和施工平面图重点，并据此建立技术经济分析指标体系；要灵活运用定性方法和有针对性地应用定量方法，在做定量分析时，应对主要指标、辅助指标和综合指标区别对待；技术经济指标的名称、内容、统计口径应符合国家、行业和企业要求；应与施工项目目标相一致。

16.6.3　技术经济指标体系

技术经济指标至少应包括：进度方面的指标，如总工期、分部工程工期等；质量方面的指标，如工程整体质量标准、分部分项工程的质量标准；成本方面的指标，如工程总造价或总成本、单位工程成本、成本降低率；资源消耗方面的指标，如总用工量、单位工程量（或其他量纲）、用工量、平均劳动力投入量、高峰人数、劳动力不均衡系数、主要材料消耗量及节约量、主要大型机械使用数量及台班量；其他指标，如施工机械化水平等。

16.6.4　单位工程施工组织设计技术经济分析的重点

技术经济分析应围绕质量、工期、成本三个主要方面。选用某一方案的原则是，在保证安全、质量能达到优良的前提下，工期合理、成本节约。

对于单位工程施工组织设计，不同的设计内容，应有不同的技术经济分析重点。基础工程应以土方工程、现浇混凝土、打桩、排水和防水、运输进度与工期为重点，结构工程应以垂直运输机械选择、流水段划分、劳动组织、现浇钢筋混凝土支模、绑筋、混凝土浇筑与运输、脚手架选择、特殊分项工程施工方案和各项技术组织措施为重点，装饰工程应以施工顺序、质量保证措施、劳动组织、分工协作配合、节约材料及技术组织措施为重点。

单位工程施工组织设计的技术经济分析重点是：工期、质量、成本，劳动力使用，场地占用和利用，临时设施，协作配合．材料节约，新技术、新设备、新材料、新工艺的采用。

16.7　单位工程施工组织设计实例

16.7.1　工程概况

某综合楼工程位于市中心，现有建筑面积 36000m², 裙楼 6 层，地下 2 层，主体 24 层，建筑总高度为 90m。主体结构为现浇框架-剪力墙结构，基础采用复合基础，地下室混凝土抗渗等级 1.0MPa，地下室砌体为 MU10 灰砂砖，地上部分砌体材料为加气混凝土砌块。加气混凝土砌块填充墙外墙厚 250mm，内墙厚为 200mm。

1. 工程建筑设计概况

（1）装饰部分

1）外墙：灰白色外墙涂料、外挂铝板、玻璃幕墙。

2）楼地面：水泥砂浆、陶瓷地砖。

3）墙面：混合砂浆、瓷砖墙面 1800mm 高。

4）顶棚：混合砂浆、轻钢龙骨、石膏板吊顶。

5）楼梯：水泥砂浆。

（2）防水部分

1）地下：2 厚聚氯酯防水涂料。

2）屋面：SBS 改性沥青卷材。

3）卫生间：1.5 厚聚氨酯防水涂料。

2. 工程结构设计概况

1）基础工程：主体结构 24 层采取复合基础形式，人工挖孔灌注桩和筏基。

2）主体工程：结构采用框架—剪力墙，抗震设防等级为六级，人防等级为六级。

3. 安装工程概况（略）

4. 自然条件

（1）气象条件

本工程处于市区内，气候差异明显，年平均气温 17～20℃，日最高气温 43℃，每年 7、8、9 月份气温最高，日最低气温−6.6℃，年正常降雨量 1200～1300mm，年最大降雨量 2000mm，日最大降雨量 260mm，雨季集中在每年的 3 月份。

（2）工程地质及水文条件

根据专门的水质检验报告及环境水文地质调查报告，判断该地下水对混凝土无腐蚀性，对钢结构具弱腐蚀性。

（3）地形条件

由于前期土方已开挖完成，场地已基本成型，满足开工要求。

（4）周边道路及交通条件

该工程位于城市繁华地段，交通道路畅通。工程施工现场"三通一平"已完成，施工用水、用电已经到位，进场道路畅通，具备开工条件。

（5）场地及周边地下管线

本工程现场施工管线较清晰明朗，对施工的影响可以通过提前解决协调的办法来消除或减小。

（6）工程特点

工程量大，工期紧，总工期 800d；工程质量要求高；场地狭小，专业工种多，现场配合、协调管理。

16.7.2 施工部署

1. 工程目标

以质量为中心，采用先进成熟的新技术、新工艺、新设备、新材料，精心组织、科学管理、文明施工。紧紧围绕工程质量、工期、安全及文明施工四大目标，严格履行合同，安全、优质、高速地完成工程施工任务。

1）质量目标。严格按照国家施工规范和施工图样要求施工，保证单位工程一次交验合格率100%，杜绝重大质量事故，确保优质工程。

2）工期目标。本工程合同有效施工工期为800日历天，确保在合同工期内完成所有合同中的工作内容。

3）安全目标。制定和完善安全管理制度，提高施工人员的安全意识，杜绝重大人员伤亡事故和重大机械安全事故，轻伤频率控制在1‰以内，达到省安全施工现场。

4）文明施工目标。严格执行住建部有关施工现场文明施工管理规定，确保达到市文明施工现场样板工地，争创文明施工工地。

5）环保卫生目标。不污染城市道路，不排放未经处理的污水，夜间施工不扰民。

2. 施工流水段的划分及施工工艺流程

（1）施工流水段的划分

本工程在地下室及裙房结构施工时，以地下室及裙房间沉降缝为界划分为 Ⅰ、Ⅱ 两个施工流水段；在主楼主体结构施工时，以③至④轴之间的后浇带划分为 A 和 B 两个施工段（图16.6），并组织流水施工。

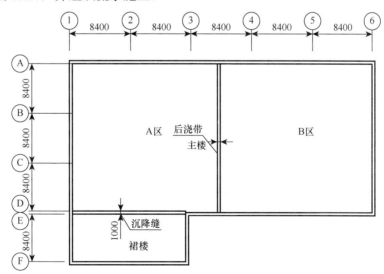

图 16.6　主体结构施工段划分示意图

（2）施工工艺流程

施工准备（桩基已施工完毕）→土方开挖→垫层施工→底板施工→地下室结构→七层结构→主楼结构封顶→屋面工程→外装饰工程→内精装工程→总平面工程→竣工验收。

3. 施工准备

（1）施工技术准备

1）施工图设计技术交底及图样会审：项目经理负责组织现场管理人员认真审查施工图纸，领会设计意图。结合图样会审纪要，编制具体的施工方案和进行必要的技术交底，计算并列出材料计划、周转材料计划、机具计划、劳动力计划等，同时作好施工中不同工种的组织协调工作。

2）设备及器具：本工程根据生产的实际需要情况配制设备及器具。

主要机械设备有垂直运输机械；根据实际情况，主体结构施工选择一台 TC5613 自升塔式起重机，回转半径 54m，起重能力 80tm，设置在本工程 C 轴附近的 12 轴外；选择 SCD200 型双笼外用电梯一台，主要用于人员上下、材料的运输；选择两台 HBT60型，最大输送量 60m³/h，最大垂直输送高度 200m 混凝土泵。主要施工机具需用计划参见表 16.9。

表 16.9　主要施工机具需用计划

序号	名称	单位	数量	规格型号	备注
1	塔式起重机	台	1	TC 5613	75kW
2	双笼电梯	台	1	SCD200×200	44kW
3	混凝土输送泵	台	2	HB60	45kW
4	砂浆搅拌机	台	2	250 型	4kW
5	钢筋切断机	台	2	GO40-2	3kW
6	钢筋弯曲机	台	2	GJB 40	3kW
7	冷拉卷扬机	台	2	JK-2	11kW
8	木工圆盘锯	台	2	MJ 105	4kW
9	插入式振动器	台	8	ZN50	1.5kW
10	交流对焊机	台	4	BX3-300	15kW
11	闪光对焊机	台	2	VN-100	100kVA
12	打夯机	台	4	HC700	1.5kW
13	潜水泵	台	10	50	3kW
14	经纬仪	台	1		其中激光经纬仪一台
15	水准仪	台	2		NA₂+GPM
16	S4 自动安平水准仪	台	2		
17	激光铅直仪	台	1		
18	全站仪	台	1		

3）测量基准交底、复测及验收本工程测量基准点。基准点由业主移交给项目，项目测量员应对基准点进行复测，复测合格后将其投测到拟建建筑物周围的建筑物外墙上。轴线定位根据设计图样进行施工测量，测量员放线后请监理单位验收复测，合格以后方可进行施工测量。

（2）现场准备

1）施工和生活用电、用水由甲方向乙方提供。

2）现场的临时排水，如生产、生活污水经排水管道集中在集水井后，排入市政管网。

（3）施工劳动力准备

为保证工程施工质量、工期进度要求，根据劳动力需用计划适时组织各类专业队伍进场，对作业层要求技术熟练，平均技术等级达五级，并要求服从现场统一管理；对特殊工种人员需提前做好培训工作，必须做到持证上岗。根据工程需要，将组织素质好、技术能力强的施工队伍进行工程施工。

主要施工队伍安排如下：混凝土施工队负责混凝土工程等的施工，钢筋队负责有关钢筋的制作与绑扎；砖工队负责砌体工程及抹灰工程；木工队负责梁、板、墙、柱等模板工作；架工队负责脚手架施工；电工队负责电气安装；管工队负责管道安装；焊工队负责焊接施工。

16.7.3　地下工程

1. 地下工程说明

本工程地下工程中基坑支护、大面积土方开挖以及桩基工程均由业主直接分包给其他单位施工。本设计主要说明地下室防水、框架柱、梁、板、墙的支模方法及钢筋工程、混凝土工程等施工方法。

2. 地下室防水工程

地下室结构为防水混凝土结构，抗渗等级为 1.0MPa。建筑防水层参照 98ZJ001-地防 1 进行，根据业主、设计和监理单位要求确定，防水材料为水性聚氨酯隔热弹性防水涂料。

（1）自防水混凝土施工

1）施工材料的准备。

本工程应用的混凝土为商品混凝土，在混凝土浇筑前要做好混凝土的试配工作，并提供水泥、砂、石以及配合比与外加剂的检验报告。

2）作业条件。

① 完成钢筋、模板的隐蔽、预检验收工作。需注意检查固定模板的铅丝和螺栓是否穿过混凝土墙，如必须穿过时应采取止水措施。特别是设备管道或预埋件穿过处是否已做好防水处理。木模板提前浇水湿润，并将落在模内的杂物清净。

② 根据施工方案．做好技术交底工作。

③ 各项原料需经试配提出混凝土配合比。试配的抗渗标号应按设计要求提高 0.2MPa。每立方米混凝土水泥用量（包括细料在内）不少于 300kg。含砂率为 35%～45%，灰砂比必须保持（1：2.5）～（1：2），水灰比不大于 0.55，入泵坍落度宜为 100～140mm。

④ 地下防水工程施工期间继续做好降水排水。

3）操作工艺。

① 总体要求：底板混凝土整体性要求高，要求混凝土连续浇筑，采取"斜面分层、一次到顶、层层推进"的浇筑方法。本工程整个地下室底板混凝土量约 1500m³，计划 85h 完成，采用一台混凝土输送泵。保证底板混凝土连续浇筑而避免产生施工缝的设计。

② 混凝土运输：本工程采用混凝土输送泵。按照施工方案布置好泵管，混凝土运

到混凝土地点有离析现象时，必须进行第二次搅拌。当坍落度损失后不能满足施工要求时，应加入原水灰比的水泥浆或二次掺加减水剂进行搅拌，严禁直接加水。

③ 混凝土浇灌：底板混凝土在各自的区段内应连续浇灌，不得留施工缝，施工缝必须设在膨胀后浇带两侧。在混凝土底板上浇灌墙体时，需将表面清洗干净，再铺一层 2～5cm 厚水泥砂浆（即采用原混凝土配合比去掉石子）或同一配合比的减石子混凝土。浇第一步混凝土高度为 40cm，以后每步浇灌 50～60cm，按施工方案规定的顺序浇灌。为保证混凝土浇灌时不产生离析，混凝土由高处自由倾落，其落距不应超过 2m，如高度超过 2m，必须要沿串筒或溜槽下落。本工程防水混凝土采用高频机械振捣，以保证混凝土密实。振捣器采用插入式振捣器，插入要迅速，拔出要缓慢，振动到表面泛浆无气泡为止。插入间距应不大于 500mm，严防漏振。结构断面较小，钢筋密集的部位严格按分层浇灌、分层振捣的原则操作。振捣和铺灰应选择对称的位置开始，以防止模板走动。浇灌到面层时，必须将混凝土表面找平，并抹压坚实平整。

4）施工缝的位置及接缝形式。

① 底板防水混凝土应连续施工，不得随意留施工缝，如需留施工缝，应留在膨胀后浇带或沉降后浇带处。墙体一般只允许留水平施工缝，其位置不应留在底板与墙体交接处，留在底板以上 500mm 处的墙身上。

② 钢板止水带的埋设位置应保持位置正确、固定牢靠。

③ 施工缝新旧混凝土接搓处，继续浇灌前应将表面浮浆和杂物清除，先铺净浆，再铺 30～50mm 厚的 1∶1 水泥砂浆并及时浇灌混凝土。

④ 防水混凝土结构内部设置的各种钢筋或绑扎铁丝，不得接触模板，螺栓要加止水环。

⑤ 地下室外墙墙体模板采用 ϕ12mm 带止水片的螺杆拉结．以保证墙体不渗水。

5）混凝土的养护。

底板混凝土的养护：混凝土终凝后即进行养护。采取保温蓄热浇水养护，待混凝土面压光后立即用一层塑料薄膜加一层麻袋覆盖，以控制混凝土的内外温差在 25℃ 以内，避免产生温度裂缝。竖向结构混凝土的养护：防水混凝土的拆模时间要控制好，因模板起到保温保湿的作用，墙体浇灌 3d 后将侧模撬松，宜在仰模与混凝土表面缝隙中浇水，保持模板与混凝土之间的空隙的湿度。

浇水养护：常温混凝土浇灌完后 4～6h 内必须浇水养护，3 天内每天浇水 4～6 次，3 天后每天浇水 2～3 次，养护时间不少于 14d。

（2）涂料防水层

按设计图样要求选定防水材料，防水材料要有产品合格证．进场后要按要求进行抽样送检，检验合格后才允许施工。因本工程地下室外墙施工时，墙外侧有多处无施工面，经设计单位等多家单位的磋商，决定在外墙外侧无施工面的地方，砌砖胎模作为外墙施工时的外侧模板，并在砖胎模上做防水层。施工前，须对防水基层进行检查验收，其基层必须平整、坚实，无麻面、起砂起壳、松动及凹凸不平现象。阴阳角处基层应抹成圆弧形，基层表面应干燥，含水率以小于 9% 为宜。

1）涂料施工时应遵循"先远后近、先高后低、先细部后大面"的原则进行，以利涂膜质量及涂胶保护。

2）涂膜应分多遍完成，涂刷前应待前遍涂层干燥成膜后进行。

3）每遍涂刷时应交替改变涂层涂刷方向，同层涂膜的先后搭茬宽度宜为30～50mm。

4）涂料防水层的施工缝（甩槎）应注意搭接缝宽度应大于100mm，接涂前应将其甩茬表面处理干净。

5）底板防水施工时，在防水层未固化前不得上人踩踏，涂抹施工过程中应留出施工退路，可分区分片用后退法涂刷施工。

6）涂料施工时若遇气温较低或混合料搅液流动度低的情况下，应预先在混合料中适当加入二甲苯稀释，用板刷涂抹后，再用滚刷滚涂均匀。

（3）地下室土方回填

本工程回填土方量较少，所以采用人工填土、半人工半机械夯实的方法进行施工。地下室结构工程验收完毕，外墙防水施工验收合格后，将基坑周围杂物清理干净，并排干积水才能进行土方回填。土方回填的土宜优先利用基坑中挖出的土，但不得含有有机杂质。使用前应过筛，其粒径不大于50mm，含水量应符合规定。回填土应分层铺摊和夯实。每层铺土厚度和夯实遍数应根据土质、压实系数和机具性能确定。回填土取样测定压实后的干土重力密度。使用蛙式打夯机每层铺土厚度为200～250mm，人工打夯不得大于200mm；每层至少打夯三遍。分层夯实时，要求一夯压半夯。深浅两基坑相连时，应先填夯深基坑，填至浅基坑标高时，再与浅基坑一起填夯。基坑回填土必须清理到基底标高，才能逐层回填。回填房心及管沟时，为防止管道中心线位移或损坏管道，应用人工先在管子周围填土夯实，并应与管道两边同时进行，直至管顶0.5m以上时，在不损坏管道的情况下，方可采用蛙式打夯机夯实。在管道接口处、防腐绝缘层或电缆周围，使用细粒料回填。

16.7.4 主体工程

1. 钢筋工程

本工程所需钢筋总量约2150t，其中地下室钢筋为650t。

（1）钢筋的采购与保管

钢筋的采购严格按审批程序进行，并按要求进行材料复检，严禁不合格钢材用于该工程。钢材出厂厂家和品牌提前向业主、监理报批，严格质量检验程序和质量保证措施，确保钢筋质量；采购的钢筋要求挂牌整齐堆码，并派专人看管。

（2）钢筋材料要求

1）钢筋的品种和质量，焊条、焊剂的牌号和性能均必须符合设计要求和有关标准规定。

2）每批每种钢材应有与钢筋实际质量与数量相符合的合格证或产品质量证明。

3）焊条、焊剂应有合格证。电焊条、焊剂保存在烘箱中，保持干燥。

4）取样数量，每种规格和品种的钢材以60t为一批，不足60t的视为一批。在每批钢筋中随机抽取两根钢筋取样（$L=50$cm、30cm）进行拉力试验和冷弯试验。

5）取样部位、方法：去掉钢材端部50cm后切取试样样坯，切取样坯可用断钢机，不允许用铁锤等敲打以免造成伤痕。

　　6）钢筋原材料的抗拉和冷弯试验、焊接试验必须符合有关规范要求，并应及时收集整理有关试验资料。

　　7）钢筋原材料经试验合格后，试验报告送项目技术负责人、项目质检员。若发现不合格，由项目技术负责人处以退货。

　　8）钢筋原材料经试验合格后由项目技术负责人签字同意方可付给供应商款项。

　　9）钢筋原材料堆场下面垫以枕木或石条，钢筋不能直接堆在地面上。

　　10）每种规格钢筋挂牌，标明其规格大小、级别和使用部位，以免混用。

　　（3）钢筋的加工

　　施工现场设有钢筋加工房。钢筋运至加工场地后，应严格按分批、同等级、牌号、直径、长度分别挂牌堆放，不得混淆。钢筋加工前应认真做好钢筋翻样工作。根据施工工程分区分构件进行加工，并做好半成品标记。所有钢筋加工前应进行除锈与调宣，对损伤严重的钢筋应剔除不用。

　　1）钢筋的切断。将同规格钢筋根据不同长度长短搭配，一般应先断长料、后断短料，减少短头，减少损耗。为减少下料中产生的累积误差，应在钢筋切断机工作台上标出尺寸刻度线并设置控制断料尺寸的挡板。在切断的过程中，如发现钢筋有裂纹缩头或严重的弯头等必须切除，钢筋的断口不得有马蹄形或弯起等现象。

　　2）钢筋直螺纹的加工。

　　下料：钢筋下料可用专用切割机进行下科，要求钢筋切割端面垂直于钢筋轴线，端面不准挠曲，不得有马蹄形。

　　钢筋套丝：钢筋套丝在钢筋螺纹机上进行。加工人员每次装刀与调刀时，前五个丝头应逐个检验，稳定后按 10% 自检。检测合格的丝头，立即将其一端上塑料保护帽，另一端拧上同规格的连接套筒并拧紧，存放待用。

　　3）钢筋弯曲成形。钢筋弯曲前，根据钢筋配科单上标明的尺寸，用石英笔将各弯曲点位置画出。弯曲细钢筋时，为了使弯弧一侧的钢筋保持平直，挡铁轴宜做成可变档架或固定档架。弯制曲线形钢筋时，可在原有钢筋弯曲机的工作盘中央放置一个十丝与锡套；另外在工作盘四个孔内插上短轴与成型钢套。钢筋弯曲形状必须准确，平面上无翘曲不平现象，弯曲点处不得有裂纹。

　　4）钢筋的运输。钢筋的运输由专人负责。现场钢筋的运输主要用塔吊进行。在吊运时，应按施工顺序和工地需要进行，所有钢筋应按部位、尺寸、型号、数量统一吊运。

　　（4）钢筋接长

　　1）钢筋的连接方式主要有以下几种：

　　① 柱钢筋：$\phi 16mm$ 以上钢筋采用 A 级套筒直螺纹连接。

　　② 基础梁、框架梁钢筋：$\phi 16mm$ 上钢筋采用 A 级套筒直螺纹连接，其他采用焊接连接。

　　③ 板钢筋：采用绑扎搭接连接。

　　2）钢筋的锚固长度。本工程抗震等级为二级。具体钢筋的最小搭接长度与最小锚固长度见施工图样说明。

　　（5）钢筋的焊接

　　本工程钢筋的焊接主要采用闪光对焊。为了获得良好的对焊接头，应合理选择焊接参数，并按规范从每批成品中切取六个试样，三个进行拉伸试验，三个进行弯曲试验。

（6）钢筋的绑扎

1）剪力墙钢筋的绑扎。剪力墙钢筋的绑扎顺序为清理预留搭接钢筋→焊接（绑扎）主筋→画水平筋间距→绑定位横筋→绑其余横竖钢筋。

钢筋的搭接部位及长度应满足设计要求，双排钢筋之间应绑拉筋，其间距应符合设计要求。为了模板的安装和固定并确保墙体的厚度，需要在绑扎墙体钢筋时，绑扎支承筋，支承筋为$\phi12@450\times450$。

2）柱钢筋的绑扎。柱钢筋的绑扎的顺序为套柱箍筋→焊接立筋→画箍筋间距线→绑箍筋。

柱箍筋与主筋要垂直，箍筋转角与主筋交点均要绑扎。箍筋的弯钩应沿柱竖筋交错布置，并绑扎牢固。柱加密区钢筋从楼面 50mm 开始绑扎，其长度和间距应符合设计要求。柱的插筋根据设计要求插至基底面。

3）梁钢筋的绑扎。梁钢筋的绑扎顺序为画主次梁箍筋间距→放主次梁箍筋→穿主梁底层纵筋及弯起筋→穿次梁底层纵筋并与箍筋固定→穿主梁上层纵向架立筋→按箍筋间距绑扎→穿次梁上层纵筋→按箍筋间距绑扎。

框架梁上部纵筋应贯穿中间接点，下部纵筋伸入中间节点锚固长度及伸过中心线的长度应符合设计要求；框架梁纵筋在端部节点内的锚固长度要符合设计要求，梁端第一个箍筋应在距柱节点边缘 50mm 处，箍筋加密应符合设计要求。

4）板钢筋的绑扎。板钢筋的绑扎顺序为清理模板→模板上画线→绑板底受力筋→绑负弯矩筋。

板筋端部锚固长度要满足设计与规范要求。为了保证板的上部钢筋不被在浇筑混凝土时踩踏，确保板结构的有效截面，需要设计"几"字形马凳筋，马凳筋为$\phi14@1000\times1000$梅花形布置；底板的马凳筋为$\phi18@1000\times1000$梅花形布置。

5）楼梯钢筋的绑扎。楼梯钢筋的绑扎为画位置线→绑主筋→绑分布筋→绑负弯矩筋。

6）钢筋保护层控制。

① 钢筋保护层的厚度。

基础梁：迎水面为 50mm、背水面为 25mm；基础底板、外墙、水池壁：迎水面为 50mm，背水面为 25mm；梁、柱、内墙为 25mm；板为 15mm。

② 钢筋保护层控制方法：钢筋保护层采用绑扎预制混凝土垫块的方法进行控制。混凝土垫块拟在施工现场按保护层厚度预制，其强度等级为与原结构同强度等级的细石混凝土。混凝土垫块要严格按规范要求绑扎在钢筋上。具体要求：柱绑扎在受力钢筋的主筋上；墙绑扎在外侧水平筋上；板，垫于底筋下；梁，垫于梁底受力钢筋的主筋下。

2. 模板工程

（1）模板选型

1）本工程梁、板模板均选用 18 厚胶合板（规格为 1830mm×915mm）；背枋选用 50mm×100mm 木枋，背枋间距 300mm。墙体模板加固采用$\phi12$mm 对拉螺杆，间距 400～500mm，地上部分剪力墙采用大模施工。

2）楼梯模板采用整体式全封闭支模工艺。该工艺是在传统支模施工工艺基础上增加支设楼梯踏面模板，并予以加固，使楼梯预先成型，混凝土浇筑一次完成。该工艺避免了传统支模工艺易出现的质量通病，混凝土拆模后表面光洁平整，观感效果良好，楼梯预埋件位置准确。

为满足工期的要求，原则上墙、柱模板按两层配置，框架梁模板按四层配制。

3）地下室、部分外墙外侧模板采用砖胎模。

4）底板及地梁模板采用砖模。

5）大于等于 700mm 的柱采用槽钢进行加固。

6）楼梯模板采用整体全封闭式支模技术。

（2）主要部位模板的施工方法

1）地下室内墙模板。内墙模板采用 18mm 厚的木夹板模、50mm×100mm 木竖楞、ϕ48mm 钢管脚手围楞，如图 16.7 所示。穿墙螺杆采用 ϕ12mm 圆钢制作，地下部分墙螺杆一次性使用，然后割除外露部分。模板竖楞和围楞以及对拉螺杆的设置间距同外墙。为了控制墙体的厚度以及更好地固定模板，需设置墙内支承筋，支承筋为 ϕ12@500×500。

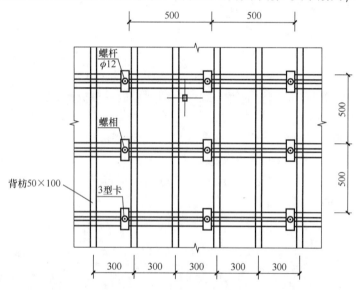

图 16.7　剪力墙支模示意图

2）地下室外墙模板。在地下室底板施工时，地下室外墙应支导墙模板，安装钢板止水带。导墙模板高度为 500mm，采用吊模支法，模板底口标高同底板面标高。

地下外墙模板采用 18mm 木夹板，50mm×100mm 木竖楞，ϕ48mm 钢管脚手围楞。穿墙螺杆采用 ϕ12mm 圆钢制作，中间焊接有止水片，模板竖楞间距按@300 布置，ϕ12mm 穿墙螺杆在模板拆除后，凿除两端小木块后用氧割割除螺杆头，再作防水砂浆施工。留设施工缝处应增设钢板止水带。

模板的安装：模板安装前应弹出模板边线，以便模板定位，保证墙体尺寸。安装时，应先安放外模，后安放内模；模板就位后，应认真检查其垂直度。

因本工程部分剪力墙离基坑支护边距离较近，外墙模板施工时无工作面。根据要求需在基坑支护边与外墙外侧边之间事先砌筑砖护壁，以形成剪力墙外侧胎模，施工时只需支设内模即可。

3）地上部分墙体模板。结合本工程的特征，在模板设计中，将竖向剪力墙结构模板在木工房集中制作成大模板，从而改善混凝土的外观质量，提高模板的周转次数，减少操作层的作业量，加快施工进度。

模板制作时，所有木枋与模板的接触面刨平刨直，确保木枋平直。模板侧边刨平，使边线平直，四角归方，模板拼缝平整严密，可采用密封胶条。所有模板配制完成后，均要按模板设计平面布置图编号，分类堆码备用。

模板采用 18mm 厚木夹板，大模板周边采用 50mm×100mm 木枋作龙骨。模板制作完成后按规定间距（500mm×500mm）钻孔，作为对拉螺杆的穿墙孔。外墙模板及内墙模板支撑系统采用 ϕ48mm 钢管加快拆头斜撑，间距 3m，在斜撑钢管中部设横向钢管及反拉钢管一道。在楼板上预埋 ϕ25mm 地锚，间距 2m，斜撑钢管与地锚通过扫地杆相连。外墙外侧模支撑系统采用钢管脚手梁横撑，竖向设水平及竖向钢管各一道，间距 1500mm。

4）框架柱模板。框架柱也采用 18mm 的木夹板、50mm×100mm 木竖楞、ϕ48mm 钢管定位，采取外围 10 号槽钢和 ϕ14mm 对拉螺杆双向加箍，保证柱截面美观。模板围楞间距底部@400 六道，再向上@500，穿墙螺杆底部@400 六道，再向上@500 双向。

5）梁、板模板。

梁、板模板采用木夹板，50mm×100mm 木楞，梁底及侧模用 ϕ48mm 钢管作支撑。

梁模板安装：首先在板上弹出轴线、梁位置的水平线，钉柱头模板。然后按设计标高调整梁底支撑标高，安装梁底模板，拉线找平。再根据轴线安装梁侧模板、压脚板、斜撑等。当梁高大于 750mm 时增设一道对拉螺杆。

板模板安装：模板从四周铺起，在中间收口。板底采用主次木楞，主楞间距 1000mm，次楞间距 300～450mm。

楼梯模板：为避免常规现浇楼梯支模工艺中出现的楼梯梯面倾斜、混凝土面不平等情况，楼梯模板均采用全封闭式楼梯支模工艺。

6）后浇带模板。底板后浇带及外墙后浇带采用钢板网加密、用钢丝网封堵，钢板网两层，靠近混凝土一侧为密网，密网紧贴粗网，后面采用 ϕ18mm 钢筋对其加固，确保不漏浆。

（3）模板拆除

内墙、柱模板在混凝土的强度能保证其表面及棱角不因拆模而受损时可以拆除。拆除时间大约 12h。外墙模板的拆模时间大约 24h，即混凝土强度达到 1.2MPa。

3. 混凝土工程

本工程混凝土拟采用商品混凝土，混凝土施工包括混凝土浇筑、混凝土养护等工序。

（1）混凝土施工缝的留设

为了保证混凝土的施工质量，根据混凝土施工工艺，施工缝的留设如下：

1）地下室及裙楼部分的地板和楼板处，施工缝设在后浇带处。

2）在基础底板上 500mm 留设施工缝。

3）剪力墙的施工缝每层按两处设置，留在剪力墙中暗梁下 100mm 处和结构楼层板面。

4）为了防止地下室墙体施工缝渗漏，在混凝土墙体施工缝处设 3mm 厚钢板止水带。

（2）混凝土的浇筑

1）对于基础及主体结构每区混凝土浇筑均采用泵送混凝土工艺，底板两台、主体结构一台固定泵，通过泵管输送到施工面。

2）仓库基础混凝土浇筑也采用泵送工艺，混凝土浇筑采用两台固定泵通过泵管输送到施工点。

3）由于本工程竖向结构混凝土与水平结构混凝土标号不同，且竖向结构柱子比较分散，故竖向结构柱子主要采用塔吊配合调运至各施工点。

（3）混凝土浇筑方法（即泵送施工工艺）

1）进行输送管线布置时，应尽可能直，转弯要缓，管道接头要严，以减少压力损失。

2）为减少泵送阻力，首先用前输送适量的水泥砂浆以润滑输送管内壁，然后进行正常的泵送。

3）泵送的混凝土配合比要符合有关要求：碎石最大粒径与输送管内径之比宜为1∶3，砂宜用中砂，水泥用量不宜过少，最小水泥用量为 $300kg/m^3$，水灰比宜为 0.4～0.6，坍落度本工程宜控制在 100～140mm。

4）混凝土泵宜与混凝土搅拌运输配套使用，且应使混凝土搅拌站的供应能力和混凝土搅拌运输车的运输能力大于混凝土泵的泵送能力，以保证混凝土泵能连续工作，保证不堵塞。

5）泵送结束要及时清洗泵体和管道。

（4）混凝土浇筑注意的事项

1）混凝土在浇筑过程中应认真对混凝土进行振捣，特别是梁柱底、梁柱交接处、楼梯踏步等部位，避免漏振而造成混凝土蜂窝、麻面，影响结构的安全性及美观。

2）混凝土在振捣过程中应避免过振造成混凝土离析，混凝土振捣应使混凝土表面呈现浮浆并不再沉落。

3）混凝土振捣过程中，要防止钢筋移位，特别是悬挑构件的钢筋，对于因混凝土振捣而移位的钢筋应及时请钢筋工进行修正。

4）混凝土振捣应对称均匀进行，防止模板单侧受力而滑移、漏浆及爆模。

（5）混凝土养护

混凝土在浇筑 12h 后洒无水养生液进行养护。对柱墙竖向混凝土，拆模后应用麻袋进行外包浇水养护，对梁、板等水平结构的混凝土进行保水养护，同时在梁板底面用喷管向上喷水养护。

4. 砌体工程（略）

5. 脚手架工程

（1）脚手架类型的选择

根据本工程的结构特点，本工程内、外脚手架全部采用扣件式钢管脚手架。工程地下部分采用落地式双排扣件式钢管脚手架，搭设最大高度为 31m，主要用于地下室外墙及裙楼的施工。脚手架可与围护结构连接，以保证其稳定性。裙楼部分采用双排落地架。地上部分则从第五层结构顶板开始采用悬挑脚手架，脚手架每六层一挑，即在第六层楼板、十二层楼板和十八层楼板分三次挑出。步距内侧为1200mm，外侧为600mm，立杆纵横距为900mm。悬挑外架的支承为"下撑上拉"式，即下部采用槽钢支承，上部采用软钢丝绳斜拉。

（2）脚手架的安全

施工前必须有经过审批的脚手架搭设方案，拆除时必须有详尽的切实可行的拆除方案。在使用过程中要加强检查，发现不符合方案要求的立刻要求整改。进行外架搭设的架子工必须持证上岗，所使用的原材料（扣件、钢管）必须经过检验。

16.7.5 屋面工程

1. 屋面保温层施工

应先将屋面清扫干净，并应根据架空板尺寸，弹出支座中线，在支座底面的卷材防水层上应采取加强措施。铺设架空板时、应将灰浆刮平，随时扫净屋面防水层上落灰、杂物等，以保证架空隔热层气流畅通。操作时，不得损坏已完工的防水层。架空板铺设平整、稳固。

2. 屋面防水工程

根据施工图要求，本工程楼梯间及机房层屋面为不上人屋面，属高聚物改性沥青卷材防水屋面，其防水等级为Ⅱ级，具体做法：钢筋混凝土屋面板→表面清扫干净→干铺150加气混凝土砌块→20厚（最薄处）1∶8水泥珍珠岩找坡2%→20厚1∶2.5水泥砂浆找平层→刷基层处理剂一遍→二层3厚SBS卷材，面层带绿页岩保护层。

16.7.6 门窗工程

1. 木门安装

木门（连同纱门窗）由木材加工厂提供木门框和扇，核对型号，检查数量及门框、扇的加工质量及出厂合格证。门框和扇进场后应及时组织油漆工将框靠地的一面涂刷防腐涂料，底层应垫平、垫高。每层框间都必须用衬木板通风，不得露天堆放。门框安装在抹灰前进行，门扇安装在地面工程完成并达到强度后进行。

2. 塑钢窗安装

塑钢窗的规格、型号应符合设计要求，五金配件配套齐全，并有产品的出厂合格证。在施工前必须准备的防腐材料、保温材料、水泥、砂、连接铁脚、连接板焊条、密封膏、嵌缠材料、防锈漆、铝纱等材料均应符合设计要求，并有合格证。

16.7.7 装饰工程

本工程装饰种类较多，主要装饰项目有抹灰工程，外墙塑铝板和玻璃幕墙，内墙刷乳胶漆，楼面贴地砖，天棚为轻钢龙骨石膏板吊顶；其中玻璃幕墙由甲方另行发包。总的施工顺序为室外装饰自上而下进行，室内粗装修自下而上进行，精装修自上而下进行。

1. 抹灰工程

抹灰前必须先找好规矩，即四角规方、横线找平、立线吊直、弹出准线和墙裙、踢脚板线，每隔 2m 见方应在转角、门窗口处设置灰饼，确保抹灰墙面平整度、垂直度符合要求；抹灰分三次成活，即通过"基层处理→底灰→中灰→罩面灰"成活。底灰抹完达到初凝强度后，进行罩面灰施工。抹灰过程中，随时用靠尺、阴阳角尺检验表面平整度、垂直度和阴阳角方正。室内墙角、柱面的阳角和门洞的阳角，用 1：2 水泥砂浆抹出护角，护角高度不应低于 2m，每侧宽度不小于 50mm。基层为混凝土时，抹灰前应先刷素水泥浆一道或刷界面剂一层，以保证抹灰层不会空鼓、起壳。

2. 内墙刷乳胶漆

基层先用 1：3 水泥砂浆打底 15 厚，再罩 3 厚纸筋石灰膏。基层要求坚固和无酥松、脱皮、起壳、粉化等现象。基层表面要求干净、平整而不应太光滑，做到无杂物脏迹，表面孔洞和沟槽提前用腻子刮平。基层要求含水率 10% 以下、pH 在 10 以下，所以基层施工后至少应干燥 10d 以上，避免出现粉化或色泽不匀等现象。在刷涂前，先刷一道冲稀的乳胶漆（渗透能力强），使基层坚实、干净，待干燥 3d 后，再正式涂刷乳胶漆二度。涂刷时要求涂刷方向和行程长短一致，在前一度涂层干燥后才能进行后一度涂刷，前后两度涂刷的相隔时间不能少于 3h。

16.7.8 施工进度计划及资源需要量计划

1. 施工进度控制计划

（1）工期目标

本工程工期较为紧张，所以在进度计划的安排上也要在保证质量、安全的基础上，达到最快。为此在充分考虑各方面因素后，对本工程的施工进度节点做如下安排：地下室结构封顶：124 日历天；主体结构封顶：462 日历天，竣工：总工期 730 日历天。

在施工进度计划的安排上，计划以 730 日历天完成本工程合同内的所有施工任务，其中 124 个日历天完成地下室部分的施工工作，462 个日历天完成地上部分主体结构的施工工作。砌体工程在五层结构完工时插入施工，粗装修跟随砌体插入；精装饰在主体封顶后随外装饰自上而下进行；安装工程在结构施工时进行预留预埋，有了工作面后，即插入设备安装。如图 16.8 所示施工总进度计划时标网络图。

（2）工期保证措施

为了保证工期，拟加强对工人的培训，为公司培养大量的有经验的技术工人。另外，单位长期和一些相关的劳动力市场联系，了解了农村劳动力的特点，并准备了一些应急措施。

2. 施工用材料计划

为了搞好本工程的材料准备及市场调研工作，对本工程中将要使用的主要材料提前列出计划。针对本工程的具体特点，本工程需要投入的周转材料有钢管、层板、木枋、扣件、对拉螺杆、竹夹板、安全网。周转材料需用量计划表参见表 16.10。

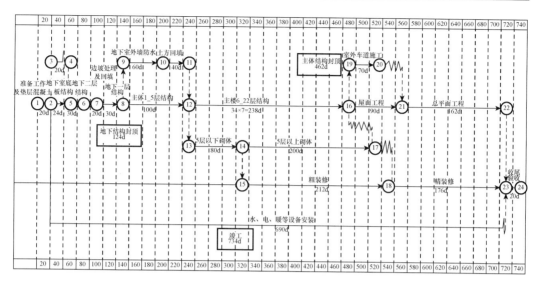

图 16.8　施工总进度计划时标网络图

表 16.10　周转材料需用量计划表

序号	名称	规格	数量	备注
1	钢管	$\phi 48 \times 3.5$	700t	
2	扣件		10 万套	扣件按三种类型备齐
3	普通模板	1830mm×918mm×18mm	10 000 张	
4	木枋	50mm×100mm	600m²	
5	竹架板		6 200 块	
6	安全网	密目安全网	15 600m²	
7	安全带		130 副	
8	手推车		60 辆	
9	对拉螺栓	$\phi 4$	46 000 根	

16.7.9　施工平面布置

1. 施工平面布置依据

本工程平面布置依据主要有图样、工程特点、现场条件、甲方要求、市现场管理条例以及相关规范、标准和地方法规等。

2. 施工平面图的绘制及布置原则

本工程的施工现场非常狭小，现场临时设施布置尽量集中并本着生产、生活区相对分开的原则。生产设施的布置考虑施工生产的实际需要，尽量不影响业主方的正常营业与生活。

3. 施工平面图的内容

本工程施工平面图的主要内容有围墙及出入口、施工电梯、塔式起重机、食堂、现场办公室、临时休息室、配电房、钢筋加工房、木工车间、动力车间、库房、原材料堆放场地、成品及半成品堆放场地、周转材料堆场、实验房、厕所等，如图 16.9 所示。

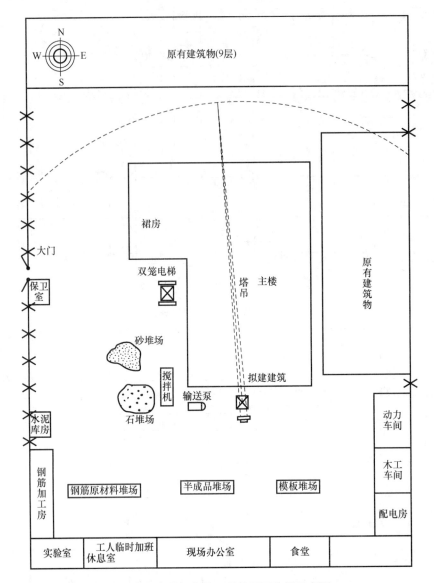

图 16.9　主体工程施工现场平面布置示意图

（1）现场道路及排水

现场道路在本项目进场时就已经建好，主要道路是西门通入院内的道路。本工程东、北侧有建筑物，已经设有排水沟，现场地表水及生活污水，包括地下室积水，由此排水沟排水。其他地方因无空间不设排水。

（2）现场机械、设备的布置

钢筋加工房布置在本工程的西面，设有钢筋原材料堆场、钢筋半成品堆场、钢筋拉丝机、闪光对焊机、钢筋弯曲机等钢筋加工机械，塔吊设在本工程南面附件，双笼施工电梯设在本工程西北面，双笼电梯的基础方案和安装方案另详。

（3）现场办公区、生活区

本工程办公用房主要采用本工程南边办公房。现场设厕所和管理人员的食堂。

（4）临时用水布置

施工现场供水必须满足现场施工生产、生活及临时消防用水的需要。给水系统采用镀锌钢管，直接与甲方提供的水源进行连接，用镀锌钢管接至用水地点。施工现场排水清污分流，在基坑及场地四周接明沟加集水井使施工排水。生活用水、雨水及地下水经过沉积后及时排入市政排水管网。厕所污水经过三次处理后进入市政排污管网。

（5）临时用电布置

甲方提供的电源在综合楼的东北角。在本工程现场办公室的东南角设置配电房，总配电箱至甲方电源处导线应选用的 $96mm^2$ 的铜芯橡皮线（BX 型）。根据施工现场用电设备的布置情况，本工程平面按四个用电回路设计。

16.7.10　季节性施工措施

在施工期间加强同气象部门联系，及时接收天气预报，并结合本地区的气候特点，按照现场有关冬雨季施工规范和措施，做到充分准备，合理安排施工，确保施工质量和安全。

1. 雨季施工措施

做到现场排水设施与市政管理网连通，排水畅通无阻，做好运输道路的维护，保证运输通畅，基坑及场地无积水。对水泥、木制品等材料采取防护措施。尽量避开大雨施工，遇到雨天施工，应备足遮雨物资，及时将浇筑的混凝土用塑料薄膜覆盖，以防雨水冲刷。雨天施工钢筋绑扎、模板安装，要及时清理钢筋与模板上携带的泥土等杂物。雨季施工做好结构层的防漏和排水措施，以确保室内施工，如有机电设备应搭好雨篷，应防止漏水、淹水，并应设漏电保护装置，机电线路应经常检修，下班后拉闸上锁，高耸设备应安装避雷接地装置。

2. 冬期施工措施

施工时要采取防滑措施，保障施工安全。大雪后必须及时将架子、大型设备上的积雪清扫干净。进入冬期施工，编写冬期施工方案和作业指导书，对有关施工人员进行冬期施工技术交底。钢筋低温焊接时，必须符合国家有关规范、规定，风力超过三级，气温低于−10℃时，要采取挡风措施和预热施焊，焊后未冷却的接头，严禁碰到冰雪。混凝土骨料必须清洁，不得含有冰雪和冻块。为保证混凝土冬期施工质量，要求在混凝土中掺加早强防冻剂。入模时的温度要控制好，采用蓄热养护。混凝土浇筑完毕，混凝土表面即覆盖一层塑料薄膜，上盖两层草帘，再加一层塑料薄膜封封好。混凝土利用自身的水分和热量达到保温养护效果。砌筑、抹灰应采用防冻砂浆，要随拉随用，防止存灰多而受冻。合理安排施工生产和施工程序，寒冷天气尽量不作外装修。严格遵循国家现行规范、规定的有关冬期施工规定。

16.7.11　质量控制措施

本工程的质量目标为单位工程一次交验率达 100%，杜绝质量事故，确保达到优良等级，为整个工程确保达到市优工程奠定坚实的基础。施工阶段的质量控制技术要求和措施主要分事前控制、事中控制、事后控制三个阶段，并通过这三个阶段来对本工程各分部分项工程的施工进行有效的阶段性质量控制。

1. 事前控制阶段

事前控制是在正式施工活动开始前进行的质量控制，事前控制是先导。事前控制主要是建立完善的质量保证体系，编制《质量计划》，制定现场的各种管理制度，完善计量及质量检测技术和手段，熟悉各项检测标准。对工程项目施工所需的原材料、半成品、构配件进行质量检查和控制，并编制相应的检验计划。进行设计交底、图样会审等工作，并根据本工程特点确定施工流程、工艺及方法。对本工程将要采用的新技术、新结构、新工艺、新材料均要审核其技术审定书及运用范围。检查现场的测量标桩、建筑物的定位线及高程水准点等。

2. 事中控制阶段

事中控制是质量控制的关键，其主要有以下内容：

1）完善工序质量控制，把影响工序质量的因素都纳入管理范围。及时检查和审核质量统计分析资料和质量控制图表，抓住影响质量的关键问题进行处理和解决。

2）严格工序间交换检查，做好各项隐蔽验收工作，加强交检制度的落实，对达不到质量要求的前道工序决不交给下道工序施工，直至质量符合要求为止。对完成的分部分项工程，按相应的质量评定标准和办法进行检查、验收、审核设计变更和图纸修改。

3. 事后控制阶段

事后控制是指对施工过的产品进行质量控制，是对质量的弥补。按照规定的质量评定标准和办法，对完成的单项工程进行检查验收，整理所有的技术资料，并编目、建档。在保修阶段，对本工程进行维修。

16.7.12　降低成本措施

1）选用先进的施工技术和机械设备，科学地确定施工方案，提高工程质量，确保安全施工，缩短施工工期，从而降低工程成本。

2）全面推广项目法施工，按照我单位推行的 GB/T 19001—2008 系列标准严格施工管理，从而提高劳动生产率，减少单位工程用工量。

3）在广大工程技术人员和职工中展开"讲思想、比贡献"活动，献计献策，推广应用"四新"成果，降低原材料消耗。

4）合理划分施工区段，优化施工组织，按流水法组织施工，避免窝工，提高工效。

5）加大文明施工力度，周转材料、工具应堆放整齐，模板、架料不得随意抛掷，拆下的模板要及时清理修整，以增加模板的使用周转次数。

6）加强材料、工具、机械的计量管理工作，控制能源、材料的消耗。

7）大力加强机械化施工水平，从而减少用工量，缩短工期，降低管理费用。

8）加强机械设备的保养工作，以减少维修费用，提高其利用率。

16.7.13　安全、消防保证措施

1. 确保工程安全施工的组织措施

1）项目经理是安全第一责任人，应对本项目的安全生产管理负完全责任。严格按《质量手册》标准编制施工组织设计和设计方案，同时应具有针对性的安全措施，并负责提足安全技术措施费，满足施工现场达标要求。在下达施工生产任务时必须同时下达安全生产要求，并作好书面安全技术交底。每月组织一次安全生产检查，严格按照住建部安全检查评分标准进行检查，对查出的隐患立即责成有关人员进行整改。项目经理负责本项目的安全宣传教育工作，提高全员安全意识，搞好安全生产。发生重大伤亡事故时，要紧急抢救，保护现场，立即上报，不许隐报。严格按照"四不放过"的原则参加事故调查分析及处理。

2）新工人、民建队入场安全教育。

凡新分的学生、工人、实习生，都应由人事部门通知质安部门进行安全教育

3）变更工种工人的安全教育。

凡有变更工种的工人，应由劳资员通知质安部门对其进行安全教育。

4）班组、建筑队安全活动。

各班组、建筑队在每日上班前，结合当天的情况，对本班组或队的人员进行针对性的班前安全教育。各班组、建筑队不定期地开展安全学习活动。

2. 确保工程施工安全的技术措施

1）有可能产生有害气体的施工工艺，应加强对施工人员的保护。

2）随时接受环卫局对本工程施工现场大气污染指数的测定检查，若出现超标情况，立即组织整改。

3）严禁在施工现场煎熬、烧制易产生浓烟和异味的物质（如沥青、橡胶等），以免造成严重的大气污染现象。

4）严禁在施工现场和楼层内随地大小便，施工现场内设巡查保安，一经发现，给予重罚。

16.7.14　文明施工管理制度

1）施工现场成立以项目经理为组长，项目总工、生产经理、工程部主任、工长、技术、质量、安全、材料、保卫、行政卫生等管理人员为成员的现场文明施工管理小组。

2）实行区域管理制度，划分职责范围，工长、班组长分别是包干区域的负责人，项目按《文明施工中间检查记录》表自检评分，每月进行总结考评。

3）加强加工现场的安全保卫工作，完善施工现场的出入管理制度，施工人员佩戴证明其身份的证卡，禁止非施工人员擅自进入。

4）严格遵守国家环境保护的有关法规和武汉市环境保护条例和公司的工作标准，参照国际标准 ISO 14000《环境保护》系列标准的要求，制定本工程防止环境污染的具体措施。

5）建立检查制度。采取综合检查与专业检查相结合、定期检查与随时抽查相结合、

集体检查与个人检查相结合等方法。班、组实行自检、互检、交接捡制度，做到自产自清、日产日清、工完场清。工地每星期至少组织一次综合检查，按专业、标准全面检查，按规定填写表格，算出结果，制表以榜公布。

6）坚持会议制度。施工现场坚持文明施工会议制度，定期分析文明施工情况，针对实际制定措施，协调解决文明施工问题。

7）加强教育培训工作。采取派出去、请进来、短期培训、上技术课、登黑板报、广播、看录像、看电视等方法狠抓教育工作。要特别注意对民工的岗前教育。专业管理人员要熟练掌握文明施工标准。

复习思考题

16.1 简述单位工程施工组织设计的编制依据和编制程序。

16.2 施工方案设计包括哪些内容？

16.3 施工流向、施工顺序的确定应考虑哪些因素？

16.4 简述施工进度计划的编制依据和编制步骤。

16.5 单位工程施工平面图设计内容有哪些？

16.6 单位工程施工平面图的编制依据和编制步骤。

第十七章　施工组织总设计

施工组织总设计是以若干单位工程组成的群体工程或特大型项目为主要对象编制的施工组织设计，对整个项目的施工过程起统筹规划、重点控制的作用。施工组织总设计一般在初步设计或扩大初步设计被批准之后，在总承包企业的总工程师主持下进行编制。

施工组织总设计的主要内容包括：工程概况、施工部署和主要工程项目施工方案、施工总进度计划、资源需要量计划、全场性施工总平面图和技术经济指标等。

施工组织总设计的编制程序如图 17.1 所示。

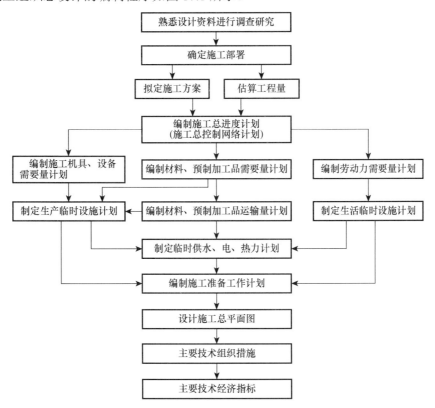

图 17.1　施工组织总设计的编制程序

17.1　施工部署

施工部署是对整个建设项目的施工做出全面的战略安排，并解决其中影响全局的重大问题。

施工部署所包括的内容，因建设项目的性质、规模和各种客观条件的不同而不同、一般应包括的内容有：确定工程开展程序，拟定主要工程项目的施工方案，明确施工任务划分与组织安排，编制施工准备工作总计划等。

17.1.1　确定工程开展程序

确定工程开展程序，主要考虑以下几点：

1）在保证工期要求的前提下，实行分期分批施工。这样既能使每一具体工程项目迅速建成，又能在全局上取得施工的连续性和均衡性，并能减少暂设工程数量和降低工程成本。

为了尽快发挥基本建设投资效果，对于大中型工业建设项目，都要在保证工期的前提下分期分批建成。至于分几期施工，则要根据生产工艺、建设部门的要求、工程规模大小和施工难易程度由工程建设单位和施工单位共同研究确定。对于大中型民用建设项目，一般也应分期分批建成，以便尽快让一批建筑物投入使用，发挥投资效益。

2）划分分期分批施工的项目时，应优先安排的工程：

① 按生产工艺要求，须先期投入生产或起主导作用的工程项目。

② 工程量大、施工难度大或工期长的项目。

③ 运输系统、动力系统。如厂区内外的铁路、道路和变电站等。

④ 生产上需要先期使用的机修、车库、办公楼及部分家属宿舍等。

⑤ 供施工使用的工程项目。如采砂（石）场、木材加工厂、各种构件预制加工厂、混凝土搅拌站等施工附属企业及其他为施工服务的临时设施。

3）在安排工程顺序时，应按先地下、后地上；先深后浅；先干线后支线的原则进行安排。如地下管线与筑路工程的开展程序，应先铺管线后修筑道路。

4）施工季节的影响。例如大规模的土方工程和深基础工程施工，最好不在雨季进行，寒冷地区的工程施工，最好在入冬时转入室内作业和设备安装。

17.1.2　主要建筑物施工方案的确定

在施工组织总设计中所指的拟定主要建筑物施工方案与单位施工组织设计的施工方案要求的内容和深度是不同的，它只需原则性地提出方案性的问题。

机械化是实现现场施工的重要前提，因此在拟定主要工程项目施工方案时，应注意按以下几点考虑机械化施工总方案的问题：

1）所选主要机械的类型和数量应能满足各个主要工程项目的施工要求，并能在各工程上进行流水作业。

2）机械类型与数量尽可能在当地解决。

3）所选机械化施工总方案应该在技术上先进、适用，在经济上合理。

另外，对于某些施工技术要求高或比较复杂、技术上较先进或施工单位尚未完全掌握的分部分项工程，应提出原则性的技术措施方案，如软弱地基大面积钢管桩工程、复杂的设备基础工程、大跨结构、高炉及高耸结构的结构安装工程等。

17.1.3　施工准备工作总计划

根据施工开展程序和主要工程项目施工方案，编制好建设项目全场性的施工准备工作总计划。其主要内容有：

1）做好现场测量控制网。

2）做好土地征用、居民迁移和障碍物（房屋、管线、树木和坟墓等）的清除工作。

3）安排好生产和生活基地建设。包括商品混凝土搅拌站、预制构件厂、钢筋与木材加工厂、金属结构制作加工厂、机修厂等。

4）组织拟采用的新结构、新材料和新技术的试制和试验工作。

5）安排好大型临时设施工程，如施工用水、用电和铁路、道路、码头以及场地平整等工作。

6）做好材料、成品、产成品的货源和运输、储存方式。

7）进行技术培训工作。

8）冬、雨季施工所需的特殊准备工作。

17.2 施工总进度计划

施工总进度计划应依据施工合同、施工进度目标、有关技术经济资料，并按照总体施工部署确定的施工顺序和空间组织等进行编制。

编制施工总进度计划的基本要求是：保证拟建工程在规定的期限内完成；迅速发挥投资效益；施工的连续性和均衡性；节约施工费用。

编制步骤和方法如下。

17.2.1 计算拟建工程项目及全工地性工程的工程量

根据既定施工部署中分期分批投产的顺序，将每一系统的各项工程项目分别列出。项目划分不宜过多，应突出主要项目。

计算工程量可按初步设计或扩大初步设计图纸和有关定额手册或资料进行。常用的定额、资料如下：

1）万元、10 万元投资工程量、劳动力及材料消耗扩大指标。这种定额可根据结构的类型查得单位投资工程量。

2）概算指标和扩大结构定额。可根据工程项目的结构类型、跨度、高度等分类查得每 $100m^3$ 建筑体积和 $100m^2$ 建筑面积的劳动力和材料消耗指标。

3）标准设计和已建成的类似工程项目的资料。在缺少上述几种定额的情况下，可在类似工程实际消耗的劳动力及材料数量的基础上进行调整、估算。

除房屋外，还必须计算全工地性工程的工程量。例如，场地平整的土方工程量，铁路、道路和地下管线的长度等，这些可从建筑总平面图上量测。

将算出的工程量填入工程量汇总表，见表 17.1。

表 17.1 工程量汇总

序号	工程量名称	单位	合计	生产车间		仓库运输			管网				生活福利		大型临设		备注
				××车间	…	仓库	铁路	公路	供电	供热	供水	排水	宿舍	文化福利	生产	生活	

17.2.2　确定各单位工程的施工期限

影响单位工程施工期限的因素很多，如工程项目类型、结构特征、施工方法、施工单位的技术和管理水平、机械化程度以及施工现场的地形和地质条件等。因此，在确定各单位工程的工期时，应根据具体情况对上述各种因素综合考虑后予以确定。一般参考有关的工期定额。

17.2.3　确定各单位工程的开竣工时间和相互搭接关系

在施工部署中已经确定了工程的开展程序，但对每期工程中的每一个单位工程开竣工时间和各单位工程间的搭接关系，需要在施工总进度计划中予以考虑确定。通常，为解决好各单位工程的开竣工时间和相互搭接关系，主要考虑下列因素：

1）同一时间进行的项目不宜过多，以免使人力和物力分散。

2）要以辅—主—辅的顺序安排。辅助工程（动力系统、给排水工程、运输系统、居住建筑群及汽车库等）应先行施工一部分。这样，既可为主要生产车间投产时使用，又可为施工服务，以节约临时设施费用。

3）应使土建施工中的主要分部分项工程（如土方、混凝土、构件预制、结构安装等）实行流水作业，达到均衡施工，以便在施工全过程中的劳力、施工机械和主要材料供应上取得均衡。

4）考虑季节影响，以减少施工附加费。

5）安排一部分附属工程或零星项目作为后备项目，用以调节主要项目的施工进度。

17.2.4　绘制施工总进度计划表

施工总进度计划表的格式各地不一，可根据各单位的经验确定。一般格式见表 17.2。

表 17.2　施工总进度计划表

序号	工程名称	建筑指标		设备安装指标 t	工程造价/千元	施工天数/月	进度计划									
							第一年/月							第二年/季		
		单位	数量				1	2	3	4	5	6	…	12	I	II	III

17.3　资源需要量计划

施工总进度计划编制完成后，以其为依据编制下列各种资源需要量计划。

17.3.1　劳动力需要量计划

劳动力需要量计划是规划临时设施和组织劳动力进场的基本依据。它是按照总进度计划中确定的各项工程主要工程量，查概预算定额或有关资料求出各项工程主要工种的劳动力需要量，再将各项工程所需的主要工种的劳动力汇总，即可得出整个工程项目劳动力需要量计划，表格形式见表 17.3。

表 17.3 劳动力需要量计划

序号	工程名称	施工高峰需用人数	20××年									20××年				现有人数	多余（+）或不足（-）
			1	2	3	4	5	6	7	…	12	I	II	III	IV		

17.3.2 主要材料、预制加工品需要量计划

主要材料、预制加工品需要量计划是组织工程材料、预制加工品的加工、订货、运输和筹建仓库的依据。其编制方法与劳动力需要量计划基本相同。表格形式见表 17.4。

表 17.4 主要材料、预制加工品需要量计划

序号	材料、预制加工品名称	规格	单位	需要量				需要量计划								
				合计	正式工程	大型临时设施	施工措施	20××年					20××年	20××年	20××年	20××年
								合计	I	II	III	IV				

17.3.3 施工机具需要量计划

施工机具需要量计划是组织机械进场，计算施工用电量，选择变压器容量等的依据。

主要施工机具需要量可按施工部署确定的机械型号并根据工程量和机械产量定额确定。辅助机械可根据万元、10 万元指标或概算指标求得。表格形式见表 17.5。

表 17.5 主要施工机具、设备需要量计划

序号	机具设备名称	规格型号	电动机功率	数量				购置价值/千元	使用时间	备注
				单位	需用	现有	不足			

17.4 施工总平面图

17.4.1 施工总平面图设计的内容

1）项目施工范围内的地形状况。

2）全部拟建的建（构）筑物和其他基础设施的位置。

3）项目施工范围内的加工设施、运输设施、存储设施、供电设施、供水供热设施、排水排污设施、临时施工道路和办公生活用房等。

4）施工现场必备的安全、消防、保卫和环境保护等设施。

5）相邻的地上、地下既有建（构）筑物及相关环境。

许多规模巨大的建设项目，其建设工期往往很长。随着工程的进展，施工现场的面

貌将不断改变。在这种情况下，应按不同阶段分别绘制若干张施工总平面图，或者根据工地的变化情况，及时对施工总平面图进行调整和修正，以便符合不同时期的需要。一些特殊的内容，如现场临时用电、临时用水布置等，当总平面布置图不能清晰的表示时，也可单独绘制平面布置图。

17.4.2　施工总平面图设计的原则

1）平面布置科学合理，施工场地占地面积少。在保证施工顺利进行的条件下，尽量减少施工用地，以避免多占耕地，有利于施工场区布置紧凑。

2）合理组织运输，减少二次搬运。在保证运输方便的条件下，尽量降低运输费用。

3）施工区域的划分和场地的临时占用应符合总体施工部署和施工流程的要求，减少互相干扰。为降低运输费用，要合理地布置仓库、附属企业和起重运输设施，使仓库与附属企业尽量靠近使用地点，并应正确地选择运输方式和铺设运输道路。

4）充分利用既有建（构）筑物和既有设施为项目施工服务降低临时设施费用。为降低临时设施费用，要尽量利用永久性建筑物和设施为施工服务。

5）临时设施要方便工人生活和生产，办公区、生活区和生产区宜分离设置。

6）符合节能、环保、安全和消防等要求。对于可燃性的材料仓库、加工厂必须满足防火安全规范要求的距离。例如，木材加工厂、锻工场与施工对象之间的距离均不得小于50m，沥青熬制棚应布置在下风向等。还应设置消防站及必要的消防设施。为保证生产安全，在规划道路时应尽量避免交叉。铁路道口应设置安全岗。

7）遵守当地主管部门和建设单位关于施工现场安全文明施工的有关规定。

17.4.3　施工总平面图设计的依据

1）各种设计资料，包括工程项目总平面图、地形地貌图、区域规划图、建设项目范围内有关的一切已有和拟建的各种设施位置。

2）建设地区的自然条件和技术经济条件。

3）建设项目的建筑概况、施工方案、施工进度计划，以便了解各施工阶段情况，合理规划施工场地。

4）各种工程材料、构件、加工品、施工机械和运输工具需要量一览表，以便规划工地内部的储放场地和运输线路。

5）各构件加工厂规模、仓库及其他临时设施的数量和外廓尺寸。

17.4.4　施工总平面图的设计步骤

（1）运输道路的布置

运输道路的布置，主要决定于大批材料、半成品进入工地的运输方式：

1）当大批材料由铁路运入工地，应先解决铁路由何处引入及可能引到何处的问题。一般大型工业企业厂内都有永久性铁路专用线，通常可提前修建以便为工程施工服务。

2）当大批材料由水路运入工地时，应首先选择或布置卸货码头，尽量利用原有码头的吞吐能力。当需增设码头时，卸货码头不应少于2个，宽度不应小于2.5m。码头距施工现场较近时，在码头附近布置加工厂和转运仓库。

3）当大批材料由公路运入工地时，由于公路可以较灵活地布置，所以首先应将仓库和加工厂布置在最合理、最经济的地方，然后，再将场内道路与场外道路接通，最后再按运距最短、运输费用最低的原则布置场内运输道路。

（2）仓库与材料堆场的布置

通常考虑设置在运输方便、位置适中、运距较短并且安全防火的地方。区别不同材料、设备和运输方式来设置。

1）当采用铁路运输时，仓库通常沿铁路线布置，并且要留有足够的装卸场地，必须在附近设置转运仓库。布置铁路沿线仓库时，应将仓库设置在靠近工地一侧，以免内部运输跨越铁路。同时仓库不宜设置在弯道处或坡道上。

2）当采用水路运输时，一般应在码头附近设置转运仓库，以缩短船只在码头上的停留时间。

3）当采用公路运输时，仓库的布置较灵活。一般中心仓库布置在工地中央或靠近使用的地方，也可以布置在靠近于外部交通连接处。砂石、水泥、石灰、木材等仓库或堆场宜布置在搅拌站、预制场和木材加工厂附近；砖、瓦和预制构件等直接使用的材料应布置在施工对象附近，以避免二次搬运。工业项目施工工地还应考虑主要设备的仓库（或堆场），一般笨重设备应尽量放在车间附近，其他设备仓库可布置在外围或其他空地上。

（3）加工厂布置

各种加工厂布置，应以方便使用、安全防火、运输费用最少、不影响工程施工的正常进行为原则。一般应将加工厂集中布置在同一个地区，且多处于工地边缘。各种加工厂应与相应的仓库或材料堆场布置在同一地区。

1）混凝土搅拌站根据工程的具体情况可采用集中、分散或集中与分散相结合的三种布置方式。当现浇混凝土量大时，宜在工地设置混凝土搅拌站；当运输条件好时，以采用集中搅拌或选用商品混凝土最有利；当运输条件较差时，以分散搅拌为宜。

2）预制加工厂。一般设置在建设单位的空闲地带上。

3）钢筋加工厂。区别不同情况，采用分散或集中布置。对于需进行冷加工、对焊、点焊的钢筋和大片钢筋网，宜设置中心加工厂，其位置应靠近预制构件加工厂；对于小型加工件，利用简单机具成型的钢筋加工，可在靠近使用地点的分散的钢筋加工棚里进行。

4）木材加工厂。要视木材加工的工作量、加工性质及种类决定是集中设置还是分散设置几个临时加工棚。

5）砂浆搅拌站。对于工业项目施工工地，由于砂浆量小且分散，可以分散设置在使用地点附近。

6）金属结构、锻工、电焊和机修等车间。由于它们在生产上联系密切，应尽可能布置在一起。

（4）行政与生活临时设施布置

行政与生活临时设施包括：办公室、汽车库、职工休息室、开水房、小卖部、食堂、俱乐部和浴室等。根据工地施工人数，可计算这些临时设施的建筑面积。应尽量利用建设单位的生活基地或其他永久建筑，不足部分另行建造。

（5）临时水电管网及其他动力设施的布置

当有可以利用的水源、电源时，可将水电从外面接入工地，沿主要干道布置干管、主线，然后与各用户接通。临时总变电站应设置在高压电引入处，不应设在工地中心。

临时水池应放在地势较高处。

当无法利用现有水电时，为了获得电源，可在工地中心或工地中心附近设置临时发电设备，沿干道布置主线；为了获得水源，可以利用地上水或地下水，并设置抽水设备和加压设备（简易水塔或加压泵），以便储水和提高水压。然后用水管接出，布置管网。施工现场供水管网有环状、枝状和混合式三种形式，如图 17.2 所示。

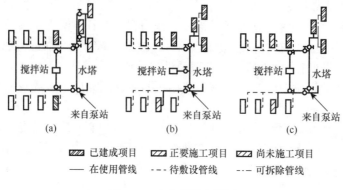

图 17.2　水电管线布置图

（6）安全防火设施布置

根据工程防火要求，应设立消防站。一般设置在易燃建筑物（木材、仓库等）附近，并须有通畅的出口和消防车道，其宽度不宜小于 6m，与拟建工程项目的距离不得大于 25m，也不得小于 5m，沿道路布置消火栓时，其间距不得大于 100m，消火栓到路边的距离不得大于 2m。

17.5　技术经济指标

施工组织总设计经济合理与否决定了整个建设项目施工能否顺利进行以及项目的经济效益。为了寻求最经济合理的方案，设计时要考虑几个方案，并根据技术经济指标进行比较，最佳者作为实施方案。

施工组织总设计的技术经济指标，应反映出设计方案的技术水平和经济性。一般采用的指标有：

（1）施工工期

根据施工总进度计划安排的从建设项目开工到全部投产使用共多少个月。

（2）全员劳动生产率（元/人·年）

$$施工企业全员劳动生产率 = \frac{每年自行完成的建筑安装施工产值}{全部在册职工人数-非生产人员平均数+合同工、临时工人数} \tag{17.1}$$

（3）非生产人员比例

$$非生产人员比例 = \frac{管理、服务人员数}{全部职工人员数} \tag{17.2}$$

（4）劳动力不均衡系数

$$劳动力不均衡系数 = \frac{施工高峰期人数}{施工期平均人数} \tag{17.3}$$

（5）临时工程费用比

$$临时工程费用比＝\frac{全部临时工程费}{建筑安装工程总值} \tag{17.4}$$

（6）综合机械化程度

$$综合机械化程度＝\frac{机械化施工完成的工程量}{总工程量}×100\% \tag{17.5}$$

（7）工业化程度（房建部分）

$$工厂化程度＝\frac{预制加工厂完成的工程量}{总工程量}×100\% \tag{17.6}$$

（8）装配化程度

$$装配化程度＝\frac{用装配化施工的房屋面积}{施工的全部房屋面积}×100\% \tag{17.7}$$

（9）流水施工系数

$$流水施工系数＝\frac{流水施工固定时期时间}{总工期时间} \tag{17.8}$$

（10）施工场地利用系数（K）

$$K＝\frac{\sum F_6+\sum F_7+\sum F_4+\sum F_3}{F} \tag{17.9}$$

式中，$F＝F_1+F_2+\sum F_3+\sum F_4-\sum F_5$；

F_1——永久厂区围墙内的施工用地面积；

F_2——厂区外施工用地面积；

F_3——永久厂区围墙内施工区域外的零星用地面积；

F_4——施工区域外的铁路、公路占地面积；

F_5——施工区域内应扣除的非施工用地和建筑物面积；

F_6——施工场地有效面积；

F_7——施工区内利用永久性建筑物的占地面积。

复习思考题

17.1　什么是施工组织总设计？施工组织总设计的内容包括有哪些？

17.2　施工组织总设计的编制程序有哪些？

17.3　什么是施工部署？施工部署包括的内容有哪些？

17.4　编制施工总进度计划的基本要求是什么？编制步骤有哪些？

17.5　为解决好各单位工程的开竣工时间和相互搭接关系，应考虑哪些因素？

17.6　施工总平面图设计的内容有哪些？

17.7　施工总平面图设计的原则是什么？

17.8　施工总平面图设计的依据是什么？

17.9　施工总平面图设计步骤有哪些？

主要参考文献

王士川，2009．土木工程施工[M]．北京：科学出版社．

建筑施工手册编写组，2013．建筑施工手册[M]．5 版．北京：中国建筑工业出版社．

郭正兴，2012．土木工程施工[M]．2 版．南京：东南大学出版社．

穆静波,孙震，2014．土木工程施工[M]．2 版．北京：中国建筑工业出版社．

毛鹤琴，2012．土木工程施工[M]．武汉：武汉理工大学出版社．

应惠清，2011．建筑施工技术[M]．2 版．上海：同济大学出版社．

廖代广，孟新田，2012．土木工程施工[M]．武汉：武汉理工大学出版社．

王士川，2009．建筑施工技术[M]．2 版．北京：冶金工业出版社．

吴洁，杨天春，2009．建筑施工技术[M]．北京：中国建筑工业出版社．

周国恩，张树珺，2011．土木工程施工[M]．北京：化学工业出版社．

张京，2003．建筑施工工程师手册[M]．北京：中科多媒体电子出版社．

肖金媛，魏瞿霖，2010．建筑施工技术[M]．北京：北京理工大学出版社．

胡长明，李亚兰，2016．建筑施工组织[M]．北京：冶金工业出版社．

刘宗仁，王士川，2009．土木工程施工[M]．北京：高等教育出版社．

应惠清，2012．土木工程新技术[M]．北京：中国建筑工业出版社．

李慧民，2011．土木工程施工技术[M]．北京：中国建筑工业出版社．

王林海，2012．脚手架及模板工程施工技术[M]．北京：中国铁道出版社．

吴慧娟，2011．建筑业 10 项新技术（2010）应用指南[M]．北京：中国建筑工业出版社．